Histoire de l'École Polytechnique

par

G. Pinet

Ancien Élève
de l'École Polytechnique.

Illustration
de
H. Dupray,

Gravures
de
H. Thiriat.

Baudry & Cie,
Éditeurs,

Paris

HISTOIRE

DE

L'ÉCOLE POLYTECHNIQUE

HISTOIRE

DE

L'ÉCOLE POLYTECHNIQUE

PAR

G. PINET

ANCIEN ÉLÈVE DE L'ÉCOLE POLYTECHNIQUE

AVEC SEIZE COMPOSITIONS•DE H. DUPRAY

GRAVÉES PAR H. THIRIAT

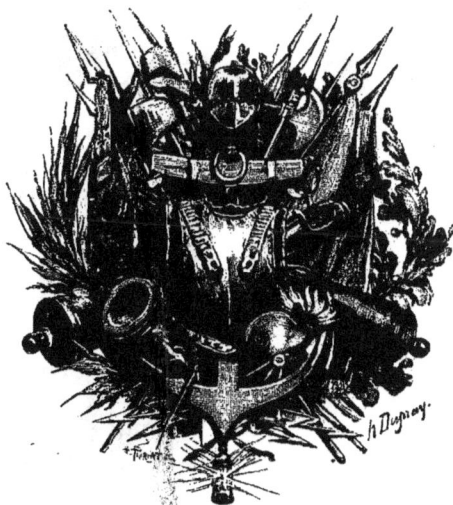

PARIS

LIBRAIRIE POLYTECHNIQUE BAUDRY ET Cⁱᵉ, ÉDITEURS

15, RUE DES SAINTS-PÈRES, 15

MÊME MAISON A LIÉGE, RUE LAMBERT-LEBÉGUE, 19

1887

INTRODUCTION

LETTRE A L'AUTEUR

Mon cher Pinet,

Vous m'avez demandé, pour votre Histoire de l'École polytechnique, quelques lignes d'introduction. Les circonstances dans lesquelles vous avez entrepris cet ouvrage m'eussent fait un devoir de répondre à cette marque de déférence si je n'avais été, de mon côté, très heureux de vous offrir en retour un témoignage de mon estime et de mon affection.

En m'aidant, à l'École, à remettre en ordre des archives depuis longtemps abandonnées et menacées d'une destruction complète, vous avez rendu un service signalé à la direction des études qui ne saurait souvent mieux faire, pour connaître et perpétuer les traditions, que de recourir à ces documents et, notamment, aux délibérations des conseils auxquelles ont pris part tant d'hommes éminents, depuis près d'un siècle. Des pièces que nous tirions de la poussière vous ont inspiré la pensée de préserver de l'oubli d'intéressants souvenirs pour la plupart ignorés de la génération actuelle. Je vous y ai encouragé et c'est ainsi que votre livre a pris naissance.

Vous ne vous êtes pas contenté, d'ailleurs, de coordonner ces renseignements nécessairement incomplets. Après avoir compulsé, dans nos

bibliothèques et dans nos archives nationales, tous les ouvrages publiés sur l'École, plus heureux que beaucoup d'historiens, vous avez pu consulter des archives vivantes et recueillir, avec un soin que vos lecteurs apprécieront, les souvenirs de nos plus anciens camarades comme les impressions toutes fraîches des plus jeunes. Grâce à ce concours qui vous a été donné avec un empressement facile à comprendre[1], votre travail a pu être mené à bonne fin.

Quoiqu'il y ait dans l'organisation de notre École, comme en toutes choses, certaines imperfections que vous eussiez pu relever, vous vous êtes sagement abstenu de faire des critiques et de provoquer des polémiques intempestives. Vous n'avez pas voulu davantage entreprendre un panégyrique hors de propos. Vous avez cherché simplement, et j'espère que vous y serez parvenu, à intéresser le lecteur par le récit sobre, néanmoins souvent pittoresque, d'événements à travers lesquels on reconnaît les sentiments élevés et les préoccupations patriotiques qui ont distingué de tout temps le groupe de la jeunesse française, auquel nous sommes heureux, vous et moi, d'avoir appartenu.

Placé par mon âge à égale distance des années de la fondation et de l'époque actuelle, mis en relation avec des élèves de toutes les promotions, je me trouverais dans des conditions particulièrement favorables pour vous dire tout ce que je pense de la noble institution à laquelle j'ai été attaché pendant plus de vingt ans, en qualité d'élève, de répétiteur, de professeur et enfin de directeur des études. Mais je m'expliquerai ailleurs sur plusieurs points qui ont été abordés et souvent bien légèrement traités, concernant son véritable but, son recrutement, son enseignement, son régime intérieur, son influence scientifique, les services publics qu'elle doit alimenter, ce qu'on a appelé son monopole etc., etc. Ici je ne veux pas donner de prétexte aux polémique que vous avez eu raison d'éviter.

Il ne faut ni exalter l'École, en affectant de la placer au-des-

---

1. L'auteur est heureux de remercier publiquement ici les camarades de presque toutes les promotions qui ont bien voulu lui communiquer leurs souvenirs.

sus de ses émules, ni surtout paraître ignorer la haute importance des autres institutions d'où sont sortis tant d'hommes de talent qui ont illustré notre pays dans les sciences, dans les arts, dans la littérature, dans les fonctions publiques, dans l'armée aussi bien que dans l'industrie. A quoi bon d'ailleurs, parce qu'elle a trouvé quelques détracteurs, faire étalage de la vogue dont elle a toujours joui, de l'importance et de l'honorabilité des carrières auxquelles elle donne accès, de la grande et légitime célébrité acquise par elle dès les premières années de son existence, des services rendus par ses élèves pendant la paix et pendant la guerre, du renom que leurs travaux leur ont valu à l'étranger et de l'éclat qui en a rejailli sur la nation tout entière ? Ce sont là des titres que les moins clairvoyants ou les plus malveillants ne sauraient nier sans se faire tort à eux-mêmes !

Vous l'avez compris et vous avez poursuivi vos consciencieuses recherches, sans vous inquiéter si les uns vous traiteraient de sectaire, si les autres vous trouveraient trop tiède, sans craindre d'être suspecté de partialité par ceux qui, méritant les premiers ce reproche, supposent que l'esprit de corps et de camaraderie nous aveugle.

Livrez donc, mon cher Pinet, votre travail à la publicité et soyez assuré que la droiture de votre caractère et la simplicité de votre style qui en est le signe très apparent, autant que l'intérêt de votre sujet, vous feront de nombreux amis. C'est du moins ce que je vous souhaite de tout mon cœur.

Votre dévoué camarade,

A. LAUSSEDAT,

Directeur du Conservatoire des Arts et Métiers.

PRÉFACE

L'École polytechnique est l'une des institutions dont se glorifie le plus la Révolution française. Fondée sous le nom d'*École Centrale des travaux publics* par un décret du 21 ventôse an II (11 mars 1794), elle a été ouverte, en même temps que l'École normale, l'École de santé et les Écoles centrales, au commencement de l'an III (7 vendémiaire 28 septembre 1794), à l'heure où la Convention, victorieuse de tous ses ennemis du dedans et du dehors, reporta sur l'instruction son activité entière. Sous l'ancien régime, il existait, à la vérité, un certain nombre d'écoles spéciales, dans lesquelles les officiers d'artillerie, les ingénieurs militaires, ceux des ponts et chaussées, les constructeurs de vaisseaux, recevaient l'instruction préparatoire à la carrière qu'ils voulaient embrasser. Mais ces écoles, quoiqu'elles eussent contribué, grâce surtout à d'habiles professeurs, à soutenir la haute réputation dont nos ingénieurs jouissaient dans toute l'Europe, ne procuraient qu'un enseignement peu scientifique de quelques branches

des études premières et fondamentales. Établies dans la capitale ou sur divers points du royaume, elles étaient isolées les unes des autres, sans égard pour la connexité des services. Enfin elles étaient ouvertes exclusivement aux privilégiés[1].

L'idée d'un grand établissement national, au foyer des lumières, à portée d'être dirigé par les savants les plus distingués, et dans lequel tous les sujets qui se destinent aux services publics seraient appelés, par la voie du concours, à recevoir une instruction commune, fut conçue par la Convention. Entrevoyant quelle superbe moisson d'avenir la France, débarrassée de ses coutumes particulières, ayant même loi, même justice, même gouvernement, recueillerait sur le terrain renouvelé de l'instruction, la puissante assemblée entreprit de donner, à toutes les carrières des travaux publics, un même point de départ, des épreuves et des leçons communes, et de faire naître, dans les services, la confraternité au lieu des rivalités anciennes. Elle voulut créer « une École où les éléments des services qui exigent la connaissance approfondie des sciences mathématiques et physiques vinssent se retremper dans une instruction centrale vigoureuse et telle, qu'en appelant tous les citoyens au concours, la République pût s'emparer des têtes les mieux organisées pour la servir avec distinction[2] ». Les besoins de la guerre que nous soutenions contre toute l'Europe en inspirèrent la pensée, dès l'an-

---

1. Voir 1° le rapport de Fourcroy du 7 vendémiaire an III sur la création de l'École centrale des travaux publics. Ce rapport se trouve reproduit en partie dans celui qu'a rédigé Leverrier, en 1850, au nom de la commission mixte chargée de réorganiser l'École polytechnique. Voir aussi pour l'organisation de ces écoles :

2° Lacroix, *Essais sur l'enseignement ;*

3° Arago, *Biographie de Monge ;*

4° Fourcy, *Histoire de l'École polytechnique.*

2. Observations présentées au Conseil des Cinq-Cents par les membres du conseil d'instruction de l'École (messidor an III).

née 1793. C'est en faisant fabriquer des armes, du salpêtre, de la poudre et tout ce qui manquait à nos soldats qu'on reconnut l'importance des sciences et la nécessité de les faire servir à la défense nationale. Telle fut l'origine de l'École polytechnique.

Nous dirons comment le projet de création, conçu par les comités de la Convention, longtemps médité par eux, décrété en pleine période de la Terreur, a été élaboré dans son ensemble et dans ses détails par les plus grands savants de l'Europe, coopérateurs habiles que le Comité de salut public avait réunis près de lui. Nous rappellerons sommairement comment l'organisation a été modifiée plus ou moins profondément par les gouvernements qui se sont succédé depuis lors, tous désireux de mettre la direction de l'établissement, le régime, les règlements intérieurs, en harmonie avec les idées du moment et d'apporter, en même temps, aux modes d'examens, aux programmes d'enseignement, aux attributions des conseils, à la composition des jurys, les améliorations rendues nécessaires par les progrès de la science et les perfectionnements indiqués par l'expérience et le temps.

Quant à l'enseignement, si des modifications y ont été introduites, il n'appartient qu'aux savants d'en apprécier la portée. Eux seuls ont autorité pour approuver les fondateurs d'avoir voulu imprégner les jeunes gens de l'esprit mathématique, au lieu de leur donner simplement les quelques notions de calcul infinitésimal et de mécanique suffisantes au métier d'ingénieur, pour dire si on a eu raison d'introduire l'étude approfondie des sciences physiques et chimiques au moment où le rôle et l'importance sociale de ces sciences grandissaient, puis de réformer plus tard l'enseignement mathématique comme

celui des établissements universitaires, en lui donnant un caractère plus pratique. Seuls, ils peuvent dire s'il est vrai que l'École polytechnique ait été, jusqu'à la Restauration, l'École de Monge destinée à former, non de purs algébristes, mais des élèves ingénieurs et qu'elle soit devenue ensuite l'École de Laplace où prédomine la haute analyse, comme à l'École normale[1], enfin si sa véritable mission n'est pas d'enseigner les hautes abstractions des sciences exactes, ainsi que les sciences physiques, avec leurs applications principales à l'architecture, au génie civil et militaire, aux mines, à l'astronomie, aux arts chimiques et industriels. C'est aux savants, aux membres des conseils, aux chefs de nos grandes administrations publiques, qu'il appartient encore de répondre à ses adversaires qui reprochent à son enseignement d'embrasser un nombre de connaissances trop étendu pour qu'on puisse les approfondir et de fournir indistinctement des sujets aux carrières civiles et aux carrières militaires, à ses ennemis qui ont renouvelé récemment les attaques déjà anciennes contre son prétendu monopole, à tous les novateurs passionnés qui parlent de changer le mode de recrutement des services qu'elle alimente, les uns voulant réduire son rôle à la préparation exclusive des élèves ingénieurs, les autres cherchant à la transformer en une école exclusivement militaire. C'est à eux surtout de s'opposer à toutes les tentatives de transformation contraires à l'idée même qui a présidé à sa naissance et qui amèneraient sa destruction dans son essence et dans son principe.

L'institution, dont les véritables fondateurs sont les ency-

---

1. Lettre de Théodore Olivier à J. Jomard, 12 octobre 1849.

clopédistes, a été conçue d'une manière si grandiose, elle a
reçu une organisation première tellement large, qu'elle subsiste aujourd'hui presque sans modification. Ses examens, ses
programmes, son journal, la réputation de ses maîtres, le
mérite de ses élèves lui ont conquis promptement la célébrité.
Par ses méthodes générales, ses démonstrations rigoureuses,
ses théories savantes auparavant réservées à quelques adeptes,
elle a exercé une influence considérable sur l'enseignement.
En donnant aux sciences physiques des formes exactes, en
transformant l'art de l'ingénieur, dit Cournot, « elle a révolu-
tionné l'industrie pour influer ensuite sur le courant des idées
et sur l'esprit national [1] ».

Elle a été grande dès sa naissance. Vingt ans après la fondation, l'empereur Alexandre disait au congrès d'Aix-la-Cha-
pelle : « C'est la plus belle des institutions que les hommes
aient faites! » Depuis, elle a fourni à nos armées de terre et
de mer des officiers d'un incontestable mérite, à nos grands
services publics un nombreux et solide personnel d'ingénieurs
distingués ; elle a donné des chefs habiles aux établissements
industriels, des administrateurs éclairés aux grandes compagnies de chemin de fer, des directeurs de travaux recherchés
dans les pays étrangers. On trouve ses élèves dans le clergé,
dans la magistrature, dans les finances, au conseil d'État, sur
les bancs de la Chambre des députés et du Sénat ; plusieurs
se sont élevés aux plus hautes dignités dans l'État. L'Institut
y recrute une partie de ses membres ; enfin quelques intelligences d'élite, apparues dans les premières promotions, ont
été, après Lagrange, Monge et Laplace, l'honneur de la science

---

1. Cournot, *Des institutions d'instruction publique en France.*

au XIXᵉ siècle. C'est à ces éclatants succès, dont le récit formerait sa véritable histoire, qu'elle doit sa célébrité.

Née dans un grand mouvement démocratique, elle est restée fidèle à son origine. Elle a reflété, à toutes les époques, les idées de la partie éclairée du pays ; elle a conservé comme un héritage l'amour de la patrie et de la liberté, et sans cesse d'être un foyer de travail et de lumière, elle a su s'associer à toutes les grandes manifestations nationales. Voilà ce qui lui a conquis une incomparable popularité.

Sous la Convention et sous le Directoire, les premiers Polytechniciens, libres dans Paris, passionnés pour la Révolution, sont mêlés aux agitations populaires. Après les luttes effroyables des partis, quand l'anarchie est au comble, quelques-uns s'égarent, il est vrai, le 13 vendémiaire, avec les sections révoltées ; mais la majorité est du côté des citoyens qui veulent garder la République. En fructidor et en brumaire, ils protestent contre les coups d'État. A l'époque du consulat, ils s'indignent de la disparition des mœurs républicaines devant l'extravagance du luxe officiel, les grandes revues militaires, les réceptions solennelles aux Tuileries, qui font prévoir l'avènement de Bonaparte au trône impérial. Soumis au régime militaire et casernés par l'empire qui prétend étouffer « leur esprit révolutionnaire », ils n'en ont pas moins d'admiration, d'enthousiasme pour les prodigieux succès de nos armes, jusqu'à ce que, désillusionnés comme la nation par nos revers, ils reportent leurs aspirations vers la liberté. La Restauration, en voulant livrer l'éducation de la jeunesse aux mains du clergé, dans le but de s'assurer les générations à venir, les pousse elle-même à se jeter dans la politique : l'agitation entretenue par le parti

libéral finit par pénétrer par les fissures de l'internat; les souvenirs du passé, le mouvement de renaissance littéraire, l'impatience du joug des jésuites, concourent à exciter en eux des passions ardentes, fiévreuses, contre le gouvernement. En 1830, ils prennent une part glorieuse aux combats des trois jours : le courage, le sang-froid de quelques-uns, régularise les mouvements des insurgés et décide de la victoire; la lutte finie, ils remplissent avec dévouement un véritable rôle politique; ils aident la commission municipale à rétablir partout la tranquillité et le bon ordre; ils sont les agents les plus actifs et les plus utiles du pouvoir qui s'organise. En 1848, après avoir essayé de se jeter entre les combattants et d'arrêter l'effusion du sang, ils restent à la disposition du gouvernement provisoire pour lui faire honneur, pour le protéger, et leur puissante influence commande partout le respect, la confiance, la sécurité.

Cette participation des élèves aux grands mouvements politiques a fait accuser l'École d'avoir été contraire à la Convention, au Directoire, au Consulat, à l'Empire, à la Restauration, à la Monarchie de juillet, au second empire, à tous les gouvernements! Est-ce à dire que l'institution développe des idées, des principes en opposition constante avec l'autorité établie? Non certes! Et les sujets qui en sont sortis, répandus aujourd'hui dans tous les rangs de la société, peuvent attester que les professeurs n'ont jamais mêlé à leurs leçons les préceptes de la politique, qu'ils ont toujours tenu leur enseignement dans les régions élevées de la science. Aux plus mauvais jours de la Restauration, Charles Dupin n'a pas craint de dire : « Si des gouvernements entièrement différents par leurs vues et leurs maximes ont pu penser que les

élèves de la même École étaient élevés par les mêmes hommes dans un esprit constamment opposé à leurs vues et à leurs maximes, c'est que ces gouvernements tendaient tous plus ou moins vers le pouvoir arbitraire et, parce qu'ils trouvaient des hommes qui, dans le feu de leur virilité naissante, ne courbaient point assez bas des fronts non encore domptés par le joug, ils en concluaient qu'on professait à cette jeunesse la résistance au despotisme à la manière dont on professe des vérités physiques ou mathématiques. Ils avaient tort[1]. » La jeunesse, en effet, apportant dans la vie la confiance, les illusions, la sève et le bouillonnement des idées, supporte mal l'autorité qui froisse ses sentiments de franchise et d'indépendance. Elle aime la liberté. A quel âge l'aimerait-on, sinon à celui de la libre expansion des intelligences et des cœurs? Lamartine l'a dit : « Toute âme de vingt ans est républicaine, » et, jusqu'à l'avènement définitif de la République, ce qu'on a appelé l'esprit révolutionnaire des Polytechniciens, n'a été que la traduction de leurs inquiétudes patriotiques. Ils sont au moment de la vie où l'homme est réellement lui-même, où il ne suit que les inspirations de son cœur, où il n'obéit qu'à la loi de sa conscience. On peut les accuser d'irréflexion et d'entraînement! Leurs convictions ont pu être exaltées! Elles sont toujours restées généreuses et c'est cette générosité qui leur a donné autorité sur les masses, qui leur a mérité l'estime de tous les partis.

Toutes les opinions politiques, toutes les convictions religieuses, sont d'ailleurs représentées dans cette École qui a résolu, à un incomparable degré, le problème de la fusion des

---

1. CHARLES DUPIN, *Essai historique sur Monge.*

classes sur le terrain du travail et de la science. Un seul sentiment y domine, c'est le plus ardent patriotisme. Elle en a
donné des preuves aux diverses périodes de son histoire et
particulièrement aux heures de péril national. Dès les premières années, ses élèves ont apporté le concours de leur
intelligence et de leur dévouement aux projets de descente en
Angleterre, à l'expédition d'Égypte, aux préparatifs du camp
de Boulogne, aux grandes guerres de l'Empire. En 1814, à
l'heure fatale de nos revers, convaincus que le devoir était
d'obéir au seul chef militaire capable de repousser l'étranger,
ils ont couru servir les canons de la barrière du Trône. Au
moment des épreuves de « l'année terrible », on les a vus aux
armées de Paris et de la province, sous-lieutenants incorporés
dans les batteries de campagne, aides de camp dans les états-
majors, ingénieurs militaires attachés aux services techniques
ou simples soldats engagés dans le rang, réclamer tous l'honneur de prendre part à la lutte suprême. Qui ne sait d'ailleurs
comment leurs ainés des services civils, sous l'impulsion
vigoureuse des plus hauts fonctionnaires des travaux publics,
ont concouru à l'exécution des travaux destinés à arrêter la
marche de l'ennemi et à permettre à la capitale de compléter
ses préparatifs ! M. de Freycinet a rappelé quelle énergie,
quel concours sérieux, efficace, dévoué, ces hommes, qui
n'avaient jamais été initiés aux choses de la guerre, ont apporté, dans les comités militaires, à l'organisation des cam-
pements, des camps régionaux, du corps du génie auxiliaire,
à la fabrication des armes et des munitions [1] et Gambetta a dit :
« Sans l'École polytechnique l'œuvre de la défense nationale

---

1. DE FREYCINET, La guerre en province.
MAURICE LÉVY, Mémoires sur l'Administration des ponts et chaussées en 1872.

eût été impossible [1] ! » Les promotions nombreuses ou réduites, riches ou pauvres, ont pu, suivant les circonstances, manifester des opinions avancées, conservatrices ou neutres, elles n'ont jamais été insensibles aux moindres faits qui semblaient effleurer l'honneur national. Il n'est pas une de nos victoires qui n'ait été saluée de leurs acclamations, pas un de nos revers qui n'ait douloureusement retenti dans leurs cœurs. Depuis près de cent ans l'histoire de l'École se confond avec celle de la France.

Les Polytechniciens sont recrutés dans tous les rangs de la hiérarchie sociale. Les uns, fils, petits-fils d'anciens élèves, sont venus demander à l'École cette éducation dont leurs pères ont apprécié les bienfaits. D'autres appartiennent à des familles plus ou moins opulentes dont les chefs intelligents et instruits estiment qu'une instruction supérieure est le plus précieux des héritages. La plus grande partie provient de parents laborieux, très honorables, mais pauvres, qui ont réservé toutes leurs économies, faites de privations, pour instruire leurs enfants et leur laisser ainsi un capital que le temps ne manquera pas d'augmenter. Ce sont bien souvent ceux-là les meilleurs sujets, ceux qui élèvent la moyenne des examens et qui maintiennent le niveau des études à une hauteur remarquable [2]. Tous se sont préparés au concours par un travail constant, soutenu, régulier, entretenant leur mémoire, développant leurs facultés pour la lutte du savoir et de l'intelligence. Ceux qui, après des épreuves solennelles

---

1. Parole prononcée par Gambetta lors de la visite qu'il fit à l'École polytechnique en qualité de président de la commission du budget au mois de novembre 1875.

2. Le nombre des boursiers de l'École polytechnique admis à l'École des ponts et chaussées s'est élevé à 47 0/0.

(TARBÉ DE SAINT-HARDOUIN, *Du recrutement de l'École des ponts et chaussées*, 1882.)

bien propres à remuer le cœur des jeunes gens, ont été jugés capables de recevoir l'enseignement de l'École, acquièrent en quelque sorte, par leur admission, une sorte de grade d'une valeur tout à fait comparable aux grades universitaires. C'est ce brevet de science, de capacité, de mérite, attaché au titre d'élève que les pères recherchent pour leurs fils intelligents et laborieux. Chaque année le nombre devient plus considérable des candidats qui se disputent l'accès des carrières auxquelles elle prépare. Peut-être les carrières civiles qui offrent plus de sécurité, plus d'avantages positifs, qui n'exigent aucune fortune, ont-elles la préférence de beaucoup de parents, frappés du beau rôle que le siècle a fait aux ingénieurs! Peut-être les quelques places des mines et des ponts et chaussées, dévolues à ceux qui tiennent la tête des promotions, attirent-elles en réalité nombre de candidats qui, plus tard, seront forcés par leur numéro de sortie de choisir le service militaire pour lequel ils ne se sentaient d'abord pas de vocation! Il ne faudrait pas conclure de là que nos officiers des armes spéciales n'apportent ni les aptitudes ni les goûts qui conviennent à leur carrière[1]. Les élèves, dont le succès n'a pas réalisé le vœu de leur famille, en prennent gaiement leur parti à la fin du concours et ils se rendent à l'École d'application, certains d'un avenir honorable dans les corps de

---

1. Ce reproche a été souvent adressé à l'École. Voir à ce sujet Raudot, *Décadence de la France* (Paris, 1850); Viollet-le-Duc, *Mémoire sur la défense de Paris, 1870*. L'administration de la Guerre l'a formulé à plusieurs reprises, et il semble qu'elle pourrait le renouveler avec plus de raison aujourd'hui que le nombre des admissions s'est accru d'une manière disproportionnée et que les armes spéciales réclament à elles seules autant de sujets qu'autrefois tous les services ensemble. (Il se présente actuellement plus de 1200 candidats. 250 sont admis, 180 environ embrassent en sortant la carrière militaire.) Pourtant il est un fait digne de remarque, c'est la façon dont les Polytechniciens ont envahi l'École supérieure de guerre; ils ont montré que leur éducation les avait parfaitement préparés aux fonctions de l'état-major d'où on avait persisté longtemps à les exclure.

l'artillerie et du génie dont ils contribueront à maintenir la réputation de capacité, de talent et de vertus militaires.

Fier du succès, sûr de l'avenir, animé du désir de se montrer digne de ses devanciers, le nouveau Polytechnicien se remet à l'étude et déploie une ardeur, une émulation qu'il est difficile de surpasser. Des méthodes sans cesse perfectionnées, un système lumineux d'enseignement, le conduisent à une connaissance approfondie des différentes branches des sciences mathématiques et physiques. En voyant se dérouler devant lui toutes les découvertes du génie humain, se révéler les lois auxquelles le monde obéit, son jugement se développe solide et sûr. La logique rigoureuse des abstractions fait apparaître à son imagination avide et bien préparée la vérité dans son unité, dans son éclat. Des convictions, des certitudes naissent dans son esprit, que rien n'ébranlera désormais. Aussi est-il tout d'abord enthousiaste, absolu, disposé à suivre jusqu'à l'excès même les conséquences des principes. Il se peut que quelques-uns, exaltés par de telles études se soient égarés dans les abstractions et les chimères ! Ce n'est pas à dire qu'ils soient tous « écrasés, desséchés, ruinés pour toujours[1] ». L'étude des sciences, au contraire, en accoutumant l'esprit à tirer des conclusions des données premières et à les vérifier ensuite par l'observation et l'expérience, apprend à dédaigner les artifices de forme, à juger sur le fond, à rechercher la vérité toute nue. Elle affranchit du joug des préjugés et met en garde contre les sophismes. C'est la meilleure discipline intellectuelle et morale. Elle développe le jugement et donne l'esprit d'indépendance, précieux élément du caractère. Loin de pervertir

---

1. DUPANLOUP, Discours à l'Assemblée nationale, le 19 mai 1872.

les cœurs, la passion des recherches scientifiques, l'amour des vérités abstraites, doivent être regardés comme un heureux résultat sans lequel la vie réelle n'offrirait plus tard qu'égoïsme, spéculations sans scrupules, caractères sans énergie.

Les programmes ne comportent pas d'ailleurs une étude exclusive des mathématiques[1]. L'introduction des cours d'histoire et de littérature, les lectures à la bibliothèque, la visite des principaux établissements industriels, la distribution judicieuse des exercices aux différentes heures de la journée, le soin qu'on a pris de faire alterner les études avec les travaux manuels; enfin les longues récréations, les fréquentes sorties pendant lesquelles chacun peut rechercher les distractions conformes à ses goûts, préviennent la trop grande tension de l'esprit et contribuent à atténuer ce qu'il peut avoir de trop absolu. La modification s'accuse déjà dans la deuxième année; elle laisse pressentir quelle sera l'action du temps, à l'École d'application où le jeune homme ira essayer ses forces et, plus tard encore, dans le cours de la carrière embrassée.

Dans l'ancienne École, les élèves réunis seulement pendant les études habitaient au dehors et jouissaient d'une liberté qui ne pouvait pas durer. Le régime du casernement,

---

1. Nous rapportons à ce sujet l'anecdote suivante :

Charlet, pendant qu'il exerçait les fonctions de maître de dessin, demandait et redemandait sans cesse qu'on accordât à l'étude du dessin un peu plus de temps, que le temps si minime qui lui était consacré. Un jour qu'il siégeait comme un des membres du conseil de perfectionnement de l'École, il renouvelait ses efforts mais sans plus de succès. Au nom des hautes mathématiques, sa demande était repoussée. Charlet saisit alors une plume et en quelques instants trace un croquis. Les membres du conseil se lèvent et l'entourent pour voir son dessin. Il représente : un élève de l'École frappé d'apoplexie; le médecin accourt, lui ouvre la veine... pas une goutte de sang !... Seulement des X et des Y ! Ce dessin lui fut demandé séance tenante par le général Vaillant, alors gouverneur de l'École. (*Lettres de Charlet*, par DE LACOMBE, p. 117.)

déploré par beaucoup de bons esprits, est aujourd'hui consacré par l'usage. Les inconvénients qu'il présente, fruits de la soumission forcée aux mêmes règles minutieuses, imposée à des jeunes hommes de caractères différents appelés à vivre dans le monde, ont été le point de départ des attaques les plus violentes contre l'institution. On l'a accusée de sédition, sans bien examiner si le mécontentement des élèves ne provenait pas quelquefois de la violation des règlements disciplinaires que l'autorité avait établis et qu'elle-même enfreignait. Plusieurs fois elle a été licenciée; mais presque chaque fois à la suite de circonstances où la politique n'était pas étrangère. Quoi qu'il en soit, le régime de la vie en commun, en excitant l'émulation entre les élèves de la même promotion, en facilitant l'initiation par les camarades de l'année précédente aux usages, aux souvenirs, aux traditions de l'École, a contribué puissamment à établir la solidarité entre les générations, chacune venant recueillir, sans solution de continuité, sans engagement réciproque, les fruits de l'éducation donnée à la génération précédente. Il a développé le sentiment de fraternité que les fondateurs considéraient comme éminemment propre à assurer plus tard le fonctionnement des services publics.

En vivant côte à côte, soumis aux mêmes travaux, aux mêmes épreuves, nourris des mêmes sentiments de dignité et de discipline, soutenus par l'exemple de leurs devanciers, les élèves s'estiment et s'aiment. D'illustres maîtres ont inspiré aux premières promotions le goût du libre examen, un sentiment très vif de l'égalité, l'amour de la justice, le mépris de la faveur, une loyauté à toute épreuve et leurs mâles enseignements se sont scrupuleusement transmis malgré

les changements survenus dans l'organisation, malgré les circonstances politiques, malgré les divergences dans les convictions.

Il existe aujourd'hui une grande famille polytechnicienne.
Ses membres, ingénieurs des ponts et chaussées ou des mines,
préposés aux constructions navales ou aux manufactures des
tabacs, officiers de marine, d'artillerie ou de génie, se con-
naissent entre eux. Unis à l'École par une fraternité qui s'est
signalée d'une manière admirable par nombre de faits dignes
des plus grands éloges, ils s'encouragent et se soutiennent
dans la vie. On leur a reproché leur esprit de corps. C'est
précisément cet esprit, exempt de fanatisme et de fatuité, si
propre à prévenir les écarts individuels, à contenir les con-
voitises, à susciter l'appui, la consolation nécessaire aux uns,
à servir de stimulant pour les autres, qui engendre, chez eux la
force, l'énergie, le dévouement, et qui, à une époque où semble
disparaître l'esprit de sacrifice, leur fait, avec une généreuse
abnégation, donner au pays leur temps, leurs efforts, leurs
santés, leurs vies. Recommandés par leur bonne méthode de
travail, leur rigide probité, hommes utiles et bons citoyens,
plus encore qu'ingénieurs habiles ou véritables savants[1], les
Polytechniciens conservent gravés au fond du cœur le sentiment
profond du devoir et l'amour de la patrie. Voilà pourquoi ils
ont mérité leur réputation et conquis la popularité.

Tels sont les fruits d'une éducation qui se fait d'elle-même,
sans précepte, sans maître, qui naît de la vie en commun, de
l'obéissance aux mêmes règlements, des habitudes d'ordre et
de travail, d'une heureuse émulation, du respect des maîtres,

---

1. Discours de M. Krantz à la réunion de la société amicale de secours, 1878.

de l'élévation des études, sorte d'atmosphère morale, saine, fortifiante, remplie de souvenirs et de traditions, où le cœur et l'esprit se retrempent pendant deux années laborieuses! C'est pourquoi la pensée nous est venue de recueillir ces souvenirs, ces traditions, qui se transmettent de promotion en promotion. Puissent ces pages rappeler, à ceux qui ont passé par l'École, les jours de la jeunesse dont la mémoire a tant de charme et qui marquent la première épreuve de la vie.

G. PINET.

SOUVENIRS ET TRADITIONS

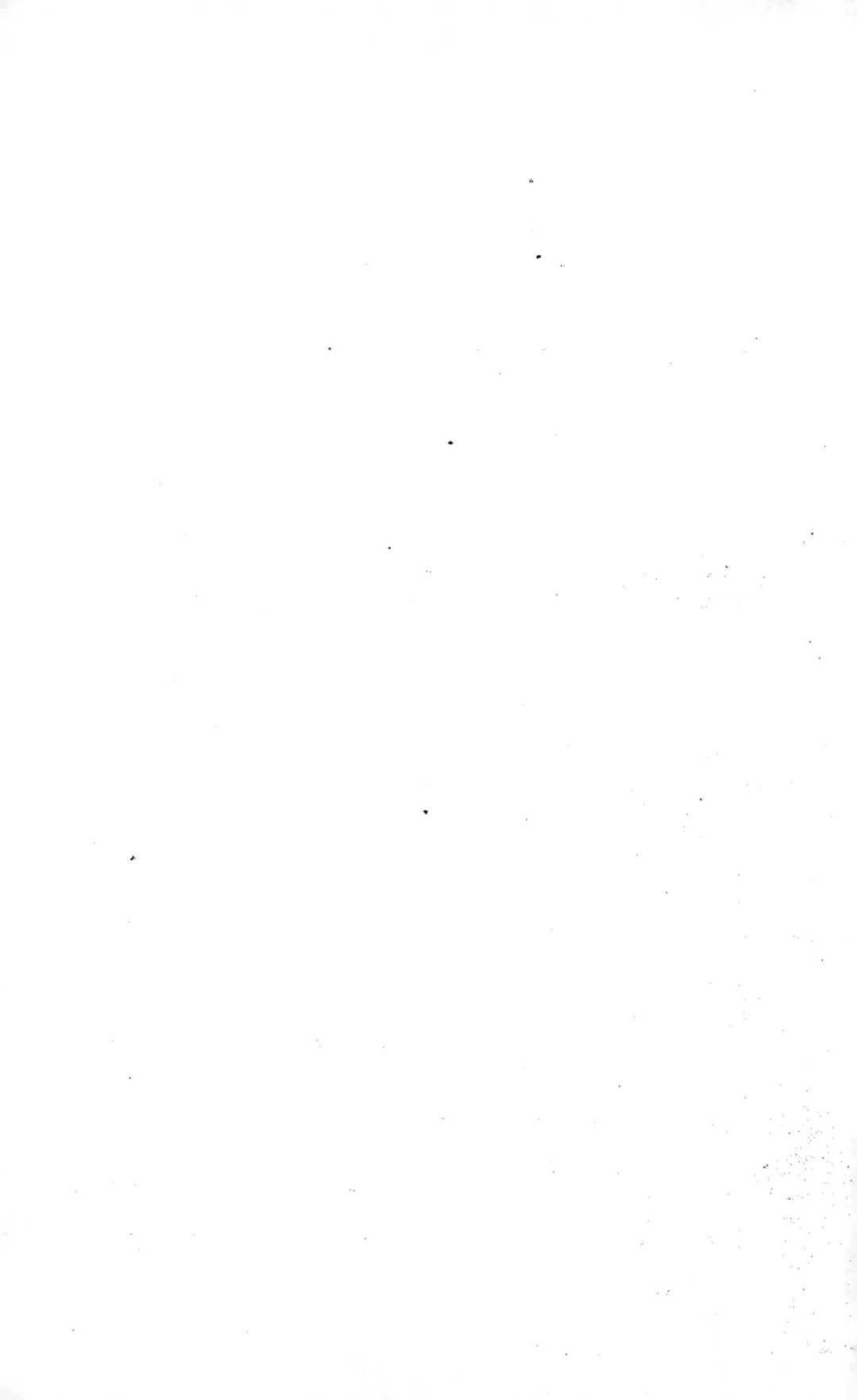

SOUVENIRS ET TRADITIONS

CHAPITRE PREMIER

1794-1804

Arrivée des élèves au Palais-Bourbon. — Les *Pères sensibles*. — Les mouvements populaires. — Le régime de l'externat libre. — Difficultés d'existence. — Confraternité et patriotisme des premières promotions.

Au mois de novembre 1794, une foule de jeunes gens accourait à Paris de tous les points de la France. Quatre cents élèves de l'École centrale des travaux publics, douze cents jeunes maîtres de l'École normale, des milliers d'étudiants de l'École de santé, pauvres pour la plupart, mais, suivant l'expression de Michelet, *enragés de travail*, arrivaient ensemble, avides de s'instruire. Pour faire le voyage on leur avait alloué, à titre d'indemnité, la solde de route des canonniers de première classe[1], c'est-à-dire quinze sous par jour, en assignats, équivalant à trois sous en numéraire. Avec cette modique ressource beaucoup d'entre eux avaient traversé la France entière à un moment où les routes étaient peu sûres, surtout dans les départements révoltés; où sur plusieurs points, comme vers le Midi et près de Lyon, on ne pouvait s'aventurer sans escorte; où

---

1. Décret du 2 thermidor an II.

partout les moyens de locomotion étaient d'une désespérante lenteur. Paris alors tout étonné de voir revenir le monde si varié des voyageurs salua avec enthousiasme « la joyeuse conscription des hommes de vingt ans [1] » appelés aux hautes écoles que la Convention venait de créer.

Les candidats admis à celle qui, l'année suivante, allait s'appeler l'École *Polytechnique,* avaient reçu l'ordre de se présenter à la Commission des travaux publics le 10 frimaire an III (30 novembre 1794). Tous n'étaient pas encore arrivés trois semaines après le jour fixé. Heureusement, l'installation de la nouvelle institution, dans les bâtiments du Palais-Bourbon, n'était pas terminée et l'ouverture des cours avait dû être reculée jusqu'au 1er nivôse (21 décembre 1794). Depuis six mois la Commission chargée de présider à la fondation poussait avec la plus grande activité les travaux nécessaires à l'aménagement intérieur et à la réunion des collections de toute nature. Un moment la rareté des subsistances et la difficulté de se procurer les approvisionnements l'avaient obligée de suspendre son œuvre; mais sur l'ordre du Comité de salut public, les diverses Commissions de gouvernement avaient pris des mesures énergiques et promptes pour réquisitionner à la fois le pain des ouvriers, le matériel, les moyens de transport et les ouvriers eux-mêmes. Les travaux avaient été repris après les événements de thermidor et poursuivis sans interruption. Ils ne furent complètement terminés qu'au printemps de l'année suivante. Toutefois leur état d'avancement permit, dès la fin du mois de décembre, d'ouvrir les *cours révolutionnaires* préparatoires à la marche normale et régulière de l'institution [2].

Elle occupa les dépendances du Palais-Bourbon, les écuries, les remises, l'orangerie, la salle de spectacle. Tous ces bâtiments qui bordaient d'un côté la rue de l'Université, de l'autre le marais des Invalides, ont aujourd'hui disparu à peu près entièrement; ils ont fait place aux constructions du ministère des Affaires étrangères. Un grand amphithéâtre à quatre cents places fut construit dans

---

1. MERCIER, *Tableau de Paris.*
2. Voir dans la seconde partie du Livre le chapitre *Fondation de l'École.*

l'hôtel Lassay, contigu au Palais, sur la terrasse du quai [1]. On prit encore un peu plus tard (1796), pour les agrandissements devenus nécessaires, une partie des bâtiments à droite de la cour d'entrée, le long de l'avenue conduisant à l'hôtel Lassay. L'École polytechnique eut ainsi son berceau dans le palais du prince de Condé, devenu propriété nationale par suite du décret qui prononçait la confiscation des biens des émigrés. Elle vécut là dix années, sur l'emplacement autrefois occupé par le *grand pré aux clercs*, théâtre des galanteries et des combats singuliers et lieu de promenades des écoliers du XVIe et du XVIIe siècle, côte à côte avec la direction des Ponts et Chaussées et celle de l'Université, sous les yeux de l'Assemblée nationale et sous la protection immédiate des pouvoirs publics.

Bien avant l'arrivée des élèves, le gouvernement avait songé aux moyens d'assurer leur existence à Paris. Sur la proposition de Fourcroy, le Comité de salut public avait décidé, au moment de la création, qu'on donnerait à chaque élève, à dater du jour où il serait venu se présenter, un traitement suffisant pour vivre dans la capitale. « L'État doit ce traitement aux élèves, avait dit le savant conventionnel, parce que la plupart des citoyens n'ont pas les facultés pour entretenir leurs enfants à Paris, pendant trois ans, parce qu'ils ont déjà fait les dépenses de la première instruction et parce que les élèves auront obtenu, d'après leur examen, un premier grade dans les travaux publics [2]. » Le traitement fut fixé à 1200 livres en assignats. Convaincu en outre que les élèves ne devaient être « ni casernés, ni réunis dans un pensionnat commun, » le comité fut d'avis de les mettre en pension, séparément ou en très petit nombre, « chez de bons citoyens qui, par leurs exemples domestiques, les formeraient aux vertus républicaines ». En conséquence, la Commission des tra-

---

1. Le Palais-Bourbon a été commencé en 1722 par la duchesse de Bourbon en face du pont que le prévôt des marchands avait promis d'élever. La façade sur le quai a été démolie en 1807, à sa place on a élevé le péristyle et la colonnade que l'on voit aujourd'hui. L'hôtel Lassay, acquis plus tard au duc d'Aumale avec la totalité du palais, a conservé ses façades, l'intérieur a été entièrement démoli. C'est aujourd'hui l'hôtel du Président de la chambre des députés.

2. Rapport de Fourcroy à la Convention, sur la création de l'école, le 3 vendémiaire an III.

vaux publics invita les comités civils des six sections les plus voisines du Palais-Bourbon, celles de Grenelle, des Invalides, de l'Unité,
des Piques, du Bonnet-Rouge et de la République, à nommer chacune
quatre commissaires chargés de visiter les citoyens qui s'engageraient à recevoir des élèves en pension, et de lui faire connaître
« ceux qui jouiraient d'une réputation bien établie de probité et de
bonnes mœurs, et qui auraient constamment donné l'exemple du
travail et du civisme ». Elle s'attacha à représenter à ces citoyens
« combien c'est un lien cher et doux, et en même temps bien propre
à réunir toutes les parties de la République, que l'échange, entre de
bons pères de famille, des soins réciproques à rendre à leurs enfants
mutuels, quand les besoins de la patrie les obligent à quitter leurs
foyers[1] ». Puis elle informa les candidats, par leur lettre d'admission,
qu'ils trouveraient à Paris « des pères de famille, *sensibles* et bons
patriotes », lesquels recevraient en pension plusieurs élèves, moyennant neuf cents livres, prix de la nourriture et du logement de chacun
d'eux[2]. Enfin le conseil de l'École répondit aux sollicitudes manifestées
dans le rapport de Fourcroy, en adressant à tous les *Pères sensibles*
(c'est le nom qui leur fut donné par les élèves) une instruction dictée
par une prévoyance vraiment paternelle, qu'on nous permettra de
reproduire à peu près dans son entier :

Pour un élève, il devra disposer, dans la maison même qu'il occupe, d'une
chambre meublée d'un lit, d'une table d'environ quatre pieds de long sur
trois de large, de trois ou quatre chaises, d'une armoire et d'une commode.
Ce mobilier doit être simple, sa propreté et sa clarté doivent faire tous les
ornements de la chambre.

Pour deux élèves, les meubles ci-dessus seront doublés et une chambre
suffira, si elle est assez grande.

Les élèves vivront avec les citoyens chez lesquels ils logeront ; ils auront
la même table et la même nourriture.

Ils devront être rendus à huit heures du matin à l'École, y rester jusqu'à

1. Lettre des trois commissaires, Le Camus, Rondelet, Dupin, adressée aux citoyens
des sections, le 16 brumaire an III.
2. Voir la pièce justificative n° 8.

deux heures, aller dîner et revenir ensuite à cinq heures, pour s'en retourner à huit.

Outre la nourriture et le logement que les hôtes donneront aux élèves, ils auront encore, à leur égard, les mêmes soins et la même surveillance que de bons pères pour leurs enfants. En conséquence, ils les soigneront, dans tout ce qui peut avoir rapport à l'entretien de leurs effets, à la propreté, à la salubrité. Ils veilleront à leur conduite et tiendront la main à ce qu'ils soient rentrés aux heures indiquées. Ils observeront les sociétés qu'ils fréquenteront; ils leur donneront des avis et des instructions paternelles comme à leurs propres enfants. Ils rendront enfin un compte fréquent de ce qu'ils auront remarqué sur la conduite, le civisme et le caractère moral des élèves.

Ils indiqueront le prix qu'ils pensent devoir leur être payé. Ils seront payés, par mois, sur ordonnance de la Commission des travaux publics. Les menus frais d'entretien journalier leur seront également remboursés [1].

Les pères de famille répondirent aux propositions des trois comités réunis, de salut public, d'instruction publique et des travaux publics par un empressement patriotique dont on ne trouverait d'exemple à aucune autre époque et chez aucune nation. Les élèves reçurent, chez eux, des soins touchants dont ils gardèrent le souvenir. L'administration ne les y laissait pas d'ailleurs abandonnés à eux-mêmes. Tous les jours, le sous-directeur chargé de la police, Gardeur-Lebrun, allait leur rendre visite. Animé d'un zèle infatigable, il parcourait successivement toutes les sections; il visitait les logements, constatait leur état, s'informait du travail des élèves, de leur conduite et recevait les réclamations. Chaussier, l'officier de santé attaché à l'École, l'accompagnait la plupart du temps. Il donnait ses soins aux élèves qui étaient malades; il intervenait pour faire changer les chambres trop petites ou mal aérées; il sollicitait des avances de fonds en faveur des citoyens qui soignaient avec dévouement leurs pensionnaires atteints de maladies graves. Tous les deux s'appliquaient à maintenir les bons rapports et à assurer la satisfaction commune. Les premiers élèves ont confondu ces deux hommes dans leur vénération.

Pour l'habitation, le régime de la liberté et de la séparation avait

1. Instruction approuvée par les trois comités de salut public, d'instruction publique et des travaux publics, le 25 vendémiaire, an III. — Archives nationales.

semblé le meilleur aux fondateurs de l'École ; mais pour les études, ils voulurent le régime de la réunion et de l'obligationt stricte. Sans prendre la peine d'arrêter aucun règlement disciplinaire, et décidés d'ailleurs à laisser aux futurs ingénieurs une liberté à peu près absolue dans l'intérieur de l'établissement, ils s'appliquèrent à régler la distribution du travail. Ils dressèrent un tableau de l'emploi du temps par décade, dans lequel les uns ont voulu voir une reproduction de ce qui se faisait à l'École du génie de Mézières, que d'autres ont prétendu emprunté à l'enseignement des jésuites, et qui fut un véritable chef-d'œuvre. Les nombreux exercices y étaient répartis de la manière la plus admirable aux différentes heures de la journée, en soutenant constamment l'intérêt, sans fatiguer l'esprit. La répartition fut si judicieusement comprise, que les établissements plus ou moins analogues, fondés depuis cette époque en France ou à l'étranger, ont presque toujours essayé de se l'approprier dans l'espoir de s'assurer, par cela seul, une aussi brillante destinée. En harmonie parfaite avec le plan d'organisation, ce tableau répondait dans le principe à toutes les exigences du travail. Aujourd'hui, malgré les changements survenus dans nos habitudes journalières de la vie, bien que le régime de l'externat libre ait été remplacé à l'École par celui du casernement avec l'existence en commun, il subsiste à peu près sans modification.

Les élèves passaient au Palais-Bourbon environ dix heures par jour. Ils y arrivaient à huit heures du matin et y restaient jusqu'à deux heures de l'après-midi. A ce moment, chacun s'en allait prendre son repas ; celui-ci chez ses parents, celui-là chez le père de famille dont il était le pensionnaire ; trois heures suffisaient, pour aller et revenir, à ceux qui habitaient les quartiers les plus éloignés. Le grand jardin du Palais était pendant ce temps-là à leur libre disposition. « C'est là, écrivait un élève, que nous promenons jusqu'à cinq heures, *jeanjacquisant* ensemble et rêvant aux délices des Charmettes. » Le travail reprenait ensuite depuis cinq heures jusqu'à huit heures du soir. Les trois divisions étaient séparées pour les leçons et pour les études. Elles étaient installées dans des bâtiments qui

donnaient sur des cours sans communication et où l'on accédait par des escaliers indépendants. Hors le temps des leçons à l'amphithéâtre, d'ailleurs très multipliées, les élèves étaient répartis dans les salles de travail et dans les laboratoires de chimie. Un inspecteur surveillait chaque division, il assistait aux leçons, il parcourait fréquemment les salles. Dans le court intervalle de ses apparitions, il ne pouvait se commettre que des désordres furtifs, pour lesquels on montrait la plus grande indulgence, pourvu que le travail n'en souffrît pas, et qui pouvaient difficilement s'étendre à une division entière, encore moins à l'ensemble des divisions. Durant les dix années du régime de l'externat, l'idée ne vint jamais, ni aux élèves de promotions concertées, ni aux élèves d'une même promotion, de se coaliser contre l'autorité. Ils jouissaient à l'intérieur d'une liberté dont le souvenir n'a pas manqué de se transmettre et l'harmonie n'a jamais été troublée. Mais, à l'extérieur, le régime de la pleine liberté n'était pas sans inconvénient, et les désordres auxquels il a parfois donné lieu ont suscité, à diverses reprises, les attaques de ses détracteurs. En réalité, la plupart des élèves n'avaient que bien peu d'instants de liberté dans Paris. Ceux qui s'occupaient avec ardeur de l'une quelconque des sciences enseignées à l'École, ceux qui voulaient se présenter au concours de fin d'année, avec une instruction complète, étaient obligés de travailler isolément chez eux, plusieurs heures par jour. L'action du dehors devait, dès lors, être très faible sur des jeunes gens si constamment et si nécessairement occupés. Il faut pourtant reconnaître que pendant les premières années, sans doute parce qu'à ce moment il était à peu près impossible aux élèves de s'y soustraire, elle s'exerça d'une manière fâcheuse et qu'elle faillit un instant compromettre l'existence même de l'Institution.

L'année 1795 a été l'une des plus agitées de la Révolution. Depuis le coup d'État de thermidor, les partisans de l'ancien régime avaient relevé la tête, les émigrés étaient rentrés en foule impatients de se venger de ce qu'ils avaient souffert, la réaction victorieuse poursuivait de sa haine implacable les anciens membres des comités, et la Ré-

publique, blessée à mort, se débattait entre les terroristes et les thermi-
doriens. A tous les maux dus aux discordes politiques, étaient venues
s'ajouter les souffrances d'un hiver rigoureux. En même temps, l'a-
brogation subite des lois du maximum avait amené la dépréciation du
papier-monnaie, le renchérissement disproportionné des subsistances, et causé une véritable disette. On manquait de pain ; les malheureux faisaient queue à la porte des boulangers. Une partie de la
société n'en étalait pas moins un luxe scandaleux. Les mœurs n'é-
taient pas encore celles du Directoire ; mais on s'abandonnait déjà à
une folle ivresse de plaisir ; on dansait, on jouait avec fureur et l'on commençait à se lancer dans le tourbillon d'un agiotage effréné. On a
souvent dépeint l'orgie de la fin de la Convention et du Directoire, le
relâchement des mœurs, le besoin universel de plaisir au lendemain
de la Terreur. On a maintes fois tracé le tableau de Paris avec ses
23 théâtres, ses concerts en vogue de la rue Feydeau, où le chan-
teur Garat attirait la bonne compagnie, ses 600 bals ouverts tous
les jours et où la foule se pressait : celui des *Zéphirs,* à l'hôtel
Richelieu ; celui des *Victimes* à l'hôtel Thélusson, ses restaurateurs
achalandés qui faisaient leur apparition, ses hôtels encombrés de
voyageurs et son Palais-Royal, vaste Pandémonium de la débauche.
L'aspect de cette capitale, si vivante et si animée, avait intéressé le
jeune général Bonaparte alors en réforme ; « l'aisance, le luxe, le
bon ton, tout a repris, écrivait-il à son frère Joseph[1], on ne se
souvient plus de la Terreur que comme d'un rêve. » La jeunesse studieuse des provinces, arrivant aux nouvelles écoles, fut saisie d'étonnement en présence d'un tel spectacle. Au sortir du collège où l'esprit
révolutionnaire avait pénétré à travers les murs, elle se trouvait
transportée au milieu d'une société aux mœurs douces et faciles,
ivre de divertissements. Élevée, par les familles, dans le fanatisme
de la Révolution, elle allait voir le gouvernement, qu'on avait connu
si terrible, battu en brèche tous les jours, dans les *clubs,* dans les
ventes, dans les *loges,* et surtout dans les *cafés.* Faut-il s'étonner

---

1. Lettre de Bonaparte à son frère Joseph écrite le 30 juillet 1795.

qu'à la vue des discordes, des misères, des plaisirs, des folies, des extravagances, ces jeunes gens n'aient pas conservé le calme nécessaire aux études sérieuses?

Les premiers Polytechniciens libres dans la ville, témoins des agitations continuelles de la rue, exposés comme la masse des citoyens, à toutes les privations, mêlés, en leur qualité de gardes nationaux, à la vie publique, ne purent rester étrangers aux manifestations populaires. Dès leur arrivée, quelques-uns d'entre eux se laissèrent entraîner, à la suite de la *Jeunesse dorée*, à des égarements regrettables. Recrutée dans les familles du haut commerce ou parmi celles dont les membres avaient péri sur l'échafaud, composée surtout de jeunes gens ayant échappé aux réquisitions militaires, la milice de Fréron s'était donné pour mission de poursuivre partout les *révolutionnaires*. Excitée par un parti puissant qui travaillait au profit de la royauté, enflammée par vingt journaux, encouragée par les femmes, elle provoquait des rixes tous les jours sur la voie publique, dans les jardins et dans les spectacles. Plusieurs fois des élèves de l'École se trouvèrent mêlés avec les *muscadins à cadenettes*. On en vit, avec eux, dans la salle des concerts de la rue Feydeau et dans tous les théâtres, le jour où l'on brisa le buste de Marat. Plusieurs se montrèrent au jardin national, au Palais-Royal et au café de Chartres, centres habituels des réunions royalistes. A l'intérieur de l'École, dans les salles d'études, ceux-là entonnaient l'air déclaré « homicide » le *Réveil du peuple,* aussitôt que les inspecteurs étaient partis. Mais le nombre fut extrêmement restreint de ces égarés parmi les ennemis de la République. La grande majorité se montra toujours prête à défendre la Convention.

Lorsqu'on eut incorporé les élèves dans les gardes nationales, on les convoqua pour le service ordinaire de la garde et, à toutes les prises d'armes, ils marchèrent avec les sections. Toutes les fois qu'on battait le rappel, il leur fallait abandonner le travail et se rendre, sur-le-champ, au lieu du rassemblement. Souvent l'École se trouvait ainsi en partie déserte. « Aujourd'hui que les sections sont rassemblées extraordinairement, fait observer Gardeur-Lebrun,

je n'ai pas été surpris du petit nombre d'élèves présents[1]. » Quand le bruit des agitations du dehors parvenait jusqu'aux salles d'études, les efforts de l'inspecteur étaient impuissants à maintenir le calme et à empêcher les élèves de partir. Le soir du 1er germinal, on était venu crier sous les fenêtres pendant la leçon de Neveu : « Pouvez-vous dessiner froidement quand on égorge vos camarades ! » Tout le monde s'était levé et l'École, en masse, était allée se joindre à la force armée.

Un pareil état de choses, si préjudiciable aux études, avait, de bonne heure, préoccupé les conseils. Des démarches avaient été faites, auprès des sections et auprès du Comité militaire de la Convention, afin d'obtenir que le service de la garde ne fût exigé désormais que les quintidis et les décadis[2]. Il fallut les événements de vendémiaire et l'ordre de désarmement général, pour empêcher la participation obligatoire de l'École aux agitations politiques[3]. Que d'émeutes, dans l'intervalle, où les citoyens des sections durent courir aux armes ! Les premiers mois de l'année 1795 sont remplis par les *insurrections de la faim*. Trois fois, les femmes des faubourgs, à la suite de distributions insuffisantes, envahissent l'Assemblée. Le peuple des quartiers Saint-Antoine et Marceau vient, à son tour, à la barre, demander « du pain, la liberté des patriotes et la Constitution de 93 ». Le 1er prairial, enfin (20 mai 1795), les sections des Quinze-Vingts, de Montreuil, de Popincourt, composées d'ouvriers, braquent leurs canons sur le Palais législatif. Ce jour-là, la Convention ne dut son salut qu'à la fidélité de la plus grande partie des sections, avec lesquelles l'École polytechnique avait marché tout entière.

Il est malheureusement certain qu'en vendémiaire, aux jours les plus critiques, des élèves se sont réunis, pour combattre le gouvernement, à toutes les sections révoltées. Peu de temps avant l'émeute, on en avait vu quelques-uns prendre part aux scènes de désordre derrière lesquelles la jeunesse royaliste dissimulait son dessein d'al-

---

1. Registre du conseil, 12 pluviôse, an III.
2. *Id.* 25 pluviôse an III.
3. *Id.* 12 brumaire an IV.

ler attaquer la Convention. Un soir, on les avait reconnus dans les groupes qui s'étaient portés successivement aux théâtres de la République, de la rue Feydeau et du Vaudeville, brisant les portes, interrompant le spectacle, et chantant le *Réveil du peuple*. On sut que le 13 (5 septembre 1798), un certain nombre d'entre eux se mêla aux chouans et aux émigrés, auxquels la bourgeoisie s'était jointe, excitée par l'épouvantail ordinaire d'un retour prochain de la Terreur. Toutefois, la part qu'ils prirent à l'émeute thermidorienne a été fort exagérée. Des témoignages officiels permettent de la ramener à sa véritable proportion. Deux jours après sa victoire, la Convention, qui s'était crue un moment perdue, lorsqu'elle avait vu les colonnes rebelles marcher à l'assaut du Palais législatif par les deux rives de la Seine, et que Bonaparte avait sauvée en ouvrant résolument un tir à mitraille sur les galeries du Théâtre-Français, la rue Saint-Honoré et le porche de l'église Saint-Roch, faisait rechercher partout les coupables. L'opinion publique, lasse de cette guerre scandaleuse qui avait trop duré, entre le gouvernement et une petite fraction de la nation, demandait un châtiment sévère pour la jeunesse « *despotique* et *inconsidérée* » qui avait organisé la révolte. Il fut enjoint, à tous les employés des bureaux et agences établis dans Paris, d'avoir à justifier de leur présence à leur poste le 12 et le 13 vendémiaire. Or, voici l'état que le directeur de l'École polytechnique fit parvenir au Comité de salut public :

Ont pris les armes pour défendre la Convention.	5
Ont déclaré avoir été forcés de prendre les armes. . . .	8
Étaient de garde.	19
Ont remis des certificats.	66
Etaient à leurs postes.	151
Ont fait des déclarations.	33
	282

Ainsi, huit élèves seulement s'étaient mêlés à l'insurrection suscitée par les prêtres et les émigrés rentrés. Ils étaient assurément coupables, et leur expulsion paraissait inévitable. L'intervention énergique de Monge, au sein du conseil de l'École, les sauva. Le savant

professeur, rapporte l'un de ses élèves favoris, « fit tête aux plus craintifs et aux plus exaltés de ses collaborateurs, et il réussit à maintenir dans nos rangs ceux qu'on en voulait exclure[1] ». Parmi ceux-là se trouvaient Malus et Biot. Il y avait aussi un professeur, officier distingué, qui fut obligé de s'éloigner, et pour lequel Monge obtint, peu de temps après, une place équivalente à celle qu'il avait été forcé d'abandonner.

On a donc accusé à tort l'École polytechnique, parce qu'un petit nombre d'élèves s'étaient compromis avec une jeunesse imprudente, d'avoir été en ce moment-là hostile aux institutions républicaines. Toutefois, la répression terrible employée par le général Bonaparte, et dont il menaçait longtemps après tout ressouvenir de l'indépendance des sections, souleva l'indignation de ces jeunes gens. Beaucoup d'entre eux manifestaient tout haut leur sentiment, et ne dissimulaient pas un certain espoir de vengeance. Leur attitude émut le ministre de la Police, Merlin, qui s'en plaignit plusieurs fois au directeur de l'École et au ministre de l'Intérieur. Il est vrai que Merlin, chargé par le Directoire de rétablir la sécurité dans Paris, avait inauguré une administration tracassière et vexatoire. Il avait remis en vigueur un décret de la Commune, enjoignant aux citoyens de présenter leurs *cartes civiques* à toute réquisition des officiers de police, sous peine de trois mois de prison. Plusieurs fois ses agents, envoyés à la recherche des hommes de la première réquisition qui n'obéissaient pas à leur ordre d'appel, cernèrent les théâtres et exigèrent la présentation des cartes. Les élèves s'en montrèrent fort irrités. Ils ne laissèrent échapper aucune occasion de témoigner leur mécontentement aux magistrats municipaux, si bien que le successeur de Merlin, Cochon de Lapparent, qui jouissait de l'estime générale, fut souvent obligé de renouveler les mêmes plaintes que son prédécesseur. Il écrivait un jour au directeur :

Je suis informé qu'au moment où les membres de l'administration municipale du Xe arrondissement de Paris proclamaient la prise de Mantoue,

---

1. *Éloge de Monge*, par BARNABÉ BRISSON.

plusieurs jeunes gens de l'École polytechnique et qui en sortaient, se sont permis d'insulter les magistrats et qu'ils les ont poursuivis, depuis le Palais de la Révolution jusqu'à la porte de la municipalité, en tenant des propos ironiques[1].

Ce fut là leur seul tort. A un moment où les nombreux partis travaillaient à renverser le gouvernement nouvellement installé, où les circonstances contribuaient à faire de Paris le centre d'un mouvement que les royalistes exploitaient, ils surent se tenir en dehors de la politique. Cependant, au mois de messidor 1797, quelques-uns d'entre eux se mêlèrent aux clichyens, quand ils essayèrent de réorganiser la garde nationale, en se flattant de remettre sous les armes la jeunesse qui avait combattu la Convention. Deux mois après, un plus grand nombre prit part aux manifestations qui précédèrent la révolution du 18 fructidor (4 septembre 1797). Cette fois, le gouvernement avait provoqué les manifestations. Faible et déconsidéré dès son avènement, flattant l'armée, appelant à son service les généraux compromis avec la réaction, se préparant à violer lui-même la Constitution dont il avait la garde, sur le point d'être mis en accusation par les conseils en majorité réactionnaires, le Directoire s'était résolu à faire appel à la force. Lorsqu'on apprit le matin du 19 fructidor qu'Augereau avait occupé dans la nuit le palais du Luxembourg, que deux Directeurs et un grand nombre des membres des conseils législatifs, que des hommes irréprochables étaient déportés, la stupéfaction fut profonde dans Paris, et la jeunesse des Écoles, qui s'était offerte, avec une partie de la garde nationale, à défendre l'Assemblée, fit entendre des protestations énergiques. Elle prouvait son amour de la liberté en blâmant un coup d'État qui n'était pas nécessaire, que le peuple laissa faire parce qu'il le croyait dirigé contre les royalistes, qu'on aurait pu éviter, a dit Carnot, et qui fut d'ailleurs plus funeste aux républicains qu'à leurs adversaires[2].

Les convictions des Polytechniciens s'étaient affirmées d'ailleurs en d'autres circonstances. En prêtant pour la première fois le ser-

1. Lettre du ministre Cochon de Lapparent au Directeur de l'École le 2 ventôse an V.
2. *Mémoires sur Carnot*, par son fils.

ment civique exigé depuis l'an IV, chaque élève écrivit et signa de sa main une formule qui n'admettait pas d'équivoque : « Je jure d'être sincèrement attaché à la République et je voue une haine éternelle à la royauté. » Huit élèves seulement protestèrent, trois refusant de jurer, cinq ajoutant des restrictions à la formule; encore trois de ceux-là les rétractèrent-ils le lendemain. Tous les huit furent renvoyés, malgré les efforts du conseil pour sauver au moins ceux qui s'étaient rétractés. « Ils sont indignes, écrivit le ministre de l'Intérieur Benezech, de profiter de l'éducation républicaine. » Le même serment fut prêté chaque année, au moment de la rentrée, dans des termes à peu près analogues. Le jour désigné était l'anniversaire du 21 janvier. On le célébrait, au temple de Saint-Sulpice, par une cérémonie où l'École, avec tout son personnel d'instituteurs et d'agents, était convoquée. Le Directoire présidait; on chantait les airs patriotiques, la *Marseillaise,* le *Ça ira,* le *Chant du départ;* puis le serment était prononcé. Cette formalité dont le directeur de l'École, Guyton-Morveau, rappelait en ces termes la signification : « tandis que la volonté générale proclame impérieusement la haine de la royauté, l'opinion de quelques individus, corrompus par l'habitude de l'asservissement, peut encore errer sur les grands intérêts de l'humanité; ils peuvent se croire permis de regretter en silence un autre ordre de choses, mais dès l'instant qu'un citoyen a manifesté le vœu de servir la République, ses affections doivent se trouver d'accord avec ses devoirs[1], » a peut-être éloigné de l'École un certain nombre de candidats, dont les familles, restées fidèles à la royauté, les détournaient du concours[2].

Le jour de l'ouverture des cours était aussi l'occasion d'une fête civique. En l'an V, raconte Fourcy, dans son intéressante histoire, on planta solennellement un arbre de la liberté dans l'enceinte de l'École; Monge y attacha un drapeau tricolore et fit enfouir

---

1. Discours de Guyton-Morveau, le 3 pluviôse an VII.
2. Lorsque Clermont-Tonnerre annonça sa résolution d'y entrer, ce fut contre lui dans son monde une irritation, un déchaînement auquel il sentit bien que son père ne résistait qu'avec peine. CAMILLE ROUSSET, *Un ministre sous la Restauration,* Paris 1884.

à la racine le procès-verbal d'inauguration. Après lui, Fourier, Neveu prirent la parole; on chanta des couplets et l'on récita des strophes pleines de chaleur et d'enthousiasme. Malheureusement, il survint une pluie, ajoute-t-il avec ironie, les élèves regagnèrent leurs salles d'où ils regardèrent par les fenêtres la fin de la cérémonie. La fête ne s'en renouvela pas moins l'année suivante. Plusieurs personnages considérables y assistèrent et signèrent le procès-verbal : Gingenné, directeur de l'Instruction publique, le général Desaix, commandant en chef de l'armée d'Angleterre, Max Cafarelli-Dufalga, général du génie, qui avait perdu une jambe au service de la République, d'Andréossi, chef de brigade d'artillerie à l'armée d'Italie et tous les membres du conseil. Huit discours furent prononcés, les applaudissements des élèves redoublèrent aux passages qui exprimaient avec le plus d'énergie « les vertus républicaines et un patriotisme brûlant et éclairé[1] ». On chanta des couplets patriotiques composés par un agent de l'École, et le citoyen Gingenné récita des strophes dues à un chef de brigade. La cour des laboratoires où avait eu lieu la cérémonie fut, à dater de ce jour, appelée *Cour de la Liberté*.

A toutes les fêtes nationales, celle de la *Fondation de la République* (1er vendémiaire), celle de la *Jeunesse* (10 germinal), celle des *Époux* (10 floréal), celle de l'*Agriculture* (10 prairial), celle de la *Liberté* (10 messidor), celle des *Vieillards* (6 et 10 thermidor), l'École était convoquée. Elle venait dans les cortèges, immédiatement à la suite des autorités, au premier rang, sous la bannière de l'Instruction publique. Le Directoire lui avait assigné la place d'honneur dans ces fêtes décrétées par la Convention, qu'il avait conservées comme un moyen de rehausser l'esprit public et de maintenir l'amour et le respect du gouvernement.

Cependant on doutait encore de son attachement à la République. Le nouveau ministre de l'Intérieur, Letourneur, ne lui trouvait pas « l'esprit qui doit caractériser des établissements républicains »[2]. Il

---

1. Registre du conseil, 15 pluviôse, an VI.
2. Lettre du ministre Letourneur au directeur de l'École, le 16 brumaire an VI.

menaçait de prendre contre elle les mesures les plus promptes et les plus sûres. Au conseil des Cinq Cents, on allait jusqu'à l'accuser d'être le refuge de l'aristocratie. Baraillon, fougueux montagnard, s'acharnait à réclamer son épuration. « Je ne parlerai pas, disait-il, du civisme de ces jeunes gens. Ils sont encore, ils seront toujours, si l'on n'y prend garde, ce qu'ils furent trois mois après leur arrivée et aux approches du 18 fructidor... Il faut cependant s'inquiéter de l'horrible contagion chez des sujets que la nation paye pour les instruire et qui devraient se prosterner devant elle par reconnaissance... Législateurs vous porterez la hache sur ces *mancenilliers* dont les fruits, séduisants d'abord, empoisonneraient bientôt la République[1]. » Un autre député, Lacombe Saint-Michel, s'indignait qu'on ne prît point de mesures contre eux : « Quoi! disait-il, vous aurez déporté des directeurs, des législateurs, parce que leurs sentiments menaçaient la sécurité de la République, et il vous serait impossible de purger un établissement de ceux qui, nourris, instruits aux dépens de la République, affectent un attachement ridicule à l'ancien régime! » Seul, Prieur de la Côte-d'Or, le rapporteur des comités d'organisation, prit la défense des élèves. Obligé de reconnaître que quelques-uns avaient pu se trouver *infestés d'incivisme,* il prouva qu'il était injuste de les accuser tous d'hostilité envers les pouvoirs publics. Néanmoins de nouvelles plaintes de la police étant parvenues au Directoire, une épuration générale fut ordonnée; on résolut d'exclure tous ceux « qui auraient manifesté des sentiments antirépublicains[2] ». Mais le conseil de l'École auquel on voulut imposer la mission pénible d'exécuter la sentence s'y refusa. Il représenta au ministre que l'arrêté du Directoire ne le préposait pas lui-même à l'épuration et il lui conseilla de la faire exécuter par des commissaires nommés hors de son sein. Le ministre embarrassé fit longtemps attendre sa décision; quand elle parut, quatre élèves étaient renvoyés, deux blâmés, sept censurés. « Je me flatte, écrivit François de Neufchâteau en transmettant

1. Discours de Baraillon aux Cinq Cents, le 6 nivôse an VI.
2. Voir la pièce justificative n° 10.

l'arrêt, que cette indulgence du gouvernement sera sentie par les élèves. Les coupables y trouveront le moyen de réparer l'effet du pernicieux exemple qu'ils ont donné; tous les autres y verront un motif de persévérer dans leur attachement pour la République[1]. » Là se borna l'épuration si vivement réclamée.

Grâce au zèle infatigable déployé par Gardeur-Lebrun dans l'accomplissement de ses délicates fonctions de sous-directeur[2], la discipline intérieure se ressentit beaucoup moins qu'on aurait pu le craindre des agitations du dehors. Son *Journal de l'École centrale des Travaux publics,* succession des rapports journaliers de la première année, signale à peine quelques légers désordres. Il y est fait mention de quelques brimades assez inoffensives, comme la *bascule* qui a été en grand honneur sous l'Empire et jusque vers le milieu de la Restauration. Il nous apprend que l'amphithéâtre fut, dès le principe, le lieu désigné de toutes les réunions tumultueuses et qu'on fut obligé d'y préserver par une barrière l'enceinte réservée au professeur. Pendant l'hiver rigoureux de 1794-95 les élèves prirent l'habitude de venir déjeuner le matin auprès des bouches de chaleur, puis de chanter et de faire le plus grand vacarme jusqu'à l'heure de la leçon. La coutume du déjeuner disparut plus tard lorsqu'on eut autorisé la vente des comestibles dans la cour[3]; mais celle des chants bruyants s'est perpétuée et ne semble pas aujourd'hui encore avoir disparu.

Le seul reproche qu'on ait alors adressé au système de la liberté des élèves était de faciliter les absences. Elles étaient malheureusement très fréquentes. Tous les jours quelques élèves manquaient au cours ou à la salle d'étude. Le soir, beaucoup ne venaient pas à

---

1. 17 thermidor an VI.

2. Il était secondé par trois substituts, Jacotot, Griffet-la-Baume et Lepère. Lors de la deuxième organisation (30 ventôse an IV), les deux premiers ont été remplacés par Durand et Fourier, et Gardeur-Lebrun a pris le titre d'administrateur.

3. Il est intéressant de citer le règlement pris par le conseil dans sa séance du 17 prairial an IX : « Il est permis, est-il dit, de vendre seulement du pain, du laitage chaud et froid et des fruits de la saison. Toute viande, pâtisserie, sucrerie sont interdites. Les denrées seront délivrées, par portions ou mesures fixées de 0 fr. 05 à 0 fr. 10. Il ne sera pas fait de crédit au delà de la consommation d'une décade. »

la leçon de dessin qui se donnait à la lumière des *quinquets*, à l'heure où mille distractions les appelaient au dehors. Aussi, malgré tout l'intérêt qu'il savait attacher à son enseignement, est-il arrivé quelquefois à Neveu de prendre la parole devant un auditoire presque vide. Des élèves sortis à l'heure du repas ne rentraient plus; d'autres partaient avant la fin de la séance de dessin; il y en avait qui sortaient aussitôt après avoir signé la feuille de présence. La plupart de ceux-là se répandaient dans les théâtres; ils allaient entendre les pièces nouvelles et de temps en temps faire du tapage. Aussi le conseil avait-il cherché de bonne heure le moyen de prévenir ces absences. Au lendemain d'un désordre dans le théâtre Feydeau où les tapageurs s'étaient portés en masse, il eut la pensée d'adopter un règlement de discipline semblable à celui des autres écoles. Monge, le directeur Lamblardie et le représentant Romme en avaient fait simultanément la proposition. Elle n'eut pas de suite. On se borna à contrôler la présence des élèves dans les salles de travail, en les obligeant, au lieu de signer simplement une feuille de présence, à répondre à des appels. Cette formalité contre laquelle il s'éleva des plaintes très vives[1], eut surtout pour but d'empêcher les étrangers, particulièrement les élèves de l'École des mines et ceux de l'École normale de se glisser tous les jours dans l'amphithéâtre. Plus tard, Gardeur-Lebrun fit délivrer à chaque élève une carte qu'il fallut présenter, à l'entrée comme à la sortie, à la sentinelle du poste[2], et qui servit de carte de sûreté, pour circuler dans la capitale. C'était la section des Piques, la plus voisine du Palais-Bourbon, qui avait offert, la première, de mettre ces cartes de sûreté à la disposition de la Commission des travaux publics; le conseil de l'École les avait acceptées avec empressement. Elles étaient alors indispensables, si l'on ne voulait pas s'exposer à être arrêté tous les jours par la police ou par les patrouilles de quelque section. En les distribuant aux élèves, le directeur leur rappela « qu'ils ne devaient pas être

---

1. Voir la pièce justificative, n° 9.
2. Depuis la fondation il y avait un poste de la garde nationale à la grande porte de la rue de l'Université. Il fut supprimé en l'an XII.

distingués des autres citoyens, que la Convention les avait réunis au centre des lumières, non seulement pour leur donner les plus grands moyens d'instruction, mais aussi pour les former à l'obéissance aux lois et aux pratiques des vertus morales et civiques[1] ».

L'obligation de présenter les cartes ne fit pas cesser les absences irrégulières. Les moyens plus énergiques proposés par le Comité de salut public, de retenir les appointements aux élèves peu exacts (8 messidor an III) et par le Directoire, de priver les coupables d'autant de rations qu'ils auraient fait d'absences, restèrent également sans résultat. On peut en juger par l'arrêté suivant pris quelques mois après : « Sur le compte rendu par l'administrateur, et vu le grand nombre des élèves qui ont manqué aux leçons, la retenue des rations ne sera faite qu'à ceux d'entre eux qui ont manqué six fois et plus pendant le mois. » Aussi le conseil se vit-il amené à la nécessité pénible de demander le renvoi de dix élèves qui avaient manqué trop fréquemment aux appels.

Après les scènes de désordres dans les salles de spectacles comme celle du théâtre de la *République*, où les élèves tournèrent en ridicule les chants patriotiques (floréal an IV) et celle du théâtre des *Jeunes artistes*, qui amena l'arrestation de plusieurs d'entre eux, de violentes attaques s'élevèrent contre le régime de l'externat. On demanda sa suppression et l'établissement immédiat du casernement. Le Comité des fortifications, peu favorable à l'École, se fit l'écho de toutes les plaintes. Dans un rapport adressé au ministre, sur la réorganisation de l'École du génie (26 janvier 1797), il réclama avec insistance que les Polytechniciens fussent casernés et tenus de porter toujours un uniforme. Un peu plus tard, le député Baraillon, répondant au discours de Prieur au Conseil des Cinq Cents, dépeignit le danger du séjour de Paris pour les mœurs, la santé et les opinions de ces jeunes gens de dix-huit à vingt ans et appuya la proposition du casernement. Le conseil s'opposa absolument au changement de régime, mais au sujet de l'uniforme proposé d'ailleurs depuis long-

---

1. Séance du conseil du 5 ventôse an III.

temps par le Directoire, il se rangea à l'avis général et en sollicita l'adoption. Ce fut là l'unique résultat des plaintes dirigées contre l'institution naissante, par ses ennemis déjà nombreux.

Dans les premiers temps, la question de l'habillement n'avait nullement préoccupé les fondateurs. « Une bonne redingote et une carmagnole doivent suffire, » avait dit l'un des membres du Comité de salut public. Quelques jours après la promulgation de la loi qui assimilait les élèves aux gardes nationaux en activité de service (9 frimaire an IV) et leur allouait en conséquence les rations de nourriture et l'habillement, le ministre de l'Intérieur décida qu'ils porteraient le costume de canonnier de la garde nationale avec la marque distinctive qu'il conviendrait au conseil d'y adapter. Sans doute la pauvreté du Trésor empêcha de mettre cette mesure en exécution; et l'année suivante, les réclamations du Comité des fortifications n'eurent pas plus de succès que celles de la police. Mais, en l'an VI, après l'affaire du théâtre des *Jeunes artistes,* cause de l'épuration générale, une nouvelle décision formelle du ministre enjoignit aux élèves d'avoir à se procurer sans délai l'habillement uniforme (13 thermidor an VI), c'est-à-dire l'habit à chasles[1] fermé par cinq boutons, coupé à la française, veste et pantalon couleur bleu national, les boutons dorés, le chapeau à trois cornes. Il fallut encore les mesures les plus sévères pour la faire exécuter. Vainement les règlements exigeaient-ils en tous lieux le port de l'uniforme tant au dehors qu'à l'intérieur, et menaçaient-ils d'une peine de dix jours d'arrêts celui qui serait rencontré dans un lieu public sans en être revêtu! Les élèves refusaient de le porter; ils le quittaient pour aller au théâtre ou bien ils le dissimulaient sous une longue redingote de couleur, afin d'échapper à la surveillance de la police. On fut obligé de tolérer la redingote, puis de l'accepter comme un effet réglementaire, seulement on y adapta « un collet noir de 4 centimètres au

---

1. Une décision du 8 nivôse an VIII y apporte quelques modifications :

L'habit français à chasles sera fermé par cinq boutons. Les ganses seront remplacées par des boutonnières ordinaires. L'habit sera fendu par derrière et portera un bouton au-dessus de chaque poche. Les chefs de brigade porteront sur la manche une marque distinctive.

moins ». Nul, ne put passer la porte sans cette marque distinctive.

Les feuilles de présence, les listes d'appel, les cartes de sûreté, l'uniforme, tels furent d'abord les seuls moyens successivement employés au maintien de la discipline. A la fin le conseil reconnut nécessaire d'établir un règlement disciplinaire. Un premier projet, d'une sévérité excessive, fut présenté en l'an VII au Conseil des Cinq Cents qui l'adopta. Il prononçait l'exclusion de tous ceux qui seraient trouvés dans un lieu public sans être revêtus de leur uniforme et une peine correctionnelle de trois mois de prison dans son domicile pour l'élève qui aurait abandonné l'École sans permission. On songea même à interdire au coupable l'accès de toute fonction publique pendant cinq ans. Ce projet fut rejeté par le Conseil des Anciens et la discipline intérieure ne fut définitivement réglementée que par la loi d'organisation du 25 frimaire an VIII qui fournit les moyens de réprimer toutes les fautes, de maintenir l'ordre à l'intérieur et de faire régner la tranquillité indispensable aux études. Le règlement de l'an VIII fixa d'une manière précise les devoirs des élèves et établit quatre degrés de punitions : 1° la *réprimande* à l'élève et communiquée, suivant le cas, soit à ses parents soit au ministre de l'Intérieur ; 2° les *arrêts*, plus ou moins rigides, dans une chambre de l'École préparée à cet effet ; 3° l'*avertissement* donné par le directeur, au nom et en présence du conseil assemblé ; 4° l'*exclusion* de l'École. Il fut complété en l'an X par l'addition de quelques dispositions nouvelles introduites à la demande du Conseil d'instruction, pour assurer la police des salles d'études, en interdire absolument l'accès aux étrangers et obliger les élèves qui ne demeuraient pas chez des parents ou des amis, à prendre leur logement le plus près possible de l'École car ils préféraient demeurer très loin et faire un long chemin quatre fois par jour afin d'échapper plus sûrement à la surveillance.

Le moyen sur lequel les fondateurs avaient le plus compté pour maintenir la discipline intérieure, était l'institution des *chefs de brigade*. La partie du règlement de l'an IX où il en est question, montre assez l'importance qu'on y attachait encore à cette époque :

« Ils sont choisis, dit l'article 21, parmi ceux des anciens élèves également distingués par les talents, les mœurs, l'amour de l'ordre, le zèle pour l'avancement de leurs camarades confiés à leur surveillance. Cette institution salutaire, de laquelle dépend en grande partie le succès de l'École, n'admet dans les individus qui la composent ni faiblesse ni légèreté. Servir en tout de modèles aux élèves, s'élever au-dessus des petites passions, mépriser les mécontentements momentanés, ramener tout à l'ordre et au travail par les moyens de la douce paternité, du bon exemple, de la raison et, s'il en était besoin, par la fermeté que commande la conscience du devoir, tel est le chef de brigade parmi les élèves.

« Ils maintiendront dans leurs salles la plus grande tranquillité, ils emploieront à cet effet les raisons, les conseils, les exhortations et finiront par appliquer la peine des arrêts[1] (art. 22), ils délivreront les bons généraux pour toutes les fournitures et veilleront à leur distribution. Ils verront chaque jour le travail des élèves, leurs dessins et épures. Ils feront les fonctions de répétiteurs pour toutes les leçons de mathématiques. »

Malheureusement il y eut bien peu de ressemblance entre les chefs de brigade tels qu'ils furent depuis l'origine et le modèle qu'ils devaient imiter. Les difficiles fonctions dont on les investissait eussent exigé un degré de considération qu'ils ne pouvaient guère espérer de camarades de leur âge, en restant continuellement avec eux, assujettis aux mêmes travaux et d'ailleurs sans expérience des meilleurs moyens de s'élever au-dessus d'eux. Il leur était difficile de donner des conseils et surtout de punir. Le directeur a cité, comme une exception unique, qu'un chef de brigade eut un jour le courage d'infliger des arrêts dans une circonstance où la punition était méritée, et ce fait exceptionnel a été mis à l'ordre du jour. Ils ne pouvaient pas s'assurer que chacun faisait réellement son dessin

---

1. La peine des arrêts consistait à rester à l'École dans la salle de discipline sans communication avec aucun camarade de 7 heures du matin à 9 heures du soir; on n'en pouvait sortir que pour assister aux leçons, on n'y pouvait prendre d'autre nourriture que du pain, de l'eau et des fruits (Règlement du 7 brumaire an XI).

lui-même, qu'on ne *piquait* pas son épure sur une autre. « Ce n'est pas le droit de distribuer du papier et des crayons qui eût pu nous donner du relief, » disait l'un d'eux [1], et la marque distinctive ajoutée à leur uniforme ne les rehaussa pas davantage. Ils devaient se réunir en conférence, pour rendre compte, par décade, de la marche de l'instruction et du travail; ces conférences se passèrent en causeries et en discussions personnelles. Enfin on leur enleva les fonctions de répétiteur, la plus noble de leurs attributions.

En l'an XI on espéra obtenir un meilleur résultat avec des *chefs d'études* tirés des diverses écoles spéciales, des services publics. Sur l'ordre de Fourcroy, les Ponts et Chaussées envoyèrent trois chefs d'études, les Mines 1, le Génie 1, l'Artillerie 2. Cette nouvelle institution fut absolument inutile; elle ne tarda pas à être supprimée.

Ainsi, tant que dura le régime de l'externat, les élèves, ont été laissés à peu près libres dans l'intérieur de l'établissement et tout à fait dans Paris. Pendant tout ce temps la situation matérielle de ceux qui appartenaient à des familles déshéritées de la fortune a été extrêmement pénible. Le traitement de 1200 livres en assignats alloué par la Convention était à peu près dérisoire. A l'époque de l'ouverture des cours ces 1200 livres représentaient, d'après le cours des assignats, 336 livres en numéraire et, dans le mois qui suivit, ils ne valaient déjà plus que 240 livres[2]. L'abrogation des lois du maximum avait fait perdre au papier-monnaie à peu près toute valeur; le prix des subsistances s'était élevé dans des proportions énormes; les denrées de première nécessité n'arrivaient plus dans Paris, et la vie matérielle y devenait extrêmement difficile. Dans les premiers jours du mois de pluviôse an III, les *pères de famille* qui avaient pris des élèves en pension se trouvèrent hors d'état de nourrir leurs pensionnaires avec la somme de neuf cents livres. Ils s'adressèrent au Conseil et sur leur demande le prix de la pension fut porté à douze cents livres; mais comme cette somme représentait la totalité du traitement des élèves, on écrivit aux parents pour les engager à

1. Rapport du chef de brigade Soalhat en l'an XI.
2. Fourcy, *Histoire de l'École polytechnique.*

payer le surplus[1]. Or, en province, les parents n'étaient pas plus à
l'abri de la misère et des privations qu'à Paris. La plupart répondirent : « Nous avons fait pour instruire nos enfants des sacrifices
énormes et la disette a épuisé nos dernières ressources. » Les élèves
se virent dès lors menacés de ne plus toucher aucune solde. Comme
ils essayaient d'arguer de leur qualité de fonctionnaires, on chargea
Gardeur-Lebrun de leur faire sentir « que la République leur procurait des avantages inestimables en leur fournissant des moyens d'instruction qui n'existaient nulle part et en leur donnant de plus une
somme de 1200 livres pour subvenir aux besoins les plus pressants;
qu'ils étaient à la vérité l'objet des plus chères espérances de la
patrie, mais qu'ils ne devaient pas être assimilés aux fonctionnaires,
lesquels consacraient leurs talents et leurs veilles à la prospérité
commune ». Ces belles paroles n'ayant pas produit l'effet attendu,
le représentant Prieur vint à l'École les engager à demander eux-
mêmes à leurs parents de payer le surcroît de dépenses. Son discours ne fit qu'exciter une grande fermentation qui se traduisit par
cette sorte d'épigramme algébrique, tracée en gros caractères sur
le tableau noir de l'amphithéâtre :

$$2 : 4 : : 1200 : x.$$

Ventre affamé n'a pas d'oreilles,
les élèves de l'École centrale sont invités à ne pas mourir de faim [2].

Prieur ne s'en offensa point. Quelques jours après, se trouvant
chez Monge au moment où huit élèves lui soumettaient une pétition
qu'ils adressaient à la Convention, il écouta favorablement leurs
observations, prit la pétition et promit de la faire appuyer par le
Comité d'instruction publique. De son côté, le directeur de l'École
écrivit aux citoyens qui ne voulaient plus nourrir et loger de pensionnaires pour les prier instamment de faire des sacrifices et de
les garder encore. On gagna ainsi quelques semaines. Enfin,
grâce à l'intervention de Prieur, la Convention vota une somme de

1. Décision du conseil du 25 pluviôse an III.
2. *Journal de l'École centrale et des travaux publics.*

30,000 livres à répartir entre les moins fortunés. Cette ressource tant attendue fut immédiatement utilisée par le conseil et divisée en deux parts : la moitié de la somme servit à faire venir du riz qu'on distribua aux *pères sensibles*; l'autre moitié fut partagée entre les élèves les plus malheureux. Une liste fut dressée sur laquelle on les classa en plusieurs catégories, selon leur pauvreté. Ce qui fit dire à quelques-uns : « Ce n'est pas un traitement qu'on nous donne, c'est un secours qu'on nous distribue. » Des parents eux-mêmes s'émurent du procédé. « Je me tais, écrivit l'un d'eux au directeur Lamblardie, sur l'effet que produira cette distinction en la rapprochant de la loi d'égalité qui a été si solennellement consacrée par la Convention. » Nous verrons les promotions suivantes venir en aide à leurs camarades sans fortune avec une tout autre délicatesse.

Le crédit voté par la Convention n'apporta qu'un soulagement passager à la détresse des élèves, et le moment arriva bientôt où, dans l'impossibilité absolue de se procurer la nourriture, beaucoup d'entre eux furent obligés de quitter Paris pour n'y pas mourir de faim. Chaque jour des demandes de congé parvenaient au directeur, toutes accompagnées de plaintes lamentables et portant l'empreinte d'une douloureuse résignation. « Nos appointements, disaient ces malheureux jeunes gens, fussent-ils triplés, ne pourraient nous suffire. — Nous reviendrons dans des temps plus heureux! — C'est avec un profond regret que nous sommes forcés de quitter cette belle institution. » On leur donna des congés d'un mois, même de trois mois; plusieurs les firent renouveler; la plupart ne revinrent jamais. Quatre mois après l'ouverture des cours, l'École avait perdu plus de cent élèves.

Prieur redoubla d'instances auprès des pouvoirs publics. Il parvint à faire accueillir une nouvelle pétition par les Comités et on autorisa le conseil à aider environ cent trente élèves, en leur appliquant une partie des appointements abandonnés par ceux qui étaient partis. Peut-être le moyen le plus efficace, au dire de Prieur, eût-il été « de réunir pour le moment les élèves peu fortunés dans une partie de la maison des Invalides ou toute autre que l'on aurait cru

devoir préférer à proximité du Palais-Bourbon et là de leur faire les fournitures en nature comme aux troupes, réglées moyennant une retenue partielle et même totale des 1200 francs que la nation allouait à chacun d'eux[1]. » Il regrettait que cette idée n'eût pas été adoptée ; « au reste, ajoutait-il, il en est encore temps ». Le gouvernement n'eut pas la pensée de s'arrêter à un vœu timidement exprimé d'une sorte de casernement et des représentants ayant à ce moment agité la question de savoir si la nation devait à la fois payer les élèves et payer leur instruction, leur défenseur réserva tous ses efforts pour obtenir le maintien du traitement. Il fit ressortir la pauvreté des parents, les sacrifices déjà faits par eux, la pénurie et le renchérissement des subsistances. Justement frappée de ces considérations, la Convention adopta toutes les propositions de Prieur. A titre de premier secours, elle ordonna de distribuer à cent élèves une ration de pain par jour. Les mesures impérieusement réclamées ne reçurent toutefois leur pleine exécution qu'à la rentrée suivante, par la promulgation d'un décret (le 9 frimaire an IV) en vertu duquel les élèves de l'École polytechnique durent être traités comme « volontaires de la garde nationale en activité ». A dater de ce jour, il fut alloué à tous une ration de pain et de viande ainsi que l'habillement et l'équipement, mais le traitement attribué par la loi de création ne fut plus conservé « qu'aux élèves dénués de toute autre ressource ».

Les distributions de vivres militaires subvinrent un instant aux besoins les plus pressants. Elles n'apportèrent qu'un soulagement passager à une situation qui empirait tous les jours. La difficulté de se procurer les subsistances indispensables devint telle qu'il fallut demander au gouvernement de payer la moitié de la solde en blé ou en marchandise équivalente. Alors le conseil de l'École s'employa par tous les moyens à venir en aide aux élèves. Il ne cessa d'implorer les secours du Directoire en faveur des plus nécessiteux, il s'efforça de soulager leur misère. C'est ainsi qu'il obtint pour ceux de la division

---

1. Rapport de Prieur sur l'organisation de l'École polytechnique du 30 prairial an III.

de fortification, qu'on envoyait exécuter des levés topographiques
aux environs de Paris, une allocation de huit sous en numéraire
ainsi qu'une bouteille de vin et deux livres de pain par escouade de
quatre élèves opérant avec une planchette. Malgré sa sollicitude,
le moment arriva, dans les premiers jours du mois de vendémiaire
an IV, où le Directoire ayant supprimé toute distribution de pain
et de viande, l'administration se trouva dans la nécessité de venir
au secours des élèves sur ses propres fonds[1]. Heureusement cette
détresse ne dura que dix jours, après lesquels les rations furent
de nouveau distribuées et le ministre remboursa au conseil les
sommes que celui-ci avait avancées. Elles se montaient à 1535 livres
en numéraire ou 45.000 livres en mandats. A ce taux, dit Fourcy,
le traitement annuel des élèves valait environ 41 francs.

Au commencement de l'an IV, l'organisation de l'École fut chan-
gée (20 mars 1796); au lieu d'être une école à la fois de théorie et
d'application, elle devint exclusivement théorique, le vestibule commun de toutes les écoles des services publics[2]. Le traitement des
élèves ne fut pas supprimé, comme on le craignit d'abord; au contraire, le Directoire le rétablit pour tous les élèves sans distinction.
Il fut bien spécifié, toutefois, que l'habillement et les rations seraient
accordés à ceux-là seulement dont « l'indigence le rendait absolument nécessaire[3] ». Peu à peu, le prix des subsistances diminua,
les finances s'améliorèrent, les appointements cessèrent d'être payés
en assignats, les élèves demandèrent eux-mêmes la suppression des
distributions de vivres en nature[4], et leur existence matérielle, tout
en restant difficile, fut notablement améliorée. On eut l'espoir de la
voir tout à fait assurée au mois de janvier 1798. Le Conseil des
Cinq Cents, approuvant le rapport de réorganisation présenté par
Prieur, venait de fixer le traitement à 1 franc par jour. Malheureusement, le Conseil des Anciens repoussa l'ensemble du projet, et tout se

1. Lettre du directeur au ministre des Finances, 2 frimaire an V.
2. Voir dans la seconde partie du Livre, le chapitre *Deuxième organisation*.
3. 18 prairial an IV.
4. Nivôse an V.

trouva de nouveau remis en cause. Dans le cours de la discussion qui se prolongea pendant plus d'une année, sur le prétendu privilège de l'École polytechnique de recruter les emplois publics, plusieurs députés, parmi lesquels Baraillon et Lacombe Saint-Michel, combattirent énergiquement la résolution de faire payer un traitement par l'État, et ils demandèrent l'établissement du casernement. Lacombe Saint-Michel s'éleva vivement contre le régime de la vie libre : « Vous forcez un élève, disait-il, à rester deux ans à ses dépens sur le pavé de Paris, et vous ne lui donnez que 1 franc par jour. Cependant, ce n'est pas *caver* bien haut de dire que le jeune homme le plus sage, celui qui sera le moins tourmenté par les passions, dépensera 1500 livres tous les ans à sa famille. Législateurs, jetez un regard sur les familles nombreuses des honnêtes citoyens, et dites-moi quel est le père qui pourra ainsi prendre 1500 francs net sur son revenu. Il en résulte donc que, par le fait, vous excluez de tous les services non seulement le pauvre, mais celui qui ne dispose pas de la grande aisance. Serait-ce lorsque les orages d'une révolution ont presque anéantis les moyens d'existence d'une foule de familles vertueuses, qui bénissent le jour heureux de l'égalité, serait-ce à la fin d'une guerre opiniâtre, pendant laquelle les grandes fortunes ont passé dans les mains infidèles et voraces d'une foule d'hommes qui insultent au républicain pauvre, serait-ce dans ce moment que vous créerez une nouvelle caste privilégiée, en ouvrant exclusivement aux riches l'entrée de tous les services publics? A l'idée de faire résider 250 jeunes gens, de seize à vingt ans, dans une ville aussi corrompue que Paris, sans les caserner, quel est le père de famille qui ne tremblera pas d'abandonner son fils, sans guide, sans conseil, au hasard de perdre ses mœurs, sa fortune et sa santé[1]? » D'autres orateurs, et Lacuée parmi ceux-là, se bornèrent à demander qu'on éloignât l'École du Palais-Bourbon. Malgré tant de violentes attaques, le projet de Prieur triompha, et le traitement de 1 franc par jour fut maintenu. Au moment où cette

---

1. Discours de Lacombe Saint-Michel aux Anciens le 7 floréal an VI.

somme pouvait déjà difficilement suffire à la nourriture et au logement, les nouveaux règlements vinrent obliger les élèves à un surcroît de dépenses. Il leur fallut se procurer, à leurs frais, et sous
peine d'exclusion, l'uniforme qui venait d'être adopté. D'autre part,
le système de conscription récemment mis en vigueur força ceux
que le sort avait désignés à présenter un remplaçant. L'administration, dans ces circonstances, s'employa encore du mieux qu'elle put
à les tirer d'embarras. Elle ferma les yeux sur les refus d'acheter
la nouvelle tenue ; elle fit des avances de fonds à ceux qui se trouvèrent dans la nécessité de se faire remplacer ; elle obtint de la tré-
sorerie l'exemption générale de la retenue du vingtième sur le traitement. C'étaient assurément quelques adoucissements ; néanmoins,
la situation d'un élève dont l'unique ressource consistait dans la
solde de 1 franc par jour pour se nourrir, se vêtir et se loger, était
extrêmement pénible.

C'est alors que le sentiment généreux de fraternelle union, né dès
les premiers jours de l'existence de l'École, inspira aux élèves le
moyen de porter remède à cette situation. Pour venir au secours
de leurs camarades malheureux, les plus favorisés de la fortune
firent volontairement abandon de leur solde. « La réunion des
traitements ainsi laissés, dit Prieur dans un rapport de l'an VI,
forme une masse dont la répartition est faite en raison des besoins,
d'après un tableau soumis ainsi que les motifs à l'approbation du
ministre. Le traitement est de 20 sols, mais la somme réellement
donnée à chacun, varie depuis 10 sols jusqu'à 40 sols par jour. »
Cette conduite généreuse, bien digne d'être rapportée, n'a pas été
oubliée par les promotions ultérieures. Plus tard quand le casernement a été établi et le paiement d'une pension exigé, elles ont su,
avec la plus touchante discrétion, faire participer au bienfait de
l'instruction les déshérités de la fortune.

L'arrangement adopté permit de passer les moments difficiles.
Peu de temps après le conseil put écrire au ministre : « Le mode de
distribution établi jusqu'à ce jour a rempli son but ; l'indigent y
trouve sa subsistance entière, la médiocrité un soulagement suffi-

sant; le riche n'est pas à charge à l'État[1]. » Quelle plus éloquente
réponse pouvait-on faire à ceux qui prétendaient alors que l'École
polytechnique était exclusivement accessible aux familles opulentes
ou à celles domiciliées dans Paris? L'opinion semblait vouloir s'en
accréditer et Lacombe Saint-Michel s'en était fait l'écho dans le
discours que nous avons rapporté. Ce fut pour repousser ces insinuations que le conseil fit répandre, avec toute la publicité possible,
un tableau dans lequel les élèves étaient classés, à la fois, suivant la
fortune et suivant la profession de leurs parents[2]. Voici ce tableau :

Défenseurs de la patrie sortant des armées de la République.	15
Fils d'artisans ou de cultivateurs.	116
Fils d'artistes, employés, hommes de loi ou officiers de santé.	67
Fils de fonctionnaires à la nomination du peuple.	11
Fils de militaires soit retirés, soit en activité de service.	13
Fils de représentants du peuple.	9
Élèves dont les parents vivent de leurs revenus.	20
Fils de présumés ex-nobles.	12
Sans qualifications.	11
	274

Sans fortune.	160
Présumés dans l'aisance.	75
Présumés riches	39
	274

Il justifiait la nécessité du traitement accordé par le Directoire.
Par malheur ce traitement ne fut pas toujours régulièrement payé.
Les besoins de la guerre que la France soutenait alors contre
l'Europe entière absorbaient toutes les ressources financières. Au
mois de juin 1799 le Trésor se trouva débiteur vis-à-vis des élèves
d'un arriéré de trois mois et de la solde des professeurs de plus de
cinq mois. L'administration, obligée d'assurer la subsistance des élèves
et le service courant de l'École, ayant sollicité de prompts secours,
obtint à grand'peine une ordonnance de 5000 francs, à compte sur
les traitements. Fourcy dit que cette somme fut payée par la tréso-

1. Séance du 18 brumaire an VII.
2. Registre du conseil, thermidor an VII.

rerie en monnaie de billon et qu'on perdit dessus plus de 200 francs. On fut heureux néanmoins de l'accepter et le conseil, à l'unanimité, décida qu'elle serait employée tout entière en faveur des agents et des élèves les plus malheureux ainsi que pour les besoins les plus pressants de l'instruction ; aucun de ses membres ne participa à la répartition.

En ces temps difficiles, les généraux eux-mêmes qui s'illustraient aux armées se virent parfois durement traités. Ils ne recevaient plus les 8 francs en numéraire qu'on leur avait accordés chaque mois comme supplément de la solde en assignats. Kléber demandait avec instance au Directoire un manteau et une selle qui lui manquaient et qu'on lui avait depuis longtemps promis. Bien après le retour de l'expédition d'Égypte, des membres de la Commission des sciences et des arts réclamaient encore les appointements qu'on leur devait depuis leur départ[1]. Les élèves de l'École polytechnique, mal nourris, mal vêtus, songeant aux privations que s'imposaient les braves qui défendaient à ce moment la patrie contre toute l'Europe, supportèrent courageusement toutes les épreuves. M. de Tracy a cité à la tribune l'exemple du général Bernard, aide de camp du roi Louis-Philippe, qui vivait en ce temps-là littéralement avec sa solde, avec le strict nécessaire. « Comme on connaissait sa position, on lui accordait la permission de rester dans les salles d'études ; il étendait des couvertures sur les tables et il passait la nuit là, car il y avait de la lumière et du feu[2]. » Gay-Lussac, qui avait préparé ses examens d'admission étendu sur la paille d'une charette dans laquelle il escortait sa bienfaitrice, était parvenu à se maintenir à Paris, sans lui imposer de nouveaux sacrifices, en donnant pendant les heures de récréations des leçons particulières aux jeunes gens qui se destinaient aux services publics[3].

La loi d'organisation du 25 frimaire an VIII (16 décembre 1799), véritable charte de l'École polytechnique, vint régulariser définitive-

---

1. Aux deux élèves Bouches et Chaumant il était dû 2.364 fr. 73.
2. Discours de M. de Tracy à la Chambre des Députés, 26 janvier 1850.
3. Arago, *Éloge de Gay-Lussac.*

ment la situation. Elle portait dans son article 42 : « Les élèves jouiront de la solde de 98 centimes par jour, affectée aux sergents d'artillerie par la loi du 23 fructidor an VII. » En dehors de la solde, elle allouait chaque année une somme de 20.000 francs, dont la distribution devait être réglée par le conseil à raison de 18 francs par mois entre ceux qui justifieraient ne pouvoir se passer de ce secours. Le traitement brut se montait ainsi à 360 francs par an et celui d'un élève secouru à 574 francs. La répartition de la solde des plus riches n'en continuait pas moins. « Quand nous nous présentions à la caisse, dit M. de Tracy[1], on nous remettait ce que l'on jugeait à propos et il n'est jamais venu à l'esprit de celui auquel on supposait quelque aisance de réclamer contre la retenue d'une portion de son indemnité. Sur la retenue ainsi faite, arbitraire dans ce sens, mais bien spontanée de la part de celui qui la supportait, on donnait des allocations aux élèves qui en avaient besoin. » Grâce à l'association généreuse des élèves et à la bienveillante sollicitude des conseils, on n'entendit plus s'élever aucune plainte. A partir de l'année 1800, le gouvernement consulaire, obligé cependant à la plus sévère épargne, paya régulièrement les traitements et nul ne se trouva plus mis dans la nécessité d'offrir sa démission comme le fait s'était encore produit les années précédentes. Il n'en est pas moins vrai que, durant les onze premières années du régime de l'externat, 397 élèves avaient été successivement contraints d'abandonner l'École pour cause de démission, de renvoi ou de maladie ; et dans ce nombre, 260 étaient partis pour insuffisance de fortune.

Dans ces durs moments de misère et de privation, au milieu des agitations politiques, l'École polytechnique s'est signalée par son patriotisme en apportant spontanément le concours de ses connaissances et de son dévouement aux projets de débarquement sur les côtes d'Angleterre, à l'expédition d'Égypte, aux préparatifs du camp de Boulogne, à toutes les entreprises où l'honneur national était engagé.

Au commencement de l'an VI, le Directoire projetait une descente

---

1. Discours précédemment cité.

en Angleterre. Sur tous les points du territoire on faisait des préparatifs. Personne ne doutait du succès de l'entreprise, dont le commandement venait d'être confié au général Bonaparte, le glorieux négociateur de Campo-Formio. Les candidats nouvellement admis et réunis depuis quelques jours à Paris, brûlaient du désir de s'associer aux efforts du pays. Sans attendre le retour de leurs camarades de la 1re division, ils votèrent un don patriotique[1] et l'envoyèrent au Directoire avec cette lettre :

> Citoyens représentants,
>
> Les élèves de l'École polytechnique désirant concourir, autant qu'il est en leur pouvoir, à l'effort unanime des Français contre le gouvernement britannique, et leur impatience ne leur permettant pas d'attendre le retour de leurs camarades formant la 1re division, viennent déposer au sein de la représentation nationale une somme qu'ils regrettent de ne pouvoir offrir plus considérable. Mais consacrant leur temps et leurs moyens à un travail qui doit tourner à l'avantage de leur patrie, ils espèrent que le Conseil des Cinq Cents ne considérera dans leur offrande qu'une manière d'exaucer leurs vœux pour le succès des armes de la République en attendant que, plus en état de la servir, ils puissent efficacement concourir au maintien d'un gouvernement qu'ils chérissent et dont ils apprennent à connaître de jour en jour les bienfaisants effets par l'instruction qu'ils reçoivent.
>
> LES ÉLÈVES DE L'ÉCOLE POLYTECHNIQUE.
>
> Le 18 nivôse an VI.

Quand la division des anciens fut rentrée, elle fit à son tour parvenir son offrande au Directoire. Au moment où l'Institution était violemment attaquée, où le conseil s'occupait de sa réorganisation, cette conduite patriotique des élèves fut très remarquée ; elle désarma leurs adversaires, le farouche Baraillon lui-même.

L'expédition d'une descente sur les côtes des Iles Britanniques était alors beaucoup plus facile qu'elle ne le devint plus tard sous le Consulat. Pourtant Bonaparte ne l'approuvait pas et il faut reconnaître que le souvenir des deux tentatives de débarquement récemment

---

1. Le don s'élevait à la somme de 684 fr. 50. Celui de la 1re division s'éleva à 552 fr. 55, les instituteurs et agents de l'École envoyèrent une somme de 751 fr. 25.

avortées était peu fait pour l'encourager. « C'est un coup de dé trop chanceux, disait-il, je ne le hasarderai pas. » L'opération n'eut pas lieu; elle n'était pas de nature à satisfaire les rêves ambitieux du vainqueur de l'Italie. Bonaparte regardait déjà du côté de l'Égypte et le jour où le Directoire voulut lui faire sentir qu'il devait rentrer sans éclat dans la vie privée, il partit avec ses soldats tenter la fortune. Habile à séduire les généraux, les hommes politiques et le gouvernement lui-même, qui n'était pas fâché de l'éloigner, il eut bientôt gagné tout le monde à son projet sur l'Égypte et nos plus braves soldats, leurs chefs les plus distingués s'embarquèrent avec lui pour l'Orient.

Toute une phalange de jeunes ingénieurs à peine sortis de l'École allait s'illustrer dans cette expédition. Monge, alors en mission dans l'Italie méridionale et mis seul avec quelques intimes dans la confidence du général en chef[1], rejoignit la flotte en vue de Malte. Berthollet, son inséparable ami, et le général du génie Cafarelli-Dufalga avaient été chargés de choisir « les gens distingués par leur valeur et par leurs lumières » pour composer la Commission des sciences et des arts qui devait accompagner l'armée. Ils emmenèrent Fourier, le célèbre professeur de mathématiques de l'École; Say, le professeur de fortification; Costaz, l'examinateur d'admission, et 38 élèves, l'élite de la première promotion : savoir 4 artilleurs, 7 ingénieurs militaires, 16 ingénieurs des ponts et chaussées, 6 ingénieurs géographes, 3 officiers du génie maritime et 2 officiers d'administration. Il y avait aussi 4 élèves n'ayant pas achevé leurs études : Viard, Alibert, Caristie, Duchanoy. « Si Bonaparte l'eût voulu, dit M. de Barante, il aurait emmené tout l'Institut et toute l'École polytechnique,

---

1. Ni Bonaparte ni le Directoire n'ont eu la première pensée d'une expédition en Égypte. Leibnitz le premier avait vanté à Louis XIV la possession de cette riche contrée qui ouvrirait à la France le commerce de l'Orient. Le ministre Choiseul avait compris l'importance de ce projet et Verninac, notre ambassadeur en l'an III près de la Sublime-Porte, avait annoncé la conquête facile de l'Égypte. Deux ans après, son successeur à ce poste avait écrit dans le même sens à Talleyrand, que le crédit de Mme de Staël venait de porter aux Affaires extérieures. Monge avait certainement connu le projet pendant son passage au ministère de la Marine. Il en avait souvent parlé dans ses entretiens avec le héros de l'armée d'Italie dont il avait mérité l'estime et gagné la confiance. Le génie de Bonaparte s'en était emparé et sut le mettre à exécution.

il semblait que ce fût une croisade de la civilisation[1]. » Les Polytechniciens apportèrent leur concours aux opérations militaires et
aux travaux de la commission des sciences et des arts par tous les
moyens variés de la science. Plusieurs, parmi lesquels Malus, Jomard,
ont attaché leur nom au grand ouvrage sur l'Égypte. Huit d'entre
eux périrent victimes de la guerre ou du climat. « Tous, a dit Monge
au conseil assemblé pour le recevoir à son retour, tous se sont
distingués par leur conduite et par leurs talents ; ils se sont montrés
hommes faits avant l'âge ; aux combats ils égalaient les vieux grenadiers ; au travail périlleux des sièges, ils rivalisaient de sagesse et
de sang-froid avec les ingénieurs consommés ! Bringnier et Chabaud
sont morts sur la brèche en héros républicains[2]. » Et dans son
éloquent *Essai historique* sur Monge, Charles Dupin a écrit : « La
description geodésique et monumentale de l'Égypte est une entreprise vraiment polytechnicienne. Dirigée par Monge, Berthollet et
Fourier, trois professeurs de cette École, elle a été exécutée par leurs
élèves aidés, instruits par quelques artistes, quelques architectes
dont ces jeunes savants devinrent bientôt les émules et les égaux.
Les bienfaits d'une école de quatre années d'existence ont ainsi aidé
les débris d'une civilisation de quatre mille ans à sortir de leurs
décombres séculaires dans leur splendeur antique et majestueuse. »

Sous le Consulat, l'École eut de nouveau l'occasion de se signaler
par son patriotisme. Deux fois le premier Consul reprit le projet
de descente en Angleterre. Une première fois, en 1801 au moment
même où notre armée évacuait l'Égypte, il avait réuni à Boulogne
une flottille assez insignifiante de bateaux plats. Ses préparatifs,
alors peu proportionnés à la grandeur de l'entreprise, avaient
surtout pour but de faire croire à l'imminence d'un débarquement
et de permettre de mener à bonne fin les négociations de Lunéville.
Après la rupture de la paix d'Amiens, il revint pour la seconde
fois à son projet de descente et, comme s'il eût voulu en finir
avec la puissance anglaise, il appela toute la France à le seconder.

---

1. DE BARANTE, *Histoire de la Convention*, t. III, p. 121.
2. Séance du conseil du 28 vendémiaire an VIII.

La population des ports vota des fonds pour construire des vaisseaux, des frégates, des chaloupes canonnières. On forma des camps à Gand, à Saint-Omer, à Compiègne, à Saint-Malo, à Bayonne. On agrandit le port de Boulogne et les rades voisines. Sur tous les chantiers des côtes, et même à l'intérieur, on se mit à construire des bâtiments destinés à opérer la descente : des *prames* ou batteries flottantes, des bateaux plats, courts et pontés, des péniches ou grands canots à dix-huit rangs de rameurs. Les élèves de l'École ne voulurent pas rester en arrière d'un pareil mouvement. A l'exemple de leurs camarades, cinq ans auparavant, ils commencèrent par l'envoi d'une somme de 4000 francs, qu'ils destinaient aux frais de la guerre[1]. « Je ne m'attendais pas à moins, leur écrivit en les remerciant le ministre de l'Intérieur Chaptal, de la part d'une jeunesse avide de gloire et pour qui l'honneur national devient un patrimoine. » Puis, jaloux de participer d'une manière plus efficace encore aux efforts du pays, ils demandèrent au premier Consul à construire eux-mêmes une péniche de trente hommes. Nous citons en entier leur lettre empreinte d'une juvénile ardeur :

Les Élèves de l'École polytechnique au premier Consul.

Les élèves de l'École polytechnique s'empressent de vous transmettre leur brûlant désir de concourir à la plus prompte expédition militaire contre l'Angleterre. Leurs talents et leurs bras sont dès ce moment au service de la patrie. Ils portent tous envie au sort des braves qui les premiers verront les côtes. Mais si un bonheur si grand ne peut être le partage de tous, qu'ils soient au moins représentés dans la grande action et que l'histoire dise un jour: *Sous le consulat de Bonaparte, les élèves de l'École polytechnique furent toujours dévoués à la cause nationale.*

Premier Consul, vous pouvez aujourd'hui leur donner une marque bien chère de votre bienveillance en leur permettant de faire construire et armer une péniche de trente hommes; ils pensent pouvoir en diriger eux-mêmes la construction.

L'École polytechnique sera orgueilleuse de voir plusieurs de ses élèves

---

1. Les membres du conseil y ajoutèrent chacun deux journées de solde (Séance du conseil du 19 messidor an XI).

partager la gloire d'une expédition que commandent l'intérêt public et la gloire nationale.

LES ÉLÈVES DE L'ÉCOLE POLYTECHNIQUE.

2 juin 1803.

Bonaparte s'empressa d'accueillir leur généreuse proposition ; les ministres de la Guerre et de l'Intérieur furent invités sur-le-champ à prendre de concert les dispositions convenables pour la mettre à exécution. Ils arrêtèrent qu'une chaloupe canonnière de vingt-cinq mètres de quille, armée de trois canons, serait construite sur la Seine près du Palais-Bourbon. La marine envoya un modèle de bateau canonnier de premier rang et, dès le lendemain, les élèves suivirent la construction sous la direction des officiers du génie maritime. Pour en couvrir les frais, le Trésor rendit à l'administration les 4000 francs acceptés quelques jours avant par le ministre ; quatre élèves désignés par leurs camarades en surveillèrent l'emploi. Tous contribuèrent ainsi et par leurs sacrifices pécuniaires et par leur intelligence à la confection du bâtiment [1]. La chaloupe fut appelée *la Polytechnique*, elle fut mise à l'eau le 10 frimaire an XII, à trois heures de l'après-midi. Le contre-amiral Lacroze, préfet maritime, en confia le commandement à un ancien élève, Charles Moreau, enseigne de vaisseau de la promotion 1794 [2].

Cette expérience, dans laquelle les élèves avaient déployé beaucoup de zèle et d'intelligence, inspira au gouvernement la pensée de se servir d'eux pour surveiller la construction des bâtiments plats sur les chantiers de la marine. Trente élèves choisis parmi les plus instruits furent désignés pour cette mission ; quatre appartenaient à la première division, celle qui achevait ses études, et vingt-six à la seconde ; sept d'entre eux restèrent à Paris, les autres se rendirent à Boulogne [3]. Les chantiers de Paris étaient devant l'Hôtel des Inva-

---

1. Quand la chaloupe fut achevée, les élèves distribuèrent encore aux ouvriers une gratification de 200 fr.

2. FOURCY, *Histoire de l'École polytechnique*.

3. Parmi les élèves restés à Paris, se trouvait Charles Dupin qui se destinait au génie maritime ; il fut dès ce moment attaché au service avec les appointements de 1800 francs.

lides. On y envoyait les élèves depuis 11 heures du matin jusqu'à
6 heures du soir, après leur avoir expliqué à l'amphithéâtre le dessin
et le tracé des gabarits. Dans la pensée du premier Consul, ils devaient
acquérir en un mois sous la direction des officiers une instruction
suffisante pour aller à leur tour diriger ces constructions. Satisfait
sans doute de leurs services, il donnait l'ordre quelque temps après
d'en faire partir encore dix pour Boulogne. Ceux-là furent choisis
parmi les élèves qui se destinaient au génie maritime et aux Ponts
et Chaussées. Un jury régulièrement assemblé s'assura par un examen
approfondi de leurs aptitudes spéciales. Quelques-uns se firent plus
particulièrement distinguer, on les attacha de suite à la direction
des travaux. Tous, d'après le rapport de l'Inspecteur général, donnèrent les plus grandes preuves de zèle et d'intelligence. Bonaparte
avait conçu l'espoir de jeter d'un seul coup avec sa flottille
150.000 hommes sur un point du littoral anglais et d'anéantir la
puissance de notre éternelle ennemie. Nos marins les plus habiles
n'avaient jamais cru à la possibilité du succès et s'étaient vainement
efforcés de déconseiller cette expédition chimérique; mais lui la
poursuivait avec une opiniâtreté indomptable. La nation, éblouie
par son auréole guerrière, applaudissait alors à tous ses projets, et
l'École polytechnique, en leur apportant son concours enthousiaste
et patriotique, commença sa popularité.

A la fin du Consulat, elle comptait pourtant des ennemis nombreux. La République allait disparaître tout à fait et les courtisans, prêts
à saluer le souverain nouveau, ne pouvaient pardonner aux Polytechniciens leurs opinions républicaines restées vivaces. Prenant pour prétexte les inconvénients inévitables du régime de la liberté des études,
ils poursuivaient l'École d'attaques incessantes. Ils allaient jusqu'à
dire qu'elle occasionnait au sein de Paris des scandales et des désordres tels que « la capitale avait perdu sa sécurité et ses charmes ».
Et cela, parce que des élèves avaient été quelquefois faire du tapage
dans les théâtres. A cette époque, les représentations théâtrales étaient
fréquemment l'occasion de véritables batailles et on ne peut nier
qu'à diverses reprises des élèves ne se soient trouvés mêlés aux tapa-

LA POLYTECHNIQUE.

Chaloupe construite par les Élèves (Juin 1803.)

geurs. Plusieurs fois des rapports ont été adressés contre eux, par le Préfet de police, au ministre de l'Intérieur. On se rappelle que, trois mois après l'ouverture de l'École, ils se faisaient remarquer aux concerts de la rue Feydeau, où la société élégante venait se dédommager de la compression formidable des derniers temps et qù'après le travail ils couraient quelquefois en masse répondre aux provocations des muscadins, pour qui la *chasse au jacobin* était le plaisir à l'ordre du jour. Les rixes continuelles engagées, dans tous les lieux publics, par la bande de la jeunesse dorée qui cherchait l'ostentation et le bruit autour de ses vices et de ses amusements, se prolongèrent même après la journée du 13 vendémiaire. Elles recommencèrent entre les défenseurs du Directoire et la jeunesse monarchique excitée par d'ardents et fougueux polémistes. Les pièces politiques du théâtre des Jeunes Artistes, de celui de la Cité, des Variétés Montansier, servirent à diriger un feu roulant contre les républicains [1]. Ceux-ci traités avec une violence extrême et toujours en force, n'étaient pas d'humeur à supporter patiemment les injures. La riposte se traduisait séance tenante ; la lutte s'engageait dans la salle même du spectacle par des coups de canne et des soufflets, elle se terminait le lendemain par des duels. Des scènes semblables se renouvelèrent dans les principaux théâtres de Paris jusqu'à ce que le Directoire, dont les actes furent critiqués à leur tour et auquel les traits mordants n'étaient pas épargnés, eût pris violemment sa revanche en frappant toute opposition. Après le 18 fructidor, les désordres devinrent plus rares et les Polytechniciens n'y furent presque jamais mêlés.

Quelques escapades au Théâtre-Français [2] où un soir ils sifflèrent la débutante et livrèrent dans le parterre une bataille générale ne sauraient justifier les accusations exagérées et même mensongères répandues contre eux par les esprits jaloux de la célébrité de

---

1. *L'Intérieur des comités révolutionnaires*, violent factum de Ducancel, fut joué plus de deux cents fois au théâtre de la Cité. Le *Concert de la rue Feydeau*, vaudeville de Martainville, fut joué aux Variétés Montansier.

2. La police signala des élèves compromis dans quelques désordres assez graves, une première fois l'an VIII, une deuxième fois l'an IX.

l'Institution. Ces accusations prirent à un moment tant de consistance que le conseil crut devoir défendre les élèves devant le public. Au mois de nivôse an X, le Préfet de police ayant laissé entendre qu'à une représentation à laquelle ils assistaient en habit civil, on les avait apostrophés par ces mots : « A l'appel l'École polytechnique ! à l'appel ! » le directeur lui écrivit : « Il y a erreur sans doute, les élèves ne vont jamais au spectacle sans uniforme, cet uniforme honorable qui atteste déjà leurs succès et leurs connaissances acquises [1]. » Ce même magistrat les ayant accusés une autre fois d'avoir provoqué un tumulte au théâtre de la République, le conseil réuni en séance, après avoir recueilli tous les renseignements nécessaires, infligea une peine de dix jours d'arrêts à un élève qui avait été reconnu sans uniforme et sans carte, mais il déclara au Préfet que les autres avaient été au théâtre sans préméditation, et que, loin d'avoir été les provocateurs, ils avaient été au contraire obligés de se défendre. Une autre fois encore, le lendemain d'une soirée orageuse au Théâtre-Français dans laquelle on les accusait de s'être compromis, le directeur écrivit au ministre Fourcroy : « Il n'y avait que 26 élèves au Français, 16 au parterre, 10 dans les loges, tous étaient en uniforme ; ils sont restés étrangers à ce qui s'est passé [2]. » Le *Journal des Débats* poussait l'attaque jusqu'à l'invraisemblance. « Les élèves de l'École polytechnique, disait-il, se font un jeu de la chute des pièces nouvelles. Ils vont armés de pied en cap au nombre de 300 à 400 aux premières représentations pour se procurer le plaisir de siffler [3]. » A en croire cette feuille déjà répandue, les deux promotions réunies se seraient portées en masse dans les salles de spectacle. Une polémique assez vive s'engagea à ce sujet ; elle aboutit à l'interdiction absolue dans l'intérieur de l'École de tous les livres étrangers aux études et particulièrement des journaux. Mais le conseil ne songea nullement à blâmer le goût des élèves pour le théâtre. « Nous le réprimerions, écrivait-il au Préfet

---

1. Lettre du conseil du 23 fructidor an X.
2. 25 nivôse an XII.
3. Numéro du 13 floréal an IX.

de police, s'ils y consacraient les huit soirées qui doivent l'être au travail; mais ils n'y paraissent que les soirées des quintidis et des décadis qui leur sont laissées pour un délassement nécessaire et nous sommes bien loin de les en détourner. » Et il ajoutait : « L'art dramatique, citoyen préfet, tient aux belles-lettres, qui font partie d'une bonne éducation; il tient aussi à plusieurs des sciences que nos élèves cultivent spécialement; il est donc pour eux une nouvelle source d'instruction dont nous pensons qu'il ne faut pas les détourner. »

On ne peut nier que les Polytechniciens ne soient allés au théâtre siffler certaines pièces : la plupart de ces pièces-là sont tombées et ne se sont jamais relevées. Leurs auteurs pour se venger ont cherché à rejeter sur l'École entière la faute de quelques-uns, répréhensibles sans doute d'avoir pris part à un désordre public. Mais les désordres étaient peu de choses en eux-mêmes, ils ne pouvaient occasionner ni de bien vraies ni de bien fréquentes alarmes. Les grands scandales reprochés se réduisaient en réalité à quelques tumultes sans importance, faciles à réprimer, et on pouvait excuser des jeunes gens de leur âge d'avoir porté quelquefois avec trop de précipitation et d'éclat un jugement que le public a presque toujours confirmé. Ce fut cependant le prétexte dont Bonaparte devenu Empereur fut heureux de s'emparer pour caserner les élèves et organiser l'Institution militairement.

L'École fonctionnait à ce moment avec toute la régularité possible. Depuis sa fondation, elle avait constamment marché vers la perfection; la discipline ne laissait rien à désirer, la vie matérielle était assurée et la loi d'organisation du 25 frimaire an VIII venait d'asseoir l'enseignement sur les bases les plus larges. Pendant les dix années qui venaient de s'écouler l'Institution avait donné, au point de vue de l'instruction, des avantages que nul n'a contestés depuis ; elle avait produit chaque année des sujets de grande distinction dans tous les services publics; elle était parvenue dans la science au plus haut point de célébrité.

Au milieu des agitations politiques et des difficultés de la vie

matérielle, le travail et l'émulation avaient fait naître les sentiments d'union et de concorde entre des jeunes gens qui se connaissaient à peine. La sollicitude des conseils, le talent incomparable des maîtres, leur dévouement, leurs efforts pour inspirer l'ardeur dont eux-mêmes étaient animés avaient excité le zèle de tous. Les tracasseries même d'une police inquiète et les soupçons d'un gouvernement ombrageux avaient resserré les liens si faciles à cet âge. L'amour de la patrie et de la liberté avait confondu les cœurs dans un enthousiasme unanime. Tout avait contribué à jeter les germes d'un puissant esprit de corps. Ainsi étaient nés déjà avec l'amour de la science, l'indépendance du caractère, apanage des fortes études, et le sentiment élevé du devoir, qui est l'honneur de l'École.

CHAPITRE II

1804-1814

L'École à l'avènement de l'Empire. — Elle est casernée au collège de Navarre. — Le régime militaire. — Enthousiasme des élèves après Austerlitz. — Leur attitude à la fin de l'Empire.

Napoléon n'a jamais pardonné aux Polytechniciens les protestations qu'ils firent entendre au 18 brumaire et l'extrême défaveur, la désapprobation, parfois très explicite, avec laquelle ils accueillirent les actes, qui devaient peu à peu conduire au régime impérial. En brumaire, ils blamèrent hautement le général qui se servait de l'armée, conduite par lui à la victoire, pour abattre le gouvernement. Et à ce moment, le petit nombre de voix qui réclamaient encore la République se comptait. Bonaparte, sur qui se tournaient tous les regards, semblait revenu d'Égypte pour renverser le Directoire, qu'on attaquait de tous les côtés, qu'on rendait responsable de nos revers. Il semblait prédestiné à tirer le pays de l'abîme, à le sauver à la fois des Jacobins et des Bourbons. L'illusion produite par sa renommée, le cortège de ses campagnes, l'empressement de tout ce qui était illustre, honorable, savant, instruit, à venir autour de lui et à marcher sous ses ordres, il faut le dire aussi, les efforts de son gouvernement vers la réunion des esprits et l'oubli du passé, tout concourut à préparer son règne prodigieux.

Après le coup d'État, accepté avec un empressement qui tenait

du délire, un mouvement universel de confiance et de joie s'empara des esprits. Puis, un concours inouï de circonstances vint pour ainsi dire légitimer le succès. L'illégalité disparut sous les applaudissements. Avec le Consulat, on l'a dit, l'Empire était fait d'avance. Sa transformation en un Consulat à vie passa presque inaperçue, tant l'idée de république s'était évanouie, tant les mots de liberté, d'égalité étaient devenus vides de sens. Les Polytechniciens furent presque seuls à protester. Ils refusèrent de s'inscrire sur le registre à double colonne où chaque citoyen était tenu d'inscrire son vote par oui et par non. Les sous-lieutenants d'artillerie de Châlons furent aussi pour le moins hésitants et, sans l'intervention du jeune Clermont-Tonnerre[1] dont l'influence sur ses camarades était toute-puissante, un vote défavorable eût infailliblement causé la perte de leur École. Cela n'empêcha pas l'Empereur à quelque temps de là d'accueillir durement l'ancien Polytechnicien, futur ministre de la Restauration que lui présentait le général Mathieu Dumas. Monge qui était là, ayant reconnu son élève, le prit par la main, fendit la foule, et dit à Napoléon : « Sire, je vous présente M. Clermont-Tonnerre, qui est un officier distingué. » L'Empereur regardant le protégé répondit : « Vous n'avez pas fait la guerre? — Non, Sire! — Eh bien il n'y a d'officier distingué que sur les champs de bataille! » Monge était consterné[2].

Dans le pays l'opposition commença plus tard, quand il fut impossible de se faire illusion plus longtemps sur l'insatiable ambition de Bonaparte, quand on vit son projet bien arrêté de régner seul, les mesures prises à l'avance, les rôles distribués, les adresses, les délibérations, les messages tout prêts pour donner à la révolution gouvernementale, qui se préparait, le caractère de la légalité. Les corps officiels acceptèrent la transition d'avance comme un fait consommé. Les officiers de l'armée, les premiers, résistèrent. Eux, qui s'étaient réjouis au 18 brumaire « d'avoir vu sauter par les fenêtres des hommes

1. Clermont-Tonnerre de la promotion 1799 devint général de division, ministre de la Guerre, ministre de la Marine et pair de France sous la Restauration.

2. C. Rousset, *Un ministre sous la Restauration*, p. 34.

à loges galonnées », accueillirent fort mal une innovation qui renversait les idées d'égalité jusque-là caressées. A l'École polytechnique
l'opposition fut extrêmement vive. Arago, qui venait d'y être admis
après de brillantes épreuves, nous a laissé d'intéressants récits des
scènes diverses auxquelles elle a donné lieu. « Dans tout le courant
de l'année 1804, dit-il, l'École fut en proie aux passions politiques,
et cela par la faute du gouvernement. On voulut d'abord forcer les
élèves à signer une adresse de félicitations sur la découverte de la
conspiration dans laquelle Moreau était impliqué. Ils s'y refusèrent
en disant qu'ils n'avaient pas à se prononcer sur une cause dont la
justice était saisie [1]. » Lorsqu'on les invita à faire une manifestation
en faveur de la Légion d'honneur, ils s'y refusèrent encore. Carnot,
au Tribunat, leur avait donné l'exemple de la résistance à cet essai
de contre-révolution. « Qui donc ira chercher les décorations dans
les camps, avait-il dit, si on peut les ramasser à pleines mains dans
les antichambres? » Les élèves virent bien que le conquérant entendait substituer, à l'amour de la liberté, l'amour de la gloire et
des distinctions plus favorables à ses desseins. Le jour où on les
appela à se prononcer sur le sénatus-consulte organique du 28 floréal an XII, qui établissait l'hérédité de la dignité impériale dans la
descendance naturelle, légitime et adoptive de Louis-Napoléon Bonaparte, ils eussent mis à exécution leur projet de résistance, si Poisson, chez lequel se prenait le mot d'ordre, n'eût réussi à les en
dissuader. L'illustre professeur n'aimait pas Napoléon et son antipathie résista aux prospérités de l'Empire. C'est lui qui disait ironi-
quement en 1814 : « Voilà que de victoire en victoire on en est
venu, chose inouïe, à se battre aux portes de Paris. » Il ne doutait
pas que l'opposition des élèves n'eût cette fois les plus graves conséquences pour leur École qu'il chérissait et toute l'influence que sa
science et sa réputation lui donnaient sur eux, il l'employa à les faire
changer de résolution. Cédant à ses conseils, tous s'inscrivirent sur
le registre du vote. Le lendemain ils donnèrent une nouvelle preuve

---

1. ARAGO, *Ma Biographie.*

de leur sagesse. On jouait au Théâtre-Français la tragédie de *Pierre le Grand*, œuvre d'adulation de Carion-Nisas, l'ancien camarade de Bonaparte à l'École militaire de Brienne, celui des membres du Tribunat qui s'était le plus fortement déclaré en faveur de l'Empire. La pièce, dans laquelle il était question de couronnement, de trône, d'Empire, donna lieu à des allusions fréquentes, que le public saisit avec une malveillance extrême. Des lettres anonymes avaient été adressées aux élèves. On les invitait à venir se joindre aux jeunes gens décidés à saisir cette occasion de faire au parterre l'opposition qu'il était impossible de faire ailleurs. Jamais il n'y eut d'exemple d'un pareil vacarme au Théâtre, dans les couloirs, dans la salle et jusque dans la rue. L'auteur de la pièce a raconté lui-même ses infortunes. « Quatre à cinq cents amateurs, dit-il, qui n'avaient pu trouver place dans l'enceinte de la salle ou dans les couloirs, sifflaient, hurlaient, trépignaient dans la rue, et quoiqu'à coup sûr ils n'entendissent rien, on les entendait jusqu'à la barrière des Quatre Sergents. » Une vingtaine de manifestants furent arrêtés; on ne trouva point de Polytechnicien. Ils avaient eu la prudence de résister à toutes les suggestions du dehors et n'avaient pas paru au spectacle. Le bruit s'étant répandu néanmoins qu'ils s'étaient vivement associés à la manifestation, le directeur, Guyton-Morveau, jugea convenable d'écrire au *Journal de Paris* :

J'apprends que quelques personnes affectent de répandre que les élèves de l'École polytechnique étaient en nombre à la première représentation de *Pierre le Grand*, donnée samedi dernier au Théâtre-Français.

Pour faire tomber ces bruits non fondés et qui ne peuvent être accrédités que dans des intentions répréhensibles, vous voudrez bien publier, ce que je puis certifier, que les exercices de l'École n'ont cessé ce jour-là qu'à huit heures et demie passées et qu'il n'y manquait que cinq élèves, qui étaient malades et retenus dans leurs lits.

Il est assez curieux, qu'en cette circonstance, l'un des fondateurs de l'École, ancien conventionnel devenu ministre de l'Empereur, Fourcroy, se soit ingénié à présenter la conduite prudente des élèves

comme une preuve d'un dévouement désormais absolu à Napoléon.
Il fit remettre au gouverneur de Paris une adresse remplie de sentiments outrés d'adulation qu'il avait rédigée lui-même en leur nom.
L'adresse leur faisait exprimer le désir d'être associés à l'acte solennel
d'action de grâces qui devait avoir lieu à l'Hôtel des Invalides[1]. Murat,
qui savait à quoi s'en tenir, s'empressa de mettre à la disposition des élèves un gradin derrière l'autel : « Ils pourront de là,
écrivit-il à Fourcroy, entendre le *Te Deum* célébrant l'avènement
de notre Empereur au trône, et en rendre grâce au maître des
Empires. »

Peut-être Fourcroy avait-il cru détourner le coup qui menaçait
l'École. Monge la défendit mieux, quoique sans plus de succès.
Caractère enthousiaste et passionné, doué d'une imagination vive, le
savant professeur s'était attaché profondément à Bonaparte en Italie.
Depuis le retour d'Égypte, son attachement avait pris le caractère de
l'admiration. Son amitié devint plus tard une sorte de culte. « Il
m'aimait, écrivait Napoléon à Sainte-Hélène, comme on aime sa
maîtresse. » Il ne craignit pas cependant de résister au souverain le
plus absolu. Il prit avec chaleur la défense de l'École qu'il avait
fondée, des élèves qu'il chérissait. « Eh bien, Monge, lui dit un
jour Napoléon, vos élèves sont presque tous en révolte contre moi,
ils se déclarent décidément mes ennemis. — Sire, répondit Monge,
nous avons eu bien de la peine à en faire des républicains, laissez-
leur le temps de devenir impérialistes. D'ailleurs, permettez-moi de
vous le dire, vous avez tourné un peu court. » Arago qui rapporte
l'anecdote ajoute spirituellement : « Cette fois l'Empereur tourna
court sur ses talons et se mêla aux grosses épaulettes qui emplissaient le salon. » Ni les conseils de Monge ni les flatteries de Fourcroy, ne purent fléchir la volonté de Napoléon. Parvenu au faîte de
sa puissance, il ne voulait d'autres sentiments que l'abnégation
absolue devant sa volonté, que le dévouement sans réserve à sa
personne. Il savait qu'il n'était pas aimé des élèves et s'il n'eût été

---

1. Voir la pièce justificative n° 12.

arrêté par la renommée même de l'Institution et par l'espoir de l'utiliser pour son ambition, il l'eût immédiatement détruite. Ne pouvant
la détruire, il la dénatura. De même qu'il dit plus tard « il faut
m'enrégimenter l'instruction publique », il voulut que les élèves
fussent organisés en compagnies et soumis au régime militaire. Sa
pensée fut de recruter les cadres de ses régiments avec des officiers
d'élite instruits des détails du service et de l'administration, et en
même temps de mettre à la tête des services publics des hommes
préparés à sa convenance.

Le décret du 27 messidor an XII (16 juillet 1804), signé dans un
mouvement d'humeur et daté de ce même camp de Boulogne où
l'élite des jeunes ingénieurs avait travaillé à la construction d'une
flotte de débarquement, transforma l'École polytechnique en une
institution militaire et casernée[1].

Le système de casernement devait être appliqué dans le délai de
deux mois; mais il n'était pas possible de le mettre à exécution
dans un délai si court. Une commission du conseil de l'École fut
envoyée aussitôt à Fontainebleau, afin d'y recueillir tous les renseignements nécessaires sur le régime, la discipline, la distribution
intérieure de l'École militaire, qui, d'après le décret, devait servir de
modèle à l'École polytechnique. On se mit en même temps à la recherche d'un édifice propre à servir de caserne ; on jeta les yeux
sur plusieurs emplacements sans pouvoir se décider. Tout cela
demanda beaucoup plus de temps qu'on ne l'avait pensé.

Au commencement de l'année 1805, les vues se modifièrent. On
décida de réunir ensemble l'École et la caserne. On voulut une institution tout à fait semblable à l'École militaire, un grand pensionnat
où les élèves, payant pension au lieu de recevoir la solde, seraient
à la fois logés, nourris, instruits par l'État. Dès lors les bâtiments
du Palais-Bourbon, déjà bien insuffisants pour les salles d'études, les
amphithéâtres, les collections et les diverses dépendances du service
de l'instruction, ne pouvaient plus convenir à la destination nouvelle ;

1. Voir dans la seconde partie du Livre le chapitre *Quatrième organisation*. P. 413

il fallut chercher un autre emplacement. La commission eut un instant la pensée de transporter l'École au château de Saint-Germain, puis à celui de Vincennes. Enfin, après avoir balancé dans Paris entre la Sorbonne, l'ancien couvent de Sainte-Marie de la rue Saint-Jacques, celui des Minimes, l'hôtel de Biron, l'ancienne maison des Jacobins de la rue Saint-Dominique, elle se décida par des raisons de convenance et d'économie pour le collège de Navarre[1]. L'École y fut transportée le 16 brumaire an XIV (11 novembre 1805) plus d'un an après le décret de réorganisation.

L'Empereur, dans l'esprit duquel le métier des armes passait avant tous les autres, n'avait pas attendu ce moment pour mettre en activité le régime militaire. Depuis le mois d'août 1804, le général Lacuée, conseiller d'État, avait été nommé gouverneur, et le colonel du génie, Gay-Vernon, directeur des études, commandant en second. On avait imposé à tous les élèves l'obligation de se loger dans l'espace renfermé entre les limites du Gros-Caillou, la rive gauche de la Seine, la rue du Bac et la rue de Babylone, où l'on espérait les surveiller plus aisément. Les compagnies étaient déjà organisées ; chacune d'elles se composait d'un sergent-major, d'un sergent-fourrier, de deux sergents et quatre caporaux avec la moitié des élèves d'une division. Les sous-officiers étaient choisis parmi les élèves qui réunissaient, à l'instruction nécessaire pour aider leurs camarades dans les travaux, « la fermeté et l'aptitude qu'exige le commandement ». Les quatre compagnies étaient partagées en escouades, ayant chacune une salle d'études. Le sergent et le caporal de l'escouade étaient les chefs de la salle. C'est ainsi que les chefs de brigade, auxquels les fondateurs de l'École avaient voulu attribuer des fonctions si importantes, s'étaient successivement transformés en chefs de salle, puis en simples sergents. Quant aux officiers, qui commandaient les compagnies, appartenant à l'arme de l'infanterie, ils étaient absolument étrangers à toute théorie des sciences et ne parlaient aux élèves, dit Charles Dupin, « que de faction, de

----

1. FOURCY, p. 247.

violon, ou d'arrêts forcés et n'agissaient sur leur intelligence que
pour leur commander alternativement tête à droite ou tête à gauche [1] ».

Un chef de bataillon commandait les quatre compagnies réunies. Une cinquième compagnie, composée des élèves de l'École des
Ponts et Chaussées, c'est-à-dire des soixante élèves ingénieurs et
des quinze aspirants, qui n'avaient pas encore reçu leur commission
d'activité, devait achever de compléter le bataillon. Aux termes du
décret du 7 Fructidor an XIII, les ingénieurs devaient être casernés
dans le même édifice que les élèves de l'École polytechnique, et se
rendre tous les jours de la caserne à l'École accompagnés par un
officier ; ce décret ne fut jamais mis à exécution.

Le bataillon de l'École reçut son drapeau en même temps que
tous les corps de l'armée le jour de la grande distribution des
aigles au Champ de Mars. Arago, premier sergent, le reçut des mains
de l'Empereur lui-même. Il avait une hampe en bois peint et verni
en bleu, protégée par en bas d'une armure en cuivre doré et sur-
montée de l'Aigle impériale. Le corps était un carré formé par un
losange de taffetas blanc, bordé d'une branche de laurier, peinte en
or et terminée par des triangles alternatifs bleus et rouges garnis de
couronnes du même feuillage. Le champ portait deux inscriptions
en lettres d'or. D'un côté on lisait :

L'EMPEREUR DES FRANÇAIS
AUX ÉLÈVES DE L'ÉCOLE POLYTECHNIQUE

de l'autre :

TOUT POUR LA PATRIE
LES SCIENCES
ET LA GLOIRE.

Enfin l'organisation militaire de l'École fut complétée par

1. Les élèves, organisés en compagnies et en bataillons, étaient commandés non
par des officiers d'artillerie ou du génie, mais par des officiers d'infanterie étrangers
à toute théorie des sciences. Un jour de revue, les élèves étant sous les armes et
rangés, tenant l'ordre de leur réception, un célèbre examinateur, qui se rendait au

L'EMPEREUR REMET LE DRAPEAU DE L'ÉCOLE AU SERGENT-MAJOR ARAGO

(3 Décembre 1804.)

l'adoption d'un uniforme de grande et de petite tenue, semblable à celui que portait alors l'armée presque tout entière. La promotion de 1804 parut avec le nouvel uniforme. La grande tenue, celle des dimanches et fêtes, comportait un habit bleu national[1] à la française, avec collet montant en drap écarlate et revers blancs, les pattes et parements noirs, les contrépaulettes bleues, les boutons dorés, les retroussis en drap écarlate en forme de triangle. En outre une veste en drap blanc très fin, une culotte de même couleur, des guêtres de toile blanche, enfin un chapeau à trois cornes avec bordure en galon noir et ganse jaune, deux palmettes en soie bleue et la cocarde nationale. La petite tenue se composait d'un surtout en drap bleu avec parements noirs, d'une veste de même étoffe et de guêtres d'estamette noire, d'une redingote croisée de drap bleu, d'un bonnet de police à liseré écarlate et gland jaune, de la giberne et du havresac.

Les grades se distinguaient de la manière suivante : les caporaux avaient deux galons jaunes sur chaque manche et les galons étaient ornés de deux palmettes en soie bleue. Les sergents n'avaient qu'un galon d'or et les mêmes palmettes en soie bleue; eux seuls étaient autorisés à porter l'épée hors de l'École.

La tenue des jours de sortie n'ayant pas été fixée d'une manière positive par les règlements, on rencontrait des élèves avec une mise tellement disparate qu'il était difficile de les reconnaître. Les uns étaient vêtus de drap bleu fin avec des aigles en or aux retroussis; les

conseil d'instruction, vint à passer et dit ensuite au conseil : « Je viens de voir un bataillon tel, qu'il serait difficile d'en former un pareil chez les autres peuples de l'Europe réunis pour le composer. » Ce bel éloge fut redit à la troupe; et l'officier commandant, moitié transporté d'orgueil et de joie, moitié saisi de regret, s'écria d'un ton douloureux : « Hé! qu'aurait donc dit M. L*** s'il avait vu mon bataillon mis en ordre par rang de taille! » On conçoit qu'en effet alors, le premier rang aurait été le plus propre à la parade. Voilà les hommes qui exerçaient le pouvoir militaire sur les élèves, qui ne leur parlaient que de faction, violon ou d'arrêts forcés et n'agissaient sur leur intelligence que pour leur commander alternativement tête à droite ou tête à gauche. (CH. DUPIN, *Essai historique sur Monge.*)

1. L'habit avait 11 gros boutons, 22 petits; la veste, 12 petits boutons; les guêtres, 46 boutons.

L'administration de l'École fournissait l'habillement complet au prix de 244 fr.

autres portaient la culotte blanche, le chapeau à haut bord et les
bottes ; quelques-uns avaient la mise d'officiers aux épaulettes près,
tandis que d'autres se contentaient de l'uniforme simple de l'École,
le schako et la guêtre noire. Le chapeau et les bottes obligeaient
à une dépense d'environ 150 francs. Ceux qui ne pouvaient la faire
se trouvaient nécessairement humiliés en paraissant à côté de leurs
camarades plus élégamment mis. Ce fut seulement vers la fin de
l'Empire, qu'un règlement du mois de janvier 1813 régularisa la
tenue. A partir de ce moment, les guêtres noires et le schako devinrent obligatoires pour tout le monde, en grand comme en petit uniforme.

Ainsi armés, équipés comme les soldats, administrés par des
masses comme dans un régiment, obéissant à la même discipline,
surveillés et commandés par d'anciens officiers, rassemblés au son
du tambour, formés à l'exercice, les élèves furent soumis, du jour
où l'École fut transférée à Navarre, au régime militaire le plus absolu.
La transformation de l'École ne changea pas leurs opinions. On le
vit bien le jour où ils furent reçus à prêter serment d'obéissance
aux constitutions de l'Empire, et de fidélité à l'Empereur[1]. La cérémonie eut lieu en même temps que celle de la distribution des
médailles en or, frappées en mémoire du sacre et du couronnement. En vertu des ordres de sa Majesté, Berthier en avait envoyé
sept aux élèves qui formaient la députation officielle ; mais le gouverneur avait retardé la distribution afin de donner plus d'éclat à la
fête. Après l'inspection dans les salles de travail, il commença par
distribuer les médailles en présence de tous les élèves, rangés militairement et par brigade dans l'une des cours, le drapeau au milieu,
et sous la garde de dix élèves, armés et équipés. Puis, toutes les
brigades s'étant rendues à l'amphithéâtre où les instituteurs et un
nombreux public étaient déjà réunis, la garde avec son drapeau debout devant le buste de l'Empereur, il prononça un discours de
circonstance et l'acte de prestation du serment commença. « Rien

---

1. 11 nivôse an XIII.

ne fut plus curieux, raconte Arago, que cette cérémonie où l'on ne remarquait pas la moindre trace de recueillement. Chaque élève devait prononcer individuellement et à haute voix : « Je le jure. » La plupart, à l'appel de leur nom, s'écriaient : « Présent. » Tout à coup la monotonie de la scène fut interrompue par un élève, le fils de Brissot, le Girondin, qui s'écria d'une voix de stentor : « Non, je ne prête pas le serment d'obéissance à l'Empereur! » Lacuée pâle, hors de lui, ordonna à un détachement d'élèves armés, placés derrière lui, d'aller arrêter le récalcitrant. Le détachement, à la tête duquel je me trouvais, refusa d'obéir. Brissot, s'adressant au général avec le plus grand calme, lui dit : « Indiquez-moi le lieu où vous voulez que je me rende ; ne forcez pas les élèves à se déshonorer en mettant la main sur un camarade qui ne veut pas résister. » Le lendemain, Brissot fut expulsé[1]. »

Quand les cérémonies officielles de la proclamation de l'Empire furent terminées, « beaucoup d'élèves refusèrent encore de joindre leurs félicitations aux plates adulations des corps constitués ». Le général rendit compte de cette opposition à l'Empereur : « Monsieur Lacuée, s'écria Napoléon au milieu d'un groupe de courtisans qui applaudissaient de la voix et du geste, vous ne pouvez conserver à l'École les élèves qui ont montré un républicanisme si ardent, vous les renverrez. » Puis se reprenant : « Je veux connaître auparavant leurs noms et leurs rangs de promotion. » Voyant la liste le lendemain, il n'alla pas au delà du premier nom qui était le premier de l'artillerie : « Je ne chasse pas les premiers de promotion, dit-il, monsieur Lacuée, restez-en là. »

Au point de vue de la discipline, le régime militaire ne produisit pas les résultats qu'en attendait l'Empereur. Malgré sa sévérité, malgré les travaux et les exercices fréquents et fatigants, le premier effet de ce régime fut de provoquer contre l'autorité un véritable système d'ententes, de ligues, absolument ignoré sous l'ancien régime de l'externat libre. Au Palais-Bourbon, l'autorité n'avait pu

1. Arago, *Notices biographiques*, t. I, p. 17.

s'exercer d'une manière sensible que pendant les études. Les élèves n'avaient pas entre eux de rapports très fréquents, de relations bien intimes surtout d'une division à l'autre. Ils n'avaient pas senti le besoin de se liguer contre leurs chefs. Une fois réunis, casernés, constamment en présence de ces chefs, ils résolurent de se liguer pour échapper à la surveillance et résister au commandement. Alors commença entre eux, sous l'apparence de jeux, une sorte d'association qui se perpétua d'une promotion à l'autre. Grâce à une espèce d'initiation, combinée de toutes sortes de punitions et d'épreuves, les anciens s'arrogèrent, pendant un temps, sur les nouveaux, une autorité à l'aide de laquelle ils leur dictaient jusqu'aux fautes qu'il fallait commettre. Ils exigeaient des *conscrits* (c'est le nom qu'on commença à leur donner, et il est resté) des témoignages de respect, qu'ils imposèrent quelquefois par la force. — Des questions baroques de science leur étaient adressées; on leur infligeait mille vexations, les huées, les arrosements, l'enlèvement et la destruction des effets de casernement, d'habillement ou d'étude, l'infection des chambrées, etc., etc., surtout *la bascule et les postes*. Ces initiations couvraient du nom de jeux de véritables désordres; elles ont occasionné plusieurs fois des voies de fait et des duels. Elles duraient ordinairement deux mois, depuis le mois de novembre jusqu'au mois de janvier, époque à laquelle le temps d'épreuve était considéré comme terminé, et alors les anciens consentaient à traiter de pair avec les nouveaux. Il faut, sans doute, voir là l'origine de quelques traditions innocentes qui se sont perpétuées et qui ont contribué dans une certaine mesure à faire naître un puissant esprit de corps entre les promotions successives.

Le gouverneur Lacuée, malgré sa haute situation, son caractère, sa capacité, ne réussit pas à empêcher l'organisation d'un pareil système. Dès la seconde année du casernement, les *initiations* fonctionnaient. Elles avaient donné naissance à de tels désordres dans les dortoirs qu'on fut obligé d'y mettre pendant quelque temps des sentinelles en permanence et d'y faire de fréquentes patrouilles. Depuis,

presque toujours heureuses, elles n'ont fait que se développer jusqu'à la Restauration qui, les trouvant organisées contre ses tendances, fut heureuse de saisir ce prétexte d'un licenciement de l'École. Ni les consignes générales, ni les punitions de prison dans les cellules de Montaigut, ni l'envoi d'un certain nombre d'élèves dans des régiments d'infanterie, comme cela arriva plusieurs fois en 1810 et en 1812, ne purent avoir raison de la résistance des élèves. Il arriva même, au moment où le régime militaire existait dans toute son énergie, qu'un jour, ils se soulevèrent en armes (1811). Le sous-gouverneur fut obligé de mettre l'épée à la main, un bataillon marcha contre eux, et le bruit courut dans Paris qu'on allait les renvoyer et les châtier avec la dernière rigueur.

Le système de l'entente et de la coalition a permis, parfois, de commettre, au dehors, de coupables désordres. C'est ainsi que fut voté, préparé et exécuté par des élèves, désignés par le sort, un véritable attentat contre Malte-Brun. Cet écrivain avait inséré, dans le *Journal de l'Empire,* un article contre Biot, membre de l'Institut, et contre un autre professeur très aimé. Quarante-cinq élèves allèrent, un jour de sortie, le trouver dans son appartement de la rue Christine. Tandis que les uns gardaient la porte de la rue, l'escalier et toutes les issues, et empêchaient les voisins de sortir, quatre autres pénétrèrent dans l'appartement, insultèrent le malheureux Malte-Brun et le frappèrent au visage. Il reçut un coup de poing sur l'œil et eut le poignet démis. Les élèves se retirèrent en entendant crier : « à la garde, » et la police, malgré toutes ses recherches, ne parvint pas à découvrir les coupables. Vingt des plus mal notés furent envoyés à l'Abbaye (31 décembre 1809). Tous les sous-officiers furent destitués, on consigna l'École jusqu'à nouvel ordre. M. Cicéron, l'administrateur, prit si bien ses précautions pour arranger l'affaire, qu'on ne trouva aucune preuve pour la poursuivre devant la justice.

Le régime de l'internat n'empêcha pas non plus le renouvellement de quelques scènes de désordre dans les théâtres. Les élèves ne pouvaient y aller que les jours de sortie; ils voulaient toujours

passer les premiers pour prendre les billets d'entrée. C'était une éternelle occasion de querelle avec les bourgeois qui étaient à la queue. Un jour[1], à la porte du théâtre Feydeau, la dispute amena une rixe, dans laquelle l'officier de service fut obligé de mettre l'épée à la main, afin de se dégager. Le Préfet de police écrivit au ministre, au sujet de ces désordres du dehors :

Ceux qui fréquentent les spectacles sont en général turbulents et toujours prêts à se quereller. Ils ne sont pas étrangers aux cabales qui s'organisent et s'ils ne les dirigent pas, ils sont continuellement disposés à y prendre part. Et il ajoutait : L'œil de l'autorité doit toujours être ouvert sur cette jeunesse; aussi des officiers de paix et leurs agents sont spécialement chargés de les surveiller autant que possible, et de les renvoyer du Palais-Royal quand on reconnaît qu'ils y séjournent trop longtemps [2].

A diverses reprises, on arrêta des élèves qui faisaient du tapage au Vaudeville et au Théâtre-Français. Il fallut que le gouverneur interdît d'une manière générale l'entrée des spectacles à tous les élèves pendant plusieurs mois[3]. Alors ils se déguisaient pour n'être pas reconnus. Ils trouvaient, à cet effet, toutes les facilités dans la maison d'un limonadier de la rue de la Montagne-Sainte-Geneviève, située en face de l'École. La maison subsiste encore; depuis cette époque, elle n'a pas changé de destination.

Si le régime militaire n'a pas produit, au point de vue de la discipline à l'intérieur et à l'extérieur de l'Ecole, les bons effets qu'on en attendait, il ne fut pas non plus favorable aux études. Au bout de quelques années, on constata un affaiblissement sensible dans toutes les parties de l'instruction. Diverses causes y contribuèrent sans doute. Arago, qui défendit plus tard énergiquement le régime de l'internat, insinue que quelques professeurs se trouvaient au-dessous de leurs fonctions « ce qui donnait lieu, raconte-t-il, à des scènes passablement ridicules [4] ». Il faut plutôt en voir la raison dans une

1. 12 février 1809.
2. Lettre du 13 septembre 1811.
3. Avril 1811, décembre 1813.
4. Les élèves s'étant aperçus, par exemple, de l'insuffisance de M. Hassenfratz,

organisation qui ne favorisait pas le travail et qui n'excitait pas l'émulation comme l'avaient voulu les fondateurs de l'École. Le rétablissement de l'ancien calendrier avait changé la division du mois et nécessité un autre tableau de l'emploi du temps. On reconnut à cet égard que la semaine était bien moins avantageuse à la distribution des cours que la décade. Il fallut resserrer tous les objets dans un cadre plus étroit. Ainsi l'étude libre, après les leçons, disparut, et la distribution des heures d'études fut beaucoup moins régulière. Une cause plus importante fut l'impossibilité de la surveillance dans les salles d'études. Ce défaut avait été signalé déjà sous le régime précédent au Palais-Bourbon et nous avons dit com-

---

firent une démonstration des dimensions de l'arc-en-ciel remplie d'erreurs de calcul qui se compensaient les unes les autres, de telle manière que le résultat final était vrai! Le professeur, qui n'avait que ce résultat pour juger de la bonté de la réponse, ne manquait pas de s'écrier quand il le voyait apparaître au tableau : « Bien, bien, parfaitement bien! » ce qui excitait des éclats de rire sur tous les bancs de l'amphithéâtre. « Quand un professeur a perdu la considération, ajoute Arago, il lui est impossible de faire le bien. On se permet envers lui des avanies incroyables, dont je vais citer un échantillon : Un élève, M. Leboullenger, rencontra, un jour, dans le monde, le même M. Hassenfratz et eut avec lui une discussion. En rentrant le matin à l'École, il nous fit part de cette circonstance. « Tenez-vous sur vos gardes, lui dit l'un de nos camarades, vous serez interrogé ce soir, jouez serré, car le professeur a certainement préparé quelques grosses difficultés afin de faire rire à vos dépens. » Nos prévisions ne furent pas trompées. A peine les élèves étaient-ils arrivés à l'amphithéâtre que M. Hassenfratz appela M. Leboullenger, qui se rendit au tableau.

« — M. Leboullenger, lui dit le professeur, vous avez vu la lune?

« — Non, Monsieur!

« — Comment, Monsieur, vous dites que vous n'avez jamais vu la lune?

« — Je ne puis que répéter ma réponse : non, Monsieur.

« Hors de lui et voyant sa proie lui échapper à cause de cette réponse inattendue. M. Hassenfratz s'adressa à l'inspecteur chargé ce jour-là de la police et lui dit : « — Monsieur, voilà M. Leboullenger qui prétend n'avoir jamais vu la lune.

« — Que voulez-vous que j'y fasse, répondit stoïquement M. Lebrun.

« Repoussé de ce côté le professeur se retourna encore une fois vers M. Leboullenger, qui restait calme et sérieux au milieu de la gaieté indicible de tout l'amphithéâtre, et il s'écria avec une colère non déguisée :

« — Vous persistez à soutenir que vous n'avez jamais vu la lune?

« — Monsieur, repartit l'élève, je vous tromperais si je vous disais que je n'en ai pas entendu parler, mais je ne l'ai jamais vue.

« — Monsieur, retournez à votre place.

« Après cette scène M. Hassenfratz n'était plus professeur que de nom, son enseignement ne pouvait plus avoir aucune utilité. »

ARAGO, *Histoire de ma jeunesse.*

ment les conseils avaient essayé vainement d'y porter remède. Plus encore que les chefs de brigade, les sergents et les caporaux devaient être impuissants à maintenir l'ordre, de manière que le travail en commun fût possible. L'inspecteur des études, lui-même, ne tarda pas à se voir beaucoup moins écouté par des jeunes gens habitués à n'obéir qu'à des militaires. Aussi, en 1810, le général Lacuée, reconnaissant combien la surveillance des études par les chefs de salle était insuffisante, fut-il amené à demander qu'on attachât à l'École quatre officiers du génie ou de l'artillerie, ayant eux-mêmes été élèves. Mais à ce moment, l'Empereur avait besoin de tous ses officiers pour l'armée, et longtemps après l'École n'en avait encore reçu qu'un seul, donné par le génie. Le conseil de perfectionnement de 1812 se plaignait du manque de moyen *pour l'instruction et pour l'inspection des études*. Il voulait instituer un cours de belles-lettres, réclamé depuis le commencement de l'Empire et dont la proposition était renouvelée tous les ans. Il dut lutter longtemps contre le souverain qui ne partageait pas sa conviction et, pour réussir, invoquer la raison de discipline, d'obéissance. « Cette étude, dit-il dans son rapport, influera sur les mœurs et le caractère. Tels sont les résultats de l'éducation littéraire que le commandement acquiert plus de noblesse et perd de sa dureté. L'obéissance est plus prompte et moins servile entre égaux. Les relations deviennent plus faciles, plus favorables à l'harmonie. » L'Empereur finit par céder, et Andrieux fut nommé professeur de belles-lettres [1]. Mais toutes les instances du conseil pour obtenir des inspecteurs des études res-

---

1. Andrieux, membre du Tribunat, bibliothécaire du Sénat, fut nommé professeur à l'École. Il avait rencontré sa véritable vocation. Ce titre fut toujours pour lui l'objet d'une prédilection particulière. Les élèves devinrent ses enfants chéris; il leur voua la même affection qu'à sa propre famille. Ses leçons, nourries de recherches instructives et méditées avec soin étaient pourtant improvisées avec un rare bonheur, elles étaient moins une école de science littéraire qu'une école de raison et de bonnes mœurs. Sa parole était simple, spirituelle, malicieuse quelquefois. Il avait compris qu'il devait faire moins un cours de beau langage qu'un cours de bon sens et de bonne conduite. Les élèves s'empressaient d'aller l'entendre. A leur sortie de l'École ils trouvaient encore en lui un protecteur et un ami. Il les suivait de l'œil dans le monde et se faisait un plaisir de les recommander et leur rendre service. Longtemps après son départ personne ne l'avait oublié, son souvenir fut religieusement conservé.

tèrent sans résultat. L'Empereur avait besoin d'officiers, et, à ses yeux, les besoins de l'armée passaient avant tout.

Les innombrables cérémonies et fêtes officielles auxquelles l'École polytechnique fut appelée à figurer comme institution nationale, furent la cause de fréquentes distractions et de la perte d'un temps précieux pour le travail. On avait reproché au Directoire de faire trop souvent paraître l'École aux fêtes nationales ; l'Empire la convoqua à ses pompeuses solennités. Dans toutes les cérémonies le bataillon des élèves marchait en tête de l'armée immédiatement après la garde impériale. Le 14 août 1807, lors de la rentrée de l'Empereur, les Polytechniciens présentaient les armes sur le parvis Notre-Dame. Le 26 mai 1808, jour de la translation du cœur de Vauban aux Invalides, la moitié de l'École tenait la tête du cortège derrière la cavalerie, le reste avait une place d'honneur dans l'église. Le 6 juillet 1810, elle accompagnait le convoi du maréchal Lannes, duc de Montebello. Le 10 mai 1811, les élèves, sur leur demande, remplaçaient les artilleurs, derrière les pièces de canon, au convoi du général Sénarmont, tombé devant Cadix. Le 1er juillet de la même année, ils formaient la haie le jour de la cérémonie du baptême du roi de Rome, et ce jour-là, le général Hullin les complimentait sur leur belle tenue. Les jours de fête, les jours de revue, les jours de victoire, l'École était dehors.

Enfin, la fièvre des combats qui s'emparait des jeunes gens, la facilité d'accès aux carrières militaires, les promotions extraordinaires dans le génie et l'artillerie, l'infanterie ouverte à ceux qui n'étaient pas admis dans les autres services, toutes ces causes ont dû contribuer singulièrement à diminuer l'ardeur au travail.

On avait espéré que l'esprit militaire s'élèverait jusqu'à l'exaltation, et qu'une admiration sans borne pour le héros favori de la victoire remplacerait les sentiments d'hostilité frondeuse. En effet, la grandeur de l'Empire, ses éclatantes victoires gagnèrent l'enthousiasme des élèves. Tous les jours, à l'amphithéâtre, on lisait, à haute voix, le Bulletin des armées. Après Austerlitz, rien ne put contenir leur admiration. Voici l'adresse qu'ils adressèrent à l'Empereur :

30 Frimaire an XIV.

Les Élèves de l'École polytechnique
à Sa Majesté l'Empereur des Français, Roi d'Italie.

Sire :

Nous avons lu, nous avons dévoré les bulletins de la grande Armée ; tout ce que les faits les plus éclatants peuvent inspirer d'étonnement et d'admiration, nous l'avons éprouvé au-récit des prodiges par lesquels Votre Majesté Impériale et Royale vient d'élever la France au plus haut degré de puissance et de gloire. Nulle part le nom de Napoléon n'a été répété avec plus d'enthousiasme et de vénération qu'à l'École polytechnique. Un seul regret se mêle à la joie que nous éprouvons, celui de ne pouvoir prendre part à ces hauts faits d'armes, à ces rapides succès dont l'histoire des nations n'offre point d'exemples. Quand pourrons-nous partager d'aussi nobles travaux ? Quand mériterons-nous l'honneur de combattre sous les ordres de notre Empereur ? Tel est le plus impatient de nos désirs. Mais les éternels ennemis de la France ne sont pas désarmés ; il reste encore des palmes à cueillir. En attendant que nous puissions paraître sur les champs de bataille, qu'il nous soit du moins permis de mettre sous les yeux de Votre Majesté l'expression de nos sentiments. Souffrez que la joie de jeunes Français, destinés à la profession des armes, se distingue parmi les acclamations de la France entière ; et daignez accueillir avec bonté cet hommage inspiré à chacun de nous par un cœur dévoué à la patrie, à notre Empereur et à son auguste famille.

Au moment du mariage de Napoléon avec Marie-Louise, ils essayèrent bien quelques épigrammes. La chanson grivoise de Martainville, dans laquelle l'hyménée césarien était célébré sur un mode qui n'avait rien de pindaresque, et qui avait eu, dans la ville, un grand succès de fruit défendu, courut manuscrite dans les salles. Mais le rire des Parisiens fut bien vite étouffé sous les louanges pompeuses et sonores d'une phalange de versificateurs habiles à l'adulation et les fêtes, qui eurent lieu dans l'École cette même année, ne laissèrent aucun doute sur les sentiments de la majorité des élèves.

Le jour de l'inauguration du buste de l'Empereur, tous, en grande tenue, le drapeau du bataillon au centre, se réunirent dans le grand amphithéâtre. Les membres de l'état-major, les professeurs, les répé-

liteurs étaient présents [1]. Quand le buste parut, porté par les sergents-majors et précédé par le chef de bataillon, les plus vives acclamations retentirent. On entendit ensuite une symphonie à grand
orchestre et Andrieux prononça un discours : « Vous inaugurez, leur
dit-il, l'image du chef de la grande famille, du monarque auquel
l'École polytechnique doit tant d'obligations... A son retour d'Austerlitz cherchant dans le progrès des sciences et des arts une nouvelle
source de gloire, il a jeté sur l'École un de ses regards qui créent,
qui vivifient, qui perfectionnent. » Il est certain que l'Empereur s'intéressait vivement à l'École. Si pendant toute la durée de l'Empire il n'y
vint plus, comme sous le Consulat, suivre en simple amateur les cours
de physique et de chimie, il laissait entendre qu'il se tenait toujours au
courant de l'enseignement. A une séance de l'Académie des sciences, où
Biot exposait ses nouvelles recherches, Monge, assis à côté de lui, devant le tableau noir, lui dit, avec une satisfaction évidente : « Ce travail vient de notre chère École polytechnique. » Je reconnais bien cela
aux figures, répondit-il. » Et de fait il fut l'un des commissaires
désignés pour rédiger un rapport sur le mémoire de Biot [2]. Concen-
trant toutes les intelligences autour de l'autorité souveraine, inventif
à récompenser les savants, les écrivains et les artistes, il accueillait
avec faveur tous les hommes de talent, et il savait l'art de les séduire. Un jour, comme son ami Berthollet lui parlait des grands travaux de Davy sur l'électricité, il demanda avec son impétuosité ordinaire pourquoi ces découvertes n'avaient pas été faites en France.
« Sire, répondit Berthollet, c'est que nous n'avons pas possédé de
pile voltaïque assez puissante. — Eh bien ! qu'on en construise sur-
le-champ une suffisante, et qu'on n'épargne ni soins, ni dépenses ! »
C'est ainsi que fut construite, aux frais de l'État, la grande pile voltaïque de l'École polytechnique [3]. Ces témoignages d'intérêt et le
prestige de son nom avaient fini par gagner la jeunesse. En 1806,
toute trace d'opposition avait disparu. L'Empereur avait d'ailleurs

1. 27 avril 1806.
2. *Réponse de Guizot au discours de réception de Biot à l'Académie française.*
3. Louis Figuier, *Découvertes scientifiques*, t. III, p. 375.

montré comment il savait en réprimer la plus insignifiante tentative.
Au théâtre de Rouen, des jeunes gens s'étant permis quelques paroles
malsonnantes envers la force armée, il formula lui-même le châtiment dans cette dépêche adressée à Fouché :

Saint-Cloud, 24 juin 1806.

Ceux des jeunes gens qui ont fait du tapage au théâtre de Rouen, qui ne
sont pas mariés, et qui ont moins de vingt-cinq ans seront envoyés au 5ᵐᵉ de
ligne, qui est en Italie. Faites-les mettre sur-le-champ en marche. En vivant
avec les militaires, ils apprendront à les connaître et verront que ce ne sont
pas des sbires.

NAPOLÉON.

(Correspondance de Napoléon.)

En même temps, il prouva aux élèves qu'il savait récompenser
tous les genres de mérite en faisant appeler rue Lacuée, du nom
de leur gouverneur, la rue qui aboutissait au pont d'Austerlitz[1].

La guerre à ce moment, loin d'arrêter les travaux de l'art, semblait au contraire les favoriser. Jamais l'École n'avait fourni plus
d'ingénieurs aux services publics, et jamais les corps qui s'alimentaient dans son sein n'avaient eu de travaux plus importants
à diriger. « Des armées immenses demandent de la poudre, des
armes, des projectiles, des machines de guerre, instruments de leur
triomphe, disait le Conseil de perfectionnement dans un rapport
de 1806; de nouvelles places fortes s'élèvent, des cartes levées
avec précision et célérité complètent la description de la France,
trente vaisseaux en construction sur les chantiers, des routes creu-
sées sur les rochers, des canaux suspendus sur les montagnes, des
ponts, des aqueducs jetés sur les fleuves, un nouvel art enseigne le
moyen de fournir les matériaux dont nous payons le tribut à l'étranger. » L'occasion lui parut bonne de renouveler la proposition de
faire participer la navigation commerciale aux avantages des institutions formées pour la marine militaire, et de faire ouvrir de nou-

---

1. Ce pont venait d'être construit par Lamandé, le premier de l'École qui ait obtenu
le grade d'ingénieur en chef.

veaux débouchés aux élèves. Il fit décider qu'on admettrait à l'École polytechnique et successivement à l'École de Brest un certain nombre de jeunes gens entretenus aux frais des villes de commerce et destinés à y exercer la profession d'ingénieurs-constructeurs. Ces dispositions furent communiquées aux préfets des départements où se trouvaient les principales villes maritimes et du commerce. Malheureusement, la ville de Boulogne, seule, se décida à prélever sur le budget de 1807 les fonds nécessaires pour l'entretien d'un élève. La stagnation des armements détourna les autres villes d'une dépense dont elles auraient pu recueillir les fruits plus tard. L'exemple de Boulogne ne fut pas suivi, et les quatre places réservées aux constructeurs ne furent point occupées.

En 1806, l'Empire était à l'apogée de sa gloire et la renommée de l'École s'était répandue dans toute l'Europe. Un grand nombre d'élèves en étaient sortis pour aller enseigner les mathématiques dans les Universités étrangères; trois étaient professeurs à l'École centrale de l'île de Malte, depuis le passage de Bonaparte partant en Égypte; d'autres étaient attachés aux écoles d'artillerie des pays annexés : à Turin, à Lucques, à Anvers, à Leyde, à Ostende, à Genève. Des savants, Volta, Brugnatelli, Rumford, Humboldt; de grands personnages, les ambassadeurs de Russie et d'Espagne, le roi d'Étrurie, étaient venus la visiter dans le court intervalle de paix qui suivit le traité de Lunéville. L'École du génie en Autriche, l'Université de Vilna en Russie, avaient déjà fait demander ses ouvrages et ses modèles. Un peu plus tard, un article de la capitulation conclue entre la France et la Suisse (4 vendémiaire an XII-27 septembre 1803) y avait admis, sur la présentation du Landamman, plusieurs jeunes gens de l'Helvétie, après qu'ils auraient subi l'examen prescrit par les règlements. Les frères de l'Empereur voulaient doter leurs royaumes d'une institution semblable. Le roi de Hollande, le roi de Naples faisaient demander tous les renseignements concernant l'organisation, la discipline intérieure, les programmes des cours et des examens. « N'allez pas croire un instant, écrit au gouverneur Lacuée le général Dumas, ministre de la Guerre du royaume

de Naples, que nous voulions fonder une école comme la vôtre ; mais nous avons ici les éléments d'une académie militaire, et dans la voie d'une organisation nouvelle, nous voudrions faire les premiers pas en marchant sur vos traces. » Murat répondit à l'envoi des renseignements demandés par le présent d'une collection complète de roches volcaniques et de minéraux [1].

L'éclat de l'établissement rejaillissait sur ses élèves. Le titre de Polytechnicien était partout regardé comme un honneur. Aux yeux de l'Empereur lui-même, il constituait comme un brevet de capacité dans toutes les sciences. On peut citer à cet égard le jugement qu'il a porté sur l'une des tragédies de Voltaire : « Elles sont passionnées, mais ne fouillent pas l'esprit humain ; par exemple, son Mahomet n'est ni prophète, ni arabe ; c'est un imposteur qui semble avoir été élève à l'École polytechnique, car il démontre ses moyens de puissance comme moi je pourrais le faire dans un siècle comme celui-ci [2]. »

Cependant à cette époque de guerres continuelles, toutes les préoccupations s'étaient tournées du côté du champ de bataille. La jeunesse se portait en masse vers les écoles militaires, le Prytanée de la Flèche et celui de Saint-Cyr, l'École militaire de Fontainebleau. Le général Lacuée s'inquiétait du recrutement de l'École polytechnique. Nommé directeur général des revues et de la conscription, il se préoccupa de faciliter la préparation des examens aux candidats que leur âge appelait aux armées. Sa lettre aux différents instituteurs des écoles préparatoires en fournit la preuve :

28 avril 1807.

Tout aspirant à l'École Impériale polytechnique, à qui un professeur du lycée ou de tout autre établissement autorisé délivrera un certificat, dans lequel il déclarera qu'il croit, en son âme et conscience, que N***, son élève,

---

1. Il est plaisant de rappeler que le gouvernement napolitain réclama le prix de son envoi, lorsque les caisses, après avoir échappé à l'escadre anglaise et séjourné longtemps à la douane de Marseille, arrivèrent à l'École. Après une assez longue discussion, l'École s'en tira par le payement des frais de transport.

2. Entretiens de Napoléon au camp de Boulogne. — *Mémoires de M*me* de Rémusat*, t. I, p. 280.

est assez instruit pour être admis à l'École Impériale polytechnique, obtiendra du conseil de recrutement un sursis de départ jusqu'au 1er novembre. A cette époque il devra être rendu à l'École s'il y est admis; dans le cas contraire, il sera dirigé vers l'un des corps qui se recrutent dans le département.

LACUÉE.

Il fut moins accessible aux réclamations du clergé. Elles étaient des plus pressantes. Celle qui fut adressée par l'archevêque de Besançon est intéressante à citer; elle montre que, sous l'Empire, on n'entrait dans les ordres qu'après avoir satisfait aux obligations du service, et que le clergé cherchait par tous les moyens à s'y soustraire:

L'archevêque de Besançon au général Lacuée, comte de Cessac,
directeur des revues et conscriptions militaires.

. . . .

... J'ai fait jusqu'ici les plus grands efforts pour maintenir mon édifice sacerdotal; mais, hélas! presque toutes les parties en sont attaquées de vieillesse, de caducité, d'infirmités, et ce n'est pas sans une vive inquiétude que je vois apparaître le moment où la plupart de mes paroisses seront vacantes: vrai malheur pour les peuples.

J'ai déjà un beau nombre de jeunes gens que je fais étudier aux différents points de mon diocèse, et qui, dans quelques années, pourront remplir les parties vides. Mais il faut qu'ils passent le pont de *la conscription*. Daignez, Monsieur le comte, leur prêter la main. Déjà les mots honteux de réfractaire et de déserteur commencent à s'oublier. Aidez-moi à me procurer de dignes prêtres et vous y trouverez aussi votre compte. C'est spécialement nous qui allumons dans les cœurs des jeunes conscrits les feux qui font votre joie et qui préparons de nouveaux héros à notre patrie.

E.-A. LECOZ.

La carrière des armes était alors la seule carrière. Elle était très brillante. Il y avait des généraux de moins de trente ans. Plus d'un conscrit était parti simple soldat qui se retrouva colonel en 1812 et en 1813. Aussi, dès le lycée, on ressentait les atteintes de la fièvre belliqueuse. L'organisation en était toute militaire. On se levait, on entrait en classe, on quittait l'étude pour les récréations, militairement, au bruit du tambour. Et parmi les lycéens façonnés de bonne

heure au métier des armes, dont les plus âgés avaient de seize à dix-sept ans, Napoléon voulait choisir ceux qu'un développement précoce rendait propres à la guerre, au nombre de dix par établissement[1]. On avait soin d'entretenir chez eux la ferveur napoléonienne. Dans les classes, on lisait le Bulletin de l'armée. Au bout de chaque victoire il y avait huit jours de vacances. Les études sérieuses n'étaient suivies que par un bien petit nombre. On prenait, tout enfant, le goût des armes et les pensées martiales absorbaient les esprits. « La guerre était debout dans le lycée, dit Alfred de Vigny, le tambour étouffait à nos oreilles la parole des maîtres et la voix mystérieuse des livres ne nous parlait qu'un langage froid et pédantesque. Les logarithmes et les tropes n'étaient à nos yeux que des degrés pour monter à l'étoile de la Légion d'honneur, la plus belle des étoiles des cieux pour des enfants. »

Vers 1809, après les sanglantes batailles livrées sur les bords du Danube, un changement favorable aux idées de paix s'opéra dans l'opinion. La France, après avoir toléré la tyrannie de la gloire et du génie, commençait à se lasser des guerres interminables. Déjà un certain nombre de réfractaires ne répondaient pas à l'appel de leur classe, et on appelait tous les conscrits des dépôts et on ne cessait de faire de nouvelles levées. Les préparatifs de la campagne de Russie, dans l'été 1811, réveillèrent, un moment, l'ardeur belliqueuse de la population. On se prépara avec enthousiasme à cette expédition lointaine. A Saint-Cyr et à l'École polytechnique des promotions entières partirent pour la grande armée. Mais l'heure allait bientôt venir de la lassitude et du découragement. Tandis que Napoléon rêvait de conquérir l'Europe, la misère était partout dans les campagnes et dans les villes. Les désastres de 1812 et de 1813 vinrent révéler la fragilité de l'édifice impérial. Coup sur coup on apprit la retraite de Moscou, la poursuite de l'armée par les Russes et tous les navrants épisodes qui avaient marqué chaque pas de notre marche en arrière vers les frontières de Pologne. Agitée par ces

1. Thiers, *Consulat et Empire*.

sinistres nouvelles, la France en deuil s'attendait à l'anéantissement
de ses forces, lorsque le bruit se répandit de l'arrivée de l'Empereur à Paris. Rappelé par l'audacieux coup de main du général Mallet, il était parti de Dresde, il avait traversé furtivement l'Europe
centrale et tout à coup on venait de le voir aux Tuileries au milieu
de la nuit (17 décembre 1812). Son brusque retour était une véritable
désertion semblable à celle de 1799 en Égypte. C'est que l'Empire
avait failli sombrer dans un complot qui étendait ses ramifications
sur toutes les classes de la société. Effet naturel du despotisme, on
ne protestait pas, on conspirait. La jeunesse était gagnée; son enthousiasme avait disparu. Déjà en 1807, lors de sa première tentative, Mallet s'était assuré l'appui d'un grand nombre d'étudiants; en
1812, il comptait encore sur eux. « Jeunes gens, cria-t-il à un groupe
par la portière de la voiture qui le conduisait au supplice, souvenez-
vous du 23 octobre ! »

A l'École polytechnique, la plupart des élèves étaient acquis aux
idées libérales. Ils osèrent discuter ouvertement le despotisme de
l'Empereur. Le lendemain d'une révolte intérieure, que les baïon-
nettes de deux compagnies de la garde étaient venues comprimer,
on trouva ces deux vers, plus que médiocres, il faut bien le dire,
qu'ils avaient écrits à la craie sur tous les tableaux noirs :

> Le monde est un atome, où rampe avec fierté,
> L'insecte usurpateur qu'on nomme Majesté.

Napoléon, fort irrité, les accusait d'être passés dans le camp des
Jésuites. Ayant fait demander Monge, pour lui persuader qu'ils
étaient les hôtes habituels de la *Maison Grise*, au bois de Boulogne,
rendez-vous des affiliés de la compagnie de Jésus : « Les voilà, lui
dit-il, devenus les disciples de Loyola! » Et Monge de nier. « Vous
niez! Eh bien sachez que le répétiteur de votre cours est dans cette
clique[1]! »

Les chefs, de leur côté, s'efforçaient de lui cacher les vérita-

1. ARAGO, *Histoire de ma jeunesse*, p. 97.

bles dispositions. « L'expérience ne suffit plus, disait le conseil de 1810, lorsqu'il s'agit de prévoir les mouvements inopinés d'une jeunesse facile et qui cède comme les flots à l'orage, que les passions excitent dans quelques têtes ardentes et désordonnées. » Ses rapports annuels faisaient les plus grands éloges de la conduite. A la fin de 1813, le gouverneur, répondant à l'imputation qui leur était faite d'avoir un mauvais esprit, écrivait au ministre de la Police : « Il n'y a eu jusqu'ici aucun reproche à leur faire. Je n'ai au contraire qu'à me louer de leurs sentiments. » D'autre part les agents subalternes les craignaient. Ils n'osaient ni les punir ni les dénoncer aux supérieurs, et ce calcul commun des agents et des chefs n'échappa point aux élèves. Ils établirent sur cette base leur indépendance en s'arrêtant dans leur manifestation de résistance, exactement au point au delà duquel il n'eût plus été possible de la laisser ignorer à l'autorité. Si l'Empereur ne détruisit pas immédiatement l'École comme il en eut la pensée, c'est qu'il fut arrêté par sa renommée et par son patriotisme[1]. Car il était convaincu, quelles que fussent les opinions des élèves, qu'ils avaient par-dessus tout le sentiment du devoir, du dévouement au pays et qu'en toutes circonstances il pouvait y faire appel. Au mois de janvier, comme il demandait des cavaliers, montés, habillés et équipés pour refaire sa cavalerie, ils lui firent présent de huit chevaux harnachés pour l'artillerie à cheval. Paris, la plupart des grandes villes des provinces, les grandes administrations, l'Université, l'Académie, le Conseil des mines, des Ponts et Chaussées, les Cours de justice, les Tribunaux, envoyèrent successivement leur contingent comme l'avait fait l'École polytechnique.

En 1813, une exaltation patriotique, semblable à celle de la France en 1792, soulevait l'Allemagne en masse, et la Russie, la Prusse, l'Angleterre, la Suède avaient formé la sixième coalition contre nous. Toutes les classes furent rappelées. Les étudiants allèrent reformer nos régiments détruits en Russie et combattre les

---

1. Voir *Quatrième organisation de l'École.*

étudiants allemands. On vit les collégiens jeter leurs livres à la tête des maîtres et demander des armes. De toutes parts, les recrues affluèrent aux dépôts, et telle fut l'ardeur belliqueuse, qu'en 1814, on ne pouvait croire encore au calme durable de la paix. Toute la jeunesse partit. Les grandes levées avaient dépeuplé les écoles. A l'École polytechnique, il resta, cette année-là, onze élèves à répartir entre tous les services civils. Le génie en avait pris cinquante, l'artillerie plus de soixante. De Vilna, Napoléon avait envoyé l'ordre d'en faire partir encore quarante pour Metz. Un mois avant Lutzen, le ministre demandait de nouveau cinquante artilleurs. Quelques jours avant Leipzig, il en prenait soixante-dix. La seule arme de l'artillerie avait absorbé en deux ans 210 sujets à l'École; et telle avait été l'hécatombe d'officiers que, d'après une lettre du ministre de la Guerre, en date du 18 août 1813, il manquait encore plus de 250 officiers dans ce corps[1]. Quelques mois après, Napoléon donnait l'ordre de lever sur les mêmes classes, déjà si durement frappées, 10,000 jeunes gens de dix-neuf à trente ans, qui devaient s'équiper à leurs frais. « Avec des promotions extraordinaires, faites à l'École d'application de Metz, et, ce qui n'avait jamais eu lieu, à l'École Saint-Cyr, il reformait l'artillerie de la vieille et jeune garde[2]. » Hommes, argent, chevaux, armes, matériel, il avait tout arraché aux familles. Pour la guerre terrible qu'il voulait faire, il déployait une activité foudroyante et se montrait plein de confiance dans le succès.

Mais l'heure des désastres avait sonné. Après le congrès de Prague, Napoléon pouvait accepter une paix glorieuse. A Francfort, il pouvait encore traiter et conserver à la France son intégrité et ses limites naturelles, le Rhin, les Alpes et les Pyrénées. « Il acheva de tout perdre, en voulant regagner d'un seul coup ce qu'il avait perdu[3]. » La bataille de Leipzig, dite bataille des Nations, força notre armée, accablée sous le nombre, trahie par les Saxons au

---

1. FOURCY, p. 316.
2. CHARRAS, *Histoire de la guerre de 1813 en Allemagne*, p. 289.
3. THIERS, *Histoire du Consulat et de l'Empire*.

plus fort du combat, de reculer derrière le Rhin. Nous allions
subir les hontes d'une invasion que l'héroïsme des armées républicaines nous avait épargnée en 1792 et en 1793. Alors, quand tout
enthousiasme est éteint, quand la génération des hommes de vingt
ans a disparu et qu'il va falloir défendre le sol national, l'École
polytechnique va demander à marcher la première à l'ennemi.

CHAPITRE III

1814-1815

Le 30 mars 1814. — L'École à la barrière du Trône. — Reprise des Cours.
— Le 20 mars 1815. — Capitulation de Paris.

Dans les derniers jours de l'année 1813, les alliés avaient passé
le Rhin. Surpris par la rapidité de l'invasion, Napoléon, renonçant à
ses vastes projets, s'était hâté d'armer et d'équiper les recrues, et de
rassembler les débris de son armée d'Allemagne. A la tête de
80.000 soldats, il avait alors essayé de renouveler, sur le sol de la
France, contre 300.000 étrangers, les merveilles d'audace et d'habileté de la campagne d'Italie. Mais les combats de Champaubert, de
Montmirail, de Vauchamps, de Laon, d'Arcis-sur-Aube, n'avaient pas
arrêté l'ennemi ; et les succès inouïs, remportés tous les jours, étaient
restés sans résultat. Après que les divisions Marmont et Mortier,
chargées de couvrir Paris, se furent laissé couper, la masse entière
des Russes, des Prussiens, des Autrichiens franchit la Marne : le 28
et le 29 mars, elle marchait en cinq colonnes sur la capitale ; le 30,
la bataille était inévitable sous les murs de Paris. La ville, confiée
sans défense à une faible femme et à un prince imbécile[1], fut stupé-
faite quand l'ennemi parut. Elle n'avait à lui opposer qu'environ
25.000 hommes, comprenant les débris des divisions Marmont et
Mortier, et 8.000 ou 10.000 gardes nationaux. L'Empereur avait montré
la plus grande répugnance à donner des armes à la population pari-

1. Mot de Napoléon à Fontainebleau.

sienne. Par crainte de l'esprit révolutionnaire, il avait refusé les services de 50.000 ouvriers, la plupart anciens soldats ; il n'avait voulu organiser que des compagnies d'élite, composées de citoyens de la haute bourgeoisie, c'est-à-dire de ceux qui n'étaient pas éloignés de regarder les alliés comme des libérateurs, et qui étaient bien décidés à ne pas se battre.

La vaillante petite armée des patriotes s'établit sur les collines de Belleville, de Ménilmontant et de la butte Chaumont. Sa droite s'étendait au canal de l'Ourcq, sa gauche allait de Montmartre à Neuilly. Les hauteurs de Montmartre formaient, en arrière, un réduit, qui, s'il eût été garni d'artillerie, aurait pu être inexpugnable. Les murs de clôture avaient été crénelés, les portes de la ville garnies de palissades et défendues par du canon. Vers trois heures du matin, quand les tambours de la garde nationale battent le rappel, tout le monde est à son poste, prêt à s'y défendre jusqu'à la mort. La bataille s'engage à la pointe du jour. Sur le plateau de Romainville, nos troupes, vivement pressées, se soutiennent avec la plus grande valeur. Elles maintiennent leurs positions sur tout le front du corps de Marmont. Les Russes sont d'abord repoussés par notre artillerie, et rejetés avec des pertes énormes au pied des hauteurs de Pantin. Avant de déboucher une seconde fois du village, ils attendent que les Prussiens et les Autrichiens soient entrés en ligne. C'est le moment où le roi Joseph s'enfuyait (l'impératrice était partie la veille, emportant le roi de Rome). Bientôt, les Wurtembergeois paraissent à notre aile droite, et menacent de la déborder du côté de Nogent. Alors, Blücher se déploie dans la plaine de Saint-Denis, et la bataille devient générale. Marmont recule ; longtemps il résiste à Belleville ; Mortier se bat héroïquement en avant de Montmartre, et Moncey à la barrière Clichy. Lutte désespérée, où les nôtres ne cèdent que devant la supériorité du nombre ! A onze heures du matin, l'artillerie de la réserve avait reçu l'ordre de se porter sur la route de Vincennes, pour arrêter le mouvement du prince de Wurtemberg. C'est là que devait s'illustrer l'École polytechnique.

Aux premières nouvelles de l'invasion, les élèves avaient demandé

à concourir à la défense du pays. Un décret, rendu le 24 janvier, la veille du départ pour Châlons, les avait appelés à former trois compagnies de l'artillerie de la garde nationale, sous les ordres du colonel baron Greiner, leur commandant en second. En donnant communication du décret, le comte de Cessac, gouverneur de l'École, disait aux élèves : « Sa Majesté répond ainsi au noble empressement que vous avez montré. Votre excellent esprit et les services glorieux de vos anciens camarades sont un garant d'une telle confiance. » Il est certain que toute la jeunesse de Paris n'avait pas montré le même enthousiasme. Un jour que le général Lespinasse avait voulu haranguer les étudiants de l'École de Médecine, il avait été accueilli par des huées, et poursuivi jusqu'à sa voiture [1]. Seule, l'École polytechnique avait offert de marcher à l'ennemi. On a prétendu que l'Empereur aurait d'abord refusé ses services, et répondu par un mot célèbre : « Je ne veux pas tuer ma poule aux œufs d'or. » Sa première pensée avait été, au contraire, de prendre le plus grand nombre des élèves dans les cadres de l'infanterie de la garde impériale. Il l'eût fait, sans le général Drouot qui lui montra les inconvénients d'une pareille mesure, dont l'unique résultat eût été d'arrêter les études et de porter le trouble parmi des jeunes gens non encore préparés à devenir officiers. Les élèves furent donc exercés au service des batteries de campagne et tenus en réserve pour le cas où Paris serait menacé. Des canons ayant été amenés dans la cour de l'École et accueillis par les cris de *vive l'Empereur!* depuis ce jour ils s'instruisirent, sans relâche, à la manœuvre avec la plus grande ardeur. Il serait à souhaiter, écrivait le baron Greiner, que toutes les troupes de Sa Majesté fussent animées du même dévouement! Le 28 mars on les envoya au nombre de deux cent quarante avec trente pointeurs expérimentés de l'artillerie de la garde, à la barrière du Trône [2] servir vingt-huit bouches à feu de la réserve. Bivouaqués autour de leur

1. *Souvenirs du Quartier latin,* par Labretonnière.
2. Une erreur s'est propagée dans tous les écrits sur l'histoire contemporaine; on a répété partout que l'École polytechnique était placée à la butte Chaumont. Le rapport officiel du colonel Greiner, adressé au ministre le 7 avril, ne laisse aucun doute sur

parc, sans même avoir pu obtenir les capotes manteaux que le colonel Greiner avait demandées pour leur permettre de résister au froid et à l'humidité de la nuit, ils faisaient le service permanent avec beaucoup de zèle et de bonne volonté en attendant impatiemment le moment d'entrer en ligne. A côté d'eux se trouvait la batterie des canonniers invalides avec le colonel Grobert. Quelques collégiens[1], quelques étudiants, qui avaient été assez heureux pour se procurer des armes, étaient venus tout près de là se disperser en tirailleurs, mêlés à des gardes nationaux de la 8e légion.

Dans la matinée du 30, le colonel Greiner, brave officier, amputé à Wagram, ayant été retenu au lit par une violente attaque de goutte, avait été obligé de remettre le commandement. Ce fut le major d'artillerie Évain qui reçut du général d'Aboville, commandant l'artillerie de la défense de Paris, l'ordre de se porter en avant au moment où le prince de Wurtemberg déboucha du côté de Fontenay et de Nogent. L'objectif de la batterie devait être de faire une diversion à l'extrême droite du corps du duc de Raguse, afin d'empêcher les troupes légères des alliés de le déborder. L'ordre est exécuté sur le champ. Les vingt huit pièces, attelées de chevaux de poste et de rivière et conduites par des chartiers inexpérimentés, s'ébranlent au grand trot sur la route de Vincennes. Elles formaient une colonne tellement allongée, que la queue en défilait encore à la barrière lorsque la tête atteignit l'extrémité de l'avenue[2]. Arrivé au point où la route est coupée par le chemin de Charonne à Saint-Mandé, le major Évain les fait mettre en batterie le long de la chaussée et sur la gauche dans la route de Charonne. Il avait cru pouvoir, sans trop se hasarder, s'engager sur cette chaussée, élevée de près de 2 mètres au-dessus du terrain environnant et soutenue par des remblais en maçonnerie qui n'en permettaient l'accès que sur sa largeur. Les pièces prolongeaient ainsi, dans une direction à peu près

---

ce point. — L'erreur a du reste été rectifiée par une note de M. Chasles, insérée dans les *Comptes rendus* de l'Académie des sciences de 1869.

1. Parmi ces collégiens se trouvait Alfred de Vigny.

2. *Campagne de* 1814, par le général Koch.

perpendiculaire à celle de l'enceinte, la ligne de bataille de l'armée. Deux d'entre elles, placées en travers de la route et tournées du côté de Saint-Mandé, protégeaient le flanc droit de la batterie dont la gauche s'appuyait à la barrière. Dans cette position imprudemment choisie, sans autre soutien qu'une vingtaine de gardes nationaux parisiens et huit gendarmes à cheval[1], elles ouvrent leur feu contre les lanciers russes, postés en avant de Montreuil, et contre les Wurtembergeois. Longtemps, l'ennemi suppose, en voyant ce développement d'artillerie, qu'une division entière, pour le moins, est à portée pour le soutenir. Vers midi, le comte Pahlen, avec son corps de cavalerie légère, ayant reconnu la position, donne l'ordre au général Kamenew de l'enlever en passant derrière les maisons et les granges du petit Vincennes. Pendant que le mouvement s'exécute, une batterie légère d'artillerie russe s'établit au pied de Montreuil et tire à mitraille, puis à boulets contre les jeunes canonniers français. Tout à coup, un escadron de cosaques, après avoir passé sous le feu des canons de la plaine et du fort de Vincennes et dérobé sa marche derrière les murs du parc, apparaît sur la chaussée. Une décharge de mitraille, à bout portant, l'arrête un instant; mais la batterie n'a plus de soutien, les gardes nationaux se sont enfuis, les gendarmes qui la flanquaient se sont repliés. Alors les cosaques renouvelant trois fois leur charge arrivent jusque sur les canonniers, les sabrent, les font prisonniers et s'emparent des deux pièces de canon placées en potence. Retranchés derrière les pièces et les caissons enchevêtrés, les élèves se défendent avec acharnement. Trente d'entre eux, armés de fusils, qui servaient habituellement pour le poste de garde de l'Ecole[2], s'élancent à la tête de la cavalerie avec le commandant Evain et quelques officiers montés. La position devenait critique. Heureusement, nos lanciers polonais, commandés par le colonel Ordener, se frayant un passage à travers les clôtures des jardins, tombaient à ce moment sur le flanc des Russes et les forçaient de lâcher prise. En même temps, un détachement de la garde

1. *Souvenirs d'histoire contemporaine*, par le baron PAUL DE BOURGOING.
2. Les autres n'avaient que des sabres de gardes nationaux.

nationale sous les ordres du chef de bataillon de Saint-Romain et du capitaine Calmer accourait au pas de charge pour dégager les élèves. Du côté de Paris était arrivé aussi un secours inattendu : une batterie de six pièces de canon, formée de bouches à feu dépareillées et servie par les braves Invalides, avait, à l'abri de la chaussée, gagné l'extrémité de notre ligne et commençait un feu violent à notre aile droite. Secouru à temps, le major Évain parvient à dégager quelques pièces. Il n'y avait plus de chevaux, les charretiers avaient pris la fuite ; les élèves ramènent les canons en les traînant eux-mêmes, les remettent en batterie, recommencent le feu, et permettent ainsi à nos cavaliers polonais de charger les Russes à leur tour. Un instant après, deux bouches à feu de position, près de la Barrière, servies par des paysans en sabots, conscrits pour l'artillerie, arrivés de leurs départements le matin même, balayaient les contre-allées de la route de Vincennes[1]. Alors le général Kamenew est forcé de se retirer et d'abandonner les deux canons qu'il nous avait pris. Si Vincennes avait été convenablement fortifié, si les avenues du village eussent été dégagées, jamais l'ennemi ne serait parvenu à tourner la batterie des élèves. Tel fut le brillant fait d'armes duquel date la popularité de l'École polytechnique [2].

Dans la mêlée, deux tambours furent tués ; l'adjudant Rostan [3] et les onze élèves : Léger, François, P. Leclerc, Garavie, Lenfant, Daudelin, Cantagnaide, Villeneuve, Cournaud et Salomon furent blessés de coups de lance et de coups de sabre. Huit autres : Petit, Bonneton, de Cullion, Dupuy, Honeau, Reydelles, Moultson et Mengeaud furent blessés par l'explosion de quelques gargousses. De

1. Discours du général Duvivier au peuple de Paris au sujet des fortifications, 1844.

2. Quelques-uns des élèves qui combattirent ce jour-là sont devenus des hommes considérables : Enfantin, Arthur Morin, Babinet, Sadi Carnot, Michel Chasles, Duvivier. Ce dernier, en sa qualité de sergent-major, commandait une section de huit pièces.

3. L'adjudant Rostan était un ancien soldat de la campagne d'Égypte arrivé le premier sur la muraille de Saint-Jean d'Acre. Il fut blessé dangereusement à la tête. Le baron Paul de Bourgoing rapporte à son sujet un mot heureux qu'on lui faisait dire à l'École : « Que sentiez-vous, mon brave Rostan, lorsque la fusillade faisait tomber les fantassins alignés à côté de vous? lui demandaient les élèves. — Vous me demandez ce que je sentais? Suivant l'ordonnance, je sentais les coudes à droite. »

LA BATTERIE DE L'ÉCOLE POLYTECHNIQUE A LA BARRIÈRE DU TRÔNE.

(30 Mars 1814.)

Cullion fut atteint profondément aux mains et au visage. Bonneton faillit perdre la vue. Six furent emmenés prisonniers : Becquey, Forfait, Dudos, Dorsenne, Proust et Payn; mais nos cavaliers les reprirent quelques moments après.

Non loin de là, et avec autant de résolution, les élèves de l'École vétérinaire d'Alfort avaient défendu le pont de Charenton. Les rapports du prince de Wurtemberg disent qu'il trouva devant lui « des forces considérables ». Il y avait, avec les élèves d'Alfort, 400 hommes, 300 autres au camp de Saint-Maur où ils s'étaient retranchés avec quelques pièces de canon derrière des tambours en planches. Beaucoup des braves jeunes gens qui se trouvaient là périrent glorieusement; leur commandant fut tué.

La capitulation du 30 mars portait que l'armée française évacuerait Paris avec armes et bagages. L'opération devait être terminée le 31 mars à sept heures du matin. Dans la soirée le canon de Vincennes où Daumesnil refusait de se rendre, grondait encore comme une retentissante protestation de la France et les élèves de l'École polytechnique étaient toujours à la barrière du Trône attendant des ordres. Leur gouverneur, le comte de Cessac, avait passé au pavillon de l'École vers le milieu de la journée, à l'heure même où ils étaient engagés; mais n'étant pas instruit des progrès de l'armée ennemie, il était reparti sans rien ordonner et il était allé prendre les instructions du ministre de l'Intérieur. M. de Montalivet, l'un des rares hommes de sens et de courage qui avaient voulu défendre Paris, s'était depuis longtemps préoccupé du sort que les événements pourraient faire à l'École. Dès les premiers jours du mois de février, le gouverneur, le conseil et les agents supérieurs réunis, sur sa demande, en séance extraordinaire, lui avaient fait connaître leur avis unanime de la transporter hors de Paris. Trois projets avaient été arrêtés, suivant qu'on voudrait la considérer comme une institution à la fois civile et militaire, ou bien comme une école de militaires ayant le grade de sergents d'artillerie, ou enfin comme une réunion de jeunes gens d'élite formant le service de gardes nationaux. Dans le premier cas, on devait l'installer à Rennes, dans les bâtiments de l'École d'artillerie;

les élèves valides, emportant dans leur havresac « le linge, le vêtement et les étuis de mathématiques » s'y seraient rendus militairement. Dans les deux autres hypothèses, les élèves devaient laisser tout à Paris et marcher comme corps de ligne [1]. M. de Montalivet adopta le dernier parti, et dans la soirée du 30 mars, il fit donner l'ordre d'organiser le départ. Le colonel Greiner en conféra avec le maréchal Moncey et avec le général d'Aboville, qui, à onze heures du soir, lui fit parvenir l'ordre de mouvement. Il lui prescrivait de se diriger sur Fontainebleau, par Villejuif, de manière à suivre l'armée dans sa retraite vers la Loire. Transmis au major Evain, à la barrière du Trône, l'ordre fut immédiatement exécuté. Les élèves revinrent à l'École; on leur distribua des fusils, des munitions, des vivres et ils prirent une partie de leurs bagages. Mais au moment de les mettre en route, le colonel reconnut que la plupart étaient incapables de suivre le mouvement de l'armée. Exténués par un service de trois jours et par des courses multipliées, brisés de fatigue après une journée de combat, découragés par la nouvelle de la capitulation, beaucoup d'entre eux demandaient à se retirer dans leurs familles ou chez des amis. On autorisa les deux tiers à rester dans Paris. Les autres, sous la conduite des officiers, quittèrent la ville dans la nuit du 31 mars, vers les trois heures du matin. Leurs familles étaient dans une inquiétude extrême. Dès la pointe du jour, les parents, les correspondants arrivèrent à l'École réclamer leurs enfants; quelques-uns le firent avec une extrême violence. « Aurait-on eu la cruauté, disaient-ils, de les envoyer auprès du *Tigre* à Fontainebleau? » Depuis longtemps l'enthousiasme était éteint. La nation absorbée tout entière en un homme, découragée, épuisée, s'abattait avec lui. La génération des hommes de vingt ans avait disparu; ce qui restait du pays, les vieillards, les infirmes, les femmes, semblaient heureux de la perte d'une gloire qui leur avait coûté si cher. Le nom de Napoléon était maudit. Voici une lettre écrite au colonel Greiner, commandant en second

---

1. Ordre du gouverneur du 11 février 1814.

de l'École, qui montre à quel degré de haine on était monté dans la plupart des familles :

11 avril 1814.

Lâche esclave d'un maître aussi lâche, rends-moi mon fils. Plus féroce encore que le tyran, tu as surpassé ses cruautés en livrant au feu de l'ennemi des enfants confiés à ta garde sur la foi d'une loi, qui garantissait leur éducation. Où sont-ils? Tu vas en répondre sur ta tête. Toutes les mères marchent contre toi et moi seul suffirais pour t'arracher la vie si mon fils ne reparaît bientôt.

Celui qui écrivait cette lettre, chef de bureau à la comptabilité à l'Université impériale, devait son emploi, ainsi que la bourse donnée à son fils, à la haute protection du duc d'Albuféra et de parents officiers généraux, qui l'avaient recommandé à l'Empereur. C'était le père du jeune Enfantin, élève de la promotion 1813, un des héros de la journée, qui devait acquérir plus tard tant de célébrité comme apôtre et comme chef du Saint-Simonisme.

La colonne des Polytechniciens suivit le mouvement du duc de Raguse, et sans s'arrêter à Essonnes, elle gagna Fontainebleau. Les officiers avaient emporté 15,000 francs pour assurer la subsistance pendant la route. On avait pris les fonds sur la caisse de l'École, le reste pour ne pas tomber à l'ennemi avait été partagé entre le colonel, l'inspecteur des études et le quartier-maître, que leurs infirmités retenaient à l'établissement. A Blois, les élèves furent logés dans les bâtiments du lycée. Deux ou trois jours après leur arrivée, ils reçurent un ordre du général Dupont, le nouveau ministre de la Guerre, qui les rappelait à Paris.

L'empire n'existait plus, la royauté n'existait pas encore. Un gouvernement provisoire maintenait l'ordre, le général comte Sacken était gouverneur de la capitale de la France. La reddition n'avait rien changé à la vie des classes bourgeoises et riches auxquelles la proclamation de la paix apportait un ineffable soulagement. Elles saluaient avec enthousiasme le retour des Bourbons et l'entrée des étrangers n'était pour elles qu'un autre genre de distraction. Pour l'armée, pour le peuple, pour les Polytechniciens, pour tous les vrais patriotes c'était la douleur et la honte. La multitude courageuse, qui avait vaine-

11

ment sollicité des armes, n'avait même pas supposé que Paris pût courir de dangers sérieux. Entassée derrière la ligne des défenses, elle avait compté toute la journée du 30 mars, sur l'arrivée de l'Empereur, qui n'était qu'à quelques lieues. « Le voilà! Le voilà! » s'écriait-elle, quand elle apercevait, au loin, dans la plaine un général sur un cheval blanc, suivi de quelques officiers[1]. La nouvelle de la capitulation l'avait saisie de stupeur et de rage. Elle regarda, comme hébétée, les deux souverains étrangers à la tête de 50,000 soldats défiler sur les boulevards aux sons de la musique et des tambours. Elle vit de grandes dames jeter sur le passage du vainqueur des bouquets de fleurs et de lauriers, des comtesses en croupe derrière des cosaques. Elle entendit, avec indignation, mêler aux cris de Vive le Roi! les cris infâmes Vivent nos alliés! Vivent nos libérateurs! Un instant, le cœur battit d'espoir dans toutes ces poitrines françaises. On disait que Napoléon marchait sur Paris. Vite l'alarme s'était répandue dans les bataillons ennemis; les cocardes, les rubans et les plumets blancs qu'on avait arborés aux yeux de la foule étonnée disparurent. — Mais l'Empereur ne vint pas. Quelques jours après, le comte d'Artois, reçu par le gouvernement provisoire, cinq maréchaux de l'Empire, de nombreux détachements de la garde nationale, faisait son entrée au milieu d'une foule manifestant le plus brillant enthousiasme. « O dieux vengeurs! » pouvait s'écrier Béranger, qui n'avait pu obtenir un fusil le jour de la bataille, qui venait d'assister aux transactions honteuses des généraux de l'Empire, au retour de vieillards rapportant les haines de l'émigration, aux bruits des *Te Deum,* aux protestations des sénateurs, aux murmures indignés du peuple, aux plaintes de nos vieux soldats, aux larmes des mères, à cet immense abattement de la France, « O dieux vengeurs! je viens de voir passer mes chansons à venir. »[2]

Les pensées des jeunes gens n'étaient guère aux études sérieuses. Retenus par la tristesse même du spectacle, les Polytechniciens ne songeaient point à regagner leur École. Le ministre de la Guerre

1. BÉRANGER, *Ma Biographie.*
2. JULES JANIN, *Béranger et son temps.*

ayant ordonné de faire rentrer par tous les moyens[1] ceux qui s'attar-
daient dans la ville et dans les environs, on ne lui obéissait pas. Le
général Dejean, nommé gouverneur, dut aller s'entendre avec le
Préfet de police afin d'aviser aux mesures à prendre tandis que le
gouvernement provisoire, assez embarrassé, étudiait le régime auquel
il soumettrait l'École à l'avenir. Les uns voulaient caserner les élèves,
comme sous l'Empire; les autres demandaient qu'on les laissât
entièrement libres, comme sous la République. En attendant, à la
rue Descartes, on n'avait pas pris les dispositions matérielles, nécessaires pour permettre la rentrée immédiate. Si on avait exécuté
l'ordre du comte d'Artois, le pavillon entier de l'état-major aurait
été mis à la disposition des officiers des troupes alliées avec toute
leur suite. Heureusement, l'administrateur s'y était opposé, et ne
voulant pas exposer au pillage les richesses de l'École, la bibliothèque, les précieuses collections de toute nature, il avait obtenu
qu'on les fît garder par la garde nationale. Enfin, le général Dejean
réussit à faire triompher le régime de l'internat et se hâta de
préparer les casernements. Ils étaient encore occupés par un
grand nombre de militaires que la municipalité du XIIe arrondissement y avait logés depuis le départ des élèves. L'infirmerie avait été
mise à la disposition de la ville[2]; on y soignait les sous-officiers et
les soldats d'artillerie. Il fallut s'empresser de faire évacuer tous les
locaux occupés, de remettre tout en ordre, avant de recevoir les
élèves. On les interna à mesure qu'ils vinrent se présenter et bien
qu'il n'y eût plus d'officiers pour la surveillance, le régime habituel recommença. Le 18 avril, on put annoncer au lieutenant général
du royaume que le plus grand nombre des élèves était présent et
que les cours étaient repris. Plus de 100 élèves manquaient encore,
ceux-là refusèrent de rentrer : soixante-neuf envoyèrent successivement leur démission; quelques-uns, parmi lesquels les blessés du
30 mars, obtinrent des congés. Deux ou trois passèrent en Russie pour
y enseigner les mathématiques, un fut admis à l'École normale, un

1. Lettre du général Dupont, 11 avril 1814.
2. Décision du conseil du 15 février 1814.

autre accepta une sous-lieutenance dans la ligne, seize se firent admettre dans la maison militaire du roi. Au 1er novembre 1813, il y avait 346 élèves à l'École; au mois d'août 1814, il n'y en avait plus que 258 pour les deux divisions [1].

Trois mois venaient de s'écouler pendant lesquels le travail avait été complètement interrompu; il était urgent de ramener le calme dans les esprits. Et d'abord l'École cessa de faire partie de la garde nationale. A cette occasion le général Dessolles adressa au gouverneur l'ordre du jour suivant:

1er mai 1814.

Messieurs les chefs et élèves de l'École polytechnique ont fait avec zèle et courage le service de l'artillerie de la garde nationale; mais le but de l'institution de cette École est de préparer les élèves à recevoir dans les écoles d'application l'instruction qu'exigent les services publics, et l'État a moins besoin de soldats que d'officiers et d'ingénieurs instruits. En conséquence j'ai cessé de considérer et je vous invite à ne plus regarder messieurs les officiers et élèves de l'École polytechnique comme faisant partie de la garde nationale qui, d'ailleurs, s'honorera toujours de les avoir comptés dans ses rangs.

(Signé : Général DESSOLLES.)

1. Une lettre d'A. Comte, admis à l'École après les examens de 1814, dans laquelle il retrace à un de ses amis la vie intérieure de l'École, montre que rien n'y a été changé.

« Je vais commencer par te donner une idée de la vie que nous menons à l'École.

« A cinq heures du matin, on bat la diane, et il faudrait se lever; mais on n'en fait rien, et, malgré que les capitaines viennent crier dans les chambres, on ne se lève qu'à cinq heures trois quarts, lorsqu'on bat le roulement pour descendre à l'appel dans les brigades (salles d'étude). On travaille ainsi jusqu'à sept heures et demie, l'on va déjeuner jusqu'à huit heures. Le déjeuner consiste en un bon morceau de pain, et il y a de plus un homme qui vend du lait chaud ou du beurre : avec quelque argent on peut bien déjeuner, car d'ailleurs le pain est très beau et à discrétion. A huit heures on va à l'amphithéâtre de géométrie descriptive ou dans les salles jusqu'à neuf heures, quand il y a amphithéâtre; on remonte alors dans les salles jusqu'à deux heures. Quelquefois, dans cet intervalle il y a différents cours. A deux heures on dîne avec un potage, un bouilli et un plat de légumes, le tout à discrétion; il y a une bouteille de vin pour cinq et c'est assez, car il est si mauvais que très peu d'élèves en boivent. Du reste, la nourriture est aussi bonne qu'elle peut l'être dans un établissement public; elle vaut mieux que celle des lycées. A deux heures et demie on ferme les réfectoires et l'on est en récréation jusqu'à cinq heures; dans cet intervalle on va à la bibliothèque, qui est très belle, ou à la salle d'agrément lire les journaux. A cinq heures on remonte dans les salles jusqu'à huit heures, et à cette heure on va souper. Après souper on va se coucher, ou, si l'on veut, on se promène dans les corridors des casernements. A neuf heures un quart on bat un roulement pour éteindre les chandelles. Et tous les jours on recommence le même train de vie. » (Lettre d'A. Comte à M. Valat, du 2 janvier 1815.)

Le lieutenant général du royaume témoigna aussi sa satisfaction en accordant à tous les élèves le droit de porter la nouvelle décoration. Mais aucun d'eux n'usa de ce droit; au contraire la plupart d'entr'eux montra la plus grande répugnance à paraître en public avec les insignes du gouvernement. Il fallut des ordres réitérés pour les décider à recouvrir d'un morceau d'étoffe blanche leur cocarde tricolore. L'administration, désireuse de prouver son zèle au souverain « légitime », eut beau chercher à faire disparaître le moindre souvenir de nature à rappeler l'Empire, menaçant de prison ceux qui n'enlevaient pas les aigles, les boutons, les retroussis des uniformes; allant jusqu'à défendre de laisser croître les moustaches; elle ne parvint pas à changer les opinions. Si, au lendemain de la capitulation, les professeurs et les membres du conseil avaient adhéré à toutes les mesures prises par le Sénat et par le gouvernement provisoire[1], les élèves avec tout le vrai peuple s'étaient montrés peu disposés à accueillir le roi que ramenait l'étranger. Aussi le gouverneur éprouva-t-il la plus grande peine à obtenir, des sergents, chefs de salle, l'approbation d'une adresse prétentieuse et ridicule qu'il avait rédigée lui-même et qu'il voulut faire parvenir à Louis XVIII comme une manifestation spontanée des élèves.

Voici cette adresse :

Sire,

Les élèves de l'École royale polytechnique supplient Sa Majesté de jeter un regard de bienveillance sur une jeunesse animée de sentiments français, c'est-à-dire d'amour de la patrie, de dévouement à votre auguste famille et à votre personne sacrée.

Sire, nous nous préparons par nos études à servir, soit comme ingénieurs, soit comme artilleurs dans les armées françaises, soit comme constructeurs dans les ports, dans les places de guerre et dans les arsenaux, soit en consacrant nos travaux à d'utiles monuments qui honorent le règne de Votre Majesté et contribueront à l'immortaliser.

Depuis plus de vingt ans qu'elle existe, l'École polytechnique voit les élèves qu'elle a formés prendre place d'une manière honorable dans les rangs des savants et des braves. Marchant à l'envi sur leurs traces, nous commen-

1. Séance du conseil de l'École du 11 avril 1814.

cerons notre carrière sous un prince qui veut être chéri, nous jouirons du
fruit de ses vertus et de ses lumières. L'amour pour nos parents, Sire, nous
est appris par la nature elle-même ; le devoir et la reconnaissance nous im-
posent un sentiment semblable pour un roi que nous regardons comme notre
père, comme le père de tous les Français.

Nous sommes avec le plus profond respect,
de Votre Majesté, les très humbles et très fidèles sujets.

10 octobre 1814.

On essaya par tous les moyens, sans parvenir à y réussir, de
gagner l'École à la cause des Bourbons. Le duc d'Angoulême, son
futur protecteur, décerna la décoration du Lys à tous les membres de
l'enseignement qui la demandaient ; il nomma chevaliers de la Légion
d'honneur deux agents de l'administration, anciens serviteurs de
l'établissement ; il invita chez lui les professeurs et les examinateurs.
L'abbé de Montesquiou, mieux inspiré, en prétextant l'utilité des
exercices militaires au point de vue de la santé et de la discipline, fit
rendre aux élèves les fusils qu'on avait enlevés [1]. Le roi, lui-même, avec
un véritable esprit de justice, sut récompenser leur patriotisme en
nommant chevaliers de la Légion d'honneur trois d'entre eux, Petit,
de Cullion, Malpassutti, qui s'étaient particulièrement distingués le
30 mars [2] ; c'était rappeler un fait d'armes dont ils avaient droit d'être
fiers.

En dépit de tous les efforts ; l'École conservait inébranlables des
convictions qu'elle ne cherchait pas à dissimuler. Comme les vieux
soldats, qui rentraient après avoir cruellement souffert, les élèves ne
voulaient pas déposer les aigles et les couleurs tricolores. Pour eux
l'Empereur, en ce moment, représentait la patrie ; le roi était le
complice de l'étranger. Aussi applaudissaient-ils à toutes les scènes
orageuses que les officiers en demi-solde provoquaient à Paris, dans
les spectacles et lieux publics, aux railleries et aux outrages qu'ils
prodiguaient aux Bourbons. Les événements de chaque jour entretenaient chez eux l'excitation. On apprit avec une joie maligne que
le cri de Vive l'Empereur ! avait été poussé, pendant une revue,

1. 5 octobre 1814.
2. Ordonnance royale du 3 janvier 1815.

aux oreilles du duc de Berry. On se livra à toutes sortes de moqueries sur le député Ferrand, quand il voulut prouver que, « sauf les émigrés, tous les Français avaient dévié de la ligne droite » ; on s'irrita de la loi de l'observation rigoureuse des dimanches et fêtes ; on s'indigna du projet qui chassait les orphelins de la Légion d'honneur et réduisait les trois Écoles de Saint-Cyr, de Saint-Germain et de La Flèche en une seule exclusivement réservée à la noblesse.

L'imprudence des émigrés, le langage incendiaire du clergé, les attaques contre les acquéreurs de biens nationaux, toutes les maladresses enfin d'un gouvernement qui n'avait rien oublié ni rien appris, réunissaient alors les militaires, les libéraux, les révolutionnaires à tous les partisans de l'Empire. Il n'était bruit que de complots ; le seul nom de Napoléon répandait l'effroi. « On le voyait partout, écrit Thiers, quand retentit la nouvelle de son évasion et de son débarquement au golfe Juan. » Personne ne crut d'abord au succès de son audacieuse entreprise. Bientôt, le bruit se répandit de son entrée à Grenoble, de sa marche triomphale jusqu'à Lyon, de la défection des généraux envoyés à sa rencontre. Toute la France, en armes, l'escortait à Paris et, comme il l'avait prédit, l'aigle avec les couleurs nationales « volait de clocher en clocher jusqu'aux tours de Notre-Dame ». Alors la cour fut saisie d'épouvante. Pour repousser l'usurpateur, elle avait compté sur les troupes de la maison du roi et sur la garde nationale. C'est ainsi que 40 Polytechniciens reçurent l'ordre d'aller servir une batterie d'artillerie ; Berryer essaya vainement d'enrôler les autres parmi les volontaires royaux. Organisées en bataillons et en escadrons, ces forces servirent, le 19 mars au soir, à faire du côté de Vincennes une manifestation destinée à tromper la foule, tandis que le roi s'enfuyait du côté de Boulogne. Le 20 mars au matin, les officiers en demi-solde arboraient le drapeau tricolore sur le palais des Tuileries, et le soir, Napoléon, reçu par tous les dignitaires de l'Empire, embrassait ses maréchaux. Vingt jours avaient suffi au prisonnier de l'île d'Elbe pour courir de la Méditerranée à la Seine, et les Bourbons tombaient devant la réprobation universelle.

On ne peut se faire une idée de l'enthousiasme qu'excita, parmi la

jeunesse, une révolution si soudaine. Dans les collèges royaux, il y avait, depuis quelque temps, tous les jours des manifestations en faveur de l'Empire. Les élèves, principalement ceux qui se préparaient à l'École polytechnique et à l'École militaire, se réunissaient dans la cour pendant les récréations. L'un d'eux arborait un petit drapeau tricolore et tous, prosternés, entonnaient le chant *fatal* de la *Marseillaise*. Le 20 mars, il n'y eut plus pour les collégiens d'études possibles. « Ayant vu, tout à coup, par une fenêtre, le drapeau blanc disparaître de la colonne Vendôme et flotter les trois couleurs, raconte le fils de Carnot, on saute par-dessus les bancs, on renverse les tables, les portes sont ouvertes, on acclame, on s'embrasse; c'est un délire[1]. » Une députation du lycée Louis-le-Grand, ayant à sa tête Crémieux, qui fut depuis membre du gouvernement provisoire en 1848 et du gouvernement de la Défense nationale en 1870, alla présenter une adresse aux Tuileries. L'École polytechnique voulut être la première à protester de sa fidélité. Elle vint saluer l'Empereur le matin du 21 mars avec la Cour royale de Paris, la Cour des comptes et tous les corps constitués. Admis, quelques jours après, à la grande revue d'honneur dans la cour des Tuileries, les élèves lui remirent cette adresse :

       Sire,

   L'armée entière a salué de ses acclamations le héros qui tant de fois l'a conduite à la victoire; permettez que les fils et les frères de vos braves, fiers d'entrer dans une carrière si glorieusement parcourue par leurs pères et leurs aînés, mêlent leurs voix à celles de la nation reconnaissante et offrent à Votre Majesté le tribut de leur dévouement et de leur admiration.

    Nous aussi, nous avons senti nos cœurs se briser lorsqu'un instant nous avons vu pâlir la gloire de la France. Désormais, sous votre égide, elle est comme la propriété de l'État, à l'abri de toute atteinte.

   Sire, nous consacrons à Votre Majesté des cœurs pénétrés de tous les sentiments qu'inspire l'amour de la patrie; elle les trouvera toujours dévoués à la défense de sa gloire et de sa liberté.

Nous avons l'honneur d'être,
de Votre Majesté, les très humbles et très fidèles sujets.

      27 mai 1815.

---

1. *Mémoires sur Carnot*, par son fils, p. 405.

Les sentiments exprimés dans cette adresse étaient sincères. L'Empereur n'en put douter quand il vint à quelque temps de là visiter l'École, où il n'avait pas paru depuis le Consulat. Carnot, devenu ministre de l'Intérieur, l'avait engagé vivement à se montrer aux élèves. « Ils ont donné une preuve éclatante de patriotisme, lors de l'attaque de Paris par les puissances coalisées, écrivait-il au général Dejean en lui annonça   qu'il était maintenu dans sa place de gouverneur, les ennemis, eux-mêmes, ont admiré le courage et la belle conduite de ces jeunes gens, je me propose de solliciter en leur faveur les bontés de l'Empereur. » Napoléon, accompagné du duc de Vicence et du général Letort, fut reçu à l'École par des acclamations frénétiques. Il remercia les élèves de leur dévouement et leur témoigna sa satisfaction pour leur belle conduite lors de la défense de Paris, il décerna à deux d'entre eux, Houeau et Bonnetón, qui s'étaient particulièrement distingués, la croix de la Légion d'honneur.

L'École polytechnique était alors entièrement acquise à l'Empire. Le 12 avril, les professeurs et tout le personnel juraient obéissance aux constitutions impériales. Le 1er mai, tous les élèves âgés de vingt et un ans votaient l'acceptation de *l'acte additionnel*. Peu leur importait que la conversion de l'Empereur au libéralisme fût ou non sincère! Les hommes, abreuvés d'affronts sous son règne, égarés par des rancunes justifiées d'ailleurs, pouvaient avoir la pensée de se rallier à la Charte et à Louis XVIII! Les Polytechniciens, comme les jeunes gens du quartier latin et le peuple des faubourgs, tous plus patriotes que ces libéraux, comprenaient qu'il ne fallait pas séparer la cause de la France de celle de Napoléon.

Le devoir était maintenant d'aller combattre avec l'homme qui seul pouvait, peut-être, sauver la patrie. La coalition venait de se reformer avec plus d'ensemble et plus de force que jamais. Dans une convention militaire tenue le 31 mars, les alliés avaient organisé trois armées qui, pour la seconde fois, allaient marcher de concert sur Paris. Napoléon ne voulait pas leur laisser passer la frontière et renouveler la campagne de 1814. Son plan était de concentrer ses forces de manière à faire de Paris et de Lyon les deux grands pivots

de la résistance nationale. Tandis que Lamarque contenait la Vendée, que Clausel défendait les Pyrénées, Brune la Provence, Suchet l'Isère et le Rhône, Lecourbe la Franche-Comté, lui se chargea du Nord. Il espérait accabler les Prussiens et les Anglais et se retourner ensuite contre les Russes et les Autrichiens. Le temps ne lui permit pas de réunir toutes ses forces. Cependant la population se levait sur tous les points du territoire et demandait à s'enrôler avec les vieux soldats qui rentraient de captivité, avec les jeunes gens aguerris dans la campagne de France, avec les conscrits frais sortis de leurs familles. Une chance de salut s'offrait ; réveiller l'enthousiasme, parcourir la France entière, entraîner tout le monde et se mettre à la tête d'une guerre nationale. Appuyé sur le peuple, il eût peut-être été invincible. Le 14 mai, 20,000 ouvriers de Paris défilaient devant lui, demandant des armes et jurant de ne combattre que pour la France. Il leur en promit, mais, par malheur, il ne leur en donna pas. Comme l'année précédente, il se sépara de la nation et ne compta que sur l'armée. Aussi Lafayette put-il dire au Sénat quelques jours plus tard : « Nous avons assez fait pour Napoléon ; maintenant notre devoir est de sauver la patrie. »

Cependant l'Empereur permit à Carnot de travailler à l'organisation de la garde nationale, à laquelle des milliers d'anciens officiers et sous-officiers vinrent prêter leur expérience. Dans les Écoles l'enthousiasme était immense. A l'École polytechnique, aux Écoles de droit et de médecine, aux Écoles vétérinaires et d'arts et métiers, dans les lycées même, les élèves s'exerçaient à la manœuvre du canon et se préparaient à être employés comme artilleurs de forteresse. « Les seules Écoles de Paris, dit Carnot dans son rapport aux Chambres du 14 juin 1815, ont fourni dix-huit compagnies commandées par des officiers et des sous-officiers d'artillerie. » Les adolescents des collèges et des pensions particulières offraient aussi leur concours et demandaient à se charger, « si on les trouvait trop faibles pour un autre service, de mettre le feu aux pièces [1] ». Hélas !

---

1. VAULABELLE, t. II, p. 334.

tant d'enthousiasme devait demeurer inutile! Sur les champs de bataille la lutte était devenue impossible contre la masse énorme des alliés. A Paris la perte de l'Empereur était préparée de longue main et quand il arriva, après Waterloo, triste, abattu et découragé, venant réclamer de nouvelles levées, on lui demanda son abdication. Alors les Anglais et les Prussiens marchent rapidement sur la capitale et les troupes russes, allemandes, autrichiennes, espagnoles vont inonder la France.

A cette heure sombre de la défection générale et du découragement, la jeunesse, avec le peuple et l'armée, restait fidèle et ne désespérait pas. A Lyon elle s'arme au premier appel pour arrêter les corps autrichiens qui ont franchi les Alpes. A Châlons, les élèves de l'École des arts et métiers, qui, en 1814, ont déjà suivi l'armée et, depuis le commencement de la campagne de France, pris part à tous les combats, se distinguent de nouveau à la défense de la ville. A Paris, la garde nationale et les étudiants sont aux avant-postes. Les élèves de l'École polytechnique, après avoir contribué par un don patriotique de 4,000 francs à l'organisation des bataillons mobilisés, adjurent la commission du gouvernement de leur permettre de servir la cause nationale et de les laisser marcher les premiers à la rencontre de l'ennemi. Carnot leur répond : « J'ai eu l'honneur de mettre sous les yeux de la commission du gouvernement l'adresse que vous avez votée. La commission y a reconnu l'expression de cœurs vraiment français; elle me charge de vous en témoigner toute sa satisfaction et de vous faire connaître qu'elle agrée vos services[1]. » Et il autorise le général Dejean, gouverneur, à les employer sur le point qui lui paraîtra le plus convenable. Davoust, qui a disposé son artillerie sur les hauteurs d'Auteuil de manière à battre la plaine de Grenelle, lui envoie l'ordre de placer la batterie de l'École en réserve au Champ de Mars à côté de la garde impériale. Là cette batterie devait concourir, avec les forces massées sur ce point, à arrêter la marche de l'ennemi qui avait enlevé le pont de Saint-Germain et tentait, cette fois, d'arriver par la rive gauche.

---

1. Lettre de Carnot, commissaire chargé par intérim du ministère de l'Intérieur, aux élèves de l'École polytechnique, 25 juin 1815.

Paris était dans un état de défense incomplet. Sur la rive droite, du côté du nord, les travaux dirigés par le général Haxo étaient terminés, grâce à l'aide des gardes nationaux, des fédérés, des volontaires, des élèves des écoles et des lycées. Sur la rive gauche, la ligne de défense était à peine ébauchée ; un nombreux personnel d'artillerie, les élèves de l'École polytechnique et ceux de l'École de Charenton, étaient réunis devant l'École militaire, avec un parc d'artillerie considérable. Le périmètre entier était garni de défenseurs. On avait rassemblé les débris de l'armée de Belgique, le corps de Grouchy, le bataillon des Fédérés, composé d'anciens militaires et d'hommes du peuple qu'à la fin on s'était décidé à armer. Il y avait 5,000 canonniers suffisamment exercés, 400 canons. Toutes ces troupes formaient un effectif de près de cent mille hommes. « Avec elles il est certain, dit Thiers, qu'on pouvait battre les alliés et leur faire payer cher leur audace. » Les officiers inférieurs et les soldats s'attendaient à la bataille. Mais Davoust aplanissait la route à Blücher et à Wellington, Fouché préparait la reddition ; le mot de trahison circulait partout. Tandis qu'un conseil de guerre examine la situation, que Carnot et tous les maréchaux déclarent la défense impossible, la commission exécutive agite la question du retour des Bourbons et travaille à éviter le combat. Le 3 juillet, les commissaires vont à Saint-Cloud traiter de l'armistice avec Wellington, et après de honteuses négociations, la capitale de la France est livrée aux mains des Prussiens et des Anglais.

Alors l'armée se retire derrière la Loire, la rage au cœur, et la jeunesse, ressentant profondément l'affront de la Patrie, rentre dans ses Écoles où désormais les générations nouvelles, pour jamais désabusées du despotisme, vont tourner leurs aspirations du côté de la liberté.

CHAPITRE IV

1816-1830

Le licenciement de 1816. — Réorganisation. — La discipline intérieure. — Progrès des idées libérales. — État des esprits à la veille de la révolution.

En 1814 la France lasse des guerres et du despotisme de l'empire avait accueilli le retour des Bourbons sans protestation. Affamée de paix, satisfaite des gages de liberté que lui donnait la Charte, elle avait accepté la royauté nouvelle dans une espérance de conciliation nationale et européenne. Le 20 mars et les Cent jours avaient ramené tous les maux dont nous étions à peine délivrés. En 1815 les armées alliées étaient revenues, irritées cette fois, exaspérées, décidées à en finir. Après la seconde invasion, pire que la première et tristement signalée pendant cinq mois par les excès des vainqueurs, quand l'étranger fut parti, emportant une contribution de guerre de plus d'un milliard, des clameurs furieuses s'élevèrent contre ceux qu'on signalait comme les auteurs des calamités nouvelles. Les comités royalistes impatients de venger leurs rancunes commencèrent la guerre impitoyable aux hommes et aux principes de la révolution. Le licenciement de l'ancienne armée impériale, l'épuration des fonctionnaires de toutes les administrations, le rétablissement de la propriété de main morte, la reconstitution de la fortune et de la puissance du clergé par l'institution de la *Congrégation* montrèrent bien vite dans quelle voie de réaction Louis XVIII était malgré lui fatalement entraîné.

Les grands établissements publics ne tardèrent pas à subir le contre-coup de la chute de l'Empire. L'Institut, malgré son caractère essen-tiellement scientifique, fut un des premiers frappés. Une ordonnance du 21 mars 1816 après l'avoir décimé le soumit à une réorganisa-tion. On supprima la division en classes et on rétablit les anciennes académies avec leurs dénominations spéciales. On raya les noms de Carnot, de Monge, de Guyton-Morveau, de Grégoire, de Garat, de David, d'autres encore; mutilation cruelle, qui rappelait celle du Directoire déportant à Sinnamary les littérateurs et les artistes, après le 18 fructidor. Elle souleva de violentes récriminations et fut sévère-ment jugée par l'opinion publique. L'exclusion de Monge provoqua une vive explosion de sympathies et de regrets[1]. « Ce fut une inhuma-nité politique et un deuil pour l'Académie, dit Biot indigné et pour-tant sympathique au régime nouveau. Nous ne pouvions oublier, ajoute-t-il, tant de services rendus par lui aux sciences, nous surtout devenus ses collègues, qui avions été à l'École polytechnique ses élèves chéris, qu'il avait hautement défendus, réclamés, sauvés de la pros-cription à l'époque du 13 vendémiaire[2]. »

Après l'Institut, ce fut le tour de l'École polytechnique. Les Poly-techniciens étaient rentrés à la rue Descartes le 17 juillet 1815 sur l'ordre du ministre Pasquier, en même temps que les élèves de tous les établissements d'instruction. Ils s'attendaient à être licenciés. L'ordonnance royale de Lille menaçait bien de destitution tous les militaires ayant adhéré au gouvernement de Bonaparte à moins qu'ils ne rentrassent dans leur devoir envers le roi, mais elle n'eût assuré-ment atteint ni le général, ni les officiers de l'état-major, ni les élèves. Cependant le comte Dejean, maintenu dans ses fonctions de gouver-neur, ne semblait pas très rassuré lui-même. Il crut prudent d'en-gager les élèves à justifier de leur soumission par une adresse au mi-nistre de l'Intérieur (9 août). Quelques jours après il vint, avec une satisfaction visible, leur annoncer la visite des Altesses impériales, les grands-ducs de Russie Nicolas et Michel, qui désiraient assister à

1. Carnot et Monge furent remplacés par Bréguet et Cauchy.
2. Biot, *Vie de Cauchy*, titre III, et *Mélanges scientifiques*, p. 147.

quelques-uns des cours de l'École. L'officier supérieur de service alla prendre à Saint-Cloud les ordres des princes et tout le personnel de l'École en grand uniforme se rassembla pour les recevoir au pavillon de Boncourt (17 août). La visite se termina sans incident, mais non sans avoir causé les plus vives inquiétudes au général qui l'avait inopportunément inspirée. Sachant qu'à ce moment on redoutait des désordres dans Paris et connaissant les dispositions des élèves, il leur avait donné l'ordre, avant l'arrivée des princes, de rendre les cartouches qu'ils conservaient dans leurs gibernes depuis le commencement de la défense. Ils refusèrent formellement. « Nous les garderons, dirent-ils, tant que les soldats étrangers occuperont la capitale, nous irons nous mettre à la tête du peuple si quelque insurrection éclate contre les envahisseurs. » L'affaire pouvait devenir grave. On passa sur une désobéissance aussi manifeste; mais on s'en souvint l'année suivante. La fière conduite des élèves, leur patriotisme qui n'était plus de saison, dit Arago, fut la principale cause du licenciement.

Depuis longtemps, le parti royaliste accusait l'École polytechnique, née durant les troubles de la Révolution, d'en conserver soigneusement les maximes et de transmettre aux promotions qui se succédaient dans son sein « une trop fidèle tradition de républicanisme et d'impiété ». En 1816 il se plaignait hautement qu'on permît aux Polytechniciens d'afficher en toute occasion des sentiments en opposition avec le gouvernement du roi. Il leur reprochait de fréquenter le café Lemblin, où se réunissaient les officiers supérieurs de toutes armes appartenant au parti bonapartiste et où l'on chantait des couplets contre la monarchie [1]. Il faisait un crime à quelques-uns d'avoir gardé leur schako sur la tête au moment du passage de la procession le jour de la Fête-Dieu et se gardait de dire que l'un de ceux-là avait été insulté, maltraité par la police, blessé par un soldat d'un coup de baïonnette à la tête. Il rappelait que, lors de la première restauration,

1. C'était dans ce café que le 5 juillet les premiers officiers russes et prussiens s'étaient montrés. Les officiers arrivés de Waterloo, encore noirs de poudre, les en avaient chassés. Les Saint-Cyriens fréquentaient le café des Mille colonnes, rendez-vous

La Blancherie s'était fait chasser plutôt que de se découvrir devant le roi. Qu'importent leurs succès, leurs talents, disait-on, ils ne peuvent avoir de prix qu'autant qu'ils servent à consolider le trône et à l'environner du respect et de la vénération des peuples[1]. Les courtisans accusaient les professeurs eux-mêmes « de tenter d'ébranler les vérités morales et religieuses à l'aide des sciences et du calcul ». Le cours de belles-lettres de M. Andrieux était surtout l'objet de violentes attaques. « Tout m'a paru croyable, en fait de licence, écrivait au lendemain du licenciement l'auteur anonyme d'une brochure, de la part de jeunes gens endoctrinés par un philosophe tel que M. Andrieux. Sa haine contre la religion se décèle à tout propos. Il cite le *Vicaire Savoyard*, les *Lettres Persanes*, parle de Voltaire et de Volney, traite de barbarie les premiers temps du moyen âge, appelle Bossuet déclamateur, loue l'horrible correspondance de Voltaire. Frénétique d'impiété, il calomnie la religion sans pudeur. » Et le critique dévot terminait par ces paroles : « Espérons que l'École polytechnique, organisée dans un nouvel esprit, offrira désormais à l'État, au roi, à la religion, aux mœurs, une garantie plus rassurante que l'influence d'un philosophe rimailleur, qui voit la perfection de l'esprit humain dans l'absence de toute religion. »

C'est donc à l'esprit de l'École, à ses tendances qu'on en voulait. La conduite des élèves dans l'intérieur de l'établissement n'avait donné lieu à aucun reproche; « elle est sage et régulière », disait le dernier rapport du conseil de perfectionnement et tous les rapports en faisaient le même témoignage. Une insubordination légère vint inopinément fournir le prétexte du licenciement. Choqués des manières

---

habituel des officiers royalistes qui venait de se transformer en un véritable palais. — Bien des querelles, des rixes éclatèrent entre les habitués des deux camps.

Voici l'un des couplets qu'un jour un capitaine entonna à pleins poumons :

Je me f... du roi
Et du comte d'Artois
Et du duc d'Angoulême,
Du duc de Berry
Et de la duchesse aussi
Et de ceux qui les aiment.

1. Discours prononcé par le comte de Chabrol à l'ouverture des cours le 1er septembre 1815.

blessantes d'un répétiteur, les élèves de la première division avaient décidé, à l'unanimité, que ce répétiteur ne devait pas conserver ses fonctions, et lui avaient adressé une missive portant injonction de ne plus paraître à l'École. Le gouverneur ayant voulu infliger une punition disciplinaire à ceux qui lui semblaient plus coupables, la division entière s'y opposa. Elle demanda que la punition fût générale. Les élèves de seconde année appuyèrent la résistance de leurs camarades. Voyant son autorité méconnue, le général réclama un prompt et sévère châtiment. Il proposa au ministre de la Guerre l'exclusion de quinze élèves. Mais le gouvernement trouvant, dans l'acte d'insubordination combinée et collective auquel ces jeunes gens venaient de se laisser entraîner par l'ardeur et l'imprudence de leur âge, le prétexte qu'il ne voulait pas laisser échapper, décida que l'École serait licenciée. L'ordonnance royale de licenciement, proposée et contre-signée par le ministre de l'Intérieur, M. de Vaublanc, parut le 14 avril. En voici le texte :

Nous avions reconnu l'utilité de l'École polytechnique pour le progrès des sciences et des arts et pour l'amélioration des services publics. Nous avions ordonné, à nos ministres de l'Intérieur et de la Guerre, de nous soumettre une nouvelle organisation de cet établissement afin d'étendre ses avantages, de lui donner un nouvel éclat et de le porter à la perfection dont il est susceptible ; mais la désobéissance récente et générale des élèves de cette École aux ordres de leurs chefs, en même temps qu'elle nécessite une prompte répression et un exemple pour l'avenir, vient de nous prouver que ces élèves, s'ils étaient introduits dans les services publics, y porteraient l'esprit d'indiscipline dont ils sont animés. — A ces causes, et sur la proposition de nos ministres, nous avons décidé ce qui suit :

ARTICLE PREMIER. — Les élèves de l'École royale sont licenciés ; ils se rendront immédiatement dans leurs familles. Ils recevront des feuilles de route qui leur seront délivrées par les ordres du ministre de la Guerre et une indemnité sur les fonds de l'École.

ART. 2. — Il nous sera rendu compte du petit nombre des élèves qui n'ont pas pris part au dernier acte d'insubordination, nous réservant de statuer à leur égard lorsque l'École sera rétablie et recomposée par nos ordres.

ART. 3. — Les officiers de l'état-major et tous les employés militaires cesseront leurs fonctions à l'École après le licenciement et recevront de nouveaux ordres de notre ministre de la Guerre.

ART. 4. — Les instituteurs, adjoints, répétiteurs, maîtres et autres agents de

13

l'instruction recevront, provisoirement et jusqu'à nouvel ordre, la moitié de leurs traitements actuels à dater de la présente ordonnance.

ART. 5.—Une commission composée de cinq membres sera nommée immédiatement par nos ministres secrétaires d'État de l'Intérieur et de la Guerre, pour préparer une organisation de l'École. Aussitôt après que ce travail aura été terminé, il nous sera présenté en notre conseil, afin de statuer sur la prompte recomposition de l'École d'après les bases que nous aurons jugé convenable d'arrêter.

Après en avoir donné lecture aux élèves réunis dans le grand amphithéâtre, le général prit ses dispositions pour la faire exécuter sur-le-champ. Les parents domiciliés à Paris reçurent l'ordre de retirer leurs fils dans les vingt-quatre heures. Ceux qui habitaient les départements furent avisés que leurs enfants étaient mis en route et qu'on leur donnait une indemnité pour se rendre chez eux [1]. On traita avec l'administration générale des Messageries de manière à faire partir vingt élèves par jour : On restitua à tous la demi-pension du mois d'avril. Quelques jours après l'École était vide.

A la nouvelle du licenciement tous les courtisans du pouvoir applaudirent. Cette mesure, en attestant la gravité du mal, disaient-ils, y apporte le seul remède véritablement efficace. Elle porta le coup le plus sensible à la vieillesse de Monge. « Il crut qu'on anéantissait pour jamais son plus bel ouvrage, celui par lequel il espérait si justement vivre dans les cœurs de la plus brillante élite des générations successives de la nation française [2]. » La nouvelle en retentit dans toute l'Europe. Elle vint réveiller jusqu'aux échos de Sainte-Hélène. On lit dans le *Mémorial* : « Le 16 août 1816 pendant le déjeuner, l'Empereur avait demandé le journal qui contenait la nouvelle organisation des académies; il voulait voir quels membres de l'Institut on en avait chassés. Cela conduisit à revenir sur la suppression de l'École polytechnique, qui avait été trouvée inutile et dangereuse. Le journal anglais que nous avions reçu n'en jugeait pas ainsi.

1. La dépense totale pour le transport des cent dix-neuf élèves, d'après les conventions passées avec les compagnies de messagerie, s'éleva à la somme de : 10, 736 fr. 67.

Le ministre acquitta en outre plus tard une somme de 2,489 francs pour frais d'expédition d'effets appartenant aux élèves.

2. Ch. DUPIN, *Essai historique sur Monge.*

Il disait que cette suppression seule valait aux ennemis de la France plus qu'une grande victoire, que rien ne pouvait prouver davantage les véritables intentions pacifiques et l'extrême modération de la dynastie qui venait gouverner la France. »

Assurément le gouvernement n'eut pas la pensée de détruire l'École polytechnique, qui se rattachait à l'armée et aux institutions militaires, comme il supprima l'École normale à cause de ses opinions révolutionnaires et matérialistes. Mais tout le monde se demanda avec inquiétude ce que serait la nouvelle institution dont l'ordonnance annonçait la prochaine réouverture, lorsqu'elle aurait été réorganisée d'après les principes qui prévalaient alors? En attendant, les élèves étaient durement frappés. Le licenciement, que M. de Fourcy dans son histoire dédiée au duc d'Angoulême appelle un « coup porté d'une main paternelle », excluait cent cinquante jeunes gens d'une école dans laquelle ils avaient été légalement admis; il les dépouillait d'un commencement d'état qui était devenu leur propriété; il les jetait sur le pavé au moment où la misère publique était grande, où le pain était très cher, et si rare qu'on craignait d'en manquer. Aussi, les sentiments de fraternelle solidarité nés dès les premiers jours de l'existence de l'École et qui ont toujours uni les Polytechniciens ne devaient-ils pas manquer de se manifester dans une situation si critique. Avant le départ, les bases d'une association destinée à venir en aide à tous ceux qui pourraient se trouver dans le besoin avaient été arrêtées. L'association avait ses bureaux à Paris et dans quatre villes de province, Metz, Montpellier, Lyon et Saint-Jean d'Angély. Le duc de Feltre, préfet de police, avisé de son existence, en instruisit immédiatement le ministre de l'Intérieur et se chargea de la surveillance locale et personnelle [1]. Elle fut surveillée de près par la police, et ne donna prise à aucune plainte; elle resta d'ailleurs absolument étrangère à la politique. Ce fut là apparemment le premier germe de la grande association polytechnicienne, destinée à venir en aide aux camarades malheureux, qui a été fondée beaucoup

1. Voir Pièce justificative n° 13 le règlement de cette association.

plus tard, en 1865, sous le nom de : Société amicale de secours des anciens élèves de l'École polytechnique.

La commission de réorganisation se mit activement à l'œuvre afin de terminer son travail pour l'époque de la rentrée. Elle commença par arrêter les bases d'un régime disciplinaire en harmonie avec les idées nouvelles. A cet égard, les esprits les plus sérieux ont regretté qu'elle n'ait pu se déterminer à choisir franchement entre le régime militaire avec le casernement et le régime civil avec l'habitation libre hors de l'École. Sans vouloir imiter les universités d'Allemagne et d'Angleterre, ni les Écoles de Droit et de Médecine de Paris, dans lesquelles aucune obligation stricte n'est imposée aux étudiants, elle eût, en effet, pu tenir compte davantage de l'exemple fourni par l'ancienne École sous la République. Les membres appartenant à l'ordre civil appuyaient fortement l'opinion favorable à la libre habitation des élèves dans la capitale; mais les officiers qui faisaient partie de la Commission penchaient pour le régime militaire. Il fallut arriver à une transaction. On crut pouvoir utilement allier une partie du système créé par Bonaparte dans des vues qui lui convenaient, avec un système basé sur de pures considérations d'utilité publique. Le régime militaire disparut et le casernement fut conservé. On supprima l'uniforme et les exercices militaires qu'on trouvait prématurés pour les élèves destinés à l'École d'application de Metz, inutiles pour ceux qui devaient entrer dans les carrières civiles, nuisibles, pour tous, à la tranquillité et au succès des études.

La majorité de la Commission s'était rangée du côté du régime caserné, parce que la vie de Paris lui semblait offrir trop de distractions. Vainement les défenseurs du régime libre avaient-ils répondu que les candidats admis à l'École ont senti le besoin du travail et en ont depuis longtemps contracté l'habitude, qu'il n'y a pas de possibilité de se livrer, dans un établissement où tous les élèves sont réunis, à l'étude solitaire, la seule vraiment bonne et recherchée par les esprits distingués! Vainement l'un d'eux considérant l'éducation polytechnicienne, avec la liberté au milieu de la capitale, plutôt comme une épreuve, peut-être la plus utile, à des jeunes gens

destinés aux carrières de l'État, avait-il fait ressortir, pour le gouvernement lui-même, l'avantage de les voir arriver dans les services publics avec une sorte d'expérience, acquise par la liberté dont ils ont joui ! Le système de la vie en commun, adopté par l'Empire, parut plus convenable pour assurer la discipline, le bon emploi du temps, le maintien de l'ordre. Il sembla préférable pour la conservation des bons sentiments politiques et religieux.

Séparer complètement le régime extérieur ou de haute surveillance, d'avec le régime intérieur ou de conduite et d'exécution, s'efforcer par le choix de l'autorité supérieure de donner une autre direction aux esprits, tel fut le but de la Commission. Il était conforme aux vues du Conseil de perfectionnement, dont le rapport annuel disait : « Des jeunes gens accoutumés à l'ordre, au travail, à la subordination, et dont le jugement est formé par des études profondes, se portent naturellement, quand ils sont bien dirigés, aux inclinations et aux habitudes qui forment des sujets fidèles et soumis [1]. » Pour l'atteindre, les membres formulèrent tout d'abord le vœu d'avoir au pied du trône un illustre patron pour l'École, comme en avaient les établissements d'instruction publique avant la Révolution. Ce vœu fut exaucé. L'article Ier de l'ordonnance de réorganisation porta qu'elle serait désormais sous la protection du duc d'Angoulême. « Rien ne nous a paru plus propre à donner de l'éclat à cette École, disait le roi dans le préambule, à assurer sa durée et sa prospérité, qu'en la mettant sous la protection d'un prince de notre famille. Nous aimons à croire que les élèves qui y seront admis apprécieront cette nouvelle preuve de notre sollicitude paternelle. »

Le choix du général baron Bouchu [2] pour remplir les fonctions de directeur fut mieux apprécié. D'un caractère élevé, d'une volonté ferme, cet officier général du corps de l'artillerie était resté fidèle à la royauté et sympathique à la jeunesse. Sa conduite à Grenoble, au moment où Bonaparte, venant de l'île d'Elbe, y avait fait son entrée

1. Rapport du Conseil de 1816.
2. Il commanda l'École du 5 septembre 1816 au 17 septembre 1822.

triomphale, lui avait gagné l'estime de tous. On la racontait dans
l'École. La plupart des officiers de la garnison s'étaient rendus auprès
de l'Empereur, le baron Bouchu ne voulut pas les suivre. Napoléon, informé de ce qui se passait, le fit mander aussitôt : « Eh
bien, général, lui dit-il, pourquoi n'es-tu pas venu tout de suite
près de moi? Nous aurons encore des parcs à conduire; veux-tu
donc nous manquer? » Le général répondit : « Sire, je ne le puis.
— Comment! et pourquoi? — Je ne le puis, » fut toute sa réponse.
« Et si les Bourbons quittaient la France? insista l'Empereur. —
Alors, oui! » répliqua le général. Son caractère ouvert, loyal, aimable et bon malgré sa brusquerie, plut aux élèves. Ils se moquèrent
bien un peu de son assiduité à l'amphithéâtre quoiqu'il n'eût pas la
moindre prétention à la science, surtout lorsqu'après l'une des
leçons d'Ampère, il voulut leur prouver sa satisfaction et son enthousiasme pour le professeur en disant : « Je vais donner l'ordre
de placer un dynamomètre dans chaque salle! » Mais ils ne l'en
aimaient pas moins et leur affection rendit sa tâche plus facile au
nouveau directeur.

L'ordonnance de réorganisation parut le 4 septembre 1816,
la veille de la dissolution de la Chambre introuvable et le 17 janvier 1817 l'École se rouvrit. Le duc d'Angoulême, entouré des
ministres de la Guerre, de la Marine et de l'Intérieur, vint présider
en personne à l'ouverture des cours. Après avoir entendu à la chapelle la messe du Saint-Esprit, le prince fut conduit dans un des
amphithéâtres où des discours furent prononcés. Le duc Doudeauville, président du Conseil supérieur, parla le premier. Après lui le
professeur de belles-lettres et d'histoire prit la parole : « La présence de votre Altesse Royale, dit Aimé Martin, est un nouveau
bienfait de ce roi, qui fut lui-même un bienfait de la Providence.
A votre voix les sciences renaissent dans cette École, qui leur dut
sa renommée, et la religion s'y établit avec toute sa gloire. Religion
et science, ces deux pouvoirs ne peuvent plus être séparés. » Le
prince répondit : « J'ai la confiance que, sous la direction de savants
aussi distingués par leurs lumières, et sous l'autorité de chefs aussi

recommandables par leurs principes et leurs talents, les élèves de
l'École polytechnique apprendront à bien servir Dieu, le Roi et la
Patrie. En suivant fidèlement cette ligne, ils trouveront toujours en
moi un protecteur zélé auprès d'un souverain qui met son bonheur
à encourager tout ce qui peut illustrer le nom français. Je suis
sensible aux sentiments qui viennent de m'être témoignés. Je suis
loin de mériter les éloges qui m'ont été donnés; mais je chercherai
toujours à m'en rendre digne. » Le lendemain les cours commencèrent.

L'École n'avait alors que les 74 élèves admis après les examens
de 1816[1], parmi lesquels six s'étaient présentés comme élèves pensionnaires ayant seulement le désir de jouir de l'instruction, sans
se destiner à aucune carrière. Il avait été décidé d'abord qu'on
recevrait seulement le nombre correspondant à une division; mais
on ne tarda pas à rappeler la plupart des élèves de la promotion
de 1815 de sorte qu'à la fin de l'année 1817 trois promotions se
trouvèrent ensemble. Aux termes stricts de l'ordonnance, il n'aurait
dû être laissé à tous les élèves licenciés que la faculté de concourir
pour l'admission dans les services publics, encore était-elle subordonnée à la condition d'une bonne conduite reconnue. Aussi les
appréhensions avaient-elles été grandes. Voici comment A. Comte,
l'un de ceux dont la carrière était brisée, qui cherchait à ce moment
à passer en Amérique, appréciait la faveur apparente dont lui et ses
camarades étaient l'objet : « C'est une manière honnête de mettre
sur le pavé presque tous les élèves de la deuxième division; on les
exclut poliment tout en ayant l'air de les bien traiter; il leur est
impossible en effet d'apprendre seuls en un an ce qu'ils auraient su
dans dix-huit mois à l'École et, qui plus est, de l'apprendre de manière à lutter avec les élèves de la première division. Quant à ceux-
ci, ils surent bientôt qu'on ne leur donnerait point de places civiles,
point du tout non plus dans l'artillerie et que tout se réduirait à
quinze places d'ingénieurs militaires. La belle perspective pour des

1. 124 candidats seulement s'étaient présentés aux examens.

élèves qui veulent concourir!... Presque tous y renoncent, ils sont généralement persuadés que les quinze places seront le prix ou plutôt la peine de l'intrigue et du royalisme plus ou moins affecté. Tous ceux qui ne veulent être ni protégés ni intrigants, ni faux, tirent leur épingle du jeu et chacun cherche de son côté. L'un va en Turquie, l'autre en Égypte, un autre en Belgique, et la plupart au diable ; en vérité on est fort embarrassé pour se tirer d'affaire. Je crois que dans quelques années tous ces malheureux débris de la première école du monde seront disséminés sur la surface entière de notre planète[1]. » Mais les craintes ne se réalisèrent pas. Les élèves licenciés en première année furent rappelés et sur 82 élèves de seconde année qui se présentèrent au concours des Écoles d'application, 72 furent jugés admissibles dans les services publics. L'École de Metz pour l'artillerie et le génie en reçut quarante-sept, l'École des Mines, trois ; celle des Ponts et Chaussées, huit ; l'administration des poudres et salpêtres, un ; et le corps des ingénieurs géographes, quatre. Les autres obtinrent sur leur demande et grâce à la protection du duc d'Angoulême des sous-lieutenances dans les troupes de ligne, quelques-uns entrèrent dans le corps royal d'État-Major qui fut créé un peu plus tard.

Après le licenciement, on crut qu'on ne verrait plus jamais se renouveler à l'intérieur de l'École les tentatives d'insubordination que l'Empire lui-même avait été impuissant à réprimer. On se figura que l'esprit d'opposition reproché par le régime précédent avait

---

1. Lettre de A. Comte à M. Valat du 11 février 1817. A. Comte, élève de la promotion 1814, était bien certain qu'il ne lui serait pas permis de concourir, il le dit lui-même dans une de ses lettres. Sa conduite laissait fort à désirer. Nous en avons la preuve dans ce rapport de l'officier supérieur de semaine le 19 juin 1815 :

« Cinq caporaux de la deuxième division se font remarquer par de nombreuses infractions aux règlements et parmi eux M. Comte est le plus répréhensible. On signale pour lui douze motifs de punition de consigne ; de plus il a découché la nuit du 18. »

A la suite de ce rapport, A. Comte avait été cassé de son grade de caporal par le général Dejean. C'est à ce moment qu'il fut mis en rapport par le général Campredon, ami de sa famille, avec le général Bernard, ancien officier du génie qui avait pris du service aux États-Unis et espérait y fonder une école sur le modèle de l'École polytechnique. En cas de réussite du projet, une chaire d'analyse et la direction des études lui furent offertes. Mais le congrès des États-Unis refusa de voter les fonds.

disparu. On se trompait. Dans le commencement tout alla bien. On n'était d'ailleurs en présence que d'une seule division. Quand celle des anciens arriva, on en avait éloigné les plus turbulents. La suppression des exercices militaires rendit un peu de temps et de tranquillité pour l'étude. Néanmoins on ne tarda pas à s'apercevoir que le système de résistance à l'autorité organisé précédemment, malgré les exercices fréquents et fatigants, se développait considérablement sous un régime beaucoup plus doux, dans lequel les liens de l'autorité s'étaient relâchés. Un membre du Conseil supérieur signala le mal, l'année suivante, et fit voir que toutes les raisons qu'on avait eues de licencier l'École en 1816 avaient reparu. Il ne se produisit d'abord pas de lutte positive contre l'autorité. Cependant au mois de mars 1817, une première tentative de résistance fut couronnée de succès. Le président du Conseil supérieur avait eu la malheureuse pensée de vouloir assujettir les élèves à ne sortir de l'École, le dimanche et le mercredi, qu'en promenades communes conduites par les sous-inspecteurs, comme dans les collèges et les séminaires. Humiliés de cette sujétion, ils préféraient ne pas sortir. Un jour ceux qu'on conduisait ainsi promener dans Paris partirent tous par des routes différentes en laissant l'inspecteur rentrer seul à l'École. L'affaire fit du bruit et arriva jusqu'aux oreilles du roi. Louis XVIII, qui s'était prononcé formellement contre les sorties libres en général, voulut sévir. Heureusement le baron Bouchu prit la défense des élèves. En reconnaissant avec Sa Majesté tous les inconvénients d'une liberté aussi grande que ceux-ci la voulaient, il osa faire observer que le danger serait plus grave encore pour la santé et les mœurs, si on les tenait constamment enfermés. Le roi céda. Il se contenta d'une réprimande et il donna l'ordre d'essayer d'un système de sorties libres, alternant avec une promenade commune. Les élèves tinrent bon, si bien qu'il fallut supprimer la promenade prescrite par les règlements que le ministre venait d'approuver. Enfin le duc d'Angoulême, à la suite d'une visite qu'il fit à l'École (le 4 juin 1817), accorda la sortie générale et libre du mercredi. On essaya bien de conserver encore la promenade du dimanche matin;

14

mais au bout de peu de temps on dut y renoncer aussi et la sortie eut lieu ce jour-là aussitôt après la messe[1]. Ce fut là la première victoire des élèves. Dans leur lutte en commun contre l'autorité, ils en eurent d'autres.

A la rentrée de 1817 les mystifications, les initiations, les bascules, les brimades, fort innocentes du reste, qu'on infligeait à la promotion nouvelle, enfin tous les désordres précédemment reprochés reparurent. Le baron Bouchu, décidé à faire un exemple, demanda le renvoi de dix élèves qui s'étaient fait remarquer. Deux seulement furent exclus. L'une des mystifications qu'il blâmait sévèrement était la dénomination de *conscrits* que les anciens donnaient aux nouveaux. « Elle est humiliante, écrivait-il, j'espère qu'elle ne sera plus reproduite à l'École. » Elle s'est transmise jusqu'à aujourd'hui.

L'année suivante, l'autorité essaya sans succès un système, qu'on ne saurait d'ailleurs approuver. Elle voulut exiger de chaque élève sa parole d'honneur de ne prendre part à aucune délibération, ni à aucun acte convenu. Les désordres recommencèrent avec plus d'audace et elle n'osa intervenir.

A la rentrée de 1818 le baron Bouchu, à bout d'arguments, dit qu'il ne voulait pas traiter sérieusement de pareilles plaisanteries. Le spectacle des initiations et des mystifications se fit alors publiquement et se termina par une représentation grotesque des autorités de l'École. Il faut voir là l'origine de la *séance des ombres,* aujourd'hui en honneur, dans laquelle les silhouettes des officiers, des professeurs et de tout le personnel, tracées par les plus habiles crayons de la promotion défilent en ombres chinoises devant tous les élèves réunis à l'amphithéâtre, pendant qu'on met dans la bouche des personnages des discours comiques pleins de verve et d'esprit. Le baron Bouchu feignit d'en rire; de sorte qu'on l'accusa d'injustice pour l'année précédente où la faute, assurément moins grave, avait amené le renvoi de deux élèves, et de pusillanimité pour celle-ci,

---

1. Auparavant la sortie n'avait lieu le dimanche que de 1 heure à 6 heures et demie du soir.

parce que l'audace avait été poussée beaucoup plus loin. Force lui
fut de tolérer dès lors les mêmes exécutions à l'époque de la rentrée.
« L'usage grossier de bascules, dit un rapport du mois de novembre 1819, au moins tempéré l'année dernière, a été remplacé par
d'autres épreuves de contrariété et de mystifications de diverses
espèces employées par les anciens à l'égard des nouveaux. Toute
la surveillance possible ne parvient pas à empêcher ces bizarres
initiations de dégénérer en vexations et d'altérer la discipline. »
C'était là ce qu'on appelait l'*absorption*. Le temps des cérémonies
durait ordinairement deux mois. Les parents risquèrent plusieurs
fois des plaintes timides qui ne pouvaient avoir de résultat. En
décembre 1819, à la suite de quelques punitions, des élèves firent
entendre des sifflets au moment de l'appel du soir en présence des
inspecteurs. La première division, particulièrement coupable, ayant
été privée de sortie, décida qu'elle écrirait au duc Decazes pour
demander un autre gouverneur, mais la crainte du licenciement fit
revenir sur cette résolution. Elle se vengea par une charge peu
respectueuse de la personne du gouverneur à l'amphithéâtre. La
deuxième division, peu de temps après l'affaire des coups de sifflets,
ne manqua pas d'imiter la première et fut vivement fêtée par elle.
Les fonctionnaires subalternes, craignant de n'être pas soutenus,
n'osaient s'opposer au désordre et feignaient de ne pas voir des
choses qui les humiliaient et dont le gouverneur s'amusait. C'est
ainsi que la cérémonie de l'*absorption* s'est transmise de promotion
en promotion depuis l'époque du casernement jusqu'à aujourd'hui à
peu près sans modification. Elle s'est faite tantôt dans l'intérieur de
l'École, tantôt en dehors. Supprimée en 1865 au moment de l'apparition du choléra et sévèrement interdite l'année suivante, elle n'a
pas tardé à reparaître, donnant naissance aux mêmes désordres que
tous les régimes avaient inutilement essayé d'extirper.

Dans le principe le but des élèves était de s'associer pour mieux
lutter contre l'autorité. Ils évitaient par ce moyen les punitions
partielles. Le licenciement toujours difficile à ordonner, ils ne le
craignaient pas. M. de Clermont-Tonnerre, ancien élève de la pro-

motion 1799, l'un des chefs d'étude en 1802 et 1803, devenu ministre de la Marine, membre du Conseil supérieur de l'École, écrivait à ce sujet dans un rapport très détaillé par lequel il concluait
à la suppression du casernement : «Le principe de l'initiation est que
la majorité des élèves fait loi pour tous et ils pensent que celui qui y
manquerait serait dans une position telle qu'il lui serait impossible
de rester à l'École. De là naissent les délibérations, les votes, etc...
Dès que les nouveaux arrivent, on leur déclare que, par principe
éternel de l'École, ils sont soumis aux anciens qui se donnent jusqu'au
droit de les punir, de les consigner, etc. On leur fait faire un noviciat
dont ils sortent d'autant plus vite qu'ils adoptent plus facilement les
principes des autres. Ceux qui résistent sont écrasés par la masse.
Ils s'attachent pour les engager à les suivre à leur montrer comme
ils savent braver l'autorité et se soustraire à son action[1]. »

Les conscrits ne se soumettaient pas toujours aisément et n'ac-
ceptaient pas sans résistance toutes les vexations auxquelles les anciens voulaient les soumettre. Au mois de décembre 1820, à la suite
de brimades, des rixes très vives eurent lieu dans la cour et, le soir,
dans les corridors, un élève exaspéré se servit d'un compas et blessa
deux de ses camarades. Violente agitation. On emmena le coupable. Le soir au réfectoire, un sergent se leva tout à coup au
milieu du souper et s'écria avec l'accent de la plus vive émotion :
« Soyons amis, et que la paix revienne parmi nous ! » Il tendit la
main à l'un des plus animés et aussitôt, par un élan spontané, tous
les élèves s'embrassèrent, se pardonnant mutuellement leurs torts.
Tous et particulièrement les deux blessés réclamèrent leur camarade
qu'on voulait expulser.

Les délibérations étaient prises au moyen d'une feuille qu'on
portait de salle en salle. Quand on ne s'entendait pas sur la question, chaque salle nommait un commissaire; les quatorze commissaires s'assemblaient et délibéraient. Ils prenaient ainsi à la majorité la résolution obligatoire de faire telle ou telle faute, de ne pas

1. Archives de la Guerre.

exécuter tel ou tel ordre, etc... Ils agitaient par ce moyen toutes les questions et arrêtaient la conduite à tenir. On convenait, par exemple, des cris qu'on ferait entendre quand le duc d'Angoulême viendrait visiter l'École. Le résultat de la délibération était toujours qu'on crierait : vive la Charte! A la mort du duc de Berry, contre lequel des haines personnelles s'étaient accumulées dans l'armée parmi les soldats, il y eut des manifestations de joie à l'École. Les danses et les jeux ne cessèrent pas, malgré l'interdiction qui en fut faite. « Il y eut une délibération, dit le rapport que nous venons de citer, au sujet d'une adresse à sa mémoire et l'on y manifesta les plus mauvais sentiments. » Quand on était mécontent, par exemple quand une punition qui déplaisait avait été infligée, on prenait la résolution de s'abstenir de jeux. C'était une manière de manifestation qu'on employait à certains anniversaires et sous tous les prétextes.

A la fin de décembre 1819, un élève ayant été renvoyé, on fit son éloge devant les deux promotions dans la salle de récréation sans qu'un inspecteur osât y entrer et une lettre de condoléance, signée par tous les élèves, fut envoyée à son père. En adressant à ce propos une réprimande aux chefs de salle, le baron Bouchu eut le tort de leur dire : « Maintenant *les deux mois* sont passés. » C'était reconnaître implicitement le droit des élèves à deux mois de dissipation et de désordre. Loin de pouvoir faire disparaître cet état de choses, les Conseils songèrent à déterminer, vers l'époque de la rentrée, un temps légal pendant lequel il serait permis de procéder aux initiations. L'autorité faiblissait. Les élèves en profitèrent pour composer un véritable code des lois auxquelles on était convenu d'obéir dans l'intérêt commun. C'est ce document, transmis chaque année à la promotion nouvelle, qui a servi beaucoup plus tard à la rédaction du recueil écrit, encore en vigueur aujourd'hui, et qu'on appelle le *Code* X. Ses articles de plus ancienne date, approuvés par trois promotions consécutives, remontent aux années 1849 ou 1850; mais il n'est pas difficile de reconnaître qu'ils ont été inspirés par des usages bien antérieurs. Il repose tout entier sur ce principe, admis à l'École depuis sa fondation : « Toute résolution votée est obliga-

toire, quelles qu'en puissent être les conséquences. » Toutefois elle
n'engage que la promotion qui l'a votée. Elle devient article de loi
quand elle a été approuvée par trois promotions consécutives. Le
code X, rédigé sous une forme plaisante et humoristique, recommandé par l'ancien à l'étude approfondie du conscrit par ce distique :

> L'ancien parle! conscrit, tiens ta langue captive
> Et prête à ses discours une oreille attentive!

règlemente les relations des élèves entre eux et avec les autorités
de l'École. Il donne des prescriptions sur la conduite à tenir à l'intérieur et au dehors, sur la manière dont doivent se faire les votes,
les élections, etc... Il détermine la nature et le mode d'application
des peines *morales* dont le but est de servir de sanction à la loi. On ne
peut s'empêcher de reconnaître que l'observation de cette législation
particulière a dû puissamment contribuer à resserrer les liens des
élèves entre eux, à faire maintenir la camaraderie et l'esprit de corps.

La prétention de tout soumettre à des délibérations, de n'obéir
qu'aux décisions de la majorité irritait les courtisans. Leurs journaux
ne cessaient de pousser le gouvernement, le directeur, les Conseils
de l'École à déraciner ce système qu'ils regardaient comme des plus
dangereux. Parfois, pour en venir à leurs fins, ils ne reculèrent
pas devant les insinuations les plus perfides et les plus mensongères. Une de ces feuilles raconta qu'une circulaire des élèves, saisie
comme elle passait de salle en salle, proposait d'assommer avec des
tabourets l'un des sous-inspecteurs de l'École (juin 1822). Elle fut
obligée d'insérer une rétractation le lendemain. Une polémique s'en
suivit entre la plupart des journaux de Paris, les uns approuvant les
élèves, les autres les blâmant sévèrement. La *Quotidienne* insinuant
qu'un élève s'était séparé des autres en s'écriant : « Moi, je n'obéis
qu'aux ordres du roi! » excita les passions. Il en résulta dans l'École
des scènes tumultueuses qui faillirent avoir de graves conséquences.

Le baron Bouchu opinait pour une organisation absolument militaire. « On ne peut pas se promettre, dit son dernier rapport, d'obtenir ce qui dépend plus particulièrement de la première éducation

et des opinions des parents. Quant à la discipline, elle serait sans doute plus facile à faire observer toujours parmi des jeunes gens de cet âge, s'ils étaient soumis au frein puissant d'une organisation militaire. » Il ajoutait toutefois pour justifier son administration, « quoique, sous le régime civil, le directeur les assujettît à une discipline nerveuse dont on a obtenu jusqu'à présent de bons résultats[1]. » Les Conseils cherchaient depuis longtemps les moyens de porter remède à cet état de choses. Convaincus qu'il existait un vice radical dans la constitution de l'École, que la source du mal était dans le système de casernement et qu'un changement était devenu nécessaire, ils proposèrent d'abord, dans le dernier mois de l'année 1820, de séparer absolument les deux divisions en élevant entre elles comme *un mur d'airain* pendant les récréations et pendant les études, hors de l'École et à l'intérieur; en les tenant renfermées séparément et en ne les laissant sortir qu'à des jours différents, afin que jamais les élèves ne pussent se voir. Un membre du Conseil fit observer sagement que jamais la jeunesse n'accepterait ce joug humiliant : « Les verrous, dit-il, sont un garant peu sûr contre les passions. » Alors on agita la question d'un changement de régime. Le même membre prit la parole : « Il n'y a que trois moyens de conduire la jeunesse — un régime militaire vraiment militaire — un régime religieux comme au séminaire — l'honneur et l'amour de la science. » Et il ajouta : « Ce dernier est le seul applicable à l'École polytechnique[2]. » Après de longues discussions qui n'aboutissaient pas, on passa au vote. A la première question : Vaut-il mieux en thèse générale que l'École soit libre que casernée? sur onze votants il y eut huit voix pour la liberté de l'École et trois pour le casernement. A la seconde question : Est-il convenable de rendre l'École libre à l'époque actuelle? il y eut cinq voix pour, six contre. Ainsi, le Conseil croyait avoir trouvé le remède dans le *décasernement* et il craignait de l'appliquer. Cependant le changement fut bien près de s'accomplir. Le roi avait été gagné au système de décasernement

---

1. Rapport du mois de mai 1820.
2. Registres du conseil de perfectionnement. Séance du 19 octobre 1820.

et l'ordonnance de réorganisation préparée par le ministre. Nous reproduisons ici cette ordonnance, qui fut sur le point d'être promulguée [1] :

PROJET D'ORDONNANCE

Nous nous sommes fait rendre un compte particulier par notre ministre secrétaire d'État au département de l'Intérieur des résultats de l'organisation actuelle de notre École royale polytechnique et nous avons reconnu qu'une expérience de quatre ans avait suffisamment prouvé que si, d'une part, la vie commune présentait des avantages sous le rapport de la régularité habituelle, de l'autre, l'existence libre et séparée des élèves, hors le temps des études, pouvait seule fournir aux sujets qui veulent se distinguer le moyen d'ajouter par le travail et par la réflexion dans la solitude, aux fruits que tous doivent retirer de leçons faites en commun.

A ces causes et voulant que tout concoure à maintenir notre École royale polytechnique à ce haut degré de réputation auquel elle s'est trouvée portée dès les premiers moments de sa fondation, voulant en outre que les intentions que nous avons annoncées dans le préambule de l'ordonnance de 1816 pour l'amélioration de cet utile établissement reçoivent leur exécution et que l'École polytechnique devienne de plus en plus digne de son nom et de la protection de notre bien-aimé fils et neveu le duc d'Angoulême,

Avons ordonné et ordonnons ce qui suit :

Art. 1er — Les élèves de l'École polytechnique seront répartis pour le logement et la nourriture soit dans les demeures de leurs parents ou répondants pour ceux dont les familles auront des habitations ou des relations établies à Paris, soit dans un certain nombre de maisons agréées par l'administration de cette École, pour ceux qui n'auraient pas cette facilité, le tout sous la surveillance spéciale de l'administration.

Art. 2. — Ces élèves seront réunis chaque jour pour leur instruction et pour l'observation des règlements de l'École dans le local qui est et demeure affecté à cette destination. Ils seront vêtus uniformément tant lorsqu'ils seront dans l'École qu'en dehors de l'enceinte de l'établissement. Ils seront tenus de se rendre exactement à leurs devoirs aux heures prescrites et de se comporter avec décence au dehors et à l'intérieur, le tout conformément au règlement qui sera arrêté à cet effet par notre ministre secrétaire d'État à l'Intérieur, après avoir été approuvé par le Conseil de perfection dans sa plus prochaine session.

Art. 3. — Les parents ou répondants des élèves répartis dans les maisons agréées par l'administration seront tenus de payer pour chacun d'eux une

_____

1. Archives de la Guerre.

pension annuelle de mille francs entre les mains du trésorier de l'École, lequel fera compter au maître de maison chez lequel l'élève sera logé comme pensionnaire une somme de 700 francs.

Art. 4. — Les élèves logés chez leurs parents ou répondants seront tenus de verser annuellement entre les mains du trésorier une somme de 300 francs.

Art. 5. — Les parents ou répondants seront tenus en outre de subvenir aux frais de son habillement uniforme ainsi que d'achat de livres et autres moyens d'étude qui lui sont personnellement nécessaires. Le surplus des dépenses de l'École sera pris sur les fonds affectés par nous à l'établissement.

Art. 6. — Les dimanches et fêtes reconnues, la messe sera célébrée à huit heures dans la chapelle, par l'aumônier de l'École. Tous les élèves et les chefs de l'École seront tenus d'y assister.

Ainsi le gouvernement de la Restauration faillit revenir, à la messe près, au régime inauguré par la Convention. On proposa ensuite une transaction entre la liberté complète et la réclusion en vigueur, en adoptant le régime consacré par l'expérience de l'École d'application de Metz. On émit également le vœu d'une sortie libre tous les jours pendant la récréation de 2 heures et demie à 5 heures. Ces deux propositions furent repoussées.

L'irrésolution de quelques-uns des membres du Conseil qui, tout en admettant le principe du régime de la pleine liberté, croyaient devoir en ajourner l'application, les circonstances du moment, firent qu'on en revint à ce qui existait, c'est-à-dire au système mixte du casernement avec le régime, à certains égards, militaire, suivi depuis 1816. Les deux ordonnances royales qui parurent coup sur coup le 17 septembre et le 20 octobre 1822 mirent fin à toutes les discussions. Elles n'apportèrent aux règlements en vigueur que des modifications de peu d'importance[1]. La seule innovation consista dans l'adoption d'un uniforme.

Depuis 1816, la tenue des élèves, semblable en tous points à celle de l'École normale, se composait du frac, du pantalon bleu, d'un chapeau rond; elle ne comportait pas d'épée. Rien ne la distinguait de celle des collégiens, si ce n'est les palmes d'or au collet et les boutons en or fleurdelisés portant en exergue : École polytechnique.

1. Voir Cinquième organisation.

Une estampe du temps représente les élèves au tombeau de Monge, avec cet habillement assez singulier. La promotion de 1822 le portait encore. C'est la promotion de 1823 qui a porté la première l'uniforme devenu si populaire, l'habit à un seul rang de boutons, à revers rouges, avec les parements et le col en velours noir, les boutons de l'artillerie et du génie, et le chapeau à deux cornes porté *en bataille*. Bosquet, élève de la promotion 1829, dont nous aurons plus d'une fois à citer les lettres, en faisait à sa mère la description suivante : « Je vais te décrire nos deux costumes. Représente-toi l'habit d'un officier de la ligne ; place au bout des basques deux grenades et deux fleurs de lis dorées ; le collet, au lieu d'être rouge, suppose-le de velours noir, aux extrémités duquel sont brodées en or deux branches de laurier qui embrassent une fleur de lis ; au lieu des épaulettes, deux cordons ou tresses d'or, et tu verras notre habit de grande tenue. Sur la couture du pantalon correspondent deux bandes rouges séparées par un cordon de même couleur. La petite tenue est de même forme, mais toute en bleu, pas de rouge [1]. »

L'épée, inutilement demandée au roi Charles X lors de sa visite en 1825, ne fut portée jusqu'en 1830 que par les sergents. Les élèves adoptèrent un peu plus tard le manteau à *la Chiroga,* alors à la mode ; il n'était pas réglementaire. Un ancien maître de danse de l'Opéra fut chargé d'apprendre aux élèves à porter avec grâce la nouvelle tenue. Nous parlerons plus tard de ce danseur, il était assisté par un autre danseur dont on ne connaît que le sobriquet : *Pied-de-chameau,* surnom qui lui venait de ce qu'il remplissait, d'après ce que racontaient plaisamment les élèves, le rôle de l'un des pieds de derrière d'un chameau dans l'opéra de Méhul *la Caravane du Caire.* Le *cours* d'un nouveau genre, que fit le maître de danse, eut, pendant plusieurs années, un prodigieux succès.

Le titre nouveau de gouverneur donné au commandant de l'École, l'élévation à ce poste d'un défenseur de la cause royaliste [2] connu par

---

1. Lettres de Bosquet à sa mère.
2. Le général comte Bordessoule.

sa défection en 1814, la nomination d'un sous-gouverneur, et surtout la suppression du Conseil d'instruction, c'est-à-dire de l'assemblée des professeurs, auxquels on reprochait une opinion libérale des plus dangereuses; telles furent les réformes introduites par le gouvernement qui se promettait « d'empêcher les élèves de porter dans la société l'esprit d'indépendance qu'il faut laisser aux jeunes insensés élevés dans les écoles d'athéisme ».

Depuis longtemps déjà les écoles avaient fait leur apparition dans la carrière de l'action. La jeunesse de 1816, élevée aux souvenirs de la Révolution, aux bruits d'armes et de victoires de l'Empire, toute frémissante encore de la honte de l'invasion, s'était sentie instinctivement entraînée vers la liberté. Les premières mesures de la Restauration, les arrestations arbitraires, les visites domiciliaires, les détentions, les exils, les condamnations capitales, tous les excès de la terreur blanche, l'avaient jetée dans l'opposition. L'École polytechnique avait donné le signal. Après elle, des révoltes avaient éclaté dans les collèges de Paris et de toutes les grandes villes, à Nantes, à Reims à Bordeaux, à Caen, à Lyon, à Toulouse, à Vannes. L'agitation avait gagné l'École de droit de Paris, plus tard celle de médecine, celle de Grenoble, celle de Toulouse, les universités de Montpellier et de Poitiers, tout le haut enseignement universitaire.

D'un bout de la France à l'autre, la jeunesse venait de provoquer le réveil de l'esprit public et le mouvement avait été si rapide que la cour effrayée ne parvenait pas à l'arrêter. Des associations secrètes s'étaient formées, les unes dévouées aux souvenirs de l'Empire, les autres travaillant à l'avènement de la République; toutes acharnées contre la monarchie. Elles avaient pris naissance au sein des étudiants et leur caractère était devenu de plus en plus révolutionnaire à mesure que la royauté se jetait davantage dans les voies de la réaction. La charbonnerie, rapportée d'Italie, avait en peu de temps rempli le commerce, les écoles, envahi la science, les lettres, le barreau, les législateurs et surtout l'armée; elle eut des *ventes* à l'École polytechnique et à l'École d'application de Metz, dans les régiments d'infanterie de Paris, de l'Est, de l'Ouest et du Midi; l'artillerie se fit initier

avec ardeur. Des mouvements se préparèrent, des complots, auxquels les officiers démissionnaires, à la retraite ou à la demi-solde apportèrent leur expérience et leur épée, se tramèrent contre les Bourbons. Active, énergique, la jeunesse des écoles fut mêlée à tous. Les étudiants en furent les acteurs les plus habiles et les plus résolus. Organisés en brigades, ils attendaient le mot d'ordre. Armés de bâtons, ils descendaient dans la rue, tenaient tête à la troupe et s'exerçaient au combat. Les supplices ne les firent pas faiblir, ne leur arrachèrent aucun aveu. Il fallut l'exemple terrible des sergents de La Rochelle pour déconcerter chez eux l'esprit de révolte et de conspiration.

Les Polytechniciens, durement frappés en 1816, ne prirent aucune part à ces complots. Ils surent résister à toutes les excitations, à tous les appels du dehors. Ceux qui avaient des amis parmi les étudiants les encourageaient; ils leur disaient: « L'École est de cœur avec vous », mais ils se gardaient d'attirer sur eux les rigueurs du gouvernement.

Une seule fois ils organisèrent une manifestation, ce fut à l'occasion de la mort de Monge (18 juillet 1818). Ils avaient sollicité d'une voix unanime et à titre de faveur unique la permission d'accompagner les restes du grand homme. L'autorité repoussa brutalement leur prière, leur interdit d'assister aux funérailles et de faire partie du cortège qui accompagnerait la dépouille mortelle du fondateur de leur École, de leur ancien professeur, de leur bienfaiteur. Cette fois, la seule reconnaissance leur faisait un devoir de braver l'autorité. Le lendemain des funérailles était un jour de sortie; tous les élèves, raconte Ch. Dupin, s'acheminèrent vers le Père-Lachaise. « Leur silence religieux, leurs larmes pieuses attendrirent tous les assistants. Ils déposèrent sur la tombe des fleurs et un rameau de chêne auquel ils suspendirent une couronne de lauriers. L'un d'eux prenant pour texte ces mots : *Lacrymosa dies illa,* prononça un discours :

« La mort d'un homme de bien, dit-il, est une calamité pour la société : elle devient un fléau lorsque celui qu'elle frappe réunit aux

LES ÉLÈVES DE L'ÉCOLE POLYTECHNIQUE SUR LA TOMBE DE MONGE.

(20 Juillet 1818.

vertus qui commandent le respect, le génie, les talents, le savoir et
la modestie qui inspirent l'admiration. Tel fut celui dont nous déplo-
rons la perte..... Et nous, mes amis, perpétuons à jamais le souvenir de celui que la faux de la mort a moissonné trop tôt pour
notre bonheur, quoiqu'il ait vécu des siècles pour sa gloire..... Faisons graver sur sa tombe cette épithaphe simple et modeste mais
vraie : *Transiit bene faciendo!*

Quelques mois plus tard, des ingénieurs, des officiers résidents
de la ville de Douai prenaient l'initiative de l'érection d'un monument à Gaspard Monge. Un comité se formait sous la présidence de
Berthollet ; tous les anciens élèves de l'École tenaient à honneur de
s'inscrire. Les ingénieurs étrangers qui avaient suivi les cours, ceux
de la Belgique et de la Suisse par l'intermédiaire de M. Dufour,
ceux des États-Unis d'Amérique par l'entremise du colonel Bernard,
adressaient leur souscription à Charles Dupin, en exprimant de la
manière la plus touchante les sentiments qui les uniraient toujours
aux « illustres professeurs auxquels ils doivent les bienfaits d'une
instruction supérieure ».

Le gouvernement fut sage de ne voir, dans la conduite des élèves,
qu'une démonstration de jeunes gens honorant la mémoire de leur
maître. Il était d'une sévérité implacable pour les manifestations
d'un caractère politique et, lorsqu'il rencontrait un élément de résistance, il ne reculait pas devant la répression énergique. Les grands
élèves du lycée de Versailles qui avaient refusé de se rendre processionnellement à vêpres furent chassés. La révolte de l'École de La
Flèche fut punie d'une manière atroce. Averti dans les premiers jours
de l'année 1822 qu'une vente de carbonarisme existait dans l'École
polytechnique, il n'hésita pas à licencier une salle tout entière. Le sergent-major Perdonnet, ses camarades Houdiard et Léonce Reynaud
furent exclus définitivement ; les autres obtinrent plus tard de rentrer[1].

1. Perdonnet entreprit un voyage à l'étranger pour étudier les sciences métallurgiques. Rentré à Paris après la Révolution de juillet il s'occupa immédiatement de
demander au ministre la réintégration de ses anciens camarades de promotion dont le
licenciement avait brisé la carrière ; ses demandes furent couronnées de succès, seul
des élèves licenciés en 1822 il ne rentra pas à l'École polytechnique.

« ... Je n'appartenais point à cette vente, a écrit Reynaud dans ses
mémoires, mais l'autorité mieux informée résolut de faire un
exemple et de le faire à tout prix. Faute de connaître les coupables,
elle choisit des suspects. Les élèves les plus indisciplinés furent, au
commencement de la seconde année d'école, classés dans la même
salle en attendant l'occasion de sévir. Et cette malheureuse salle
dont je faisais partie fut au bout de quelques mois brutalement licenciée sous le prétexte le plus frivole. L'injustice était d'autant plus
criante à l'égard de jeunes gens ainsi frustrés d'une carrière conquise
par leur travail, que deux d'entre eux seulement, je l'ai su depuis,
étaient au nombre des conspirateurs. Le général Rohault de Fleury,
commandant en second de l'École, protesta ; mais inutilement.....
Libéraux, républicains, bonapartistes, dit encore le savant ingénieur
qui occupa avec éclat pendant trente années la chaire d'architecture,
marchaient alors côte à côte, en rangs serrés, tant l'ardeur était
grande, tant la haine d'une dynastie accusée de vouloir ramener
l'ancien régime était générale et profonde [1]. »

La vente, qu'on appelait la *Vente bleue*, avait été organisée en 1820
par Étienne Arago, alors répétiteur de chimie attaché au laboratoire
de Gay-Lussac. Le frère du grand astronome était en relation avec
un grand nombre d'élèves et intimement lié avec l'un d'eux, E. Cavaignac, le futur président de la République de 1848. Celui-ci avait
gagné plusieurs de ses camarades devenus plus tard généraux, gouverneurs, et parmi eux, Montalivet, qui devait être à quelques années
de là, ministre de Louis-Philippe. Étienne Arago était le chef de la
vente. On se réunissait dans son laboratoire, lui seul correspondait
avec la vente centrale. Quand il partit pour l'Espagne où l'insurrection venait d'éclater les réunions cessèrent, la vente tomba.

Les professeurs étaient surveillés ; leur enseignement était l'objet d'une attention sévère. Ceux qu'on savait attachés aux opinions
libérales étaient en suspicion et on usait parfois à leur égard de
procédés vexatoires. Un jour que le pays latin était en véritable

---

1. *Léonce Reynaud, sa vie et ses œuvres*, par un de ses anciens élèves, Paris, Dunod, 1885.

état d'émeute parce qu'on venait de fermer le cours d'un maître applaudi des libéraux (juillet 1819), la police profita de la confusion pour faire arrêter des répétiteurs qui traversaient la place du Panthéon avec d'autres du collège Henri IV, étrangers comme eux au désordre. Poisson s'aperçut bien qu'on le désignait fréquemment ainsi que ses camarades convaincus de républicanisme, pour faire partie des jurys appelés à se prononcer sur les procès politiques, et il avait trop étudié le calcul des probabilités, dit Arago, pour regarder ces désignations répétées comme le pur effet du hasard[1].

Quant aux élèves, le gouvernement s'était bercé de l'espoir que le souvenir du licenciement les porterait à de salutaires réflexions. Par le choix de l'autorité supérieure il avait cru donner une autre direction à leur esprit. En plaçant l'École sous la protection du duc d'Angoulême, il espéra qu'il naîtrait bientôt entre eux et leur illustre protecteur des liens de reconnaissance qui les attacheraient à la royauté, qu'on verrait disparaître les anciens souvenirs de la République et de l'Empire et qu'on arriverait à peupler l'armée d'officiers gagnés à la cause royaliste.

Le jour de l'ouverture des cours en 1817, le duc d'Angoulême, présidant à la cérémonie d'installation du nouveau personnel dans le grand amphithéâtre, tendu de tapisseries et décoré de guirlandes au milieu desquelles apparaissait l'inscription :

Hic ames dici pater atque princeps[2],

dit aux élèves : « Vous trouverez toujours en moi un protecteur zélé auprès du souverain qui met son bonheur à encourager tout ce qui peut illustrer le nom français. » Depuis, il vint souvent examiner les travaux, s'enquérant des besoins et multipliant les témoignages de sa sollicitude et de sa faveur. De 1817 à 1825 sa visite se renouvela quatorze fois, non pas sans appareil, sans suite, sans troubler l'ordre » comme le rapporte Fourcy dans son livre; mais presque toujours avec le plus grand cérémonial. Son Altesse était reçue à

---

1. ARAGO, *Biographie de Poisson*.
2. HORACE. Ode 2.

la grille de la grande cour par le président des conseils supérieurs, le directeur, l'inspecteur des études, les professeurs, les fonctionnaires de l'administration et les élèves. La porte d'entrée était ornée de guirlandes d'ifs et de drapeaux blancs, les chemins sablés et semés de feuillage. Après avoir entendu la messe à la chapelle, le prince recevait les professeurs et les fonctionnaires, il se rendait ensuite à l'amphithéâtre où les élèves étaient réunis. Il assistait au cours du professeur. Il écoutait surtout avec la plus grande attention la leçon de Thénard ou celle de Gay-Lussac. Puis il parcourait les salles d'étude ou les laboratoires et il ne se retirait jamais sans avoir adressé quelques paroles aux professeurs et aux élèves.

Chacune de ses visites fut marquée par des encouragements, des récompenses et par des présents. L'École s'enrichit ainsi de tableaux, de portraits, de vitraux, d'objets précieux. Il lui envoya un jour des arbres provenant de la pépinière du Roule, une autre fois deux tableaux sur verre fort remarquables[1], puis un portrait de saint Louis, vingt dessins d'académie provenant de l'École des beaux-arts, une collection en bronze des médailles des rois de France.

Malgré les preuves constantes d'un véritable intérêt, le duc d'Angoulême était généralement mal accueilli par les élèves. Lorsque sa visite était annoncée, ils délibéraient sur l'attitude à tenir. Nous avons raconté comment se faisait la délibération. On décidait presque toujours qu'on crierait : Vive la charte! Et le prince entendit ainsi plusieurs fois, à son entrée et à sa sortie de l'École, retentir ce mot d'ordre auquel l'opposition a dû pendant quinze ans un concert d'attaque et une puissante unité d'action.

Son extérieur était d'ailleurs si grotesque, que les élèves ne pouvaient s'empêcher de se livrer à toutes sortes de plaisanteries sur sa personne. « C'était quelque chose comme un singe moins la grâce, a dit A. Dumas dans ses mémoires, une espèce de momie au visage tourmenté par un tic éternel, qui traversait les salles, répondant à tous les saluts, à tous les souhaits, à tous les hommages par un

---

1. Un représentait un bouquet, l'autre la découverte du verre par les Phéniciens.

grognement sourd où il était impossible de distinguer un seul mot articulé. » Les paroles qu'il adressait aux professeurs n'étaient pas toujours celles d'un homme profondément versé dans les sciences; de sorte qu'on lui prêtait les réponses les plus ridicules. « Vous avez dû avoir bien chaud si près du soleil », aurait-il dit à Gay-Lussac qu'on lui présentait après la fameuse ascension dans laquelle ce savant s'était élevé à une hauteur de plus de 6,000 mètres[1]. Nous laissons à penser si l'on en riait dans les salles d'étude. L'esprit malin des élèves ne perdait aucune occasion de s'exercer aux dépens de leur protecteur. Quand il prit le commandement de l'armée d'Espagne, ils firent toutes sortes de jeux de mots sur son compte : il est parti escorté de *sapeurs*, il ferait très bien, en voyage, de boire du *Laffitte*, de lire son *Manuel*, d'y ajouter *Foy* et d'être *Constant*. La phrase courut Paris.

Charles X, dont l'avènement semblait vouloir inaugurer une période de calme et de prospérité, vint à son tour visiter l'École. Il fut mieux accueilli. Suivi de toute sa cour, princes, ministres, généraux, prélats en rochets, il fut reçu par le gouverneur, le sous-gouverneur, les ministres de la Guerre et de la Marine et par l'archevêque de Paris. Il se montra désireux, lui aussi, de se concilier l'affection des élèves et de tout le personnel. « Vous pouvez compter, dit-il aux professeurs dans son discours, je ne dirai pas seulement sur ma protection, mais encore sur toute ma reconnaissance. » Après s'être rendu à la chapelle où il donna à l'abbé Martin de Noirlieu des marques particulières de sa bienveillance, il parcourut les amphithéâtres, les laboratoires, les salles d'étude, visita la bibliothèque, la salle de dessin et les collections. On parla longtemps des incidents de sa visite. Au cabinet de modèles, il examinait avec curiosité l'hyperboloïde de révolution sur la table du professeur de géométrie descriptive. Leroy, qui s'efforçait de lui en démontrer la construction, à bout d'explications et désespérant de se faire comprendre de son royal auditeur, lui donna pour en finir sa parole d'honneur que la courbure était engendrée par une ligne droite. Dans le laboratoire de Thé-

1. 1823.

nard, Charles X grava lui-même son nom sur une plaque de verre
au moyen de l'acide fluorhydrique. Avant de partir, il distribua des
récompenses. Arago fut promu officier de la Légion d'honneur, Dulong et Leroy chevaliers. Thénard fut nommé baron. Il laissa également plusieurs présents : deux tableaux pour la chapelle[1] ; les cartes
et plans publiés par la marine depuis 1823, pour la bibliothèque ;
divers produits des manufactures de Sèvres et des Gobelins, destinés aux collections, enfin le portrait de S. A. R. Monseigneur le
Dauphin, exécuté en tapisserie des Gobelins.

« Je ne puis dire combien je suis satisfait de cette École et de la
direction qui lui est maintenant donnée, répondit-il au gouverneur
en se retirant. J'espère qu'elle produira des sujets utiles à l'État et
propres à toutes les parties de l'administration. » Cette longue visite
se termina sans manifestation hostile et laissa toutefois les élèves
mécontents. Ils avaient compté qu'elle serait pour eux l'occasion
d'obtenir l'autorisation, qu'ils sollicitaient depuis longtemps, de
porter l'épée les jours de sortie. Sa Majesté demandait justement
au général ce que les élèves pourraient désirer. Celui-ci demanda
un jour de sortie ; ce fut une déception. On se vengea peu de
jours après en faisant circuler dans les salles d'étude des pièces de
5 francs qui montraient l'effigie royale coiffée du bonnet des jésuites
et des caricatures qui bafouaient sa personne de la manière la plus
grotesque.

Le gouvernement tenait à ce que l'École polytechnique fût représentée à toutes les fêtes et à toutes les cérémonies de la royauté. Le
jour anniversaire de la rentrée du roi dans sa capitale, à la Saint-
Louis, aux fêtes données lors de la naissance et lors du baptême du
duc de Bordeaux, des places d'honneur étaient réservées aux élèves.
Les deux promotions, le crêpe au bras, assistaient, dans la basilique
de Saint-Denis, aux services commémoratifs en mémoire de Louis XVI,
de Marie-Antoinette et pour le repos de l'âme du duc de Berry. A
l'inauguration de la statue d'Henri IV, deux élèves eurent l'honneur

---

1. Un représentait la bénédiction de Jacob, l'autre le martyre de Borromée et de
Maximilien.

d'être appelés avec d'augustes personnages à découvrir le monument[1]. Le 1er janvier, les sergents et les sergents-majors défilaient devant les membres de la famille royale ; les princes et les princesses leur faisaient le plus gracieux accueil. Mais rien ne parvenait à gagner leur sympathie en faveur des Bourbons. On eut lieu de s'en apercevoir à l'époque des souscriptions pour l'acquisition du domaine de Chambord et pour le monument du duc de Berry, où la presque totalité des cotisations fut versée par le personnel enseignant et par les fonctionnaires de l'École[2].

C'est surtout par la religion que le gouvernement entendait rallier à la cause du trône et de l'autel ces fils de la Révolution. En introduisant dans l'École les exercices religieux et journaliers, l'obligation d'assister aux offices, il s'était figuré qu'il changerait les sentiments des incrédules, qu'il ferait persévérer les croyants dans la foi et qu'il formerait ainsi « des fils soumis à l'Église, de fidèles sujets du roi ». Il commença par mettre à la place de quelques professeurs, auxquels il reprochait sans aucune raison de diriger leur enseignement vers le but poursuivi par tous les philosophes du siècle dernier, d'autres professeurs « plus croyants ou du moins appréciant mieux la nécessité de la foi ». Les nouveaux maîtres s'appliqueraient, pensait-il, à montrer l'alliance des vérités scientifiques avec les dogmes religieux. Aux yeux des hommes du pouvoir, la religion devait en effet dominer la science. C'est la pensée qu'on trouve exprimée dans le discours de Biot inaugurant la présidence du Conseil d'instruction de 1816. « L'École polytechnique, disait-il, a prouvé combien les sciences peuvent être utiles ; elle prouvera combien les principes moraux et religieux sont nécessaires. Nos efforts doivent tendre à les réunir, à les faire marcher ensemble. Nous ne pensons pas que la croyance de saint Louis, de Bayard, de Bossuet, de Fénelon,

---

1. Ces deux élèves étaient Gauthier et Élie de Beaumont.

2. Pour le domaine de Chambord, 29 septembre 1821, on réunit 664 francs, la part des élèves était de 172 francs.

Pour le monument du duc de Berry, la souscription était de 979 francs, les élèves n'avaient presque rien versé.

Pour l'érection de la statue d'Henri IV ils avaient donné 1800 francs.

que la religion chrétienne qui a enfanté tant de prodiges soit l'ennemie des sciences. » Et le duc d'Angoulême formulait la même pensée plus nettement encore lorsqu'il adressait ces paroles aux professeurs le jour de la réouverture des cours : « Je reçois avec grand plaisir le Conseil, les professeurs et les membres d'une École qui s'est rendue si fameuse par ses connaissances. J'ai la confiance, Messieurs, qu'en apprenant aux élèves les sciences qui pourront les rendre le plus utiles à notre patrie, vous leur inculquerez les *sentiments de religion*, sans lesquels il n'y a point de morale dans l'État, et ceux d'amour et de fidélité, qu'ils doivent à un roi qui peut seul faire le bonheur de la France. » Est-il besoin de dire que l'enseignement de l'École resta sous ce rapport ce qu'il était auparavant dans les régions élevées de la science où les professeurs l'avaient constamment maintenu en dehors de toute préoccupation politique ou religieuse?

Les règlements intérieurs furent modifiés selon les vues du gouvernement. Du moment qu'il existait une religion d'État, on ne pouvait se dispenser de faire pratiquer en commun les devoirs et les exercices de cette religion. Aussi le directeur s'empressa-t-il de soumettre au ministre de l'Intérieur des dispositions nouvelles dont nous extrayons les passages suivants :

Les principaux devoirs des élèves sont : le respect pour la religion, le dévouement au roi, la docilité et la soumission envers leurs supérieurs, une application soutenue, une conduite régulière.

La prière sera une des pratiques importantes de la religion. Elle sera faite en commun et avec recueillement, le matin et le soir après l'appel. Chaque élève la récitera à son tour, à haute voix et lentement.

Les élèves assisteront tous les dimanches et fêtes à la messe dans la chapelle de l'École. La messe sera dite à voix basse ou chantée selon la solennité de la fête. Le *Domine salvum fac regem* y sera toujours chanté. Tous les dimanches et fêtes les élèves assisteront aux vêpres. Cet office sera terminé par le *Domine salvum fac regem*.

Les élèves doivent tous être pourvus aux offices divins du livre d'église désigné sous le titre d'Eucologe. Les abstinences commandées par l'Église seront observées par les élèves, sauf les dispenses accordées pour le Carême et pour motifs d'indisposition.

On n'osa contraindre personne à recevoir les sacrements, ce qui eût forcé d'opter entre le sacrilège et l'insubordination ; on se contenta d'une forme d'invitation :

Tous les élèves ont justifié avant leur admission à l'École des principes religieux qu'ils professent. C'est leur prouver la confiance qu'inspirent leurs bons sentiments que de ne pas fixer d'époque pour l'approche des sacrements. Ils savent tous que l'usage est de se préparer à la communion aux fêtes solennelles. Ceux qui seront dans la disposition de se confesser en préviendront M. l'aumônier et se rendront à la chapelle le samedi soir.

A partir de ce moment, les deux promotions, à l'exception d'un ou deux juifs et de quelques protestants, assistèrent chaque dimanche à la messe et aux instructions qui s'y rattachent, ainsi qu'aux offices d'obligation et aux vêpres. Tous les jours, matin et soir, une prière comprenant : l'Invocation à l'Esprit saint ; les actes d'adoration et de remerciement ; de foi, d'espérance, de charité et de contrition ; l'oraison dominicale ; la salutation angélique ; le symbole des apôtres, fut récitée en commun dans les salles d'étude.

« Quel spectacle plus consolant pour les vrais amis de la religion, s'écriait l'aumônier dans un de ses sermons, que cet acte solennel éminemment religieux par lequel, dans la plus célèbre École de l'Europe, des jeunes hommes, l'élite de la jeunesse studieuse du royaume, consacrent à Dieu leurs premiers pas dans la carrière ouverte à leurs talents ! » A. Comte, alors répétiteur, pensait tout autrement. Le luxe des exercices religieux imposés à l'École, comme aux institutions, aux lycées et même aux casernes, lui faisait dire à un de ses amis :

« Quelque habile helléniste que tu sois, mon cher ami, tu ne te serais jamais douté que le mot École polytechnique signifiât aujourd'hui couvent : Je défie bien l'étymologiste le plus décidé de trouver quelque vieille analogie entre ces deux mots. Cependant, au moment où je t'écris, ils sont devenus rigoureusement synonymes, tant la langue se perfectionne de jour en jour... Enfin pour parler sans détour, je te dirai que les soixante-douze jeunes gens qui composent ce qu'on ose appeler l'École polytechnique, sont assujettis réguliè-

rement les jeudi et dimanche à l'ennui d'une messe suivie d'une instruction et de vêpres; que matin et soir, ils font en commun une prière *ardente* devant un Christ de plâtre, qu'on a dressé pour cet objet dans la grande salle : que la sortie de l'École leur est interdite, excepté à un petit nombre d'entre eux, auxquels on permet une sortie de cinq à six heures le dimanche, pourvu que leur conduite les en ait rendus dignes et que leurs parents ou correspondants viennent les réclamer; que le bataillon en masse, ou si tu veux la congrégation, sort pendant deux heures le dimanche et le jeudi, sous la conduite des sous-inspecteurs, pour aller promener presque toujours sur le quai Saint-Bernard, encore faut-il qu'il fasse beau ; que l'usage exclusif du maigre est strictement suivi les vendredi et samedi, ainsi que les jours de vigile, quatre-temps, carême. Je pourrais te dire bien d'autres choses, mais tu te les figureras aisément et pour tout renfermer en un mot, j'ajouterai qu'on a voué cet établissement à l'illustre saint Éteignoir qui naquit en France et qui mourra... je ne sais quand [1]. »

On se demande comment l'autorité n'a pas été frappée des inconvénients qui pouvaient résulter pour l'accomplissement même de ces devoirs religieux, de la réunion fréquente de jeunes gens de seize à vingt-deux ans dont l'esprit est fort et la tête ardente, tous d'un âge où les passions en effervescence rendent un homme plus difficile à diriger qu'à l'âge de l'innocence ou à celui de la réflexion. « Quelle que soit sa vigilance, disait un membre du conseil qui trouvait là de nouvelles raisons contre le régime du casernement, l'autorité sera-t-elle bien sûre de ne laisser échapper aucun désordre, aucune inconvenance, lorsque des exercices de piété doivent se reproduire deux fois par jour? N'est-elle pas menacée, de devenir inquisitoriale et tyrannique? » Elle le devint en effet. Le sous-inspecteur Binet, *un vrai cagot*, fit punir sévèrement des élèves qui avaient tenu devant lui des discours impies ou simplement proféré quelques juréments. Il demanda une punition exemplaire

1. COMTE, *Lettres à M. Valat.*

pour ceux qui lisaient « des livres contraires aux mœurs et à la religion ». Il voulut en faire renvoyer deux, l'un, entre les mains duquel on trouva l'ouvrage de Peyrard, *De la nature et de ses lois;* l'autre qui avait sur sa table une brochure « écrite dans un très mauvais esprit »; il fit chasser celui qui avait introduit le roman de *Faublas.*

Il est juste de dire que ce congréganiste, détesté de tous les élèves, n'était pas approuvé par le directeur. On lit, en effet, dans un rapport du baron Bouchu au marquis de Nicolaï : « La plus parfaite harmonie règne partout, excepté de la part de M. Binet. J'ai dû mentionner le défaut d'exactitude et de zèle ainsi que l'esprit d'indépendance qu'il a toujours affecté. Il est urgent qu'il soit remis à sa place. »

L'attitude de l'aumônier lui-même ne fut pas toujours exempte de reproche. L'abbé Richard ne semble pas avoir possédé toutes les qualités nécessaires pour remplir dignement ses fonctions. A peine est-il nommé, en 1814, qu'il entre en lutte avec le conseil, auquel il ne cesse d'adresser des réclamations. Il fait d'abord augmenter son traitement qu'on porte de 2.000 à 3.000 francs. Il se plaint que la somme de 500 fr., allouée pour le mobilier de la chapelle, ne lui suffit pas et il veut en avoir la libre disposition. Il réclame des ornements, des tableaux, des chantres, un *serpent,* de l'huile à brûler pour les lampes, du vin pour le saint sacrifice. Il faut que le conseil lui écrive : « Cette année on s'en tiendra à deux chantres, et on se passera de serpent; l'année prochaine si nous sommes plus riches, on y ajoutera un serpent. » (25 mai 1817.) Sa position ne lui donnant droit qu'à une partie du chauffage de son logement, il se plaint, disant « que les autres aumôniers des collèges ont l'éclairage et la nourriture et qu'il est étrange qu'on le traite moins bien, lui, dont le rang est plus élevé ». On lui alloue encore une augmentation de 1.000 francs. Ses réclamations continuelles, son attitude générale, son goût pour les expressions peu mesurées dans ses sermons, son intolérance, l'avaient rendu aussi peu sympathique à l'autorité qu'aux élèves. Ceux-ci le lui témoi-

gnaient par leur tenue à la chapelle. Ils s'ingéniaient chaque dimanche
à troubler l'office par toutes sortes de gamineries. Ils chantaient
avec les chantres des psaumes légèrement travestis. Pendant le
sermon ils toussaient, crachaient, se mouchaient avec bruit. Un jour
que l'abbé Frayssinous, le premier aumônier du comte d'Artois,
était venu dire la messe, ils profitèrent de sa présence pour faire en
se levant et en s'agenouillant le plus grand tapage. Ils recommencèrent une autre fois en présence du président du Conseil supérieur,
du duc de Doudeauville lui-même, quoiqu'on leur eût recommandé
ce jour-là de s'observer davantage dans le lieu saint.

Le baron Bouchu, sachant à qui ces manifestations s'adressaient,
trouva toujours des excuses à la conduite des élèves, et dans un
de ses rapports, il n'hésita pas à attribuer les désordres à l'aumônier,
qui semblait les provoquer à plaisir? « Cet ecclésiastique manque,
disait-il, de l'esprit prudent et mesuré nécessaire pour diriger les
jeunes gens. Il faut ici un aumônier qui, par sa modération et par
sa douceur, sache atteindre le but sans le dépasser par trop
d'empressement et d'exigence, et qui impose par son âge et par son
extérieur à la fois bon et respectable. » On écouta enfin le directeur de l'École; l'abbé Richard demanda son changement; il fut
nommé, au mois de décembre 1820, chanoine de l'église cathédrale
de Troyes et remplacé dans ses fonctions par l'abbé Martin de Noirlieu.

Il faut cependant reconnaître au gouvernement de la Restauration le mérite d'avoir su choisir, pour remplir les fonctions d'aumôniers dans les collèges et dans les institutions, des hommes pour la
plupart instruits et tolérants. Les uns avaient été missionnaires,
d'autres appartenaient à de grandes familles, tous avaient acquis,
par l'éducation ou par l'expérience, le tact et la modération indispensables à leur mission. Ils étaient recherchés volontiers des jeunes
gens, parce qu'ils savaient les intéresser et les instruire. Ils encourageaient le dévouement, la générosité et, dans d'assez grandes limites, l'indépendance du caractère. L'abbé de Noirlieu était un de
ces hommes. Il s'annonça à l'École par une mesure qui lui conquit

la sympathie de tous les élèves. Jusqu'à ce moment une partie de la sortie générale du dimanche avait été forcément consacrée aux exercices religieux. On ne sortait dans les premiers temps qu'à partir d'une heure de l'après-midi; peu à peu on était arrivé à sortir après la messe. Elle ne durait que trois quarts d'heure [1]; mais il fallait être rentré à midi et demi pour l'étude libre qui précédait les vêpres. Le nouvel aumônier, plein de douceur et de tolérance, demanda lui-même la suppression des vêpres en faisant observer que, d'après les canons de l'Église, cet office n'était pas obligatoire. « Si on le laissait facultatif, dit-il, il n'y viendrait personne, ce qui serait du plus mauvais effet. Il vaut mieux le supprimer. » C'est à partir de ce moment que le dimanche devint un jour de liberté complète jusqu'à sept heures du soir en hiver et à huit heures en été; par contre, le conseil, trouvant que la soirée du mercredi se prolongeait trop, avança la rentrée d'une heure, de sorte que les élèves perdirent en partie sur ce jour-là ce qu'ils venaient de gagner sur le dimanche. L'abbé de Noirlieu ne resta pas longtemps à l'École; au bout de quelques années, il fut nommé sous-précepteur du duc de Bordeaux, et l'on confia ses fonctions à un aumônier adjoint.

A l'avènement de Charles X, les poètes royalistes chantèrent en hymnes de jubilation la renaissance de la monarchie. Le clergé se berça de l'espoir de voir l'Église recouvrer son antique éclat, les missions, les processions, les solennités religieuses extraordinaires prirent un développement incroyable. Les Jésuites en opposition directe avec les lois, devenus tous les jours plus hardis, avaient la main sur l'enseignement depuis que M. de Frayssinous était grand maître de l'Université. Le chef de la congrégation dont les réseaux enveloppaient toutes les classes, toutes les conditions, qui travaillait dans les écoles, parmi les femmes et parmi les ouvriers, qui s'était emparée de toute l'influence dans l'instruction publique, parlait de réformer, de moraliser la nation française du jour au lendemain. On le connaissait à l'École. Vingt ans auparavant il avait essayé d'y

---

1. On y chantait le Kyrie sur un air de *Tancrède*. Les chœurs de Choron de l'Opéra y faisaient d'excellente musique.

recruter des adeptes. Deux ou trois élèves avaient suivi, à Saint-Sulpice et à la maison des Carmes, les conférences par lesquelles il
s'efforçait, vers 1802, de ramener la jeunesse voltairienne aux vérités du christianisme; l'un d'eux, après avoir été nommé ingénieur
des ponts et chaussées, était entré dans les ordres et l'événement
avait eu un certain retentissement[1]. Tout récemment l'abbé de Frayssinous était venu célébrer la messe à la chapelle de l'École. Après
l'office, il avait prononcé un grand sermon sur cette pensée que,
pour le bonheur de la société, les sciences doivent contracter une
sainte alliance avec la religion. On avait affecté de ne pas vouloir
écouter sa longue énumération des grands hommes illustres dans les
différentes branches des connaissances humaines qui professaient les
sentiments les plus religieux et le tapage n'avait presque pas cessé
pendant qu'il exhortait ses auditeurs à sanctifier en quelque sorte
l'instruction de manière à la faire tourner au profit de la religion.

A peine au pouvoir, il s'appliqua à épurer le haut enseignement.
Des hommes comme Royer-Collard, Guizot, sincèrement attachés à la
monarchie, furent frappés et leurs cours suspendus. Sylvestre de
Sacy vit son nom rayé du Conseil de l'instruction publique. A l'École polytechnique, les proscriptions recommencèrent comme aux premiers
jours de la Restauration. Tous ceux qui appartenaient au personnel
de l'ancienne École sous la République furent successivement contraints de se retirer. Ferry, ancien professeur et examinateur d'admission, fut brusquement dépouillé de ses fonctions, sans qu'on lui
donnât la récompense accordée par la loi pour plus de trente années
de services rendus aux sciences et à l'État. Hachette fut écarté sans
qu'on lui payât la dette de ses services et sans avoir pu obtenir la
moindre retraite. Il n'y avait plus personne en 1826, pour parler
de la fondation, qu'un préparateur et deux ou trois employés[2].

1. M. Tesseyre, premier Polytechnicien ordonné prêtre, a acquis une certaine no-
toriété. Il a été reçu dans l'intimité de Lamennais, il a été l'un des précepteurs de
Dupanloup. Son biographe lui fait porter contre ses camarades d'École, contre les
mœurs polytechniciennes, contre les professeurs et particulièrement contre Andrieux,
contre le gouverneur, les accusations les plus fausses et les plus ridicules, qui montrent
à quel point les jésuites ont haï dès sa naissance la grande institution de la Convention.
2. Berthelot, le concierge de la porte d'entrée des élèves; Moineau, l'aide de labo-

On avait décidé d'éloigner Arago à cause de ses opinions politiques. Le professeur de littérature, Aimé Martin, successeur d'Andrieux, était venu déclarer au conseil qu'Arago avait voté l'acte additionnel et que ceux qui avaient donné leur appui à l'usurpateur, à
l'ogre de Corse, n'étaient pas dignes de professer devant la jeunesse.
« Eh bien! alors s'était écrié Gay-Lussac, il faudra commencer
l'épuration par ma personne! Devant cette protestation le conseil
s'était arrêté. Au collège de France, M. Matthieu, l'un de nos savants
les plus distingués, qui était chargé du cours depuis plusieurs années, qui venait de réunir dans le collège la moitié des voix et dans
l'Académie cinquante suffrages, mais qui avait le tort d'être le beau-
frère d'Arago, ne put obtenir la chaire d'astronomie. A sa place on
nommait Binet, à cause de ses hautes protections cléricales et parce
qu'il était membre de la congrégation. Sturm, élève de Fourier et déjà
connu par la découverte de son théorème, ne pouvait entrer dans
l'instruction publique parce qu'il appartenait au culte protestant. A
la tête des académies, des collèges royaux et communaux, on ne
voulait mettre que des ecclésiastiques comme recteurs, proviseurs,
censeurs. Partout on remplaçait les fonctionnaires mal vus par des
protégés congréganistes. Le clergé était maître des collèges; dans la
plupart, les élèves devaient présenter tous les mois un billet de
confession; l'Histoire du père Loriquet était imposée; elle figura en
tête des livres que les candidats admis à l'École polytechnique devaient y apporter; mais on n'osa l'exiger. Enfin le ministre de
l'Intérieur ne craignit pas d'effacer de la liste générale d'admission
les noms qui lui plaisaient[1]. Toutes ces tentatives dans l'ordre reli-

ratoire de Thenard, ancien chef de cuisine dans la maison de Berthollet, se plaisaient
à raconter ce qu'ils avaient vu au Palais-Bourbon; ils se montraient fiers d'être les
seuls survivants de l'ancienne École. Moineau parlait sans cesse des dîners de Berthollet. Il racontait que Guyton-Morveau, l'habitué de la maison, aimait beaucoup les
épinards au sucre et lui demandait toujours en entrant s'il en avait préparé; ce à
quoi il ne manquait jamais.

1. Arago, discours à la Chambre des députés, 18 mai 1835.

En 1820, Cavaignac fut rayé parce qu'il était fils d'un conventionnel. Heureusement pour lui, M. de Frayssinous, qui portait à Mme Cavaignac et à ses enfants une
vive affection, fit réparer cette injustice.

gieux, l'institution d'une religion d'État, l'exagération dans l'exercice du culte, les efforts incessants pour introduire l'esprit religieux dans les études et imposer les habitudes dévotes du jésuitisme, qui selon l'expression de Casimir Périer, « coulait à pleins bords dans l'enseignement », ne devaient cependant aboutir qu'à une longue suite d'avortements. La jeunesse ne put supporter la domination des moines et des jésuites. Dans les collèges, dans les pensions, on vit naître la division des élèves en royalistes et en libéraux, à l'image de ce qui se passait entre les citoyens. Les jours de sortie des batailles se livraient entre les collégiens et les séminaristes. Le mot de jésuite, dont les enfants s'apostrophaient, était la dernière injure et le coup de poing, la seule réplique. A l'École de droit et à l'École de médecine, les divisions devinrent si prononcées que plusieurs fois les deux partis d'étudiants furent sur le point d'en venir aux mains place du Panthéon.

L'École polytechnique était si voltairienne qu'on l'accusait « d'être le tombeau de la foi, l'écueil de la piété et de la vertu[1] ». Du moins les divisions n'y pénétrèrent pas. Les élèves y pratiquaient les uns à l'égard des autres, comme ils l'ont fait dans tous les temps, la plus complète tolérance, première condition de la liberté. Ceux qui apportaient des principes de foi pouvaient vivre au milieu de leurs camarades d'une manière conforme à leurs principes. On lançait, à la vérité, quelques sarcasmes à l'adresse de ceux qui se rendaient souvent chez l'aumônier, ou qui manifestaient trop ostensiblement leurs sentiments de piété. Au commencement de l'année l'ancien s'amusait à *absorber* le conscrit dont il connaissait les opinions religieuses; il lui posait des questions baroques sur les mystères et lui faisait subir une *presse* ou quelque autre petite vexation dans un endroit écarté. Aux fêtes de Pâques on composait des chansons burlesques sur ceux qui avaient le courage de communier. Ces innocentes plaisanteries ne troublaient en rien l'harmonie habituelle. En toutes circonstances d'ailleurs, qu'il s'agît de politique ou de religion, l'esprit

1. Rapport du duc de Doadeauville (archives de la Guerre).

général de l'École se manifestait par la bonne humeur, les critiques
et les plaisanteries. Quand il arrivait au professeur de littérature
d'émettre une réflexion sur la sagesse divine à l'occasion de l'ordre
et de l'harmonie de l'univers, une explosion de rires l'obligeait à
s'arrêter. Au cours d'histoire de France, tout récemment introduit
dans le programme de l'enseignement[1], les murmures accueillaient
certains souvenirs de la monarchie et des signes manifestes d'im-
probation accusaient l'antipathie générale à l'égard de Charles X. La
personne du professeur restait, bien entendu, en dehors de ces
manifestations. Il arriva cependant qu'une fois des coups de sifflets
retentirent au cours de Cauchy qui s'était prolongé de dix minutes ;
le ministre eut la maladresse d'attribuer ces sifflets « aux excellentes
opinions de M. Cauchy » qui faisait partie de la congrégation, et il
consigna la division.

Les instructions religieuses servaient particulièrement de prétextes à d'inépuisables railleries et les exercices du culte étaient
l'occasion d'espiègleries qui n'avaient rien d'édifiant. L'heure de la
prière était attendue tous les jours comme un moment de divertis-
sement. Le général Pailhou, sous-gouverneur, avait pris l'habitude
de passer à ce moment-là dans les salles d'étude et comme il se
plaisait à parler, il manquait rarement d'adresser après les *grâces*
quelques pieuses recommandations. Ses espèces de sermon donnaient lieu, quand il était parti, à des imitations plus gaies que
fidèles et indulgentes. On ne l'aimait pas et on le lui faisait voir.
Le dimanche il arrivait à la chapelle en costume de cour, car il
devait ensuite, en sa qualité de gentilhomme de la chambre, aller
entendre la messe du roi. La culotte courte, les bas de soie, la petite
épée horizontale, lui donnaient un aspect comique qui amusait beaucoup les élèves et qui fut loin de contribuer à son prestige et à sa
dignité. Un jour qu'un vent universel de pudibonderie avait soufflé,
il donna l'ordre de ne laisser aucun des modèles du dessin ni de la
bosse entièrement nus, se montrant moins intelligent que le pape,

---

1. Il était professé par Aimé Martin, décembre 1822.

qui à ce moment faisait dénuder les statues de Rome par respect
pour les arts, et plus exigeant que la censure qui faisait allonger les
jupes des danseuses de l'Opéra. Ce fut dans l'École une explosion
de moqueries. Un élève composa pour la circonstance une chanson,
que l'on répéta longtemps et dont nous regrettons bien de ne pouvoir
reproduire un seul des nombreux couplets. Elle se disait sur l'air de
Cadet Roussel; on l'entonnait à tout propos; le général y était ridi-
culisé.

C'est de cette époque que datent les repas de corps, regardés
alors comme un des principaux moyens de perpétuer l'esprit de
l'École. Ils se composaient de soixante élèves, trente anciens et
trente conscrits s'engageant, l'année suivante, à remplir le même
devoir avec la promotion nouvelle. La réunion se tenait peu de
temps après la rentrée; on y chantait les airs révolutionnaires, la
Marseillaise, on s'embrassait avec transport, on portait des toasts,
on se jurait une amitié éternelle, la fidélité inviolable aux principes
de liberté. L'autorité s'en montrait fort irritée. « C'est là, dit le
rapport du duc de Doudeauville, qu'on consacre avec joie les souvenirs et les expressions du bon temps. Les toasts auraient fait frémir
l'homme de sang-froid. On a entendu des élèves défendre Robespierre
et Saint-Just; on a porté cette année un toast à Louvel! » Et le
rapport ajoute : « Cela n'a rien de surprenant, si l'on songe que la
majorité des élèves sortent de ces nombreuses institutions de Paris
où règne en général un très mauvais esprit, l'irréligion, la corrup-
tion des mœurs. Cette transmission des doctrines de l'École par
trente élèves qui, d'année en année, en choisissent trente autres pour
remplir le même office, rappelle singulièrement les trente conspirateurs de la première Révolution que signalait Mirabeau le jour où il
s'écriait : Silence aux trente! Elle constitue une tyrannie perpétuelle
qui se rajeunit tous les ans. Il n'y a pas un moment à perdre et l'on
arrivera bientôt à l'époque où la suppression de l'École sera à peine
un remède. » Les dîners de promotion tels qu'ils sont organisés
aujourd'hui n'existaient pas encore. On se donnait rendez-vous à
certains jours de l'année, par exemple à l'approche des fêtes de

Pâques, parce qu'on avait le droit de sortir au dehors pour aller communier, et on dînait par groupes. Il y avait aussi des dîners par salle au moment des grands examens de fin d'année. Bosquet raconte dans une de ses lettres comment après une réception au Palais-Royal, les anciens menèrent leurs conscrits dîner chez Grignon, le plus fameux restaurant de Paris, et décrit gaiement ce repas, où « il fallait voir sauter les bouchons de champagne et où l'on but aux élèves de la vieille École ».

Loin de s'être laissés détourner des études sérieuses par les échos du dehors, les distractions intérieures, les agitations politiques et religieuses, il semble au contraire, à considérer le nombre de savants éminents qui ont appartenu aux promotions voisines de 1830, que les circonstances si émouvantes au milieu desquelles s'écoulait leur jeunesse aient été, pour beaucoup, un stimulant des facultés scientifiques. Admirable époque où l'on savait associer les préoccupations politiques aux jouissances de l'art, de la philosophie, de la littérature et de la science! Cependant le gouvernement pressentait le rôle actif que les jeunes gens devaient apporter à précipiter sa ruine. La génération qu'on nommait la *grande,* la *forte,* et que Chateaubriand saluait du titre de vénérable, avait depuis longtemps préludé à la nouvelle révolution au cri de « Vive la Charte! »; elle allait y pousser le pays tout entier. Pleine d'illusions, confiante dans l'avenir, elle avait embrassé les idées libérales avec d'autant plus d'ardeur que la royauté se précipitait davantage dans les voies de l'absolutisme. Avec ses vives impressions, ses aspirations ardentes, son culte passionné de la science et des arts, elle s'était lancée dans le grand mouvement intellectuel provoqué par les institutions politiques. L'illustration des grands talents de la Chambre, les harangues de Royer-Collard, les brochures enflammées de Chateaubriand, les pamphlets de Courier, l'avènement d'une école nouvelle en littérature, l'avaient entretenue dans un progrès d'émulation et d'espérance. Enflammés par la parole du général Foy, pleins d'admiration pour la pureté de son caractère et la dignité de toute sa personne, les étudiants, convaincus jusqu'au fanatisme, faisaient queue au Palais-Bourbon pour

suivre les débats parlementaires. Et le célèbre orateur sortant un
jour du cours d'éloquence française à la Sorbonne où il venait de
recevoir une ovation, s'écriait : « Quel noble pays que cette terre
qui donnait il y a quinze ans de si vaillants conscrits pour les champs
de bataille, de si intelligents officiers après un an de Fontainebleau
et qui peuple aujourd'hui nos écoles d'une si brillante jeunesse[1]. »

A peine sortis de l'École avec leurs passions et leurs théories, des
hommes comme A. Comte, Bazard, Enfantin, Laurent de l'Ardèche,
Marceau, Transon, Michel Chevalier, Jean Reynaud, recrutés parmi
les meilleurs élèves, étaient devenus les apôtres d'une foi nouvelle qui
parlait de rénovation complète, de perfection, d'idéal, qui traitait les
grandes questions de morale, d'association, d'art et d'économie politique. Dans l'École même, par l'*Organisateur et le Producteur*, organe
des disciples de Saint-Simon, où les nouvelles doctrines si fortement
synthétiques et bien propres à frapper l'imagination, commençaient à
pénétrer, « les Polytechniciens, dit M. Keller, se piquaient de trouver des solutions plus précises et plus satisfaisantes que toutes les
autres à toutes les questions politiques, religieuses et sociales qui
s'agitaient[2] ». On y suivait avec passion le grand débat littéraire et
philosophique où s'illustraient à la fois les écrivains, les publicistes,
les poètes, tous les hommes de talent. On adorait surtout Béranger
dont les chansons populaires, pleines de verve et de mélancolie,
remplies d'ailleurs d'allusions politiques, servaient les émotions et
les sentiments du moment. On s'arrachait les livres, les brochures,
les pamphlets. On recevait les journaux comme la *Minerve* et le *Conservateur* qui soufflaient le feu de l'opposition. Les caricatures, les
épigrammes, les railleries, toutes les productions où l'esprit, la verve,
l'ironie intarissable minaient le sol sous les pas des Bourbons, étaient
répandues à profusion dans l'École en même temps que dans le
peuple et l'armée[3]. Vers la fin de la Restauration, les jours de sortie,

1. VILLEMAIN, *Souvenirs contemporains.*
2. KELLER, *Vie de Lamoricière.*
3. Sous le ministère Martignac, les élèves firent insérer dans les journaux de l'opposition une profession de foi qui respirait le plus pur libéralisme et qui valut aux
promoteurs une punition sévère.

on courait aux représentations de *Tartufe,* qui provoquaient des explosions de bravos, d'applaudissements, des trépignements. On se pressait dans les théâtres, où le vent était aux peuples soulevés contre la tyrannie. On allait applaudir *Léonidas, Masaniello,* la *Muette,* les *Messéniennes helléniques,* les *Derniers jours de Missolonghi.*

Pendant que la guerre contre les jésuites et le parti ultramontain occupait l'opinion des élèves, les questions de politique extérieure enflammaient leur patriotisme. « Un même esprit animait l'immense majorité d'entre nous, rapporte un contemporain, et ceux mêmes que des traditions de famille et les attaches personnelles les plus respectables maintenaient éloignés de tout sentiment d'opposition au pouvoir, n'en aspiraient pas moins au relèvement de la France à l'extérieur, dût-il s'opérer avec le développement des institutions libérales[1]. »

L'expédition de Grèce excitait l'enthousiasme. Chacun avait tenu, dès le début du soulèvement, à envoyer son tribut de secours et d'encouragement à l'héroïque petit peuple qui, depuis si longtemps, luttait seul contre une puissance capable de l'écraser. Quoique le gouvernement ne voulût voir à ce moment, dans les comités philhelléniques, que des foyers de conspiration, le général n'avait pas osé punir les souscripteurs de peur de s'attirer soit des railleries de la part des journaux, soit la haine des jésuites, alors les maîtres, qui ne se déclaraient pas contre les Grecs. L'École salua par des acclamations la journée de Navarin. L'émotion fut plus grande encore pour l'expédition d'Afrique, habilement préparée, brillamment conduite au milieu des préoccupations politiques. Écoutons le même témoin : « Ce fut un beau jour que le vendredi 9 juillet, alors que le canon des Invalides, vers quatre heures du soir, vint annoncer de sa voix la plus éclatante, à Paris qui osait à peine y croire, la chute d'Alger l'imprenable. Un jeune sergent, profitant du privilège de son grade, avait obtenu la courte sortie de faveur limitée au temps de la récréation. Les deux promotions réunies dans la cour commune,

1. M. Lalanne, inspecteur général des Ponts et Chaussées, sénateur, dans sa *Notice sur la vie de Belgrand.*

haletantes d'émotion, attendaient son retour avant de rentrer dans les salles d'étude. A peine avait-il franchi la porte qu'il est entouré, pressé de questions, saisi, enlevé de terre ; un silence absolu succède bientôt au tumulte, sur un simple geste qui annonce une grande nouvelle : Alger est pris ! A ces mots une immense clameur s'élève. On porte le messager en triomphe, on s'embrasse, on pleure de joie. Il n'y avait en ce moment ni libéraux, ni royalistes, un même souffle animait cette ardente jeunesse. Salutaires et saintes émotions du patriotisme ! »

A ce moment l'École en masse appartenait à l'opposition. « Nous sachant tous dévoués à la cause commune, le prince aurait dû nous parler sur un autre ton », écrit Bosquet au mois de janvier 1830 dans une lettre où il raconte ainsi la visite des sergents-majors au duc d'Angoulème : « Il ne dit que des niaiseries ; *vous vous portez bien !* — *ah ! tant mieux !* et des signes de tête à se dénouer la nuque. Nous étions cependant devant le vainqueur du Trocadéro. »

La totalité des élèves appartenait au parti libéral. Trois ou quatre seulement, qu'on désignait sous le nom d'*aristocrates,* ou de *chouans,* étaient royalistes. Plusieurs étaient, par leurs traditions de famille, par leur éducation, gagnés à la République. Il y avait parmi eux des têtes ardentes, des caractères énergiques. Ceux-là recevaient le *National,* qui venait de se fonder avec la mission d'opérer une révolution à bref délai. Au banquet annuel qui réunissait les trente élèves de chaque promotion, des toasts séditieux furent portés ; Charras entonna la *Marseillaise,* Princeteau chanta des couplets révolutionnaires parmi lesquels celui-ci nous est parvenu :

> Notre vieille cour espère
> Revoir ses anciens beaux jours ;
> Elle reste dans l'ornière
> Et le peuple va toujours.

L'affaire faillit tourner mal pour l'École[1].

1. Charras fut renvoyé. Il rentra au service après la Révolution. Nommé ministre de la Guerre en 1848, il fut élu représentant du peuple. En 1852, il fut arrêté et déporté. Princeteau entra dans l'artillerie et parvint au grade de général de division.

Le gouvernement de la Restauration semblait depuis quelque temps prendre à tâche de blesser les susceptibilités nationales et d'entretenir les haines de parti. Après la loi du sacrilège, la loi sur la presse, dite loi de justice et d'amour, contre laquelle s'étaient élevés tous les esprits éclairés, l'Académie elle-même ; surtout depuis le licenciement impolitique de la garde nationale, il s'était aliéné le peuple, l'armée, la haute aristocratie militaire, la bourgeoisie, les hommes de lettres, les poètes, les journalistes. Maintenant toutes les classes étaient engagées dans l'opposition. La politique avait pris un développement immense ; les pamphlets, les journaux, les pièces de théâtre, les poèmes, les chansons entretenaient l'agitation générale. Dans les salons, dans les ateliers, dans les cafés, dans les écoles surtout, la révolte grondait. Le cri : « A bas les ministres ! » était associé désormais à celui de : « A bas les jésuites ! » La Révolution cherchait un jour et une heure.

Le lendemain de la nomination du ministère Polignac, le *Figaro*, encadré de noir, annonça sous forme de *Faits-Paris*, les actes futurs du ministère. On y lisait entre autres nouvelles inventées : « L'École polytechnique va prendre le titre d'École des Cadets. » Le numéro prophétique fut saisi, mais il s'était déjà vendu à plus de dix mille exemplaires. L'effet était produit et quand les ordonnances parurent, que la bourgeoisie se sentant atteinte se réunit aux députés, fermement résolue à protester, que le peuple descendit à son tour dans la rue avec ses souvenirs, ses colères, l'École se mit du côté du peuple.

CHAPITRE V

1830

Les Polytechniciens aux combats des 28 et 29 juillet. — Leurs services
après la Révolution. — Popularité de l'École.

Le mardi 27 juillet 1830, lendemain de la publication des ordonnances, dès la première heure du jour l'École polytechnique était
en ébullition. On y avait connu fort tard dans la soirée de la veille
les événements survenus pendant la journée. Au réveil on venait
d'apprendre que les journaux avaient été saisis, les presses brisées
par la police, que des désordres graves avaient éclaté sur les boulevards. L'inquiétude, la stupeur, l'indignation des Parisiens gagnait
les élèves. Les numéros du *National* et du *Temps* qui contenaient la
protestation des journalistes, jetés en masse le matin dans les cafés,
les magasins et tous les établissements publics, circulaient de salle
en salle. Charras les avait fait passer avant le jour à un de ses camarades en l'informant qu'un mouvement se préparait et en l'engageant
à y pousser l'École. Vers midi des nouvelles arrivèrent ; la population commençait à se porter en flots agités dans les rues, des groupes
se formaient ; des murmures, des menaces étaient proférés de tous
les côtés. L'insurrection allait éclater, on en était sûr. L'émotion devint
extrême, impossible à contenir. On voulut savoir ce qui se passait.

A deux heures, les sergents et les sergents-majors, qui seuls
avaient alors le droit de sortir pendant la récréation, se jettent dans

les rues, au milieu des quartiers en effervescence. Il faisait une chaleur accablante ; un soleil de feu dont Victor Hugo a dit :

Un de ces soleils qui brûlent les Bastilles...

et dont l'éclat rendait plus sinistre encore l'aspect de la ville mise
en état de siège. Toutes les boutiques, tous les cafés étaient fermés.
Au bas de l'École, des hommes en bras de chemise roulaient déjà des
tonneaux, d'autres brouettaient des pavés et du sable ; on commençait une barricade. Le peuple des faubourgs, indifférent le premier
jour, se rassemblait sur les quais, à l'Hôtel-de-Ville, au Louvre. Ses
colonnes, conduites par des étudiants de l'École de droit et de l'École
de médecine, parcouraient les rues principales. Les troupes inquiètes,
peu nombreuses, n'osaient s'opposer au passage. Le Palais-Royal
était en pleine fermentation. Des jeunes gens montés sur des chaises
lisaient à haute voix la protestation des journaux ; des orateurs
déclaraient que l'obéissance cessait d'être un devoir, qu'il fallait
résister par la force. La police dut fermer les grilles et faire évacuer le jardin. Les sergents descendirent aux boulevards, poussèrent
jusqu'à la place de la Bastille et au faubourg Saint-Antoine. Quand
ils revinrent à l'École sous le coup de l'émotion causée par le commencement d'agitation et par tout ce qu'ils avaient appris, ils dirent à
leurs camarades qu'on se réunissait partout, qu'on s'organisait, qu'on
demandait des armes.

Quelques-uns d'entre eux avaient été trouver MM. Odilon Barrot,
Laffitte, Arago et d'autres personnages avec lesquels ils étaient en
relation et qu'ils tenaient constamment au courant des opinions de
l'École. « Voilà ce qui va se passer, leur avait dit M. Odilon Barrot. Les 221 vont se réunir, ils feront une manifestation légale,
et pour se protéger ils appelleront la jeunesse des Écoles. » Un
certain nombre d'élèves des deux divisions, invités par Arago à la
séance publique annuelle de l'Académie des sciences, racontèrent
l'incident dont ils avaient été les témoins. Le secrétaire perpétuel de
l'Académie, qui devait prononcer ce jour-là l'éloge de Fresnel,

immortalisé par ses travaux sur l'optique, s'était résolu d'abord à garder le silence; puis, contraint par M. Villemain et ses collègues de prendre la parole, il avait trouvé le moyen de jeter dans son discours d'ardentes allusions aux passions politiques et aux préoccupations du moment. Des salves réitérées d'applaudissements, dont les Polytechniciens donnèrent le signal, avaient accueilli les passages où l'orateur mettait en relief les opinions libérales de Fresnel et la noble abnégation avec laquelle il les professait. Un autre élève appelé aussi au palais du pont des Arts par son père, membre de l'Institut (à cette époque avec un billet de l'Institut on sortait toujours), rapporta comment, au milieu d'un groupe d'académiciens qui causaient de l'incident au fond de la Bibliothèque, il s'était trouvé en présence du duc de Raguse. Marmont était venu à la séance, prévoyant déjà le rôle qu'il allait jouer. Quelqu'un lui dit du milieu de ce groupe : « Eh bien! maréchal! qu'allez-vous faire? — C'est une main de fer qui pèse sur moi, répondit Marmont; mais je dois tout à ces gens-là et je ferai tout pour les défendre. » Puis, se tournant vers le Polytechnicien resté respectueusement à quelque distance, il lui demanda : « Que dit-on à l'École? — L'École appartient tout entière au parti libéral, repartit l'élève; on y crie : vive la Charte! à bas les ministres! On s'attend à un mouvement et nous sommes décidés à y prendre part. »

Tous les élèves en effet désapprouvaient hautement les ordonnances et demandaient le renversement du ministère. Mais personne à cette heure parmi les plus exaltés ne songeait à un changement de gouvernement. Dans la soirée on s'attendait à la manifestation des 221 annoncée par M. Odilon Barrot, et l'on se préparait à sortir. Tout d'un coup, vers les sept heures retentit le bruit sourd des feux de peloton sur l'autre rive de la Seine. Un agent vint dire que les boulevards se couvraient de troupes, qu'on avait commencé par lancer des pierres contre les suisses, que ceux-ci avec la gendarmerie, les lanciers, l'infanterie de la garde, avaient fait feu sur le peuple et que Paris se couvrait de barricades. Aussitôt tout le monde se lève, on quitte la salle de dessin; dans les corridors, aux salles d'étude,

aux casernements, il se fait un tumulte indescriptible. En l'absence du général Pailhou qui était aux eaux de Vichy, le directeur des études et l'officier de service accourent. Vainement ils essayent de se faire entendre. On n'écoute ni remontrance, ni menace; on n'obéit plus à personne. « A la salle de billard! » crie une voix et les deux promotions s'y précipitent, s'y enferment et délibèrent. Après une courte discussion, quatre élèves sont désignés pour aller trouver Laffitte et Casimir Périer. Ils ont pour mission de déclarer aux députés de l'opposition que l'École est prête à seconder leurs efforts et, s'il le faut, à se jeter dans l'insurrection. Les quatre délégués, Lothon, Berthelin, Pinsonnière et Tourneux forcent la consigne et se rendent d'abord, rue des Fossés-du-Temple chez leur camarade Charras. Celui-ci était en train de brûler le corps de garde de la place de la Bourse. Il ne rentra qu'à onze heures et demie. A minuit tous les cinq prirent la route de l'hôtel Laffitte. Alexandre Dumas raconte dans ses Mémoires quel accueil ils trouvèrent :

Un concierge maussade leur ouvrit un guichet.

« Que voulez-vous, demanda-t-il?

— Parler à M. Laffitte,

— A quel propos?

— A propos de la Révolution.

— Qui êtes-vous?

— Des élèves de l'École polytechnique.

— M. Laffitte est couché!

Et le concierge leur ferma la porte au nez[1].

Il était trop tard pour faire les visites projetées; on convint de les faire le lendemain. C'était précisément l'heure où tous les députés, réunis chez Casimir Périer, délibéraient sur les moyens de résister par les voies légales et s'occupaient à rédiger une pétition que le roi devait laisser sans réponse.

Le lendemain à la pointe du jour, nos cinq élèves sortent de la maison habitée par Charras, revêtent des habits bourgeois chez un

---

1. *Mémoires* d'ALEXANDRE DUMAS.

professeur de mathématiques préparateur aux examens[1] qui demeurait
à côté, et se dirigent ensuite vers la demeure de Lafayette. Le vieux
général les reçoit malgré l'heure matinale, écoute avec calme leur
protestation et leur dit : « Recommandez à vos camarades de se tenir
tranquilles! » La députation s'en revenait assez décontenancée par
cette singulière réponse, quand elle apprit que l'École était licenciée.

La nuit du mardi avait été magnifique. Au pavillon du vieux collège de Navarre, la plupart des élèves, accoudés aux fenêtres des
combles ou couchés sur l'entablement des corniches, étaient restés
longtemps à causer, à discuter, contemplant la grande ville noyée
dans l'obscurité et prêtant l'oreille à la sourde fermentation qui
grondait. Le matin, ils descendirent comme d'habitude aux salles
d'étude puis à l'amphithéâtre. Les physionomies semblaient anxieuses,
agitées. On s'était préparé à la lutte. Quelques-uns avaient forcé les
salles d'escrime pendant la nuit, enlevé les fleurets, fait sauter les
boutons et aiguisé les lames sur les dalles des corridors. Vers les
neuf heures un escadron de la garde royale entra dans la cour et vint
occuper l'établissement. A la vue des soldats, chacun sentit courir
en lui comme un frisson de bataille. Heureusement les cavaliers ne
restèrent pas longtemps; la troupe évacuait Paris; ils reçurent l'ordre
de se retirer. A peine étaient-ils partis qu'une foule composée
d'ouvriers et d'hommes du peuple, la plupart en état d'ivresse, força
la porte et pénétra dans la cour. Se précipiter au-devant de ces
hommes, leur adresser quelques paroles et les refouler au dehors
fut pour les élèves l'affaire d'un instant. Mais on était à bout de sang-
froid; l'émotion ne pouvait plus être contenue. On allait courir aux
armes, quand le directeur des études fit appeler les deux divisions
au grand amphithéâtre de chimie.

Il était onze heures du matin. Charles X, informé déjà des
dispositions de l'École, de sa conduite de la veille qu'on lui présentait comme une odieuse trahison, avait dit à Polignac : « Il faut pourtant que je punisse ces rebelles. — Eh bien, Sire, licenciez l'École »,

1. Il s'appelait Martelet.

avait répondu le ministre. L'ordre de licenciement, l'un des derniers actes de la monarchie, venait d'arriver. Le directeur des études voulait annoncer la nouvelle aux élèves, les engager, en raison des événements qui se préparaient, à quitter Paris, à rejoindre leurs familles, les prévenir que des congés leur seraient envoyés peu de jours après. J.-Ph. Binet, frère d'un répétiteur très aimé, tandis que lui était universellement détesté, put à peine proférer quelques paroles. La veille au soir on lui avait signifié déjà qu'il était chassé; il fut accueilli par des huées formidables, et contraint de se retirer.

Sur ces entrefaites Charras, ayant sauté par-dessus les murs, paraissait dans la cour coiffé d'un casque de pompier, armé pour le combat, plein d'ardeur. Ses camarades s'empressent autour de lui; il les excite à le suivre, on l'acclame et chacun court revêtir l'uniforme de grande tenue. Au bout d'un instant les deux promotions sortent en masse. Dans la rue des hommes crient : « Vive l'École polytechnique! » Les élèves répondent : « Vive la Charte! Vive la liberté! » Au bas de la rue l'un d'eux jette son chapeau en l'air, en arrache la cocarde blanche, la foule aux pieds et fait retentir le cri terrible promptement répété : « A bas les Bourbons. » Mais l'élan général d'enthousiasme ne dura pas longtemps; une fois qu'on fut sorti, l'unanimité des aspirations cessa d'exister [1]. Le bataillon se dispersa bien vite; la plupart des élèves, retenus par leurs familles ou leurs correspondants, ne reparurent plus dans la rue. Une soixantaine au plus continuèrent leur marche et se mêlèrent aux combattants. Quelques-uns de leurs camarades plus âgés, appartenant aux écoles d'application des ponts et chaussées et des mines, qui avaient endossé leur vieil uniforme, se joignirent à eux et les entraînèrent vers le point où la lutte était engagée.

A l'heure où ces soixante Polytechniciens partaient prendre part

---

1. Vingt-cinq élèves royalistes rédigèrent en effet le soir même une protestation, qu'on trouva plus tard quand le peuple envahit les Tuileries. Ceux-là s'étant mis au service du roi crurent prudent de quitter Paris; plusieurs d'entre eux accompagnèrent Charles X à Boulogne.

au mouvement, il n'était en la puissance de personne de l'arrêter.
Pendant que les députés parlaient beaucoup et n'agissaient pas,
qu'ils délibéraient sur la nécessité de recourir aux formes légales,
les faubourgs étaient descendus ; une foule d'anciens gardes nationaux avaient repris leurs fusils et leurs habits, la population entière
courait aux armes. Sur les boulevards, on abattait des arbres coupés
par le pied et on les couchait en travers de la chaussée. Dans les
rues, on renversait les voitures, on amassait des tonneaux, des
meubles qu'on environnait de pavés. En un instant des barricades
solides s'élevaient. Le gros bourdon de Notre-Dame sonnait le tocsin
et sur le haut des tours, des citoyens armés avaient arboré le drapeau
tricolore qu'on n'avait pas revu depuis quinze ans.

Dans l'après-midi les troupes concentrées autour des Tuileries
se mirent en marche en deux colonnes et le combat s'engagea. Le
peuple, sans chef, sans ordre, tenait tête à l'armée. C'est alors qu'on
vit les plus exaltés, les plus intrépides des Polytechniciens, avec
quelques jeunes gens de l'École de droit et de l'École de médecine
qui avaient suivi leur exemple, se mettre à la tête des colonnes populaires. « Qui veut me suivre ! s'écriait l'un, en élevant son épée et
aussitôt, des groupes de vingt, trente, quarante ouvriers venaient se
ranger derrière lui. Le tambour battait et l'on se mettait en marche[1]. »
Ils s'élancent à l'endroit où le combat est des plus meurtriers. A la
porte Saint-Denis, un Polytechnicien commande une poignée d'insurgés qui ont barricadé le passage ; il engage une lutte héroïque
avec la colonne d'infanterie envoyée en reconnaissance du côté de
la Bastille et lui coupe sa retraite. Une estampe du temps a représenté cet élève tenant embrassée une pièce de canon dont il venait
de s'emparer sous le feu. Un autre à la porte Saint-Martin, brandissant un drapeau sur lequel est écrit : Vive la liberté ! se jette sur
les troupes royales et les force de fuir en abandonnant deux canons.
Un troisième est blessé grièvement à la barricade de la rue de l'É-
chelle. Celui-ci commande au faubourg Saint-Antoine, celui-là au

---

1. Louis Blanc, *Histoire de dix ans.*

Pont-Neuf. C'est un Polytechnicien qui défend le marché des Innocents, y soutient plusieurs assauts terribles et repousse enfin la troupe.

Sur le quai de la Cité, Charras se distingue par une rare intrépidité. L'Hôtel-de-Ville se défendait énergiquement. La garde royale avec deux pièces d'artillerie postées au pont Notre-Dame avait balayé les quais. Mais laissons Louis Blanc raconter l'épisode :

« Arrivent les tirailleurs du faubourg Saint-Jacques, ils s'abritent par le parapet et ouvrent le feu. Plusieurs fois de suite le pont est horriblement balayé. Charras était sur la rive gauche l'épée à la main. Il hérita du fusil d'un ouvrier qui venait de recevoir une balle dans la poitrine. Un enfant de quinze à seize ans s'approchant lui montra un paquet de cartouches et lui dit : Nous partagerons si vous voulez, mais à condition que vous me prêterez votre fusil pour que je tire ma part. L'offre fut acceptée. Un peloton de gardes royaux s'avança sur le pont et les insurgés se dispersèrent. L'enfant disparut. C'est là que tomba l'héroïque d'Arcole tenant étroitement son drapeau tricolore[1]. »

La journée du 28 fut décisive. L'insurrection toujours croissante gagna tous les quartiers. Le feu ne cessa que faute de munitions. A l'Hôtel-de-Ville on luttait encore à onze heures du soir. A minuit la troupe se repliait vers les Tuileries, emportant ses morts et ses blessés.

Le jeudi la foule a des armes. Elle s'est emparée de toutes celles qu'elle a pu trouver; elle a désarmé les pompiers, les gendarmes, la ligne; elle a pris les mousquets destinés dans les théâtres aux évolutions d'opéra et de mélodrame, les hallebardes, les épées, les poignards. Elle a trouvé de la poudre, elle a saisi le convoi d'Essonne. Elle a des chefs : le général Lafayette a pris le commandement de la garde nationale; le général Pajol est à la tête des colonnes parisiennes, le général Gérard dirige le mouvement. La victoire du peuple est certaine.

Pendant qu'à la faveur de la nuit les quartiers populeux se sont

---

1. Louis Blanc, *Histoire de dix ans.*

LA PLACE DE L'ODÉON.

(29 Juillet 1830.)

hérissés de barricades, la rive gauche tout entière s'est soulevée.
Des Polytechniciens ont parcouru le faubourg Saint-Jacques frappant
à toutes les portes des hôtels garnis et criant : à nous l'École ! —
Dans les quartiers Saint-Germain, Saint-Jacques et Saint-Marceau
des étudiants ont fait circuler une proclamation, annonçant qu'une
organisation se formait sur la place de l'Odéon et qu'on recevait là
tous ceux qui voulaient concourir à la liberté de la patrie.

La place était transformée en un vaste atelier de munitions;
on y faisait des cartouches, on y fondait des balles. « Sous le péristyle du théâtre une charrette supportait deux tonneaux de poudre,
défoncés, apportés de la poudrière du Jardin des Plantes. Deux
élèves, Liédot et Millote, y plongeaient incessamment leurs chapeaux
qu'ils retiraient pleins de poudre. La distribution se faisait avec
une imprudence héroïque[1]. » C'est de là que, depuis le matin, des
détachements nombreux s'ébranlent dans toutes les directions. Les
uns s'emparent de la caserne de la rue de Tournon, de la caserne
de Saint-Thomas-d'Aquin, du magasin près du Jardin des Plantes,
afin de se procurer des armes et de la poudre. D'autres vont attaquer le poste de la garde royale place de l'Estrapade, la prison de
Montaigut, l'archevêché, le Louvre, le Palais-Royal, la caserne de
Babylone, les Tuileries où le duc de Raguse s'est retiré avec les
ministres. La plupart de ces détachements sont commandés par des
élèves de l'École. Les plus résolus se sont fait ouvrir le manège du
Luxembourg, ont pris des chevaux et au point du jour ils sont montés à cheval. « Je suis votre chef, dit l'un, et il part avec une petite
colonne. — Général, dit l'autre, je suis votre aide de camp! » et se
passant un foulard jaune autour de la ceinture en guise d'écharpe, il
suit un inconnu que la foule acclame. Ceux-ci se chargent de pointer les canons, car le jeudi le peuple avait du canon; ceux-là sur-
veillent les poudres et la fabrication des cartouches.

Lothon et Regnault de Lannoy, arrivés les premiers avec une cen-

1. Louis Blanc, *Histoire de dix ans.*
Liédot, devenu général, fut tué à la bataille de Sedan.
Millote fut rayé des cadres et déporté en 1852.

taine d'hommes, prennent conseil d'un ancien militaire et organisent leurs compagnies devant le théâtre.

Charras emmène la première colonne. Il se porte au pas de course à la prison de Montaigut arrive au moment où un bataillon d'ouvriers allait ouvrir le feu, « prononce quelques paroles sorties du cœur : l'officier abaisse son épée et les soldats jurent de ne pas tirer sur leurs frères[1] ». Sa troupe repart avec cinquante fusils.

D'Hostel entraîne cent vingt ouvriers vers la caserne de l'Estrapade. Lui, qui était renommé à l'École pour son talent de gymnastique, grimpe à une fenêtre du premier étage tandis qu'on parlemente et de là saute dans la caserne. Quelques minutes après soldats et insurgés fraternisent; les ouvriers s'en retournent avec douze cents fusils.

Peugeot se dirige vers le Dépôt d'artillerie. Il cache ses hommes chez les marchands de vin du quartier, se rend seul au poste, le désarme, distribue les fusils à sa troupe et met immédiatement les trente suisses de garde à confectionner des cartouches.

Un autre, parti du côté de l'Arsenal avec une centaine d'individus déguenillés, arrête sa bande à quelque distance, se présente avec quatre hommes de bonne volonté au poste qui gardait l'étabblissement, somme le sergent de se rendre et comme celui-ci se disposait à se défendre, il lui tire un coup de pistolet à la jambe, le renverse et contraint les quarante suisses à déposer leurs armes.

Toutes les colonnes étaient accueillies sur leur passage par des hurras frénétiques. Chaque élève de l'École polytechnique marchant en tête était salué par les plus vives acclamations. Les femmes se mettaient aux fenêtres, agitaient leurs mouchoirs et répondaient aux cris d'enthousiasme des combattants.

Le plus considérable des rassemblements partis de l'Odéon se porta sur la caserne de Babylone occupée par les suisses. Lothon, le plus brave de l'École, qui tenait à la fois de l'Hercule et de l'Antinoüs, venait d'être nommé par acclamation général en chef de cette

---

1. Rapport de M. Constant Georges (Archives de la Guerre).

petite armée, lorsqu'un inconnu réclama le commandement en qualité
d'ancien militaire. Lothon céda gaiement l'autorité; l'inconnu ceignit
une écharpe rouge, le tambour battit un ban et toute la colonne
s'ébranla. Au carrefour Mazarine, deux tronçons se détachèrent, l'un
vers les Tuileries par la rue Sainte-Marguerite, l'autre par la rue
Dauphine vers le Louvre. Rue de Sèvres, on fit halte pour envoyer
parlementer avec le commandant de la caserne. Ne voyant pas
revenir les émissaires, on crut qu'ils avaient été retenus; d'autres
furent envoyés, ils revinrent avec les premiers annonçant qu'une
entente était impossible, qu'il fallait combattre. On n'entendit qu'un
cri : En avant! et la bande se remit en marche. L'attaque est racontée par Louis Blanc :

« En approchant, la bande se divisa en trois colonnes : une se
présenta du côté où la façade est située, l'autre à la porte d'entrée
par une rue perpendiculaire; la troisième par derrière dans une
allée que formaient alors en grande partie des murs de jardin. Cette
troisième colonne, de deux cents hommes, était commandée par
Charras. Elle était à peine engagée dans l'allée que d'une maison en
construction, située à droite en entrant, partit une vive fusillade;
trois hommes tombèrent, cinq tambours qui battaient la charge
prirent la fuite; le désordre se mit dans la colonne; elle se replia
précipitamment. Charras se jeta en avant, son chapeau au bout de
son épée, et suivi par un homme du peuple nommé Besnard qui agitait
un drapeau tricolore. Le feu des suisses redoubla. Heureusement
quelques tirailleurs parisiens parurent aux fenêtres des maisons
voisines et se mirent à faire feu à leur tour sur les suisses avec tant
de succès que ceux-ci abandonnèrent la maison en construction et
regagnèrent la caserne à travers les jardins. Les élèves Charras et
Cantrez s'avancèrent, suivis de Besnard et de quelques ouvriers,
bientôt par la masse des travailleurs, s'établirent dans les jardins et
sur les toits d'une maison voisine de la caserne qui se trouva ainsi
attaquée de tous côtés. Les suisses avaient garni toutes les fenêtres
de matelas et se défendaient en désespérés. Les assaillants, de leur
côté, presque tous ouvriers, soutenaient le feu avec l'intrépidité la

plus étonnante. A leur tête combattaient trois élèves de l'École polytechnique, Vaneau, Lacroix et d'Ouvrier. Le premier reçut une balle dans le front qui l'étendit raide mort. Les deux autres furent grièvement blessés. Un étudiant, Alphonse Moutz, eut la cuisse traversée d'une balle et mourut cinq jours après de sa blessure. Un professeur de mathématiques, Barbier, fut atteint au bras gauche, d'autres tombèrent dont les noms sont restés obscurs.

« L'attaque durait depuis trois quarts d'heure, lorsqu'un combattant eut l'idée d'apporter de la paille devant la porte de la caserne. On y mit le feu et les suisses prirent la fuite à travers les coups de fusil. Quelques-uns refusèrent noblement de se sauver et de se rendre ; ils furent tués. Le tambour battit le rappel, la colonne se reforma dans la rue de Sèvres et marcha sur les Tuileries. Mais déjà le Louvre était pris[1]. »

Ce qui contribua peut-être à précipiter la retraite des suisses du côté de l'École militaire, c'est qu'ils se figurèrent que les insurgés avaient du canon. L'élève Guillemaux[2] avait amené une pièce de canon en fer prise le matin ; il avait introduit dedans une énorme charge de poudre, un toron de paille avec des briques par-dessus et il avait mis le feu. Le coup était parti comme un pétard, faisant une détonation effroyable. Guillemaux était entré dans la caserne, tout fier de cet exploit, avait désarmé les suisses qui s'y trouvaient, pris les souliers du magasin et ramené ses hommes à l'Odéon.

L'attaque du Louvre, où vingt-six bataillons de suisses s'étaient retranchés avec le commandant de Salis, fut encore conduite par des élèves. Elle se fit avec une telle impétuosité qu'en une minute les grilles furent forcées, malgré plusieurs décharges des soldats postés sous la colonnade et dans les cours. Baduel courut au milieu d'une grêle de balles se placer sur un piédestal près de la grille latérale gauche du Louvre, sous la colonnade. Son exemple entraîna ses compagnons d'armes ; quand il les vit tous accourir, il sauta par-dessus la grille. Après lui un jeune garçon de quatorze ans sauta le

---

1. Louis Blanc, *Histoire de dix ans.*
2. Aujourd'hui général de division, sénateur.

LA PRISE DU LOUVRE.

(29 Juillet 1830.)

premier et planta le drapeau tricolore. La grille prise, le peuple se
rua dans les cours, enfonça les portes de la galerie du rez-de-chaussée
et inonda la galerie de peinture. Les suisses en désordre se replièrent
vers le château des Tuileries.

Bosquet, le futur maréchal de France, républicain ardent, enthousiaste, venu aussi avec une petite colonne, était parmi les vainqueurs.
« Il me semblait que pour une si belle cause tu m'indiquais toi-même
le chemin », écrivait-il quelques jours après à sa mère pour la rassurer. « Je suis intact quant à ma peau, ajoutait-il, mon pantalon
seul a été percé », et il terminait sa lettre par ces patriotiques paroles :
« Adieu, chère mère, ton fils respectueux et bien heureux de s'être
battu pour son pays [1]. » Baduel, moins heureux, fut atteint d'un coup
de mitraille presque au pied de l'arc de triomphe du Carrousel et
relevé grièvement blessé.

On raconte qu'après la prise du Louvre un autre élève, courant
sans perdre de temps à la grille des Tuileries, s'y trouva en présence
d'un officier supérieur : « Ouvrez, cria-t-il, si vous ne voulez pas être
tous exterminés, car la liberté et la force sont pour le peuple. » L'officier refusa et lâcha son pistolet. Heureusement le coup ne partit pas.
L'élève conservant tout son sang-froid saisit au même instant l'officier et, dirigeant son épée sur sa poitrine, lui dit : « Votre vie est à
moi. Je pourrais vous égorger, mais je ne veux pas verser de sang [2]. »
La masse des insurgés fut un instant arrêtée par un coup de canon
parti de la cour; mais au bout d'une seconde elle s'élança sur les
grilles, pénétra dans le château et, faisant irruption dans les salles,
renversa les meubles, brisa les vases, jeta hardes, meubles, papiers
par les fenêtres; après quoi les mêmes hommes qui avaient combattu avec tant de courage s'amusèrent à monter sur le trône chacun
à son tour. Un moment aux cris de joie succéda un morne silence,
les têtes se découvrirent: on venait d'étendre dans le fauteuil doré
le corps d'un élève de l'École. Les assistants le croyaient mort; harassé
de fatigue, il s'était endormi. Ses camarades veillèrent sur les ri-

---

1. Lettres de Bosquet à sa mère, publiées par son neveu.
2. Extrait du *Moniteur universel*.

chesses de ces magnifiques salons tant qu'y durèrent les scènes qu'un poëte a appelé « les sublimes saturnales ».

A l'heure où le Louvre tombait, une des bandes détachées du grand rassemblement de l'Odéon et conduite par Lothon ayant passé le Pont-Neuf et la rue Saint-Thomas-du-Louvre, débouchait sur la place du Théâtre-Français. Marmont, bloqué dans le Louvre et les Tuileries, avait établi une partie de ses troupes à tous les étages des maisons de la rue de Rohan et tentait de se dégager par la rue de Richelieu. Les insurgés étaient solidement retranchés derrière une forte barricade élevée près du Théâtre-Français au coin de la rue Montpensier et postés sous la colonnade du Théâtre. Leur feu nourri de mousqueterie au quart de portée de fusil rendait impossible à l'artillerie de s'établir pour balayer la rue de Richelieu, barricadée dans toute sa longueur jusqu'au boulevard. Le combat s'engagea là sur le terrain même où le général Bonaparte avait vaincu au 13 vendémiaire. Pour ramasser son monde, Lothon s'avança tout seul sur la place. Il n'avait pas fait vingt pas qu'une balle l'atteignit et le renversa. On le crut mort; il n'était que blessé; son chapeau était criblé de balles. Ses hommes s'emparèrent d'un canon que les femmes couvrirent de fleurs. La troupe recula. L'assaut terrible donné à la maison du chapelier vis-à-vis le théâtre dans laquelle les suisses furent poursuivis d'étage en étage, jusque dans les combles d'où on les força de sauter sur le pavé de la place, fut le dernier épisode de la journée.

A midi la victoire des Parisiens était complète. La caserne de Babylone était brûlée, l'hôtel des gardes du corps était pris; le Louvre, les Tuileries appartenaient au peuple. L'infanterie de ligne, toute la gendarmerie, plusieurs corps de la garde royale s'étaient rendus. Seuls quelques suisses, retranchés dans les Champs-Élysées et le bois de Boulogne, luttaient encore.

Après la bataille les Polytechniciens se dirent que leur rôle n'était pas terminé, qu'ils pouvaient encore rendre des services. Il fallait les voir sur la place de l'Odéon couverts de sueur, de poussière et de fumée, promener leurs chapeaux dans les rangs de la foule et

recueillir les offrandes destinées à pourvoir aux besoins des vaincus. L'affluence était énorme ; toutes les bandes victorieuses étaient revenues là après la prise de la caserne de Babylone. Quand Benjamin Constant arrivant de la campagne s'y fit conduire, vers trois heures de l'après-midi, il y trouva plus de 6,000 citoyens de toutes classes, qui l'accueillirent avec le respect dû à son grand âge. Ils se rafraîchissaient, s'embrassaient, essuyaient leurs blessures.

La première pensée des élèves fut pour les malheureux soldats restés dans les casernes et privés de nourriture depuis vingt-quatre heures. Des jeunes gens du Jardin des Plantes qui, sous la conduite de l'élève Brongniart, avaient concouru à l'attaque de la rue de Sèvres, leur prêtèrent leur concours. Isidore Geoffroy Saint-Hilaire, fils du membre de l'Institut, ouvrit une collecte, recueillit une forte somme, acheta du pain et des vivres et courut avec deux de ses camarades, Audoin et Kienew, faire au nom du peuple des distributions dans les casernes de la rue du Four, de la rue Neuve-Saint-Étienne de Lourcine et de l'Ave-Maria.

A l'Hôtel de Ville les hommes politiques se partageaient déjà les pouvoirs et songeaient moins à ceux qui leur avaient donné la victoire. « Charras ayant ramené là, à la chute du jour, une partie des combattants de la rue de Babylone, y trouva Lafayette qu'on venait de porter en triomphe ainsi qu'aux jours de sa jeunesse. Comme il lui demandait ce qu'il fallait faire des deux cents volontaires qui attendaient sur la place de Grève, il reçut cette étrange réponse : Qu'ils retournent paisiblement chez eux, ils doivent avoir besoin de repos ! Charras, fit observer que beaucoup de ces braves gens ne trouveraient pas de pain en rentrant. Eh bien ! dit le vieillard, qu'on leur donne cent sous par tête ! L'ordre fut transmis aux ouvriers. Nous ne nous battons pas pour de l'argent ! fut le cri qui s'échappa de toutes les bouches[1]. »

Le jeudi soir l'armée fraternisait avec le peuple, les bataillons mobiles avaient un mot d'ordre, la garde nationale occupait tous

---

1. Louis BLANC, *Histoire de dix ans.*

les postes, ses patrouilles veillaient à la conservation des propriétés. La Révolution était accomplie. Le lendemain toutes les maisons étaient pavoisées de drapeaux tricolores ; le soleil étincelait sur les canons massés devant l'Hôtel de Ville. Des bandes d'ouvriers dont l'attitude respirait l'orgueil et l'enthousiasme d'une victoire inespérée parcouraient les rues. Paris, si énergiquement dépeint par le poète de la *Curée*,

> ..... Si magnifique avec ses funérailles,
> Ses débris d'hommes, ses tombeaux,
> Ses chemins dépavés et ses pans de murailles
> Troués comme de vieux drapeaux.....

retentissait d'une vaste rumeur à laquelle se mêlaient le cliquetis des armes et l'odeur de la poudre. Les barricades étaient encore debout ; on ne voulait pas les détruire, parce que l'armée royale pouvait à tout instant reprendre l'offensive. On réparait les maisons éventrées, on refaisait les devantures de boutiques. Sur la place de Grève, sur les quais et dans les rues adjacentes une population compacte et serrée attendait les événements.

Les Polytechniciens qui avaient organisé la victoire se tenaient à l'Hôtel de Ville en permanence, prêts à monter à cheval à tout instant pour porter des ordres, pour diriger les pelotons de gardes nationaux nouvellement formés, enfin pour venir en aide à la commission municipale qui s'occupait de secourir les ouvriers, d'assurer la sécurité du gouvernement et de pourvoir à tous les besoins. « Au milieu du désordre qui régnait, écrit Vaulabelle, leur uniforme connu, aimé de tous, leur donnait une sorte de caractère officiel qui les rendit soit à titre d'aides de camp chargés de missions, soit de délégués, les agents les plus actifs et les plus utiles du pouvoir qui s'organisait[1]. » Les uns se chargent de garder les palais, les monuments, tandis que les autres partent rétablir la tranquillité avec l'aide des ouvriers armés toujours prêts à donner leur concours. « Quand nous avions à

---

1. VAULABELLE, *Histoire des deux restaurations*, t. VIII, p. 291.

donner un ordre exigeant l'appui d'une force quelconque, dit M. Mauguin, nous en confiions en général l'exécution à un élève de l'École
polytechnique. L'élève descendait le perron de l'Hôtel de Ville ; avant
d'être parvenu aux derniers degrés il s'adressait à la foule devenue
attentive et prononçait simplement ces mots : *deux cents hommes
de bonne volonté!* Puis il achevait de descendre et s'engageait seul
dans le passage. A l'instant même on voyait se détacher des
murailles et marcher derrière lui, les uns avec des fusils, les
autres seulement avec des sabres, un homme, deux hommes, vingt
hommes, puis cent, quatre cents, cinq cents ; il y en avait toujours
le double de ce qui avait été demandé[1]. »

Rougemont, nommé capitaine le 30 juillet, commanda le poste des
Tuileries avec le lieutenant Raimbaud de la sixième légion. Grâce à
lui, tout fut remis dans son état normal au palais et dans le jardin le
lendemain de la bataille. Trois de ses camarades partis avec un certain nombre d'officiers protégèrent le château de Saint-Cloud. Dix
autres escortant M. Hippolyte Bonnelier avec cinquante gardes nationaux allèrent saisir le trésor de la Dauphine sur l'ordre de M. Mauguin ; la saisie faite, trois signèrent le procès-verbal[2]. Il y en eut un
que Lafayette désigna pour servir de sauvegarde à une dame qu'il
faisait éloigner de Paris.

Partout ils ont aidé à rétablir la tranquillité et le bon ordre.
En qualité d'aides de camp du duc d'Orléans, du commandant de
la garde nationale, des officiers généraux, on les chargea de missions diverses. Ils aidèrent à remettre vite Paris en communication
avec la France. Plusieurs furent envoyés en province, à Soissons,
à Nancy, à Lyon, à Bordeaux, pour y propager l'enthousiasme.
D'ailleurs à l'arrivée des courriers la révolution se faisait toute
seule. Des villes comme Saint-Quentin leur demandèrent de venir
commander la garde nationale. Cependant ceux qui voulurent aller
tâter les dispositions de l'École d'application de Metz ou soulever
les régiments n'eurent pas de succès. Charras et Lothon furent

1. Lettre de M. Mauguin au journal *la Presse*, Saumur, 8 mars 1853.
2. 31 juillet (*Mémorial de l'Hôtel de Ville*).

arrêtés par le colonel du régiment de La Fère et n'obtinrent la liberté que grâce à l'intervention du colonel Durivau, ancien directeur de l'École sous l'Empire. Charras, qui ne doutait de rien, avait cru pouvoir entraîner les officiers en leur apportant une proclamation signée de M. Mauguin. Louis Blanc rapporte à ce propos une curieuse anecdote. Le général Lobau avait refusé de signer la proclamation. « Il recule donc? dit Charras, mais rien n'est plus dangereux en révolution que les hommes qui reculent. Je vais le faire fusiller. — Y pensez-vous? répliqua vivement M. Mauguin? Faire fusiller le général Lobau, un membre du gouvernement provisoire? — Lui-même! reprit l'élève en conduisant le député à la fenêtre et en lui montrant une centaine d'hommes qui avaient combattu à la caserne de Babylone. Et je dirais à ces braves gens de fusiller le Bon Dieu qu'ils le feraient! » M. Mauguin se mit à sourire et signa la proclamation en silence.

Quelques jours plus tard quand le lieutenant général du royaume, cherchant à faire une diversion aux menées politiques et à se débarrasser de tout le peuple en armes, ordonna l'expédition de Rambouillet, il ne manqua pas d'utiliser les Polytechniciens. Le colonel Jacqueminot en répandit un grand nombre sur plusieurs points de Paris. Il chargea les uns d'enlever les pièces de canon à l'Hôtel-de-Ville, les autres d'assurer l'approvisionnement des munitions, le reste de stimuler le zèle des Parisiens. Plusieurs se procurèrent des chevaux au manège Kuntzmann en signant de leurs noms des bons ainsi conçus : *bon pour un cheval :* et ils accompagnèrent la colonne. Lorsqu'à l'arrivée à Cognières la démoralisation commença parce que le pain manquait, voici comment Charras s'y prit pour le faire venir :

« Il court à Versailles savoir pourquoi le pain n'était pas arrivé : A Trappes où était l'arrière-garde, il se fait conduire auprès du général Excelmans, qu'il trouve roulé dans son manteau et couché sous un arbre. Il lui apprend le but de sa mission. D'un ton où éclatait la colère, le général lui dit : « Monsieur, si à quatre heures du « matin les voitures ne sont pas en marche, je vous donne l'ordre de « faire fusiller le préfet de Versailles! — Voulez-vous me donner cet

« ordre par écrit? — C'est inutile, faites toujours! » Charras poursuivit
sa route. A la barrière de Versailles où était un poste de gardes
nationaux, il demanda deux hommes qui l'accompagnèrent à la préfecture. Il était une heure du matin : le concierge refusait d'ouvrir.
On le menaça, il eut peur, prit une lampe et introduisit dans la
chambre du préfet l'élève de l'École polytechnique. « Où sont les dix
« mille rations de pain qui devraient être parties dans la journée?»
dit le jeune homme en entrant. Éveillé en sursaut et frappé de surprise, le préfet répondit qu'il n'était arrivé à Versailles que de la
veille et qu'il avait fait de son mieux. « Votre place, répliqua le
« messager avec une brusquerie que justifiaient les circonstances,
« votre place n'est pas au lit, mais là où se confectionnent les ra-
« tions! » Et il exposa l'ordre qu'il avait reçu. Au mot *fusiller* le préfet
sauta rapidement à bas de son lit en promettant qu'avant une heure
les rations seraient en marche pour Rambouillet[1]. » C'est grâce aux
élèves qu'un certain ordre réussit à s'établir dans cette immense cohue
d'hommes de tout âge, de toutes conditions, d'oisifs, d'aventuriers,
partie sous le commandement du général Pajol qu'on était bien aise
de compromettre et qui s'en allaient entassés dans des charrettes, des
fiacres, des voitures, des cabriolets de place, riant, criant et chantant
les airs nationaux pendant toute la route.

Ainsi les Polytechniciens s'étaient couverts de gloire dans les
Trois Journées. On les avait vus dans tous les quartiers à la tête de
l'insurrection. La garde nationale, spontanément reformée et assez
embarrassée de ses canons, avait été heureuse de leur obéir. Par leur
courage, par leur sang-froid, ils avaient régularisé des mouvements
héroïques mais désordonnés ; ils avaient imprimé l'accord, l'ensemble
qui avaient assuré la victoire. Au moment où l'ordre matériel n'était
pas encore rétabli, ils rendirent les plus grands services en assurant
la garde des monuments, le respect des propriétés, en rétablissant
partout la tranquillité et le bon ordre. Il faut dire les noms de ceux
qui se sont particulièrement distingués :

1. Louis Blanc, *Histoire de dix ans.*

Vaneau, Charras, Lothon, Bosquet, Baduel, Tamisier, Liédot, Boulart, Jobert, Lafitte, Regnault de Lannoy, Goy, Peugeot, Solignac, Forgeot, Gavarret, d'Hostel, Brongniart, Guillemaux et quelques autres.

Plusieurs avaient été blessés : Baduel au Louvre, Lothon place du Théâtre-Français, d'Ouvrier à la caserne de Babylone, un autre à la barricade de la rue de l'Échelle. Vaneau seul fut tué. Il tomba frappé d'une balle dans la tête devant son peloton qui s'avançait de front dans la rue de Babylone. Derrière lui se trouvaient le sculpteur Etex et Louis Veuillot. Son camarade Meinadier le reçut dans ses bras; il respirait encore. Des ouvriers le portèrent à l'hospice des Ménages et, l'ayant recommandé au chirurgien de service, ils revinrent au combat; après la prise de la caserne, ils se cotisèrent et réunirent en sous et en liards une somme de 13 fr. 50 que l'un d'eux porta à l'hospice en priant au nom de ses camarades d'enterrer avec tous les honneurs que comportaient les circonstances celui qui les avait guidés au feu.

Vaneau fut inhumé le 31 au cimetière du Sud. La garde nationale lui rendit les honneurs militaires et sur sa tombe un officier municipal prononça un discours plein de sentiments patriotiques. Ses camarades lui élevèrent un monument peu de jours après et firent ensuite une noble démarche pour recommander son père à la bienveillance du gouvernement[1]. Rennes, sa ville natale, érigea plus tard en sa mémoire une élégante colonne au milieu de la promenade du Thabor[2] et la Ville de Paris donna son nom à l'une des rues voisines de la caserne de Babylone. Le souvenir de Vaneau s'est perpétué à l'École et chaque année une députation d'élèves vient avec piété et recueillement déposer des couronnes sur son tombeau à l'anniversaire du 28 juillet.

La Révolution de juillet fit rejaillir sur l'École une véritable gloire

---

1. Voir, note n° 16, la pétition des élèves au général Gérard, commissaire provisoire du ministre de la Guerre.

2. Le 7 novembre 1833 le conseil municipal de Rennes vota l'exécution du monument. Il fut inauguré le 28 juillet 1836. La base est en granit, le haut en pierres blanches. L'inscription en lettres de bronze porte : « A Papu, à Vaneau morts pour la liberté en 1830. » Papu, étudiant en droit, était le compatriote de Vaneau.

MORT DE VANEAU A L'ATTAQUE DE LA CASERNE DE BABYLONE.

(29 Juillet 1830.)

et lui conquit une popularité immense. Le peuple qui avait vu les élèves dans tous les quartiers à la tête des combattants, savait qu'il leur devait en partie la victoire. Sa reconnaissance allait pour eux jusqu'à la vénération; il les appelait ses benjamins, ses favoris. Tel était leur prestige que, l'année suivante, la nuée de volontaires parisiens expédiés en Algérie ne voulait obéir qu'à Lamoricière. A partir de ce moment il se prit à espérer en eux; « Il eut deux providences, dit un écrivain[1], Dieu et l'École polytechnique; si l'une devait lui faire défaut, l'autre serait là. »

Les poètes chantèrent à l'envi leur bravoure. Casimir Delavigne songeait à eux en improvisant ce couplet de la *Parisienne* pendant le feu même du combat :

> La mitraille en vain nous dévore,
> Elle enfante des combattants.
> Sous les boulets voyez éclore
> Ces vieux généraux de vingt ans!
> O jours d'éternelle mémoire!
> Paris n'a plus qu'un cri de gloire :
> En avant! Marchons
> Contre leurs canons...

Auguste Bonjour leur dédiait sa *Nouvelle lacédémonienne* où nous lisons ces vers :

> Suivons ces collets noirs, brillants de palmes d'or,
> De notre ardeur ce signe entretiendra l'essor.
> Chefs du peuple à vingt ans! que leur jeunesse est belle!
> . . . .
>
> . . . .
> Jeunes Vauban, salut! c'est vous qu'au premier rang
> Je revois de l'épée indiquer la victoire
> Et nous couvrir en combattant
> De moins de sang, de plus de gloire.
> . . . .

Un professeur, dans une pièce de vers intitulée *la Liberté* disait :

1. Léon Guillemin.

> Nobles enfants! leur précoce vaillance
> A dans ces jours conquis sa puberté.
> Quel avenir pour notre belle France!
> Vive à jamais, vive la liberté!

Le même commençait un éloge ampoulé des Parisiens par ces paroles :

Honneur! trois fois honneur aux braves Parisiens qui viennent de sauver la France du jésuitisme et de l'esclavage! Immortalité! aux jeunes héros de l'École polytechnique!

Les artistes prenaient la résolution de frapper une médaille en leur honneur[1]. Le général en chef de la garde nationale leur adressait un ordre du jour élogieux [2] et manifestait le désir d'attacher l'un d'eux à sa personne en qualité d'aide de camp. La plupart des grandes villes de France leur faisaient parvenir des adresses. La ville de Reims envoya la sienne en l'accompagnant d'un présent de 150 bouteilles de vin de Champagne avec ce couplet :

> Coule à grands flots pour la nouvelle France,
> De nos coteaux pétillante liqueur;
> L'écho de Reims a répété : Vaillance!
> Cours arroser les lauriers du vainqueur.
> Jeunes héros, vous que le monde honore,
> Nous redirons vos glorieux succès;
> Vous nous rendez le drapeau tricolore :
> Chaumont, Paris ne l'oublieront jamais.

Nous laissons à penser si l'envoi fut bien accueilli. Le vin sans doute valait mieux que les vers. Un habitant de Dijon [3], quelque peu exalté, les appelait « les magnanimes élèves » et leur écrivait :

Vous, jeunes héros, vous, le cher espoir du monde et la précieuse élite de ses enfants, vous, ceints déjà dans un âge si tendre des plus illustres couronnes à jamais tressées par la gloire immortelle!...

La garde nationale de Lons-le-Saulnier offrit aux deux élèves

---

1. L'exécution en fut confiée au talent de M. Domard.

2. Voir la note n° 15 : ordre du jour de Lafayette.

3. M. Bernard Gabriel (Circulaire au peuple français et notamment à mesdames des Halles etc. 25 mars 1831).

Tamisier et Goy un banquet dans lequel on but « aux jeunes Jurassiens dont l'héroïsme a excité l'admiration de tous les amis de la liberté » et où quelqu'un fit la motion « de faire voter par toutes les villes une statue colossale en bronze pour consacrer à jamais le souvenir des vertus civiques et militaires des élèves de l'École polytechnique ». Après quoi l'on chanta en leur honneur l'hymne national du compatriote Rouget de Lisle avec le couplet d'André Chénier arrangé ainsi pour la circonstance :

> A peine entrés dans la carrière
> Où tant de braves ne sont plus,
> Vous y ranimez leur poussière
> Par l'éclat des mêmes vertus !
> Votre héroïque adolescence
> Déjà s'égale aux vieux soldats
> Et trois jours à vos jeunes bras
> Ont suffi pour sauver la France [1] !

La ville de Bordeaux offrit un banquet à Bosquet dans le grand salon de l'hôtel de la préfecture; on y porta ce toast : « Au constant patriotisme de l'École polytechnique admirée de l'Europe entière pour la défense de Paris en 1814, et immortalisée par les jeunes héros qu'elle a produits les 28 et 29 juillet ! » Bosquet y répondit par quelques paroles émues et termina en disant : « Vous le savez, Messieurs, l'École polytechnique a toujours été l'école du peuple et, en marchant avec lui en 1830 comme en 1814, elle n'a fait que son devoir. »

Les témoignages de félicitation et de sympathie arrivèrent aussi des pays étrangers. Il en vint de la Belgique, de l'Italie, de la Suisse, de l'Amérique même. Les jeunes élèves de l'École américaine de West-Point, en apprenant les événements de juillet, envoyèrent au général Lafayette une adresse dont il voulut lui-même donner lecture aux élèves. Sa visite eut lieu au mois de décembre suivant; Bosquet l'a racontée dans une lettre à sa mère [2] :

---

1. Ce couplet fut composé par le docteur Guyétant, 29 août 1830.
2. Lettre du 15 décembre 1830.

« Lundi dernier, le général Lafayette s'est rendu à l'École avec ses deux aides de camp; nous l'avons reçu à l'amphithéâtre de chimie. Là, après avoir abandonné la canne dont il ne peut plus se passer et nous avoir salués avec cette amitié qu'il nous témoigne toujours :

« J'aurais désiré, a-t-il dit, venir rendre aux élèves de l'École,
« à leur rentrée, la visite d'un ami et d'un camarade de la grande
« semaine; mes infirmités m'ont retenu jusqu'à ce jour. Aujourd'hui
« je viens près de vous comme ambassadeur lointain. Vous savez
« que, par delà les mers, sur une rive où la liberté a aussi ses cou-
« leurs, il existe une École polytechnique, fondée sur le modèle de
« l'École française; ses élèves n'ont pas appris sans une émotion de
« famille un heureux effort pour l'indépendance de notre pays et ils
« ont bien voulu me charger de vous présenter leurs fraternelles féli-
« citations. »

Après cette allocution, il nous a lu en anglais et en français l'original et la copie de l'adresse qu'envoyaient les élèves d'Amérique aux élèves du 29 juillet. »

Voici cette adresse :

Académie des États-Unis.

West-Point, 1ᵉʳ octobre 1830.

Nous avons été chargés par notre corps de vous offrir de vives félicitations sur vos derniers et heureux efforts pour l'indépendance de la France. Depuis longtemps nous vous regardons comme associés à nos études scientifiques; nous avons toujours joui de la sympathie que devait inspirer la similitude de nos travaux et de nos institutions et c'est avec délice que nous avons reçu les comptes successifs du courage et du patriotisme dont vous avez fait preuve dans la guerre de Paris. Quoique citoyens de pays différents, le même esprit nous anime tous et c'est avec plaisir que nous vous nommons nos frères d'armes et nos co-associés pour la défense de cette sainte liberté qui garantit l'exercice des droits du genre humain et assure le maintien de l'ordre constitutionnel.

Nous vous prions, Messieurs, chacun de nous comme individu et ensemble comme corps, d'agréer les assurances de notre haute estime.

ROSWEL PARK, HENRY CLARY, S. C. RIDGELV,
JAMES ALLEN, ELEWTTYN, JONES.

Et voici la réponse de l'École polytechnique :

Aux Élèves de l'Académie militaire des États-Unis.

Messieurs,

Au nom de tous nos camarades, nous nous empressons de répondre à vos félicitations.

En travaillant à reconquérir des droits sacrés, nous étions sûrs de faire battre des cœurs généreux dans un autre hémisphère. Les amis de la liberté ne doivent former qu'une même famille ; ceux-là surtout dont les vœux et les travaux doivent avoir pour but les progrès de la société vers la connaissance des véritables besoins et des droits de tous, ceux-là doivent à travers les frontières des nations se tendre une main fraternelle.

Plus heureux que nous, vous n'avez pas eu à combattre des tyrans ; vos pères vous avaient acquis cette liberté pleine et entière après laquelle nous avons toujours soupiré.

Nous sommes heureux d'avoir fait naître l'occasion de resserrer les liens de l'amitié qui devait naturellement nous unir. Croyez qu'il se trouvera par delà les mers des cœurs jeunes comme les vôtres qui palpiteront de joie à chacun de vos succès.

Recevez, Messieurs, l'assurance de notre estime et de notre sympathique affection.

Pour les élèves de l'École polytechnique,

J. ROGUIN, A. TABUTEAU, J. BOSQUET, FABRE, SOLIGNAC.

A Paris, on organisa une grande fête polytechnicienne. Le 17 août un immense banquet, offert par les anciens élèves à leurs jeunes camarades, réunit dans l'orangerie du Louvre, sous la galerie du musée, plus de quatre cents convives [1]. Il était présidé par M. de Saint-Aulaire, doyen d'âge de la première promotion de l'École. Le général Bertrand, le général Gourgaud, le colonel Fabvier, le duc de Montebello, le comte de Montalivet, Poinsot, Charles Dupin, le colonel Larabit, Berigny, Arnould, tous anciens élèves, y assistaient. La table était ombragée de drapeaux tricolores surmontant des écussons sur lesquels étaient inscrits le numéro de chaque promotion et le nom des élèves qui la composaient. Le jeune duc d'Orléans, qui

1. Voir note n° 17 l'invitation adressée par les anciens élèves à leurs jeunes camarades.

suivait les cours de l'École comme élève externe, était placé entre le général Bertrand et M. Bérigny en face de M. de Saint-Aulaire. Plusieurs toasts furent portés : le premier, au roi des Français; le second, au duc d'Orléans; un autre au colonel Fabvier, le héros de la Grèce; un autre à M. Victor de Tracy. Le prince royal répondit à peu près dans ces termes : « Messieurs, je suis fier d'être le condisciple des élèves qui ont pris une part si glorieuse à la défense de nos libertés. Ils ont su par leur patriotisme diriger le zèle des concitoyens en même temps que par leur amour de l'ordre, ils ont contribué à maintenir la tranquillité dans la capitale. Je suis fier d'être auprès d'eux l'interprète de la France et je propose ce toast : Aux élèves de l'École polytechnique qui ont concouru d'une manière si puissante à la défense de nos libertés nationales ! » Et au dehors la foule, à laquelle on faisait passer des rafraîchissements, couvrit ces paroles d'acclamations.

A la fin du banquet, on écouta la lecture d'une longue pièce de vers en l'honneur de l'École[1]; puis Levasseur de l'Opéra, l'artiste qu'on allait applaudir dans le rôle de Bertrand de *Robert le Diable*, entonna, d'une tribune, la *Polytechnique* mise en musique par Choron dont les chœurs, soutenus par un brillant orchestre, répétèrent le refrain[2]. L'effet fut magique et l'impression qu'éprouvèrent les camarades ainsi réunis, sans distinction d'âge ni de rang, par le sentiment commun du patriotisme et l'attachement aux idées libérales, subsiste encore profonde au cœur des rares survivants.

Le lendemain, à l'Hôtel de Ville, une assemblée générale de Polytechniciens anciens et nouveaux, présidée par M. Duboys Aimé, jetait les bases d'une association destinée à rallier toutes les promotions de l'École dans un centre commun et dont le but pratique serait de fournir aux anciens élèves le moyen de s'entr'aider et de répandre dans les classes laborieuses les premiers éléments des sciences positives. Ce vaste programme, exposé la veille pendant le banquet, était

---

1. Voir n° 19 cette pièce de Boucharlat ancien élève; elle est intitulée *l'École Polytechnique*.

2. Voir n° 18 *La Polytechnique*, marche nationale.

l'œuvre de quelques camarades qui avaient eu déjà la pensée de
faire des cours aux convalescents et aux blessés dans le palais de
Saint-Cloud. Animés de généreux sentiments, persuadés que l'ignorance des hommes est la cause la plus dangereuse des révolutions,
ils avaient songé à organiser des cours aux ouvriers sur le modèle
de ceux que leurs aînés avaient institués à Metz, pour compléter
l'enseignement des sciences au point de vue professionnel [1] et ils
voulaient donner à leur œuvre un caractère durable. On constitua
un bureau provisoire ; les premiers professeurs volontaires qui s'inscrivirent furent : Auguste Comte, Maurice Courtial, Gondinet,
Adolphe Guibert, Alexandre Meissas, Camille Menjaud, Auguste
Perdonnet, Fulchiron, Roussel. Les cours s'ouvrirent immédiatement ;
ils attirèrent un grand nombre d'auditeurs, et l'Association fut définitivement fondée. Telle fut l'origine de l'*Association polytechnique*
dont J.-B. Dumas a dit qu'elle était fille de l'École polytechnique par
ses fondateurs, par sa méthode, par son but, par ses professeurs, par
son nom, et qu'elle prétendait rester digne de sa mère par la dignité
de son enseignement, par son amour désintéressé pour la vérité, par
son culte pieux pour la patrie [2].

Les théâtres, fermés au son du tocsin, s'étaient rouverts bien vite
pour célébrer les « merveilles » des trois jours. La *Parisienne* était
chantée tous les jours sur la scène. A l'Opéra, Nourrit, après la
Muette et après Guillaume Tell, revenait à la fin du spectacle, en
uniforme de garde national, entonner chaque soir l'hymne populaire.
Au théâtre des Nouveautés où, le lendemain de la Révolution, des
représentations s'étaient organisées au profit des blessés, on fit
répéter à Déjazet ses couplets en l'honneur de l'École et le premier
soir deux élèves, placés à l'avant-scène, n'échappèrent qu'avec peine
aux ovations du public. Au théâtre du Vaudeville, qui prit alors le nom
de théâtre National, une cantate intitulée aussi *la Parisienne* fut

---

1. Poncelet, Bergery, Bardin, Woisard, avec le concours de plusieurs de leurs camarades et quelques professeurs de l'École d'application, avaient institué ces cours vers
la fin de l'année 1825.

2. Discours de Dumas à la distribution des prix de l'Association polytechnique
en 1869.

chantée par le directeur, M. Étienne Arago. La strophe dédiée aux
élèves

> Mais tous ces bataillons informes,
> Quels guides vont les diriger?
> Voyez ces jeunes uniformes
> Briller au plus fort du danger!
> Liberté! quelle est donc ta puissance infinie?
> Qu'ils sont grands ces enfants accourus à ta voix,
> Victoire! plus de tyrannie;
> Le peuple a reconquis ses droits...

fut couverte d'applaudissements et demandée plusieurs fois. Les
Polytechniciens qui se trouvaient dans la salle montèrent sur la
scène et pressèrent dans leurs bras le frère du plus savant et du
plus patriote de leurs professeurs.

Une foule de pièces s'improvisèrent, reproduisant les incidents,
les péripéties de la lutte. On y voyait, telles que dans la rue, les
barricades, la fusillade, la fumée de la poudre. On y faisait figurer
des gardes nationaux, des femmes, des enfants, des blessés, des
jésuites déguisés, des soldats de la ligne qui refusaient de tirer sur le
peuple, des bourgeois élevant une barricade, des Polytechniciens à
la tête des bataillons d'ouvriers, enfin tout ce qu'on avait vu dans la
« grande semaine[1] ».

L'une de ces pièces, *les Braves morts pour la liberté*, mettait aux
Champs-Élysées un élève de l'École polytechnique, un étudiant en
droit, un étudiant en médecine en présence de Napoléon et de
Louis XVIII. Au récit des combats où tous les trois étaient tombés,
« l'Empereur reconnaissait cette fière jeunesse qu'il avait vue grandir
et les cadets dignes des aînés avec lesquels il avait fait la loi à
l'Europe ». Louis XVIII demandait si son frère était monté à cheval?
« Non, lui répondait le Polytechnicien, il se livrait au plaisir de la
chasse dans les environs de Saint-Cloud! — Et le dauphin? — Du
haut de la lanterne de Diogène, il contemplait Paris avec sa lunette

---

1. La *Barricade*, à-propos en un acte de Benjamin et Anicet, représenté le 30 août 1830
sur le théâtre de la Porte-Saint-Martin.

d'approche! » Et les éclats de rire des spectateurs emplissaient la salle.

Le *Tableau épisodique des Trois Journées*[1], représenté pour la première fois sur le théâtre National, le 17 août, eut un immense succès. Un Polytechnicien accourait : « On vient de licencier l'École polytechnique! — Licencier l'École polytechnique! les misérables! » disait un garde national, et ils tombaient dans les bras l'un de l'autre montrant leurs habits et chantant :

> Nobles habits! Paix et fraternité!
> De Saint-Chaumont votre pacte est daté!

On voyait alors l'élève se mettre à la tête d'un rassemblement et partir au combat. Il revenait après la bataille, toujours escorté du soldat citoyen qui criait : « C'est lui qui nous a guidés, qui nous a aidés à prendre le Louvre! O braves enfants de l'École polytechnique! Va, il y a de bons enfants là-dedans, vive l'École polytechnique. » Tout le monde répétait : vive l'École polytechnique! et le Polytechnicien modeste, rappelant les services rendus par les jeunes gens des autres écoles, chantait :

> Toutes les Écoles de France
> Ont rivalisé de valeur.
> O mon pays, il faut qu'on t'en informe!
> Quel sang, quels soins n'ont-ils pas prodigués!
> S'ils ont été moins distingués,
> C'est qu'ils n'avaient pas d'uniforme.

Le théâtre de la Gaieté dans *Napoléon en paradis*[2] mettait en scène saint Pierre, l'ange Gabriel, un soldat de Marengo, Arcole, un Polytechnicien, des anges, des chérubins. Les personnages faisaient leur entrée au paradis sur des nuages. Le vieux soldat voulait absolument trouver là le grand empereur. Arcole et le Polytechnicien chantaient la *Parisienne*.

---

1. 27, 28 et 29 *juillet, tableau épisodique*, par MM. Étienne Arago et F. Duvert.
2. 17 novembre 1830.

Dans l'*A-Propos patriotique* tous les acteurs chantaient :

> Saluons cette illustre École
> D'où sont sortis ces enfants généreux.
> Les vieux soldats de Fleurus et d'Arcole
> Ne pouvaient pas être plus braves qu'eux.
> Vous, nos sauveurs, l'espoir de la science,
> Partout où vous portez vos pas,
> On doit crier : Chapeau bas! chapeau bas!
> Honneur aux enfants de la France[1].

Il y eut aussi des couplets comiques[2] tels que celui-ci :

> C' t' École polytechnique,
> Savant' patriotique
> N' s'est pas fait le moins admirer
> En tout lieu prêt, à s' montrer;
> Le peuple ell' le dirige   } *Bis en chœur*
> Sans jamais l'égarer

Nous pourrions citer encore beaucoup d'autres productions théâtrales, dans lesquelles les formules de l'ironie et de l'injure débordaient la plupart du temps contre l'ancienne monarchie, où les haines amassées pendant quinze ans se donnaient satisfaction sans réserve et où l'École polytechnique fut l'objet des ovations du public.

Louis-Philippe, au lendemain même de la Révolution, avait tenu à récompenser les élèves de leur brillante conduite pendant les trois journées. Le 6 août, après s'être fait présenter par Lafayette à l'Hôtel de Ville les glorieux combattants, il avait signé l'ordonnance que nous reproduisons :

Nous Louis-Philippe, duc d'Orléans, lieutenant général du royaume,
Considérant les services distingués que les élèves de l'École polytechnique ont rendus à la cause de la patrie et de la liberté, et la part glorieuse qu'ils ont prise aux héroïques journées des 27, 28 et 29 juillet;

---

1. A-propos patriotique de Villeneuve et Masson, donné au théâtre des Nouveautés le 2 août 1830.
2. Revue de l'année par MM. de Rougemont, Brazier, de Courcy, représentée pour la première fois sur le théâtre des Variétés le 13 décembre 1830.

Avons arrêté et arrêtons :

ART. 1er. — Tous les élèves de l'École polytechnique qui ont concouru à la défense de Paris sont nommés au grade de lieutenant.

ART. 2. — Ceux d'entre eux qui se destinent à des services civils recevront, dans les diverses carrières qu'ils embrasseront, un avancement analogue.

ART. 3. — Ils ne passeront point d'examens pour leur sortie de l'École, mais ils seront classés d'après les notes qu'ils auront obtenues pendant la durée du séjour qu'ils y ont fait.

ART. 4. — Un congé de trois mois leur est accordé.

ART. 5. — Vu la difficulté de reconnaître parmi tant de braves ceux qui sont les plus dignes d'obtenir la croix de la Légion d'honneur, les élèves désigneront eux-mêmes douze d'entre eux pour recevoir cette décoration.

Cette ordonnance, rendue sur les instances pressantes du jeune duc d'Orléans, devait soulever bien des difficultés. Et d'abord les élèves, persuadés que leurs titres étaient antérieurs aux droits du nouveau souverain, refusèrent la croix d'honneur. « Cette récompense nous paraît au-dessus de nos services, écrivirent-ils au général Gérard, d'ailleurs aucun de nous ne se jugeant plus digne que ses camarades de l'accepter, nous vous prions de nous permettre de ne pas la recevoir. » C'est ainsi qu'ils « échappèrent, comme dit Béranger, au danger d'être décorés » !... En outre, la nomination au grade de lieutenant, qu'on mettait alors quatre ans à conquérir, leur parut également excessive. Elle conférait des capacités égales aux élèves de l'École polytechnique et à ceux qui allaient sortir de l'École d'application après deux années laborieusement employées. Arago ne manqua pas de signaler à M. Guizot et au général Gérard les graves conséquences qu'elle pourrait avoir. Et, en effet, peu de jours après les sous-lieutenants de l'École de Metz firent savoir qu'ils recevraient, non pas à bras ouverts comme à l'ordinaire, mais l'épée à la main, des camarades qui par une faveur extraordinaire allaient les faire rétrograder de deux cents rangs sur les contrôles de l'armée. Ils trouvaient tout naturel que les Polytechniciens fussent récompensés, mais ils demandaient, au nom des principes inflexibles de la justice, le respect des droits acquis. Ému de cette situation et désireux de prévenir un conflit qui semblait inévitable, Arago fit part de

ses craintes au duc d'Orléans. Le prince n'entrevoyait pas la possibilité de retirer l'ordonnance, il le supplia d'essayer d'arranger l'affaire : « Songez, lui dit-il, seulement que c'est mon premier acte politique, et, dans vos démarches, épargnez-moi ! » Les nouveaux lieutenants, pleins de modestie et de modération, auraient renoncé volontiers aux brevets dont le gouvernement les gratifiait. La majorité même s'était prononcée à cet égard dans une réunion tenue à l'amphithéâtre avant le départ des vacances ; mais les quelques menaces parties de Metz avaient changé leurs dispositions. Pour sortir de cette situation presque inextricable, Arago consentit à devenir l'intermédiaire entre l'autorité supérieure et les élèves. Ceux-ci étaient dans leurs familles : il fallut entrer en correspondance avec eux, leur adresser plus tard une circulaire au bas de laquelle M. Guizot voulut bien apposer sa signature [1]. Quelques-uns, restés à Paris, lui donnèrent le concours le plus amical et le plus empressé. « Je me rappelle encore, écrit-il en racontant plus tard toute l'affaire, la satisfaction qu'on manifesta au Palais-Royal, la joie qui se répandit parmi tous les fonctionnaires de l'École, le jour où deux élèves, Lebœuf et Baduel, chargés du dépouillement de la correspondance, me remirent ce bulletin : Nous avons examiné quatre-vingt-quatre réponses, dans quatre-vingt-une on demande que l'ordonnance soit annulée [2]. » Elle le fut le 14 novembre suivant par une autre ordonnance que nous reproduisons également :

Les élèves présents à l'École polytechnique en 1830 en faveur desquels l'ordonnance du 6 août dernier avait créé soit des lieutenances d'artillerie et du génie, soit des grades correspondants pour les ponts et chaussées et les mines, ayant exprimé le désir de renoncer à ces avantages afin de ne plus nuire à l'avancement de leurs prédécesseurs ; sur le rapport de notre ministre secrétaire d'État au département de l'Intérieur ;

Nous avons ordonné et ordonnons ce qui suit :

L'ordonnance du 6 août dernier est et demeure révoquée.

Toutefois le sentiment de délicatesse qui a dicté la démarche des élèves

---

1. Voir, note n° 20, cette circulaire de M. Guizot.
2. OEuvres d'Arago, *Mélanges*. (Extrait d'un article sur l'organisation de l'École polytechnique publié en 1844.)

ne pouvant qu'ajouter à l'estime et à la considération que leur noble, patriotique et courageuse conduite, pendant les mémorables événements de juillet,
a inspirés à toute la population parisienne, nous nous réservons de nous faire
présenter un rapport spécial sur chaque élève et de lui accorder la récompense
honorifique qu'il aura méritée.

La seule récompense que les élèves de seconde année acceptèrent
fut de voir remonter la possession de leur grade de sous-lieutenant
dans l'artillerie et le génie à l'époque du 6 août. Ils gagnèrent ainsi
trois mois d'ancienneté[1]. Ce fut là l'unique avantage qu'ils retirèrent
de la révolution. Quel contraste avec le cynisme de ces solliciteurs
avides de se partager les dépouilles des vaincus qui réclamaient
impérieusement du pouvoir nouveau la dette des services vrais ou
prétendus rendus par eux à sa cause, de ces ambitieux flétris par
Auguste Barbier dans sa langue hardie, qui se riaient de la chose
publique, escaladant les emplois bien payés, et se livraient sans ver-
gogne au vil métier de « gueuser des galons »?

La conduite des Polytechniciens après la bataille, plus encore
peut-être que les démonstrations de la foule, les banquets, les
adresses envoyées de province, les ovations de la scène, a contribué
à répandre avec éclat le nom de l'École polytechnique et à lui conquérir une étonnante popularité.

1. Décision du 17 décembre 1830.

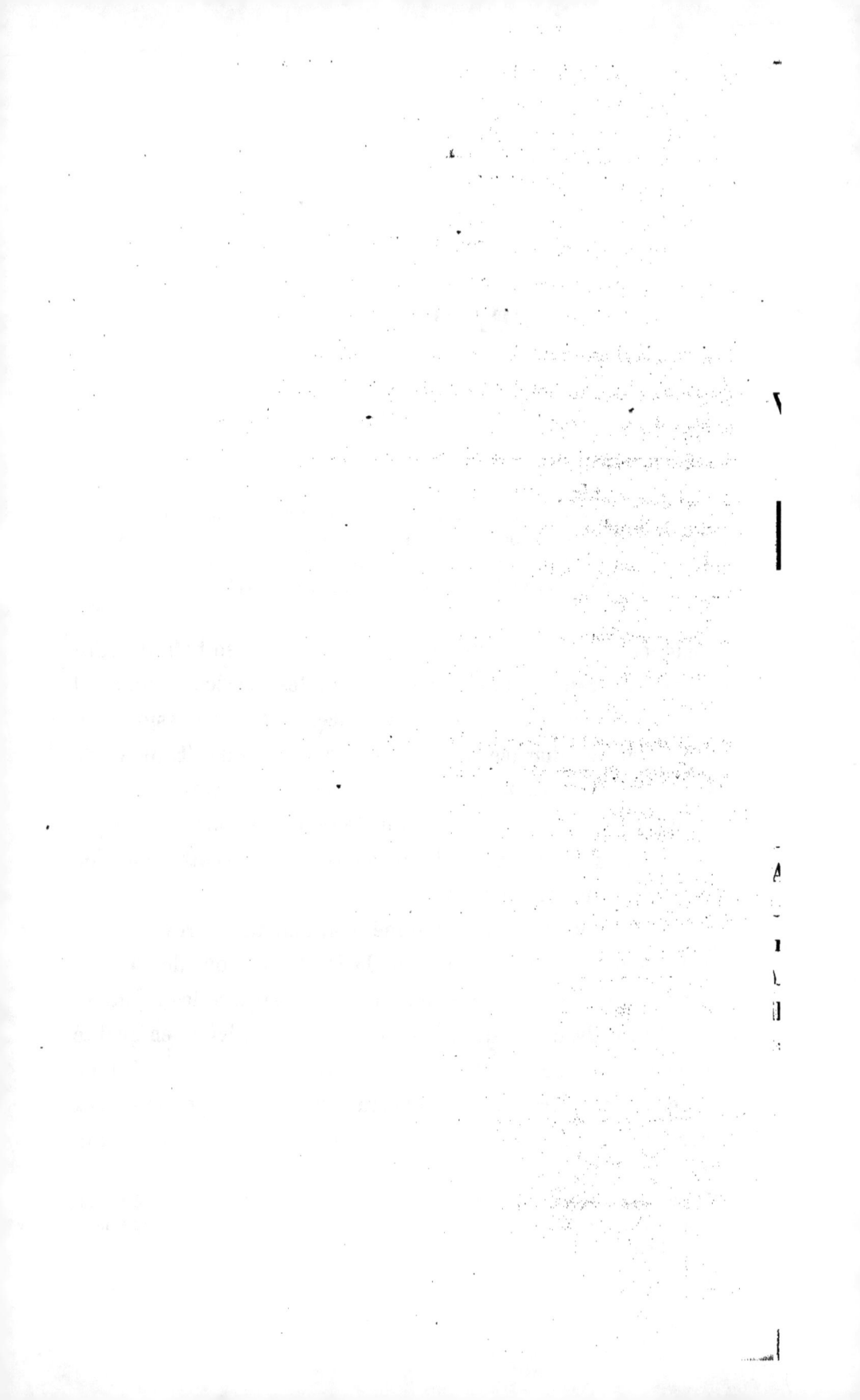

CHAPITRE VI

1830 — 1848

Le lendemain de la révolution le gouvernement se hâta de faire procéder aux opérations du classement dans les services publics et de renvoyer les élèves. Pendant les vacances une commission présidée par Arago fut chargée d'examiner la situation de l'École et de proposer les modifications conformes à l'esprit nouveau. Aussitôt qu'elle eût terminé ses travaux, une ordonnance royale de réorganisation parut au *Moniteur* (le 13 novembre) et la rentrée eut lieu quelques jours après (18 novembre).

La veille Arago avait été nommé commandant provisoire de l'École. Il reçut le serment exigé par la loi du 31 août de tous les fonctionnaires, prit les mesures urgentes et indispensables à l'administration de l'établissement, puis il laissa Dulong régler, en qualité de directeur des études, tout ce qui regardait l'enseignement[1]. Pour lui, conscient des services qu'il pourrait rendre sur un plus vaste théâtre, ses pensées l'éloignaient à ce moment des études et l'entraî-

---

1. Un arrêté du ministre Guizot du 11 octobre 1830 avait déjà désigné Dulong avec les capitaines Thomas et Faulte pour remplir les fonctions provisoires du Conseil d'administration.

naient vers la politique. Le discours qu'il adressa aux deux promotions
réunies le jour de leur arrivée, et où il fut aisé aux élèves de s'apercevoir de ses préoccupations, ne manqua pas d'exercer sur eux une
influence dont les conséquences devaient longtemps se faire sentir.

La rentrée présenta cette année-là un caractère extraordinaire
d'animation, d'entrain et de liberté. Abandonnés à eux-mêmes, sans
chef, sans règlement, sans discipline, les élèves organisèrent des
réunions générales afin d'arrêter d'un commun accord le règlement
disciplinaire auquel ils accepteraient de se soumettre, les *anciens*
refusant dès le premier jour d'obéir aux officiers sous prétexte que le
roi les avait nommés lieutenants au mois d'août. Plusieurs réunions
furent tenues. Des orateurs prenaient la parole, exposaient leurs propositions, soutenaient la discussion, l'assemblée décidait par son
vote. Quelques-unes furent présidées par Arago lui-même.

L'une des premières eut pour objet la suppression de tout service
religieux dans l'École. La convention survenue à la suite de cette réunion entre l'administrateur et le curé de l'église paroissiale de Saint-
Étienne-du-Mont a été ratifiée quelques mois après par le conseil de
l'École (4 mars 1831); elle est encore en vigueur aujourd'hui. Elle donnait à la fabrique, pour les employer au culte, le mobilier de la chapelle, les ornements, le trésor, les vases sacrés en spécifiant que ces
objets resteraient la propriété de l'État. Le curé et le conseil de fabrique s'engageaient de leur côté à perpétuité à faire dire sans aucun
frais une messe basse tous les dimanches à l'heure convenable et à
faire sans rétribution tous les services funèbres pour les élèves et le
personnel attaché à l'établissement.

On critiqua violemment l'ordonnance de réorganisation qui n'apportait pas aux règlements les modifications qu'on se croyait en droit
d'attendre et qui d'ailleurs, ainsi que nous aurons occasion de le dire,
mécontenta tout le monde[1]. Il fut décidé qu'une commission de
quatre membres rédigerait une protestation adressée au Roi. Bosquet,
désigné à l'unanimité pour la porter au Palais-Royal, se présenta

---

1. Voir, à la 2e partie, Sixième organisation.

avec ses camarades les quatre commissaires délégués ; mais Louis-Philippe refusa de recevoir la députation. « Un officier général ou je ne sais quoi, raconte Bosquet[1], nous servait d'interprète. Il nous dit que le Roi nous recevrait avec grand plaisir comme individus, mais qu'il ne lui était pas permis de recevoir une députation. Enfin on lui remit notre affaire et, depuis, rien n'a encore transpiré de la réponse. » Dans sa lettre Bosquet ajoute avec une certaine hauteur : « Il faudra cependant bien qu'il s'explique ! »

Le résultat de ces délibérations des deux promotions fut la modification des anciens règlements intérieurs dans le sens, on le pense bien, d'une surveillance moindre et d'une liberté plus grande. C'est ainsi que les élèves s'octroyèrent, outre les sorties habituelles du mercredi et du dimanche qui furent prolongées jusqu'à minuit, la faculté de sortir tous les jours de 2 heures à 5 heures pendant la récréation. Ils agitèrent même à ce propos la question du rétablissement de l'externat comme il existait à l'origine de l'École ; mais la proposition n'obtint qu'une minorité imperceptible. La commission de réorganisation y avait du reste songé elle-même. Elle avait cru un instant qu'il lui serait impossible de continuer à caserner des jeunes gens qui avaient rendu des services dont le souvenir était présent à tous les esprits et qui exerçaient sur la population une influence immense. Arago voulut même les consulter à ce sujet. Il les pria de dire franchement quel était leur désir et fut tout surpris de voir l'immense majorité se prononcer pour le maintien du casernement. « Ils ont reconnu d'abord, dit-il, qu'ils auraient quelque peine à concilier les devoirs rigoureux des études avec les distractions mondaines de leurs soirées. Ils entrevoyaient que, mêlés aux discussions politiques incandescentes de la société du moment, ils n'apporteraient pas à leur rentrée dans l'École toute la liberté d'esprit nécessaire pour suivre fructueusement des cours très difficiles. Nous vivons maintenant, lui répondirent-ils, en très bonne intelligence quelle que soit la différence de nos opinions politiques : en

---

[1]. Lettre à sa mère du 15 décembre 1830.

serait-il ainsi si tous les jours nous revenions avec les impressions puisées la veille dans le monde? n'y aurait-il pas des conflits et des désordres très graves[1]? »

L'assemblée générale des élèves s'occupa aussi d'affaires administratives. Elle prit des mesures propres à assurer la surveillance de l'habillement, de l'équipement, des trousseaux. Elle fit apporter à la nourriture quelques améliorations réclamées depuis longtemps. Elle décida que l'uniforme, qu'une minorité parlait de supprimer tout à fait, serait conservé tel qu'il avait paru aux trois journées. Elle obtint que tous les élèves, et non plus seulement les sergents, porteraient désormais l'épée. Elle intervint enfin jusque dans l'établissement du programme de certains cours et le choix de quelques-uns des membres du personnel enseignant. Des professeurs se retirèrent volontairement, d'autres furent contraints de s'éloigner. Voici comment Bosquet raconte le départ de Binet, l'inspecteur des études :

« Le jésuite Binet y espionnait encore : Comme ces chats à la griffe tenace, il était encore accroché aux murailles avec son abbé patelin et son train de commères. La veille de l'ouverture des cours, à force de lui chanter la *Marseillaise*, un petit nombre d'élèves l'épouvantèrent et il partit[2]. »

Cependant les esprits se calmèrent, peu à peu l'ordre et la régularité se rétablirent; au bout de quelques semaines le travail reprit selon les programmes ordinaires. Arago, dont la tâche avait été assez difficile, fut heureux de se retirer. Le général Bertrand[3], le compagnon de Napoléon à Sainte-Hélène, fut appelé au commandement de l'École. Aidé du colonel Legriel, il s'occupa activement de la refonte des règlements et du rétablissement de la discipline. Parvenu à ressaisir une ombre d'autorité, il eut bien vite gagné la sympathie d'une jeunesse pleine de respect pour son noble caractère. Grâce à lui la direction des études et l'administration commencèrent à exercer librement leurs attributions.

---

1. Discours d'Arago à la Chambre des députés le 18 mai 1835.
2. Bosquet, Lettres à sa mère.
3. Son fils, alors présent à l'École, est devenu général d'artillerie; il est mort en 1878.

Malheureusement les idées politiques ne tardèrent pas à occuper les esprits. Paris présentait à ce moment le spectacle d'une agitation extraordinaire et tumultueuse. D'un côté une population ouvrière encore ivre de son triomphe et mécontente d'avoir vu s'installer, au lieu de la République qu'elle attendait, une monarchie qu'on disait entourée d'institutions républicaines, semblait peu disposée à déposer les armes. De l'autre, la garde nationale nouvellement réorganisée, poursuivie par les insultes de la populace, protestait à tout instant de ses sympathies pour le roi et défendait l'ordre avec énergie. Huit jours après la victoire, la scission s'était produite entre les vainqueurs, et les partis ne songeaient plus qu'à s'injurier, à s'exciter les uns les autres. Des attroupements, des banquets, des manifestations de toutes sortes se produisaient tous les jours. Tantôt les ouvriers sans travail se promenaient bannière en tête ; tantôt les étudiants chantant la *Marseillaise* descendaient en masse vers les boulevards. L'émeute était entrée dans les habitudes de la population parisienne. Disciplinée, cantonnée, elle éclatait un jour dans un quartier, le lendemain, dans l'autre, sous n'importe quel prétexte. Il fallait que le pouvoir fît des prodiges pour sauver l'ordre et se sauver lui-même en combattant. L'excitation populaire gagna à son tour la jeunesse polytechnicienne impatiente d'entrer en ligne avec ceux qui la précédaient en âge et en expérience. L'impulsion donnée aux pensées grandes et généreuses qui fermentaient dans les esprits, le besoin d'expansion, l'amour de la liberté, l'illusion, la confiance, les aspirations, les souvenirs la jetèrent dans la lutte avec les partis.

Les nouveaux promus avaient subi leurs examens pendant la période d'agitation qui suivit la proclamation de la royauté et, malgré l'état de surexcitation générale, les épreuves avaient été très brillantes[1].

---

1. Les examens eurent lieu pour la première fois à la Sorbonne. Auparavant on les passait à l'Hôtel de Ville. La salle Saint-Jean où ils se tenaient était occupée par le gouvernement provisoire. Cette salle à laquelle on arrivait par le passage de l'arcade Saint-Jean après avoir traversé des ruelles étroites, humides et infectes, était d'ailleurs des plus mal choisies. L'année précédente les examens de M. Binet avaient été interrompus par une exécution capitale en place de Grève.

Leur nombre, fixé primitivement à 100[1], avait été porté à 126 après un examen nouveau des besoins des services publics, grâce aussi aux sollicitations survenues et surtout à l'influence de M. de Montalivet ancien élève de la promotion 1820 qui venait d'être nommé ministre de l'Intérieur[2]. Heureuse influence, que les jeunes camarades du ministre surent reconnaître et dont le gouvernement eut lieu de se féliciter plus tard quand il vit la plupart des appelés poursuivre de brillantes carrières dans les services civils et dans l'armée! Cette promotion de 1830 se prit à recueillir, à rassembler avec une activité étonnante, les souvenirs des grands travaux, des nobles actions, des exploits militaires de ses devanciers. Il semblait qu'elle voulût inaugurer une ère nouvelle en s'attachant à perpétuer l'ancien esprit de l'institution. Les prodiges de l'expédition d'Égypte, des guerres de l'Empire, de la campagne de France, défrayèrent les conversations de chaque jour. Au moment où il était bruit d'une guerre européenne imminente, où l'on parlait de déchirer au plus vite les traités de 1815, de réclamer nos frontières aux puissances encore interdites par la révolution qui venait de les ébranler, une sorte d'ardeur guerrière, comparable à celle des volontaires de 92, s'empara des intelligences et plusieurs de ceux qui étaient classés les premiers se décidèrent de ce jour à prendre à leur sortie de l'École la carrière des armes.

En retrouvant sur nos monuments les traces encore empreintes de la mitraille, en voyant les incidents de chaque jour entretenir la haine des gouvernements étrangers et la surexcitation politique, ceux qui arrivaient de la province eurent hâte de se faire raconter par leurs *anciens*, les *héros de juillet,* les merveilles de la bataille des trois jours. L'ancien retraçait les faits, parlait de l'attaque du Louvre, de la prise de la caserne de Babylone; il disait les derniers efforts des suisses et de la garde royale, le courage du peuple, son désintéressement après la victoire. Et les *conscrits* restaient frappés d'admiration à la pensée des grandes choses qui s'étaient accomplies.

1. Ordonnance de M. Guizot du 23 octobre 1830.
2. Ordonnance de M. de Montalivet du 2 novembre 1830.

L'*ancien* racontait encore comment à l'Hôtel de Ville Lafayette hésitait, luttait, atermoyait, tandis que la Chambre semblait disposée à traiter avec Charles X ; comment les rédacteurs du *National* et quelques députés gagnés d'avance, voyant que le peuple ne voulait plus de Bourbons, que les républicains et les sociétés secrètes gagnaient du terrain, s'étaient hâtés d'aller chercher le duc d'Orléans. « Nous étions là, disait-il, lorsque les députés l'ont nommé lieutenant général du royaume. La proclamation a été accueillie avec une morne douleur par tous les combattants de la veille. Nos amis du passage Dauphine se sont écriés : S'il en est ainsi, la bataille est à recommencer. Et nous, qui nous tenions l'épée nue dans la grande salle de l'Hôtel de Ville au moment où le prince fut reçu par Lafayette[1], nous étions tristes et découragés. »

C'est ainsi qu'anciens et nouveaux s'entretenaient ensemble des événements récemment accomplis et de toutes les questions du moment. Animés tous du même esprit de corps, de la même ardeur, du même dévouement, fiers de la vieille réputation de l'École, de sa célébrité acquise en d'heureuses circonstances, de la popularité qu'elle venait de conquérir, différents par leur origine, leur éducation, leurs habitudes, leur religion, leurs aptitudes, tous se sentaient devenus les camarades et les héritiers de leurs aînés qui depuis trente-cinq ans s'étaient distingués dans les services civils et militaires. Avec sa mobilité d'opinion, son impatience du joug, son désir immodéré d'innovation, cette génération intelligente devait infailliblement céder au vent d'insurrection politique, religieuse et littéraire qui soufflait sur toutes les têtes.

Les funérailles de Benjamin Constant furent l'occasion d'une première manifestation. Le 10 décembre, cent mille hommes, tous les amis de la liberté, accompagnaient son convoi. L'École, que l'on avait vue cinq ans auparavant aux funérailles du général Foy et que nous allons retrouver bientôt au convoi de Lamarque, voulut payer son tribut d'admiration au publiciste, au grand orateur mort dans la

1. Le samedi 31 juillet.

misère. Tous les élèves prirent place dans le cortège derrière l'état-
major du général Lafayette, et la députation des blessés de juillet avec
les Écoles de droit, de médecine et de pharmacie, celle d'Alfort, celle
des arts et métiers, les écoles du commerce et un grand nombre
d'élèves des premières institutions de Paris. Ils portaient un drapeau
sur lequel étaient écrits ces mots :

A Benjamin Constant les élèves de l'École polytechnique !

Les étudiants en droit et les étudiants en médecine, portant un
drapeau semblable, marchaient avec eux de front, sur trois lignes
parallèles, l'École polytechnique au milieu. Sur les boulevards une
foule immense regardait passer le cortège. Le spectacle était magnifique, l'enthousiasme indescriptible. Le char funéraire fut dételé et
porté par des députés, des élèves des Écoles, des ouvriers, qui se
relevaient par intervalle. A un moment une voix cria : au Panthéon !
un mouvement se fit et il fallut l'intervention de la force pour que le
convoi reprît lentement la route du cimetière. Tout Paris acclama ce
jour-là l'École polytechnique.

Cinq jours après s'ouvraient au palais du Luxembourg les débats
du procès des ministres. Le peuple voulait être là. C'était sa propre
cause que l'on jugeait, disait-il, et il demandait une sentence de
mort si l'on n'entendait pas renier la révolution. A la première
séance, dès le matin, la foule encombra la salle, les cours, le jardin
et les rues voisines. Les jours suivants elle ne fit qu'augmenter
malgré les précautions prises, malgré le déploiement de force. Des
menaces, des malédictions, des cris de vengeance et de mort mêlés
aux chants révolutionnaires, retentissaient à tout instant. Le bruit en
vint plus d'une fois faire tressaillir les juges et les accusés sur leurs
sièges. Dans la plupart des quartiers, des attroupements tendaient
incessamment à se former pour marcher sur le Luxembourg, d'innombrables patrouilles ne parvenaient qu'avec peine à les dissiper.
Les bataillons de la garde nationale avec quelques troupes de ligne
défendaient les avenues du palais. D'autres détachements veillaient

à la sûreté du Louvre, du Palais-Royal, de la Chambre des députés.
Les légions de la banlieue occupaient les boulevards extérieurs.
Lafayette se portait partout au devant des groupes dont l'attitude
était la plus menaçante. On crut plusieurs fois que le combat allait
s'engager. L'ordre fut assuré cependant jusqu'au dernier jour. Grâce
à l'attitude ferme, courageuse, prudente, de la garde nationale dont
le zèle mis à une rude épreuve ne se démentit pas un instant et fut
au-dessus de tout éloge, l'émeute avorta.

Le 21 au soir, le tambour cessa de battre et les cris de mort de
retentir ; on crut les ministres condamnés. Ils avaient été dirigés
sur Vincennes où M. de Montalivet et le colonel Ladvocat étaient
parvenus au travers des plus grands dangers à les transporter sains
et saufs. On parla de coup de main dans la soirée et les habitants,
s'attendant à des troubles dans la nuit, éclairèrent le devant de leurs
maisons. Le lendemain matin, quand la sentence fut connue, le
bruit courut qu'on avait favorisé leur fuite ; une clameur frémissante
de rage se fit entendre dans la rue de Tournon, la rue Dauphine et
la place du Panthéon. Pendant tout le jour une collision parut
imminente entre le peuple furieux et la garde nationale exaspérée.
L'aspect de Paris était menaçant et sombre. La garde nationale sur
pied battait le rappel dans tous les quartiers. Elle occupait le Louvre,
les Tuileries, les places, les quais, toute la ligne des boulevards. On
sentait qu'un mouvement du peuple allait avoir lieu. Il était prévu
depuis trois mois. Les agitateurs y poussaient, habiles à saisir tous
les prétextes pour ameuter les hommes inquiets. Des orateurs de
carrefour excitant à l'insurrection, des distributeurs de proclamations, des embaucheurs d'ouvriers, avaient été arrêtés les jours précédents par la police. On disait qu'une vaste conspiration républicaine embrassait les faubourgs et le quartier des écoles. On répandait
le bruit que les étudiants et les Polytechniciens allaient se mêler à la
multitude. Les hommes de désordre comptaient sur leur concours.
Déjà les cris de Vive la République ! se faisaient entendre depuis le
matin dans toute l'étendue du quartier latin. Arago se portant au
devant des groupes armés de bâtons, avait essayé de calmer les plus

ardents. A midi, 25,000 hommes étaient rassemblés dans le faubourg Saint-Germain ; le roi était décidé à se mettre à leur tête. Partout les magasins s'étaient fermés ; la foule grossissait, l'émeute grondait, une étincelle pouvait faire éclater la guerre civile. C'est alors que l'École polytechnique, suivie bientôt par toute la jeunesse des autres écoles fit une imposante démonstration.

Déjà des agitateurs brandissant un drapeau s'étaient présentés le matin aux portes de la rue Descartes espérant gagner les élèves à leur cause. Ils avaient été repoussés avec indignation. Des postes avaient été établis pour surveiller toutes les issues. Le colonel Algier, commandant la 12° légion, étant venu dans la cour avec le maire de l'arrondissement, les élèves lui exprimèrent en termes énergiques leur dévouement aux institutions et leur résolution de défendre l'ordre public. A midi le général Bertrand réunit les deux divisions, l'état-major, les capitaines, les lieutenants, les tambours, tous en grande tenue, leur annonça qu'il allait se rendre avec eux au Palais-Royal auprès de Sa Majesté Louis-Philippe[1], puis les formant en colonne, il prit le commandement et sortit en ordre militaire. La colonne descendit la rue de la Montagne-Sainte-Geneviève, suivit les quais Saint-Michel et des Orfèvres, les rues de la Monnaie et du Louvre. Une masse d'ouvriers marchait derrière. Tout le long du parcours la foule émue, étonnée de ce spectacle, s'arrêtait à la regarder passer. Qu'est-ce que cela signifie, se disait-on, que vont-ils faire? Des cris d'approbation, des applaudissements même éclatèrent de plusieurs côtés; ailleurs on vit des signes manifestes de haine et de désaveu. Point d'injure cependant, point de menace. La jeunesse, la bonne tenue, l'entrain, les souvenirs de juillet firent taire partout les mécontents. Les rangs demeurèrent compacts et la marche s'accomplit leste et uniforme au pas accéléré des tambours. Au fond, la masse honnête de la population, fatiguée de l'état d'incertitude et d'inquiétude croissante, avait confiance. Elle comprenait que cette promenade inusitée des Polytechniciens avait un caractère de gravité.

---

1. Il nous a été impossible de savoir si le général Bertrand avait pris l'avis ou reçu l'ordre du maréchal Soult, ministre de la Guerre.

LA MANIFESTATION DE L'ÉCOLE POLYTECHNIQUE.

(22 Décembre 1830.)

« Soyez tranquille, répétait-elle sur leur passage, l'École sait bien ce qu'elle fait! » On arriva ainsi sur la place du Palais-Royal où la troupe était massée. Louis-Philippe parut au balcon et aussitôt des cris de Vive le roi! Vive l'ordre public et la liberté! retentirent. Le général Bertrand, les officiers, quelques élèves reçus immédiatement par le roi, lui exprimèrent en peu de mots les véritables sentiments de l'École. Louis-Philippe les remercia; les princes et tous les personnages qui étaient présents leur adressèrent les plus chaleureuses félicitations; puis ils redescendirent sur la place et la colonne s'ébranla pour le retour. Le peuple qui l'attendait formant la haie sur les quais lui sembla moins bien disposé; elle trouva plus loin des dispositions hostiles et pour franchir la rue de la Montagne les tambours qui avaient cessé de battre jusqu'à la place Maubert enlevèrent le pas de charge. Pourtant quand les portes se fermèrent, tout ce quartier qui adore l'École applaudit et fit entendre longtemps encore des cris répétés de : Vive l'École polytechnique!

A la même heure, les élèves de l'École de droit et ceux de l'École de médecine, au nombre de cinq à six mille, portant comme signe distinctif la carte d'étudiant au chapeau, s'étaient rassemblés sur la place du Panthéon. De là ils étaient partis, dans l'ordre le plus régulier et l'attitude la plus calme, fractionnés en plusieurs divisions, celles-ci parcourant les quais, celles-là les boulevards, d'autres les faubourgs, les quartiers les plus populeux et les plus agités, persuadant les ouvriers, entraînant des détachements avec eux, portant partout des paroles de paix, d'union et de respect à la loi. Salués d'acclamations ils avaient été reçus aussi par le roi et ils étaient rentrés au quartier latin avec les témoignages de confraternité, de reconnaissance de la population et de la garde nationale.

Cette démonstration inspirée par le sentiment généreux et patriotique d'une jeunesse ardente, mais éclairée, libérale, essentiellement amie de l'ordre et de la paix, déconcerta les agitateurs. Par leur attitude, leur nombre, leur langage conciliant, les défenseurs de l'ordre avaient su se faire respecter sans employer la force. L'absence du personnel des sociétés secrètes en ce moment éloigné de Paris,

la contenance énergique de la garde nationale, la fermeté des chefs avaient rendu stériles les tentatives depuis longtemps ourdies des perturbateurs. Le soir le calme était rétabli partout et le Roi parcourait les environs du Palais-Royal. Sur la place du Panthéon, le colonel Algier haranguant ses hommes remercia chaleureusement les élèves du concours qu'ils lui avaient apporté au moment où le poste du Luxembourg avait été attaqué en même temps que celui du Panthéon. Malgré quelques incidents risibles comme il s'en produit même dans les événements les plus graves, son discours très bien pensé et vigoureusement accentué fut couvert d'applaudissements. Le lendemain, la Chambre, sur la proposition de M. Laffitte, vota à l'unanimité des remerciements à la garde nationale de Paris et de la banlieue, aux troupes de ligne de la garnison, aux élèves de l'École de droit et de médecine et aux élèves de l'École polytechnique pour leur belle conduite, leur dévouement à la cause de l'ordre et de la liberté.

L'intervention de l'École produisit un effet prodigieux, mais elle n'était ni dans ses habitudes ni dans ses traditions. Un certain nombre d'élèves de la première division, républicains ardents et convaincus, ne laissèrent pas d'exprimer la crainte qu'elle ne portât atteinte à sa popularité. Ils avaient remarqué dans la foule, à plusieurs reprises, des dispositions manifestement hostiles. Deux jours avant, six d'entre eux avaient été interpellés et menacés par une troupe d'hommes du peuple en armes qui criait : On nous trahit ! mort aux ministres ! à bas l'École. Bosquet, qui était l'un des six, montra en cette inconstance les plus nobles qualités de caractère. Il usa de l'ascendant véritable qu'il exerçait sur ses camarades par le don du commandement joint chez lui à l'autorité de la parole pour leur commander de faire face à la bande, puis s'avançant vers les braillards il leur adressa ces paroles : « Vous n'étiez pas avec nous en juillet. Vous demandez la mort de nos ennemis politiques. A cela je reconnais qu'aucun de vous n'était parmi les combattants de Babylone, ni du Louvre. Éloignez-vous ou nous vous dispersons ! » Quelques passants se mirent à crier : Vive l'École polytechnique ! et comme

par enchantement les agresseurs en firent autant. Ces mêmes élèves
allèrent dans la soirée du 19 aux bureaux du *Constitutionnel* protester avec indignation contre les bruits, calomnieusement répandus,
que leur uniforme avait paru avec la multitude. « Si parmi les agitateurs, dirent-ils, il s'est trouvé un homme qui portât l'uniforme
de l'École, cet homme est un faussaire, nous le désavouons. » Et ils
firent traquer partout les hommes qui se présentaient dans les faubourgs revêtus de l'habit polytechnicien pour essayer d'usurper leur
influence. Le moyen de les reconnaître, dit Bosquet, était de leur
demander la *différentielle de sin x ou de log x* « s'ils répondent, ce
sont d'anciens élèves, sinon on les fait coffrer [1] ». En soutenant les
intérêts de la bourgeoisie, ceux qui avaient des convictions républicaines semblaient craindre qu'on ne les accusât de déserter la cause
du peuple. « Sans doute, toutes nos idées appelaient l'ordre, écrit
encore Bosquet, mais l'ordre avec l'espoir de la réalisation de ces
promesses si lentes à se développer [2]. » Aussi le jour même de la manifestation firent-ils placarder sur les murs du quartier latin une
adresse dans laquelle eux et les étudiants invitaient le peuple de
Paris à rester calme en l'assurant que les jeunes gens des écoles
avaient toujours combattu avec lui et qu'ils étaient ses meilleurs
amis [3]. L'adresse parlait de larges concessions qu'il s'agissait d'obtenir, d'une base plus républicaine pour les institutions. Louis-
Philippe n'y trouva rien à répondre puisqu'il fit dire à Bosquet l'un
des signataires « qu'il le félicitait des sentiments exprimés et qu'il le
tenait pour un bon Français [4] ». On reprocha pourtant à quelques
députés et particulièrement à M. Odilon Barrot, qui avait approuvé la
proclamation, d'avoir pactisé avec la jeunesse des Écoles et pris avec
elle des engagements. Telle était sans doute la pensée de Laffitte
lorsqu'il proposa à la Chambre de voter des remerciements aux défenseurs de l'ordre et qu'il omit de parler de l'École polytechnique.

---

1. Lettre de Bosquet à son beau père M. Lacoste 20 décembre 1830.
2. Lettre de Bosquet à sa mère du 25 janvier 1831.
3. Voir cette proclamation note n° 22.
4. Lettre de Bosquet du 25 janvier 1831.

Un incident se produisit à ce sujet et la Chambre répara dans son vote l'omission du ministre ; toutefois les élèves furent mécontents et résolurent de protester immédiatement contre le vote. La protestation était énergique [1]. Elle a été retrouvée dans les notes au crayon de Bosquet qui l'avait rédigée. Nous la citons tout entière.

Décembre 1830.

Une portion de la Chambre des députés a daigné voter des remerciements à l'École polytechnique sur des faits bien infidèlement rapportés. Ces faits, nous les démentons, nous élèves de l'École, et nous ne voulons pas de ces remerciements.

Notre profession de foi est celle que les balles de juillet ont inscrite aux cœurs des tyrans et qu'ont proclamée la générosité du peuple et l'ordre magique établi après trois jours d'un bouleversement universel. Cet ordre, dont nous avons compris la nécessité et qui semblait disparaître à cause d'un dernier cri de vengeance que la générosité étouffe difficilement, après tant de modération, nous avons tous cherché à le maintenir ; mais par la persuasion, en raisonnant, en répondant à tout, franchement, avec les plus émus des masses, et ces mêmes hommes, ramenés à la générosité, ont ensuite partagé notre rôle. Mais en l'acceptant, ils ont entendu, comme nous, que les promesses faites à l'Hôtel de Ville ne seraient pas oubliées et que ce trône populaire avec des institutions républicaines serait une vérité. Il faut du temps, sans doute, pour mûrir des projets ; mais cinq mois sont déjà écoulés depuis que s'est couché le soleil de juillet. Chaque citoyen espère encore tous les jours qu'il sera représenté dans une chambre où l'on discute ses intérêts ; il ne l'est pas encore. Ce droit naturel, qu'il a dû conquérir, ce droit d'être *un* dans l'État, personne ne le lui eût disputé dans la grande semaine, puisqu'on lui reconnut celui d'élire un souverain. C'est là ce qu'il réclame d'abord. Cette institution républicaine et naturelle, on la lui a promise et il s'est encore retiré, comme à la grande soirée, calme et plein de confiance.

Trop heureux d'être, auprès de ce peuple, avec nos camarades des autres écoles, les interprètes des hommes de liberté, nous avons parlé publiquement dans une proclamation démentie, dit-on, et cependant votée à l'unanimité par un grand nombre d'élèves réunis à notre École, voilà le fait. Qu'on présente donc de nouveau le projet de remerciement ! que les mêmes députés crient : non ! et nous dirons : merci !

Cette fois les quatre-vingt-deux signataires furent mis aux

----

1. Cette protestation a été retrouvée dans les notes au crayon de Bosquet et publiée par sa famille dans l'ouvrage, *Lettres de Bosquet à sa mère*.

arrêts. On le voit, la politique était introduite dans l'École. Les élèves de seconde année, d'opinion en moyenne plus avancée, ne gardaient la neutralité qu'avec l'espoir de voir se réaliser les promesses faites à l'Hôtel de Ville[1]. Ceux de première année avaient une attitude plus calme. Il existait d'ailleurs une certaine froideur entre les deux promotions depuis que les nouveaux avaient déclaré, peu après la rentrée, que le temps des brimades était passé et qu'ils ne les souffriraient pas si légères qu'elles fussent! Comme ils étaient nombreux ils s'étaient fait respecter. Il en était résulté un commencement de bouderie que la politique faillit aggraver. Pendant l'hiver, on envoya encore des élèves parcourir processionnellement les rues avec des détachements de la garde nationale. La seconde division fournissait la plupart du temps des patrouilles de cinquante, quelquefois de cent Polytechniciens, demandés au commandant de l'École par le gouverneur de Paris ou le commandant de place, pour disperser des attroupements ou prévenir des troubles. La majorité de la première division n'approuvait pas ces sorties. Des fenêtres de leurs salles d'étude, les anciens regardaient partir les conscrits avec une sorte de dédain, ils les appelaient les *patrouillards*. Cela dura tant que le pouvoir resta faible et chancelant et que la garde nationale régna sur la place publique. La visite de Lafayette au mois de février 1831 fut l'occasion de la réconciliation des deux promotions. Après avoir passé la revue des deux divisions rangées en bataille, le vieux général qui sentait la popularité le trahir de nouveau comme en 1792 leur adressa quelques paroles à l'amphithéâtre. Il parla de juillet, de la liberté, les complimenta sur leur attitude en décembre et rattacha l'avenir de leur carrière à celui de la patrie. Son discours se termina par l'éloge du général Bertrand, modèle de dévouement et de fidélité, puis les deux généraux se donnèrent l'accolade et descendirent dans la cour se confondre aux élèves avec une aménité parfaite et leur parler encore de l'École, des émeutes et des questions politiques.

Sous le ministère Casimir Périer, qui se défendit avec violence et

1. Lettre de Bosquet du 25 janvier.

n'avança guère dans sa tâche; plus encore sous le gouvernement du *juste milieu*, sans énergie dans la répression et sans foi dans la liberté, qui mécontenta tous les partis, l'union des élèves était complète en faveur du *mouvement* et contre la *résistance*, comme on disait alors. Toutes les écoles étaient du reste travaillées par les révolutionnaires qui cherchaient à les transformer en une corporation politique exerçant son influence sur les délibérations des chambres et sur les actes du pouvoir. Les explosions quotidiennes de l'esprit public entretenaient à ce moment une vie brûlante à Paris. Le moindre incident surexcitait les passions et ranimait l'exaltation populaire. Tout prétexte de trouble était avidement saisi. L'émeute était en permanence.

L'année 1831 et les premiers mois de 1832 sont remplis par les désordres de la rue. Un service anniversaire du duc de Berry est l'occasion de luttes acharnées qui durent trois jours sur la place Saint-Germain-l'Auxerrois, le quai de l'École et les rues avoisinantes et qui se terminent par la dévastation de l'église et le pillage de l'archevêché. Le procès de Godefroy Cavaignac, Guinard, Trélat, et des dix-neuf républicains acquittés par le jury aux applaudissements du peuple, des étudiants, des élèves des écoles, suscite une seconde émeute où pour la première fois l'armée se joint à la garde nationale. La décoration de juillet, parce qu'elle porte cet exergue « donnée par le roi » et qu'elle exige la formalité du serment sert de prétexte à une attaque à la royauté. Ce jour-là, l'artillerie du général Lobau balaye comme par enchantement le rassemblement de la place Vendôme. L'insurrection de Pologne est l'occasion de plusieurs troubles graves; des armuriers sont pillés, des réverbères mis en pièces, un poste de troupe menacé. On crie : A bas la garde nationale ! La célébration de l'anniversaire du 14 juillet, qu'on veut fêter par la plantation d'arbres de liberté, nécessite une énergique intervention de la police. La nouvelle de la prise de Varsovie excite l'indignation. La foule se porte au Palais-Royal, à l'hôtel des Affaires étrangères, au boulevard Saint-Denis en criant à la trahison ! à bas les ministres ! vive la Pologne ! et la ferme attitude de Casimir Périer ne parvient qu'avec peine à disperser les agitateurs. Tantôt des rassemblements

d'étudiants se forment dans la rue Saint-Jacques et descendent au boulevard. Tantôt des centaines d'ouvriers se portent autour du Palais-Royal et demandent avec fureur, sous les fenêtres du roi, de l'ouvrage et du pain. Dans les premiers jours d'avril 1832, l'incendie des tours de Notre-Dame doit être le signal d'un complot ourdi par la société des *Amis du peuple;* un peu plus tard vient l'affaire des *chiffonniers* auxquels l'entreprise des boues menace d'enlever une partie de leur butin.

Les premières mesures prises par le roi n'étaient d'ailleurs pas de nature à calmer l'effervescence. La loi sur l'exclusion de Charles X et de sa famille, la dissolution de la Chambre après le vote de la loi électorale qui abaissait le cens pour l'éligibilité, l'interdiction des vœux aux conseils municipaux, des délibérations à la garde nationale, l'affaire des fusils Gisquet, la révolution de Pologne, la guerre civile de Lyon, la question de la liste civile, les troubles de Grenoble, l'arrestation de la duchesse de Berry, enfin le choléra avec son cortège de deuils, compliquant l'agitation dans les rues désertes et devant les maisons fermées, du bruit de prétendus empoisonnements accueilli aveuglément par la crédulité populaire, portèrent à leur comble la surexcitation des passions.

Les Polytechniciens se trouvèrent mêlés à presque toutes les affaires de cette époque. Ils étaient toujours, il est vrai, du côté de la garde nationale, constamment sur pied pour disperser les groupes et ramener un calme de quelques heures. Plusieurs fois ils se signalèrent par leur prudence et leur générosité. L'un d'eux, sur la place de Saint-Germain-l'Auxerrois, le jour où l'église fut envahie, sauva avec l'aide d'un officier de la garde nationale un individu que la foule voulait massacrer parce qu'il blâmait ses excès [1]. Un autre,

---

1. Il y eut à cette occasion un certain froissement entre l'École et la garde nationale. On demandait la croix pour l'officier et le roi voulait que le Polytechnicien, dont l'intervention avait été toute puissante, fût compris dans la promotion. L'Élève refusa toute récompense : « J'ai l'intention de servir dans l'armée, dit-il au général, et je ne veux pas avoir à expliquer comment j'aurais été décoré pour un fait si simple. Je suis jeune, il se présentera pour moi des occasions meilleures de mériter la croix d'honneur. » Le général lui serra la main. Les gardes nationaux furent mécontents.

accompagné de quelques soldats, se jeta le lendemain au milieu d'un attroupement et réussit à dégager un malheureux quaker qui venait de faire l'acquisition d'une paire de pistolets ; la foule le prenait pour un prêtre et voulait le jeter à l'eau. Pendant l'épidémie de choléra, la frayeur donna naissance à des scènes sauvages que les élèves firent quelquefois cesser par leur intervention. Cette intervention n'était pas sans danger. Lors de l'émeute de la rue Saint-Antoine[1], les habitants affolés accusaient le gouvernement d'avoir empoisonné l'eau des fontaines ; un élève, pour avoir pris parti contre la foule, se vit menacé et ne se dégagea qu'à grand'peine.

Dans l'intérieur de l'École, la politique était à ce moment la préoccupation constante. Les journaux, les écrits périodiques ou autres y étaient librement introduits ; les salles de travail étaient devenues des espèces de clubs où l'on discutait les affaires du pays. Vainement le ministre avertit « cette jeunesse qui a payé sa dette avant l'âge et bien mérité de la patrie » que les lois ont repris leur empire et que tout ce qui est irrégulier doit être nécessairement réprimé ! On ne tient aucun compte de ses avertissements, on n'exécute ses ordres que s'ils ont été soumis à l'examen, commentés et approuvés par la voie du scrutin. Les officiers de service ne jouissent d'aucune considération, ils n'ont que l'ombre d'autorité. L'époque du carnaval de 1832 est l'occasion d'une démonstration politique dans la cour ; un bonnet rouge est hissé sur des queues de billard et l'on danse autour en chantant *Madame Veto* et la *Carmagnole*. Le général consigne toute une division, mais les observations qu'il adresse sont tournées en ridicule. Affiliés à des sociétés ostensiblement ou secrètement organisées, les élèves vont y prendre journellement le mot d'ordre. Ils correspondent avec les membres les plus influents de l'opposition. Ils sont instruits des mouvements qu'on prépare ; ils arrêtent à l'avance le rôle à jouer, l'attitude à tenir. L'École polytechnique en est venue à se croire une quatrième puissance dans l'État[2].

1. 4 avril 1832.
2. Rapport du général Tholozé 1837.

Vers le milieu de l'année, tandis que l'entente se refroidit entre elle et la milice bourgeoise, l'opinion républicaine fait des progrès rapides dans les deux divisions. On se passionne pour les idées du parti qui flatte l'orgueil national, qui demande à grands cris le suffrage universel, qui annonce une réforme sociale. On s'associe à toutes les manifestations contre la monarchie. On va applaudir Godefroy Cavaignac défendant lui-même sa cause devant la cour d'assises et, avec les étudiants, porter Trélat en triomphe, après le verdict d'acquittement. Des élèves assistent au banquet du bois de Boulogne le 27 mai, pour témoigner que l'École n'est pas étrangère au mouvement des esprits qui agite l'Allemagne en faveur de la liberté de la Presse et de l'indépendance des états germaniques[1]. Ils font partie des comités organisés dans toute la France pour exciter l'enthousiasme en faveur de la malheureuse Pologne et pour lui envoyer, à défaut d'une armée, quelques hommes et quelque argent. Enfin, deux élèves, Latrade et Caylus, organisent une vente, qui se met en relation avec la Charbonnerie nouvellement reformée. Les réunions se tiennent rue de l'Arbre-Sec, 150 élèves environ s'y rendent les jours de sortie. C'est l'heure où le parti républicain, qui compte dans ses rangs toute l'artillerie de la garde nationale, l'étudiant, le prolétaire, l'ouvrier, le décoré de juillet, a repris son audace et son activité; où les sociétés populaires, celle des *Amis du peuple*, celle des *Droits de l'homme*, la *Gauloise*, recrutent de nombreux affiliés; où la garde nationale ne suffit plus à maintenir la tranquillité publique; où les Saint-Simoniens menacent d'ébranler l'ordre social dans sa base, où les journaux comme le *National* et la *Tribune* entretiennent contre le pouvoir une lutte de tous les jours. C'est à une des réunions de la vente qu'on décide que l'École ira à l'enterrement de Lamarque.

Le général Lamarque, héros de Wagram, glorieux adversaire de Wellington en Catalogne, nommé maréchal de France par Napoléon

---

1. Charles de Lasteyrie, Armand Carrel, Pinto, colonel espagnol, d'autres étrangers de toutes nations, prononcèrent des discours. Lafayette, président du banquet, se retira appuyé sur le bras d'un étudiant allemand et d'un élève de l'École polytechnique.

à Sainte-Hélène, se recommandait, par les plus grands talents, par le prestige d'une imagination brillante, par sa vie politique de tribun défenseur de la liberté, à l'estime et à la reconnaissance de ses concitoyens. A peine avait-il rendu le dernier soupir que les partis s'emparaient de son cercueil et arrêtaient le programme du convoi. Un appel était fait à toutes les classes de citoyens; on voulait opposer une éclatante manifestation à celle que le pouvoir avait provoquée lors de la mort de Casimir Périer. Les républicains brûlaient de pousser leur cri de guerre. Le gouvernement, lui, n'attendait qu'une occasion de montrer sa force.

Depuis quelque temps un redoublement d'agitation s'était manifesté à l'École. Le jour fixé pour les funérailles était un mardi, jour de petite sortie. Depuis le matin les élèves de la première division impatients de s'échapper et d'aller se mêler au cortège, vont demander au général Tholozé la permission de sortir. Le général refuse. Ils décident alors qu'à l'heure habituelle on montera dans les casernements s'habiller à la hâte, qu'on ne dînera pas et qu'on se portera de suite au boulevard. Instruit de leur résolution, le général supprime la sortie. Aussitôt l'irritation succède à l'impatience. On n'avait point de projet, on n'avait pas réfléchi aux éventualités d'une démonstration politique, disait-on; mais on comptait sur la sortie, comme sur un droit absolu. Une liste circule immédiatement dans les salles d'étude. Ceux qui sont d'avis de sortir quand même s'inscrivent. Ils endossent l'uniforme de grande tenue, prennent leur épée et se précipitent vers la porte. Le général se tient là; il a donné l'ordre de ne laisser sortir personne et il veille lui-même à son exécution; les officiers de service sont à ses côtés. Une presse vigoureuse le renverse et une petite colonne d'élèves en masse serrée franchit la porte. Rue de la Montagne elle prend le pas de course, passe derrière la Halle aux Vins, longe le Jardin des Plantes et arrive au pont d'Austerlitz. C'est là que devaient être prononcés les discours d'adieu.

Pour passer le pont, il fallait payer; un élève jette au guichet la somme nécessaire : trois francs quinze centimes. Ainsi fut acquise

LES POLYTECHNICIENS AU CONVOI DU GÉNÉRAL LAMARQUE.

(5 Juin 1832.)

plus tard la preuve que le nombre des coupables était de soixante-trois. De l'autre côté du pont, la colonne a peine à fendre la foule qui l'entoure et fait retentir ses acclamations. Dans la bagarre un élève perd son chapeau, un autre a son habit à moitié déboutonné; « Qu'il est gentil ! » crient les femmes en le montrant du doigt. Trois heures sonnent à ce moment, le cortège est au boulevard Bourdon. Encore quelques minutes de pas de course en bonne tenue et l'arrivée des élèves est saluée par le cri de vive l'École polytechnique ! vive la République ! L'artillerie de la garde nationale les reçoit à bras ouverts. Une bousculade assez vive fait ouvrir les rangs devant eux et les porte au milieu des députés, des généraux, derrière le corbillard. L'un prend un des coins du drap mortuaire à côté de M. Mauguin et de Lafayette, les autres suivent en ordre militaire. La vue de leur uniforme produit un effet si magique que la musique qui marche en tête entonne spontanément la *Marseillaise* défendue depuis plus d'un an. Sur ce chant révolutionnaire le cortège s'avance lentement suivant le boulevard entre le canal Saint-Martin et le grenier d'abondance. Le silence et le recueillement sont à chaque instant troublés par la turbulence et les clameurs. On fait halte au pont d'Austerlitz. Des discours véhéments sont prononcés. La foule était frémissante.

Depuis deux heures l'idée d'un combat était présente à tous les esprits. On savait le gouvernement flottant, la fidélité des troupes chancelante. Tout à coup une bande conduite par un homme à cheval, vêtu de noir et portant un drapeau rouge, paraît au pied de l'estrade. Des jeunes gens, des citoyens revêtus de l'uniforme de l'infanterie et de l'artillerie de la garde nationale, des élèves de l'École d'Alfort, quelques Polytechniciens, beaucoup de gens en veste et en vêtements à demi déchirés viennent derrière et se mettent à crier vive la République ! à bas Louis-Philippe ! à bas *la poire molle* ! On sait ce qui arriva. Tandis que Lafayette était traîné en triomphe à l'Hôtel de Ville, un escadron du 6° dragons s'ébranlait de la caserne des Célestins pour se porter devant le catafalque. D'autres jeunes gens qui suivaient le drapeau rouge, armés de pistolets

d'arçons, s'élançaient à travers la foule criant aux armes ! on nous massacre ! et essayaient d'entraîner les gardes nationaux. Une barricade s'improvisait avec quelques tonneaux ; les palissades du grenier d'abondance étaient lancées contre les dragons ; puis un second escadron, chargeant au galop, balayait tout le boulevard sur son passage. Pendant ce temps-là le corbillard était dételé ; les hommes et les élèves qui le traînaient vers le Jardin des Plantes pour le conduire de là au Panthéon étaient dispersés par un piquet de gardes municipaux et de carabiniers. Une seconde barricade défendue par les artilleurs et une douzaine de Polytechniciens tenait bon à l'extrémité du boulevard Bourdon. Enfin les meneurs se répandaient dans les faubourgs et parcouraient les quartiers Saint-Martin, Saint-Denis, en poussant des cris d'alarme.

C'était l'émeute. Elle enveloppa Paris en un clin d'œil. L'arsenal, la mairie du VIIIe arrondissement, les postes de la place Saint-Antoine et du Château-d'Eau furent enlevés de suite, une fabrique d'armes pillée, une caserne prise. Malgré l'hostilité des bourgeois le mouvement gagna vite le centre de Paris et une partie de la rive gauche. La situation parut un moment désespérée. Cependant vers quatre heures les troupes du général Lobau s'avancèrent à l'attaque sur tous les points à la fois. La garde nationale pleine d'ardeur se battit avec intrépidité. Le soir la rive gauche était déblayée et l'insurrection cernée dans l'espace compris entre la rue Montmartre, le marché des Innocents et le cloître Saint-Merry.

Au moment de la charge des dragons, les Polytechniciens qui défendaient la barricade du boulevard Bourdon, s'étaient blottis contre la construction pour laisser passer les cavaliers ; quelques-uns avaient été légèrement blessés[1], d'autres vinrent les rejoindre et la plupart reprirent le chemin de l'École. Lorsqu'ils arrivèrent rue Mouffetard, on pillait déjà les maisons ; sur la petite place deux cuirassiers s'étaient emparés de tambours et battaient le rappel pour réunir les gardes nationaux. Quelques élèves seulement restèrent avec

1. Jourgeon fut blessé au bras. Sorti dans l'arme du génie, il avait le grade de colonel lorsqu'il fut tué à Solférino.

les émeutiers. L'un d'eux portant un drapeau rouge accompagna l'officier d'artillerie de la garde nationale qui alla se présenter au poste des Petits-Pères, au nom du gouvernement provisoire, pour demander l'abandon des fusils et la remise du poste, tandis qu'un rassemblement de 200 à 300 hommes commandés par un colonel en uniforme polonais essayait de l'enlever. Deux ou trois autres, à la tête d'une bande d'hommes armés de fusils, de pistolets, de lances, allèrent attaquer le poste de la rue Mauconseil, criant : « Vive la République! nous sommes des amis du peuple et des soldats comme vous! »; mais le sergent, avec son caporal et ses huit hommes, fit une vigoureuse résistance et ne céda que devant la supériorité du nombre. Un autre se porta avec les élèves de l'École de commerce, et cinq ou six décorés de juillet au pavillon de Sully, dans lequel les insurgés pénétrèrent par la toiture. Deux passèrent la nuit dans les quartiers Montmartre, Saint-Denis, Saint-Martin où l'on fit une résistance opiniâtre.

Au point du jour les soixante-trois qui avaient forcé la porte dans l'après-midi et une centaine d'autres qui s'étaient répandus dans Paris un peu plus tard regagnèrent l'École. Derrière le chevet de Saint-Étienne-du-Mont, des hommes complaisants leur firent la courte échelle pour atteindre, de la rue, le sommet du mur du bâtiment dit de la Reine Berthe, de l'autre côté duquel une échelle avait été placée par des auxiliaires officieux de manière à faciliter la descente. Par ce moyen auquel le gouverneur, selon toute apparence, ne fut pas tout à fait étranger, ils évitèrent de violer de nouveau la consigne et ils regagnèrent tranquillement leurs lits. Pendant leur absence, leurs camarades avaient repoussé plusieurs tentatives des émeutiers. A la tombée de la nuit, une bande qui voulait s'emparer des fusils, arriva derrière le bâtiment de la bibliothèque, criant : « Donnez-nous vos armes ou bien servez-vous-en pour la liberté! — Nous savons ce que nous avons à faire, vous nous insultez, retirez-vous, » répondirent les élèves. Le colonel Legriel se mit à leur tête et la bande se retira moitié par force, moitié par persuasion. La nuit venue, deux postes solides furent

établis aux deux entrées de l'École ; des sentinelles furent placées tout autour des bâtiments. Les insurgés avaient une petite barricade, en face la grille d'honneur ; ils restèrent derrière jusqu'au matin.

Vers les neuf ou dix heures, les élèves étaient encore dans le plus grand état de surexcitation, quand des grenadiers se présentèrent pour prendre possession de l'École. On ne passe pas ! cria l'élève de faction. Il donna l'alarme et les deux promotions coururent aux armes. Le capitaine des grenadiers qui avait l'ordre formel d'occuper les bâtiments, s'apprêta à l'exécuter. Déjà il commandait de mettre en joue, quand le général Tholozé arriva. Un instant après l'École fut occupée par la troupe. Le lendemain elle était licenciée.

Quand l'insurrection eut été étouffée, après une lutte terrible qui, pendant deux jours, couvrit la moitié de Paris de feu et de fumée, et dans laquelle quelques hommes énergiques tinrent au cloître Saint-Merry contre une armée entière, de nombreuses arrestations furent opérées. Six Polytechniciens furent arrêtés : de Schaller, Marulaz, Michel, Chanal, Clément Auguste, Moreau de Montcheuil. On les mit à la prison de la rue du Cherche-Midi ; mais ils n'y restèrent pas longtemps. L'un d'eux, de Montcheuil, était légitimiste, il n'avait été mêlé à aucun des événements, on le garda néanmoins prisonnier quelques jours. Son père vit le maréchal Soult, ministre de la Guerre, qui lui dit : « Son innocence nous aidera à sauver les autres ! » La fatalité voulut que ce malheureux élève fut atteint du choléra dans sa prison. On le transporta à la Charité où il mourut au bout de quelques heures. En souvenir de lui, les élèves sont allés pendant plusieurs années porter des couronnes sur sa tombe à l'anniversaire du 6 juin. Une ordonnance de non-lieu ne tarda pas à être rendue en faveur de quatre autres élèves. Seul, de Schaller[1], qui avait été arrêté le 6 au matin dans une maison de la rue Montmartre avec un prêtre déguisé, quelques étudiants et deux cents ouvriers, les combattants de la bar-

---

1. De Schaller avait un caractère enthousiaste et intrépide qui le fit distinguer dans le service et surtout devant l'ennemi. Il mourut jeune encore et déjà colonel d'artillerie et commandeur de la Légion d'honneur.

ricade du passage du Saumon, fut maintenu en état d'arrestation. On le transféra à la Conciergerie, puis à Sainte-Pélagie aussitôt que sa famille eut obtenu de faire commencer l'instruction contre lui. « Tous les mercredis et tous les dimanches, nous allions à Sainte-Pélagie, » nous a raconté un de ses camarades, « et à force de supplications, peut-être aussi avec un peu d'argent, nous avions obtenu la faveur d'être admis dans une petite cour de servitude de laquelle nous pouvions apercevoir à une fenêtre du troisième étage la figure blonde et animée du prisonnier. On échangeait avec lui quelques signes en lui criant : A bientôt! et le gardien nous tirait par le pan de notre habit en disant: Assez mon général! vous allez me faire prendre! Nous nous en retournions les larmes aux yeux. » Le jour des assises arriva, aucun élève ne put y assister. Le père de l'accusé était présent. C'était un beau vieillard de plus de soixante-dix ans, d'attitude militaire irréprochable. L'avocat, un légitimiste inspiré par son client, le défendit avec cœur, avec passion. Le jury prononça l'acquittement.

Dans la soirée du 6 juin, une ordonnance royale avait prononcé le licenciement de l'École. Voici cette ordonnance précédée du rapport du maréchal Soult :

Sire,

C'est avec douleur que je me vois dans l'obligation de rendre compte à Votre Majesté des grands désordres auxquels s'est livré un grand nombre d'élèves de l'École polytechnique.

Ces jeunes gens égarés par de déplorables illusions, et mettant en oubli les devoirs qu'ils ont à remplir envers l'État, qui contribue à grands frais à leur instruction, et qu'ils se destinaient à servir un jour dans les diverses carrières publiques, ont forcé la consigne de l'École pour aller se joindre aux séditieux, ils ont pris une part active aux actes de rébellion dont les fauteurs de l'anarchie se sont rendus coupables, ils ont cherché à entraîner ceux de leurs camarades qui sont restés fidèles à leur devoir: ils sont revenus à deux reprises pour tenter de les séduire, et ne pouvant y parvenir, ils ont manifesté par des actes l'intention de leur enlever les armes de l'École, que ces derniers élèves ont constamment défendues avec honneur.

Dans cet état de choses, ne pouvant plus répondre du dévouement de la totalité des élèves de l'École polytechnique aux institutions et au trône fondés

par notre glorieuse révolution de juillet, je me vois à regret dans la nécessité de proposer à Votre Majesté le licenciement de cette École. Mais je remplis en même temps un devoir en appelant la bienveillance du Roi sur des élèves qui ont fait preuve des bons sentiments dont ils sont animés.

Tel est le but du projet d'ordonnance que j'ai l'honneur de soumettre à la signature de Votre Majesté.

Le ministre secrétaire d'État de la Guerre.

Maréchal duc DE DALMATIE.

ORDONNANCE DU ROI

Louis-Philippe, roi des Français,

A tous présent et à venir, salut.

D'après le compte qui nous a été rendu des grands désordres auxquels un grand nombre d'élèves de l'École polytechnique s'est livré,

1º En forçant la consigne de l'École pour aller se joindre aux séditieux, et en prenant part aux actes de rebellion dont les fauteurs de l'anarchie se sont rendus coupables;

2º En revenant à deux reprises chercher à séduire les élèves qui sont demeurés fidèles à leurs devoirs et ayant manifesté l'intention de leur enlever les armes de l'École que ces derniers élèves ont constamment défendues avec honneur;

Sur le rapport de notre ministre secrétaire d'État au département de la Guerre;

Nous avons ordonné et ordonnons ce qui suit:

Art. 1er. — Les élèves de l'École polytechnique sont licenciés et rentreront immédiatement dans leurs familles.

Art. 2. — L'École polytechnique sera immédiatement réorganisée.

Art. 3. — Les élèves de l'École polytechnique qui, demeurés fidèles à leur devoir, ont défendu avec honneur les armes de l'École, feront partie de l'École réorganisée, dont ils composeront le noyau. Il sera pourvu au complément de l'École par les nouvelles admissions qui auront lieu après les examens de cette année, conformément aux lois et ordonnances.

Art. 4. — Notre ministre secrétaire d'État de la Guerre est chargé de l'exécution de la présente ordonnance.

Donné à Paris le 6 juin 1832.

LOUIS-PHILIPPE.

Par le Roi.

Le ministre secrétaire d'État de la guerre

Maréchal duc DE DALMATIE.

Louis-Philippe avait ordonné de renvoyer immédiatement les élèves dans leurs familles. Peu de jours après (18 juin), il en fit rappeler deux cent sept, quatre-vingt-quatre de la première division et cent treize de la seconde, qui n'avaient pas assisté au convoi de Lamarque, qui n'avaient pris aucune part aux troubles et dont la conduite au contraire avait été digne d'éloge. Selon l'expression de l'ordonnance ils formèrent le *noyau* de l'École réorganisée. « Tu es du noyau » fut le mot à la mode pendant quelques semaines. A l'égard des soixante qui, au mépris de l'autorité du général, s'étaient mêlés au cortège, le maréchal Soult se montra d'abord intraitable; cependant vers le mois de novembre, cédant à de pressantes sollicitations, il voulut bien les rappeler, mais à la condition qu'ils recommenceraient leurs deux études et subiraient à nouveau l'examen d'entrée. La plupart passèrent cet examen, mais pour la forme, avec l'examinateur Jean Reynaud. Au mois de janvier on les classa en première division, et la semaine après, en raison des bruits de guerre, ils partirent pour Metz en promotion extraordinaire et rejoignirent leurs camarades.

La génération polytechnicienne de 1830, emportée par un immense besoin d'action, passionnée pour la liberté, mêlée à toutes les émeutes politiques, ne s'est pas montrée moins que les autres ardente au travail. Les professeurs étaient écoutés avec une respectueuse attention : c'étaient pour la plupart des savants de premier ordre qui captivaient la jeunesse par l'autorité de la science unie chez eux à une simplicité, une bonhomie charmante. Quelques-uns de leurs cours étaient suivis avec un véritable plaisir. Pouillet, le professeur des enfants de Louis-Philippe au collège de Bourbon, appelé peu de temps après à la direction du Conservatoire des arts et métiers, avait une diction claire et élégante, qui tenait l'auditoire en suspens, et ses expériences toutes nouvelles sur les courants électriques excitaient la curiosité. Navier (1802) le petit neveu de Gauthey abordait les premières questions de physique mathématique. Lamé, au retour de sa longue mission de Russie où il avait achevé, avec son camarade Clapeyron, les grands travaux de viabilité, allait opérer une véritable

révolution dans l'enseignement de la physique. Coriolis, avant de devenir directeur des études, se faisait le promoteur d'une réforme semblable dans celui de la mécanique. Dulong était aimé comme physicien de premier ordre et aussi comme un écrivain distingué. Fidèle habitué de la Comédie-Française, il était intimement lié avec Picard le spirituel auteur de la *Petite ville*. Les élèves prétendaient même qu'il avait collaboré aux pièces de théâtre écrites par son ami. M. Obelliane, conservateur des collections depuis 1796, était un vieillard digne, sérieux, mais toujours souriant à leurs malices, qu'ils prenaient plaisir à aller retrouver comme un vieil ami de l'École et pour lequel ils se montraient pleins de respect et d'affection. Les leçons de géodésie et d'arithmétique sociale de Savary excitaient le plus vif intérêt. Elles étaient recherchées comme un agrément et attendues avec impatience. Hase faisait un cours sur l'origine des langues. Il parlait de leur marche à travers les siècles, des traces qu'elles ont laissées, de leur influence sur les nations déplacées ou conquises. On l'écoutait avec admiration.

Le cours de littérature du vendredi soir était le plus délicieux délassement. Arnault, dont les débuts dataient de 1791, avec Lemercier, Legouvé, Picard, Chénier, Alexandre Duval et qui avait rapporté d'exil de jolis vers qu'on apprenait et quelques tragédies mal accueillies par le public, remplaçait Aimé Martin dans cette chaire primitivement occupée par Andrieux. On était bien loin en 1830 de l'époque où sa tragédie de *Marius à Minturnes* et surtout celle des *Vénitiens* lui avaient valu la réputation de novateur. Son amour des choses classiques, son goût particulier pour les tragédies grecques, pour les *Atrides*, sa sympathie marquée pour *Laïus*, roi de Thèbes, n'étaient plus de saison. On l'écoutait cependant avec le plus vif intérêt, mais la fidélité rare, a dit quelque part M. Claretie, avec laquelle il revenait dans ses leçons sur Jocaste, sur Édipe et sur les malheurs de Laïus, la certitude qu'on avait de voir reparaître Lycus, Amphion et toute la famille de l'infortuné Laïus dans tous les sujets de compositions, ont fait inventer une locution spéciale qui a franchi

les murs de l'École. Allons bien, se disait-on, voilà le Laïus qui recommence. De là l'expression *piquer un Laïus* pour signifier remettre
une composition de rhétorique. Ce *classique* obstiné ne donna qu'une
fois un sujet moderne : le *rétablissement de la statue de Napoléon sur
la colonne Vendôme*. Cette composition, où l'on discuta longuement
si l'Empereur devait être revêtu de la pourpre romaine ou du petit
chapeau avec la redingote grise, inspira les élèves poètes. L'un d'eux,
que sa bravoure poussée jusqu'à la témérité devait entraîner avec
les insurgés de Juin, quelques mois après, composa une pièce de
vers qui fut très remarquée. Le répétiteur du cours, M. Léon Halévy,
connu depuis 1829 par son *Démétrius*, était préféré au professeur,
membre de l'Académie française. Frère du compositeur qui n'allait
pas tarder à devenir célèbre, M. Halévy eut bientôt fait, tout en restant
classique, de reléguer Laïus au second plan. On l'aimait beaucoup à
cause de sa jeunesse; il avait trente ans à peine, et on l'applaudissait
à cause de son esprit. C'était une façon de se mêler au grand débat
littéraire et philosophique qui partageait à ce moment les esprits. Le
romantisme était alors à son apogée. *Henri III* lui avait ouvert les
portes du Théâtre-Français : puis étaient venus *Hernani, Marion
Delorme;* enfin le *Roi s'amuse* avait été un éclatant succès pour les
uns, pour d'autres une lourde chute. Lamartine, Victor Hugo, Alfred
de Musset, Alexandre Dumas, Méry, Sainte-Beuve, les deux Des-
champs, le Bibliophile Jacob, une foule de novateurs ardents poursuivaient leur œuvre de régénération littéraire avec le dessein d'ouvrir
au public une nouvelle ère d'émotions et de plaisir. Le vent d'insurrection contre les classiques soufflait aussi à l'École. On y était
passionné pour Courrier, l'ancien officier d'artillerie, qu'on appelait
Paul-Louis. On y gardait une admiration profonde pour Béranger, le
poète national dont les chansons répondaient à tous les sentiments
du moment. On lisait en cachette dans les salles d'étude les premiers romans de Balzac et de George Sand, on y dévorait les drames
romantiques et les nouveautés hardies, et l'on regrettait sincèrement
de ne pouvoir assister à ces premières représentations où l'on se
battait au parterre, où l'émeute était dans la salle. Bien des heures

consacrées aux mathématiques s'en allaient ainsi dans l'École à la littérature du moment.

Pour la première fois, les journaux, les brochures, les publications Saint-Simoniennes venaient aussi d'y être introduits. Profitant des libertés conquises, les disciples de Saint-Simon avaient organisé le plus vaste système de propagande. Fortifiés par leurs études, leurs dangers, une profonde connaissance des hommes, les apôtres de la foi nouvelle, « esprits sévères et laborieux qui ont servi l'avenir par l'audace de leurs innovations[1], » annonçaient partout le bien-être universel et le progrès indéfini de l'espèce humaine. Recrutés pour la plupart à l'École des mines, c'est-à-dire parmi les meilleurs élèves de l'École polytechnique, ils ne devaient pas manquer d'exercer une influence considérable sur leurs jeunes camarades dont l'esprit s'ouvrait aux idées de réforme sociale et religieuse sous l'impression récente de la Révolution. Leurs doctrines séduisantes, bien faites pour plaire aux élèves par leur caractère éminemment synthétique, parlaient aux cœurs et frappaient l'imagination de ces jeunes gens. Transon, le plus éloquent de tous, leur adressa cinq discours dont le dernier se terminait par ce chaleureux appel : « Venez! Une ère nouvelle commence où la vertu, non plus que la valeur, ne se mesure sur la force du coup de sabre ou sur l'adresse à pointer le canon. Ce ne sera plus ni la science ni la force qui détruisent, mais la science et la force qui créent, produisent et conservent, la science de Monge, de Lavoisier, de Bichat, de Cabanel, la force de Watt ou bien de Montgolfier[2]. »

L'appel ne fut guère entendu par l'École, mais on y reçut le *Globe* organe quotidien du Saint-Simonisme dont l'apparition avait provoqué un vif élan de prosélytisme parmi la jeunesse française. On se mit à lire le *Producteur* et l'*Organisateur*, dont on ne s'était guère inquiété jusque-là, et où se trouvaient traitées les grandes questions sociales qui touchent à la morale, à l'association, au bien des prolétaires, à l'art, surtout à l'économie politique. Il ne vint qu'un petit

1. TRÉLAT, *Paris révolutionnaire.*
2. TRANSON. *Cinq discours aux élèves de l'École polytechnique.*

nombre d'élèves aux soirées de la rue Monsigny. « Nous y assistâmes, disent-ils, à des entretiens sérieux, instructifs et pleins d'esprit ; la convenance et l'aménité n'y laissaient rien à envier aux meilleurs salons. » Ceux que la passion des théories entraînait plus que les autres allaient aux réunions de la salle Taitbout où les apôtres missionnaires prenaient la parole en présence de la société la plus brillante. Sur l'estrade étaient : Jean Reynaud de la première promotion 1794, Enfantin et Talabot camarades de la promotion 1813, Auguste Comte 1815, Fournel 1817, Lambert 1822, Cazeaux 1823, Transon 1823, Michel Chevalier 1823, Ch. Duveyrier 1825, Marceau, Buchez, Bazard, A. Barrault, Olinde-Rodrigues, Arlès-Dufour, tous les premiers adeptes qui devaient porter au loin le feu sacré. Barrault avait l'élan, la chaleur d'un apôtre. Olinde-Rodrigues exposait les questions sociales, Michel Chevalier plaisait aux élèves par-dessus tout quand il retraçait les grandes époques historiques, revenant souvent sur Alexandre, César, Charlemagne, Napoléon, pour marquer la place des inventeurs et des conquérants organisateurs à la tête des nations, ou quand il embrassait d'un coup d'œil l'histoire du monde pour célébrer les siècles de progrès. Les jeunes auditeurs, aux passions généreuses, pleins d'enthousiasme, d'espérance, de foi dans l'avenir, croyaient à l'émancipation complète de la pensée et se persuadaient que, de cette époque, daterait l'ère de la liberté ! Victor Considérant (1825), ouvrant un peu plus tard, à Metz, son cours sur les théories de Fourier, trouva chez ceux-là le terrain préparé pour y semer la parole du maître qui conviait le genre humain dans les voies de l'harmonie universelle. Toutefois le Saint-Simonisme n'eut pas le temps de faire beaucoup de prosélytes à l'École polytechnique. Le schisme de 1831 lui avait porté un coup fatal, les folies de Ménilmontant, les costumes bizarres, les dénominations ridicules l'avaient tué, les théories immorales l'avaient amené devant la cour d'assises (29 août 1832). La *famille* s'était dispersée. Enfantin, avec une quarantaine de ses disciples, allaient partir pour l'Egypte afin de réaliser leur projet de mettre l'Europe en communication directe avec les Indes par un canal unissant la mer Rouge à la Méditerranée ; mais les circonstances

devaient réserver à M. de Lesseps tout l'honneur de cette création[1].

On retrouve dans les distractions recherchées au dehors et à l'intérieur de l'École par les élèves de ce temps le goût simultané de la littérature, de l'art et des affaires publiques qui donnait à la vie un charme particulier. Toutes les fois que la liberté complète de la soirée leur était laissée, ce qui arrivait très fréquemment, ils se retrouvaient, les uns à la Comédie-Française pour applaudir Ligier, Duchesnois, Mlle Mars, Monrose, Firmin; les autres, à la Porte-Saint-Martin pour entendre Frédéric Lemaître, Bocage et Mme Dorval, ou bien à l'Odéon pour voir Lockroy et Mlle Georges. A l'opéra, où Mme Malibran, Mme Damoreau brillaient de tout l'éclat de leur talent, ils étaient quelquefois très nombreux. Vers minuit, comme il leur fallait quitter le spectacle avant la fin, les acteurs s'arrêtaient un instant pour leur laisser le temps de sortir. On les voyait alors revenir du côté de la rue Descartes, toujours courant, afin de ne pas être en retard et de pouvoir profiter de la permission suivante. Beaucoup d'entre eux allaient passer leurs soirées chez les membres de l'Académie des sciences ou du Bureau des longitudes, avec lesquels ils étaient en relation. Hachette, depuis l'origine de l'École, était leur hôte de prédilection. Il connaissait toutes les traditions, il retraçait les portraits de tous les personnages qui, depuis 36 ans, de près ou de loin, s'étaient intéressés à l'institution. Il était intarissable en anecdotes du temps de la République et de l'Empire. Les familles des plus grands savants, des professeurs les plus éminents, les personnes distinguées du quartier se donnaient rendez-vous dans son petit salon de la rue Saint-Hyacinthe, et les élèves se trouvaient heureux et honorés d'y être admis.

Quelques-uns se trouvèrent en relation avec les écrivains, les auteurs dramatiques. L'un d'eux nous a raconté comment, dans les premiers jours de l'année 1831, un hasard lui fit faire la connaissance de George Sand. Elle demeurait sur le quai Saint-Michel, de l'autre côté de la rue de la Harpe. L'auteur de la *Petite Fadette* avait trente

---

1. Voir à ce sujet la note n° 24.

ans à peine; elle était petite, aimable, vive, d'une beauté un peu masculine. Malgré ses talents d'écrivain, de peintre et de musicien, elle vivait assez difficilement avec de faibles ressources. Le soir, elle réunissait ses amis, tous jeunes alors, des écrivains, des peintres, des musiciens, des publicistes, tous devenus célèbres à quelque temps de là. La conversation roulait sur la littérature et la politique. Elle y présidait, sobre de parole, redressant de temps en temps les écarts de pensée et d'expression avec une distinction pleine de réserve et d'affabilité. L'illustre romancier ne faisait que débuter dans les lettres. Elle écrivait dans le *Figaro* et dans la *Revue des Deux Mondes* qui venait de se fonder. Elle n'avait encore collaboré qu'à un seul roman, celui de *Rose et Blanche.*

Le café Procope, rendez-vous des auteurs, des acteurs et des journalistes, réunissait le dimanche matin un grand nombre d'élèves. Il y régnait une familiarité polie qui permettait d'engager la conversation entre habitués après quatre ou cinq rencontres. C'est là qu'on apprenait les nouvelles et qu'on perfectionnait ses connaissances en littérature et en politique. On y parlait encore de Rousseau, de Voltaire, de Diderot, de Beaumarchais, de Destouches, de La Chaussée, de Marivaux, de Gresset, de Piron, de Sedaine, de Crébillon sans oublier les acteurs célèbres de la même époque, Lekain, Mollé, Granval, Dangeville, de Gaussin, Clairon, d'Adrienne Lecouvreur. On se trouvait là à côté de toutes les célébrités du jour, Gustave Planche, Jules Janin, Félix Pyat, Jules Sandeau. On voyait aussi les élèves, l'après-midi, au café de Foy où venaient Ligier et les acteurs du Français et où se rencontraient les artistes, les députés, les pairs de France, toute la clientèle du *Journal des Débats.* Ils se retrouvaient encore dans quelques magasins choisis des passages où la société élégante et polie se donnait rendez-vous.

Pendant les premiers mois qui suivirent la rentrée du mois de novembre 1830 ils avaient la liberté de sortir tous les jours; mais ils ne tardèrent pas à s'en lasser et peu de temps après, en dehors des sorties habituelles du dimanche et du mercredi, il n'y eut plus que deux *petites sorties* le mardi et le vendredi pendant la récréation. Le

dimanche matin, ceux qui avaient le gousset bien garni, allaient déjeuner chez Vachette à l'extrémité de la rue de La Harpe. Ceux-là
n'étaient pas les plus nombreux. Beaucoup d'anciens élèves de cette
époque nous ont dit : « Nous recevions de nos parents, de 5 francs à
8 francs par semaine. Il fallait avec cela déjeuner, dîner le dimanche
et le mercredi [1], faire cirer ses bottes et brosser ses habits, aller au
café et au spectacle. Il est vrai que pour le théâtre l'uniforme avait
des privilèges : la veille des jours de sortie les entrées de faveur nous
tombaient parfois du ciel, c'est-à-dire d'amis ou de correspondants
généreux. Nous déjeunions et nous dînions tant bien que mal mais
nous allions toujours au spectacle. » L'après-midi on se promenait
sous les galeries et dans le jardin du Palais-Royal. C'était là qu'on
recueillait les *actualités*, les questions brûlantes, qu'on se tenait au
courant de la polémique générale, qu'on se procurait les brochures
politiques ou sociales mises en vente, les écrits philippistes, légitimistes et libéraux, surtout les brochures saisies, celles qui avaient
l'attrait du fruit défendu. On entrait tantôt à l'estaminet de l'Univers,
tantôt au café Hollandais, ou bien l'on partait voir le diorama de Da-
guerre qui représentait la place de la Bastille le 28 juillet 1830. Au
mois de mai, on ne manquait jamais de visiter l'exposition de peinture. Celle de 1831 dans la galerie de la Chambre des pairs fut magnifique ; Delacroix, Paul Delaroche, Gros, Gérard, David, Girodet,
Ingres, Ary Schaffer, Decamps y avaient envoyé des tableaux classés
aujourd'hui parmi les chefs d'œuvre. La *Révolte du Caire*, le *Champ
de bataille d'Eylau*, le *Combat d'Aboukir*, la *Peste de Jaffa*, la *Bataille
d'Austerlitz*, tous les sujets militaires, faisaient battre les cœurs
d'émotions patriotiques.

Le mercredi, en quittant l'École, on entrait quelquefois à la Sorbonne entendre Saint-Marc Girardin dont l'art était de savoir rapprocher les choses du passé avec celles du présent, ou bien au
collège de France où le publiciste Lerminier, ancien Saint-Simo-

---

1. Aujourd'hui les élèves peuvent prendre leurs repas à l'École les jours de sortie.
Les heures des repas ont été changées le mercredi et le dimanche de manière à
laisser la plus grande liberté au dehors.

nien, avec des poses superbes et des gestes fougueux, tenait la jeunesse républicaine suspendue à ses lèvres. Mais la plupart du temps, surtout en hiver, on se rendait directement au Palais-Royal, par la rue des Grès, de l'École-de-Médecine, le passage du Commerce et la rue Mazarine. Dans l'hémicycle de l'Institut, le Polytechnicien était infailliblement arrêté par un petit savoyard, « un petit sou, mon lieutenant! un petit sou mon capitaine, un petit sou mon commandant! » poursuivait assez malicieusement le gamin qui réussissait toujours au moment où l'on tirait sa bourse pour payer le passage du Pont des Arts et qui s'en allait en disant : « Merci, mon général! » Après la cour du Louvre, dans la rue du Coq, on faisait une halte à l'étalage de Martinet pour voir les caricatures, les gravures, les dessins de Charlet qui reproduisaient les principaux épisodes militaires depuis 1792 jusqu'en 1804. Sous les galeries d'Orléans on rencontrait toujours à la même heure un vieillard de haute taille, à longue barbe blanche, une sorte de César de Bazan de bon ton, dont la redingote était usée et déchirée, le pantalon retenu par des cordes. Il se nommait Chodru-Duclos, il errait sous les arcades du Palais-Royal depuis deux heures de l'après-midi jusqu'à une heure du matin. A la fin de la Restauration on disait qu'il était parent de M. de Peyronnet et que le ministre le laissait dans la misère. On restait au Palais-Royal depuis quatre heures de l'après-midi jusqu'au moment de la rentrée.

On avait aussi, de temps à autre, quelques sorties exceptionnelles. Un certain nombre d'élèves assistaient aux séances de l'Institut; elles étaient très recherchées surtout quand on devait y prononcer des éloges académiques. Aux réceptions des Tuileries tous étaient invités à tour de rôle. Sous la Restauration on n'y paraissait qu'en habit de cour. Il fallait « mettre en évidence des mollets, ou plus rigoureusement des jambes, bien entendu qu'on avait recouvertes de soie, au-dessus une culotte blanche de casimir et sur le pied une boucle gracieuse[1] » ; maintenant l'uniforme devenu si populaire était admis chez le roi citoyen. A l'occasion de ces solennités quelques conseils sur la

1. Lettre de Bosquet à sa mère du 30 juin 1830.

manière de porter le chapeau et l'épée n'avaient pas semblé inutiles.
En toutes circonstances d'ailleurs, on considérait que la tenue était
un appoint dans les jugements de première vue qui n'était pas à dédaigner, si minime qu'il fût. M. Beaupré s'était chargé de donner ces
conseils. Ancien danseur de l'Opéra, alors âgé de près de 80 ans, il était
autorisé depuis 1824 à donner aux élèves des leçons de danse et de
maintien. Il faisait presque sérieusement une sorte de cours sur le
port de l'épée et du chapeau, sur la manière de se présenter, sur certaines attitudes de la vie civile et de la vie militaire. Ce cours, qu'on
n'avait pas manqué de tourner en ridicule dès la première année, faisait partie de l'examen que les conscrits étaient obligés de subir à
l'occasion de l'*absorption,* seule brimade alors usitée entre *anciens* et
conscrits. Comment marchez-vous dans un salon? disait-on au conscrit qui n'annonçait pas dès le début la grâce et la désinvolture nécessaire. Comment saluez-vous en arrivant, en vous retirant? Par
quels moyens évitez-vous les importuns? Que faites-vous de votre
chapeau, de votre épée, de vos gants? et toute une série de questions
semblables. Réfléchissez, disait Beaupré, et répétait comiquement
l'ancien, que vous aurez occasion de recevoir des ordres et d'en donner,
que vous êtes appelé à rechercher le monde, que vous serez en relation avec de grands personnages et qu'un jour vous serez vous-même
au plus haut rang! Dans cet examen burlesque souvent l'ancien et le
conscrit faisaient assaut d'esprit, les auditeurs riaient à se tordre et
applaudissaient à outrance. Beaupré toujours sur la pointe des pieds,
le mollet tendu, le corps légèrement incliné, plein de grâce, avait réponse à tout à sa manière. Il donnait des exemples des faux pas, des
entortillements et de toutes les catastrophes causées par une épée
mal gouvernée, puis subitement marchait sans embarras avec la plus
grande élégance. Lorsqu'un nouveau annonçait par sa maladresse
qu'il n'avait pas bien profité du cours, l'ancien lui disait : « Vous
n'avez donc pas rédigé votre cours. C'est inexcusable. Rédigez, mon
ami, rédigez et ayez toujours vos cahiers avec vous pour montrer au
moins que vous avez compris et pour donner des espérances d'un
meilleur avenir! » Et de fait, certaines observations relatives à la

tenue et rédigées d'une façon comique, transmises depuis cette époque, ont fait l'objet de quelques articles insérés beaucoup plus tard dans le *code X* dont nous avons déjà parlé.

L'amour de la littérature nouvelle, le besoin de se tenir au courant de toutes les questions du moment, la prédilection pour les citations, les chroniques contemporaines, firent naître à l'École en 1832 un journal hebdomadaire qu'on appela le *Récréatif*. Il parut du mois de janvier au mois de mai. Les auteurs remettaient leurs articles au gérant responsable qui les appliquait sur les quatre côtés d'une grande feuille in-folio et le journal était constitué. On y joignait presque toujours un supplément contenant des dessins ou de la musique ; le tout se transmettait de salle en salle. La première page recevait un article sur la politique. Le rédacteur le plus ordinaire avait le mérite de traiter en deux colonnes d'une manière concise et autoritaire le sujet le plus grave de la semaine. L'arrestation romanesque de la duchesse de Berry, l'expédition d'Ancone, le choléra... fournirent les sujets de quelques-uns de ces premiers Paris.

Deux pages étaient consacrées à la littérature. Le roman eut un succès remarquable. Le gérant en avait fait trois parts. Le roman historique inspiré par la *Notre-Dame de Paris* et par le genre du Bibliophile Jacob. Le roman dramatique et sentimental qui allait bientôt trouver sa plus haute expression dans *Indiana*, *Valentine* et *Jacques*. Enfin le roman *actualiste* qui déjà retraçait les portraits des courtisanes distinguées et malheureuses comme cela était alors à la mode, bien avant Marguerite Gauthier.

La quatrième page du journal recevait les nouvelles, concerts, théâtres, farces et charades. On y trouvait toujours quelque anecdote au sujet d'Ampère. On avait fait un recueil des mille distractions qui le rendaient populaire, des tours plaisants que lui jouait Arago son ami intime. On en inventait même à plaisir : le bas resté dans sa main pendant une méditation profonde, la craie à la place du sucre dans son verre d'eau, le torchon du tableau dont il se faisait un mouchoir : innocentes plaisanteries qui ne portaient aucune atteinte à la dignité du savant et le faisaient au contraire aimer, admirer davantage. On

racontait comment, dans un salon, il avait fait la connaissance de M. de
Humboldt en causant avec Arago. M. de Humboldt venait à Paris pour
la première fois, il ne connaissait pas encore Ampère, il l'entendait
causer et se rapprochait de plus en plus pour l'écouter. Entraîné à
la fin par la variété et la profondeur des connaissances de celui qui
parlait et dont l'esprit généralisateur au plus puissant degré embrassait d'un seul regard toutes les connaissances humaines, science, littérature, politique et philosophie, M. de Humboldt se précipita vers
lui et lui prenant les mains s'écria : « Vous êtes M. Ampère! seul
M. Ampère peut parler ainsi. » Arago se retournant dit simplement à
Ampère : « M. de Humboldt. » Depuis ce jour les deux illustres savants sont restés étroitement unis.

Quelques amateurs composaient la musique du supplément. Le
principal dessinateur était Penguilly l'Haridon[1]. Ses dessins à la plume
étaient remarquables. Pendant le carême de 1832 le poète du journal
avait écrit un opéra. Il le lut à plusieurs de ses amis qui le félicitè-
rent et il le porta à Mlle Camoen. Après quelques difficultés la célèbre
cantatrice le reçut dans le modeste appartement qu'elle habitait avec
son père et sa mère. Elle passa trois après-midi du dimanche à lire
avec lui les cinq actes de l'opéra et le trouva très dramatique. Tout
fier et certain désormais de réussir, le jeune auteur courut trouver
Halévy le frère du répétiteur de littérature. Il était encore à peine
connu; on disait seulement qu'il avait du talent et qu'il percerait.
Survinrent les journées de juin et l'opéra en resta là. « Damnation! »
s'écria, en portant la jambe gauche en avant et abaissant le poing
fermé, le Polytechnicien jeune France.

On retrouve la prédilection pour les choses littéraires jusque
dans les surnoms qu'on donnait aux tambours de l'École. On les appelait *Gavotte, Vaudeville, Mélodrame, Zéphir*. A l'époque du second empire où la jeunesse a préféré les opérettes et les bouffonneries,
on les appelait *Brin d'amour, Cuisse de nymphe*. Toute la différence
des temps est là. Ces surnoms des tambours venaient de leur tenue

---

1. Il entra dans l'artillerie. Promu officier supérieur, il fut nommé Conservateur
du musée d'artillerie dont il publia un remarquable catalogue en 1862.

sous les armes, à l'inspection, à l'exercice, de leur manière de faire résonner l'instrument et surtout de la façon particulière et absolument différente dont chacun battait la diane matinale. *Gavotte* semblait toujours danser, ses baguettes avaient, comme sa figure, des sourires et des éclats de gaieté. *Mélodrame* avait de grands yeux, de belles moustaches noires; il faisait des roulements cruels et tyranniques pour les retardataires, les paresseux, les dormeurs. *Vaudeville*, petit, nerveux, naturellement triste, ne trouvait de plaisir que lorsqu'il « fignolait » des variations sur sa caisse. Sa diane à lui, c'était comme une sérénade. Personne ne pouvait tenir au lit, quand il était de service le matin; on se levait avec des éclats de rire. On aimait à causer avec lui, cent fois on lui avait fait raconter comment il avait été décoré; car *Vaudeville* avait la croix d'honneur. « C'est bien simple, disait-il, j'étais tambour à Wagram. Quoique je ne fusse pas bien âgé j'étais le plus vieux du régiment. On m'avait envoyé des enfants, des gamins, quoi! qui savaient à peine rouler. A trois heures du matin voilà qu'on s'ébranle. Tenez, le commandant Desnoyers, l'administrateur vous dira cela, il y a laissé un bras. Le matin on sonne la charge. Je dis à mes tambours : mes enfants, allons ferme! et en avant! et moi je roule avec entrain. Ils allaient bien aussi eux; mais ça durait longtemps, il y en avait qui faiblissaient; oh les pauvres mioches! Je leur criais : allez donc, allez donc! et je battais, je battais toujours. Enfin nous avons battu jusqu'à neuf heures du soir et c'est comme cela que nous avons gagné la bataille. » Il est impossible de rendre les gestes, l'expression de la physionomie, l'animation, l'éclat et la fermeté du regard de ce héros modeste. Les élèves qui l'entendaient lui serraient les mains et lui disaient: « Mon brave Vaudeville, vous auriez mieux aimé vous battre n'est-ce pas! » Et lui répondait : « Mon lieutenant, conduire ses caisses et battre une journée sans repos, c'est plus difficile! »

A cette époque fut inauguré à l'École le bal des *fruits secs*. En 1830 les examens de fin d'année avaient été passés avec tant de précipitation, les études avaient été ensuite si troublées par le long congé accordé après la révolution et par l'agitation politique de l'année 1831

que l'autorité crut devoir en tenir compte dans une certaine mesure.
Elle décida que pour cette fois il n'y aurait pas de *fruits secs*. La satisfaction des élèves se manifesta par une réjouissance générale destinée à en conserver le souvenir. On organisa un bal burlesque où
furent exhibés les costumes les plus excentriques. Cette cérémonie
s'est depuis lors renouvelée chaque année jusque vers 1848. Disparue
après la révolution de février elle a été remise en honneur en l'année
1861 qui vit inaugurer la Fête du *point gamma,* étrange mascarade
célébrée à l'équinoxe du printemps et où chacun cherchait à figurer
dans le plus fantastique travestissement.

C'est ainsi que cette génération enfiévrée, emportée par un immense besoin d'action qui se dépensait sans compter, qui chantait la
Marseillaise et la Parisienne, recevait le *Constitutionnel* et la *Tribune,*
qui ne boudait pas plus le plaisir que l'émeute, se reposait par le goût
des lettres et quelques distractions, d'un travail abstrait et continu.

En 1833 une malheureuse affaire dans laquelle le gouvernement,
harcelé par les partis, manqua de prudence et de mesure et que les
élèves ont appelée la *Conspiration des poudres* amena l'École polytechnique devant la cour d'assises. Nous allons raconter dans quelles
circonstances.

Le projet d'entourer Paris d'une ceinture de forts détachés destinés à commander les points les plus importants passionnait en ce
moment les esprits. On prétendait que ces forts seraient inutiles pour
la défense intérieure et menaçants seulement pour la population.
L'opposition était universelle. Néanmoins le ministère, sans s'inquiéter des protestations unanimes de la presse et malgré le refus formel
de la Chambre de voter des crédits nécessaires, avait commencé les
travaux. La garde nationale, sûre d'avoir avec elle le plus grand nombre de citoyens, se promit de saisir l'occasion de l'anniversaire des
trois journées pour élever ses représentations. Des dispositions furent prises pour une immense manifestation populaire, le 27 juillet.
Informé de ces préparatifs, effrayé par l'attitude de la population, le
gouvernement abandonna son projet et fit insérer au *Journal officiel*
une déclaration de nature à rassurer tout le monde. Toutefois la sa-

tisfaction ne fut pas complète, et le jour de la revue, des cris nombreux : « A bas les forts détachés ! — A bas les bastilles ! » retentirent avant le défilé. Il fallut que le roi répétât à plusieurs reprises et de rang en rang : « Non, mes amis ! plus de bastille ! » La veille, le ministère mécontent de son échec et cherchant sa revanche dans la découverte d'une conspiration avait fait annoncer que la police tenait les fils d'un vaste complot. Personne ne voulait y croire. Une descente de police, faite pendant la nuit du 27 au 28 juillet, lui fournit à propos les preuves qu'on demandait. Dans une fabrique d'armes, située rue des Trois Couronnes n° 30, où travaillait un sieur Laurent, on avait découvert des fusils de guerre, de la poudre fine, des balles de calibre, des moules, du plomb en lame, tout l'attirail d'une fabrication clandestine. On avait arrêté un ouvrier occupé, à côté d'un récipient rempli de plomb en fusion, à confectionner des cartouches, deux ou trois individus nantis de toutes sortes d'approvisionnement, enfin quatre élèves de l'École polytechnique qui avaient dû travailler à la confection des munitions et qu'on trouva blottis au fond d'un grenier obscur. De nouvelles perquisitions opérées le lendemain amenèrent l'arrestation de plusieurs citoyens, parmi lesquels Raspail et Boucher-Lemaître, tous deux membres de la Société des droits de l'homme où ils occupaient un grade élevé. Boucher-Lemaître avait caché dans son chapeau une proclamation aux Parisiens. Plus de doute on était en présence d'une conspiration.

La Société des *Droits de l'homme et du citoyen*, dont l'existence avait été récemment révélée par un procès retentissant, avait été dissoute par un arrêt de la Cour le 10 avril 1833. Traquée partout par la police, elle avait continué à s'assembler, et à étendre de plus en plus son influence. Elle tenait l'opinion en haleine, entretenait l'élan, alimentait l'enthousiasme. La question des forts lui fournissait un excellent prétexte pour essayer une seconde fois de renverser le gouvernement ou tout au moins de l'ébranler. Au nom de la gloire et de la liberté elle avait fait appel au peuple, à l'armée, à l'École polytechnique, enfin à toute la jeunesse parisienne, en vue d'une action générale. Si personne ne descendit dans la rue, s'il n'y eut ni tenta-

tive d'insurrection ni désordre, l'avocat général Delapalme, dans son
réquisitoire, l'attribua « à l'ardeur et à l'enthousiasme des troupes,
au bon esprit et à la fermeté de la garde nationale ». La police n'en
avait pas moins opéré 27 arrestations. En dehors des membres de la
Société des droits de l'homme, elle avait mis la main sur un ancien
capitaine de hussards, Renoir, un jeune poète, Bonjour dit Olivier,
deux ou trois ouvriers, une jeune fille, Eugénie Langlois, enfin sur
quatre élèves de l'École polytechnique. On les jeta tous en prison, en
attendant leur jugement. Ils passèrent un mois au Dépôt, un mois à la
Force, trois à Sainte-Pélagie.

Après cinq mois de détention préventive, les accusés comparurent
devant la cour d'assises de la Seine le 11 décembre 1833. L'acte
d'accusation leur reprochait « d'avoir participé à un complot ayant
pour but soit de détruire, soit de changer le gouvernement, soit
d'exciter les citoyens à s'armer contre l'autorité royale, soit d'exciter
la guerre civile en armant ou en portant les citoyens à s'armer les
uns contre les autres, lequel complot a été suivi d'actes commis ou
commencés pour en préparer l'exécution, crimes prévus par les articles 87, 89 à 91 du Code pénal ».

L'affluence était considérable. Les accusés parurent dans une
mise simple et décente. Ils portaient à leurs chapeaux une cocarde
tricolore. La confiance brillait dans leurs yeux. Tous se renfermèrent
dans le même système de défense et de dénégation. Raspail se fit
remarquer par la hardiesse de ses répliques. Au président qui lui
disait : « Je connais les droits d'un président, » il répondit : « Et moi
ceux d'un accusé!... » L'accusation, dit-il à la première audience, « est
une calomnie; c'est l'ignoble police tout entière qu'il faudrait traduire
devant vous. Libre à un procureur général de faire un roman, mais
je ne lui en fournirai pas les pages. » Cent cinquante témoins furent
entendus; il ne fallut pas moins de douze audiences pour terminer le
procès.

A la quatrième audience les élèves de l'École polytechnique furent
interrogés. Aux quatre élèves Latrade, Dubois-Fresnay, Grenier et
Caylus, arrêtés dans la nuit du 27 juillet, le hasard en avait fait ajouter

un autre, Rouet [1]. Il s'était présenté le lendemain à la maison Laurent au momeut où la police y faisait ses recherches. Son trouble, ses réponses équivoques avaient déterminé son arrestation. On avait trouvé sur lui un ordre du jour aux bataillons républicains. Quatre étaient en uniforme, Caylus seul était en habit bourgeois. Dans la salle, l'affluence était encore plus grande que les jours précédents. Dès huit heures du matin, les abords du Palais furent encombrés par la foule au milieu de laquelle on remarquait un grand nombre d'élèves, venus pour assister au procès de leurs camarades. Les cinq accusés répondirent avec une dédaigneuse ironie aux questions du président. Rouet fut interrogé le premier. « L'accusation vous reproche, lui dit le président, d'avoir pris part au complot. — Il n'y a de complot que dans la tête de M. le procureur général, » réplique-t-il. Latrade à une semblable question répond : « La police seule a imaginé le complot », et Caylus plus amer : « Quand une question me semble absurde, je n'y réponds pas! » Dubois-Fresnay déclare qu'il n'a pris part à aucun complot. Interrogés sur l'emploi qu'ils comptaient faire de la poudre et des balles, tous répondent : « Nous n'en savons rien. » Le président leur ayant demandé s'il y avait d'autres élèves mêlés au complot ils répliquent : « Regardez notre uniforme et vous verrez si nous savons dénoncer! »

Un autre élève de l'École polytechnique, Dézé, cité comme témoin au cours du procès, déclara qu'il n'avait jamais entendu parler de complot. « Le 27 juillet, dit-il, nous étions allés au tombeau de Vaneau; le soir de 6 heures à 7 heures j'ai rencontré mes camarades au café Lemblin. On parlait de l'agitation de Paris, de la possibilité d'une collision et de la nécessité de se défendre. On parla d'une maison à préparer des munitions, mais on parlait de tout cela sans faire aucun mystère. L'un de mes camarades écrivit l'adresse de cette maison sur mon portefeuille et j'y serais allé si j'avais eu la permission de

---

1. Rouet, 1831, devenu chancelier de légation à Constantinople.
Dubois-Fresnay, 1832, retiré.
Caylus, 1832, devenu représentant du peuple en 1848, s'est retiré à New-York.
Latrade, 1832, décédé en 1883 député de la Corrèze.

découcher. » Le président : « N'avez-vous pas dit qu'on faisait des cartouches pour tenter une attaque? — J'ai parlé de munitions, et j'ai ajouté qu'aucun élève n'était disposé à des actes agressifs, mais que s'il y avait une collision générale nous n'aurions guère pu comme élèves de l'École nous dispenser d'y prendre part! » Riffaut, devenu plus tard général et commandant de l'École, répondit dans le même sens. On entendit encore un grand nombre de témoins, plusieurs agents de police. Il résulta de la déposition de l'un deux que ce qu'on avait pris pour un fourneau dans la maison Laurent n'était qu'une bobine à filer la laine. A chaque audience l'accusation perdait du terrain.

Le réquisitoire de l'avocat général fut interrompu par un incident tumultueux. M. Delapalme, développant devant le jury la constitution et l'organisation de la Société *des droits de l'homme*, parlait des divisions qui s'étaient manifestées dans son sein. « Les uns, disait-il, frappés de l'inégalité des fortunes, voudraient le partage des propriétés... » A ces mots une voix s'éleva avec force dans l'auditoire. « Tu en as menti, misérable! — Qui a prononcé cette parole? » demanda le président. Le témoin Vignerte se leva : « C'est moi qui ai dit cela et je le répète — il en a menti. » Plusieurs accusés crièrent : « Bravo! il a raison, nous pensons comme lui. » Le barreau, le jury, les défenseurs, tout le monde se leva dirigeant ses regards vers l'endroit de la salle d'où la voix était partie. Les accusés étaient montés sur leurs bancs, l'agitation était à son comble. Le témoin Vignerte refusa un défenseur et revendiqua toute la responsabilité de ses paroles. La Cour le condamna séance tenante à trois ans de prison.

Les trois dernières audiences furent entièrement consacrées à la défense. Celle de Raspail produisit une vive sensation. Michel de Bourges, Bethmont, Delangle défendirent la cause des élèves. La plaidoierie de Michel de Bourges fut couverte d'applaudissements :

L'École polytechnique a marché avec la Convention contre les faubourgs aux journées de prairial, elle s'est unie aux sectionnaires le 13 vendémiaire. Depuis elle s'est associée à presque tous nos mouvements politiques. Mais

une chose qu'il faut dire c'est que jamais elle n'a été traitée aussi rigoureusement que dans ces derniers temps. Elle avait été casernée, licenciée, envoyée
à l'Abbaye, mais jamais cet uniforme national n'avait été traîné devant une
cour d'assises. Et pourtant ni la Convention, ni le Directoire, ni l'Empire ne
devaient à l'École polytechnique ce que lui doit Louis-Philippe. Ce sont ces
mêmes jeunes gens qui en 1830 ont régularisé et moralisé le mouvement, que
nous voyons sur la sellette et accusés. Ah! c'est plus que de l'ingratitude et
je ne sais quel nom donner à une telle conduite!

A la dernière audience (20 décembre 1833) la foule était immense.
Les élèves étaient venus en très grand nombre, des patrouilles parcouraient à chaque instant le Palais. Après un résumé des débats
qui dura deux heures et demie, le jury, à l'unanimité, déclara les
accusés non coupables et le président prononça l'acquittement.
Étrange procès où seuls les défenseurs[1] et un témoin furent condamnés, où les prévenus, leurs avocats, les témoins à décharge
apportèrent une exaltation extrême, où les débats offrirent le spectacle d'une véritable lutte, ardente, passionnée, où jamais atteinte
plus grave ne fut portée à la dignité de la Cour, jamais l'autorité plus
violemment bravée!

En s'attaquant à l'École polytechnique, la Monarchie de juillet
venait de donner une preuve de sa faiblesse, de mécontenter tous les
partis, de renier son origine. L'antipathie de la majorité des élèves
pour la personne de Louis-Philippe devint si grande à ce moment
qu'ils décidèrent de rayer le mot *royal* de l'inscription placée au-dessus
de la porte d'entrée de l'École et de ne plus se découvrir devant le
roi. Un jour, l'obéissance stricte à cette décision faillit avoir de graves
conséquences. Un élève, M. P..., s'étant trouvé près du guichet du
Louvre en face de Louis-Philippe qui sortait en voiture découverte,
porta la main à son chapeau, pour l'assurer ostensiblement sur sa
tête. L'aide de camp qui caracolait à la portière vit le geste; de la
pointe de son sabre, il fit sauter le chapeau de l'élève. Celui-ci tira son
épée et fondit sur l'officier. On l'arrêta, on le reconduisit à l'École

---

1. Ils furent condamnés à six mois de suspension.

où on l'enferma dans la prison. Le lendemain deux de ses camarades allèrent, au nom de la promotion indignée, demander réparation au maladroit aide de camp. Il refusa de se battre alléguant qu'un élève de l'École polytechnique n'était pas officier. L'un des élèves le souffleta. Pour éviter un malheur, Louis-Philippe renvoya son aide de camp.

Malgré les conseils, les exhortations du général Tholozé, ses recommandations aux parents, aux correspondants, le soin qu'il prit de leur rappeler combien il importait que les élèves ne fussent point occupés d'affaires étrangères aux études, la propagande politique recommença. Les journaux républicains qui attaquaient le pouvoir avec le plus de violence renouèrent des relations avec eux. La *Tribune* recueillit le montant d'une souscription faite dans l'École pour subvenir au paiement de l'amende à laquelle elle venait d'être condamnée. La police signala dix sergents constamment en rapport avec les rédacteurs de ce journal (septembre 1833). Obéissant à leur influence, les élèves organisèrent un jour une manifestation à l'occasion des funérailles du député Dulong, tué en duel par le maréchal Bugeaud, et dont la mort avait pris les proportions d'un malheur public. Un autre jour ils vinrent en grand nombre sur la place de la Bourse protester contre l'exécution brutale de la loi sur les crieurs publics. Quand s'ouvrit la célèbre discussion de la loi sur les associations qui allait aboutir à la guerre civile, les plus exaltés assistèrent aux réunions où l'on prit la résolution d'engager le combat. Ceux-là pour n'être pas reconnus avaient endossé des habits bourgeois dans l'arrière-boutique d'un marchand de vin en face de l'École ; la police les retrouva, rue Aubry-le-Boucher, le 13 avril, la veille de la sanglante affaire de la rue Transnonnain, excitant le peuple à la révolte.

Pourtant la politique fut absolument étrangère aux circonstances qui amenèrent le licenciement d'une division à la rentrée de 1834. Il fut causé par la maladresse du colonel Thouvenel, commandant en second, dont la sévérité excessive, les manières dures avaient indisposé les élèves de seconde année. Une protestation adressée au général, dans laquelle on lui demandait le renvoi de cet officier supérieur, n'ayant pas eu le succès qu'on en attendait, une révolte éclata.

L'ordonnance du 15 décembre 1834 prononça le licenciement de toute la division. Le duc de Trévise, ministre de la Guerre, prescrivit au général de prendre ses dispositions pour la faire exécuter sans délai et l'autorisa à requérir la coopération de l'autorité civile et de la force armée si la nécessité l'exigeait. Cent vingt-cinq élèves quittèrent l'École. Ceux de première année, arrivés seulement depuis quelques jours, croyant intimider le général, prirent, dans une grande réunion qui fut tenue au café Hollandais, l'engagement de subir le sort de leurs camarades, mais l'autorité était décidée à ne pas céder. Le colonel fut maintenu à son poste, et les mutins s'estimèrent heureux de rentrer à l'École six semaines plus tard en désavouant l'acte d'insubordination dont ils s'étaient rendus coupables. Chacun d'eux signa une sorte de circulaire dans laquelle il reconnaissait la position fâcheuse où il s'était placé en encourant l'exclusion irrévocable et où il exprimait son repentir au ministre. Heureusement pour eux le temps passé hors de l'École ne fut pas tout à fait perdu. Les professeurs, animés de ce dévouement dont ils ont tant de fois donné des preuves, obtinrent de faire des cours à leurs élèves en attendant l'époque de la rentrée. Thénard fit le sien dans le laboratoire de M. Quenneville fabricant de produits chimiques. Lamé, Savary, Mathieu donnèrent aussi leurs leçons dans le même local de la rue Jacob. La rentrée eut lieu vers la fin de janvier.

L'ordonnance du 31 décembre 1834, qui rouvrit les portes de l'École, exprimait l'espoir que l'acte de clémence du roi serait justifié par une conduite désormais irréprochable. Cet espoir se réalisa, après le départ du colonel Thouvenel, qui demanda et obtint son changement. Le calme se rétablit dans l'École et à partir de ce moment les préoccupations politiques allèrent s'affaiblissant de plus en plus à mesure que la tranquillité renaissait dans Paris et que le gouvernement se fortifiait. Les *philippistes* devinrent chaque année plus nombreux. Parmi eux un petit groupe d'esprits déjà remarquables par leur modération, leur prudence, leur circonspection, qu'on appelait l'*Institut*

---

1. M. Vuitry est devenu ministre et président du Conseil d'État.

et à la tête duquel étaient Vuitry[1] et Sabattier, exerça à cet égard la
plus grande et la plus heureuse influence sur les nouvelles promotions.
Les adversaires du gouvernement n'étaient plus qu'en petit nombre
aux manifestations qui eurent lieu le 28 juillet 1836 au tombeau d'Armand Carrel et à celui des quatre sergents de La Rochelle à Vincennes.
Lorsque le duc d'Orléans vint à l'École, ils se trouvèrent en minorité
pour prendre une attitude d'opposition. Une première fois le prince
apportait aux élèves la grâce de leur camarade Emmery dont le ministre voulait prononcer l'exclusion parce qu'il avait prononcé un
discours violent sur la tombe de Vaneau. « Le *Grand Poulot*, comme
nous l'appelions, nous a raconté l'un des irréconciliables, réunit
les deux promotions à l'amphithéâtre et nous adressa une allocution,
puis nous fûmes délibérer pour savoir si on irait le remercier; l'opposition fut très vive, mais nous fûmes battus. » La seconde fois le
prince accompagnait le roi de Naples, Ferdinand II, qui venait visiter
l'École. Suivant la tradition, pas un cri ne se fit entendre. Une sortie de
faveur ayant été accordée, les mêmes élèves protestèrent hautement
et voulurent la refuser. Une discussion s'engagea, puis on se compta.
La proposition n'avait réuni qu'un nombre insignifiant d'adhérents.
La majorité trouvait à la fin puériles, exagérées, ridicules même, ces
manifestations répétées d'opposition. Elle commençait à s'en lasser.

C'est vers ce moment qu'advint le démêlé comique des élèves avec
Théophile Gautier. Lors de l'inauguration du fronton du Panthéon,
où David a représenté d'un côté un élève de l'Ecole normale, de l'autre
un élève de l'École polytechnique, le spirituel critique se moqua dans
un feuilleton de ces deux « *embryons d'immortalité* ». Se moquer
d'un Polytechnicien à l'époque où l'impression des souvenirs de
juillet n'était pas encore effacée, c'était impardonnable. La promotion
dépêcha deux élèves à Théophile Gautier. L'auteur des « *Jeune France* »
les reçut en pantoufles, en robe de chambre, et coiffé d'une calotte
grecque. Ils s'en revinrent à l'École dire à leurs camarades : « Il n'y
a rien à faire avec ce pantouflard ! » Cette provocation amusa les journaux; le *Charivari* prétendit que Gautier n'était pas rassuré et n'osait
plus sortir de chez lui; Paris s'en amusa pendant quelques jours.

L'affaire du médecin en chef fut plus sérieuse. Le docteur P...
devait à la protection du général Bernard la faveur d'avoir été admis
d'emblée dans le corps de santé militaire. Sa nomination, faite en
dehors des règlements en vigueur, avait été mal accueillie. Il n'inspi-
rait aucune confiance au personnel de l'École. Il était médecin de
l'Opéra et accoucheur du ministère de la Guerre. C'était ridicule et
scandaleux. Un jour il eut à donner ses soins à un élève qui s'était
cassé la jambe en voulant s'esquiver par le fil du paratonnerre. La
fracture était grave et compliquée. Velpeau, appelé en consultation
par la famille, laissa échapper, en examinant le premier pansement,
des paroles peu flatteuses pour son confrère. On décida sur le champ,
dans la promotion, que le médecin serait chassé. On attendit le moment où il traversait la cour de récréation pour lui faire un charivari
épouvantable; puis le major l'apostropha ainsi : « Monsieur, vous
savez bien depuis longtemps que vous n'avez pas notre confiance;
aujourd'hui je viens, au nom de toute l'École, vous engager à donner
votre démission! » Trois cents voix l'accompagnèrent de vociféra-
tions jusqu'à la sortie. Les deux promotions furent consignées, mais
le ministre, tout en blâmant la conduite des élèves, leva la punition
infligée, et par son ordre le médecin fut déplacé.

Si l'on en excepte quelques légers désordres intérieurs sans importance, la tranquillité de l'École ne fut pas autrement troublée
jusqu'à l'année 1839. La royauté de juillet était alors à son époque
la plus prospère. L'action des partis allait toujours s'affaiblissant,
l'émeute domptée se taisait, l'industrie et le commerce se relevaient.
La bourgeoisie était ralliée sans arrière-pensée à la dynastie qui lui
garantissait l'ordre, la paix et la sécurité. En temporisant, en gagnant
peu à peu du terrain, le général Tholozé était parvenu à rétablir
l'ordre matériel, à extirper les mauvaises habitudes, à amoindrir
beaucoup les tendances de l'esprit d'opposition. Manquant dans le
principe de moyens coercitifs, puisque la véritable autorité appartenait
depuis 1830 au conseil des professeurs; toujours mal instruit de ce
qui se passait à l'intérieur de l'établissement, à cause de la crainte des
uns, de la timidité des autres; trouvant contre lui, lorsqu'il voulait

prendre une mesure décisive, la presse toute puissante qui prenait les élèves sous sa protection et représentait la mesure comme une atteinte à la liberté, un acte de tyrannie et d'ingratitude, il n'en avait pas moins poursuivi courageusement l'accomplissement de la tâche que le gouvernement lui avait confiée. Convaincu que pour obtenir le bien il devait, avant tout, inspirer de la confiance et exercer l'ascendant moral indispensable au commandement, il s'était efforcé, à travers mille obstacles, de s'emparer de l'esprit de cette jeunesse parfois turbulente mais toujours généreuse. « Après avoir sévi en chef rigide et sévère, écrit-il, dans un rapport adressé à l'inspecteur général en 1837, je ne me montrais pas implacable, j'agissais en ami ; le coupable n'était jamais repoussé et je parvins ainsi à faire naître cette conviction que le gouvernement dont j'étais le représentant ne punissait que par devoir, par nécessité, et qu'il était toujours disposé à pardonner. » Grâce à lui, l'ordre et la discipline avaient repris leur empire, l'esprit d'opposition restait sans force, les études étaient suivies avec exactitude et avec fruit. Le conseil de discipline institué en octobre 1832 n'eut pas à fonctionner une seule fois.

Au milieu de l'année 1839, la tentative de Barbès qui fut une simple échauffourée, eut à l'École polytechnique l'épilogue que nous allons raconter.

Le dimanche 12 mai, à l'heure où tout Paris se pressait à l'hippodrome de Longchamps, Barbès, parti du passage Bourg-l'Abbé avec une poignée d'hommes, gagna la Seine par la rue Saint-Denis, enleva le poste du Palais de Justice, tua l'officier qui le commandait, et tenta de s'emparer de la Préfecture de police. Il exécutait le plan que Blanqui avait arrêté la veille à la Société des *Saisons*. La place Saint-Michel s'était bien vite remplie de troupes, les quais garnis de gardes nationaux, et le combat s'engageait d'une rive à l'autre du fleuve. Deux Polytechniciens qui descendaient tranquillement la rue de la Harpe, entendant la fusillade, prennent le pas de course, franchissent bravement le pont, et s'engagent dans la rue de la Barillerie sillonnée par les balles. Entourés et acclamés par les insurgés qui en les voyant, crient : Vive l'École polytechnique ! ils parlementent un ins-

tant, disent que l'École est toujours du côté de la liberté, mais qu'ils
ne peuvent promettre son concours sans consulter leurs camarades.
On les laisse passer. L'un d'eux saute dans un cabriolet, court chez
Trélat qui ne savait rien, et l'entraîne au bureau du *National* demander ce qu'il faut faire. « Barbès et Blanqui, leur répondit-on, sont
des fous! C'est une échauffourée, tenez-vous tranquilles! » L'élève
repart, se rend au café Colbert, où les deux promotions avaient l'habitude de se réunir le dimanche, raconte ce qu'il a vu, ce qu'il a fait
et tous les camarades qui étaient là décident qu'il ne faut pas prendre
part au mouvement. Tandis que l'émeute s'étend, la plupart rentrent
à l'École. La tranquillité y était parfaite ; il ne s'y trouvait qu'une
trentaine de consignés ou de malades. Vers les quatre heures, les
coups de fusil se rapprochent, on apprend que le poste de la place
Maubert est attaqué. Sur ces entrefaites le général Tholozé arrive de
Saint-Mandé, où il avait assisté à une expérience de chemin de fer.
A la barrière de Bercy, il avait appris qu'on se battait à Paris et
il s'était hâté de regagner la rue Descartes. Ses dispositions furent
bientôt prises pour mettre en sûreté les 300 fusils et les 300 sabres
qui se trouvaient à la salle d'armes. Il fit ensuite demander du secours à la caserne municipale de la rue Mouffetard, puis à la caserne
de la rue Neuve-Sainte-Geneviève, d'où on lui envoya à six heures du
soir un détachement de cinquante hommes. « Dans cet intervalle,
a écrit le général, j'allai dans la grande cour où les élèves se grou-
pèrent autour de moi, me demandant ce qu'il y avait de nouveau.
Je leur répondis que l'émeute serait bientôt comprimée et leur ex-
primai toutefois mon inquiétude au sujet des armes que nous avions
et que l'on pouvait à chaque instant craindre de nous voir enlever. C'est alors qu'ils manifestèrent le désir de les défendre eux-
mêmes. Ils s'exprimèrent avec une telle ardeur et montrèrent tant
de bonne volonté que je ne crus pas devoir refuser[1]. » Il n'y avait
pas une seule cartouche à l'École ; on en fit prendre à la caserne. Les
cinquante hommes d'infanterie eurent la garde du bâtiment occupé

---

1. Rapport du général Tholozé sur les événements qui se sont passés à l'École les
12 et 13 mai 1839.

par les fonctionnaires. Les élèves furent armés à mesure qu'ils rentrèrent dans la soirée. Ils se partagèrent les cartouches et se chargèrent de défendre la partie de l'Établissement dont dépend leur pavillon. Quand ils se trouvèrent assez nombreux, ils allèrent prier le général de renvoyer le détachement d'infanterie, se faisant forts de défendre seuls tous les points menacés. « Si le public voyait des troupes dans l'École, dirent-ils, il inclinerait à penser qu'on y laisse des soldats parce qu'on se méfie de nous! » Le général se rendit à leurs raisons; des postes furent établis, des factionnaires placés, et toutes les dispositions prises pour répondre aux attaques qui pourraient se produire. A dix heures du soir les deux divisions étaient rentrées. On n'en maintint qu'une partie sous les armes; juste ce qui était absolument nécessaire pour la garde. Dans la nuit, le général visita les postes, trouva le service parfaitement fait et, jugeant l'émeute apaisée, il fit diminuer les sentinelles. Puis il adressa au ministre de la Guerre un rapport sur les événements de la journée, en le priant de vouloir bien exprimer aux élèves sa satisfaction de leur conduite et de l'excellent esprit qu'ils avaient montré.

Pourtant l'émeute n'avait point encore posé les armes, on n'en fut maître que le lendemain, et cette seconde journée montra que le commandant de l'École s'était un peu hâté de donner au gouvernement des assurances pacifiques. Le lundi matin, des nouvelles contradictoires lui parvinrent. Selon les uns, tout était devenu calme; selon d'autres, on se battait encore dans plusieurs quartiers. A midi, ces derniers bruits prirent tant de consistance, qu'il crut prudent de se préparer à se défendre. Le tambour battit le rappel, on quitta la salle et on descendit former les faisceaux dans la cour. A ce moment, une masse d'hommes et d'enfants, proférant des cris, agitant leurs casquettes et portant un cadavre sur un brancard, montaient la rue de la Montagne Sainte-Geneviève en se dirigeant du côté de la grille du bâtiment de l'administration. Aussitôt le général ordonne à quelques élèves de prendre leurs armes et de le suivre. « J'arrivai, dit-il, le premier en face de la foule qui débouchait par la grille, je me précipitai sur elle n'ayant pour toute arme que

ma canne dont je frappai à coups redoublés : je renversai d'un coup sur la figure le brancardier qui se trouvait le plus près de moi et je poursuivis les autres jusque vers le milieu de la rue. » On referma la grille et deux élèves y furent mis en faction. La foule s'amassa de l'autre côté, appelant l'École à venir se mettre à sa tête, criant qu'on égorgeait les citoyens sans défense, etc., etc... Tout à coup, un peloton de gardes municipaux à cheval, débouchant du côté du collège Henri IV, chargea cette masse d'hommes. Plusieurs furent blessés, deux furent tués, l'un d'un coup de pistolet, l'autre d'un coup de pointe; ils tombèrent contre la grille, sous les yeux des élèves qui étaient restés derrière, et qui essayaient d'arrêter les gardes municipaux en leur criant : « Ne tirez pas, ils sont sans armes, ne les tuez pas! Un maréchal des logis, entendant ces cris, s'élança sur l'un des factionnaires placés devant la porte. « Ah ça! pour qui êtes-vous donc? » fit-il, en le menaçant de son pistolet. L'élève répondit en mettant le sous-officier en joue. Par bonheur le général, qui s'était précipité au dehors, releva d'un coup de canne à la fois le fusil de l'élève et le pistolet du cavalier. Sa présence d'esprit empêcha un irréparable malheur. Le commissaire de police arriva sur ces entrefaites; il fit les sommations légales et l'attroupement se dispersa. On apporta dans la cour d'honneur les trois cadavres restés sur la voie publique, on referma la grille et le quartier ne tarda pas à reprendre sa tranquillité habituelle.

L'événement dont les élèves venaient d'être les témoins rompit l'accord, qui, jusque-là, s'était maintenu entre eux. Le général s'aperçut de suite que l'unanimité dont il se félicitait quelques instants auparavant n'existait plus. « J'entendis crier, écrit-il, à bas les fusils! La position devenait équivoque et dangereuse; si l'École avait été assaillie de nouveau, cette divergence dans les opinions pouvait amener de grands malheurs. » Déjà dans la matinée, quelques exaltés se seraient jetés dans l'émeute si la prudence de ceux de leurs camarades qui avaient passé la nuit en faction devant la porte du pavillon n'avait réussi à les contenir. Tant qu'il s'était agi de repousser une attaque de factieux, l'entente s'était facilement établie entre tous

à quelque opinion qu'ils appartinssent. Maintenant tout était changé.
« Sous nos yeux on vient de tirer sur le peuple, disaient les plus
ardents, il faut défendre la cause populaire comme l'École l'a fait il
y a dix ans. » Le général ne cacha pas ce revirement subit au colonel
Caminade lorsque cet officier, envoyé par le ministre de la Guerre,
vint lui apporter les compliments du duc d'Orléans. Puis, afin de
juger ce qu'il pouvait réellement attendre des élèves, il les réunit à
l'amphithéâtre. Là, après leur avoir rappelé que le règlement ne les
obligeait pas à se charger de la garde de l'établissement, qu'on leur
avait confié ce service sur leur demande, il leur dit que son devoir
était de faire appel à la bonne volonté de tous, mais que chacun
restait libre de venir avec lui assurer la défense ou bien d'y renoncer.
La détermination ne se fit pas attendre longtemps. Tous s'étant
rendus dans la grande cour, le général et ses officiers au milieu,
cent cinquante-deux, les *bons*, comme il les appelle dans son rapport, se rangèrent à sa droite, cent dix, les *mal intentionnés*, re-
montèrent dans leurs salles reprendre les travaux interrompus. Le
général Tholozé venait de s'exposer ainsi au double reproche d'avoir
fait distribuer des armes et des munitions aux élèves, alors que les
circonstances ne l'exigeaient pas impérieusement, et de les avoir
réunis pour délibérer, ce qui avait réussi à les diviser en deux camps.
Heureusement l'émeute à cette heure était complètement vaincue;
la nuit suivante se passa dans le calme le plus parfait, rien ne troubla
le service des factions jusqu'au matin. Pour la seconde fois au dehors
comme à l'intérieur, le calme paraissait rétabli.

Un événement inattendu ramena tout à coup l'agitation, plus vive
encore que la veille. Le mardi matin un élève[1] rentrant de congé
apporta le *Journal des Débats;* un long article y était consacré aux
événements de la veille. Voici comment le rôle de l'École polytechnique y était représenté : « En 1830, disait cet article, l'École polytechnique avait donné des chefs à la bourgeoisie parisienne,
aujourd'hui c'était la hideuse anarchie qui allait frapper à sa porte,

---

1. Celui-là fut plus tard l'aide de camp du général Clément Thomas.

aussi l'École a répondu à coups de fusils. » On se figure l'exaltation, la colère des élèves lorsqu'ils entendirent dans la cour la
lecture de cet article, où, selon eux, les événements étaient dénaturés
à dessein, afin de compromettre la popularité de l'École. Le général
ne se dissimula pas l'embarras qu'allait lui causer l'incident. Obligé
de reconnaître que l'article, dont ils s'exagéraient les conséquences,
renfermait des inexactitudes, il annonça l'intention de le réfuter lui-
même à l'instant. Les élèves repoussèrent ses propositions. « Puisqu'on les mettait en jeu, dirent-ils, puisqu'on les accusait d'avoir
tué des hommes qui cherchaient un refuge à l'École, il était de leur
devoir et de leur honneur, non seulement de donner un démenti au
journal, mais d'exprimer leur indignation contre ceux qui voulaient
les faire passer pour des assassins. » Ils demandèrent l'autorisation
de sortir de suite. Le général refusa formellement et les prévint que
ceux qui sortiraient de l'École, ce jour-là, n'y rentreraient plus.
Cependant les meneurs qui, suivant lui, n'étaient pas plus de vingt à
vingt-cinq, refusant absolument d'accepter la réponse que le général
aurait rédigée, déterminèrent un des sergents-majors à lui présenter
un projet de lettre auquel il fit quelques corrections et qu'il envoya de
suite soumettre au ministre. Le colonel Esperonnier, porteur de la
lettre, devait exposer au duc de Trévise quel était à l'École l'état des
esprits et l'embarras du commandant. Député lui-même, le colonel
fut retenu à la Chambre et ne revint que fort tard dans la soirée;
la patience des élèves n'alla pas jusqu'à son retour. Vers deux heures,
un grand nombre se présentèrent en uniforme à la porte de sortie,
annonçant la résolution de se rendre en masse au bureau du journal. Leur exaltation était extrême. « Il faut que nous sortions, s'é-
criaient-ils, il faut que nous fassions une grande manifestation : le
peuple doit savoir que nous ne sommes pas des assassins. Si nous
restons dans cette situation, demain, jour de sortie, nous serons hués
dans la rue. » Comme ils se précipitaient vers la porte pour la forcer,
malgré la présence du capitaine de service, le général accourut.
« Mon général, lui dirent-ils, nous ne pouvons rester dans cette
affreuse position, vous nous refusez tout; vous voulez donc nous

déshonorer! » Le général Tholozé n'essaya plus de résister. Il permit aux quatre majors de se rendre au bureau du journal. Toutefois M. Coriolis, le directeur des études, fut dépéché auprès du rédacteur, avec la mission d'empêcher que rien de dangereux ne fût publié. Le rédacteur des *Débats* témoigna le désir d'apporter quelques changements à la lettre qu'on voulait insérer, et, sur les observations de M. Coriolis les majors y consentirent; mais en revenant à l'École, ils furent mal reçus par ceux de leurs camarades à qui la lettre modifiée apportait une nouvelle déception. Comme ceux-ci menaçaient de sortir violemment pour aller briser les presses, les majors durent retourner auprès du général et le supplier de les laisser sortir de nouveau afin de retirer cette lettre. On avait cédé une première fois, il fallut céder une seconde. Les chefs de promotion, accompagnés par deux de leurs camarades qui paraissaient jouir en ce moment de la confiance générale, revinrent à la rédaction du *Journal des Débats*. Là aussi on capitula et, malgré la défense du commandant de l'École, malgré la résistance et les protestations du rédacteur, ce fut la lettre rédigée par les élèves qui parut dans le numéro du lendemain. Nous la reproduisons tout au long.

> Monsieur le Rédacteur,
>
> Les élèves de l'École polytechnique ont à cœur de donner un démenti éclatant aux assertions renfermées dans votre article du 14 mai. Selon vous, ils auraient eu l'infamie de repousser, à coups de fusil, des gens désarmés et poursuivis qui leur demandaient un asile, et trois hommes seraient tombés sous leurs coups. Ce fait est de la fausseté la plus insigne. Ils ont vu des hommes sans armes et portant un cadavre, les engageant à les suivre par des paroles amicales; ils les ont invités à se retirer, ils leur ont dit qu'étant restés étrangers à ces débats, ils ne pouvaient y prendre part. Persuadés ou déçus dans leurs espérances ces hommes se retiraient: des gardes municipaux à cheval, se précipitant sur ceux qui restaient encore, en ont tué deux sous les yeux de l'École polytechnique indignée. Telle est la véritable relation des faits, nous en garantissons l'authenticité sur l'honneur.

Le *Journal des Débats* inséra textuellement la rectification, déclara qu'il avait été induit en erreur et se rétracta complètement, de sorte

que les élèves se trouvèrent avoir gagné leur cause devant leur commandant, devant leur accusateur et, ce qui les intéressait par dessus tout, devant le public. Les officiers de la garde municipale s'émurent bien à leur tour de la protestation ; mais une lettre des capitaines de l'École leur donna la satisfaction qu'ils pouvaient attendre et le ministre calma leur émotion en faisant insérer au Moniteur une appréciation élogieuse de leur conduite. On a dit que le gouvernement n'aurait peut-être pas été fâché de déconsidérer l'École ; ce qui est certain, c'est qu'il montra son mécontentement en faisant enfermer 40 élèves pendant un mois à la prison de l'Abbaye. Quant au général Tholozé, après l'avoir chaleureusement félicité, on lui retira son commandement[1].

Son successeur, le baron Doguereau, essaya de rétablir la discipline singulièrement compromise à la suite de cette affaire. Au bout de deux mois, désespérant d'y réussir, il se retira. Le général Vaillant prit le commandement de l'École. C'était un officier de grand mérite, habile et prudent, d'esprit aimable, de caractère bienveillant. A son arrivée, il fit appeler les sergents-majors et leur tint à peu près ce langage : « Ne faites pas de tapage, ne me faites pas de difficultés, et je m'engage à ne pas vous en faire ! — Nous nous arrangeâmes très bien avec lui, disent les élèves de cette promotion. C'était le bon temps. » Il ne resta qu'une année et fut remplacé par le général Boilleau. Avec moins de tact et plus de faiblesse, celui-ci laissa tout faire. Les élèves lui arrachèrent successivement toutes les libertés que le général Tholozé avait mis tant de soins à leur reprendre. Les divertissements que ses prédécesseurs avaient tolérés à certaines époques de l'année prirent, à partir de son arrivée, des proportions peu compatibles avec les exigences du travail. Le bal de la *Saint-Sylvestre,* à l'époque de la rentrée, et le bal des *fruits secs* qui ouvrait la période des examens de fin d'année, devinrent l'occasion de désordres graves. Des consignes générales ayant été infligées, Louis-Philippe fit chaque fois donner l'ordre de lever la punition, satisfait de voir que la politique n'était

1. Une députation d'élèves alla porter quelques jours après au général les compliments de condoléance des deux promotions.

pour rien dans la faute commise. Dès lors un véritable état d'indiscipline s'établit. Quand on voulut sévir, il était trop tard. Les élèves
n'obéissaient plus aux officiers et n'avaient même plus pour eux les
égards qu'on leur a toujours témoignés à l'École. Au mois de janvier 1844, le colonel commandant en second ayant refusé de recevoir
les majors qui venaient lui adresser une réclamation, une révolte
éclata. La division fut consignée, mais le duc de Nemours obtint encore
que la punition serait levée, et le colonel, violemment attaqué par
une affiche placardée sur tous les murs de l'École, demanda son changement. Le général Boilleau, ne se sentant pas appuyé, ne sachant
rien refuser, laissa tout faire. On l'appelait « maman ».

Depuis quelque temps on recommençait aussi à s'occuper de
politique. Des élèves se mêlèrent aux rassemblements séditieux sur
la place de la Bastille le 2 avril 1840. Le jour de la cérémonie du
retour des cendres de Napoléon, en prenant place dans le cortège,
ils firent, à la porte Maillot, une manifestation hostile contre le
ministère. En 1843 ils se refusèrent longtemps à prendre part à la
souscription pour l'érection d'un monument à la mémoire du duc
d'Orléans; il fallut les démarches réitérées du général et du ministre
pour les décider à s'associer à la nation et à l'armée; encore exi-
gèrent-ils que la souscription ne serait pas faite au nom de l'École,
mais qu'elle porterait la mention « au nom de quelques élèves ».
Le 2 juin 1844, jour des funérailles de Jacques Laffitte, ils demandèrent à se joindre au cortège. Le ministre refusa. Le dimanche
suivant, ils se rendirent, au nombre de deux cents, au Père-Lachaise,
marchant silencieusement, en rangs serrés, chapeaux bas et suivis
d'une foule considérable. L'un deux prononça sur la tombe un discours dont nous citons ce passage :

... Il est regrettable pour nous de ne pouvoir nous associer que de cœur à
ceux qui t'on suivi au triste jour! Mais pour remplir un devoir sacré, il n'est
jamais trop tard. Aussi l'École polytechnique vient t'apporter aujourd'hui
son tribut d'admiration, de douleur, de sympathie. Tu la vis un jour
cette École, c'était un jour de bataille. Elle était belle alors, tu l'avais
conviée à une victoire; aujourd'hui, triste et affligée, elle s'est conviée à ton
cercueil!...

Quelques mois avant, quand la conduite patriotique de l'amiral Dupetit-Thouars fut désavouée publiquement par le ministère, tous allèrent individuellement porter leur offrande au *National* qui avait pris l'initiative d'une souscription pour offrir une épée d'honneur à l'amiral (7 mars 1844). Leur démarche souleva la colère du pouvoir et leur valut quinze jours de consigne générale. « La pensée nous en était venue, dirent-ils, abstraction faite de tout esprit de parti, comme un acte de dignité nationale, comme une protestation contre l'insolence inqualifiable des Anglais. Si cette juste susceptibilité déplaît, on fera bien de détruire l'École ! » La punition, qui leur fut infligée, excita un sentiment universel d'indignation dans toute la jeunesse des écoles. Les élèves de l'École de droit et de l'École de médecine, les élèves de MM. Orfila et Ducaurroy par acclamation, les élèves de l'École des Beaux-Arts, les Facultés et les écoles des départements applaudirent à la conduite des Polytechniciens et protestèrent hautement comme eux, contre la politique continue d'abaissement au dehors. Aussi le ministère se promit-il à l'occasion de sévir contre l'École avec la dernière rigueur.

Cette occasion s'offrit bientôt. A l'approche des examens de fin d'année, il s'agissait de nommer un examinateur de sortie en remplacement de M. Duhamel, récemment nommé directeur des études. L'Académie, désireuse de faire des remontrances au ministre, commença par retarder l'élection de ses candidats, puis elle en désigna trois, Lamé, Chasles et Binet, et pressée d'en finir elle ne désigna plus que Lamé. Celui-ci s'étant retiré, le ministre en fin de compte nomma Duhamel. Le mercredi 14 août, les élèves apprirent que leur directeur des études était nommé examinateur de sortie. Jamais la question d'un pareil cumul ne s'était posée : il y avait entre les deux fonctions incompatibilité radicale. Le 16, la seconde division se refusa à accepter l'examen de Duhamel. Les *conscrits* déclarèrent au général Boilleau qu'ils n'auraient eu aucune objection à faire à un examinateur, à un professeur, à un répétiteur quelconque, mais qu'ils se croyaient en droit de n'être point jugés, dans ces épreuves si importantes, par le fonctionnaire de l'École qui les avait classés déjà

à d'autres titres, et ne pouvait manquer dès lors d'avoir des idées
préconçues sur le mérite de chacun. Le général les engagea fortement à passer l'examen, disant qu'il était impossible d'attendre plus
longtemps, que le maréchal Soult ne reviendrait pas sur sa détermination, que d'ailleurs ils avaient besoin de s'en aller en vacances, et il
déclara que tous ceux qui s'obstineraient à ne point passer l'examen
seraient renvoyés. La première division joignit ses protestations à
celles de la seconde et annonça la résolution de partir aussi. Le général ayant maintenu sa résolution, les deux promotions quittèrent
l'École. La sortie eut lieu sans aucun désordre. Telle fut la cause du
licenciement de l'année 1844.

Des démarches pressantes furent faites en faveur des élèves dont
la conduite avait été en somme très modérée; mais le gouvernement se montra implacable. Le licenciement fut prononcé [1]. A la
Chambre des pairs, Charles Dupin blâma hautement cette sévérité
excessive. « On a dissous l'École, dit-il le 14 janvier suivant : il est
déplorable qu'une École illustre ait été brisée à l'occasion d'une difficulté pareille, pour finir par le choix même que l'Académie, la
justice et la raison commandaient ; je regarde cela comme un grand
malheur. » La plupart des élèves se trouvèrent pris au dépourvu :
quelques-uns de ceux qui étaient les plus éloignés de leurs familles
se seraient trouvés dans un véritable embarras si leurs camarades
ne s'étaient spontanément cotisés pour les mettre en état de gagner
la demeure paternelle, ou d'attendre à Paris le moment de rentrer
à l'École [2]. Dix-sept furent définitivement exclus : on alla rechercher
dans leur conduite antérieure des motifs d'exclusion ; ils n'avaient
rien fait pour la mériter.

Les circonstances qui avaient amené ce licenciement servirent,

---

1. L'ordonnance fut rendue sur la proposition de M. de Mackau, ministre de la
Guerre par intérim.
2. La collecte faite entre les élèves au profit de tous s'est élevée immédiatement à
plus de 3.000 francs.
Le restaurateur Champeaux, place de la Bourse, fit savoir par une lettre adressée
au journal le Constitutionnel 20 août 1844, qu'un crédit était ouvert aux élèves dans
son établissement jusqu'à ce que la réorganisation de l'École ait lieu.

au *Constitutionnel* et à la *Revue de Paris*, de prétexte à la publication d'articles « jésuitiques et calomnieux » où la discipline de
l'École, les opinions des élèves, l'administration et le corps enseignant lui-même, furent l'objet des plus violentes attaques. Arago se
chargea d'y répondre. On l'avait accusé d'avoir engagé mal à propos
les *conscrits* à ne pas rentrer immédiatement dans leurs salles d'étude
et à attendre la délibération que devait prendre à ce sujet l'Académie.
Il n'eut pas de peine à établir que la question n'avait jamais été ni
posée ni débattue, et il s'attacha à repousser l'accusation dirigée
contre eux de n'obéir qu'aux plus vives passions politiques. Après
en avoir questionné un grand nombre, il fit connaître le résumé de
leurs réponses :

« La très grande majorité des élèves, dit-il, paraît ne prendre
aujourd'hui aucun intérêt aux systèmes et aux opinions que les journaux quotidiens discutent sans relâche. Dans la minorité on trouverait des opinions arrêtées de toutes les nuances. Les opinions, fruits de
l'éducation, de l'étude plus ou moins attentive de certains ouvrages,
des habitudes, des influences de famille, de telle ou telle disposition
spontanée dans l'organisation physique ou intellectuelle de chacun,
restent en général ce qu'elles étaient au moment de l'entrée à l'École.
Les sentiments politiques ne se modifient guère que par le combat, la
controverse, la persécution ; or tout cela a disparu de notre établissement national. On n'y découvrirait pas la moindre coterie fondée
sur la similitude des vues gouvernementales. Les liaisons d'intimité
se forment indistinctement entre les élèves, sans égard aux idées
légitimistes, conservatrices, ou radicales. Ni les uns ni les autres
ne cherchent à établir de relations directes avec les coryphées des
partis dans les Chambres. — Ce n'est pas en vain, ajoutait Arago,
que j'aurai invoqué l'honneur et la loyauté de ces jeunes gens pleins
de nobles sentiments. »

Il est certain que les considérations d'opinions furent absolument
étrangères à la conduite des élèves au mois d'août. Le gouvernement
résolut du moins de s'appliquer à faire disparaître tout à fait les
dernières traces de préoccupations politiques, et de ne plus tolérer

désormais la moindre infraction aux règlements de l'École. Il chargea
de cette mission le général Rostolan qu'il choisit, contrairement aux
prescriptions des dernières ordonnances de réorganisation, dans
l'arme de l'infanterie où il était connu par sa sévérité. La main de
fer du nouveau commandant ne parvint qu'après deux années à rétablir la discipline profondément ébranlée depuis la révolution
de 1830.

CHAPITRE VII

1848

Au commencement de l'année 1848, il régnait à l'École une agitation à laquelle la politique était absolument étrangère. Mécontents de leur professeur de littérature, M. Dubois, que ses nombreuses occupations de député, de directeur de l'École normale, d'autres encore, mettaient dans l'impossibilité de préparer son cours, et après s'être amusés des articles publiés dans certains journaux comme le *Charivari* et le *Corsaire* qui le traitaient de « cumulard insatiable », les Élèves lui avaient signifié par une lettre signée de tous d'avoir à se démettre de ses fonctions. A une pareille provocation, faite au mépris de toutes les convenances, M. Dubois avait répondu de sa chaire avec hauteur et non sans dignité. « Ce fut sa plus belle leçon, » dirent plus tard fort malicieusement ceux qui l'avaient entendue. Ils ne l'avaient pas moins interrompue par des murmures, des huées, des sifflets, et ils avaient fait dans l'amphithéâtre un tel tapage que l'autorité, obligée d'intervenir, avait consigné les deux promotions jusqu'à nouvel ordre.

Cette petite émeute intérieure, occupant les esprits, les avait détournés des préoccupations du dehors. Nul ne songeait aux graves

questions qui s'agitaient en ce moment, aux menées réformistes, aux banquets, à la grande manifestation que l'opposition préparait en faveur du droit de réunion, au mécontentement, aux appréhensions, à l'inquiétude générale qui régnait depuis quelque temps dans Paris. Le 22 février un nombre considérable d'ouvriers et de jeunes gens du quartier latin, partis le matin de la place du Panthéon, se dirigèrent en nombre considérable vers la Madeleine; la foule y accourut de toutes parts malgré le mauvais temps; des charges de cavalerie la dispersèrent, les boutiques des boulevards se fermèrent, des essais de barricade eurent lieu dans l'après-midi. Le soir on était encore, à l'École, dans l'ignorance complète de ces événements. Vers sept heures, pendant la leçon de dessin, on entendit tout à coup battre le rappel de la garde nationale et retentir le chant de la *Marseillaise* ainsi que l'air des *Girondins,* entrecoupés de quelques cris de « Vive l'École polytechnique! » Des étudiants et des ouvriers qui parcouraient le quartier, brisant les réverbères sur leur passage, s'étaient arrêtés au bas de la rue Descartes. Ils lancèrent des pierres, brisèrent quelques vitres et jetèrent par-dessus les murs des proclamations dans lesquelles ils excitaient les élèves à sortir et à se joindre à eux comme en 1832. Une charge de la garde municipale dispersa le rassemblement qui se reforma un peu plus loin et s'en alla répandre l'effroi dans le quartier Saint-Martin. Le lendemain matin, l'émotion causée par cet incident était à peu près calmée, quand arrivèrent les nouvelles de la nuit. On parlait de désordres commis sur la place de la Concorde, à la barrière de Courcelles, aux Batignolles, du pillage des magasins de l'armurier Lepage, de barricades élevées dans le quartier Saint-Denis, de régiments bivouaqués sur les places publiques, de canons amenés de Vincennes et mis en batterie à la porte Saint-Martin, au Carrousel, près de l'Hôtel de Ville. Pendant la récréation on apprit que des rassemblements nombreux se formaient sur toute la ligne des boulevards, que la foule se portait en masse vers les Champs-Élysées et que la lutte allait s'engager. En un instant l'École fut en effervescence. Un mot d'ordre courut et les deux divisions se précipitèrent à l'amphithéâtre. On se demandait

ce qu'il fallait faire et l'on commençait à délibérer lorsque le commandant de l'École parut.

Arrivé depuis quelques mois seulement et succédant au général Rostolan dont la sévérité pour tout ce qui regardait la discipline s'était à peine adoucie dans les derniers temps, le général Aupick[1], aide de camp du duc de Nemours s'était annoncé par les mesures les plus bienveillantes et avait su déjà se faire adorer des élèves. Ancien adjudant major à Leipzig, il avait été témoin des scènes atroces de la grande bataille des nations et plusieurs fois il leur avait raconté ces souvenirs de sa jeunesse avec une véritable émotion. On aimait en lui autant le vieux soldat du premier empire que le chef plein de douceur et de bonté, qui savait être ferme au besoin, mais qui appréciait le travail, l'âge et le caractère des jeunes gens auxquels il venait d'être appelé à commander. L'affection qu'on lui portait était si sincère, qu'à la nouvelle de sa mise à la retraite motivée par ses attaches avec la famille d'Orléans, ceux qui se trouvaient alors en relation avec Lamartine, devenu ministre des Affaires étrangères, demandèrent et obtinrent pour lui l'ambassade de Constantinople, quelques jours après la Révolution.

Au moment où le général entra dans l'amphithéâtre, des voix criaient : « Il faut que nous sortions ! que nous sortions tous ! de suite ! » Précisément ce jour-là était un mercredi. Le général prit la parole : « Je vous engage à ne pas sortir, dit-il ; Paris est un peu agité, quelques rassemblements ont eu lieu dans les rues Saint-Denis et Saint-Martin, mais il n'y a rien de sérieux. Je ne vous ordonne pas de rester, mais je vous le conseille dans l'intérêt de l'École. » Le conseil était sage ; bien peu le suivirent ; à deux heures le plus grand nombre sortit. Des hommes du peuple sans armes, massés devant la porte, semblaient attendre depuis le matin le moment de la sortie pour essayer d'en entraîner quelques-uns et les mettre à leur tête. Il fallut se former en groupe et se frayer un passage à travers cette foule. Plus d'un élève entendit qu'on murmurait à son

---

1. Né en 1789 sorti de Saint-Cyr en 1809.

oreille : « A la porte Saint-Martin ! mon lieutenant, on se bat ! » mais tous les groupes passèrent, accueillis d'un formidable cri de « Vive l'École ». Au bas de la montagne ils se dispersèrent dans Paris.

La population curieuse, inquiète, mais non effrayée, remplissait les rues. Les quais étaient garnis de troupes ; des soldats et d's gardes municipaux occupaient les ponts. Rue Saint-Honoré, des élèves rencontrèrent le général Jaqueminot escorté de quelques officiers d'état-major, qui s'arrêtait à chaque pas pour annoncer le changement de ministère. Des cris assourdissants de : « Vive la réforme ! à bas Guizot ! » lui répondaient. Il n'était pas question de Louis-Philippe. D'autres s'arrêtèrent à regarder les bataillons de ligne s'échelonner depuis la Madeleine jusqu'à la rue Lepeletier, le long des boulevards parfaitement tranquilles. Ils achetèrent, au prix de vingt sous, les journaux qui donnaient « les nouveaux détails de la journée ». Deux ou trois arrivèrent au boulevard Bonne-Nouvelle comme on venait d'arrêter quelques individus et de les enfermer dans le poste en face du Gymnase. La foule encombrait le trottoir, elle voulait délivrer les prisonniers. Le sergent, chef du poste, s'était barricadé à l'intérieur. Une échelle fut appliquée contre le mur ; un homme monta, enfonça la fenêtre et sauta dans le poste ; un coup de fusil produisit une panique générale ; la chaussée fut libre et le poste dégagé. Puis la foule revint en criant : « Vive la ligne ! » le poste se rendit et les spectateurs attristés regardèrent les soldats qui défilaient la crosse en l'air. Alors les bataillons de garde nationale se mirent à fraterniser avec le peuple et s'interposèrent entre lui et la troupe de ligne, tandis que les patrouilles de dragons qui suivaient la chaussée marchant au pas étaient sifflées sur leur passage. L'attitude de l'armée faisait peine à voir. Elle ne reçut pas d'ordre ce jour-là. Elle n'en reçut d'ailleurs pas davantage le lendemain. Pendant ces deux jours elle hésita entre un service de police sans dignité et une inaction compromettante, livrée à toutes les contradictions, à toutes les anxiétés, mêlée sans munition à la population insurgée. A la tombée de la nuit, la nouvelle du changement de ministère s'étant répandue, la lutte cessa, la troupe disparut comme par enchantement, la circulation se réta-

L'ÉCOLE POLYTECHNIQUE PREND LA RÉSOLUTION DE S'INTERPOSER ENTRE LE PEUPLE ET L'ARMÉE.

(24 Février 1848.)

blit sur le boulevard. Des officiers généraux, des aides de camp annonçaient la formation d'un nouveau cabinet. En un instant Paris fut dans l'allégresse. Les rues s'illuminèrent de lampions, de lanternes de papier, de lampes allumées à toutes les fenêtres. Les élèves regagnèrent l'École, croyant que tout était fini. Avant de monter dans les casernements, ils restèrent longtemps à causer dans la cour. Chacun raconta ce qu'il avait vu, ses impressions, les conversations échangées avec les journalistes ou avec quelques personnages politiques. On parla de la réforme, du ministère Thiers ; le mot de république ne fut pas prononcé. Vers les dix heures quelques-uns crurent entendre des coups de fusil dans l'éloignement ; ils s'en souvinrent le lendemain. C'était l'écho de la décharge meurtrière qui couchait en bas cinquante cadavres devant le ministère des Affaires étrangères. Lorsqu'ils apprirent au réveil ce sanglant épisode de la soirée, le rappel battait dans les rues, la garde nationale se rassemblait en hâte. Paris s'était couvert de barricades pendant la nuit ; la population exaspérée était résolue à recommencer la lutte. La révolution allait être inévitable.

Pendant toute la matinée du 24, l'agitation des élèves alla croissant de minute en minute. A huit heures ils coururent aux salles de récréation se concerter, délibérer, arrêter la conduite à tenir. De son côté, le général pressentant que la situation allait devenir difficile, se décidait à les convoquer pour la seconde fois à l'amphithéâtre. Il voulut leur renouveler ses conseils, ses exhortations de la veille, mais son attitude parut indécise, son discours embarrassé. « Continuez-moi, leur dit-il, votre confiance, soyez calmes, soyez patients. — Nous voulons sortir tous de suite ? » répondirent les élèves décidés à se constituer en assemblée. Le tumulte étouffa bientôt la voix du général ; puis un bureau se forma et on recommença à délibérer en sa présence. Le sergent-fourrier de Freycinet prit la parole : « Notre intention, dit-il, est d'aller nous joindre à la garde nationale dans le but de nous jeter entre les combattants pour arrêter l'effusion du sang. » On acclama l'orateur, le général lui-même applaudit à ses sentiments. Cependant il s'opposait à la sortie. « Je

n'ai aucune force, ajoutait-il, pour vous empêcher de sortir. J'ouvrirai les portes mais si vous sortez vous me passerez sur le corps. » Tout à coup le tambour de service apparaît dans le haut de l'amphithéâtre. Il vient apprendre qu'une foule furieuse menace d'enfoncer la porte de l'École, qu'elle réclame à grands cris les élèves. Alors on n'écoute plus le général, on passe immédiatement au vote. Le sort l'a décidé, l'École sortira, elle s'interposera entre le peuple et l'armée! Il y a bien quelques opposants, des élèves légitimistes ou orléanistes, même des libéraux ; mais le rôle à jouer séduit les imaginations, tous se laissent vite entraîner. On s'habille à la hâte, on forme les compagnies dans la cour, on se dispose en colonne, la porte s'ouvre et sans que personne prenne le commandement on se met en marche militairement, en bon ordre, vers la place du Panthéon.

Là un bataillon d'infanterie occupait la place, gardant toutes les issues. Près de l'église Saint-Étienne-du-Mont, les soldats croisent la baïonnette ; il faut parlementer ; le commandant du bataillon arrive ; ceux qui marchent en tête lui exposent l'objet de leur démarche avec tant de chaleur, tant de sincérité, qu'il se laisse gagner et que la troupe se range en présentant les armes. Devant la mairie du XIe arrondissement (aujourd'hui V^e) la colonne s'arrête et se masse. Les majors se détachent, trouvent dans une des salles le maire et les adjoints assemblés et leur font connaître la résolution qu'ils ont prise. Les magistrats applaudissent. Leur avis est que les Polytechniciens doivent se rendre dans tous les arrondissements. Ils les répartissent aussitôt en douze groupes, en nombre égal à celui des mairies, chaque groupe formé des camarades de deux salles d'études, une d'*anciens* et une de *conscrits*. M. Delestre, premier adjoint, tire au sort les mairies et, successivement, les groupes se dirigent vers l'arrondissement désigné. Sur leur passage les acclamations retentissent, la foule applaudit, l'armée salue. Les maires des quartiers les accueillent avec enthousiasme. Ils leur demandent d'empêcher les soldats de tirer, le peuple d'attaquer ; ils les conjurent de parler à la multitude, de calmer l'effervescence. Telle est la popularité,

tel le prestige de leur uniforme, que les autorités semblent vouloir s'effacer devant ces jeunes gens.

En face la mairie de Saint-Sulpice une multitude exaltée criait « vive la Réforme! » et demandait des armes! « Oui, vive la réforme, mais vive le roi! » répondait le maire qui essayait de gagner du temps. Puis, apercevant les Polytechniciens, « Vite! parlez-leur » fait-il, en s'adressant à l'un d'eux. Celui-là portait les galons de sergent; il s'avance sans hésiter sur le perron et s'adressant au peuple : « La réforme, dit-il, nous l'aurons certainement, mais montrons-nous-en dignes par notre calme. Que notre modération soit à la hauteur de notre courage! » Des cris répétés de « vive l'École! » répondent à son discours. Un instant après un courrier apporte une dépêche du roi, le même sergent l'ouvre et en donne lecture à haute voix. C'est l'ordre de rentrer dans les casernes envoyé à la troupe par Louis-Philippe pressé de mettre un terme à la lutte déplorable engagée depuis le matin. Un tonnerre d'applaudissements accueille la lecture de la dépêche et la foule se disperse.

Sur la place Royale, un millier d'individus furieux parlaient de marcher à l'Hôtel de Ville. Victor Hugo accompagné de ses deux fils, comme lui armés de fusils, était là en grand costume de pair de France. « Il faut que vous parliez à ces gens! » dit le poète à un Polytechnicien qui arrivait, et l'élève prononce du haut du balcon quelques paroles qui ne parviennent pas à calmer la foule. Alors ses camarades descendent, se mettent à la tête de la masse populaire et l'emmènent à l'Hôtel de Ville. Ils y trouvent M. de Rambuteau, lui ordonnent de donner les clefs. « Le roi seul commande! répond le préfet. —Vous vous trompez, c'est le peuple aujourd'hui! » réplique l'un d'eux [1] et M. de Rambuteau est contraint d'obéir. C'est ainsi que les Polytechniciens arrivèrent les premiers à l'Hôtel de Ville. Ils y firent cacher deux colonels dont on avait désarmé les régiments et dont la vie était menacée. Ils proposèrent de convoquer le Conseil municipal qui le fût en effet. Crémieux, Garnier-Pagès, les journalistes du *National*, Marrast

---

1. M. Augier.

et Bastide, ignorant ce que ferait la Chambre, ne vinrent que plus tard former un premier gouvernement provisoire.

D'autres élèves pendant ce temps-là parcouraient avec la garde nationale, au travers des barricades, les divers quartiers de Paris. A la tête de la 11e légion commandée par le colonel Boulay de la Meurthe, ils se rendaient maîtres de l'imposante barricade de la rue du Cherche-Midi, occupaient la prison, fermaient les portes que les insurgés avaient ouvertes aux prisonniers et faisaient éteindre l'incendie allumé par eux. Quelques-uns, retournés par hasard du côté de l'École, y arrivèrent au moment où une lutte assez grave venait de s'engager devant la grille d'honneur. Deux ou trois cents hommes armés de couteaux, de piques, avaient essayé de pénétrer dans la cour afin d'aller s'emparer des armes. Une compagnie d'infanterie qui faisait une patrouille dans le quartier s'était rangée devant la porte, des coups de fusil étaient partis, le peuple avait riposté, plusieurs soldats étaient tombés. Accouru au bruit de la détonation, le général Aupick, seul en ce moment avec les officiers de l'État-Major, le médecin en chef et les divers employés, avait donné asile aux soldats. Enveloppé par la foule, menacé de mort, mis en joue par un ouvrier, il faisait des efforts énergiques pour se dégager. Les élèves parurent comme on lui arrachait ses épaulettes : « Malheureux ! crièrent-ils, retirez-vous, c'est notre général ! » et ils le couvrirent littéralement de leur corps. Une heure plus tard, ils sauvèrent les soldats en les faisant sortir du côté opposé, par la porte de la rue d'Arras et ils les emmenèrent entre leurs rangs jusqu'à la caserne de Lourcine, au milieu de la même foule, tout à l'heure furieuse, qui criait maintenant sur leur passage : « Vive l'École, vive la ligne ! Vive la République ! »

Partout où les bataillons de la garde nationale pris entre les barricades et la troupe montraient de l'hésitation, les Polytechniciens prenaient le commandement et entraînaient les colonnes. Rue Mazarine, la fusillade était très vive; les grenadiers d'une légion n'avançaient plus. « Tambours, la charge ! » commanda un élève en s'élançant au premier rang, et la barricade fut franchie. Les gardes

nationaux s'arrêtèrent un instant derrière l'Institut, tandis que la troupe se repliait, débouchèrent sur le quai, puis toujours dirigés par le même élève, ils marchèrent vers les Tuileries. A ce moment le roi venait de s'enfuir avec toute sa famille, la révolution était faite.

Le palais des Tuileries, tombé au pouvoir du peuple, fut épargné dans les premiers instants, grâce aux élèves, et le soir sauvé par eux d'une dévastation complète. Deux cents personnes à peine, poussées par la curiosité, s'étaient d'abord répandues dans les appartements, prenant toutes sortes de précautions pour éviter les dégats. « Je venais de monter le grand escalier, nous a raconté l'un d'eux, comme des étudiants m'enlevèrent et me portèrent sur le trône, en même temps qu'un capitaine de la garde nationale décoré. Après nous y avoir installés, on nous demanda à chacun un discours. Sans nous être entendus, nous recommandâmes tous les deux l'ordre, le respect des propriétés et nous terminâmes en disant : mort aux voleurs! Nous apprîmes plus tard que cette partie de notre programme avait été exécutée. Puis on fit un trophée avec des drapeaux arrachés au trône, et l'on nous porta tous les deux jusqu'à la Chambre des députés. » Des bandes de combattants avec un ramassis de pillards et d'ivrognes se ruèrent une heure après sur le palais en poussant des cris de mort et de victoire. La dévastation commença, interrompue seulement par d'ignobles saturnales. Dans la salle de spectacle, le rideau était levé, des hommes à figure sinistre mimaient une farce immonde, les spectateurs cassaient les banquettes. La salle du trône était comble. Au milieu d'un salon, un piano brisé d'un coup de crosse, ici un portrait de Louis-Philippe lacéré par une lame de sabre, là, un buste abattu par la balle d'un pistolet. Au rez-de-chaussée, quelques misérables, ivres morts, avaient entassé des débris dans une cheminée et y avaient mis le feu. Cependant la foule s'était arrêtée avec respect devant la chapelle ; un élève profita de ce moment pour faire enlever les vases sacrés et, le soir, il les fit transporter à l'église Saint-Roch. Il voulut porter lui-même le magnifique christ sculpté qui était placé sur l'autel ; une masse de peuple le suivit avec recueillement, les fronts se découvrirent et les têtes s'in-

clinèrent sur son passage. Cette scène frappa vivement l'imagination populaire. Elle a été reproduite par une estampe qu'on a pu voir longtemps après, à la vitrine de tous les marchands d'images, où le Polytechnicien était représenté tenant le christ entre ses bras, le montrant à la foule inclinée et s'écriant : « Voilà notre maître à tous ! » Ces paroles n'ont pas été prononcées, mais elles répondaient aux sentiments de la population, à une époque où la foi était sincère, où le clergé lui-même, persécuté sous le roi voltairien, accueillait la révolution avec enthousiasme [1].

Dans le pavillon de Marsan, le pillage était plus effréné qu'ailleurs. « Ma troupe y avait déjà éteint un commencement d'incendie, nous a raconté M. Fargue [2], quand je vis venir à moi un jeune homme nommé Baugmarten, qui me proposa de m'aider à le préserver de la dévastation complète dont il était menacé. Nous nous mîmes à l'œuvre. Mes hommes faisaient évacuer les salles ; nous placions des sentinelles aux portes ; nous ramassions les objets précieux, les écrins, les diamants, les parures ; nous versions le tout dans de grands draps et j'envoyais un détachement le porter à la Monnaie ou au ministère des Finances. » Pour s'ouvrir un passage à travers la foule, les porteurs criaient : « Place aux blessés ! » Quand le pavillon fut évacué, l'élève se trouva possesseur de quarante clefs que son premier soin, le soir en rentrant à l'École, fut de remettre au général Aupick [3].

Le Palais-Royal avait été dévasté. Au milieu de la cour un immense brasier dévorait tout ce qu'on jetait par les fenêtres. La galerie d'Orléans était transformée en une ambulance improvisée par Jobert de Lamballe, le médecin en chef de la garde nationale. Les

---

1. Lors de la plantation des arbres de la liberté dans toute la France, le peuple aurait jugé la cérémonie incomplète si le clergé n'était venu bénir l'emblème démocratique. Le curé de Saint-Étienne-du-Mont vint à l'École, le jour dit, y planter un de ces arbres devant le pavillon du général. Il donna la bénédiction du haut du portique de la cour d'honneur où il se tenait à côté de l'élève Schmulze qui prononça le discours. L'arbre resta là longtemps après le 2 décembre. En 1853 on le fit abattre pendant la nuit.

2. Ingénieur en chef des ponts et chaussées.

3. Voir la note nº 29.

UN POLYTECHNICIEN PORTE A SAINT-ROCH LE CHRIST DE LA CHAPELLE DES TUILERIES.

(24 Février 1848.)

coussins des canapés royaux servaient là de matelas, les rideaux en velours rouge brodé d'or faisaient l'office de couvertures pour les blessés. « Empêchez donc, dit le docteur à un Polytechnicien qui arrivait avec ses hommes, qu'on ne pille mes médicaments et surtout les vins réconfortants! Empêchez aussi qu'on ne tire dans cette direction, les balles perdues viennent achever les blessés. » L'élève prit cinq ou six ouvriers armés et les plaça comme factionnaires. Ils remplirent admirablement leurs fonctions.

Moins d'une heure auparavant cet élève avait fait partie, pendant quelques instants du gouvernement provisoire organisé dans les bureaux du *National*. Emmanuel Arago l'ayant avisé sur le pont de la Concorde lui avait dit : « Je suis président du Comité de salut public et je vous requiers de nous accompagner jusqu'au *National*. » Il avait obéi, fait signe à ses hommes, et l'on s'était dirigé vers la rue Lepeletier. « Je n'y restai pas longtemps, nous a-t-il dit; quelqu'un vint annoncer que la république était proclamée, j'entendis Marrast s'écrier : Nous ne sommes pas prêts, nous allons éprouver bien des mécomptes! J'emmenai mes *chenapans* qui m'obéissaient aveuglément et j'entrai dans le Palais-Royal. »

Plusieurs élèves arrivèrent au Palais-Bourbon avec les premiers envahisseurs de la Chambre, au moment où l'on essayait de faire une régence avec la duchesse d'Orléans. Le général Gourgaud les prit sous ses ordres. Il voulait défendre l'entrée de l'enceinte législative et il le faisait si maladroitement qu'ils eurent beaucoup de peine à l'empêcher d'être écharpé. « Que voulez-vous que nous fassions, mon général! lui demandèrent-ils. — Je n'en sais rien! » répondit l'aide de camp de Louis-Philippe. Il revint au bout d'une demi-heure disant : « Tout est perdu! » Alors les élèves suivirent la foule qui envahissait les couloirs et montait dans les tribunes. La duchesse d'Orléans avec ses enfants, après avoir cherché un refuge dans les bancs élevés du centre gauche venait d'être entraînée hors de l'enceinte par quelques amis restés fidèles. Des hommes du peuple, des gardes nationaux portant des drapeaux s'étaient amassés dans l'hémicycle. On procédait à l'élection des

membres du Gouvernement provisoire. Le Président soumettait les noms successivement au vote. Quand le vote fut achevé un cri de vive la République! retentit. A ce moment un Polytechnicien, placé au devant d'une tribune, s'écria : « La république! aucun des membres de votre Gouvernement provisoire ne la veut! nous serons trompés comme en 1830! » Ce fut la seule note politique que l'École fit entendre dans toute cette journée.

Le lendemain, le Gouvernement provisoire faisait parvenir aux élèves une adresse de remerciements dans laquelle il exprimait l'espoir qu'ils lui conserveraient leur patriotique concours [1], et le soir même, obligé de faire face immédiatement à mille difficultés à la fois, il réclamait leurs services. Son embarras était extrême. Paris était couvert de barricades, les routes et les chemins de fer étaient coupés, Versailles était entouré de bandes, Neuilly à demi consumé par le feu. Il fallait préserver les Tuileries et les monuments publics menacés de l'incendie, rétablir la circulation, pacifier les faubourgs, recueillir les blessés, protéger les soldats, assurer l'approvisionnement de la ville, faire respecter les propriétés. Une des premières difficultés était de faire porter les ordres au travers de tous les obstacles et de la foule immense qui remplissait les rues. On n'était pas bien sûr de la garde nationale et les soldats de la ligne eussent été tués infailliblement. La pensée vint de prendre, pour faire le service d'aides de camp, les élèves de l'École polytechnique, « cette milice des jours de crise à laquelle sa jeunesse donnait ascendant sur le peuple et sa discipline autorité sur les masses [2] ». L'un d'eux se trouvait précisément parmi les quinze ou dix-huit personnes étrangères comme Bixio, Bastide, Barthélemy-Saint-Hilaire, Pagnerre, Hetzel, qui avaient pénétré à la suite des membres du gouvernement dans la salle étroite et retirée où ils s'étaient réunis le soir du 24 février. C'était le sergent de Freycinet, le futur organisateur de la défense nationale, le futur président du conseil des ministres de notre troisième République. Il avait escorté Dupont de l'Eure qui, sans lui,

1. Voir Pièce justificative n° 26.
2. LAMARTINE, *Histoire de la Révolution de 1848.*

ne serait jamais arrivé à l'Hôtel de Ville. Il avait vu venir successivement Lamartine, Louis Blanc, puis Garnier-Pagès dont l'attitude était fiévreuse et embarrassée, et qui le lendemain encore se tenait à peine en équilibre. Il avait entendu arrêter les termes des décrets et des proclamations, assistant curieux et étonné à l'enfantement du gouvernement. Un des membres du gouvernement l'ayant aperçu lui demanda : « Vos camarades se chargeraient-ils de cette mission ? — Certainement », répondit-il avec empressement, et il écrivit de suite les noms de vingt de ses camarades qui furent immédiatement nommés aides de camp du gouvernement provisoire. Crémieux, Marie et Dupont de l'Eure signèrent au bas de la liste une formule de décret. En voici la copie[1] :

CABINET
DU
SECRÉTAIRE GÉNÉRAL

ÉLÈVES DE L'ÉCOLE POLYTECHNIQUE
QUI S'OFFRENT POUR AIDES DE CAMP POUR LE GOUVERNEMENT PROVISOIRE

24 février.

De Freycinet, Viot, Lefrançois, Dolisie, Bauby, Bergère, Caron, Manier, Pélissier, Delmas, Tiffy, Regnaut, Mangeon, Cord, Dervieux, Modéré.
Accepté (*sic*) et laissez entrer quand ils se présenteront à l'Hôtel de Ville.

AD. CRÉMIEUX, MARIE, DUPONT DE L'EURE.

C'est ainsi que 20 élèves se trouvèrent officiellement pendant plus de trois semaines chargés de missions diverses. Un grand nombre d'autres vinrent aussi dès le premier jour avec des Saint-Cyriens, des élèves de l'École normale, des étudiants, toute la jeunesse lettrée, intrépide de modération et d'élan, se constituer les défenseurs de la République et se mettre en permanence à la disposition du Gouvernement provisoire, soit pour lui faire honneur, soit pour le protéger. A l'Hôtel de Ville ils aidèrent à contenir cette masse fiévreuse de combattants à moitié ivres qui campait, flottait dans les cours et

1. La pièce originale est en les mains de M. de Freycinet qui a bien voulu nous la communiquer.

les escaliers. Ils surveillèrent le club Blanqui qui s'était réuni dans une salle du rez-de-chaussée et où des orateurs démagogues, agitant les motions incendiaires les plus sinistres, parlaient déjà de mettre le Gouvernement provisoire en accusation. Sur le palier du premier étage, avec quelques citoyens intrépides, il leur fallut plusieurs fois engager une lutte corps à corps avec les envahisseurs qui revenaient à tout instant plus furieux. Quand les masses désordonnées ébranlaient à coups de crosse de fusil les portes derrière lesquelles ils s'étaient barricadés, Lamartine se levait, courait les vêtements en lambeaux, le col nu, les cheveux en désordre, refouler la multitude par son éloquence. Les Polytechniciens l'escortaient. Ils accompagnaient aussi Crémieux, Marie, Floccon, Louis Blanc suivi d'Albert, au milieu des groupes qu'il fallait perpétuellement haranguer. Lagrange, Pagnerre, professeur du collège de France qui devint secrétaire de Lamartine, Chateau-Renaud, dont la voix tonnante commandait le silence à la multitude, étaient toujours avec eux. Ils virent aussi Laurier, secrétaire de Floccon, jeune écolier de dix-sept ans, vêtu d'une blouse bleue de garde national, d'une écharpe rouge, avec un képi sur la tête, des pistolets à la ceinture, qui montait sur des tréteaux installés au milieu de la place pour mieux se faire entendre.

Les premiers jours on les employa presque tous à escorter la troupe hors de Paris. L'opération ne laissa pas de présenter des difficultés. Le bruit s'étant répandu, dans le faubourg Saint-Antoine, qu'on préparait à Vincennes une concentration de forces à la tête desquelles un prince d'Orléans devait marcher contre l'Hôtel de Ville, le peuple s'opposait à la sortie des soldats. On fut obligé de faire accompagner chaque compagnie, chaque bataillon par des Polytechniciens. La vue de leur uniforme rassurait aussitôt la population. A Ménilmontant, les ouvriers passaient la visite des cartouchières pour s'assurer qu'elles étaient vides. Une colonne accompagnée par deux élèves, de Freycinet et Lamé, arrivait de la caserne Popincourt. « Avez-vous encore des cartouches ? cria-t-on. — Oui, » répondit Lamé qui était sourd et dont les réponses étaient faites toujours à tort et à

travers. Quelques balles de pistolets sifflèrent sans atteindre personne ; il fallut que M. de Freycinet montât sur une barricade, suppliant
le peuple de ne pas tirer, lui donnant sa parole d'honneur que les
hommes n'avaient pas de cartouches et l'adjurant de laisser passer
les soldats. Le colonel du régiment le remercia chaudement de sa
courageuse intervention. A la caserne de Lourcine, trois élèves commandaient en maîtres. Ils empêchaient de prendre les armes, de toucher aux munitions et aux dépots de poudre. Ils retenaient les soldats qui cherchaient à se débander, et en même temps ils protégaient
les officiers qui avaient retiré leurs uniformes pour être plus en sûreté.

L'intervention de ces Polytechniciens, sans qui on aurait eu de
grands malheurs à déplorer, permit seule d'opérer l'évacuation ;
l'armée sortit de Paris et ne fut pas inquiétée ; elle se retira dans les
environs, à Rambouillet, à Saint-Germain où le gouvernement n'était
pas fâché de l'avoir sous la main. Pendant ce temps-là, d'autres
s'occupaient des subsistances et des approvisionnements. Un arrêté
du Gouvernement provisoire les chargeait de cette mission :

RÉPUBLIQUE FRANÇAISE

25 février 1848.

ARRÊTÉ :

Les élèves de l'École polytechnique et les citoyens de Basano et de Solms
sont chargés de veiller à l'exécution pleine et entière des arrêtés pris par le
Gouvernement provisoire de la République pour les subsistances de toute
nature.

Ils tiendront la main à ce que, notamment, les boulangers soient suffisamment approvisionnés. Tous pouvoirs leur sont donnés à cet égard. Ils se rendront aux halles et entrepôts et s'assureront de la mise en état complète des
approvisionnements. Ils sont autorisés à requérir la force armée pour en assurer
la délivrance.

Ils devront aussi, et les concitoyens gardiens de barricades devront les
aider dans cette grande mission, faire en sorte que la circulation soit assez libre
pour permettre les arrivages.

Aujourd'hui que Vincennes et les forts sont pris, il n'y a plus de nécessité
aussi grande de se garder contre une attaque.

Les membres du Gouvernement provisoire,

DUPONT DE L'EURE, LAMARTINE, GARNIER-PAGÈS, MARIE, LEDRU-ROLLIN,
CRÉMIEUX, L. BLANC, MARRAST, FLOCCON, ALBERT *ouvrier.*

Pour assurer les premières distributions de pain, un élève partait avec quelques gardes nationaux de bonne volonté, passait chez les boulangers, signait des bons de pain, faisait prendre tout ce que ses hommes pouvaient porter et revenait à l'état-major de la garde nationale où se faisaient les distributions. Le bruit ayant couru que des malfaiteurs voulaient incendier les moulins de Corbeil, deux élèves s'y rendirent[1]. Ils furent très bien reçus par les autorités. Le sous-préfet, M. de Cullion, celui-là même qui avait été blessé en 1814 à la barrière du Trône, M. Feray, riche manufacturier, et M. Grenet, ingénieur des ponts et chaussées, tous trois anciens élèves de l'École, leur firent l'accueil le plus empressé. Après être restés là deux jours, pendant lesquels il n'y eut pas la moindre tentative d'incendie, ils passèrent en revue la garde nationale et s'en revinrent à Paris. Un rapport, adressé par eux au gouvernement quelques jours plus tard, lui fit connaître que les marchés de Sceaux et de Poissy offraient des arrivages plus que suffisants à la consommation des viandes, que le service des abattoirs se faisait avec toute l'exactitude habituelle et que les approvisionnements en bois de boulangers et les chantiers voisins suffisaient à tous les besoins. Le rapport se terminait en déclarant que « les citoyens boulangers, bouchers, marchands de vin, marchands de comestibles avaient bien mérité de la patrie ».

Tous les jours un certain nombre d'élèves allaient se mettre à la disposition de M. Guignard, le commandant en second de la garde nationale. Les uns montaient à cheval, conduisaient les patrouilles à travers les divers quartiers; d'autres démolissaient les barricades et rétablissaient la circulation. La nuit ils étaient chargés des rondes major; ils visitaient les postes, examinaient les registres, constataient la situation des hommes. Parfois le peuple exigeait d'eux des services auxquels il était difficile de se soustraire. Lorsqu'une de ces bandes de citoyens vainqueurs qui parcouraient la capitale rencontrait un élève, elle le mettait à sa tête et il fallait aller avec elle

---

1. Voir note n° 28, l'arrêté qui les chargeait de cette mission.

partout. Les missions qu'on les obligeait d'accepter entraînaient les plus grandes fatigues. Qu'on en juge par le récit suivant :

« Le 26 février vers quatre heures, je passais avec mon camarade Allan sur la place Saint-Michel, lorsqu'on vint nous dire qu'on mettait le feu au château de Versailles et aux châteaux des environs. Mettre une voiture en réquisition, payer le cocher par un bon de pain, car nous n'avions plus d'argent, et prendre le chemin de fer à la gare Saint-Lazare fut l'affaire d'un instant. A Trianon, nous nous trouvons au milieu d'un poste composé de plusieurs de nos camarades (Lemaire, Gressier, etc.) et de Saint-Cyriens qui nous reçoivent très gracieusement et nous donnent le commandement des patrouilles. Le lendemain matin, j'étais à sept heures dans la cour de l'Hôtel de Ville lorsque Marrast, devenu maire de Paris, me dit : « Montez vite à cheval, on veut brûler Chantilly, voici une commission pour vous faire obéir. » Nous partons sept; cinq élèves ingénieurs des ponts et chaussées, un jeune médecin militaire et moi. Montés sur des chevaux de gardes municipaux, nous traversons toutes les barricades du faubourg Saint-Denis et nous prenons le galop vers le nord. Aucun de nous ne savait monter à cheval, cinq restèrent en route. A minuit le maire de Chantilly nous reçoit et après nous avoir fait manger une gibelotte de lapin nous conduit coucher au château. A six heures du matin ce magistrat me réveille en me disant : « Il y a là un convoi de poudre accompagné par la gendarmerie. L'ancien gouvernement le destinait au fort d'Ivry. Que voulez-vous que j'en fasse ? les gendarmes ne peuvent aller plus loin, les routes de ce côté de Paris ne sont pas sûres ! — Je m'en charge, » dis-je au maire et, mettant en réquisition une escorte de gardes nationaux, je repars avec le convoi. A Luzarches, je suis arrêté au passage par le juge de paix et forcé de faire partie, avec deux officiers de la garde nationale et le brigadier de gendarmerie, d'un conseil de guerre qui condamne à mort deux incendiaires. Le 29, à Saint-Denis, je trouve un détachement d'artillerie de la garde nationale qui m'escorte jusqu'aux portes de Paris. Après cela, je n'ai plus eu pour escorte que quelques hommes du peuple qui ont admirablement fait

leur service; sur notre passage, ils faisaient éteindre tous les feux compromettants. A la tombée de la nuit, je remettais ma poudre au commandant du fort. Cette mission m'a valu des éloges du Gouvernement provisoire qui, pour me récompenser, m'a fait porter encore trois dépêches dans la soirée au ministère de la Guerre. Il était temps que cela finît, mon cheval et moi nous étions fourbus. Le lendemain, je fus encore chargé de faire détruire les barricades et de rétablir la circulation sur toute la ligne qui va du Palais-Royal à la barrière du Trône. Je n'éprouvai guère de difficulté que vers le Palais-Royal, et, sans l'intervention de Delescluze, je ne serais pas parvenu à faire abattre la dernière barricade. Celui qui la commandait jurait que lui vivant on n'y toucherait pas. J'étais brisé de fatigue le 1er avril quand l'École me fit une avance de 50 francs pour payer mes frais de voyage et me renvoya dans ma famille[1]. »

Aux Tuileries, cinq ou six élèves étaient employés à classer les papiers du roi. Ils mettaient à part ce qui devait revenir à la famille afin de le lui faire parvenir ; ils gardaient les papiers d'intérêt public et jetaient au feu toutes les lettres qui leur semblaient compromettantes, entre autres les nombreux témoignages de fidélité que le roi avait reçus de toutes sortes de personnages. Afin de sauver les bijoux et les diamants de la couronne, Revin avec quelques-uns de ses camarades les avait transportés dans la journée du 25 à l'état-major de la garde nationale chez le général Courtais[2]. Quelques heures plus tard une bande d'individus suspects étant venue essayer d'ébranler la grille qui fermait le guichet habituellement ouvert au public et sur lequel donnaient les bureaux de l'état-major, les élèves descendirent, parlèrent à la foule et réussirent à l'éloigner. Mais, trouvant que l'endroit n'était pas suffisamment sûr, ils firent venir un fourgon d'ambulance, mirent dedans un garde national qu'on enveloppa avec des linges ensanglantés et sous lesquels on dissimula le trésor; on répandit le bruit qu'on allait transporter un blessé, et, grâce à ce stratagème, les

1. Récit de M. Resal, aujourd'hui membre de l'Académie des sciences et professeur à l'École.
2. M. Revin, colonel du génie en retraite, est bibliothécaire à l'École.

bijoux et les diamants furent déposés en lieu sûr à quelques pas de là, au ministère des Finances. Les élèves signèrent les procès-verbaux de départ et d'arrivée. Dans la précipitation qu'il fallut mettre à arracher des richesses à des mains encore honnêtes, mais qui pouvaient succomber à la tentation, à les emballer, à les faire filer loin d'un théâtre sans cesse menacé, c'eût été peine inutile de songer chaque fois à rédiger des procès-verbaux. « Les garants que j'employais toujours en guise de cire et de cachet » a écrit M. de Saint-Amand, officier de la garde nationale qui fut nommé commandant des Tuileries le 24 au soir, « étaient les élèves de l'École polytechnique. Il faut les avoir vus si admirablement à l'œuvre pour apprécier tous les services qu'ils ont rendus dans cette mission de confiance où des élèves de Saint-Cyr ont souvent rivalisé avec eux aux postes les plus périlleux. »

Nous n'essayerons pas de dire toutes les missions que le gouvernement confia aux élèves. Les uns allèrent à Neuilly avec l'ordre de prendre en passant la garde nationale de Passy pour protéger le palais; mais quand ils arrivèrent le château était en flammes, des hommes et des femmes mangeaient et buvaient sur les pelouses. D'autres furent envoyés à Saint-Cloud dont la garde nationale se montra très énergique et sut éloigner les insurgés. D'autres encore restèrent à Auteuil pour empêcher la destruction de l'aqueduc. M. C*** partit pour Saint-Denis où l'irritation de la populace était extrême et où il faillit être fusillé. M. F***, sur un ordre de Lamartine, alla prendre à Vincennes un convoi de fusils destinés au IXᵉ arrondissement et l'accompagna à travers Paris. Beaucoup furent employés à la protection des gares de chemin de fer qu'on menaçait d'incendier. Ils trouvèrent, à la gare de l'Ouest et à celle d'Orléans, des hommes de bonne volonté qu'ils armèrent avec les fusils enlevés à la troupe et qu'ils mirent en faction autour des bâtiments. Aucun dégât ne fut commis. Le directeur de la compagnie d'Orléans écrivit au général une lettre dans laquelle il lui exprimait toute sa gratitude pour leur zèle et leur dévouement. « A chaque nouvelle d'alarme ou lointaine ou rapprochée, disait-il, nous les avons vus accourir mettant

à la disposition de la compagnie leur puissante influence, commandant partout le respect, la confiance, la sécurité. Ni jour, ni nuit, leur zèle ne nous a fait défaut : il semblait doublé au contraire par la pensée qu'ils protégeaient une de ces belles créations de la science et de l'industrie moderne qui sont dues à leurs devanciers et qu'ils sont appelés eux-mêmes à étendre et à perfectionner un jour. » La lettre fut communiquée aux élèves par la voie de l'ordre [1].

Les théâtres, qui chantèrent bientôt la victoire populaire et acclamèrent la République, n'oublièrent point les services rendus par les élèves et, dans les pièces jouées les premiers jours du mois de mars, le Polytechnicien eut son rôle, comme en 1830, à côté des gardes nationaux, des ouvriers, des femmes faisant de la charpie, des soldats de la ligue fraternisant avec le peuple [2].

Il y avait plus de vingt jours que tout travail était interrompu à l'École ; on en partait dès le matin et on n'y rentrait que le soir fort tard pour se coucher. Si l'on y paraissait dans la journée c'était uniquement pour y prendre les repas, le général ayant donné l'ordre d'y tenir table ouverte à toute heure. Ce fut seulement vers le milieu d'avril que le Gouvernement provisoire, jugeant les services des élèves « moins nécessaires au maintien de l'ordre et de la tranquillité publique », annonça l'intention de leur faire reprendre leurs études. Le 12 mars un ordre du ministre de la Guerre avait autorisé le général Aupick à leur accorder un congé d'un mois. Toutefois on avait cru indispensable d'en conserver encore quelques-uns pour divers services. Plusieurs se trouvaient en province, à Versailles, à Dijon, à Lyon, à Bordeaux, à Metz, où ils avaient été envoyés en qualité de commissaires extraordinaires, mais où leur présence ne fut guère utile, car partout la révolution se faisait toute seule. Ceux qui n'avaient pas leurs familles à Paris étaient restés à l'École à la disposition du gouvernement.

Le sergent-fourrier de Freycinet, après avoir accompagné son ca-

---

1. Voir cette lettre. Pièce justificative n° 30.
2. Voir les *Barricades de 1848*, pièce de BRISEBARRE et SAINT-YVES donnée à l'opéra national le 5 mars 1848.

marade Latrade envoyé en qualité de commissaire à Bordeaux, revint prendre sa place auprès des ministres. « Je les vois encore, nous a-t-il raconté, assis autour de cinq ou six tables dans la grande salle de l'Hôtel de Ville. Chacun d'eux rédigeait les décrets concernant son ministère et les faisait signer par ses collègues. J'aidais à les expédier aux administrations régulières dans Paris. Je causais de temps en temps avec eux, le plus souvent avec Louis Blanc et avec Lamartine, quelquefois avec Floccon et avec Marie, rarement avec les autres. » Un jour qu'il était près de la table de Louis Blanc un homme vint s'appuyer à cette table et, prenant la parole avec une chaleur, une animation extraordinaire, il raconta que le préfet de Melun organisait la résistance dans cette ville, qu'un centre était formé, qu'on allait s'y trouver menacé gravement. L'homme parla si bien qu'il persuada Louis Blanc de le nommer commissaire avec pleins pouvoirs pour faire respecter le gouvernement à Melun. Quand il fut parti, Louis Blanc dit à M. de Freycinet. « Je l'envoie à Melun, mais je ne suis pas très rassuré, il a une mine suspecte qui ne m'inspire aucune confiance. — Voulez-vous que je parte après lui et que je le surveille ? » demande l'élève. Sur-le-champ, Louis Blanc lui signe un brevet qui le nomme commandant de la garde nationale de Melun. M. de Freycinet va chercher son camarade Requin dont la haute taille imposait un respect qui n'était pas à dédaigner, monte avec lui en wagon, arrive quelques heures après l'individu et se fait conduire à son hôtel. Assis à la table d'hôte avec quelques personnes, cet homme discutait à tort et à travers, parlait d'arrêter, d'emprisonner, de faire fusiller tout le monde. « Nous allons le faire empoigner, » dit de Freycinet, et, Requin sort, sans attirer l'attention, va chercher le procureur du roi, revient avec lui et quelques soldats de la garde nationale; son camarade exhibe ses pouvoirs et, sur son ordre, on arrête le délégué du gouvernement. C'était un fou qui avait été enfermé quelques années auparavant dans une maison d'aliénés et qui, depuis son arrivée à Melun, avait déjà destitué le préfet, plusieurs fonctionnaires et fait afficher une proclamation ridicule. Une fois les fonctionnaires rétablis à leurs postes et la tranquillité ramenée dans

la ville, les deux Polytechniciens s'en revinrent à l'Hôtel de Ville.
M. de Freycinet se tint plus de trois semaines dans la salle
Saint-Jean. C'est de lui que Lamartine a dit : « Un jeune élève
de l'École polytechnique était là, beau, calme, muet, comme une
statue de la réflexion dans l'action, figure qui rappelait le Bonaparte
silencieux de vendémiaire[1]. »

Pendant les deux mois de crise, de misère, d'agitation politique,
d'angoisse sociale qui précédèrent la réunion de l'Assemblée nationale, les élèves rendirent encore de grands services. Le jour de la
manifestation du drapeau rouge, ils luttèrent longtemps contre les
bandes armées de piques, de sabres, de poignards, qui s'étaient
agglomérées sur la place de Grève et sur les quais jusqu'à la Bastille.
Lorsque ces masses soulevées par Blanqui, embrigadées, conduites par
des chefs, forcèrent les grilles et se ruèrent dans le palais, ils résistèrent à l'intérieur jusqu'à ce qu'ils eussent été renversés et les portes
brisées, pendant que leurs camarades bravaient tout au dehors, apportaient des avis de détresse et suppliaient le gouvernement de se
montrer. Il se montra à la fin. Tous les membres sortirent en corps sur
la place afin d'apaiser l'émeute. On s'était arrangé pour mettre Louis
Blanc en évidence. Il était l'idole du peuple qui accusait le gouvernement de vouloir le faire disparaître, et l'objet de la défiance de ses
collègues qui le croyaient d'accord avec les partis extrêmes. Afin
de le faire voir, nous a-t-on raconté, comme il était de petite
taille, on l'avait huché sur les épaules d'un grand garde national derrière lequel se tenait l'élève L***, l'épée à la main. Huit autres
Polytechniciens, l'épée nue, entouraient les ministres pendant qu'ils
s'avançaient au milieu de la foule. Lamartine, admirable de courage,
fit taire l'émeute, en prononçant les belles paroles que l'on sait. Mais
ce que l'on ne sait pas, c'est que la foule restait sur la place, qu'elle
ne s'éloignait pas. Quelqu'un ayant dit: « Il faut pourtant que ces
gens s'en aillent, » un Polytechnicien, M. Deron, avec deux ou trois
de ses camarades, se mit à crier à la multitude : « Mes amis, allons

1. LAMARTINE, *Histoire de la Révolution de 1848.*

LES POLYTECHNICIENS ESCORTANT LE GOUVERNEMENT PROVISOIRE.

(25 Février 1848.)

saluer nos frères qui sont morts en 1830! » et toute la masse se dirigea vers la Bastille ; elle fit le tour du monument, puis s'en alla processionnellement sur les boulevards. Louis Blanc avait gardé le silence. Voici un fait qui prouve combien on redoutait, dans l'entourage du gouvernement, qu'il ne prît la parole et qu'il n'excitât les passions populaires. Comme les ministres remontaient à la salle Saint-Jean suivi de leur escorte, M. de Freycinet dit à son camarade M. L*** : « Eh bien! Louis Blanc n'a pas parlé! — Il a bien fait, répondit M. L***, s'il avait dit un mot, je le tuais. » La réponse impressionna vivement M. de Freycinet qui nous l'a rapportée. « Mon camarade, a-t-il ajouté, était d'un caractère froid, énergique, résolu ; il l'eût fait comme il le disait. » En rentrant dans la salle, Lamartine félicita chaleureusement les élèves, et leur dit : « Vous venez de bien mériter de la patrie ! »

Le 16 avril, le gouvernement qui n'avait d'autre force que son autorité morale, plus de garde nationale, point de troupe, se voyant attaqué par les partis extrêmes, fit appeler les Polytechniciens les plus intelligents, les plus actifs, les plus braves, ceux qui avaient le plus d'influence sur leurs camarades, pour lui venir en aide dans ces circonstances critiques. Lamartine « les informa des projets du lendemain et les employa toute la nuit à prévenir, à rallier, à rassurer les bons citoyens, à les tenir prêts à accourir à l'Hôtel de Ville[1]. Tant de forces accoururent avec eux sur la place de Grève que la masse des rebelles, partie de l'Hippodrome et du Champ-de-Mars, n'osa pas engager la lutte et se retira. Ils furent encore appelés un peu plus tard, quand les Polonais voulurent aussi faire leur manifestation. C'est ce jour-là qu'un élève[2] ayant demandé une escorte au colonel de Martimprey, chef d'état-major du général Bedeau, reçut cette réponse : « Un élève de l'École polytechnique vaut un régiment ! »

Tel était le prestige de leur uniforme que Ledru-Rollin songea à l'utiliser, au risque de le compromettre, lorsqu'il conçut l'étrange projet de révolutionner la Belgique et de la gagner à la France.

1. LAMARTINE, *Histoire de la Révolution de* 1848.
2. Olivier, lieutenant-colonel du génie en retraite.

Il fit appeler chez lui trois élèves : MM. de Freycinet, Lefrançois et Dolisie, leur laissa vaguement entrevoir ses intentions et leur donna pour mission officielle de diriger vers le nord les bandes d'ouvriers belges sans ouvrage que le gouvernement voulait éloigner de Paris. M. de Freycinet, peu enthousiaste de l'affaire, atteint d'ailleurs de violentes névralgies à la suite du service qu'on lui avait fait faire les jours précédents, prétexta son état de santé et ne fut point mêlé à cette expédition qui devait aboutir à la ridicule échauffourée de Riscontout. Lefrançois se chargea de recruter des adhérents parmi ses camarades; Deron, Requin, Villot, Tiffly, accoururent à lui, plus tard Bergère. Ils se rendirent ensemble à Lille, par le chemin de fer, se présentèrent à Delescluze, commissaire délégué du département du Nord, et lui firent connaître l'objet de leur mission. Ils restèrent avec lui environ six semaines à l'hôtel du Nord. Delescluze, non encore aigri par les déceptions, les désillusions qui devaient le jeter plus tard dans la Commune, était alors un fort bel homme, gai, aimable, viveur. Il les amusa beaucoup en leur racontant des histoires scabreuses; mais il évita de s'engager, jouant avec eux et avec le gouvernement un double jeu, flattant Ledru-Rollin, l'inspirateur de l'affaire, obéissant à Lamartine, qui ne l'approuvait pas, et témoignant aux autorités belges les assurances les plus pacifiques afin de dissiper leurs inquiétudes. Pendant ce temps-là le général Négrier, avisé par Lamartine, faisait tout ce qu'il pouvait pour empêcher l'expédition et refusait de délivrer les munitions et les 1500 fusils que les élèves avaient ordre de prendre à l'arsenal de Lille. On attendit longtemps. M. Deron fit plusieurs fois le voyage de Paris pour rendre compte à Ledru-Rollin de ce qui se passait. Parfaitement accueilli chaque fois par le ministre, il revenait sans être plus avancé que la première, lorsqu'un jour le général Négrier, cédant on ne sait à quel ordre, consentit enfin à faire ouvrir les portes de l'arsenal. Les chariots de fusils furent emmenés, sous prétexte d'armer les gardes nationales rurales. Le général avait obtenu des Polytechniciens la promesse de ne pas passer la frontière et ils tinrent parole. Mais déjà Requin et Delafosse avaient pénétré en Belgique et cherchaient depuis

plusieurs jours à soulever les populations en faveur de la France. Il est certain qu'à ce moment l'annexion de la Belgique eût été possible, mais le moyen était naïf. Les deux agitateurs imprudents, condamnés à mort par contumace, furent bien vite obligés de quitter le territoire belge. Requin, saluant plus tard l'ambassadeur de Belgique aux réceptions du ministère des Affaires étrangères ne manquait jamais de lui dire : « J'ai l'honneur de vous présenter ma tête ! » Quant à la légion belge formée avec les bandes d'ouvriers venues de Paris et grossie de mineurs recrutés dans le département, elle logea le 25 mars et le 26 mars chez l'habitant et dans les casernes de passage à Valenciennes et à Douai ; elle fut armée le 28, approvisionnée, soldée, et vint enfin cantonner près de la frontière dans plusieurs villages aux environs de Seclin. En dépit des assurances de Delescluze, qui avait beaucoup de relations en Belgique (ayant habité longtemps Charleroy), et qui alla à Quiévrain protester de nos intentions pacifiques, nos voisins avaient pris des mesures militaires sur toute la ligne de la frontière. Aussi quand la colonne partie de Seclin atteignit le territoire belge, au hameau de Riscontout près de Mouscron, une force imposante l'attendait. Quatre régiments de ligne, plusieurs escadrons de cavalerie et deux batteries de campagne étaient rangés en bataille. Les douaniers commencèrent l'attaque, puis la troupe se déploya, l'artillerie fit un tir à mitraille qui tua une cinquantaine d'ouvriers et jeta le désordre dans la légion. Après un simulacre de combat qui ne dura pas trois heures, tout le reste s'enfuit vers Tourcoing (29 mars 1848). Deux trains ramenèrent à Paris les ouvriers qui faisaient partie de cette expédition. Heureusement pour les Polytechniciens qu'ils avaient été rappelés depuis deux jours. Un ordre du général Subervic, ministre de la Guerre, envoyé au général Négrier, leur avait prescrit de rétrograder immédiatement sur Paris.

Le 30 avril tous les élèves en congé rentrèrent à l'École. Le personnel du commandement de l'établissement avait été complètement renouvelé. Arago, espérant arracher ces jeunes gens à la politique et ramener le calme dans les études, avait nommé commandant le général Poncelet, promu par lui au généralat depuis quelques jours.

Pendant son court passage au ministère de la Guerre, il s'était empressé de rendre justice à cet officier du génie, membre de l'Académie des sciences qui, à sa sortie de l'École d'application, avait été fait prisonnier lors de la campagne de Russie et qui, après sa longue captivité, était resté dix-sept ans capitaine et dix ans chef de bataillon. Pour le poste de commandant en second, Arago avait choisi lui-même le chef d'escadron d'artillerie Lebœuf [1], dont il connaissait les qualités militaires et sur la fermeté duquel il comptait pour contenir les élèves. Ce fut Lebœuf en effet qui prit la direction de l'École. Poncelet, élu représentant du peuple quelques semaines plus tard, toujours occupé de science quand il n'était pas à la Chambre, lui laissa toute liberté de gouverner comme il l'entendrait. Les élèves l'aimaient pour sa franchise, son caractère énergique et résolu. Sa figure martiale, son attitude de commandement leur plaisait.

A peine arrivée, la première division, rappelant une proposition qui lui avait été faite antérieurement, demanda à entrer dans les services publics, sans examen. Elle faisait observer que les chances ne seraient pas les mêmes pour tous, que quelques-uns avaient consacré tout leur temps aux affaires publiques tandis que d'autres n'avaient pas cessé de se livrer à leurs travaux réguliers. Comme les élèves de cette promotion avaient été plus que les autres mêlés aux événements et qu'ils semblaient apporter encore des préoccupations politiques, le commandant Lebœuf appuya leur demande et le ministre décida que les examens de sortie n'auraient pas lieu, non plus que les cours qui devaient y préparer. Le classement fut effectué d'après les notes d'interrogation du premier trimestre et surtout d'après la liste de passage en seconde année. Le 5 mai toute cette division partit. La seconde division resta seule. Ébranlée par l'exemple de la première, elle essaya bien d'invoquer les mêmes raisons qu'elle contre un classement de mérite. On lui fit comprendre que l'intérêt des études et l'honneur de l'École exigeaient que les élèves ne fussent admis en seconde année qu'après avoir prouvé, par les examens ordi-

---

1. Devenu maréchal de France et ministre de la Guerre.

naires, qu'ils étaient aptes à en suivre les cours. Il fut donc décidé que les examens auraient lieu. La division se soumit. Le commandant en second, en qui les élèves avaient une confiance entière et à qui ils obéissaient sans réplique, leur fit donner des fusils, les organisa en bataillon et s'occupa d'ébaucher leur instruction militaire. Le calme commençait à renaître à l'École, quand au bout de quelques jours l'émeute éclata de nouveau.

Le 15 mai vers les trois heures de l'après-midi, le général Poncelet fait convoquer la division à l'amphithéâtre et commence un discours par ces paroles : « L'assemblée vient d'être violée par des factieux, le général Courtais a trahi ! » Puis il se livre à une interminable dissertation sur la politique extérieure, sur nos rapports avec l'Autriche et la Russie au sujet de la Pologne. Les élèves mouraient d'impatience. Ils interrompent le général et lui demandent ce qu'ils doivent faire. Celui-ci hésite et ne répond pas à la question. Alors un formidable cri : aux armes ! rententit et l'on se précipite vers la salle d'armes. La porte de l'ancienne chapelle du collège de Navarre était fermée ; une échelle est appliquée contre le mur ; on saute par les fenêtres, on enfonce la porte, et on s'empare des fusils d'exercice ; dans les gibernes on met deux ou trois cartouches que le commandant Lebœuf fait distribuer lui-même et, le képi sur la tête, le ceinturon d'infanterie avec baïonnette serré au corps, le fusil sur l'épaule, tous les élèves sortent, tambours en tête, sous la conduite de leurs officiers. « Si une compagnie de la ligne ou de la garde nationale vient à faiblir, leur dit le commandant, s'il y a un coup de main à donner, une barricade à emporter, je vous demande l'honneur de marcher à votre tête ! » La colonne se dirige vers le Luxembourg où le président de l'assemblée, Buchez, venait de se transporter avec les cinq membres du pouvoir exécutif. Près de la rue Garancière, Charras, qui se rendait à la commission, aperçoit les élèves ; il s'arrête stupéfait, réfléchit une seconde, puis leur adresse un discours des plus entraînants, prend le commandement et les dirige vers le Palais-Bourbon ; mais quelques pas plus loin un officier d'État-major lui annonce que le Palais est repris, qu'il n'y a pas lieu d'aller plus avant. Il les amène alors au

Luxembourg où le président les retient pour former la garde d'honneur du gouvernement. On passa là trois jours à envoyer des patrouilles et à faire quelques exercices militaires, sans être inquiété, sans une alerte. La première nuit, on forma les faisceaux dans un corridor et on se coucha sur le plancher; le lendemain on eut des fauteuils et des tapis pour dormir. Puis la commission exécutive déclara que la présence des élèves n'était plus nécessaire et on revint à l'École, tambours en tête, l'arme au bras, au milieu d'une foule énorme qui poussait des cris frénétiques de vive l'École ! vive l'assemblée nationale !

Un peloton de dix élèves fut encore envoyé à la caserne Saint-Victor pour disperser le corps des montagnards et remettre le poste à la garde nationale. Les prétoriens de Solbrier, licenciés par un décret de l'Assemblée nationale, refusaient formellement de se laisser désarmer, lorsqu'arriva un ordre de la préfecture de police permettant à chaque montagnard de garder son fusil, mais après l'avoir préalablement déchargé. Cette concession, avec les paroles de conciliation adressées par les élèves, termina le différend qui aurait pu devenir sérieux. Quelques hommes ayant tiré leurs fusils pour les décharger, le bruit des détonations fit croire aux gardes nationaux que la lutte commençait; ils se précipitèrent sur la porte pour l'enfoncer et l'on eut beaucoup de peine à leur faire accepter l'explication de ces détonations. Aussi pour éviter de semer l'alarme dans le quartier, les Polytechniciens se mirent-ils immédiatement à décharger eux-mêmes les armes avec des tire-bourres. L'opération fut promptement . terminée. Elle ne causa d'accident qu'à un officier de la garde nationale qui, après avoir essayé vainement de décharger un fusil, voulut le tirer en l'air et fut jeté à terre, évanoui, baigné de sang. L'arme chargée depuis le 24 février avait reçu en outre deux ou trois autres cartouches, l'une par dessus l'autre, et le mouvement violent de recul avait blessé l'officier assez sérieusement à la tête. A cinq heures du soir, la caserne Saint-Victor était livrée à la garde nationale.

Pendant plusieurs jours des élèves escortèrent les membres du gouvernement et commandèrent le piquet au ministère des Affaires

étrangères, puis tous rentrèrent à l'École. Mais il fut impossible de reprendre le travail. On passait tout le temps des heures d'études à causer des événements, à se raconter les incidents dont on avait été les témoins, à lire les journaux. Sous prétexte de fatigue on ne travaillait pas, on s'occupait de toutes sortes d'enfantillages et l'on ne s'inquiétait nullement des examens depuis qu'on avait annoncé qu'il n'y aurait pas de classement; on fumait et on jouait au whist du matin au soir. Cavaignac constata l'état des esprits lorsqu'il vint passer lui-même l'inspection de l'École. Ayant loué le dévouement des élèves à la cause de l'ordre et de la vraie liberté, leur patriotisme ardent et intelligent, il se retira en disant au général Poncelet : « Accélérez les cours et les examens et renvoyez dans leurs familles ces enfants qui n'en peuvent plus ! » C'est à lui que les élèves sont redevables de l'addition d'un plat de dessert à l'ordinaire journalier et de l'adoucissement de la captivité dans les salles de police et dans les prisons où l'on fit placer des lits, faveurs que le chef du pouvoir exécutif voulut bien accorder à titre de récompense nationale.

Aux journées de juin les examens étaient à peu près terminés ; il ne restait que trente-six élèves à l'École. M. Senard, président de la Chambre, leur envoya l'ordre de venir protéger les représentants du peuple. Ils ceignirent leurs épées, se formèrent en colonne et partirent aussitôt sous le commandement du chef d'escadron Lebœuf. Des cris de « à bas les traîtres ! » retentirent plusieurs fois sur leur passage ; mais les insurgés n'osèrent pas tirer sur eux. On se battait déjà place de Notre-Dame. Des gardes nationaux mal commandés tiraient sans effet du parvis sur la barricade du petit pont. La colonne se trouvait là prise entre deux feux. Lebœuf grommelait, Poncelet à ses côtés se garantissait philosophiquement sous son parapluie car la pluie commençait à tomber. Un élève[1] courut à la barricade au travers des balles ; il tomba à plat ventre sur un tas de pavés, mais son acte de courage fit cesser un instant les hostilités. Ses camarades franchirent l'obstacle, passèrent encore par-dessus une dizaine d'au-

1. Robinot.

34

tres barricades et arrivèrent au Palais-Bourbon. Ils y furent l'objet
d'une ovation splendide; M. Senard descendit serrer la main à chacun
d'eux; Cavaignac malgré sa froideur leur fit un chaleureux accueil.
Les Saint-Cyriens ne tardèrent pas à arriver. On bivouaqua trois jours
dans l'intérieur du palais. Pendant que les uns portaient des
ordres, les autres assistaient aux séances dans une tribune mise
à leur disposition. La nuit on s'étendait sur l'asphalte de la salle des
pas perdus. Un élève s'endormit là sur la natte de paille de Cavaignac,
côte à côte avec le général, qui lui avait offert la moitié de sa place.

Dès le second jour plusieurs d'entre eux fatigués de leur inaction
dirent à Lebœuf : « Nous ne faisons rien ici, nous allons voir ce qui se
passe; » et ils partirent dans des directions diverses. L'un de ceux-là
rencontra, devant la barricade de la rue des Grés, l'astronome Laugier,
en uniforme de commandant de la garde nationale, qui lui dit :
« Courez vite au Luxembourg trouver mon oncle Arago et dites-lui
que s'il ne nous envoie pas immédiatement des secours nous sommes
cernés. » Le Polytechnicien prit le pas de course et s'acquitta de sa
mission; malheureusement elle ne fut suivie d'effet que beaucoup
trop tard; puis il se dirigea vers la rue Soufflot dont il trouva l'entrée
défendue par une barricade. Une section d'artillerie commandée par
le lieutenant Lecœuvre[1] arrivait en ce moment au grand trot et, sans
être soutenue par de l'infanterie, elle se mettait en batterie à vingt mètres des insurgés. Les pièces furent bientôt démontées, le lieutenant reçut une balle dans le genou; mais le capitaine du génie Cadart[2],
qui avait ramassé en route quelques sapeurs en congé comme lui,
prit le commandement de la section et les choses changèrent de face
grâce aussi à l'arrivée des fantassins et des gardes mobilisés. Notre
élève fut employé là, à faire arriver les munitions qu'on allait chercher au Luxembourg. Il fut pris ensuite comme officier d'ordonnance
par le général Damesmes qui reçut une balle dans le genou en traver-
sant la rue des Postes et mourut deux jours plus tard. En faisant ce
service, il eut l'occasion de procéder à la dégradation et à l'exécution

1. Promu depuis général de brigade.
2. Devenu général de brigade.

sommaire d'un capitaine de la garde nationale, teinturier de son métier, pris derrière une barricade, et de sauver la vie à M. Duhamel, directeur des études, qu'on voulait fusiller. Il rencontra plusieurs anciens camarades qui avaient repris leur uniforme pour venir défendre la République menacée : Lesbros, élève des mines, fils du commandant en second prédécesseur de Lebœuf, fut blessé mortellement à l'épaule à l'attaque de la barricade de la rue des Mathurins-Saint-Jacques ; Lebelin de Dionne [1], dont les vêtements furent percés de quatorze balles sans qu'il eût été atteint, Le Becon Regnauld [2], qui fut frappé d'un coup de crosse et d'un coup de baïonnette. « Quand je rentrai à l'École à la tombée de la nuit, nous a-t-il raconté, on me croyait tué. Je revenais de porter un ordre au maire du XIIe arrondissement, Pinel de Granchamps ; j'étais si fatigué que je dormais debout ; vis-à-vis la grille du général, je n'ai pas entendu le triple qui-vive? de la sentinelle en faction devant le poste des sapeurs-pompiers et si un sous-lieutenant dont j'avais fait la connaissance ne s'était pas trouvé là pour relever l'arme qui m'ajustait, c'était fait de moi. »

Un autre élève, M. Fargue, parti de la Chambre des députés, rencontra sur le boulevard son camarade Bobillier et suivit avec lui le 7e bataillon de la mobile, qui se dirigeait au pas de course vers la rue du Faubourg-Poissonnière, ayant à sa tête le général Lafontaine. Écoutons-le raconter un épisode de la bataille :

« Il était environ une heure de l'après-midi. Nous arrivons à une barricade que des hommes d'assez mauvaise mine étaient occupés à élever : on les désarme, on démolit la barricade. On dépasse la caserne Poissonnière et l'on s'arrête au carrefour de la rue de Lafayette en face de trois barricades. La troupe de ligne avait pris la tête. Deux roulements de tambour se font entendre au milieu d'un silence profond ; le troisième est suivi d'un feu de peloton. La mobile se débande et les soldats traversent la place afin de se défiler de l'une des barricades et de répondre au feu des deux autres.

1. Aujourd'hui général de division.
2. Mort ingénieur des Ponts et Chaussées.

L'officier qui commandait m'avait placé à la droite de la compagnie
et mon camarade Bobillier à la gauche. J'étais parvenu à saisir un
fusil à silex; je tirai mon premier coup, je ne sais trop comment. Au
bout d'un instant j'étais aguerri quand un garde national vint à travers les balles me dire que Bobillier était blessé. Je courus à la
caserne où l'on commençait à porter les blessés; il n'y était pas; je
le trouvai dans une maison voisine. Il avait reçu une balle qui avait
troué son mouchoir, cassé son couteau dans sa poche, percé un
paquet de cartouches et lui avait-fait une blessure légère à la cuisse.
Je revins au combat, il dura encore près d'une demi-heure, ce fut
l'un des plus sanglants de la journée.

« Les trois barricades prises et démolies, on s'engagea dans la rue
Lafayette, par une pluie battante. Chemin faisant, j'échangeai mon
fusil à silex, dont le bassinet ruisselait, contre le fusil à piston d'un
mobile. Près de la gare du Nord, au delà de l'église Saint-Vincent-
de-Paule, nous trouvâmes une autre barricade que la garde nationale
voulut enlever à la baïonnette. Le commandant Thayer tomba frappé
d'une balle en pleine poitrine. Je proposai de tourner la position
en nous emparant de la gare. Ma proposition fut acceptée et la gare
occupée. Les insurgés se replièrent vers La Villette. Nous mar-
châmes sur eux malgré les biscaïens que nous lançaient les petits
canons du Château-Rouge. Deux fois les mobiles s'élancèrent sur la
barrière, ils furent repoussés. Alors on m'envoya au Carrousel demander une pièce d'artillerie et du renfort.

« Le soir il me fut impossible de regagner l'École; elle était ina-
bordable; les insurgés occupaient toutes les rues avoisinantes. Je
passai la nuit dans un poste. Le lendemain 24 à six heures du matin
j'essayai encore de passer. On se battait à la rue des Noyers. Le fils
du colonel Lesbros venait d'y être frappé à mort. Les coups de feu
partis de la barricade arrêtaient tous ceux qui tentaient de passer
l'angle saillant de la rue. On disait qu'elle n'était défendue que par
un seul insurgé excellent tireur. « Sergent, me dit un garde national,
dépassons la borne et montons dans la maison déloger ce gredin-là ! »
Le brave qui me disait cela n'avait pas fait un pas qu'il roulait à

terre. Je monte pour le venger au quatrième étage de la maison.
J'aperçois mon insurgé avec son canon de fusil entre deux pavés. Je
tire et, une seconde après, une balle vient se loger à ma droite dans
l'épaisseur du mur. Un duel s'engage entre nous deux pendant un
quart d'heure. A la fin je l'ajuste, je tire et ne vois plus rien. Je
descends, nous sommes maîtres de la barricade et nous occupons
la place Maubert.

« Une autre barricade fermait la rue de la Montagne-Sainte-Geneviève. Ayant vu des crosses en l'air, je crus que les insurgés se rendaient et j'y courus avec un mobile. Du haut de la barricade, je
haranguai la foule; un colloque s'engagea. On me reprochait ma
trahison, on me rappelait le temps où l'École était du côté du peuple :
« Ce temps dure encore, leur dis-je, vous n'êtes pas le peuple et
l'École ne veut pas de barricades élevées contre la République et
contre l'Assemblée nationale ! — Dans votre assemblée, répliquait-on,
il y a plus de 600 royalistes, nous n'en voulons plus. — C'est bien,
répondis-je, je ne suis pas des vôtres, je suis votre ennemi car je crie :
vive l'Assemblée nationale ! » Ce fut le signal de la bataille, des
coups de fusil partirent dans toutes les directions. Le mobile qui était
avec moi reçut une balle dans la joue, tomba et me couvrit de sang.
Les insurgés me prirent et me firent passer de leur côté. Je me débat-
tais de toutes mes forces. Eux, furieux, parlaient de me fusiller. Une
cantinière demanda ma grâce. On m'emmena avec une certaine déférence, je dois le dire, vers le haut de la rue, et l'on m'enferma dans
une espèce de poste, au n° 64, où je m'endormis accablé de fatigue et
mourant de faim. Peu de temps après je fus réveillé par un redoublement de fusillade, la porte fut enfoncée, puis vingt bras de
mobiles me saisirent, m'enlevèrent et me portèrent en triomphe à
l'École [1]. »

Ce récit montre assez que les élèves présents à Paris ont vail-

---

[1]. M. Fargue, ingénieur en chef des Ponts et Chaussées à Bordeaux, élève de la
promotion 1847, a consigné ses souvenirs en rentrant à l'École l'automne suivant.
Nous reproduisons cet extrait de ses *Mémoires d'un conscrit*, qu'il a bien voulu nous
communiquer.

lamment combattu à côté des défenseurs du gouvernement; plusieurs de leurs camarades, en congé dans leurs familles, vinrent aussi à son secours à la tête des gardes nationales envoyées par les départements; un grand nombre de jeunes ingénieurs des Écoles d'application se distinguèrent au premier rang. L'École polytechnique contribua ainsi à étouffer la formidable insurrection qui, pendant quatre jours, avait tenu tête à la souveraineté nationale et à la République elle-même.

CHAPITRE VIII

1870 ET 1871

Les Polytechniciens au siège de Paris. — Ouverture de l'École polytechnique à Bordeaux. — Le 18 mars. — Organisation de la résistance sur la montagne Sainte-Geneviève. — Départ pour Tours. — Les fédérés dans l'École.

Nous passerons rapidement sur l'époque du second empire. En 1850, l'École était peu sympathique au prince président. Lorsqu'il vint la visiter au commencement de l'année, sa mise, son attitude furent tournées en ridicule. Le major Schmulze, qui avait la manie des discours, lui adressa une allocution d'allure énergique, dont la péroraison : « Surtout, respectez la Constitution ! » n'était pas faite pour lui plaire. Le matin du 2 décembre, apprenant le coup d'État de la nuit, les élèves voulurent courir aux armes ; mais la troupe était déjà dans la cour. Le colonel Froissard[1], commandant en second, avait lui-même introduit les soldats un à un par la porte du garde-consigne et disposé des sentinelles tout autour des bâtiments. Il supprima la sortie générale, ce jour-là, qui était un mercredi, tout en essayant de persuader aux élèves que l'armée venait fraternellement avec eux protéger l'établissement et il dicta au général Bonnet

1. Devenu général et précepteur du prince impérial.

l'ordre du jour suivant qui fut communiqué aux deux promotions :

En raison des circonstances graves où nous nous trouvons, le général croit devoir, autant dans l'intérêt des élèves que dans celui de leurs familles, suspendre la sortie de mercredi sauf à leur en tenir compte plus tard.

Le bon esprit dont les élèves ont fait preuve depuis leur entrée à l'École garantit qu'ils persévèreront dans la ligne de conduite qu'ils ont suivie jusqu'ici sans se laisser détourner de leurs devoirs par des suggestions étrangères de quelque part qu'elles puissent venir.

De leur côté les élèves peuvent être bien assurés que le général et MM. les officiers resteront à leur tête, quoi qu'il puisse arriver, pour leur donner l'exemple.

Cette confiance réciproque suffira pour prévenir toute cause de désordre et maintiendra l'École polytechnique dans ce haut degré de considération, où l'estime publique l'a depuis longtemps placée.

Pendant toute la durée de l'Empire, l'École garda une hostilité sourde. Plusieurs fois l'empereur eut l'occasion de s'en convaincre. Le 27 décembre 1855, le bataillon des élèves assistait à la revue des troupes revenant de Crimée ; sur la place de la Bastille où il formait la haie à la droite de l'armée de Paris, il acclama chaleureusement nos soldats, puis il prit la tête des troupes tout le long des boulevards. Au moment du défilé devant la colonne Vendôme, le général et le colonel levèrent leurs sabres et crièrent : vive l'empereur ! Les deux voix s'entendirent seules ; les quatre compagnies passèrent sans pousser un cri. Pourtant, un adjudant, qui venait en serre-file derrière le dernier rang, cria encore à haute voix : vive l'empereur ! faisant ainsi remarquer davantage le silence des élèves. Le front de l'empereur s'était rembruni. Le soir, aux Tuileries, l'École fut vivement attaquée ; sans le général Niel, elle eût peut-être été supprimée. A dater de ce jour, il fut décidé qu'elle ne paraîtrait plus aux revues.

Plus tard, lors des fêtes de Compiègne, les deux sergents-majors ayant été invités, la promotion vota qu'elle refusait l'invitation, et le général Favé n'étant point parvenu à ébranler la résolution des élèves, n'osa faire connaître ce refus à l'empereur. La même année 1868 le prince impérial, accompagné par le général Froissard, son précepteur, et deux aides de camp, vint visiter l'École. On

LA REVUE DU PRINCE IMPÉRIAL.

(14 Mai 1868.)

vota, à la presqu'unanimité des voix (220 contre 19), qu'aucun cri ne serait proféré à son arrivée. Quand il entra dans la cour, en costume de caporal des grenadiers de la garde, pour passer la revue du bataillon, le silence était si glacial que le jeune prince se troubla, perdit contenance, retira son chapeau et le mit sous son bras. Il fallut que le général Froissard lui dît : « Monseigneur, restez couvert et saluez en passant devant chaque peloton. » Le prince se remit quelques instants après en visitant les amphithéâtres, les laboratoires, où M. Frémy et M. Jamin firent devant lui deux ou trois expériences amusantes ; il eut hâte néanmoins d'achever sa visite et de rentrer aux Tuileries. L'impératrice furieuse parlait, pour le consoler, de faire supprimer l'École. Ce fut le maréchal Vaillant qui prit cette fois la défense de l'institution et la sauva. Son ancien commandant eut à cette occasion un mot heureux. Comme l'impératrice lui disait : « Mais qu'ont-ils donc à ne pas vouloir crier, ces petits *Architectes* ? » il répondit : « Madame, ces architectes, aujourd'hui, ne crient pas ; mais demain, ils se feront tuer ! » La fatale guerre de 1870 allait lui donner raison.

Au mois de juillet, les examens de fin d'année se passaient à l'École avec leur régularité, leur solennité habituelle quand, au milieu du calme des études, on apprit tout à coup la nouvelle de la déclaration de guerre. Hélas, ces jeunes gens ne pouvaient prévoir dans quelles effroyables aventures l'empire allait précipiter la France. Une longue explosion d'enthousiasme patriotique retentit jusqu'au soir ; puis le travail reprit le lendemain, les examens s'achevèrent dans une sorte de fièvre, chacun partit en vacances et quelques jours après l'École était vide. Rapide fut la marche des événements. En six jours nous avions perdu trois batailles ; une de nos armées était anéantie, l'autre allait être bloquée. Il fallait se hâter de faire appel à toutes les forces vives du pays. Le 10 août, le général Dejean, ministre de la Guerre par intérim, promut au grade de sous-lieutenant les élèves de la 1ʳᵉ division dont les études étaient terminées (promotion 1868) et donna l'ordre de les faire partir immédiatement pour l'École d'application. Cinquante seulement arrivèrent à Metz, déjà

presque complètement investie [1]. Mal accueillis par le gouverneur qui
ne voulut pas les employer à la défense, ceux-là durent se résigner à
entendre des cours et à exécuter des travaux graphiques, pendant
toute la durée du siège. Plus heureux, leurs camarades qui ne réussirent pas à percer les lignes allemandes, furent incorporés de suite
dans les armées de Paris et de Châlons et firent la campagne de
guerre en qualité d'officiers.

La 2ᵐᵉ division (promotion 1869) fut en même temps rappelée à
Paris. Les 133 élèves qui la composaient arrivèrent le 21 septembre [2].
En l'absence du général Favé, parti avec l'état-major de l'Empereur, le colonel Riffaut, promu général, puis directeur des études,
avait pris le commandement. Imbu des souvenirs de 1814, il se proposait de mettre les élèves le plus rapidement possible « en état
de remplir le rôle que leur assignaient à la fois leur âge et les traditions de l'École [3] ». Il décida que les cours de science pure seraient
continués comme à l'ordinaire, mais qu'il y aurait tous les jours des
exercices militaires et un cours d'art militaire embrassant toutes les
connaissances utiles à la guerre. L'École prit sous sa direction la
physionomie qu'elle avait présentée pendant quelques mois en 1814 et
1815. Le matin les élèves se rendaient à Vincennes pour y apprendre
le maniement des bouches à feu de siège et de place. Le soir ils allaient
à tour de rôle au manège du Panthéon s'exercer à monter à cheval
de manière à pouvoir remplir promptement les fonctions d'aide de
camp. Dans l'intervalle ils entendaient à l'amphithéâtre une leçon du
colonel Usquin dont le cours, jusqu'alors suivi avec le plus vif intérêt,
fut écouté avec recueillement. Chaque jour, toute la division, équipée
militairement et en armes, partait en colonne de la rue Descartes

---

1. Après la capitulation de Metz la plupart des sous-lieutenants élèves obtinrent des
sauf-conduits. Ils rentrèrent par le Luxembourg et prirent tous du service soit à
l'armée du Nord, soit à l'armée de la Loire.

Tous les élèves de la promotion 1868 ont été envoyés plus tard passer une année
à l'École d'application de Fontainebleau en 1872.

2. Deux ou trois seulement usèrent de la faculté qu'on leur avait laissée de se
rendre à Metz avec leurs anciens.

3. Ordre du 22 août.

pour le polygone de Vincennes. Là, tantôt on faisait la manœuvre des pièces, tantôt on s'exerçait au maniement du fusil et au tir à la cible. D'autres fois on allait étudier la fortification sur le terrain ; on visitait les forts extérieurs, ceux de Charenton et le Mont-Valérien.

Pendant les heures de liberté on allait suivre les progrès des travaux de défense exécutés par les ingénieurs venus se placer sous les ordres des généraux qui dirigeaient les services de l'artillerie et du génie. En voyant leurs anciens camarades qui n'avaient jamais été initiés aux choses de la guerre diriger des nuées de travailleurs, réparer les remparts, élever des traverses, creuser des tranchées, construire des magasins à poudre, jeter des ponts de bateaux, établir des estacades défensives, tracer des routes stratégiques, fabriquer des armes et des munitions ; en voyant les chefs les plus élevés des administrations publiques organiser les compagnies auxiliaires des armes spéciales, les élèves brûlaient d'apporter, eux aussi, leur concours actif à l'œuvre patriotique. Le service qu'on leur faisait faire à l'École leur parut alors inutile et puéril. Ils n'étaient astreints qu'à venir à la manœuvre quotidienne et à suivre le cours d'art militaire. Le reste de la journée se passait pour eux dans l'inaction. Profitant de la liberté complète qui leur était laissée, ils sortaient tout le jour et ne rentraient guère qu'aux heures des repas. La discipline se relâchait. Le soir, on les vit plusieurs fois se former en colonne sur le boulevard Saint-Michel et regagner la montagne Sainte-Geneviève en chantant la *Marseillaise,* aux applaudissements d'une foule d'étudiants et d'ouvriers qui les suivaient. C'était aux premiers jours de septembre. Tout à coup on apprit le désastre de Sedan et, sans qu'une protestation osât s'élever dans toute la France, l'Empire s'écroula. Le lendemain ils allèrent, sur l'ordre du général, se mettre à la disposition du gouvernement provisoire à l'Hôtel de Ville. Pendant deux jours, leurs détachements montèrent la garde aux Tuileries, à la Banque, au ministère des Finances, à la préfecture de Police. L'agitation qui régnait parmi eux s'accrut. Au milieu de l'effervescence de la population parisienne, l'autorité du général alla s'affaiblissant de plus en plus.

Bientôt le siège apparaît imminent. Sous la direction de Trochu,

les travaux sont poussés avec une activité plus grande; on voit s'organiser les gardes mobiles, distribuer les armes, compléter les approvisionnements, confectionner les habillements, fabriquer les munitions. Pour repousser l'attaque de vive force, qui semble inévitable, tous
les hommes valides viennent se mettre à la disposition de l'autorité
militaire; les plus distingués apportent leur savoir, leur industrie,
leurs connaissances spéciales ; la population parisienne tout entière,
devenue sérieuse et grave, manifeste la ferme volonté de faire son
devoir sans faiblesse. Alors les jeunes Polytechniciens ne veulent pas
rester en arrière d'un si admirable élan. Tous demandent à prendre
immédiatement du service; si on ne les trouve pas suffisamment préparés pour l'armée active, qu'on les mette dans les corps de troupes
qui s'organisent, dans les gardes mobiles ou dans les francs tireurs,
qu'on les utilise à la défense des ouvrages extérieurs ou bien qu'on
les emploie de suite aux travaux de défense ! Mais le commandant de
l'École avait formé le projet de les garder pour la défense d'une portion de l'enceinte de Paris comme en 1814. Persuadé que l'ennemi
attaquerait du côté de la porte d'Italie en profitant pour faire ses che-
minements de la dépression formée par la vallée de la Bièvre, il avait
demandé et obtenu du gouverneur qu'on lui confiât la défense du front
bastionné correspondant et des parties avoisinantes. Le 7 septembre,
quand l'artillerie eut achevé l'armement des remparts, il reçut l'ordre
d'organiser la *batterie de l'École polytechnique* et de l'employer au
service des pièces des bastions 85, 86, 87, 88 et 89 (7 septembre).

Cette batterie, placée sous le commandement du capitaine Mann-
heim[1] et des lieutenants Kiœz, Boulanger, Maloisel, devait dans le
principe se composer uniquement des élèves présents à l'École et
d'anciens élèves recrutés parmi le personnel des divers services civils
attachés à la capitale. Il fut décidé que les élèves rempliraient les
fonctions de pointeurs ou de chefs de pièces, que les civils seraient
chargés des fonctions de canonniers servants. A partir du 11 septembre les cours furent suspendus et la vie exclusivement militaire

---

1. Aujourd'hui colonel d'artillerie et professeur à l'École.

commença. Tous les matins après avoir reçu leurs vivres de campagne, les élèves se rendaient au rempart; ils y passaient la journée à s'exercer à la manœuvre des bouches à feu et le soir ils rentraient à la rue Descartes. Pleins d'entrain durant ces premiers jours où chacun se préparait à repousser l'attaque de vive force qui semblait imminente, ils se lassèrent bien vite du rôle passif de défenseurs derrière un parapet. Lorsque l'ennemi poursuivit ses préparatifs de siège, tous demandèrent à occuper des postes où leur activité, leurs connaissances, leur dévouement fussent plus utilement mis à l'épreuve. Les démarches actives qu'ils firent à cet effet auprès des chefs de service furent à la fin couronnées de succès. La batterie de l'École commença à perdre peu à peu tous les élèves; bientôt la plupart des anciens Polytechniciens, qui faisaient le service avec eux, s'en allèrent à leur tour, chargés de missions diverses. Des habitants du quartier, des ingénieurs, des professeurs, des avocats, des hommes de lettres, des industriels, des marchands, amenés les uns par les autres, vinrent successivement les remplacer. Et ce fut cette troupe d'artillerie bizarrement composée des éléments les plus divers, depuis le membre de l'Institut jusqu'au garçon pharmacien du quartier, qui se chargea jusqu'à la fin du siège de manœuvrer les pièces du bastion désigné à la porte d'Italie. On la vit dans les premiers temps, vêtue du pantalon à bandes rouges et de la vareuse des mobiles, se rassembler dans la cour de l'École et partir en bon ordre. Puis la discipline se relâcha comme on devait s'y attendre. Ces canonniers improvisés se donnèrent simplement rendez-vous à leur pièce. Là, ils faisaient un simulacre de manœuvre, montaient la garde à tour de rôle auprès des magasins à poudre et passaient la journée dans les abris du rempart. Derrière ce front bastionné, couvert en partie par l'inondation de la Bièvre, protégé par les forts en avant, ils n'eurent jamais l'occasion de tirer un coup de canon, ni même d'apercevoir l'ennemi. Les pièces qu'ils servaient n'étaient même pas approvisionnées de gargousses et de projectiles; elles n'avaient que des boîtes à mitrailles. Cependant les hommes, qui s'étaient réunis là, pour la plupart jeunes, instruits, braves, ne

demandaient qu'à combattre. Quand vint le bombardement, ils signèrent en masse une pétition pour être envoyés dans les forts de
première ligne. Mais on laissa s'écouler pour eux les longues heures
du siège dans une inutile inaction.

Vers le milieu du mois de septembre, quelques-uns des candidats
admis à la suite du concours annuel étaient venus combler une partie
des vides. Les examens d'admission de 1870, terminés à Paris au
moment de la déclaration de guerre, avaient pu continuer sans interruption en province, excepté à Strasbourg[1], et le 12 septembre le
Journal officiel avait publié la liste d'admission. Toutefois la nouvelle promotion ne put se réunir à Paris dont l'investissement fut
complètement opéré peu de jours après. Seuls, les candidats qui s'y
trouvaient dans leurs familles, ou ceux-là qui, sûrs d'être reçus, s'y
étaient rendus avant de connaître les résultats définitifs, vinrent se
présenter à la rue Descartes. Désireux de prendre du service, ils avaient
déjà fait d'infructueuses démarches pour s'engager et le commandant de l'École n'avait voulu les recevoir qu'après les publications au
Journal officiel de la liste d'admission. Incorporés le 13 septembre,
ces quinze ou seize nouveaux élèves, formant un petit groupe qu'on
appela depuis la *promotion de Paris,* furent immédiatement habillés,
équipés et envoyés à l'instruction militaire avec leurs camarades de
l'année précédente. Quelques-uns d'entre eux réussirent aussi à se
faire attacher à divers services spéciaux, aucun n'entra dans l'artillerie.

Les agents inférieurs de l'administration furent également enrô-
lés dans la batterie, mais pendant quelques semaines seulement. On
les rappela vers le mois de décembre, lorsque les bâtiments de l'École
se transformèrent en une vaste ambulance. De canonniers improvisés, ils devinrent alors infirmiers. Tous les jours on leur amenait
des blessés. Des lits avaient été préparés dans les salles d'étude; le

---

1. Les candidats de Strasbourg furent examinés plus tard après la paix. Six furent
admis, ce qui porta à 140 l'effectif de la promotion 1870. Un des admis de Strasbourg ayant été classé n° 2 sur la liste générale reçut les galons de major ce qui porta
le nombre de sergents-majors à trois et fit donner à la promotion le nom de promotion
des trois majors.

cabinet de service des officiers était devenu une salle d'opérations. Les sœurs préparaient la nourriture et faisaient quelques pansements. Le docteur Fusier, médecin major, attaché à l'École, secondé par le docteur Ouelle, médecin du lycée Saint-Louis, avait pris la direction de cette ambulance. Il remplit ses fonctions avec un infatigable dévouement jusqu'à la fin du siège. Au moment du bombardement, les bâtiments n'ayant pas tardé à souffrir du tir de l'ennemi[1], on évacua l'infirmerie, les casernements et les salles d'étude et on transporta l'ambulance dans les salles basses voutées du sous-sol qui servent ordinairement de réfectoires; on y amena aussi une partie des malades du Val-de-Grâce lorsqu'il fallut évacuer cet hospice. Après l'armistice, l'ambulance fut transportée de nouveau dans les baraques construites au jardin du Luxembourg.

De tout le personnel attaché à l'École, il ne resta donc à la batterie dite de l'École polytechnique que le capitaine qui la commandait et les professeurs qui se trouvaient à Paris au moment de la déclaration de guerre. Les élèves n'y firent réellement le service que pendant sept ou huit jours. Les généraux, les chefs d'administration, les savants, les ingénieurs, avec lesquels ils avaient pu se trouver en relation, les désignèrent pour occuper des postes où leur activité, leurs connaissances, leur dévouement devaient être plus utilement employés. La plupart d'entre eux réussirent ainsi à se faire attacher de bonne heure soit à l'artillerie des forts, soit aux états-majors des secteurs, soit à divers emplois spéciaux. Le général Riffaut qui, d'abord, n'avait consenti qu'avec peine à les laisser partir, ne tarda pas à recevoir, du gouverneur de Paris lui-même, l'ordre de les mettre à la disposition des chefs de service qui en feraient la demande[2]. A partir de ce moment, les départs se précipitèrent. Plusieurs fois par jour il arrivait au commandant de l'École une demande comme celle-ci : quatre élèves pour l'éclairage électrique au Mont-Valérien? Aus-

---

1. Plusieurs projectiles tombèrent dans la cour; sept causèrent des dégats sérieux, un éclata dans le bâtiment de l'infirmerie, un coupa la flèche du paratonnerre au-dessus de l'observatoire de l'École et enleva le drapeau qui flottait sur ce bâtiment.

2. Ordre du général Trochu du 12 septembre.

sitôt la promotion était informée ; les amateurs se faisaient connaître ;
on tirait au sort parmi eux et les élus se rendaient sur-le-champ à
leur destination. Quand les petits travaux techniques furent terminés,
le génie et surtout l'artillerie dont les cadres étaient vides accapa-
rèrent les élèves. Les commandants des forts et ceux des secteurs les
réclamèrent pour diriger le service des pièces. Un peu plus tard
quand la direction d'artillerie au ministère s'occupa de la création
des batteries de sortie, elle répartit dans les dépôts des quatre régiments d'artillerie existant à Paris, savoir les 4e, 11e, 21e, 22e,
presque tous ceux qui restaient encore disponibles.

Ainsi l'École s'était peu à peu vidée. A la fin du mois d'octobre, quand l'organisation des batteries d'artillerie fut complètement
achevée (28 octobre), la promotion 1869 se trouvait répartie en grande
majorité dans l'artillerie, le reste dans les forts ou dans les batteries
de campagne. Un petit nombre fut employé à certains services spéciaux rattachés au génie. Il n'y en eut que deux ou trois seulement qui
demeurèrent jusqu'à la fin du siège dans la batterie de la porte d'Italie.

La situation militaire de tous ces élèves, tant de ceux qui avaient un
commandement que de ceux qui furent chargés de missions diverses,
se trouvait dans le principe assez mal définie. D'une part ils n'avaient
pas d'autorité effective sur les hommes avec qui ils se trouvaient
en contact ; d'autre part ils ne recevaient aucune solde. On y pourvut au moyen de mesures transitoires jusqu'à ce que le gouvernement
eut régularisé leur état par un décret qui conférait le grade de sous-
lieutenant à tous les élèves de l'École (21 septembre) [1]. A partir de
ce moment la solde d'activité leur fut allouée ainsi que l'indemnité
en campagne des troupes à pied.

Dans les postes qui leur ont été confiés et où leur dévouement
s'est ainsi exercé d'une manière forcément individuelle, presque tous
se sont signalés par leur brillante conduite. Nous dirons les noms
de ceux qui se sont particulièrement distingués :

---

1. Les Élèves servirent au titre auxiliaire sans prendre rang dans l'armée. Ils rendirent leurs galons plus tard au mois de mars 1871, lorsque les corps francs furent
dissous. Ils portaient les insignes de leur grade, sauf au képi.

Trois ont été tués à l'ennemi : Benech tomba le 30 novembre à la bataille de Champigny, frappé d'une balle au front comme il conduisait bravement ses pièces jusque sur la ligne des tirailleurs ennemis ; Gayet, grièvement atteint par un éclat d'obus pendant le bombardement du fort de Vanves, fut transporté à l'ambulance de l'École où il succomba quelques jours après (4 février 1871) ; Mendousse fut tué au fort de la Briche par le dernier coup de canon du siège le 21 janvier 1871.

Pastoureau fut attaché à M. Lisbonne, ingénieur de la marine, pour le placement des fougasses et des torpilles sur la rive gauche ; il prit ensuite, sur l'ordre du général Schmidt, le commandement d'une compagnie d'éclaireurs, étudiants pour la plupart, ardents et enthousiastes, qui passèrent leur nuit au prix de mille souffrances et de dangers à surveiller l'ennemi ; puis il passa à l'état major du général Ducrot, prit part comme adjudant-major d'un bataillon de francs tireurs aux combats du Bourget et de Buzenval, et fut décoré de la médaille militaire.

Givre, qui s'était engagé sans vouloir attendre le résultat de ses examens, se distingua à l'affaire de Coulmiers et fut nommé maréchal des logis sur le champ de bataille.

Bon servit à l'armée de la Loire et fut nommé capitaine d'une batterie d'artillerie des mobiles de l'Isère.

Bruandais et Marin furent nommés lieutenants à titre auxiliaire dans le corps d'armée du général Pourcet.

Pistor (de la promotion 1869) eut la plus belle page. Ayant obtenu l'autorisation de passer en toute hâte ses derniers examens, il était revenu dans sa famille, aux environs de Vissembourg, après avoir été à Strasbourg solliciter vainement du général Forgeot la faveur de prendre immédiatement du service. Le 4 août, au bruit du canon, il s'élança sur la ligne de bataille, ramassa un fusil, se mêla aux tirailleurs algériens et prit part au combat. Le soir, à travers ce pays qu'il connaissait à fond, il dirigea la retraite des batteries d'artillerie et, dans la nuit, il guida sur Frœschviller l'arrière-garde de la division. Le 6, dès le début de l'action, il remplaça dans

36

une batterie du 9° régiment le lieutenant Bertrand qui venait d'être tué et il remplit à partir de ce moment les fonctions de chef de section volontaire. A la fin de la journée, à l'heure où notre artillerie protégeait, sous un feu écrasant, la retraite du corps d'armée, ayant aperçu un canon abandonné en avant du village de Dorner, il y courut, détela, au milieu d'une grêle d'obus, les deux chevaux encore vivants, et rattachant les traits à l'affût dont l'avant-train était cassé, il rejoignit la colonne avec son canon. Proposé pour la décoration en récompense de sa belle conduite et nommé chevalier de la Légion d'honneur (décret du 20 août), Pistor fut, peu de jours après, rappelé à l'École où ses camarades lui firent présent d'une magnifique croix d'honneur. Envoyé ensuite dans l'Est par ordre du général Schmidt, il fit toute la campagne d'hiver en qualité de commandant de l'artillerie du corps franc des Vosges, sans avoir aucun grade, et toujours revêtu de l'uniforme d'élève. Blessé d'un coup de feu le 6 octobre, il prit encore part à vingt-deux combats ou engagements et fut cité à l'ordre de l'armée pour sa défense du village d'Abbevillers (16 janvier 1871).

Après l'armistice du 28 janvier, tous les élèves qui avaient pris du service actif, restèrent dans les corps de troupes de Paris ou de la province; ceux qui étaient encore à la batterie à la fin du siège furent exceptés de la capitulation; l'autorité allemande leur délivra des laisser-passer comme aux étudiants pour leur permettre de regagner aussitôt leurs familles; aux premiers jours de février, il n'y avait plus un seul élève à la rue Descartes. En réalité l'École polytechnique avait cessé de fonctionner à Paris à partir du milieu de septembre; mais au commencement de l'année, elle avait été rouverte à Bordeaux.

La délégation du gouvernement de la Défense nationale, lors de son arrivée à Tours avait, à l'exemple du Comité de salut public, installé auprès d'elle une commission scientifique[1], chargée dans le

1. Les membres étaient :
MM. Serret, membre de l'Institut, président; Marié Davy, astronome de l'observatoire de Paris; de Champeaux, capitaine de vaisseau; Fron, physicien de l'observatoire de Paris; Boileau, lieutenant-colonel d'artillerie en retraite; Isambert, professeur à la

principe des études relatives aux aérostats (décret du 28 septembre 1870) et bientôt de toutes les questions concernant la défense (décret du 25 octobre 1870). L'attention de cette commission n'ayant pas tardé à se porter sur le sort des élèves de l'École polytechnique et de l'École normale (section des sciences) que les événements de la guerre retenaient auprès de leurs familles, dans les départements, et qui se trouvaient ainsi privés de tout enseignement, le gouvernement résolut d'appeler tous les candidats admis au dernier concours, de convoquer les professeurs et les fonctionnaires et de faire fonctionner les deux Écoles en province de la même manière qu'à Paris. A cette heure on n'avait pas perdu tout espoir de ravitailler la capitale et même de la débloquer. La commission jugeait néanmoins qu'il convenait d'organiser immédiatement les hautes écoles et d'assurer leur existence dans la portion du pays à l'abri de l'invasion. Elle pensait avec raison que Paris délivré ne présenterait pas la tranquillité nécessaire aux études sérieuses et que, si le malheur amenait son occupation par l'ennemi, il deviendrait impossible d'installer des écoles pour des jeunes gens de vingt ans, alors que la guerre se continuerait sur d'autres points du territoire. Son projet ayant été adopté avec enthousiasme par la délégation du gouvernement, elle mit à le réaliser un zèle et une ardeur infatigables. Un avis inséré au *Moniteur* du 23 novembre invita les candidats admis à la suite du concours de 1870 à se faire connaître au président de la commission et à se tenir prêts à suivre les cours. On fit appel au dévouement des professeurs; des locaux furent préparés dans la ville de Tours et l'on devait commencer l'enseignement des deux Écoles à la fin du mois de novembre. On espérait que l'ennemi ne pourrait de longtemps étendre le cercle de son action jusque-là et que l'année scolaire commencée dans cette ville s'y achèverait tout

---

Faculté des sciences de Poitiers; de Taste, professeur au lycée de Tours; Silbermanne, vice-président de la société météorologique; Rigaux, capitaine d'artillerie de marine; Kervellu, professeur de pyrotechnie; Haton, ingénieur des mines, et Alexandre Marié, docteur en médecine, secrétaires.

Voir aux Pièces justificatives notes n° 32 et n° 33 les décrets instituant cette commission.

entière. Les événements trompèrent toutes les espérances et détruisirent les dernières illusions. Dès les premiers jours du mois de décembre les Prussiens étaient maîtres d'Amiens et de Rouen et tenaient la Basse-Normandie; dans l'Est ils avaient repris Dijon et surveillaient de là les communications entre Belfort et Orléans; au centre, depuis l'évacuation de cette dernière ville, et malgré la résistance opiniâtre du général Chanzy à Baugency et à Jones, ils menaçaient tout le bassin de la Loire. La délégation du gouvernement dut évacuer la ville de Tours. Le 10 décembre, toujours résolue à faire une défense à outrance, elle se transportait à Bordeaux. La commission scientifique l'y suivit et, malgré les difficultés de toute nature, elle y reprit aussitôt son projet[1]. Plusieurs de ses membres n'avaient pu s'y rendre; il fallut pourvoir à leur remplacement, désigner des suppléants aux professeurs qui manquaient, trouver un local convenable pour l'installation de l'établissement. A cet égard on fut loin de trouver à Bordeaux les mêmes facilités qu'à Tours; aussi la commission se vit-elle à son grand regret obligée de renoncer, pour les élèves, au régime de l'internat qu'elle aurait désiré conserver. D'autre part, elle fut obligée d'aviser aux mesures les plus convenables pour permettre aux familles d'entretenir leurs enfants à Bordeaux. Enfin après avoir, en moins d'un mois, triomphé de toutes les difficultés, grâce à un zèle et un dévouement au-dessus de tout éloge, elle convoqua les élèves[2].

L'ouverture de l'École polytechnique à Bordeaux eut lieu en séance publique solennelle, le 4 janvier 1871 dans l'une des salles de la Bibliothèque de la ville. Crémieux délégué du gouvernement de la Défense nationale présidait; à sa droite étaient assis Gambetta, son collègue, l'archevêque de Bordeaux et M. de Freycinet; à sa gauche le maire et M. Serret, membre de l'Institut, président de la commission scientifique. Ce dernier, en sa qualité de directeur délégué de l'École polytechnique[3], ouvrit la séance par un discours très applaudi

1. Elle était installée allées de Tourny n° 10.
2. Voir note n° 34.
3. Voir note n° 36.

dans lequel il rappela les circonstances exceptionnelles et les obstacles de toute nature qui avaient rendu si difficile l'organisation de l'École et l'ouverture des cours. « La *promotion de Bordeaux*, dit-il, en s'adressant aux élèves, car tel sera sans doute le nom par lequel vous serez désignés dans la suite, saura continuer, j'en suis assuré, malgré la situation extraordinaire qui lui est faite, la glorieuse tradition que lui ont léguée ses devanciers. » Passant ensuite en revue les services que rendaient dans les circonstances présentes les ingénieurs sortis de l'École, il dit en se tournant vers M. de Freycinet : « Ce n'est pas sans un certain orgueil que je contemple dans les rangs mêmes du gouvernement ce camarade, jeune encore, qui partage, avec un ministre illustre, l'énorme responsabilité des affaires de la guerre. Le ministre a fait passer dans nos âmes la foi qui l'anime ; il nous a inspiré la conviction qu'une victoire définitive et prochaine prouvera au monde que la France n'est pas descendue du rang élevé où elle s'était placée et que la République saura lui maintenir. » M. Serret termina son discours en indiquant les modifications que les circonstances rendaient nécessaires, au moins pour le moment, dans le personnel des professeurs et dans l'enseignement. Après lui, Crémieux prit la parole. Il retraça rapidement l'histoire de l'École polytechnique en montrant combien elle avait toujours été fidèle à la fois à ses traditions patriotiques et à son origine républicaine. Il rappela la part prise par les élèves à la défense de Paris en 1814, le rôle qu'ils avaient joué dans la révolution de 1830 et dans celle de 1848. Il exprima enfin l'espoir que les études ne souffriraient pas de cette émigration dans le midi de la France et que l'École serait, à Bordeaux, ce qu'elle avait été à Paris. Gambetta prenant la parole à son tour montra avec une grande élévation de langage que la science était plus que jamais la reine du monde, que c'était en grande partie à leur supériorité scientifique que nos ennemis devaient alors leurs succès. « Cette science, ils nous l'ont dérobée, s'écria-t-il, ils l'ont dérobée aux Lavoisier, aux Monge, aux Laplace et, tandis qu'avec une apathie coupable, encouragée par un gouvernement ami de l'ignorance, nous laissions ainsi dilapider par des étrangers notre légitime héritage,

les Allemands en profitaient pour s'enrichir de nos dépouilles et nous battre avec nos propres armes... Ce ne sera désormais qu'à force de labeur patient et opiniâtre que nous parviendrons à conquérir notre bien et à reprendre le rang qui nous appartient à la tête des nations civilisées. Tel est la noble tâche que doivent se proposer désormais les élèves de l'École polytechnique. C'est sur eux que compte la France, et il est permis d'espérer, qu'avertis par les désastres dont ils sont les témoins, ils auront dorénavant sans cesse à la pensée que c'est de leur travail et de leurs progrès que dépendent en grande partie l'avenir et le salut de leur pays[1]. » Après cette chaleureuse allocution, la séance a été levée aux cris de vive le ministre Gambetta! vive la République!

C'était assurément un imposant spectacle que cette ouverture de l'École polytechnique loin de la capitale investie et c'était un grand honneur pour le gouvernement de la Défense nationale d'avoir, au milieu des difficultés de sa tâche, veillé avec une énergique sollicitude à la conservation de l'institution fondée par la Convention. La Commission scientifique reçut la mission de remplir auprès d'elle le rôle de conseil d'instruction, de perfectionnement et d'administration[2]. Son président, M. Serret, fut délégué à la direction de l'École à titre provisoire et son secrétaire, M. Haton de la Goupillère, fut investi des fonctions de secrétaire général de la direction. Les autres membres du personnel attaché à l'établissement étaient[3] :

M. Ronchart, sous-directeur du lycée Louis-le-Grand, administrateur.

MM. Legaigneur, chef de bataillon du génie; Cournier, chef d'escadron d'artillerie; Laffont, capitaine d'artillerie; Langlois, capitaine d'artillerie; Ingelet, capitaine du génie; Thomas, capitaine du génie, chargés des exercices militaires.

MM. le docteur Fuzier; le docteur Marié, pour le corps médical.

---

1. Ce discours de Gambetta, de pure improvisation, n'a point été recueilli. Le journal *la Gironde* auquel nous empruntons ces extraits n'en a donné qu'une idée très imparfaite dans son numéro du 5 janvier 1871.

2. Voir note n° 35.

3. *Moniteur officiel* du 16 décembre 1870.

Les professeurs étaient ; MM. Hermite, membre de l'Institut, professeur titulaire pour l'analyse infinitésimale ; Dormoy, ingénieur des mines, et Haag, ingénieur des Ponts et Chaussées, chargés du cours de géométrie descriptive ; Marié Davy, astronome de l'observatoire de Paris, chargé du cours de physique ; Péligot, membre de l'Institut, chargé du cours de chimie ; de Saint-Léger, capitaine d'artillerie, chargé du cours d'art militaire ; Barny, chargé du cours de littérature ; Littré, membre de l'Institut, chargé du cours d'histoire et géographie ; Pey, agrégé de l'Université, chargé du cours de langue allemande ; Ange Tissier, chargé du cours de dessin d'imitation.

Les répétiteurs appelés à faire les interrogations étaient : MM. Bouquet et Maurice Lévy, pour l'analyse ; Roucher, pour la géométrie ; Baille et Proust, de l'observatoire de Paris, pour la physique ; Gal et Croullebois, pour la chimie ; Perrens, pour la littérature.

Les fonctions de délégué à la direction et de secrétaire général chargé des études, deux postes auxquels il importait d'imprimer un caractère essentiellement transitoire, ont été entièrement gratuites. Il en a été de même à l'égard des emplois occupés par les professeurs qui n'appartenaient pas à l'École en qualité de titulaires des cours. Une seule exception fut faite en faveur de Littré que le ministre de la Guerre appela à Bordeaux pour lui confier l'enseignemeut de l'histoire[1].

La commission eut le bonheur de pouvoir faire suppléer par des hommes du plus grand mérite les professeurs éminents qui se trouvaient enfermés dans Paris ; un décret du 30 décembre lui adjoignit en outre six membres nouveaux de manière à satisfaire à la nécessité d'avoir, dans son sein, un représentant de tous les services qui se recrutent à l'École. Elle se proposait de remplir un double devoir. D'une part, elle voulait, malgré nos désastres, assurer la vie de notre grande école nationale et éviter à la nouvelle promotion la perte d'un temps précieux si la paix arrivait à être conclue au bout de quelques mois. D'autre part, elle jugeait indispensable de mettre les élèves

---

1. Voir aux Pièces justificatives note n° 37 la lettre de Gambetta à Littré.

en état de rendre au pays des services effectifs dans le cas où il fût devenu nécessaire de les appeler sous les drapeaux avant l'achèvement complet de leurs études classiques. Elle décida donc, tout d'abord, que rien ne serait changé aux bases fondamentales de l'enseignement théorique; toutefois les circonstances exigeaient quelques modifications auxquelles l'organisation de l'École pouvait d'ailleurs aisément se prêter. En sacrifiant dans une certaine mesure les parties accessoires qu'il pouvait être facile aux élèves de s'assimiler par leurs études ultérieures, on parvint à concilier toutes les exigences de la situation présente. On introduisit seulement un cours d'art militaire et l'on rendit obligatoires les exercices d'infanterie et d'artillerie ainsi que l'équitation. Un lieutenant-colonel d'artillerie, un chef de bataillon du génie, un chef d'escadron d'état-major et quatre capitaines furent chargés de diriger l'instruction militaire.

Du 2 janvier au 6 février, le cours d'analyse de M. Hermite embrassa, en onze leçons, les applications géométriques du calcul différentiel. Le cours de géométrie descriptive dont M. Dormoy, ingénieur des mines, était chargé, comprit la méthode des plans cotés et la perspective conique. Enfin, MM. Peligot et Marié Davy, professèrent chacun les quatre premières leçons du programme ordinaire des cours de chimie et de physique.

Plusieurs jours avant l'ouverture, les élèves étaient arrivés à Bordeaux; dès le 1er janvier plus des trois quarts de la promotion 1870 se trouvaient réunis. On chercha longtemps un local suffisamment vaste et convenablement distribué qui permît à la fois de professer les cours scientifiques, de répartir les élèves dans les salles de travail, d'exécuter les exercices militaires et de fournir en même temps un logement composé de dortoirs et de réfectoires. Forcée de renoncer au régime de l'internat consacré par une longue expérience, la commission décida que les élèves seraient externes, qu'ils seraient déchargés de verser au Trésor le prix de la pension ordinaire, qu'aucune condition concernant le trousseau ne serait exigée, que l'uniforme seul serait obligatoire, enfin que tous les élèves contractant un engagement pour la durée de la guerre recevraient le grade de sous-

lieutenant dans l'armée auxiliaire et toucheraient les appointements de ce grade sans être astreints à aucun service de nature à nuire à leurs études[1]. Quelques-uns des élèves de cette promotion avaient pris du service dans l'armée active depuis le début de la campagne; plusieurs même s'étaient distingués et avaient conquis leurs grades à l'ennemi; d'autres avaient été chargés de quelques emplois spéciaux dans les établissements militaires; on les laissa libres de revenir à l'École ou de demeurer sous les drapeaux en réservant entièrement tous leurs droits au titre d'élève de l'École polytechnique. Les candidats des pays occupés par les troupes allemandes, ceux de Strasbourg qui avaient déjà subi leurs examens d'admissibilité, ceux de Metz, et de Nancy, furent invités à venir à Bordeaux subir les épreuves identiques à celles du concours ordinaire. Quatre furent admis, mais seulement à titre provisoire; le titre définitif ne devait leur être conféré qu'après un mois de stage.

L'École fut installée rue Saint-Genet n° 160, dans la maison des religieux maristes, qui mirent gracieusement leur établissement à la disposition de la Commission scientifique. La plus grande salle servit d'amphithéâtre, les autres de salles d'étude. Les élèves arrivaient le matin à sept heures et travaillaient jusqu'à six heures du soir; on leur laissait deux heures au milieu de la journée pour aller prendre leur repas; le soir ils étaient libres. Quelques-uns obtinrent, moyennant une rétribution légère, d'être logés et nourris dans la maison[2].

Pendant tout le mois de janvier, l'École fonctionna suivant son régime normal. Malheureusement, il était bien difficile à des jeunes gens appelés au plus fort de la lutte de s'adonner fructueusement aux hautes études pour lesquelles le calme de la paix semble une indispensable condition. La plus grande partie du temps des études se passait en discussions sérieuses et animées, dont la triste situation du pays faisait l'objet. Au dehors ils recueillaient avidement les nouvelles à

1. *Bulletin de la République Française* du 28 décembre 1870.
2. Les murs des chambres occupées par les religieux portaient des inscriptions lugubres : le sommeil est l'image de la mort ! ou bien : éternité ! éternité ! Ces inscriptions ne laissèrent pas d'égayer leur séjour.

sensation qui circulaient tous les jours. Bordeaux, qui malgré sa nombreuse population semble d'ordinaire presque vide, à cause de son étendue, présentait alors le spectacle animé de Paris. La ville était remplie de députés, de fonctionnaires, d'officiers, de militaires et de tout le personnel que le gouvernement de la Défense nationale avait attiré, d'un grand nombre de citoyens que l'invasion avait chassés de leur résidence, d'une foule d'oisifs dont la guerre avait complète-ment arrêté les affaires. On y vivait pour ainsi dire dans la rue et dans les cafés. Sur la place de la Comédie, on s'arrachait les jour-naux. Au café de Bordeaux, on agitait toutes les questions à l'ordre du jour.

Laissés libres de se mêler à tout ce mouvement, surexcités par les navrantes dépêches qu'on recevait à chaque instant, avides de payer leur dette à la patrie, les jeunes Polytechniciens, dont le gouverne-ment ne méconnaissait pas l'élan patriotique, mais auxquels il voulait donner une instruction préparatoire spéciale, en vinrent bientôt à se dire que le devoir n'était pas de passer le temps à s'instruire au moment où tout le monde se battait et, après en avoir délibéré entre eux, tous demandèrent à être envoyés à l'ennemi. Alors, le ministre de la Guerre, qui venait d'appeler sous les drapeaux tous les hommes de la classe 1871, décida que la promotion serait mise en mesure de répondre à l'appel du pays dans le plus bref délai. Une décision du 6 février, exauçant le vœu exprimé par les élèves, fixa au 1er avril le terme de l'achèvement de l'instruction militaire. En conséquence, les cours théoriques furent entièrement supprimés, et un nouvel en-seignement technique, approprié aux nécessités présentes, com-mença. Les professeurs et les officiers attachés à l'École apportèrent tout leur zèle au fonctionnement du nouveau régime. M. Philipps fit un cours spécial de balistique; le capitaine Laffond accepta le cours d'artillerie; le commandant de la Coulange, celui de fortification passagère; le capitaine Langlois, le cours d'hippologie; le capitaine Arvers, le cours d'administration militaire; enfin, MM. Plessier, ingénieur des Ponts et Chaussées, et Nogues, ingénieur civil et capitaine du génie auxiliaire, les cours de topographie et de géo-

graphie. Pour faciliter le travail des élèves on fit autographier tous les cours et un exemplaire de chacun d'eux fut remis entre leurs mains.

Mais, à peine le nouveau régime d'instruction militaire rapide commençait-il à fonctionner, qu'on apprit la nouvelle de l'armistice. Peu de jours après, un avis inséré au *Journal officiel* de Paris et reproduit dans le *Moniteur* de Bordeaux, invitait les élèves de la promotion 1870 à se rendre à l'École de Paris le 12 mars. Le directeur délégué, M. Serret, eût désiré que le premier semestre de la première année d'études pût être achevé à Bordeaux. La chose eût été possible si les quelques élèves enfermés dans Paris eussent été invités, comme il l'avait proposé, à se réunir à leurs camarades; grâce au concours spontanément offert par tous les professeurs, ils se seraient bientôt trouvés dans les mêmes conditions que les autres et la promotion tout entière eût pu rejoindre l'École mère vers le mois d'avril.

A Paris on en décida autrement. M. le général Susanne, ministre de la Guerre par intérim, n'avait reçu sans doute que des renseignements fort incomplets sur ce qui s'était passé à Bordeaux. « Je suis informé, écrivait-il, que les candidats du concours de 1870 qui se trouvaient dans les départements auraient été réunis sous forme d'externat à Bordeaux où ils suivraient depuis le 8 janvier des cours sous la direction de quelques-uns des professeurs de l'École qui n'avaient pu rentrer à Paris avant l'investissement. » Cependant M. Serret avait adressé, aussitôt après l'armistice, au général Riffaut, commandant l'École de Paris, un rapport succinct confié au Dr Fusier qui avait exercé ses fonctions à Bordeaux depuis l'installation et qui était au courant des moindres détails relatifs à l'organisation; mais le ministre s'obstinait à croire qu'il s'agissait de cours bénévolement ouverts par quelques professeurs et non pas de l'existence de l'École elle-même, élèves et fonctionnaires régulièrement convoqués par ordre du gouvernement dans les conditions commandées par les circonstances. Quoi qu'il en soit, M. Serret ne fut pas entendu; on ne l'informa même pas de la décision prise et il demanda à être relevé

de ses fonctions [1]. Son successeur, le lieutenant-colonel d'artillerie Cournier, reçut l'ordre de faire partir les élèves pour Paris. Le 11 mars deux trains spéciaux les emmenèrent; les Prussiens visèrent les feuilles de route au passage; les jours suivants, arrivèrent les camarades qui avaient été obligés de passer l'hiver avec leurs familles dans les régions occupées par l'ennemi. Le 15 mars toute la promotion 1870 était réunie et l'École commença à fonctionner, avec cette division, dans son régime normal. Trois jours après l'insurrection éclatait.

Le samedi 18 mars à huit heures, comme les élèves assistaient à la leçon d'histoire dans le grand amphithéâtre, ils virent tout à coup paraître le commandant de l'École en tenue bourgeoise. Sans chercher à dissimuler son émotion, le général prit la parole à peu près en ces termes : « Mes chers camarades, une insurrection préparée de longue main vient d'éclater dans la ville, une partie de l'armée a fait défection, deux généraux ont été fusillés par les insurgés. Je ne sais pas quelles sont vos intentions et, en l'absence de gouvernement, je ne puis vous donner d'ordre. Je m'en rapporte donc à votre sagesse et je remets le gouvernement de l'École entre vos mains; tout ce que je vous demande c'est que vous ne vous tiriez pas les uns sur les autres! » Et il se retira avec le professeur et le capitaine de service. On se figure l'émotion produite par ce discours. La majorité des élèves, revenant de la province, n'était guère au courant de ce qui s'était passé dans Paris. Elle n'entendait rien à la situation politique et morale que la capitulation venait de mettre à nu. Elle ne comprenait ni les griefs de la population, ni ses inquiétudes en face des tendances de l'Assemblée nationale, ni l'espèce d'affolement dans lequel l'avait jetée une longue série d'illusions détruites. Elle n'avait pas vu la manifestation de la place de la Bastille, l'entrée des Prussiens,

---

1. La plupart des faits que nous venons de rapporter sont extraits du rapport adressé le 1er mars 1871 au ministre de la Guerre par M. Serret, le directeur délégué de l'École à Bordeaux.

Nous devons ajouter que le dossier complet renfermant les relations officielles de tout ce qui s'est passé à Bordeaux au moment de l'installation de l'École en janvier et février 1871 avait été rapporté à Paris par M. Haton de la Goupillère, le secrétaire général délégué. Ce dossier que le commandant de l'École refusa de recevoir fut précieusement conservé par M. Haton et remis aux archives de l'École en 1882.

les clubs en plein vent, les promenades d'un caractère menaçant des bataillons de gardes nationaux, les canons conduits aux buttes Montmartre, tous les préludes du drame sanglant qui allait s'accomplir. Ceux d'entre eux qui avaient assisté aux péripéties du long siège se rappelaient le 31 octobre et le 22 janvier et pouvaient seuls entrevoir la gravité des circonstances. Tous ignoraient les événements de la journée. Une émeute après la guerre! sous les yeux des Prussiens! · Cela semblait impossible! Restés seuls dans l'amphithéâtre, ils se constituent immédiatement en assemblée. Les trois majors forment le bureau; il n'y a pas de secrétaire. Quelle conduite l'École polytechnique va-t-elle tenir en présence de pareils événements? Voilà la question posée et la discussion ouverte. Quelques-uns ont vu sur les murs une grande affiche rouge signée de noms inconnus, ils se demandent quel est ce comité qui se prétend élu par la fédération de trois cent mille citoyens. « Il n'y a, disent-ils, qu'un gouvernement légal, c'est celui qui siège maintenant à Versailles. » D'autres qui sont restés à Paris depuis le mois d'août 1870 et qui ont connu des journalistes d'opinions très avancées, ceux qui par tempérament ou par suite de relations de famille se sont trouvés en rapport avec les hommes les plus exaltés du parti radical, s'efforcent de représenter le Comité central comme une manifestation légitime et organisée de la volonté populaire. Ceux-là proposent de reprendre la tradition du passé et de se mettre à la tête du mouvement. Après une discussion très vive, mais sans tumulte, on va aux voix : Les partisans du Comité central sont quatorze! La promotion en masse s'est déclarée pour le seul gouvernement légal institué par le vote de la nation. Aujourd'hui quand les membres de cette assemblée polytechnicienne songent à l'âge qu'ils avaient alors, à l'absence de tout règlement, aux contradictions inévitables résultant du manque de renseignements, à la situation émouvante en face de laquelle ils étaient placés, ils s'étonnent du calme qu'ils ont montré.

Une fois qu'on fut d'accord pour repousser toute entente avec le parti des hommes inconnus qui prétendait s'imposer à la France,

on commença à se diviser sur les moyens d'action. Les propositions les plus diverses furent mises en avant et la discussion sur ce terrain eût pu se prolonger longtemps sans aboutir, si le tambour n'était venu l'interrompre en annonçant avec sa régularité habituelle qu'il fallait quitter la salle et que le souper était servi. On convint de se réunir aussitôt qu'on serait plus complètement renseigné et d'employer la journée du dimanche à se mettre en quête de nouvelles, à reconnaître les positions occupées et les forces de l'insurrection.

A cette heure elle était maîtresse de Paris presque tout entier. Enhardie par l'insouciance des habitants, par la fuite inexplicable du gouvernement, elle s'était emparée des points les plus importants, étonnée elle-même et embarrassée de sa victoire. La place de Grève, la place Vendôme, celle de la Bastille, étaient couvertes de ses troupes et bondées de canons. La plupart des mairies étaient en son pouvoir. Elle occupait toutes les gares, sauf celle du Nord qui conduisait du côté des Prussiens.

Le dimanche 19, les élèves se répandent par groupes dans toutes les directions à travers Paris. Leur uniforme n'est pas accueilli partout de la même manière. Là, des citoyens les entourent et, proclamant que les Polytechniciens savent tout, veulent faire d'eux des généraux d'emblée. Ici on crie sur leur passage « vive l'École polytechnique! » et comme ils répondent « vive la République! » on les regarde avec défiance. Dans certains quartiers on les fait accompagner par des escortes peu rassurantes ; des propos non équivoques, des railleries grossières, leur font comprendre qu'ils appartiennent de trop près à l'armée. L'aspect de la ville leur semble sinistre. Toutes les boutiques sont fermées, les rues du centre sont désertes. De loin en loin passe un détachement de gardes nationaux, cantinière et musique en tête, la plupart en état d'ivresse. Des pièces d'artillerie bizarrement attelées se dirigent du côté de Montmartre. Derrière elles, une foule étonnée, presque joyeuse, gravit les pentes et regarde avec curiosité les apprêts de l'insurrection. « Nous avions des canons, disent les fédérés, le gouvernement a voulu nous les prendre, nous les gardons ; voilà tout. » Cependant la masse de la

population approuve la protestation des journalistes et la déclaration
des maires. Des bourgeois sont prêts à boucler leur ceinturon; mais
ils ne savent où aller. Sur plusieurs points s'élèvent déjà des barricades; celle de la place du Panthéon appuyée à la grille du monument et à la mairie du V° arrondissement paraît assez solide; elle
est armée de six canons de 7 qui enfilent la rue Soufflot. On entend
sonner le clairon et battre la générale dans tout le quartier latin.

Au coin du boulevard Saint-Michel et de la rue des Écoles
quelques élèves essayent d'arrêter une bande de gardes nationaux
composée d'étrangers de toutes les nationalités qui entraînent un
jeune ingénieur, élève à l'École des mines. Ils font reconnaître
leur camarade et réussissent à obtenir sa liberté, au moment où
on allait lui faire sans doute un mauvais parti. Mille indices ré-
vèlent à ces jeunes gens que le moment est critique et que la situation va devenir grave. « Je me trouvai, sur le boulevard, nous a raconté l'un d'eux, face à face avec Delescluze. J'étais au bras de mon
père qui connaissait le directeur du *Réveil* et l'apostropha vivement.
Le futur ministre de la Guerre de la Commune répondit par une
diatribe violente contre les chefs de l'armée, le Gouvernement provisoire et M. Thiers, contre les riches et enfin contre l'École polytechnique. A partir de ce moment ma conviction fut faite qu'il
faudrait agir par les armes contre l'insurrection. » Une députation
d'élèves se rendit à l'Hôtel de Ville; une autre au Comité central où
elle ne trouva que des gens ivres-morts. Sur la place de la Concorde,
quatre ou cinq qui couraient ensemble aux nouvelles furent accostés
par un monsieur portant sous le bras un énorme portefeuille, qui
leur dit : « Je suis M. Hérold, secrétaire du gouvernement, j'ai
envoyé à votre général une note pour lui prescrire d'agir de son
propre mouvement, de ne pas compter recevoir des ordres. Allez lui
dire que le gouvernement se retire à Versailles! » Ils revinrent
en toute hâte à la rue Descartes informer leur commandant de ce
qu'ils venaient d'apprendre. Le général Riffaut les reçut fort mal :
« Puisque c'est ainsi, leur dit-il, je vais vous renvoyer dans vos
familles! » Et en effet il commença de ce moment à signer des

congés à tous ceux qui le voulurent. Il était très inquiet et ne savait
quel parti prendre. Pourtant, le soir, il fit distribuer des fusils et
des cartouches et organiser, dans la cour de son hôtel, un service
de garde avec les élèves qui vinrent se présenter. Une quarantaine
montèrent la faction jusqu'au jour; le tocsin sonna toute la nuit;
on entendit de tous côtés la générale enragée des gardes nationaux;
mais la tranquillité de l'École ne fut pas troublée.

Le lundi 20 mars, chacun des élèves vint apporter les renseignements qu'il avait recueillis; on se réunit de nouveau à l'amphithéâtre et la discussion recommença. Elle fut par instants des plus
vives. Le petit nombre des opposants du premier jour renouvela ses
représentations. Cette minorité de quatorze voix s'est retrouvée d'une
manière à peu près constante dans toutes les délibérations qui furent
prises à ce moment et même l'année suivante; elle a constitué dans
la promotion une sorte de petit parti radical. Néanmoins le mouvement insurrectionnel fut pour la seconde fois condamné avec une
forte majorité; mais, pour le combattre on ne parvenait pas à se mettre
d'accord sur le moyen; on ne savait quel parti prendre. Les uns
voulaient se retrancher dans l'École. Les autres étaient d'avis de
gagner Versailles. Ceux-là proposaient de se réunir aux troupes qui
campaient au Luxembourg, à savoir un bataillon du 45° de ligne et une
batterie de trois pièces attelées; d'emmener le général, les officiers et
tout le personnel de l'École et de traverser Paris en ordre militaire.
Leur proposition vivement débattue ne fut repoussée qu'à la majorité
d'une voix. Les quatorze s'offrirent, en s'appuyant sur les traditions
de l'École et sur les relations qu'elle avait dans l'armée, de servir
d'intermédiaire entre le comité central et le gouvernement. On ne les
écouta pas plus qu'on ne l'avait fait l'avant-veille. Leur tentative de
conciliation a été reprise, quelques jours après, par les maires et les
députés de Paris; elle ne devait pas aboutir. Les discussions sans
base, sans portée, sans résultat, durèrent encore deux ou trois
jours pendant lesquels les portes de l'École furent ouvertes et les élèves
laissés en pleine liberté, l'administration se bornant à leur assurer
le gîte et la table et à mettre à leur disposition l'amphithéâtre pour les

réunions. A la fin, le général, prudemment avisé, apprenant d'ailleurs par le directeur de Sainte-Barbe, en rapport avec Régère, qu'il n'y avait plus de sécurité pour les jeunes gens dans Paris, s'empressa de délivrer des congés à tous ceux qui voulurent partir.

Plus des deux tiers de la promotion quittèrent l'École. Il resta environ une trentaine d'élèves qui n'avaient pas de famille ou qui voulaient rester quand même. Le 21, ceux-là, voyant arriver dans la cour un bataillon de gardes nationaux qui escortaient une pièce de canon, appelèrent le général; il accourut : « Ce canon est notre propriété, lui dit-on, nous venons vous le confier. — Mes enfants, répondit le général, vous pouvez le laisser sous la voûte, il y sera en toute sûreté, personne ne viendra vous le prendre. » Déjà la pièce avait été dételée, les hommes avaient formé les faisceaux et s'étaient répandus dans la cour, lorsque quelques-uns qui n'étaient pas rassurés, se mirent à crier : « L'École n'est plus comme en 1830 ! » Un sergent-fourrier dit : « Camarades, nous ne pouvons pas laisser notre pièce de canon ici; c'est une maison de bonapartistes; emportons-la ! » Tout le bataillon s'en retourna; il s'en alla du côté de la place Beauvau; l'officier qui le commandait, rouge de honte et de colère, voulait briser son épée; sur-le-champ, il rendit son commandement. Cette scène fit une impression profonde sur l'esprit des élèves. Convaincus que la guerre civile allait bientôt éclater et trop peu nombreux pour faire à eux seuls une manifestation de quelque importance, ils résolurent d'aller se joindre au parti de l'ordre, aussitôt qu'il aurait prononcé son attitude.

Les citoyens qui formaient ce parti de l'ordre étaient dans le plus grand embarras. Considérablement affaiblis par le départ de plus de cent mille personnes au lendemain de l'armistice, jetés dans le désarroi par la fuite de tous les fonctionnaires, ils ne savaient à qui s'adresser pour être commandés. La réunion des maires, à laquelle le gouvernement avait délégué l'administration provisoire de Paris, essaya d'entamer des négociations, mais les conciliabules qui eurent lieu le 19 mars entre elle et les chefs de bataillon de la garde nationale n'aboutirent à aucune entente.

Après la nomination de l'amiral Saisset, une nouvelle réunion eut lieu au Louvre. Un élève s'y rendit avec son père qui était capitaine d'une des compagnies de l'ordre, promit le concours de ses camarades de l'École et prit rendez-vous pour le lendemain à la mairie de la Banque. Le 22 tous ceux qui étaient présents se rendirent au lieu convenu à l'heure où les émeutiers accueillaient à coups de fusil la démonstration pacifique de la rue de la Paix à laquelle eux avaient refusé de s'associer. Ils trouvèrent les maires réunis dans une salle du premier étage, discutant avec animation les propositions du Comité central et paraissant peu décidés à la résistance. M. Clémenceau harangua les élèves, puis on les fit sortir. Ils se retirèrent froissés et attristés, convaincus que tous les sermons qu'ils avaient entendus n'avaient d'autre but que de gagner du temps et qu'aucune résolution énergique ne serait prise par les élus des municipalités. Plusieurs d'entre eux allèrent aussitôt au Grand-Hôtel se mettre à la disposition de l'amiral Saisset, commandant de la garde nationale, qui les employa à commander des patrouilles, à porter des ordres, à rechercher les armes qu'on avait cachées lors de la capitulation et à les distribuer aux défenseurs du gouvernement. Dans les quartiers du centre, leur uniforme fut toujours respecté; un sergent ayant été arrêté fut l'objet des plus grands égards et relaché quelques heures après. Pendant trois jours ils firent un service très pénible. Sur la place de la Bourse, on était toujours sur le qui-vive. Le 23 vers quatre heures du soir l'alarme y fut très vive; un bataillon de Belleville après avoir défilé sur le boulevard avec trois pièces de canon, vint y prendre position, parut hésiter un instant, puis présenta les armes et s'éloigna. Le danger était passé.

A la mairie du deuxième arrondissement, qui semblait destinée à devenir le centre de la résistance au comité central, et devant laquelle une compagnie de mobiles était accourue se joindre au bataillon de l'ordre, nos Polytechniciens se tenaient prêts à tout événement, lorsque l'occasion s'offrit à eux de prendre une part plus active à la résistance. Un répétiteur de l'École, M. Salicis, résolu à organiser sur la rive gauche une défense sérieuse contre l'insurrection,

venait de se faire conduire en présence des maires et des délégués
du gouvernement, afin de leur demander des hommes de bonne
volonté, et pour réclamer la présence immédiate au Panthéon
du maire et de l'adjoint du Ve arrondissement, où il n'y avait personne pour représenter l'autorité légale. Comme il se retirait, n'ayant
recueilli, lui aussi, que des paroles évasives, des promesses vagues,
les élèves qui l'avaient attendu se joignirent à lui, l'escortèrent à
travers Paris, et revinrent à l'École.

Sur la rive droite les bataillons de l'ordre occupaient à ce moment
la place de la Bourse et se reliaient par la rue du quatre Septembre au
Grand-Hôtel où se trouvait l'état-major de l'amiral Saisset. Leur ligne
s'étendait d'une manière discontinue, il est vrai, jusque vers le Louvre
et la mairie de Saint-Germain-l'Auxerrois. Mais sur la rive gauche
rien n'était organisé. Plusieurs chefs de bataillon de la garde nationale
avaient résolu de faire de ce côté une défense énergique ; ils avaient
offert à M. Salicis de se mettre à leur tête, et celui-ci avait accepté.
Officier de marine plein de bravoure, M. Salicis s'était distingué
pendant le siège sous les ordres de l'amiral Hugueteau, au neuvième
secteur, où sa brillante conduite lui avait valu la croix d'officier de la
Légion d'honneur. Depuis le 18 mars il travaillait à l'organisation de
la résistance au mouvement insurrectionnel. Son plan était de s'emparer de l'importante position de la montagne Sainte-Geneviève qui
commande tous les quartiers du sud, de s'établir sur la place du
Panthéon, d'en occuper fortement les issues et de former au sommet
de la colline une citadelle dont l'ennemi parviendrait difficilement à
s'emparer. Les fédérés mirent plus tard ce plan à exécution et firent
éprouver là des pertes cruelles à nos troupes.

Dans la soirée même du 18, reprenant sa liberté d'action, puisque
le gouvernement abandonnait Paris, il avait fait appel aux citoyens des
municipalités tant urbaines que de la banlieue [1] ; puis, jugeant nécessaire de réunir dans l'École la municipalité légale de l'arrondissement, il avait sommé le maire Vachereau et l'adjoint Colin de venir

1. Voir aux Pièces justificatives, note n° 39, la lettre de M. Salicis au rédacteur du
Rappel.

dans la cour planter leur drapeau afin de donner une force et une autorité légale à tout ce qui se ferait. Il avait remis à son collègue M. Moutard une proclamation adressée à tous les habitants du quartier, en lui disant de la faire imprimer après qu'elle aurait été signée par l'adjoint; mais celui-ci refusa sa signature. Après les élections, M. Salicis allant le réclamer à la mairie de la Banque le contraignit d'assister, à côté du maire nommé par la commune, à la réunion de la salle Saint-Jean où il avait convoqué les magistrats élus en pleine liberté et représentants d'un pouvoir dont nul ne devait contester la légalité, afin d'aviser avec eux aux mesures à prendre [1]. Les jours suivants il s'occupa de rechercher les anciens élèves de l'École polytechnique et les gardes nationaux qui, durant le siège, avaient servi en qualité de canonniers dans la batterie de l'École; il appela également tous les habitants des quartiers voisins. Le 23 mars, il convoqua les partisans de l'ordre disposés à seconder ses efforts et les réunit dans le grand amphithéâtre de l'École de droit, afin d'arrêter dans ses détails l'exécution de son plan de défense. Un grand nombre d'anciens élèves assistèrent à cette réunion avec leurs jeunes camarades présents à Paris; le sergent-fourrier de la promotion avait pris place au bureau. Cremer incognito se tenait dans la salle. Dès le commencement de la discussion, il fut facile de prévoir qu'elle n'aboutirait pas. Quand vint la motion d'organiser sérieusement la défense au sommet de la montagne, il s'éleva un violent murmure. La plupart des hommes venus là quittèrent la salle et se massèrent devant l'entrée dans une attitude menaçante. Les amis de l'ordre jugèrent prudent de partir à leur tour; il n'était que temps; les derniers ne se dégagèrent pas sans peine. En se séparant, ils s'étaient promis de répondre à la *générale* si elle était battue dans la nuit et ils avait désigné la cour de l'École pour lieu de rassemblement.

Le même jour une réunion d'étudiants, sous la présidence de M. le docteur Wurtz, après avoir délibéré sur les moyens de s'opposer à l'occupation du quartier latin par les fédérés, envoya trois

---

1. M. Colin se justifiant plus tard a rendu justice à l'énergie et à l'activité de M. Salicis. Voir note n° 45 sa lettre au maire du Ve arrondissement.

délégués, un étudiant en droit, un étudiant en médecine et un élève de l'École des Beaux-Arts s'entendre avec l'École polytechnique. Le lendemain, les étudiants se retrouvèrent trois cents au moins dans la salle du petit amphithéâtre de l'École de médecine à une nouvelle réunion de la Fédération républicaine des Écoles. Plusieurs médecins célèbres s'y étaient rendus. Après une improvisation brillante du docteur Trélat qui fut couverte d'applaudissements, on vota à l'unanimité une déclaration par laquelle on s'engageait à « lutter par tous les moyens possibles contre le Comité sans mandat populaire », puis les étudiants, organisés militairement par le commandant d'artillerie Garnier, se rendirent au Grand-Hôtel[1].

Pendant ce temps-là, le commandant Salicis réunissait encore sept cents hommes à l'École polytechnique. S'attendant à être attaqué le soir même, il fit fermer les grilles de la cour d'honneur, occupa solidement les pavillons de l'entrée et les locaux du jardin et disposa sa troupe à tous les étages de l'hôtel du général. Les munitions manquaient. On croyait qu'il y avait des dépôts de poudre dans les caveaux du Panthéon et c'était là l'une des raisons qu'on avait de s'emparer de la place ; mais les caisses qu'on y avait déposées pendant le siège avaient été enlevées au moment du bombardement. MM. Mahieu et Laurent, officiers du génie attachés à l'École en qualité d'inspecteurs des études, partirent sous un déguisement à la recherche de munitions. Ils rapportèrent non sans peine des pelles, des pioches et une caisse de cartouches. La distribution faite, chaque homme reçut cinq cartouches et se rendit à son poste. Les fenêtres de l'hôtel furent barricadées et matelassées. On attendit l'ennemi.

A sept heures du soir, les élèves qui montaient la garde aux issues les plus importantes, annoncèrent au commandant l'arrivée d'un renfort. Une partie du 59e et du 119e bataillons de gardes nationaux vint camper dans la grande cour. On posta les hommes aux fenêtres des salles d'étude et des casernements, et on les chargea de défendre le pavillon des élèves. Le renfort n'était pas très sérieux.

---

1. *Le Comité central du 18 au 26 mars*, p. 176.

Quand on voulut placer des sentinelles au dehors, aux débouchés des rues voisines, il fallut appeler vingt de ces gardes nationaux pour en trouver un de bonne volonté. S'entendant violemment apostropher par la foule ameutée qui menaçait de mettre le feu à l'École, ils n'osaient plus sortir.

Toute la nuit on fut en éveil, mais cette fois encore l'attaque ne vint pas. Les fédérés passèrent en vociférant; ils n'osèrent pas engager la lutte. Tous ceux qu'on vit défiler venaient des quartiers éloignés, de Belleville et de Montrouge. Ils avaient avec eux du canon et du matériel. Quelques-unes de leurs pièces furent mises en batterie entre la grille du Panthéon et la mairie du Ve arrondissement de manière à enfiler la rue Soufflot. Dans la rue Clovis, ils élevèrent avec quelques pavés un simulacre de barricade contre la petite porte latérale de l'église, à cinquante pas de la grille de l'École. Leur campement fut établi au milieu de la place devant la bibliothèque Sainte-Geneviève.

Le projet du commandant Salicis était de faire une sortie avec sa troupe composée presque uniquement d'anciens Polytechniciens sur lesquels il pouvait compter et de s'emparer par un coup de main du camp des insurgés. Ses hommes devaient pénétrer de nuit dans le presbytère de l'église Saint-Étienne-du-Mont, sortir par la petite porte qui donne sur la rue Clovis, prendre à dos la méchante barricade qui barrait cette rue, occuper le lycée Henri IV, et s'élancer ensuite sur la place jusqu'à la Bibliothèque, presque sans tirer un seul coup de fusil[1]. Une fois maître de la forte position du Panthéon, il se serait porté sur l'Hôtel de Ville et l'aurait enlevé très aisément. M. Salicis n'avait d'ailleurs pas manqué de se ménager des intelligences parmi les rebelles. Cremer lui envoya un de ses officiers pour lui proposer de s'entendre sur le moyen de « jeter par la fenêtre le comité central ». Il n'eut pas confiance. Le commandant d'un bataillon fédéré offrit de lui livrer sans coup férir la mairie du Panthéon. Il fit connaître cette proposition à l'amiral Saisset par M. Levasseur,

---

1. Voir aux Pièces justificatives la note n° 40 : Lettre de Régère au général Eude.

membre de l'Institut, et M. Philippon, du collège de France, qui se chargèrent d'aller, à travers Paris, demander les ordres de l'amiral. Celui-ci prescrivit d'attendre et de combiner les mouvements avec ceux de l'armée régulière. Le plan de M. Salicis ne fut pas mis à exécution.

Cependant l'aspect des forces massées dans les bâtiments et la cour de l'École, avait intimidé les fédérés ; le bruit adroitement répandu que les savants physiciens et chimistes avaient disposé des masses de substances explosives et des engins de destruction qui éclateraient au premier signal, avait singulièrement refroidi leur audace. Deux fois on aurait pu se rendre maître de la mairie, lorsque M. Salicis, à la suite d'une conférence tenue le 25 mars avec les chefs fédérés, réussit à force d'énergie à leur faire déposer les armes et à préparer une solution pacifique. Au péril de ses jours il s'était rendu à la mairie du Ve arrondissement et, avec le maire Régère, il avait arrêté les bases d'une entente commune[1]. Les fédérés devaient mettre la moitié de leurs compagnies sous ses ordres et conduire dans l'École la moitié de leurs canons. Le maire et le colonel Blain se chargeaient de faire exécuter la convention. En outre, la grâce du répétiteur M. Marie, que les fédérés avaient condamné à mort et qu'ils menaçaient de fusiller s'il sortait, avait été accordée. Tout fier du succès qu'il venait d'obtenir, M. Salicis s'en revenait à l'École. Quelle ne fut pas sa surprise? elle était vide !

Le général Riffaut, qui, il faut bien le dire, s'était opposé, par tous les moyens, à l'organisation de la résistance dans l'établissement, disant : « J'ai la responsabilité des élèves, je dois mettre à l'abri la bibliothèque, les collections et nos richesses de toute nature, » avait fait partir tout le monde[2]. Ayant appris dans l'après-midi

1. Voir aux Pièces justificatives la note n° 41 et la note n° 42 dans laquelle Régère essaie de nier cette convention.

2. M. Salicis n'a quitté Paris que le 8 avril. Il fut arrêté ce jour-là à la gare d'Orléans et conduit au commissaire de police de la Commune. Celui-ci heureusement ne le connaissait pas; ayant trouvé sur le prisonnier un mandat de paiement d'une indemnité qu'il avait touchée à l'École des Beaux-Arts il le prit pour un professeur de cette école. On le fit reconduire par quatre hommes et un caporal jusqu'au milieu du pont d'Austerlitz d'où il se hâta de gagner la gare du Nord. Aussitôt qu'il put arriver à Versailles, il alla se mettre à la disposition de l'amiral Pothuau.

qu'une convention était intervenue entre les maires et le comité de l'Hôtel de Ville, voyant quelques élèves qui revenaient de la mairie de la Banque et de la place de la Bourse mettre leurs fusils au ratelier, il se figura sans doute que tout était fini et il donna l'ordre d'évacuer l'École. Personne ne se doutait que, le lendemain, l'assemblée condamnerait sans appel la détermination de ses délégués. Ce qui était vrai, c'est que l'amiral Saisset, n'ayant pu obtenir de M. Thiers l'autorisation d'occuper militairement les points stratégiques sur lesquels il avait besoin de s'appuyer, sentant que la situation s'aggravait de plus en plus, avait pris la résolution de se retirer en ordre. Dans la soirée du 25, il partit, en effet, du Grand-Hôtel et il autorisa les officiers, sous-officiers et gardes nationaux, à rentrer dans leurs foyers. Alors tous les citoyens, qui jusque-là étaient restés dévoués au gouvernement malgré son indifférence, se retirèrent immédiatement chez eux. Pourtant l'insurrection pouvait à ce moment encore être domptée. Cent dix mille citoyens, au dire du colonel Beaudefond, étaient prêts à la résistance; chiffre fort exagéré sans doute car, d'après le colonel Quevauvilliers, il s'élevait tout au plus à quarante ou cinquante mille, dont dix mille au II° arrondissement y compris la jeunesse des écoles. Il est certain du moins qu'on pouvait disposer de forces considérables. On avait quelques troupes régulières, toute la gendarmerie, la garde municipale, les sergents de ville, les gardes forestiers, les troupes de marine, deux régiments, le 49° et le 35° de ligne, dont on était sûr. Le tout formait un effectif de plus de vingt mille hommes d'excellentes troupes, sans compter les citoyens de bonne volonté. La partie saine et modérée de la population parisienne, fatiguée des atermoiements de l'Assemblée nationale, voulait en finir; et, le soulèvement du pays latin, auquel l'École avait donné le branle, pouvait avoir des suites considérables. « La propagande des écoles aidant, a écrit M. Audebrand dans son livre, on aurait eu toute la finance, tout le commerce, tous les ouvriers honnêtes, c'est-à-dire un contingent de cent cinquante mille hommes. L'amiral Saisset n'aurait eu qu'à sommer l'Hôtel de Ville d'arborer le drapeau tricolore pour que l'insurrection s'éva-

nouît [1]. » Mais M. Thiers en avait jugé autrement. Il avait résolu d'exécuter le plan qu'en 1848 il avait proposé à Louis-Philippe : Laisser faire Paris et se retirer à Versailles.

Dès lors l'audace revint aux chefs de la Commune. « J'ai négocié avec M. Salicis, écrivait le lendemain même Régère à ses amis, et n'ai rien accordé. J'ai amené l'École polytechnique, place forte de premier ordre qui contenait 6,000 *insurgés* prêts à nous enlever, à demander l'aman bien que plus forts que moi [2]. » L'insurrection maîtresse de Paris prit un développement rapide. Du haut de la plate-forme de l'observatoire de l'École, les élèves, l'œil fixé aux lunettes, pouvaient suivre ses mouvements des premiers jours. Ils surveillaient toutes leurs allées et venues dans le voisinage, leurs préparatifs sur la montagne. Au loin ils apercevaient leurs bataillons occupant les places publiques et les avenues principales, leurs colonnes qui entraient et sortaient à tout instant de l'Hôtel de Ville. Ils distinguaient les pièces mises en batterie sur les buttes Chaumont et sur les hauteurs de Belleville. Il n'y avait plus de doute pour personne, Paris allait être aux prises avec une formidable insurrection. Disons-le à l'honneur de l'École, c'est d'elle que partit la première pensée d'une organisation de résistance et c'est elle qui resta le dernier point armé dans Paris.

Le 26 mars, tandis qu'après la fausse manœuvre des maires, la scission du parti de l'ordre, la désertion du Grand-Hôtel, tout ce qui restait encore des administrations publiques s'enfuyait à Versailles, que Paris, sans armée, sans police, sans gouvernement, était laissé au pouvoir du Comité central, à l'École polytechnique, le général de plus en plus inquiet du sort des élèves qui n'avaient pas voulu partir en congé et effrayé de la responsabilité qui lui incombait, attendait impatiemment des ordres. Il avait pris sur lui de renvoyer les jeunes gens dans leurs familles, mais il n'osait abandonner l'établissement sans l'approbation du ministre et sans s'être concerté avec lui sur les

1. Audebrand, *Histoire de la Révolution du 18 mars*, p. 98.
2. Voir note n° 42 la lettre de Régère du 26 mars déjà citée.

moyens de faire reprendre aussitôt que possible les études si brusquement interrompues. Il attendit deux jours, puis ne recevant aucune communication, il se rendit à Versailles afin de demander l'autorisation de transporter l'École à Tours. Le ministre de la Guerre, qui n'avait guère songé à l'École depuis le commencement des événements, approuva son projet, et le 29 mars il fut expédié à tous les élèves un ordre leur prescrivant de se rendre dans la ville de Tours et de se présenter le 5 avril au lycée où on leur donnerait les instructions nécessaires[1]. Puis le Général, ayant donné en toute hâte les ordres concernant la translation des divers services, partit le soir même avec l'administrateur, le bibliothécaire et les deux ou trois employés principaux. Une lettre adressée par lui quelques jours après au seul capitaine de l'état-major chargé alors de la surveillance, enjoignit à cet officier de venir le rejoindre avec un employé de chacun des services de la direction des études et de l'administration. Les professeurs, les répétiteurs furent avisés plus tard et rejoignirent isolément dès qu'ils purent quitter Paris.

Le 7 avril 1871, la promotion 1870 se trouvait réunie à Tours. Partis de Paris précipitamment, quelques-uns bien après le 26 mars et non sans avoir couru de grands dangers, les élèves avaient dû laisser à la rue Descartes leurs vêtements et équipements aussi bien que les livres et objets d'étude. Aussi vinrent-ils se présenter dans les tenues les plus disparates, les uns en uniforme, les autres en habits bourgeois; ceux-ci vêtus de tuniques ou de capotes, ceux-là coiffés de képis ou de bonnets de police ou même de chapeaux à haute forme. Le plus grand nombre fut logé dans l'hôtel du maréchal Baraguay d'Hilliers, où l'administration avisant au plus pressé, c'est-à-dire au logement, avait fait préparer des chambres; le reste trouva place dans le lycée dont les pensionnaires étaient alors en vacances. Peu de temps après, le lycée ayant été abandonné à la suite d'un incident fâcheux survenu entre le proviseur et les élèves, l'École fut casernée tout entière dans l'hôtel du commandement. La totalité

---

1. Voir la Pièce justificative n° 43.

des bâtiments avec leurs dépendances fut occupée, les appartements de réception, les appartements privés, les bureaux, les chambres de domestiques, tout fut transformé en casernements et en salles de travail. Les élèves vivaient au dehors; une solde de 75 francs par mois leur était allouée pour leur subsistance. Au commencement ils allaient prendre leurs repas dans les réfectoires du lycée et le personnel ordinaire des collégiens était à leur service. Quand le lycée fut évacué, ils se mirent à la recherche de tables d'hôtes et s'organisèrent en pension par groupes de dix ou quinze comme ils avaient déjà fait à Bordeaux. Lorsque les professeurs et les répétiteurs, que le directeur des études avait convoqués individuellement avant le départ de Paris, furent arrivés, les cours commencèrent. Il y eut deux cours par jour, d'une demi-heure chacun. Ils se faisaient, l'un le matin, l'autre le soir, dans une salle de la mairie sur la Loire.

On peut dire qu'à Tours, l'internat n'existait réellement pas. Il n'y avait pas de salles d'étude. Chacun était libre dans la journée d'aller travailler où il voulait, soit dans les cours, soit dans les jardins, soit au casernement sur son lit. Le capitaine de service faisait un appel, au commencement de la journée; là se bornait la surveillance de l'autorité. D'ailleurs, elle eût été difficile dans le dédale des bâtiments, dont les élèves s'amusaient à parcourir sans cesse les couloirs, les corridors, les greniers, les caves et tous les petits appartements. Celui qui ne se sentait pas une grande ardeur pour le travail, trouvait facilement le moyen de s'esquiver à toute heure par-dessus les grilles du jardin, et comme la saison était très belle, que les environs de la ville sont charmants, le plus grand nombre ne put résister à la tentation de courir la campagne. Le séjour de la Touraine parut à ces élèves des plus agréables. La population, paisible et quelque peu dévote, se plaignit bien parfois du tapage auquel elle n'était guère accoutumée. On parla de quelques mesures sévères, et même, un moment, du renvoi de deux ou trois élèves; il n'en fut rien; la discipline resta des plus douces.

Après la Commune, aussitôt que l'ordre eut été rétabli dans Paris, un train spécial emmena la promotion et le fonctionnement régulier

de l'institution recommença. Mais, dans les circonstances où l'on
se trouvait, on se figure aisément que les cours ne durent pas porter
beaucoup de fruit. Cependant, la réunion de la promotion 1870 à
Tours eut des conséquences considérables. A une époque aussi troublée, l'École était en butte à des attaques passionnées et violentes.
Certains esprits poussaient la démence jusqu'à l'accuser d'être la
cause unique de nos désastres. Les pouvoirs publics eux-mêmes,
M. Thiers en tête, ne lui montraient pas beaucoup de bienveillance.
Si elle n'eût pas été immédiatement réunie, au moment où la commune éclata, ses ennemis eussent pu lui porter un coup terrible. Ils
auraient mis à profit, pour démasquer leurs attaques, la période où
la première division avait terminé ses études, où la seconde n'avait
pas encore commencé les siennes et, si la situation s'était prolongée,
ils auraient saisi l'occasion de la supprimer. La réunion de la promotion à Tours en 1871 a donc exercé, à ce point de vue, une influence capitale sur la destinée future de l'institution.

Pendant la commune, le pavillon des élèves fut le théâtre d'événements que nous allons raconter.

Quand le général et les principaux fonctionnaires furent partis
pour la ville de Tours, il restait encore à la rue Descartes un nombreux personnel de militaires et d'agents attachés à l'établissement.
Il y avait un officier, M. Cugnin, capitaine du génie, qui avait été
blessé grièvement pendant le siège, à l'affaire du moulin Saquet.
Comme il gardait la chambre, incapable de reprendre aucun service
actif au moment où l'insurrection éclata, personne ne l'informa de ce
qui se passait et on le laissa dans une ignorance complète de la translation de l'École. Il y avait cinq sergents-majors garde-consignes,
quatre clairons et quatre tambours. Il y avait en outre presque tous
les employés civils, le trésorier, le caissier et les agents de l'administration. Dans la précipitation du départ, on les abandonna sans
ordres, sans instructions, sans argent, sans solde et presque sans
moyens d'existence. Le même fait s'était produit d'ailleurs en même
temps dans la plupart des grandes administrations publiques. C'est
pourtant à la vigilance et au dévouement de ces serviteurs subal-

ternes, auxquels certaines administrations prescrivirent plus tard de
rester à leurs postes, qu'on doit la conservation de plusieurs édifices
avec les richesses considérables qu'ils renfermaient. Ils se sont multipliés courageusement pour cacher des dépôts de poudre, le matériel et les munitions, pour arrêter et circonscrire les incendies, pour
sauver les prisonniers, en un mot pour rendre tous les services que
leurs chefs pouvaient en attendre. Les employés de l'École, auxquels
on oublia par la suite de faire parvenir aucune instruction, n'ont pas
voulu quitter leurs postes; ils ont veillé jusqu'à la fin sur le matériel
et sur les précieuses collections de l'établissement, et ils ont réussi
à le sauver de la fureur des incendiaires.

Pendant les premiers jours où toute liberté leur était laissée de
circuler dans le quartier, leur dévouement trouva facilement à
s'exercer. Ils aidèrent à transférer l'hospice des vieillards d'Issy au
lycée Henri IV dans lequel l'installation nouvelle se fit avec une
partie du matériel de literie appartenant aux élèves de l'École. Ils
firent tous leurs efforts pour s'opposer à l'enlèvement des armes
lorsque les hommes du général Henry vinrent les réquisitionner
(17 avril); c'étaient les trois cents premiers chassepots sortis des manufactures de l'État; la fabrication de ces fusils avait été très soignée;
ils présentaient même certaines particularités qui permirent plus
tard facilement de les reconnaître, de sorte que tous les insurgés
qu'on rencontra avec des fusils de ce modèle ont été fusillés. Il
arriva bien que deux ou trois des garçons de service furent arrêtés;
mais tout le monde les connaissait dans le quartier, on les relâcha
aussitôt qu'on eut la preuve de leur qualité d'agents attachés à
l'École. Le trésorier pourvut pendant un certain temps à leur subsistance en distribuant les quelques provisions qui se trouvaient dans
les magasins et le vin qui y était en abondance. Pour se procurer
la solde, l'un d'eux se rendait tous les jours à Versailles; jusqu'à la
fin celui-là rapporta la paye de la journée à ses camarades.

La situation de tout ce personnel ne commença à devenir réellement critique que dans les dernières semaines, quand la Commune,
redoutant à chaque heure de voir arriver les troupes de Versailles,

redoublait les moyens vexatoires et multipliait les perquisitions.
Déjà dans le mois d'avril beaucoup d'habitants valides avaient été
obligés de quitter leurs maisons et de se réfugier dans d'autres
quartiers. Les affiches du mois de mai annonçaient que tous les
citoyens de dix-neuf à quarante ans devaient immédiatement rejoindre
les bataillons fédérés sous la menace d'être arrêtés et déférés à la
cour martiale. Au moment de l'entrée des troupes dans Paris, les
fédérés, impitoyables pour les ouvriers réfractaires, fouillaient les maisons du quartier et fusillaient ceux qui ne voulaient pas monter aux
barricades.

Le capitaine Cugnin s'employa du mieux qu'il put à sauver les
militaires et les agents restés sous ses ordres. Il fit cacher dans les caves
et les locaux du sous-sol les employés civils avec leurs femmes et leurs
enfants. Il fit prendre un déguisement aux sous-officiers et aux soldats, et, quand tout le monde lui parut en sûreté, il songea à s'évader
lui-même. En se servant de la carte d'électeur du concierge, il réussit à quitter Paris à la dernière heure. Les malheureux employés qui
n'osaient plus sortir passèrent dans des transes terribles les derniers
jours qui précédèrent la délivrance.

Le 19 mai, à la chute du jour, ils entendirent le clairon sonner
tout à coup à quelques pas de l'École ; puis une troupe en armes descendit au pas de course la montagne Sainte-Geneviève. Voilà nos
soldats ! se dirent-ils et ils montèrent voir ce qui se passait. C'étaient
les fédérés de la 5ᵉ légion qui venaient par ordre du délégué civil
de la guerre occuper l'École, s'y reformer et essayer de s'y défendre[1].
Le 129ᵉ bataillon, surnommé le *Blindé*, entra le premier par la porte
des élèves sur la place de la fontaine. Ce bataillon n'était qu'un
ramassis de gens de tous les quartiers, de la rue Galante, de La Villette,
de Belleville. Un ancien sous-officier de la garde impériale, nommé
Rack, le commandait ; il a été fusillé quelques jours après avec son
lieutenant Lionard, rue Lacépède. Le 132ᵉ bataillon arriva le lendemain matin ; une partie du 56ᵉ vint ensuite, puis une foule d'isolés

1. Voir la Pièce justificative n° 44.

de toutes les compagnies. Il y avait parmi eux beaucoup d'étrangers de toutes les nations, surtout des Italiens et des Polonais. A tout instant des hommes débandés arrivaient. Leur nombre s'éleva bientôt à plus de six cents. La plupart avaient fait partie de la colonne du général Duval lorsque celui-ci tenta, le 2 avril, un mouvement sur Versailles par Clamart et Meudon en même temps que Bergeret s'avançait jusqu'au mont Valérien.

L'état-major de cette bande s'installa dans le parloir. Il avait à sa tête deux délégués de la Commune. L'un, misérable petit cordonnier qui travaillait ordinairement dans une échoppe de la rue Saint-Julien-le-Pauvre, était bien connu des gens du quartier. Il s'appelait Caillaux; violent, brutal, il parlait de faire fusiller tout le monde. « Heureusement, dit le témoin qui nous a raconté ces détails, il était toujours en état complet d'ivresse. » On lui amena deux ou trois garçons de casernement qu'on venait de trouver dans la maison. « Allez chercher le chef de l'administration! » leur commanda Caillaux. Ce fonctionnaire, âgé, malade, arriva un instant après tout tremblant[1]. « Au nom de la Commune, lui dit Caillaux, nous prenons possession de l'École polytechnique. Nous allons visiter l'établissement, faites ouvrir toutes les portes! » Deux fédérés, le révolver au poing, poussèrent devant eux le malheureux agent, et les délégués, suivis par une foule de leurs hommes, se mirent en marche. Ils parcoururent les différents corps de bâtiment, visitèrent toutes les salles d'étude, les casernements, les magasins, les appartements privés. Chose digne de remarque, ils n'ont rien dérobé. Sur la porte du magasin d'habillement un capitaine dit à ses hommes : « Vous voyez bien ces vêtements? ils appartiennent aux élèves; il ne faut pas y toucher! » L'ordre fut respecté, pas un effet ne disparut. Les délégués cherchaient la cave qu'ils n'eussent sans doute pas aussi bien respectée, mais ils ne surent pas la trouver. La visite faite, la bande des chefs portant le sabre au côté revint au parloir dont elle fit son quartier général. « Qu'on nous serve à manger ici! » comman-

---

1. Il mourut quelques jours après de l'émotion que lui avait causée l'évènement.

dèrent-ils. « Il fallait bien leur obéir, explique l'un de ceux qui les servaient, ils auraient tout pillé, tout brisé. Nous courons leur dresser une table, nous apportons du pain, du vin, la soupe qu'on avait préparée pour nous à la cuisine. Les chefs se mirent à table, terminèrent leur repas par du café avec de fortes rations d'eau de vie; puis ils allumèrent de grands cigares et s'étendirent tout bottés sur les banquettes. » Pendant ce temps-là d'autres donnaient des ordres et disposaient leurs hommes aux différents étages, principalement dans les salles d'étude et dans les dortoirs, assignant à chacun son poste de combat. « Nous étions transis de peur en présence de ces hommes à mine farouche, dit encore le même témoin. Pourtant je n'ai pu m'empêcher de m'arrêter devant la chambre des tambours pour admirer une cantinière, une fort belle femme qui faisait sa toilette. Elle détachait de sa ceinture un sabre et des pistolets. »

Les fédérés ne devaient pas rester longtemps dans l'École; l'heure de l'expiation approchait. Le dimanche 21 mai, les troupes de Versailles entraient dans Paris; le lundi 22, la colonne du général de Cissey occupait toute la ligne du chemin de fer et tenait les quartiers de l'Ouest. Le mardi 23, Montrouge tombait et nos soldats avançaient jusqu'à l'Observatoire et la place d'Enfer. La Commune, qui perdait du terrain de plus en plus, essayait de tenir sur la rive gauche. Wroblewski était venu le matin presser Delescluze d'y transporter la lutte. La Seine, les forts, le Panthéon, la Bièvre formaient, à son avis, un réduit solide où l'on pourrait tenir longtemps. Des dispositions de défense furent arrêtées sur le champ. Le boulevard Saint-Michel, la rue Saint-Jacques, le quartier des Gobelins se couvrirent de barricades. Tout passant était requis pour le travail; hommes, femmes, enfants, s'étaient mis à l'œuvre. A la même heure, une batterie de huit pièces et deux batteries de quatre pièces étaient installées sur la butte aux Cailles. Maxime Lisbonne, l'ancien acteur surnommé l'Achille de la Commune, prit le commandement du Panthéon. C'est lui qui avait dit : « Nous mettrons le feu partout; vienne l'armée, entre elle et nous s'étendra bientôt un amoncellement

de ruines et un rideau de flammes. » Il tint parole. Le soir les Tuileries, la Légion d'honneur, le Conseil d'État, la Cour des comptes, la
rue du Bac, la rue de Lille, la Croix rouge brûlaient, et le ciel
empourpré reflêtait l'incendie de la moitié de Paris. On avait parlé
de brûler le Panthéon, la bibliothèque Sainte-Geneviève, l'église
Saint-Étienne-du-Mont. L'École polytechnique fut sauvée presque
par miracle. Une compagnie d'incendiaires y arriva dans la matinée
du mardi avec son matériel, tonneaux de pétrole, cordes en filasses
et tout ce qu'il fallait pour mettre le feu aux bâtiments. Les douze
hommes qui la composaient étaient tous habillés de blouses en toile
écrue et coiffés de casquettes; ils portaient des épaulettes en laine
rouge. C'était une troupe régulière de l'émeute. L'un de ces hommes,
étant monté sur un érable de la cour d'honneur afin de casser à
coups de pied de grosses branches dont il voulait faire des pinceaux
à pétrole, tomba d'assez haut et se cassa la jambe. Ses camarades le
transportèrent à l'ambulance du collège Henri IV et quand on alla
l'y chercher trois jours après on le trouva mort. Si l'École fut pré-
servée de l'incendie ce fut grâce à l'attitude énergique et à la présence
d'esprit du concierge qui réussit à gagner un caporal fédéré nommé
Becker, et celui-ci empêcha les incendiaires de monter dans le pavillon
des élèves, de faire leurs sinistres apprêts aux escaliers du vieux
collège de Navarre par lequel ils voulaient commencer l'incendie.
Il menaça de mort tous les hommes de la bande et les força à s'éloigner. La conduite de Becker en cette circonstance a été, trois mois
après la rentrée des troupes, l'objet d'un rapport que le général
Riffaut apostilla et qui lui valut sa mise en liberté immédiate du
ponton sur lequel il était détenu à l'île de Ré. A son retour, ce
malheureux, ancien commis de magasin, désespéré de l'accueil qu'on
lui faisait partout, ne trouvant plus à gagner sa vie, alla se noyer
dans la Seine.

Pendant la nuit du mardi, un branle-bas général se fit parmi les
fédérés qui occupaient l'École et ses abords; ils s'attendirent à tout
instant à être attaqués et ne se couchèrent pas cette nuit-là. Le mercredi matin, l'armée s'était avancée jusque vers le Val de Grâce et

gagnait le Panthéon par le jardin du Luxembourg. Lisbonne et Blauer, qui avaient tenu comme des enragés à la rue Vavin, firent sauter les maisons derrière eux et accoururent au bivouac de la place du Panthéon. Varlin, Régère, le chef de la légion, Jourde, Vallès, tous les élus du quartier, tenaient conseil. Les uns voulaient se rendre, d'autres voulaient lutter encore. Lisbonne déclara la défense impossible. « Toutes nos positions sont prises, dit-il, il faut aller retrouver Delescluze. » Il passa à l'École polytechnique, y donna quelques ordres, et la bande des chefs fédérés s'enfuit à la mairie du XI°.

L'armée s'avançait toujours, lentement, méthodiquement, et gagnait du terrain de plus en plus. Arrêtés par les trois barricades qui défendaient les principaux débouchés de la place du Panthéon, nos soldats tournèrent la position ; à gauche, par la rue de l'École de Médecine et la rue Racine, le boulevard Saint-Michel et la rue des Écoles ; à droite, par la rue Mouffetard. A quatre heures du soir la montagne Sainte-Geneviève, abandonnée, tombait presque sans lutte. En haut de la rue de la Montagne, près de la fontaine, il y avait une barricade qu'une seule femme défendait. Vieille et horrible mégère, elle chargeait son fusil et tirait sans relâche. Des soldats la fusillèrent sur place.

A cinq heures du soir, l'École fut prise de deux côtés à la fois ; par l'entrée des élèves et par la cour d'honneur. Le 17° bataillon de chasseurs s'était avancé vers le haut de la rue Descartes par la petite rue des Prêtres qui longe l'église Saint-Étienne-du-Mont, de manière à éviter la barricade de la rue Clovis. Lorsque les sentinelles fédérées, postées sur toute l'étendue de l'enceinte de l'établissement, aperçurent les premiers tirailleurs, elles jetèrent leurs fusils et s'enfuirent. Ce fut alors un sauve-qui-peut général. Les fédérés, chez lesquels toute discipline sombrait d'heure en heure, se débarrassèrent à la hâte de leurs uniformes, jetant armes, vêtements, équipements et, gardant seulement les blouses d'ouvriers qu'ils portaient sous la vareuse, ils ne songèrent plus qu'à s'enfuir. Du côté de la rue Mouffetard, la retraite leur avait été coupée, le concierge ayant eu la pré-

sence d'esprit de fermer la grille devant les fuyards dont l'un fut tué sur sa porte; mais, du côté de l'entrepôt, elle était possible. La bande qui occupait l'École depuis trois jours se sauva dans cette direction par l'amphithéâtre de chimie, à travers les masures voisines et en sautant par-dessus le mur du jardin du général. La plupart des hommes qui la composaient gagnèrent l'avenue d'Italie où Serizier essaya de les faire combattre encore.

Les chasseurs s'élancèrent dans les cours jonchées de débris. Leur bataillon, parti de l'Odéon en faisant un grand détour par la rue Saint-André-des-Arts et la place Saint-Michel, avait enlevé sur sa route soixante-cinq barricades sans perdre un seul homme. Au bas de la rue de l'École polytechnique, un capitaine tomba mortellement blessé; un autre reçut une balle dans la cuisse dans la cour de l'amphithéâtre de chimie. Exaspérés par la perte de leurs officiers, saisis d'une véritable fureur, résolus à n'accorder aucun quartier, les soldats poursuivirent les fédérés affolés depuis les corridors du sous-sol où ils cherchaient à se cacher dans les caves, et d'étage en étage, à travers les salles d'étude, les casernements, jusque dans les combles et jusque sur la plate-forme du belvédère de l'observatoire.

Pendant ce temps-là, les batteries d'artillerie établies à la butte Piat, derrière le Père-Lachaise, tiraient sans arrêter sur le Panthéon. Plusieurs obus tombèrent dans l'École; un éclata au milieu de l'infirmerie, blessant grièvement un infirmier. Tout à coup une effroyable détonation retentit. On crut que le Panthéon, dont on disait que les caveaux étaient encore remplis de barils de poudre auxquels les fédérés n'avaient pas eu le temps de mettre le feu, venait de s'écrouler. C'était la poudrière du jardin du Luxembourg qui sautait. Au même moment, l'Hôtel de Ville évacué par les membres de la Commune brûlait. Des fenêtres du pavillon des élèves, du belvédère où flottait maintenant le drapeau tricolore, les vainqueurs purent apercevoir les incendies s'allumer partout et Paris s'envelopper d'un océan de flammes. La générale battait de tous côtés. Le tocsin sonnait à Saint-Étienne-du-Mont.

A partir du lendemain, la grande cour de récréation devint le lieu choisi pour toutes les exécutions de prisonniers faits dans le quartier. Le mur qui sépare cette cour des hôtels voisins, mur très élevé, nu, sans ouverture, semblait placé là tout exprès pour y adosser les victimes. Les traces de balles y restèrent longtemps visibles et il gardait encore des taches de sang quand les élèves revinrent de Tours au mois de juin.

Les salles de billard où, quelques jours auparavant, les fédérés avaient fait étendre des matelas à terre et organisé une ambulance, servirent de dépôt pour les cadavres jusqu'à ce que les tapissières à claire-voie vinssent les prendre pour les conduire à la fosse commune du cimetière Montparnasse. Un jour, Siam, l'infirmier de l'École, qui avait pour mission de constater les décès, sauva la vie d'un malheureux dans des circonstances dramatiques. Quatre prisonniers venaient d'être amenés, on les place contre le mur; un lieutenant commande le feu, les quatre hommes tombent. Aussitôt l'infirmier s'approche, examine les cadavres et s'aperçoit qu'un des fédérés vit encore. En effet, celui-là n'était même pas blessé; soit terreur, soit présence d'esprit, il s'était jeté à terre à l'instant de la décharge. « Mon lieutenant, il y en a un qui n'est pas mort! crie l'infirmier qui ne peut contenir son émotion. — Qu'on l'achève, » répond l'officier. Mais l'agent se jette aux genoux du lieutenant, lui dit que le malheureux a bien gagné sa grâce et il le supplie de lui laisser la vie. On releva le prisonnier qui venait d'échapper à la mort si miraculeusement; on le coucha dans la salle de billard, où il resta deux jours sur une poignée de paille; on lui fit passer de l'eau et du pain et quand le 89° de ligne vint remplacer les chasseurs. on le fit partir. C'était un jeune ouvrier du quartier Mouffetard. Les voisins de l'École le connaissaient. Il s'est marié depuis. Aujourd'hui, il est père de sept enfants.

Une autre fois, on amena un homme et une femme qu'on avait arrêtés ensemble dans le quartier. L'homme fut immédiatement saisi et traîné dans la cour. « Retirez-vous, dit l'officier de service à la femme, on ne fusille que les hommes! » Mais, elle, s'écria d'une voix

ferme : « Si on fusille mon mari, je veux l'être aussi! » et elle courut s'adosser au mur. Son attitude courageuse ébranla l'officier. Il attendit, fit prendre des renseignements, apprit que ce ménage émigré de la Lorraine venait d'arriver à Paris depuis quelques jours seulement, et il lui rendit la liberté.

C'est dans la cour de l'École que Maurice Treillard, le directeur de l'Assistance publique pendant la Commune, a été fusillé, le 25 mai.

A cette heure la Commune agonisait ; il fallut cependant encore trois jours de batailles sanglantes pour arriver au Père-Lachaise. L'École polytechnique, qui avait été le dernier centre de la résistance à l'émeute, fut le dernier point d'appui de cette formidable insurrection.

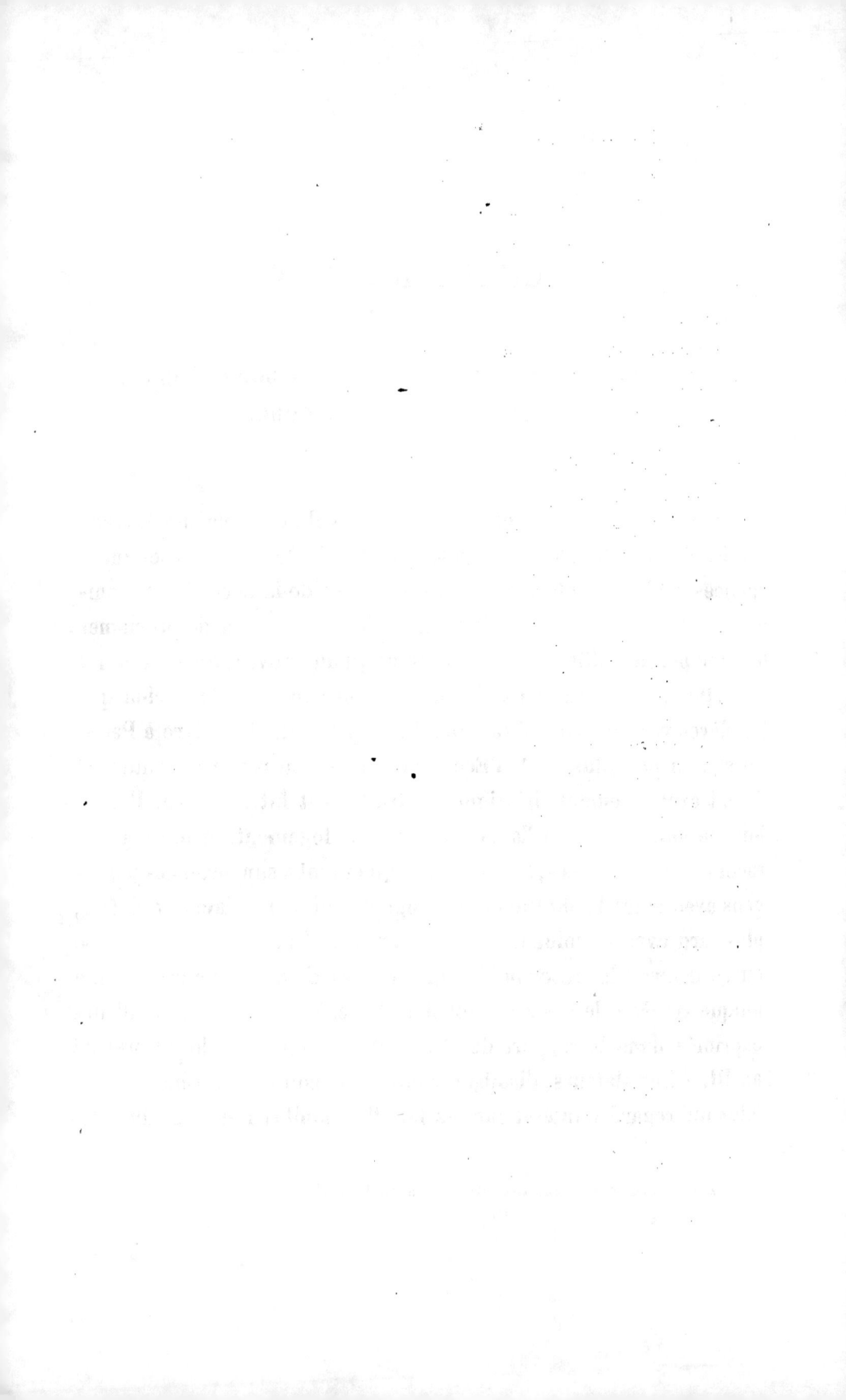

CHAPITRE IX

LA PENSION ET LA GRATUITÉ. — LES BOURSIERS
LA SOCIÉTÉ AMICALE DE SECOURS

Quand la Convention nationale créa l'École centrale des travaux publics dans le dessein d'y appeler par la voie du concours les intelligences d'élite recrutées dans tous les rangs de la Société, elle comprit que la gratuité de l'enseignement, dont elle venait de proclamer le principe, ne suffisait pas. Elle voulut qu'un citoyen, quelle que fut sa fortune, eût accès dans l'École. En conséquence elle décida que les élèves recevraient un traitement leur permettant de vivre à Paris. Lorsqu'un peu plus tard, l'École eut changé en partie de nature et devint exclusivement théorique, le traitement fut conservé. Il était loin de suffire à payer la nourriture et le logement, et nous avons raconté les souffrances, les privations qu'eurent à supporter ces jeunes gens avec leurs 1,200 francs en assignats qui n'en valaient pas 400, plus tard avec la solde de 1 franc par jour. Dans l'état de détresse où se trouvait le trésor public, on proposa de bonne heure, comme unique remède, le casernement dont la pensée se trouvait d'ailleurs exprimée dans le rapport de Prieur de la Côte-d'Or du 30 prairial an III. « Législateurs, disait un membre du conseil des Cinq-Cents [1], jetez un regard d'intérêt sur les familles nombreuses des honnêtes

---

1. Lacombe Saint-Michel, discours du 7 floréal an VI.

citoyens et dites-moi quel est le père de famille qui peut prendre chaque année sur son revenu 1,500 livres pour venir au secours de son fils. Il en résulte donc que vous excluez de tous les services, non seulement le pauvre, mais celui qui ne jouit pas de la grande aisance. Serait-ce lorsque les orages d'une révolution ont presque anéanti les moyens d'existence d'une foule de familles vertueuses qui bénissent le jour heureux de l'égalité, serait-ce à la fin d'une guerre opiniâtre pendant laquelle les grandes fortunes ont passé dans les mains infidèles et voraces d'une foule d'hommes qui insultent au républicain pauvre, serait-ce dans ce moment que vous créerez une nouvelle caste privilégiée en ouvrant exclusivement aux riches l'entrée de tous les services publics ? A l'idée de faire résider 250 jeunes gens de 16 à 20 ans dans une ville aussi corrompue que Paris, sans les caserner, quel est le père de famille qui ne tremblera pas d'abandonner son fils sans guide, sans conseil, au hasard de perdre ses mœurs, sa fortune et sa santé ? »

Si on réclamait déjà l'internat, personne ne s'élevait, du moins, contre le principe essentiellement démocratique de la gratuité et la loi d'organisation de l'an VIII consacra ce principe en attribuant aux élèves de l'École polytechnique le grade de sergent d'artillerie avec la solde de 98 centimes par jour. On sait comment les élèves, mus par un sentiment de solidarité fraternelle, se vinrent mutuellement en aide en répartissant entre les plus pauvres le fonds de secours de 20,000 francs alloué par l'État. C'est à cette époque, où la majorité n'avait que la plus humble fortune, que sont sortis de l'École d'illustres savants, Malus, Biot, Poisson, Gay-Lussac, Arago, d'autres encore qui ont été l'honneur de la science.

Bonaparte, qui voulait reconstituer une aristocratie nouvelle et lui réserver, entre autres privilèges, celui de recruter l'École polytechnique et l'École militaire, supprima la gratuité. Monge essaya vainement de lui montrer ce que le principe avait de fécond pour le progrès des sciences et pour les services de l'État. L'empereur ne voulut rien entendre. Il ne voyait que les inconvénients inhérents au régime de l'externat et la nécessité d'économiser la solde et les

secours payés sur les fonds de la guerre. Le décret du 22 fructidor an XIII imposa à tout élève l'obligation de payer une pension de 800 francs. Triste effet du despotisme sur les consciences les moins accessibles, le conseil de perfectionnement de l'an XIV trouva dans la fortune que cette pension suppose « le gage le plus ordinaire d'une éducation soignée et d'un désintéressement plus facile! » Ses membres avaient demandé, il est vrai (session de novembre 1804), que le prix fût d'abord fixé à 500 francs, sauf au gouvernement à en exempter 50 élèves et à le baisser l'année suivante si l'expérience prouvait qu'il fût plus que suffisant. Ils supplièrent en outre Sa Majesté, « afin de conserver à l'État les sujets qui manquent de fortune et non pas de génie, » de former sur les frais des services publics le fonds d'un petit nombre de bourses applicables aux candidats qui se trouveraient les premiers sur la liste du jury d'admission. Mais le souverain se réserva de statuer sur les sujets distingués dont la fortune ne suffirait pas à payer la totalité de la pension. En instituant des bourses, il pensait s'acquérir des créatures et étendre son influence sur les familles. Le même besoin le détermina en effet à employer en bourses des lycées les fonds auparavant destinés aux professeurs, de sorte, dit M. Guizot, « qu'il put nourrir et élever à ses frais et à son profit 3,000 enfants disposés à le servir; de plus comme les établissements non seulement se soutenaient, mais qu'ils réalisaient des profits avec les élèves volontaires, il fit supporter les frais d'éducation par les enfants qui payaient[1] ». Pour obtenir une bourse sous le premier Empire, les parents devaient se soumettre à des conditions qui ne laissaient pas d'être humiliantes. De plus il n'en était accordé qu'aux élèves qui se trouvaient classés dans les quarante premiers; au delà de ce chiffre il fallait justifier par des preuves authentiques qu'on était dans une détresse complète. La pensée de l'Empereur dut si bien avoir une portée aristocratique qu'il se garda d'appliquer le même mode à l'École Normale, pour le recrutement de laquelle force était bien de s'adresser à la classe

1. Guizot, De l'Instruction publique en France.

pauvre et qui ne se fût pas recrutée sans la gratuité. En se bornant
étroitement aux familles qui pouvaient payer au moins 1,000 francs
pour l'éducation d'un seul de leurs fils, il exclut les quatre-vingt-
dix-neuf centièmes de la population, tous ceux auxquels la nécessité
donne l'énergie et l'amour du travail.

L'élève, à son entrée à l'École, fut obligé, à dater de ce moment, de
se procurer à ses frais les livres, les compas et tous les objets nécessaires, de se pourvoir d'un trousseau semblable à celui des élèves de
l'École spéciale militaire, enfin de verser entre les mains du Conseil
d'administration la pension annuelle assurée et payée comme celle des
Vélites, c'est-à-dire par trimestre et d'avance. Beaucoup de familles,
embarrassées pour effectuer le paiement, se virent l'objet de toutes
sortes de contrariétés. Des élèves ayant dépensé la somme qu'ils
auraient dû remettre à la caisse, on obligea leurs parents à venir à
Paris la déposer eux-mêmes. Il arriva souvent, qu'après l'expiration
de deux années d'études, un ou deux quartiers de la pension restèrent
impayés ; de là des réclamations, des poursuites, parfois des saisies
sur les appointements du sous-lieutenant à l'École d'application et
jusque dans les corps de troupe. L'article 3 du décret, en assimilant
la pension à celle des *Vélites*, donnait aux préfets le droit d'exercer
la contrainte contre tout père de famille en retard. On en fit saisir
quelques-uns ; ils se trouvèrent insolvables et la contrainte resta
sans effet. L'administrateur, M. Ciceron, se plaignait de n'avoir aucun
moyen de forcer les parents à payer et voulait qu'on renvoyât l'élève
dont le père ne payait pas. « Il faut apprendre à ces jeunes gens,
disait-il, que leurs parents ne peuvent pas se dispenser de faire
face à leurs engagements. » En 1811 il restait tant de quartiers de
pensions non payés qu'on fut obligé de faire un travail de proportion
pour en faire remise. L'empereur approuva le travail ; il en résultait
une perte de 30,000 francs. En 1815 on poursuivit un sieur Raffard
pour le paiement de la pension ; l'un de ses enfants répondit : « Mon
père a eu 19 enfants. Quatre se sont voués au service de leur patrie,
deux sont morts au champ d'honneur, les soldats étrangers ont ruiné
deux fois ma famille entière! Voulez-vous obliger un vieillard sur

le bord de la tombe à manquer du nécessaire ? » On peut se faire, d'après cela, une idée des difficultés en présence desquelles se trouva l'administration. D'autre part, le nombre des bourses étant très petit, il arrivait chaque année que des élèves, dans l'impossibilité absolue de se procurer la somme de 800 francs et n'ayant pu obtenir de bourse, se trouvaient menacés de quitter l'École. C'est alors que des professeurs firent généreusement abandon de leurs appointements afin d'aider les plus malheureux. Monge donna l'exemple et, quand l'âge et une longue maladie le forcèrent de quitter le professorat (1810), il voulut que son traitement gardât cette destination jusqu'à sa mort.

Mais les élèves avaient su déjà s'entendre de la manière la plus délicate et la plus touchante pour venir au secours de leurs camarades menacés d'exclusion faute d'argent. Depuis le décret de l'an XIII, chaque division choisissait deux des siens qui recevaient les confidences des déshérités de la fortune. Ces deux élèves, appelés *caissiers*, investis d'un pouvoir discrétionnaire sans contrôle, examinaient dans quelle mesure il convenait d'alléger les charges des nécessiteux et, sans rendre compte à personne, ils imposaient leurs condisciples de la somme nécessaire pour acquitter le prix de la pension des pauvres. Le secret obligeait les camarades secourus à verser comme les autres leur quote-part dont les caissiers leur faisaient l'avance au préalable et secrètement. La quote-part était toujours un peu plus considérable qu'il ne fallait; le surplus était destiné à procurer quelque bien-être et un peu de superflu à ceux auxquels on venait d'accorder le nécessaire. Les caissiers accomplissaient dans le silence leur honorable mission et jamais on n'a su quels étaient ceux qu'on secourait.

Le nombre des boursiers, sous l'Empire, ne dépassa jamais le chiffre de 30 ; les appointements laissés par les professeurs permirent de porter le nombre des bourses à 40. L'ordonnance du 4 septembre 1816 éleva le prix de la pension à 1,000 francs et fixa à la même somme celui du trousseau. Elle réduisit de plus le nombre des bourses à 24, et à partir de 1825 elle ne les accorda plus que pour un an. Une foule de jeunes gens sans fortune, qui figuraient dans

l'ancienne École pour plus de moitié, se virent ainsi éloignés de notre grand établissement national. Il faut ajouter encore que les ministres, chargés de nommer chacun les boursiers de son département, ne désignaient pas toujours les plus méritants des pétitionnaires. On n'ignorait pas parmi les élèves que la faveur jouait un rôle auprès de tel ministre et quelquefois un rôle prépondérant. Qu'on en juge d'après cette lettre écrite par Bosquet à sa mère qui sollicitait une bourse depuis le jour de son admission !

« ... Tu n'as pas sans doute reçu de nouvelles pour la bourse que nous avions demandée et probablement il n'en est pas question. Déjà plusieurs élèves ont obtenu celles qu'ils désiraient. Un certain X..., le fils du comte... ou le neveu... en a une : ainsi tu sens que, si ma pétition a été présentée, elle était sous celle du comte de X... Des gens aussi opulents osent arracher à des jeunes gens sans fortune les ressources qui leur étaient destinées et, des hommes, avec tout autant de cœur, veulent bien les protéger lorsque le devoir et la conscience le leur défendent [1]... »

Le fils du comte passait avant le fils du bourgeois, si bien qu'Arago put dire, à une séance de la Chambre des députés, qu'il avait vu souvent les parents des boursiers venir les visiter en de brillants équipages.

Le gouvernement de Juillet, contrairement à ce qu'on était en droit d'attendre, ne se montra pas plus libéral que celui de la Restauration. Par une contradiction assez inexplicable, l'ordonnance du 13 novembre 1830 annonçait que des bourses seraient créées en faveur des élèves peu aisés et elle ajoutait que nul ne pourrait les obtenir s'il n'était compris dans les deux premiers tiers de la liste générale d'admission. Comme s'il n'était pas possible qu'un secours fût nécessaire à ceux du dernier tiers ! Elle maintint le prix de la pension à 1,000 francs et continua à limiter le nombre des bourses à 24. En laissant au conseil de l'École l'examen des dossiers, elle voulut, du moins, remettre les secours entre des mains intègres et désinté-

1. Lettre de Bosquet du 20 janvier 1830.

ressées. Malheureusement cette décision ne fut pas reproduite par l'ordonnance de réorganisation de l'année suivante (25 novembre 1831). Arago, qui jouissait alors de la plus grande influence et qui eût été tenté de conseiller l'augmentation du nombre des bourses, craignit de les voir s'en aller aux personnes qui n'en avaient pas besoin et se prononça pour la suppression complète de la pension [1]. Il fallut attendre la Révolution de février pour voir ses idées triompher.

La République de 1848 proclama la gratuité (décret du 19 juillet) et annonça l'intention de mettre à la charge de l'État les dépenses d'instruction, de nourriture, d'habillement, de logement et d'entretien des élèves. Mais le principe ne reçut jamais d'application. A l'époque de la rentrée, le gouvernement estima qu'une pareille mesure ne pourrait être que la conséquence de la gratuité absolue de l'enseignement primaire et secondaire, et, en attendant qu'une loi eût statué sur la question, le décret d'organisation de l'École du 16 novembre 1848 se contenta de porter le nombre des bourses de 24 à 50, en remettant, aux conseils d'instruction et d'administration réunis, l'examen des demandes faites par les familles. L'année suivante, après de longs débats, la loi qu'on attendait fut rendue (loi des 26 janvier, 3 mai et 5 juin 1850). Elle supprimait la gratuité. Le général Tamisier combattit vainement la proposition qu'il regardait comme une violation de l'article 10 de la Constitution d'après lequel « tous les citoyens sont également admissibles aux emplois publics ». Charras, de Tracy, Gourgaud s'élevèrent avec éloquence contre la pensée de recruter l'École uniquement dans la classe peu nombreuse qui possède la fortune et défendirent le principe démocratique. La proposition du général Baraguay d'Hilliers eut pour elle de Kerdrel, Leverrier, le rapporteur de la commission mixte qui fut si funeste à l'enseignement de l'École, et la majorité de l'assemblée réactionnaire de 1850. Pourtant les raisons mises habilement en œuvre par le célèbre astronome n'eurent pas tout le succès qu'il attendait. Il voulait que le nombre des bourses fût limité au quart de l'effectif et l'assemblée décida que

1. ARAGO, Œuvres. Mélanges. (Sur l'organisation de l'École.)

des bourses, demi-bourses, trousseaux et demi-trousseaux seraient concédés à tous les jeunes gens qui feraient préalablement constater l'insuffisance de leur fortune par une délibération du conseil municipal. De la loi ainsi faite, il résultait, comme le fit très bien remarquer le général Gourgaud, que l'École polytechnique, faisant payer le prix de la pension évalué à 1,000 fr. et dispensant gratuitement l'instruction qui revient à plus de 3,000 fr., donnait en réalité l'instruction pour rien aux gens aisés et la refusait à ceux qui sont pauvres. La gratuité, au lieu d'être un droit, devenait une faveur que les familles seraient obligées de solliciter.

Si la loi de 1850, encore en vigueur aujourd'hui, n'a pas été suffisamment libérale en principe, elle l'a été du moins en fait. Le nombre de bourses étant illimité, l'École en réalité est accessible aux jeunes gens de mérite issus des plus humbles familles. Tout élève qui prouve l'insuffisance de ses ressources obtient une bourse entière, même le trousseau complet. Depuis que cette loi a été promulguée, le nombre des boursiers, dont la liste figure chaque année au *Journal officiel*, a été continuellement en augmentant; il était de 33 en 1850; il s'est élevé à 101 en 1881, c'est-à-dire de la proportion du tiers à celle de la moitié de l'effectif[1]. On peut dire par conséquent que, depuis cette époque, le caractère démocratique de l'institution s'est parfaitement conservé.

Nous ajouterons que la résolution votée par le Sénat le 15 juin 1883, sur la proposition du général Deffis, qui dispense les militaires de l'obligation d'adresser une requête au conseil municipal, a étendu les avantages de la loi à beaucoup de familles qui ne voulaient pas ou n'osaient pas faire les démarches exigées et à celles qui pouvaient se trouver écartées par des municipalités soupçonneuses ou jalouses. Toutefois nous ne pouvons passer sous silence la grave atteinte portée peu de temps auparavant au principe même de la loi. En 1882, le ministre de la Guerre, justement préoccupé comme l'avait été son collègue en 1875, à l'époque de la discussion des cadres, du nombre

---

1. Voir la Pièce justificative n° 49 : Tableau du nombre des boursiers depuis 1850.

DISTRIBUTION DES SECOURS AUX PAUVRES DU QUARTIER.

toujours croissant des démissionnaires, exigea des postulants à la
bourse l'engagement de rester dix ans au service de l'État (circulaire du mois de juillet 1882). Sans doute on pouvait regretter de voir
chaque année un certain nombre d'élèves boursiers donner leur démission après leur temps d'École sans avoir rendu aucun service ;
mais on peut se demander si la décision ministérielle, aux prescriptions de laquelle tous les parents se sont d'ailleurs soumis sans difficulté, n'a pas fait de l'obtention d'une bourse non plus une faveur
accordée par l'État, mais le paiement d'un service, et si elle n'a pas
créé une véritable inégalité entre les élèves. La gratuité qu'on n'a
cessé de réclamer depuis le premier Empire, qui compte toujours
d'ardents défenseurs dans le parlement[1], ferait disparaître toutes les
inégalités, tous les abus, et rendrait à l'institution le caractère nettement démocratique que lui avaient imprimé les fondateurs.

Depuis que le nombre des bourses n'est plus limité, les élèves
n'ont plus besoin de venir au secours de leurs camarades que dans
de très rares circonstances, par exemple quand des parents n'ont pas
fait en temps utile les démarches nécessaires, quand ils ont été ruinés par des événements postérieurs à l'admission, enfin lorsqu'ils
ont des raisons de cacher à l'État ou au public leur situation précaire. L'État lui-même a été aidé dans ses sacrifices par quelques
personnes généreuses appartenant à la grande famille polytechnicienne, qui dans ces dernières années ont eu la pensée de fonder
des bourses par testament[2].

Dès lors, l'institution des caissiers n'a plus eu pour objet, depuis
1848, que le soulagement, toujours aussi discret, d'infortunes exceptionnelles. Ainsi, chaque année, les caissiers ont pourvu du grand
manteau, non règlementaire, deux ou trois élèves qui n'avaient pas
le moyen de se le procurer ; ils font encore aujourd'hui l'acquisition
d'un certain nombre de trousseaux ; ils remettent un peu d'argent de
poche pour faire « quelque figure » à ceux qui seraient sans cela pri-

---

1. La proposition a été reprise au Sénat par le colonel Meinadier.
2. Voir Pièce justificative, n° 48 : la liste des legs faits à l'École en constitution de
bourses.

vés de toute distraction. Les fonds nécessaires, bien moins considérables qu'autrefois, leur sont fournis par le versement d'une cotisation annuelle fixe que paient tous les élèves. Le surplus (car il y a un surplus, la cotisation étant calculée de manière à laisser un excédent) est employé au paiement de certaines dépenses communes, telles que celles occasionnées par l'*absorption*, par la *fête du point gamma*, la séance des *Cotes*, la séance des *Ombres*, ou quelque autre cérémonie traditionnelle.

A côté de la caisse, mais tout à fait indépendant d'elle, il a existé de tout temps à l'École un bureau de bienfaisance créé dans le but de secourir les pauvres du quartier. La caisse lui donnait autrefois une somme fixe tous les mois et les élèves lui portaient leur offrande volontaire. Le président et le vice-président, élus par la promotion des anciens, et les membres, nommés à raison de un par chaque salle de cette promotion, examinaient toutes les demandes de secours. Chaque semaine ils allaient visiter les pauvres, distribuer les secours aux plus nécessiteux et s'enquérir des ressources ainsi que des besoins de tous les postulants. Des conflits d'attributions survenus entre les caissiers et le bureau de bienfaisance amenèrent un peu après l'année 1860 la fusion des deux institutions. Aujourd'hui ce sont les caissiers qui reçoivent les demandes faites par les malheureux du quartier; ils désignent, à tour de rôle, les camarades de bonne volonté chargés d'aller distribuer les secours à domicile, ils reçoivent au parloir, une fois par semaine, les pauvres qu'on ne peut aller visiter chez eux soit à cause de l'éloignement, soit pour toute autre raison [1]. De leurs anciennes attributions ils ont conservé le droit de faire, sans avoir de compte à rendre à personne, des dons en argent aux élèves qui peuvent se trouver dans le besoin. Ils exemptent ceux-là du versement des cotisations au bureau de bienfaisance, en leur avançant l'argent secrètement, afin qu'aux yeux des autres, leur amour propre n'ait point à souffrir. Ils n'ont pas à justifier de l'emploi des fonds. A la fin de l'année ils sont à peine tenus d'indiquer

_____

1. Le nombre des familles ainsi secourues chaque année par les élèves est d'environ une centaine.

en bloc quelle somme a été employée aux dépenses de charité, quelle autre aux dépenses communes. Ainsi chargés par leurs camarades d'une mission de confiance par excellence, les caissiers ont toujours été considérés comme les représentants autorisés de chaque promotion dans toutes les affaires où la camaraderie, les traditions polytechniciennes sont en jeu. Ils partagent avec les majors la prérogative de prendre, vis-à-vis des autorités, la défense des intérêts communs, de provoquer les enquêtes, les votes de promotions sur les questions qui intéressent l'honneur de l'École et la bonne réputation dont elle jouit à l'extérieur. Ils sont les gardiens des décisions prises à la majorité des voix et passées en quelque sorte à l'état de lois entre les élèves[1]. Dans le cas d'infraction au règlement accepté par tous, ils consultent la promotion et, si elle est d'avis d'appliquer l'une des peines édictées, peine qui pour être purement morale n'en est ni moins redoutée ni moins efficace, ce sont eux qui prennent les mesures propres à assurer l'exécution de la sentence. Ils sont les organisateurs de toutes les fêtes et cérémonies intérieures et extérieures. Par exemple le 28 juillet de chaque année, ou bien le jour de sortie qui se rapproche le plus de cette date, ils invitent leurs camarades à se rendre au tombeau de Vaneau. Cette démarche qui n'a rien d'obligatoire, à laquelle prennent part seulement ceux qui le veulent bien, est faite avec tout le calme et la réserve nécessaire pour éviter de lui donner le caractère d'une manifestation politique. Lorsqu'à la suite de fautes commises contre la discipline, des élèves sont envoyés à la prison du Cherche-Midi et que la promotion se regarde comme coupable solidairement, les caissiers veillent à ce que les captifs reçoivent tous les adoucissements possibles pendant la durée de leur peine. Un usage, qui date de 1830, veut que tout élève qui meurt à l'École, si la famille y consent, ait son tombeau élevé aux frais de ses camarades. Il y a actuellement dans les cimetières de Paris un assez grand nombre de ces tombeaux construits tous sur le même modèle. Rien qu'au cimetière Montparnasse on en compte qua-

---

1. Ces décisions, réunies par leurs soins, ont formé le Code X, dont les plus anciens articles ne remontent pas au delà de 1848.

rante. Dans ces tristes circonstances, ce sont les caissiers qui se mettent en correspondance avec la famille du défunt, règlent le deuil et tous les détails de la funèbre cérémonie. On peut, d'après cela et sans qu'il soit nécessaire de faire connaître toutes leurs attributions multiples, se faire une idée de la mission quelquefois difficile et toujours délicate confiée aux caissiers par leurs camarades [1].

Vers 1863, les dépenses du bureau de bienfaisance s'étaient accrues dans une proportion qui rendait difficile l'établissement du budget avec la cotisation fixe payée annuellement par chaque élève. Obligés de faire face à toutes les dépenses habituelles, de distribuer les secours à beaucoup de malheureux, de venir en aide à un assez grand nombre de familles d'anciens Polytechniciens, les caissiers pensèrent, qu'en ce qui regardait cette dernière catégorie de dépenses, il pourrait sembler naturel de ne pas en faire retomber tout le poids sur les promotions présentes à l'École et qu'il conviendrait d'appeler les anciens élèves de toutes les promotions à en prendre leur part. Cette pensée donna naissance à la *Société amicale de secours*.

En 1865, une commission de dix membres, 5 *anciens* et 5 *conscrits* se constitua à l'École pour étudier le projet d'association. Elle tint sa première séance le 2 juin et huit jours après son travail était terminé. La base des statuts, soumise à l'appréciation de quelques anciens élèves qui occupaient à Paris de hautes positions [1], fut accueillie avec le plus vif empressement par un grand nombre de camarades qui donnèrent à l'œuvre, en deux ou trois mois, la plus sérieuse impulsion. Un comité provisoire chargé d'étudier l'organisation de la Société arrêta les statuts après une étude approfondie et obtint du préfet de police l'autorisation de la constituer régulièrement. Il ne restait plus qu'à la faire connaître rapidement dans toute la France et à s'assurer dans tous les départements un premier noyau de sociétaires. Les élèves partant en vacances se chargèrent de lui donner la publicité, de rechercher les adhésions, de recueillir les

1. Voir Pièce justificative n° 47 : la liste des Caissiers depuis 1832.
2. Delaunay, Mendès, Perdonnet, Favé, Laussedat, et quelques autres.

E BAL DE L'ÉCOLE POLYTECHNIQUE, AU PALAIS DE LA LÉGION D'HONNEUR.

cotisations. A la première assemblée générale qui eut lieu dans le grand amphithéâtre de chimie, le 29 novembre 1866, le succès était complet ; l'œuvre se trouva constituée, aux applaudissements de l'assemblée. Ce sera l'honneur des deux promotions 1863 et 1864 d'avoir conçu la pensée de cette grande association polytechnicienne. Elle eut bientôt fait apprécier son utilité, les services qu'elle était appelée à rendre, et l'année suivante, elle obtenait du Gouvernement le décret d'utilité publique. Dès lors les adhésions furent nombreuses et les ressources augmentèrent rapidement. Chaque année apporta à l'œuvre un développement nouveau, qui n'a éprouvé d'arrêt que dans l'année funeste de 1870. En 1866 les souscriptions annuelles s'élevaient à 17,800 francs, en 1871 à 21,200 francs, en 1883 le chiffre total des recettes a été de 93,349 francs. Le montant du capital social augmentait dans la même proportion de 28,400 à 97,900 et aujourd'hui il atteint la somme énorme de 494, 574 francs.

La société amicale est née du même esprit de corps et de camaraderie qui a présidé à l'association mutuelle des premiers élèves, plus tard à l'institution des caissiers. Elle a réuni des hommes d'âges différents, de carrières diverses, dans une même pensée, dans un même sentiment, pour tendre une main fraternelle à des camarades moins heureux. Elle a montré que l'École polytechnique n'est pas seulement une école de théories scientifiques ; mais une école de confraternité pratique sur le terrain du travail, de la science et du désintéressement.

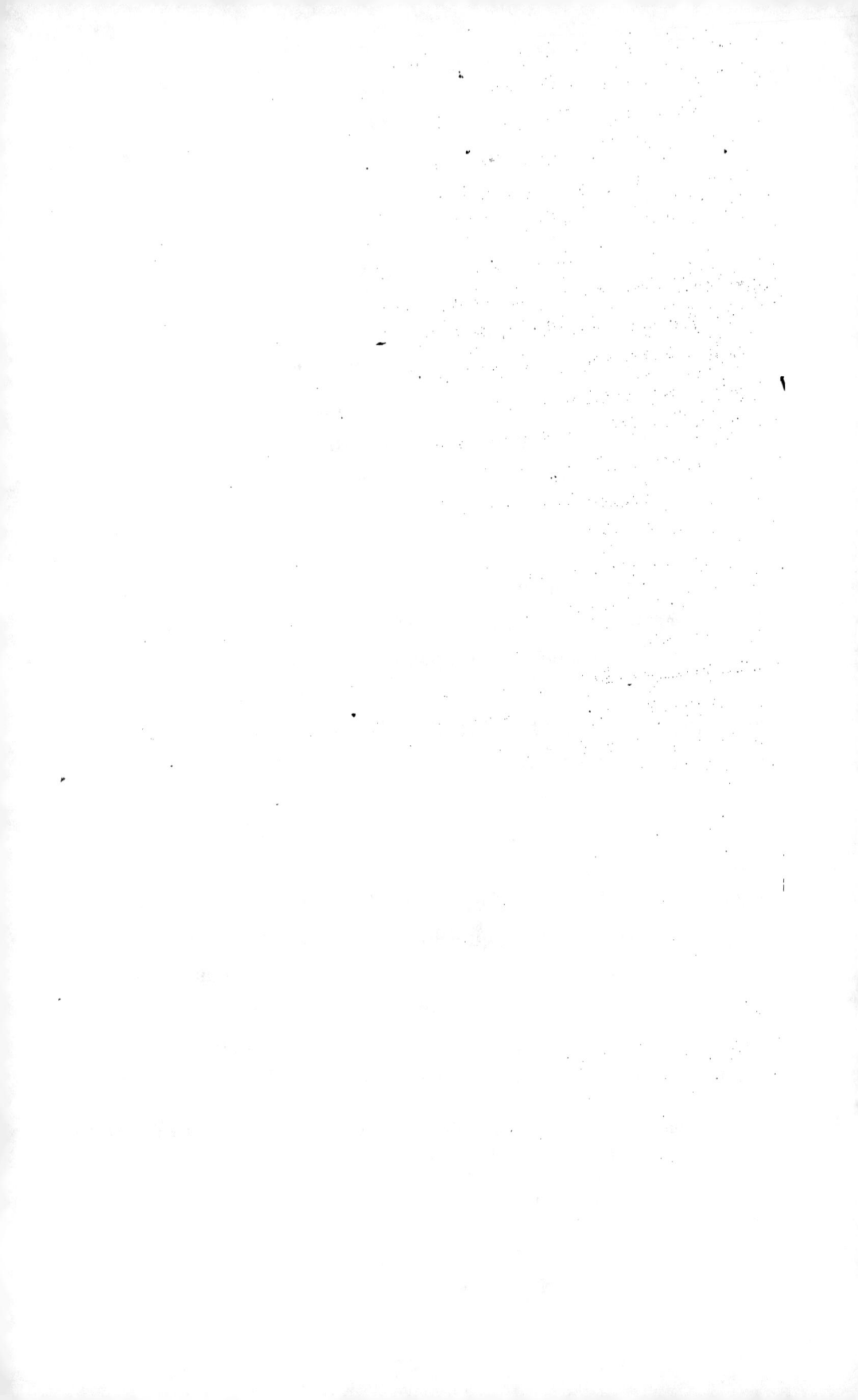

CHAPITRE X

L'École polytechnique eut son berceau dans le Palais-Bourbon. L'emplacement n'avait pas été très heureusement choisi ; l'installation dans les dépendances du palais laissait fort à désirer. L'espace manquait pour se développer, l'éloignement du centre des études, la proximité de l'assemblée législative, présentaient à la fois les plus graves inconvénients. Dès l'an VI, il fut question de la transporter au quartier latin. « Il est impossible qu'elle reste là où elle est, déclara le député Calès au Conseil des Cinq-Cents[2]. D'abord il serait inconvenant qu'elle se trouvât dans l'arrondissement affecté à votre police, puis le local vous est d'une nécessité indispensable ; vous trouverez là seulement de quoi loger votre garde et vous rendrez au commerce le couvent des capucins qui est un des plus précieux de la ville ; vous trouverez dans cette école de quoi placer votre imprimerie et vous pourrez peut-être en plaçant l'École ailleurs faire une économie conséquente. S'il y avait possibilité de la placer près du

1. La plupart de nos renseignements concernant l'histoire des collèges de Navarre, de Boncourt et de Tournai ont été extraits de notes inédites de M. Desnoyers, l'érudit administrateur, dont la famille a bien voulu nous communiquer le manuscrit.

2. Discours prononcé au Conseil des Cinq-Cents, le 24 nivôse an VI, en réponse au projet d'organisation proposé par Prieur.

Jardin des Plantes, de réunir les professeurs à ceux du jardin, vous feriez cesser des doubles emplois révoltants. On me demandera s'il y a un local propre à la recevoir, j'indiquerai la Sorbonne. » La pénurie du trésor empêcha sans doute de donner suite au projet de Calès et l'École resta onze années dans l'ancienne demeure des princes de Condé. En 1804, quand Bonaparte, devenu empereur, eut résolu de la transformer en une école militaire et casernée, on fut bien forcé de chercher un local approprié à cette destination nouvelle. Nous avons raconté après quelles hésitations la commission chargée de ce travail se décida pour le collège de Navarre, sur la montagne Sainte-Geneviève. L'École y fut transportée le 11 novembre 1805 et se trouva ainsi occuper l'emplacement des anciens collèges de Navarre, de Boncourt et de Tournai.

Fondées toutes les trois au commencement du xiv° siècle, ces anciennes institutions avaient exercé depuis cette époque la plus grande influence sur le progrès des études en même temps qu'elles avaient conquis la célébrité par le rôle honorable qu'elles avaient joué dans les grandes circonstances politiques.

Le collège de Boncourt fut fondé en 1353 par Pierre Bécond, seigneur de Fléchinel, pour écoliers boursiers du diocèse de Thérouanne. Il était très renommé pour l'excellence de ses représentations théâtrales. Henri II y vint quelquefois entendre des tragédies et des comédies. Ses bâtiments ont été reconstruits en 1668. Sa chapelle de style gothique a servi longtemps pour une des salles de cours de l'École. Aucun d'eux n'existe plus.

Le collège de Tournai fut fondé vers l'an 1300 par Michel de Warenghien qui occupa successivement l'évêché de Tournai et celui d'Arras. Il était destiné à de pauvres écoliers du diocèse de son fondateur. Il n'a jamais eu une grande importance et n'a pas laissé de souvenirs dignes d'être conservés. Le terrain qu'il occupait a été considérablement abaissé et c'est sur cet emplacement qu'on a percé la partie de la rue Clovis qui va aujourd'hui de la rue Descartes à la rue Cardinal-Lemoine. Il n'en reste plus guère que le jardin en terrasse adossé à un reste bien conservé de la muraille de Philippe-

Auguste, jardin qui forme une dépendance de l'École de l'autre côté de la rue Clovis[1].

Le collège de Navarre qui, dans l'origine, s'est appelé aussi de Champagne, a été fondé en 1304 par le testament de la reine Jeanne de Navarre, comtesse de Brie et de Champagne, et épouse de Philippe le Bel. Les cours furent inaugurés en 1315 et, deux ans après, un bref du pape dans lequel on remarque un magnifique éloge de la science, consacra l'institution. Elle était conçue sur un plan beaucoup plus vaste que les institutions du même genre créées à cette remarquable époque de la renaissance des études. Les trente collèges et les nombreuses petites écoles que des ecclésiastiques, obéissant à des aspirations religieuses, fondèrent à Paris vers la fin du XIIIe siècle et au commencement du XIVe, n'avaient rien de commun avec nos collèges actuels; c'étaient bien moins des établissements d'instruction que des fondations de charité, des sortes d'hospices ou auberges gratuites dans lesquelles un certain nombre d'écoliers sous le nom de *boursiers* étaient logés, nourris et habillés et où leur conduite recevait quelque direction. Quelques-uns ne servaient en effet qu'à loger les écoliers auxquels on distribuait chaque semaine leur bourse en deniers et qu'on laissait vivre dehors comme ils l'entendaient. Plusieurs donnaient à leurs boursiers une instruction élémentaire qui les préparait à suivre utilement les leçons des écoles publiques. Le collège de Navarre seul a été doté, dès son origine, d'un système d'enseignement aussi complet qu'on le pouvait alors, d'une organisation qui le rendait en quelque sorte comparable à la fois à nos collèges actuels et à nos facultés d'académie et, depuis il n'a cessé de donner le signal de tous les perfectionnements possibles dans l'instruction.

C'est le premier collège qui ait présenté le caractère d'une institution nationale. Les autres fondations n'étaient destinées qu'aux

---

1. Le duc d'Angoulême, à la suite d'une de ses visites en 1822, eut la pensée de faire jeter par-dessus la rue un pont qui réunirait ce jardin avec l'École. Le projet fut étudié, le théâtre de l'Opéra céda un pont de fer qui servait aux représentations; mais l'administration municipale s'y opposa.

écoliers de certaines provinces, ordinairement de celles où était né
le fondateur ou bien de celle qu'il habitait. Pour concourir aux
bourses de Navarre, il suffisait d'être Français et d'être reconnu apte
à recevoir une instruction élevée. Le principe de l'unité de la nation
était d'ailleurs à cette époque si peu entré dans les esprits que les
exécuteurs testamentaires de la reine Jeanne crurent devoir changer
cette disposition et accorder exclusivement le droit de fournir des
maîtres et des boursiers aux provinces de son patrimoine; il fallut
une décision du parlement et une ordonnance royale de 1331 pour
maintenir le caractère d'École nationale que la fondatrice avait
voulu donner à son œuvre.

Le nombre des écoliers, tous boursiers, était fixé à 70 : 20 *gram-
mairiens*, 30 *élèves ès arts* et 20 *théologiens*, divisions auxquelles cor-
respondaient trois classes de bourses, les unes de 5 sols tournois,
d'autres de 7 sols 6 deniers et enfin de 10 sols par semaine. Dans
aucun des collèges de ce temps, les bourses n'étaient aussi fortes.
La moyenne représente une valeur actuelle de plus de 1,200 francs;
elles étaient conférées au nom du roi et par son successeur. On
s'élevait d'une classe à l'autre et, conséquemment, on passait d'une
bourse à l'autre, par son mérite seul; il y avait aussi des *fruits
secs*. La reine avait en outre doté généreusement le collège; elle lui
avait légué son hôtel patrimonial à Paris, plus une rente perpétuelle
de 2,000 livres tournois; aussi les bourses y furent-elles supérieures
aux bourses actuelles de l'École.

Le maître de la division de théologie, dont la nomination était
faite par l'Université, gouvernait la maison avec le titre de Recteur
que lui donnait le testament de la reine[1]. La discipline n'était pas très
douce. Coquille, dans son histoire du Nivernais, dit que le roi était le
premier boursier et que le revenu de sa bourse servait à l'achat des
verges destinées à la correction des élèves. On lit encore dans les
registres manuscrits du parlement (25 et 27 janvier 1576) qu'un sous-
maître, Julien Pelletier, ayant fait fustiger un écolier nommé Denis

---

1. Son titre fut changé peu de temps après en celui de grand maître pour éviter sans
doute une confusion avec le recteur de l'Université.

Lebègue « l'avait si extrèmement et si cruellement fustigé et battu qu'à le voir il faisait horreur » ; le parlement suspendit le sous-maître pendant un an et le condamna à 60 livres d'amende. Le grand maître était un personnage considérable ; il eut presque toujours une véritable importance politique en raison du rôle joué par le collège dans les affaires de l'État et surtout quand Navarre devint, suivant l'expression de Mézerai, l'*École de la Noblesse française* ; l'un d'eux, Nicolas Clémangis, docteur en Sorbonne, a été enterré dans la chapelle avec cette épitaphe : « *Qui lampas fuit Ecclesiæ sub lampade jacet.* [1] » Sous sa direction, deux gouverneurs de l'hôtel, revêtus par la reine de pleins pouvoirs pour régler, changer, ordonner, ajouter, veillaient à la prospérité de l'établissement. L'Université n'était pour rien dans les études.

Un grand nombre d'hommes illustres ont été élèves de Navarre. Tous les fils de grande famille y étaient élevés du temps de Louis XII, qui songea à mettre la main sur ces jeunes gens et à les prendre comme otages, ce qui fut blâmé par le parlement de Paris. Un jour de l'année 1568, les trois jeunes cousins, Valois, Bourbon et Guise, les trois Henri, y reçurent la visite du roi de France. Richelieu, Bossuet, y ont fait leurs études.

Le jour de l'inauguration en 1315, 490 ans avant la création de l'École polytechnique, à laquelle la fière devise pourrait aussi bien s'appliquer, un prêtre avait souhaité à la maison de longues destinées et fait graver cette inscription sur le fronton du cloître :

Siste domus, donec fluctus formica marinos
Ebibat et totum testudo perambulet orbem [2].

La force et l'élévation des études répondirent constamment à la grandeur des commencements et à la puissance d'organisation. On y créa la première chaire de physique expérimentale et l'abbé Nollet fit, dans le même amphithéâtre où les savants professeurs de l'École de-

---

1. Son histoire a été écrite par le docteur Jean de Lannoy.
2. Reste debout, maison, jusqu'à ce que la fourmi ait bu la mer, jusqu'à ce que la tortue ait fait le tour du monde.

vaient plus tard prendre la parole, un cours qui eut une grande célébrité.

La reine Jeanne avait donné, pour l'installation du collège, les bâtiments de l'hôtel, qu'elle avait habité près de la porte de l'abbaye de Saint-Germain-des-Près ; mais les exécuteurs testamentaires, autorisés par le roi, vendirent l'hôtel et achetèrent quelques maisons avec un vaste emplacement qui leur parut plus convenable sur la montagne Sainte-Geneviève, en deçà de l'enceinte élevée au siècle précédent par Philippe-Auguste. Ce site dans lequel l'Université commençait à s'étendre, et qu'on a appelé depuis le quartier latin, était l'un des plus riants des environs de Paris. Non loin de la vallée de la Bièvre, à côté des vignobles renommés du mont Cétard, près des clos de Lorcines et des Copeaux, il était embelli par les hôtels des princes, des seigneurs, et par les maisons des riches Parisiens. Trois de ces hôtels, celui des comtes de Bar, rue Clopin, celui des évêques de Tournai et d'Orléans, rue Bordet, occupaient l'emplacement actuel de l'École polytechnique. L'entrée du collège, placée dans une maison qu'il possédait et que l'École possède encore, rue de la Montagne-Sainte-Geneviève, a été réédifiée en 1536 par François Ier qui en posa la première pierre ; l'École l'a conservée comme l'entrée principale des élèves jusqu'en 1811. Le cloître, commencé en 1309, a été démoli en 1738 ; on en retrouve les fondations à une petite profondeur. C'était un carré long, ayant sa plus grande dimension de l'est à l'ouest, qui occupait une partie de la grande cour actuelle. Le sol était beaucoup plus élevé que le reste, on l'a raccordé par une forte pente et la cour n'a été nivelée que plus tard. La chapelle était un vaste édifice dont l'évêque de Meaux, Simon Festu, avait posé la première pierre, et qui renfermait au XIVe siècle les archives et le trésor de l'Université. Tous les serments généraux de cette puissante association ont été prononcés là. Elle servit, en 1805, à l'installation de l'amphithéâtre de chimie, du cabinet de physique, de la bibliothèque, des salles d'escrime et des salles accessoires jusqu'en 1842, époque à laquelle elle fut détruite.

Un autre bâtiment de forme gothique, aux longues et étroites

fenêtres ogivales, avait été élevé un peu plus tard (1496), par le grand maître Jean Raulin, et adossé au cloître. Le pignon oriental portait, à son sommet, la statue du roi Charles VIII, qui avait donné une somme de 24,000 livres tournois pour son achèvement; sur le pignon occidental, était la statue de la reine Jeanne de Navarre; ces deux statues ont été renversées en 1793. Au rez-de-chaussée, était la salle des *actes* où l'on soutenait les thèses; c'est là que Bossuet avait été reçu docteur. La salle a servi de chapelle à l'École polytechnique de 1814 à 1830; de là vient, qu'après cette époque, on appelait encore ce bâtiment la chapelle. Après 1842, on y transporta la bibliothèque et les salles de dessin; le rez-de-chaussée divisé en plusieurs pièces dans lesquelles se sont faits, jusqu'à ces dernières années, les examens de sortie, reprit ainsi sa destination première. Cet élégant bâtiment, qui s'appuyait sur le cloître, tombait en ruine en 1875, quand on l'a démoli. Il existait enfin, à Navarre, un corps de logis destiné aux maîtres et aux écoliers de la classe de théologie, que le célèbre Pierre d'Ailly avait fait bâtir dans les premières années du xve siècle. Après avoir servi de lingerie à l'École, il a été détruit en 1836, pour faire place aux constructions actuelles de l'entrée principale des élèves.

Depuis l'année 1638, époque à laquelle une ordonnance royale de Louis XIII remit à Navarre les bâtiments et les revenus des deux autres collèges de Boncourt et de Tournai, tombés en désuétude, aucune construction importante n'y fut entreprise jusqu'au commencement du xviiie siècle. Le collège de Navarre était alors le plus grand, mais le plus mal bâti de Paris. Sous le règne de Louis XIV, de grands projets furent conçus et leur exécution n'était pas encore terminée à la Révolution.

En 1738, au moment de la démolition du vieux cloître, on éleva le grand bâtiment des *Bacheliers*, d'une belle construction. C'est aujourd'hui le pavillon des élèves; il contient les casernements et les salles d'étude, les deux amphithéâtres particuliers et les collections scientifiques[1]. On commença, à la même époque, sur l'empla-

1. Les deux amphithéâtres particuliers des divisions ont disparu en 1871 et les collections ont été transportées ailleurs en 1883.

cement de Boncourt, le pavillon actuel de l'état-major, destiné à loger l'administration et les fonctionnaires. Il devait former un cloître carré avec une galerie couverte sur les quatre côtés d'un préau. Les travaux de la première façade ont été interrompus par la Révolution ; l'École les a fait achever en partie ; les autres façades n'ont pas été commencées. L'emplacement qu'elles devaient occuper forme la cour d'honneur du général.

Lorsque la translation de l'École polytechnique au *ci-devant* collège de Navarre fut ordonnée par décret impérial du 9 germinal an XIII (30 mars 1805), l'enceinte du vieux collège, à l'exception de la chapelle et du cloître de Boncourt, n'offrait guère à la vue qu'un amas de masures tombant en ruine. L'entrée principale était vermoulue. Le bâtiment de l'infirmerie était lézardé dans tous les sens. La rue Clopin, qui passait sous les fenêtres de la partie méridionale du pavillon destiné aux élèves, était une espèce d'égout infect. Le pavillon construit pour les bacheliers avait été lui-même abandonné avant d'avoir été couvert ; la charpente des combles et des planchers était pourrie, les maçonneries inférieures entièrement dégradées. Depuis les premiers jours de la Révolution, un certain nombre de citoyens s'étaient fait concéder la plupart des locaux. Les frères Piragnesi, par la protection spéciale du gouvernement, s'étaient logés dans le pavillon des bacheliers. Belloni, un artiste en mosaïque, avait pris toute l'église. Un autre, nommé Merkin, travaillait aux poinçons de la banque. Un artiste ingénieur, Ferrat, et beaucoup de particuliers occupaient, à des titres divers, presque toutes les dépendances.

Le général Lacuée fut chargé de prendre en toute hâte les premières mesures nécessaires à l'amélioration de l'établissement afin de le mettre en état de recevoir les élèves le 1er vendémiaire suivant. Il s'applaudissait d'avoir quitté le Palais-Bourbon pour venir à Navarre : « Le bâtiment est très beau, très beau, disait-il ; lorsqu'il sera achevé, il sera digne de son créateur et de son objet ; pour le rendre parfait il faudrait lui annexer tout le collège de Boncourt, dont le terrain et les maisons ont été vendus, et lui ouvrir une commu-

nication facile avec le centre de Paris au moyen d'une rue qui aboutirait au collège de France; tout cela peut se faire successivement[1]. »
Les décrets du 3 mars 1806 et du 7 février 1809 autorisèrent ensuite le rachat et la démolition des maisons aliénées pendant la Revolution; ces décrets ont servi de base aux augmentations faites jusqu'à ce jour. On répara toutes les constructions, on acheva le pavillon des élèves et la rue de l'École polytechnique se fraya un passage à travers la jolie chapelle du collège des Grassins. L'ancienne entrée, rue de la Montagne-Sainte-Geneviève, fut supprimée un peu plus tard et transportée sur le carrefour successivement agrandi où on la voit aujourd'hui[2].

Sous l'empire, on acheva les grosses constructions du bâtiment principal de Boncourt, on fit les terrassements de la cour des cuisines, aujourd'hui cour des laboratoires.

Sous la Restauration, on construisit les quatre petits pavillons de la cour de Boncourt; on posa la grille d'honneur, on éleva le porche au milieu du bâtiment de l'état-major; on continua de s'occuper des distributions intérieures qui ont été terminées seulement après 1830; le cabinet de physique fut installé au rez-de-chaussée du bâtiment des élèves, le laboratoire construit dans la cour de l'École, les distributions d'eau augmentées et régularisées dans les diverses parties de l'École[3].

En 1830, on prolongea le pavillon des élèves de l'autre côté de la bibliothèque; le travail ne fut terminé qu'après la démolition de la chapelle de Navarre en 1842; l'aile Nord fut alors achevée ainsi que le belvédère qui en surmonte l'extrémité. Le général Tholozé fit bâtir

1. Rapport du général Lacuée sur la translation de l'École en 1806.
2. Les deux bas-reliefs qui décorent cette entrée datent de 1831 ; ils sont dus au sculpteur Romagnesi.
Jusqu'en 1815, onze maisons ont été acquises; de 1816 à 1830, sept autres; de 1831 à 1842, cinq autres. Toutes, sauf deux, ont été démolies.
3. En 1625, la Ville de Paris, qui venait de terminer l'aqueduc d'Arcueil, fit don au collège de Navarre d'un demi-pouce d'eau pris au regard de la fontaine Sainte-Geneviève. L'eau fut amenée à une fontaine construite la même année dans l'intérieur du collège. Cette fontaine, placée à l'angle Nord du portail de la chapelle, a été démolie depuis. En recevant l'eau dans un vaste réservoir on a pu la diriger dans toutes les parties de l'École.

la lingerie, l'infirmerie, la grande porte d'entrée sur la petite place autour de la *cour à chapeau*. Il éleva l'amphithéâtre de chimie et les laboratoires du même service, construisit les salles de récréation, les salles d'examens, installa un gymnase dans la cour des laboratoires. Il supprima les puisards qui répandaient dans la cour une odeur infecte, et les remplaça par des aqueducs souterrains.

L'École se trouvait encore dans un état précaire à l'avènement du second empire. Tant que ce gouvernement dura, on ne fit rien pour l'en sortir ; aucun crédit sérieux ne fut voté, tout se borna à des réparations sans importance. Cependant, vers 1868, les percements nombreux du quartier pour le passage de la rue des Écoles et de la rue Monge, la suppression de la rue Traversière, devinrent l'occasion d'une limite franche sur un côté du périmètre et du dégagement de l'École de ce côté. Le mur de soutènement qui forme actuellement le fond du square Monge fut fondé et construit à cette époque.

Après la guerre de 1870, lorsque l'attention se reporta sur les établissements scientifiques et militaires, un grand bâtiment fut édifié en partie sur ce mur jusqu'à l'angle de la rue d'Arras. Il reçut la bibliothèque et la collection d'ouvrages spéciaux, les salles de dessin, la collection de chimie, services jusqu'alors aménagés d'une façon absolument indigne de l'établissement. L'étage supérieur fournit les nouveaux casernements rendus nécessaires par l'augmentation du nombre des élèves.

Enfin, de 1879 à 1883, on construisit le groupe de bâtiments destinés spécialement à la physique ; ce qui acheva de délimiter l'école sur la rue d'Arras, la rue Cardinal-Lemoine et la rue Clovis. Un grand amphithéâtre à 700 places, dans la construction duquel on a essayé d'introduire tous les perfectionnements de l'art moderne, a été réservé à l'enseignement exclusif de la physique. On y a annexé des laboratoires, des salles de travail pour cette même science, des galeries destinées aux magnifiques collections, les plus complètes du monde.

Malgré tous les changements apportés successivement aux constructions, désunies, séparées, des vieux collèges dont elle occupe l'emplacement, l'École polytechnique n'a jamais présenté et ne pré-

sente pas encore les conditions d'ensemble, de convenance et d'hygiène que l'on devrait y trouver. A toutes les époques on s'est plaint de l'état fâcheux d'insuffisance dans lequel était laissé notre premier établissement d'instruction publique. La distribution intérieure en a été remaniée sans cesse, et de nombreux projets en vue d'une installation meilleure ont été soumis à l'approbation du gouvernement. L'un de ces projets, qui n'eût sans doute pas été le plus dispendieux, concluait à la démolition complète des bâtiments et à la reconstruction de l'École sur le même terrain; d'autres proposaient divers emplacements; plusieurs fois il fut sérieusement question de quitter la montagne Sainte-Geneviève pour un autre quartier de Paris.

Le désir de trouver un local vaste, spacieux et convenable à tous égards, mais surtout des raisons qui n'étaient pas étrangères à la politique, firent songer aussi à reléguer l'École en province. En 1804, l'Empereur en avait eu la pensée. Le pays possédait alors un grand nombre d'anciens châteaux sans destination, les finances n'étaient pas dans un état florissant et l'on faisait valoir, aux yeux de Napoléon, l'argument des anciennes écoles, celles de La Fère, de Bapaume, de Châlons, de Mézières, de Metz qui avaient résisté à la désorganisation.

En 1816, on se demanda si le séjour de Paris était bien nécessaire aux hautes études, si l'éloignement de ce grand foyer d'agitation n'était pas de beaucoup préférable. En 1829, sous prétexte de décentralisation, il fut question de mettre l'École polytechnique à Rennes, l'École des Mines à Lyon, l'École des Ponts et Chaussées à Nancy. La crainte de perdre le concours des hommes éminents, que leurs recherches, leurs travaux retiennent forcément à Paris, fit renoncer à tout projet de translation.

En 1848, après la révolution, on y revint encore une fois. Une commission fut nommée dans l'École pour rechercher un emplacement plus convenable à sa destination. On lit dans son rapport : « L'École polytechnique est située dans un quartier populeux, mal habité, sujet à de fréquentes agitations qui troublent gravement les études et qui, de l'avis unanime du corps enseignant, exerceraient dans l'avenir la plus funeste influence sur le travail des élèves. La

proximité des écoles de droit et de médecine, qui ne sont soumises à aucune discipline, réagit d'une manière fâcheuse sur l'esprit d'une école casernée. » Cette commission jeta les yeux sur le château de Meudon, qui lui parut réunir, dans son admirable situation, toutes les conditions de salubrité et d'hygiène. « Les élèves, disait-elle, se trouveront là tout portés sur un terrain, dont les accidents nombreux se prêteront, soit à des opérations géodésiques, soit même à d'utiles études géologiques. » Le crédit de 2,014,000 francs accordé l'année précédente, sur lequel il restait environ 1,800,000 francs, devait suffire largement aux constructions nouvelles dont les études, plans et devis, furent immédiatement dressés. Quelques-uns des membres opinaient pour le château de Saint-Germain, dont les vastes et solides bâtiments, les salles immenses, leur semblaient désignés d'avance pour servir de caserne et dont l'éloignement permettrait de « soustraire les élèves à l'influence regrettable des commotions violentes de la grande ville ». La Seine qui coule aux pieds du château, disaient-ils, la magnifique forêt qui s'étend devant lui, l'air salubre qu'on y respire, tout jusqu'aux nombreux souvenirs historiques, contribue à leur procurer la tranquillité et le recueillement. Ils présentaient, comme un argument sérieux, les souvenirs scientifiques qui pouvaient se rattacher à ce palais et rappelaient que Cassini avait choisi son clocher comme point de repère de ses grands travaux astronomiques. Enfin ils s'efforçaient de trouver dans la ville et le département des promoteurs zélés de leur idée. Le projet n'eut pas de suite. La commission, présidée par le chef d'escadron Lebœuf, alors commandant en second, après avoir songé encore aux grandes écuries de Versailles, revint à l'opinion plus sage de ne pas sortir de Paris. Elle visita le petit Luxembourg, la caserne de la rue Verte, la caserne de la rue de la Pépinière, le parc Monceaux et à la fin elle se décida pour l'Élysée national, dans un quartier salubre et tranquille, loin des centres d'agitation.

Le projet d'installation de l'École à l'Élysée fut étudié complètement; il affectait les bâtiments existants au logement du commandant, à la direction des études et à tous les accessoires de l'admi-

nistration ; il exigeait, pour le casernement et les salles d'étude, la construction de deux pavillons dans les jardins ; la dépense était évaluée à 300,000 francs ; il fut adopté. Un décret du 24 mai 1848 ouvrit, au ministère des Travaux publics, un crédit de 350,000 francs pour son exécution. Le 19 juin, un ordre du ministre Trélat prescrivit de commencer les travaux et de les pousser avec la plus grande célérité. L'exécution fut en effet commencée. On creusa les fondations d'une bibliothèque qui devait faire face au pavillon des élèves. L'insurrection arrêta les travaux.

En 1866, lors de la destruction de la pépinière du jardin du Luxembourg, M. Haussmann proposa de rebâtir l'École polytechnique sur les vastes terrains libres où s'élève aujourd'hui l'École de pharmacie. L'idée était heureuse, nul emplacement ne pouvait mieux convenir. Le projet étudié et arrêté dans toutes ses parties, allait être mis à exécution lorsque des difficultés s'élevèrent entre le commandant de l'École et le préfet de la Seine qui ne purent parvenir à s'entendre ; on dut l'abandonner.

Enfin après la guerre de 1870, alors que les promotions extraordinaires envoyées à l'École rendaient son agrandissement nécessaire, le gouvernement fut d'avis de la reconstruire entièrement, cette fois, au Trocadéro. On recula devant l'éloignement du quartier des études et devant la dépense. Cependant cette dépense eût à peine atteint le montant de celles qu'il a fallu faire par la suite, quand on a été amené à élever le pavillon sur le square Monge et le groupe des bâtiments de la physique sur la rue Cardinal-Lemoine.

Il peut être intéressant à cet égard de dresser le tableau des dépenses auxquelles on a été entraîné pour ainsi dire chaque année sans parvenir jamais à réaliser une installation commode et convenable.

Acquisitions sous le premier Empire.	231,416
Constructions diverses jusqu'en 1815.	65,563
— — de 1816 à 1830.	184,685
— — de 1831 à 1842	911,383
Travaux divers — —	60,000
Travaux exécutés en 1846.	5,700

44

Travaux exécutés en 1847.	214,000
Constructions en 1866.	(¹)
Construction du bâtiment Monge, 1876.	70,000
— — 1877.	250,000
Acquisitions en 1877	621,700
Constructions en 1880 et 1882. (Crédit voté le 15 juillet 1879)	2,115,500

et l'on demande encore pour le complet achèvement de l'École plus de 2 millions.

Aujourd'hui, on semble disposé à revenir au projet élaboré par le général Poncelet en 1847 pendant son court passage au poste de commandant de l'École. Il avait proposé d'élever, à la place des salles actuelles de récréation, un grand bâtiment parallèle au pavillon des élèves et destiné aux salles d'étude et aux casernements. Les cours eussent été agrandies et l'établissement complétement isolé du côté de la rue Descartes et de la rue de la Montagne. Un crédit de 2 millions avait été accordé pour l'exécution de ce projet, et les travaux avaient même été commencés à la fin de l'année 1847. La révolution interrompit tout. Quelques mois après février, le général Poncelet devenu député, voyant l'état de disette de nos finances, fit abandon du crédit, qui servit aux ateliers nationaux. Il est question de reprendre son projet, qui entraînerait la démolition d'une partie des locaux de l'entrée, de l'infirmerie et de toutes les maisons qui bordent la rue Descartes, permettrait d'agrandir la cour des élèves, d'y disposer des préaux couverts, d'achever de prolonger la rue des Bernardins, de dégager l'entrée, enfin de terminer l'isolement et a délimitation nette de l'École sur tout son pourtour; l'étude se poursuit en ce moment dans les bureaux du ministre des Beaux-Arts.

On peut dire que la question de l'agrandissement et de l'achèvement de l'École est aussi ancienne que l'École même. Les décrets impériaux de 1809 qui prescrivaient certaines dispositions relatives à la circonscription de l'établissement, à la clôture, à l'isolement de ses bâtiments, par la démolition des maisons qui l'enserraient de

1. Il nous a été impossible de nous procurer ce chiffre.

trop près, n'ont pas reçu d'exécution. La plupart de ces maisons sont encore debout; quelques-unes d'entre elles ont des vues sur les cours et sur les salles d'étude; ce sont d'affreux hôtels mal fréquentés, dont la proximité n'a rien de rassurant pour la moralité des jeunes gens, et la présence de leurs hôtes de passage est la cause journalière de désordres. L'espace a toujours manqué à l'École sur la montagne Sainte-Geneviève, même quand le nombre total des élèves était loin d'atteindre un chiffre aussi élevé qu'aujourd'hui. Les salles d'étude sont étroites et basses; leur cube d'air n'est pas de 80 mètres pour huit et quelquefois dix élèves. Elles sont éclairées d'un seul côté et si mal que les deux premiers élèves placés près de la fenêtre ont seuls un jour convenable; les autres sont obligés de dessiner continuellement à contre-jour ou à la lumière. Il y a dans chacune de ces petites salles dix becs de gaz au moins, de sorte que, le soir, la chaleur est très élevée et la fatigue des yeux extrême. Ajoutons que le mobilier de travail y est des plus primitifs. L'installation est certainement très inférieure à celles de la moindre de nos écoles primaires d'aujourd'hui.

Après la guerre de 1870, quand on a reçu pendant quelques années des promotions extraordinairement nombreuses, il a fallu faire coucher les élèves sous la toiture, dans des mansardes qui n'avaient pas un mètre de hauteur à leur partie la plus basse. Les bâtiments construits sur le square Monge ont fait, à la vérité, gagner quelques places pour le casernement; mais ils ont servi surtout à recevoir la collection des machines et des modèles, la bibliothèque et la salle de dessin extrêmement reserrées autrefois dans la chapelle. La construction récente du bâtiment monumental élevé sur la rue Cardinal-Lemoine et qu'occupent tout entier le grand amphithéâtre de physique avec la galerie des collections d'appareils, n'a pas donné une place de plus pour les élèves. Les exercices militaires qu'on a rendus obligatoires, tels que l'escrime, le tir du révolver, ont pris encore de l'espace; la gymnastique n'a qu'un emplacement insuffisant; il n'y a pas de manège pour l'équitation; les salles de récréation sont trop petites; il n'y a pas de préaux couverts où les élèves

puissent se tenir quand le temps est mauvais. L'infirmerie est mal installée ; ses salles de malades, insuffisamment aérées, occupent les divers étages d'un vieux bâtiment humide et tombant en ruines ; elle devrait être isolée des autres services et des logements qui l'avoisinent. Le service des bains est aussi mal établi que possible ; il n'existe que six baignoires pour plus de six cents élèves et agents ; il n'y a pas de baignoires spéciales pour les malades ; l'hydrothérapie est à peu près inconnue. Chaque division avait autrefois un amphithéâtre particulier pour les leçons de mathématiques ; ces amphithéâtres trop petits et mal éclairés ont disparu ; mais on ne les a pas remplacés. Rien n'est plus défectueux que le gymnase, les salles d'escrime, les cuisines, les cours de dégagement, et en général tous les locaux accessoires. L'administration manque de bureaux et de magasins pour les objets du matériel, l'habillement des élèves et pour les divers ateliers. On chercherait vainement aujourd'hui, soit en France, soit à l'étranger un établissement qui soit en un pareil état de délaissement. M. Michel Chevalier disait avec raison déjà en 1868 : « M. Duruy n'a pas parlé de l'École polytechnique parce qu'elle n'est pas dans ses attributions ; mais cette école, qui a une si grande réputation et qui la mérite, manque des collections et des laboratoires qui lui seraient indispensables pour être à hauteur de sa mission. Elle n'offre pas, et ne peut offrir, faute d'espace, à la jeunesse studieuse qui y est entassée, les moyens de se livrer aux exercices que l'hygiène réclame. Le bâtiment de l'École est un ancien collège qui date d'avant la Révolution. Tout y est mesquin et exigu. Les étrangers qui, attirés par l'éclat qui s'attache à son nom, viennent la visiter, en sortent confondus d'un étonnement peu flatteur pour l'administration française[1]. » Au temps où nous sommes, quand tous les efforts tendent à donner un nouvel essor à l'activité intellectuelle du pays, quand les plus grands sacrifices sont largement faits en faveur des établissements d'instruction, il paraîtra souverainement injuste de laisser dans cet état, la première école de France.

1. *Journal des Débats* du 8 décembre 1868.

ORGANISATION

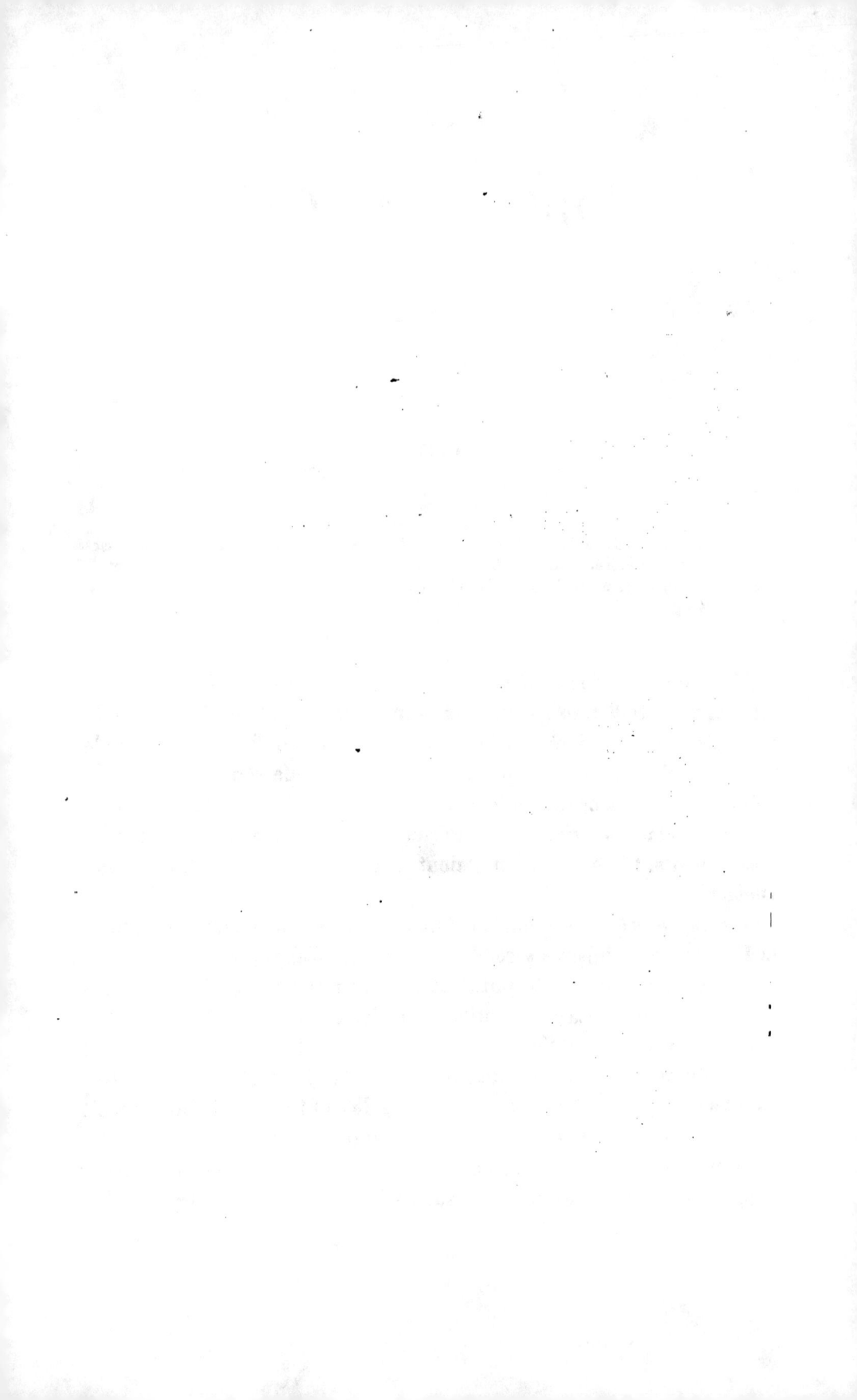

ORGANISATION

LA FONDATION

La science au service de la Révolution. — Le projet de fusion du corps des Ponts et Chaussées avec le génie militaire. — La création de l'École centrale des Travaux publics, décret du 21 ventôse an II (11 mars 1794). — Sa mise en activité, 7 vendémiaire an III (28 septembre 1794).

Vers le milieu de l'année 1793, la France semblait perdue. Au nord, notre armée était désorganisée; la plupart de nos places fortes étaient menacées ou déjà livrées à l'ennemi; la route de Paris était grande ouverte. A l'est, les armées du Rhin et de la Moselle rétrogradaient; au sud, les Espagnols envahissaient le Roussillon; à l'ouest, l'insurrection vendéenne était victorieuse. A l'intérieur, les Girondins soulevaient vingt départements. Lyon et le midi étaient en feu; Toulon allait être livré aux Anglais.

L'année précédente, quand les Autrichiens vainqueurs avaient pénétré en France, les ministres girondins, ne voyant d'abord le salut que dans la fuite, avaient proposé de quitter la capitale avec l'Assemblée législative et le Trésor public. La Convention, elle, fait immédiatement face à tous les périls avec une sublime énergie. Comprenant qu'il faut concentrer l'action du pouvoir, elle décrète que le Conseil exécutif et tous les comités seront subordonnés désormais au Comité de salut public. Celui-ci reçoit la mission de tenter le suprême effort. Chargé d'éteindre la guerre civile, de former un plan de défense de terre et de mer, d'organiser, d'équiper, d'approvisionner les armées, de suivre leur marche, de surveiller les

états-majors, il doit suffire à une tâche immense. Mais l'Assemblée a en lui une confiance que les événements justifient. Douze fois elle renouvelle ses pouvoirs par acclamation, et, depuis le mois de juillet 1793 jusqu'à la fin de l'année 1794, elle maintint obstinément les mêmes citoyens[1]. Elle n'entend pas, tant que dure le péril, laisser entamer l'unité gouvernementale. Jusqu'à la paix, elle veut un gouvernement révolutionnaire et provisoire avec le Comité de salut public à sa tête (décret du 4 décembre 1793). Et ce grand comité, divisé dans son sein, dévoré de passions politiques, n'a plus, en présence du danger, qu'une seule âme et qu'une seule pensée : celle de sauver la patrie.

Le 16 août, au milieu des acclamations universelles, il ordonne la levée en masse ; le 25, il fait rendre le fameux décret tant de fois cité, qui organise la réquisition permanente :

Les jeunes gens iront au combat, les hommes mariés forgeront des armes et transporteront les subsistances, les femmes feront des tentes et des habits et serviront dans les hôpitaux, les enfants mettront le vieux linge en charpie, les vieillards se feront porter sur les places publiques pour exciter le courage des guerriers, prêcher la haine des rois et l'unité de la république.

Les maisons nationales seront converties en casernes, les places publiques en ateliers d'armes, le sol des caves sera lessivé pour en extraire le salpêtre.

Les armes de calibre seront exclusivement remises à ceux qui marcheront à l'ennemi ; le service de l'intérieur se fera avec des fusils de chasse et l'arme blanche.

Les chevaux de selle seront requis pour compléter les corps de cavalerie, les chevaux de trait et autres que ceux employés à l'agriculture, conduiront l'artillerie et les vivres.

Des mesures seront prises pour établir sans délai une fabrication extraordinaire d'armes de tout genre, qui réponde à l'élan et à l'énergie du peuple français.

Aussitôt notre drapeau reparaît victorieux sur tous les points, et l'année 1793 se termine par des succès décisifs. Lyon et Toulon sont repris ; la Vendée vaincue ; Dunkerque, Maubeuge et Landau débloqués ; nos positions du nord et de l'est dégagées. Vers le midi, les Piémontais sont repoussés ; du côté de l'Espagne seulement, quelques revers sans importance. L'année suivante, s'ouvre la mémorable campagne de 1794, dont Carnot a conçu le plan. L'armée du Nord seule, ou réunie à celle des Ardennes, porte les grands coups à Tourcoing, à Charleroy, à Fleurus. Victorieuse en Belgique, elle envahit la Hollande. L'armée du Rhin arrive

---

1. Voici les noms des membres du Comité de salut public : Jean-Bon Saint-André, Barrère, Couthon, Thuriot, Saint-Just, Prieur de la Marne, Hérault de Séchelles, Robert Lindet, Robespierre, auxquels on ne tarda pas à adjoindre Carnot et Prieur, de la Côte-d'Or, un peu plus tard Billaut-Varennes, puis Collot d'Herbois.

à Cologne; celle de Sambre-et-Meuse s'empare de tout le Palatinat; celle des Alpes nous ouvre le Piémont; celle des Pyrénées nous reprend bien au delà de ce que nous avions perdu.

27 victoires, dont 8 en batailles rangées.

120 combats de moindre importance.

80 000 ennemis tués.

91 000 prisonniers.

116 places ou villes importantes prises, dont 6 avec siège et blocus.

230 forts ou redoutes enlevés.

3 800 bouches à feu.

70 000 fusils.

1900 milliers de poudre.

90 drapeaux.

Voilà l'œuvre du Comité de salut public[1].

Au moment de la réquisition tout manquait pour nourrir, équiper et surtout pour armer nos soldats. On demandait de tous côtés des armes et de la poudre. Nos magasins, nos arsenaux étaient vides. Les insurgés étaient maîtres de la plupart de nos manufactures, l'ennemi avait incendié les dépôts. Les matières premières nécessaires à la fabrication n'existaient pas; le commerce était dans l'impuissance d'en fournir. Inépuisable en expédients, le Comité fait un appel à la science. Il lui demande de déployer toutes ses ressources, d'improviser à la fois les armes, les vêtements et les munitions du soldat.

Des savants, ardents patriotes, accourent se mettre à la disposition du Comité: Fourcroy, Guyton-Morveau, Romme, Lakanal, Monge, Berthollet, d'Arçon, Prony, Vandermonde, Vauquelin, Jacotot, Dufourny, Chaptal, Hassenfratz, Carny, Pluvinet, Clouet. Il y a parmi eux des représentants, des membres de l'ancienne Académie des sciences, des officiers, des professeurs, des artistes. Plusieurs, arrachés aux poursuites ombrageuses des autorités locales, ont trouvé la sécurité dans les bureaux du redoutable Comité. Chaptal, professeur de chimie, était retenu à la prison de Montpellier comme fédéraliste, quand on l'appela à Paris pour diriger les ateliers de Grenelle. Vauquelin avait reçu cette lettre qui dissimulait un bienfait: « Pars, fais-nous du salpêtre, ou je t'envoie à la guillotine! » Prony devait son salut à Carnot, et d'Arçon, d'origine noble, avait pu, grâce à lui, se cacher sous le nom roturier de Michaud. Jacotot[2], professeur d'humanités à Dijon, enrôlé en 1792 dans le bataillon des mo-

1. Rapport de Carnot à la Convention, 30 vendémiaire an III.
2. Né à Dijon le 4 mars 1770, devenu plus tard célèbre par sa méthode d'enseignement.

biles de la Côte-d'Or, venait d'être nommé capitaine d'artillerie en 1793 quand il fut appelé au bureau central de la régie des poudres et salpêtres. Tous travaillent sans relâche à arracher de notre sol les matières qu'on demandait jadis à l'étranger, à suppléer à celles qui manquent, à remplacer les longs procédés par des procédés plus courts, à rechercher tous les moyens de défense. Clouet, autrefois distingué par Monge, à l'École d'apprentis de Mézières, apporte son procédé pour la transformation du fer en acier fondu. Vandermonde fabrique de la poudre. Berthollet, avec son adjoint Lecourt, de la Monnaie de La Rochelle, s'occupe de la fabrication des armes. Lakanal, obligé de partir en mission dans les départements du sud-ouest, avec ce conseil violent et grossier de Danton « tape dur », établit à Bergerac une manufacture qui fait 20,000 fusils par jour, et revient faire adopter le télégraphe de Chappe malgré l'indifférence des uns et les doutes des autres. Guyton fait affiner l'acier et tremper les lames de sabre. Associé à Coutelle, plus tard à Conté de qui on a dit « cet homme a toutes les sciences dans la tête et les arts dans la main », il construit des ballons qui serviront à la guerre et il dirige les compagnies d'aérostiers. Monge, le savant professeur de l'École de Mézières, l'ancien ministre de la Marine, le vice-président des Jacobins, Monge, d'une nature ardente et enthousiaste, se distingue au premier rang. A la tête d'une légion de travailleurs, il dirige jour et nuit la fabrication des armes de toutes espèces. Il est partout, il anime tout, il conseille, il guide les travailleurs. Il est chargé particulièrement de la fonte et du forage des canons, surtout de l'affinage de l'acier, art nouveau dont la France lui est redevable. Un jeune architecte ingénieur, J.-N. Jomard, réquisitionné par lui à l'armée du Nord, surveille sous ses ordres six fonderies aux extrémités de la capitale. « Ce qu'il a fait, dit-il, pour nous approvisionner de salpêtre, d'armes à feu, d'armes blanches, de pièces d'artillerie de campagne et de siège, de mortiers, d'obus, de boulets de tout calibre dépasse l'imagination. »

La poudre était ce qui pressait le plus ; Biot, dans son éloquente *Histoire des sciences,* raconte par quels prodiges on l'obtient : On se procure le salpêtre en fouillant les demeures des hommes et des animaux ; on le cherche jusque dans les ruines de Lyon et on recueille la soude des forêts incendiées de la Vendée... La chimie invente des moyens nouveaux pour le raffiner et le sécher en quelques jours. On supplée aux moulins, en faisant tourner par des hommes, des tonneaux où le charbon, le soufre et le salpêtre pulvérisés étaient mêlés avec des boules de cuivre. Par ce moyen, la poudre se fit en douze heures. Ainsi se vérifia cette conception

hardie d'un membre du Comité de salut public : « On montrera la terre salpêtrée et cinq jours après on en chargera les canons[1]. »

Pour fabriquer les canons, Paris se transforme en un vaste atelier ; on y voit des forges partout : 140 sur l'esplanade des Invalides, 54 dans le jardin du Luxembourg, 64 sur la place de l'Indivisibilité. Chacun produit 4 canons par jour, ensemble plus d'un mille[2].

Le Comité demande aux sciences de créer l'art de l'aciérie ; les sciences le lui donnent. Il lui faut un moyen de préparer les cuirs ; les chimistes l'inventent. Plusieurs savants consacrent dix mois de leurs veilles pour perfectionner l'art de l'aérostation. Chappe travaille sans relâche à la recherche des moyens multipliés, indispensables pour établir des télégraphes. Dans les ports, on prépare les matières et les approvisionnements nécessaires à la construction et à l'équipement des vaisseaux.

Ce n'est pas tout ; il faut répandre dans toute l'étendue du territoire l'art nouveau pour raffiner le salpêtre, pour fabriquer la poudre ; pour mouler, fondre et forer les canons. Un décret appelle à Paris deux citoyens de chaque district, pris parmi les canonniers ou les citoyens actifs de la garde nationale. On leur fait des cours rapides le matin à l'amphithéâtre du Jardin des Plantes, le soir à la salle des électeurs de Paris, au ci-devant évêché. Il y a trois cours, sur chacun des procédés, et chacun d'eux dure huit jours. Au bout de trois décades, huit cents ouvriers sont disséminés dans les manufactures. Prieur rédige des instructions simples, claires, rapides et suffisamment détaillées et l'instruction sur ces arts se répand avec une incomparable activité. Cette grande expérience des cours révolutionnaires ne sera point perdue. Le Comité de salut public tirera

---

1. Biot, *Histoire des sciences pendant la Révolution*, p. 54.

2. *Mémoires sur Carnot*, par son fils. On trouve encore dans le rapport de Carnot, sur la manufacture extraordinaire d'armes, ce tableau animé de Paris :

« Jamais aucune ville du monde n'avait présenté un spectacle semblable à celui qu'offrait cette immortelle cité, son immense population accrue d'un grand nombre d'ouvriers venus des départements, semblait tout entière occupée aux préparatifs de la guerre. Les rues étaient remplies de femmes et d'enfants qui portaient des bois ou des canons de fusils ou des objets d'équipement. Les arrivages des matières premières et les envois des produits de la manufacture nationale encombraient toutes les places... Au bruit des instruments de travail et des épreuves de canons, les ouvriers mêlaient des refrains patriotiques. Partout une foule innombrable conduite par le zèle et par l'inquiétude du civisme. Ici des représentants du peuple qui surveillaient les travaux, plus loin des fanfares annonçant le départ des jeunes citoyens réquisitionnaires, parés de fleurs et de rubans tricolores, accompagnés de leurs parents, de leurs amis qui enviaient leur sort, loin de le déplorer ; au milieu de ces groupes, couraient des colporteurs criant le jugement d'un traître ou une victoire des armées. Après l'heure des travaux, l'affluence du peuple se répandait dans les spectacles où des pièces républicaines entretenaient, excitaient encore son courage et son dévouement. Tel était le tableau qui se répétait dans les grandes villes de la République. »

parti du nouveau mode d'instruction et s'en servira pour toutes les branches des connaissances humaines utiles à la République. La fin des cours fut un jour de fête; toutes les sections de Paris se réunirent aux élèves pour venir à la barre de la Convention présenter les produits obtenus et chanter l'*Hymne au salpêtre*. La fête fut, au dire de Monge, une des plus belles de celles qui eurent lieu pendant la Révolution. Toutes les sections y assistaient, nous dit-il, « portant l'hommage de leurs travaux en salpêtre qu'elles avaient fait cristalliser sous des formes patriotiques, toutes très aimables et la plupart très ingénieuses[1] ».

Ainsi ranimés par la liberté, les sciences et les arts avaient travaillé à préparer les victoires. « Tout ce que le génie, le travail et l'activité peuvent créer de ressources avait été employé, dit Biot, pour que la France pût seule se soutenir contre toute l'Europe et se suffire à elle-même tant que durerait la guerre, fût-elle éternelle et terrible. »

Les savants qui avaient opéré de si grandes choses, à qui la République devait son salut, formaient auprès du gouvernement un foyer de lumières et jouissaient dans le pays d'une confiance sans bornes. Stimulés par eux, quelques-uns des membres du Comité de salut public vont saisir l'occasion de créer des institutions qui nous assurent la supériorité des connaissances. Les nécessités de la guerre fournissent cette occasion. Les travaux publics qui pourraient être utiles à la défense sont suspendus; les ingénieurs ne suffisent pas; un certain nombre ont émigré, d'autres sont à l'armée. Un des comités de la Convention pousse le cri d'alarme; il demande que ces services soient *révolutionnés* à leur tour et qu'on fonde une école où ils pourront se recruter. Alors, s'emparant de cette pensée, la méditant longtemps dans son sein, le Comité de salut public va créer l'*École polytechnique* sous le nom d'*École centrale des travaux publics*.

Nommé dès les derniers jours de l'année 1793[2], le comité des ponts et chaussées avait été adjoint à celui de l'agriculture et du commerce, l'un des dix-neuf comités organisés au lendemain du 10 août. Il devait s'occuper de l'état du corps, de sa situation et de ses travaux, surtout de mettre dans tous les départements les routes en état de satisfaire aux nécessités de la défense du territoire et du transport des subsistances. Il se composait de six membres : Lecointe-Puyraveau, président, Moreau, Marragon, Venard, Venaille; le sixième ne vint jamais. On y discutait, vers la fin du mois de juillet, le projet d'une organisation nouvelle à donner au corps des ponts et chaussées. Lecointe-Puyraveau proposait

1. MONGE, *Art de fabriquer les canons* (voir note n° 3, l'*Hymne au salpêtre*).
2. La première séance est du 12 brumaire an II de la République.

d'établir : 1° une assemblée chargée de juger de l'utilité et de la possibilité des plans et projets soumis ; 2° un corps d'hommes instruits et expérimentés chargés de l'exécution ; 3° une école où les citoyens pourraient acquérir les connaissances nécessaires aux ingénieurs (séance du 1er août). Mais le comité, reprenant une motion faite quelques jours auparavant (séance du 25 juillet), décida qu'il fallait examiner d'abord s'il ne serait pas plus économique, plus utile et plus intéressant pour la République de réunir les trois états des ponts et chaussées, du génie militaire et de l'architecture. Le 5 août, Venaille fit son rapport sur le régime de l'École d'architecture[1], et le président rendit compte de la conférence qu'il avait eue le matin même au sujet du corps du génie avec le citoyen Carnot, attaché au bureau de la guerre pour la fortification[2] et les places militaires, qui avait promis de donner par écrit, dans les plus grands détails, tous les renseignements à sa connaissance, sur les diverses parties de cette arme. Carnot s'était souvent entretenu de ce projet de fusion avec d'Arçon, ancien élève comme lui de l'École de Mézières, sous les ordres duquel il avait servi et dont il respectait le caractère. On en peut voir la preuve dans une lettre écrite par d'Arçon au chef du génie de Besançon le 2 septembre 1792, et où il dit en parlant de Carnot : « Nous avons eu plus d'une rixe ensemble. Je m'opposais à l'introduction des ponts et chaussées et tenais pour la réunion des mineurs d'autant qu'elle était simple et utile pour l'avenir. Je remarquais que les ponts et chaussées, bien payés et mieux que nous dans leurs fonctions faciles dont la responsabilité ne tirait pas à conséquence, répugneraient de prendre la queue de notre corps ; mais c'est un homme très opiniâtre[3] ». Les deux ministres de la Guerre et de l'Intérieur[4] furent consultés. Le premier, d'abord favo-

---

1. A l'École d'architecture il y avait trois cours, le premier comprenait deux parties : 1° les éléments d'architecture, 2° l'histoire de l'architecture et la théorie des différentes parties de cet art. Il était professé par le citoyen Leroy, historiographe, le lundi de chaque semaine à onze heures. Le deuxième était un cours de mathématiques, le citoyen Mauduit était professeur ; son cours, qui avait lieu les lundis et mercredis, de neuf heures et demie à onze heures, était des plus suivis. Le troisième avait pour objet le trait et la coupe des pierres, il était confié au citoyen Rieux, les mardis et vendredis, de dix heures à midi (Archives nationales).

2. Il n'entra au Comité de salut public que le 14 août.

3. Archives de la direction de Besançon. Lettre citée par M. le commandant de Rochas dans son livre sur d'Arçon.

4. Voici la lettre écrite par Lecointe-Puyraveau, le 3 septembre, au ministre de l'Intérieur :
« Le comité des ponts et chaussées de la Convention s'occupe de la question de la réunion des deux corps des ponts et chaussées et du génie militaire.
« Le ministre de la Guerre, consulté à ce sujet, a déjà fait passer quelques renseignements ; mais, dans une matière aussi importante, la chose publique ne peut que profiter du concours de toutes les lumières. Le Comité vous prie de lui donner votre opinion raisonnée sur la question : ne serait-il pas possible et utile à la chose publique de ne faire qu'un établissement des deux corps des ponts et chaussées et du génie militaire ? »

rable, souleva des difficultés. Il envoya un ingénieur militaire exposer au comité que son travail sur une nouvelle administration des travaux publics pourrait être fort long et que les travaux actuels ne permettaient pas d'attendre. Il demanda que les ingénieurs des ponts et chaussées fussent plus spécialement laissés à sa disposition et qu'on lui permît d'employer aux services militaires ceux qui y étaient propres. Cependant Lecointe-Puyraveau réussit, après avoir convoqué les comités de la guerre et des ponts et chaussées, à obtenir l'adhésion des deux ministres. Le projet de fusion fut alors déposé à la tribune[1]. Il réformait les deux corps du génie militaire et des ponts et chaussées et les remplaçait par un seul, celui des ingénieurs nationaux. L'exposé des motifs se terminait par ces considérations :

« Il serait ridicule et contraire aux principes qu'il existât deux corps du génie ayant cependant pour base les mêmes connaissances : celle des mathématiques, du dessin, de l'art des constructions, de la coupe des pierres, de la chimie, etc. Nous ne pouvons pas laisser subsister une monstruosité que l'ancien régime seul pouvait produire.

« Tout ce qui sera fait sur les fonds de la République, en ouvrages d'art, de quelque nature qu'ils soient, sera désigné sous le nom de travaux publics. Le soin de faire les plans, de les diriger, de veiller à l'exécution, sera confié à un corps unique, connu sous le nom d'ingénieurs nationaux.

« Une *seule école* sera établie pour les former; on y sera admis au concours, et on y enseignera tout ce qu'on peut apprendre à l'école de Mézières et à l'école de Paris. »

Voilà l'origine de l'École polytechnique.

La Convention, quand ce projet lui fut soumis, venait de reprendre la discussion sur l'instruction publique, agitée sans résultat devant les précédentes assemblées. Elle fut d'avis de ne pas séparer de la question générale de l'enseignement l'examen d'une proposition aussi importante. Aussi bien, la pensée d'une préparation spéciale des citoyens destinés à recruter les corps savants, s'accusait dans tous les systèmes d'éducation précédemment élaborés. Condorcet, dans son remarquable rapport sur l'instruction publique, avait dit à l'Assemblée législative[2] : « Il importe au progrès des sciences de rapprocher et non de diviser celles qui se tiennent par quelques points. Tandis que chacune fait des progrès, s'enrichit des

---

1. Voir Pièce justificative n° 1 le projet de décret avec l'exposé des motifs extrait des procès-verbaux du comité des ponts et chaussées (Archives nationales).

2. Rapport du 21 avril 1792.

découvertes qui lui sont propres, les points de contact se multiplient, les applications d'une science offrent une moisson féconde en découvertes utiles, et tel doit être l'effet de l'accroissement des lumières que bientôt aucune science ne sera plus isolée, qu'aucune ne sera totalement étrangère à une autre... C'est le moyen d'établir dans tous les arts, dans tous les métiers même, une pratique éclairée, de réunir par le lien d'une raison commune, d'une même langue, les hommes que leurs opérations séparent le plus. » Et il instituait neuf *lycées* pour fournir les professeurs et les fonctionnaires qui se recrutent aujourd'hui à l'École normale et à l'École polytechnique. Romme, présentant un plan d'une instruction à quatre degrés, analogue à celui de Condorcet, faisait observer que : « La marine, le génie, l'artillerie, les ponts et chaussées et les mines avaient eu jusqu'à présent leur enseignement séparé, quoiqu'elles eussent plusieurs parties communes par lesquelles il serait utile de les lier à un système général [1]. » Fourcroy voulait que l'enseignement des sciences et des arts fût laissé absolument libre, et il espérait, en invitant les hommes éclairés à s'y livrer sur toute l'étendue de la République, assurer le recrutement « des ingénieurs civils dont la nation a besoin pour la construction des routes, des ponts, des canaux, des ingénieurs militaires nécessaires à la défense de ses places, des artilleurs qui doivent la rendre redoutable à ses ennemis, des marins qui feront fleurir son commerce et respecter son pavillon [2] ». Monge avait proposé d'ajouter aux écoles secondaires un troisième degré d'enseignement pour les sciences physiques et mathématiques ; il avait depuis longtemps conçu la pensée d'une école supérieure dans laquelle on n'aurait admis que les élèves les plus distingués des écoles secondaires. Le plan général de cette école est exposé dans un écrit inédit de Monge, sans date, de 1791 à 1792. Lakanal avait même réussi, dès le 15 septembre, à faire adopter, presque sans discussion, trois articles d'un projet qui jetait les bases de l'École polytechnique et des Arts et Métiers ; mais la Convention soutenue par Robespierre avait rapporté le décret.

Dans les circonstances graves où l'on se trouvait, le Comité de salut public avait besoin sur-le-champ d'officiers et d'ingénieurs ; il ne pouvait pas attendre la fin des délibérations de législateurs qui, suivant l'expression de Barrère, tourmentaient leur génie depuis quatre années sans

---

1. Rapport de Romme et projet de décret sur l'instruction publique considérée dans son ensemble.
2. Rapport de Fourcroy et projet de décret sur l'enseignement libre des sciences et des arts (nivôse an II).

parvenir à organiser l'éducation nationale sur des bases conformes aux principes de la Révolution. Ayant en main tous les pouvoirs, il avait le devoir de faire face partout aux nécessités de la guerre. Or, chaque jour, le manque d'ingénieurs militaires se faisait de plus en plus sentir aux armées. Préparé par son instruction même aux idées nouvelles, ce corps avait moins souffert que les autres de l'émigration; mais il ne suffisait ni à l'entretien, ni à la construction des fortifications, ni aux travaux d'attaque et de défense des places ou des camps. D'autre part les travaux publics et en particulier ceux qui pouvaient servir à la défense étaient laissés dans un état déplorable. « Les armées, qui défendent si bien les frontières et pacifient l'intérieur, dit le rapport de Barrère du 21 ventôse, se demandent souvent s'il existe une administration conservatrice des chemins et des établissements publics et il faut au soldat un courage extraordinaire pour surmonter les difficultés des chemins unies aux dangers de la guerre. » Forcé de pourvoir aux besoins les plus pressants, le Comité mit, par un décret rendu le 16 septembre, tous les ingénieurs des ponts et chaussées à la disposition du ministre de la Guerre. La plupart des élèves de l'École des ponts et chaussées se trouvèrent employés aux travaux de défense; toutefois ceux de la première classe, ceux qui donnaient les plus grandes espérances par leurs dispositions et leur amour du travail, ne furent jamais distraits des études régulières. « Quelque besoin que l'on eût de défenseurs, dit Biot, on avait senti qu'il faut dix ans d'études pour faire un ingénieur, tandis que la santé et le courage suffisent pour créer un soldat » et le savant écrivain, peu sympathique à la Révolution, ajoute : « Cette époque désastreuse offre des exemples de prudence et d'habileté que l'on n'a pas toujours imités dans des temps plus tranquilles. » La mesure n'en désorganisa pas moins une école qui présentait le premier exemple de l'enseignement mutuel en France. Les élèves les plus instruits y professaient, en effet, à leurs camarades, les mathématiques pures, la mécanique, la coupe des pierres, etc., et tous suivaient au dehors des cours d'architecture civile, de physique, de minéralogie[1]. Trente-quatre des plus forts, parmi lesquels les élèves professeurs, passèrent ensemble dans l'arme du génie, et quand on en appela de nouveaux, il n'y eut plus personne pour les instruire. La triste situation de l'École frappa particulièrement Lamblardie, le successeur désigné de Perronnet à la direction (février 1794). Son intervention éclairée contribua beaucoup à faire naître une organisation nouvelle. C'est

---

1. Mémoire de Prony sur l'École des ponts et chaussées.

alors que le Comité de salut public, qui avait été obligé, contrairement à ses vues d'unité, de répartir dans les départements des professeurs spéciaux, des instituteurs d'artillerie et du génie dans les principales places fortes, ailleurs des professeurs d'hydrographie ou d'astronomie, s'inspirant du projet de Lecointe-Puyraveau, résolut de créer sans délai une grande école où seraient formés les ingénieurs civils et militaires dont la République avait besoin. Les savants réunis auprès de lui s'associèrent avec enthousiasme au projet; Lamblardie vint travailler avec eux; on se mit à l'œuvre sans relâche, on passa les nuits en conférence. — L'École polytechnique fut le résultat de ces délibérations.

Les trois groupes dont se composait le Comité n'eurent point une part égale dans la création. *Les gens révolutionnaires,* comme on appelait Barrère, Billaud-Varennes et Collot d'Herbois, s'occupaient d'entretenir les émotions politiques dans les armées et dans les départements. Les *gens de la haute main,* Saint-Just, Couthon, Robespierre étaient tout entiers à la préparation des exposés législatifs [1]. Mais, les *travailleurs,* Robert Lindet, Prieur de la Côte-d'Or et Carnot, les seuls avec lesquels les savants eussent été mis en rapport, en firent l'objet de leurs constantes méditations. A l'heure où toutes les préoccupations étaient tournées du côté de la défense, le labeur administratif incombait à ces trois hommes. Robert Lindet s'était chargé des subsistances, de l'habillement et du transport; Prieur avait le matériel et les munitions; Carnot s'était réservé le personnel et le mouvement des armées. Le héros de Wattignies préparait la deuxième et grande réquisition, organisait les demi-brigades et rédigeait le plan de campagne que devait exécuter Jourdan. Il n'en méditait pas moins, au milieu de cet écrasant travail, avec Prieur, son camarade de l'École de Mézières, l'exécution d'un projet qui demandait de sages et profondes réflexions. « Nous avons bien des fois causé ensemble, Carnot et moi, raconte Prieur, de la nécessité de créer une école pour le recrutement des diverses classes d'ingénieurs, c'était une de nos préoccupations favorites. Mais le torrent des affaires nous entraînait, l'urgence nous tyrannisait [2]. » Tous deux préparèrent et combinèrent les diverses parties de l'ensemble, de manière à les mettre en harmonie avec les principes qui dirigeaient le gouvernement. Ils savaient que les officiers d'artillerie et du génie étaient demeurés au service de la République, quand presque tous les officiers nobles des autres armes avaient passé à l'étranger. Ils n'ignoraient pas non plus que s'il existait dans les armes savantes

1. *Mémoire sur Carnot,* par son fils, page 337.
2. *Mémoire sur Carnot,* par son fils, page 554.

un certain esprit libéral, il régnait également entre elles et vis-à-vis du corps des ponts et chaussées une rivalité qui dégénérait en étroite jalousie. « Le génie militaire possédant un système d'instruction plus complet et mieux gradué avait tout l'avantage des connaissances et s'efforçait d'en garder pour lui seul le trésor. Il était surtout défendu aux officiers du génie de communiquer aux artilleurs les manuscrits dans lesquels ces connaissances étaient développées ou seulement appliquées; par ces précautions, la géométrie descriptive resta secrète jusqu'à l'institution de l'École normale [1]. » Produire l'union des corps, assurer leur concours pour le bien public, étouffer dès le berceau les rivalités et les jalousies, tel fut le but poursuivi par Prieur et Carnot. Ils n'eurent pas de peine à gagner à leurs vues leurs collègues du Comité. Le jour où l'on résolut de transporter à Metz l'École de Mézières, dans le but de mettre fin aux désordres et aux vieilles habitudes et afin de fournir à l'instruction militaire des moyens plus grands et plus multipliés, tous se trouvèrent d'accord pour proclamer les avantages attachés à un centre de réunion de toutes les branches des services publics [2].

Sous l'empire des considérations exposées dans le rapport de Lecointe-Puyraveau, on fut d'avis de réserver à l'École des ponts et chaussées la partie théorique des constructions et de laisser à l'École de Metz celle qui regarde les travaux militaires. Au lieu de conduire à réorganiser simplement l'une ou l'autre des institutions anciennes, le cours des événements faisait donc avancer tous les jours et forçait, pour ainsi dire, à créer une école nouvelle pour les travaux publics [3]. Barrère, l'infatigable rapporteur du Comité, vint enfin demander la création à la Convention, dans la séance du 21 ventôse an II (11 mars 1794).

Laissant de côté toute considération par laquelle le projet pouvait rentrer dans un système général d'enseignement, il s'efforça d'intéresser l'Assemblée en lui parlant uniquement des grands travaux utiles dans la paix comme dans la guerre, des principes communs sur lesquels ils reposent et de l'unité qu'il convient d'apporter dans leur exécution. « Il importe, dit le rapport, à la prospérité publique, au génie industrieux des Français, encore plus aux besoins journaliers de la circulation intérieure, de soumettre tous les grands travaux que la nation salarie dans les ports, dans les chantiers, dans les ateliers, sur les routes, à des principes constants et uniformes; il importe à leur activité et à leur solidité que

---

1. *Essai historique,* par CHARLES DUPIN, page 15.
2. Rapport du 24 pluviôse an II sur la translation de l'École de Mézières à Metz.
3. Rapport de Prieur du 30 prairial an III.

toutes les ramifications aboutissent à un centre commun ; que le Corps législatif soit délivré des soins administratifs de cette partie immense pour en surveiller l'administration et indiquer le grand objet des travaux nationaux. « C'est pour l'intérêt du peuple que vous allez mettre, en commission centrale, les différents travaux militaires, civils et hydrauliques qui sont tous fondés sur les mêmes principes, qui dépendent tous d'une même théorie, qui exigent tous les mêmes études préliminaires. »

Le décret rendu dans la séance même institua en conséquence une *Commission des travaux publics.* Elle devait comprendre dans ses attributions : les ponts et chaussées, voies et canaux publics ; les fortifications, ports et établissements formés pour la défense des côtes ; les monuments et édifices nationaux, les ouvrages hydrauliques et de desséchement, la levée des plans, la formation des cartes et enfin tous les travaux dont les fonds sont faits par le Trésor public, à l'exception « de ceux qui concernent la fabrication des armes et l'exploitation des mines et provisoirement la construction des vaisseaux ». Aux termes de l'article 4, elle devait s'occuper sans délai « de l'établissement d'une *École centrale des travaux publics* et du mode d'examen et de concours auxquels seront assujettis ceux qui voudront être employés à la direction de ces travaux ».

Le gouvernement, les pouvoirs législatifs avaient terminé leur œuvre. Il restait à arrêter le plan d'enseignement et d'organisation de la nouvelle École ; ce fut l'affaire d'une commission de savants. On la choisit parmi ceux qui avaient travaillé auprès du Comité de salut public et parmi les membres du comité d'instruction publique qui tous avaient à cœur l'éducation populaire. Fourcroy, Guyton-Morveau, Prieur (de la Côte-d'Or), Monge, Lamblardie, Berthollet, Hassenfratz, Chaptal, Vauquelin, en faisaient partie [1]. Les uns, dit Lacroix, « devaient aux fonctions qu'ils avaient remplies avant la Révolution, une connaissance exacte des besoins des services publics ; les autres étaient depuis longtemps livrés à l'enseignement. Tous étaient profondément versés dans les sciences [2]. » Leur premier soin fut d'envisager la situation des établissements d'instruction qui subsistaient encore.

Les collèges avaient été maintenus, mais on ne leur avait laissé qu'une existence provisoire. A Paris, la Commune avait voulu organiser

1. Le département de la Côte-d'Or se glorifie d'avoir vu naître les quatre plus illustres fondateurs de l'École polytechnique. Prieur-Duvernois, né à Auxonne, le 22 décembre 1763, mort à Dijon, le 11 août 1832 ; Carnot, né à Nolay, le 13 mai 1753, mort à Magdebourg, le 2 août 1823 ; Monge, né à Beaune, le 10 mai 1746, mort à Paris, le 18 juillet 1818 ; Guyton-Morveau, né à Dijon, le 4 janvier 1737, mort en 1816.

2. Lacroix, *Essai sur l'enseignement.*

un comité d'instruction publique ; elle avait changé la dénomination des collèges en celle d'*instituts* et essayé d'asseoir ces instituts sur des bases que la Convention n'avait pas décrétées; mais elle n'avait pas tardé à éloigner les anciens professeurs sans en nommer de nouveaux, à convertir les édifices en prisons, de sorte que le corps enseignant y était en partie détruit. En province, le gouvernement avait supprimé toutes les écoles militaires [1], mais il avait conservé les anciennes écoles de géométrie, de physique, de chimie, et les écoles spéciales de l'artillerie et du génie, de la marine et des ponts et chaussées.

L'état déplorable dans lequel se trouvaient les écoles, au moment de la Révolution, a été longuement exposé dans le rapport de Fourcroy du 7 vendémiaire an III. Toutes portaient la trace de la routine, des préjugés et des privilèges de l'ancien régime. Celle de Mézières n'avait jamais été ouverte qu'à la noblesse : on y avait adjoint, il est vrai, une sorte de succursale destinée à fournir des appareilleurs et des conducteurs [2]. On recevait là, pendant l'hiver, dans des salles particulières, de jeunes apprentis maçons et charpentiers auxquels on enseignait gratuitement les éléments du calcul et de la géométrie. A cette École « de la Gâche », Monge s'était distingué, et plus tard Clouet y avait mérité son estime. Aucun de ceux qui y étaient admis ne pouvait prétendre même au modeste grade de sous-lieutenant du génie. L'esprit de routine y était tel que, pendant plus de vingt ans, il fut impossible à Monge d'enseigner aux élèves l'application de la géométrie aux tracés de la charpente. Un énergique charpentier, raconte Ch. Dupin, chargé d'expliquer un certain nombre de tracés, « tint ferme pour l'intégrité de ses routines, et pour prix du caractère vigoureux qu'il déploya contre la raison, il obtint d'enseigner toute sa vie ses pratiques particulières, en dépit de toute théorie générale [3] ». Arago signale, parmi les vices radicaux, la clandestinité des examens d'admission et de sortie, l'absence complète de leçons orales communes et de leçons données aux élèves à l'amphithéâtre, peut-être aussi l'isolement dans lequel des préoccupations aristocratiques tenaient certains professeurs [4].

L'École des ponts et chaussées de Paris, réorganisée en 1790, ne formait primitivement des ingénieurs que pour le service des généralités et des pays d'élections. Il fallut un décret de l'Assemblée (19 janvier 1792) pour y incorporer les élèves des pays d'États, comme la Bretagne et le

---

1. Décret du 9 septembre 1793.
2. ARAGO, *Biographie de Monge*, page 431.
3. CH. DUPIN, *Essai historique*, page 14.
4. ARAGO, *Biographie de Monge*.

Languedoc, qui avaient conservé jusque-là leur autonomie et administré séparément leur système de communications. On n'y suivait aucune règle dans le recrutement des ingénieurs; la faveur décidait du choix des candidats. Seule l'École d'artillerie de Châlons, réorganisée en 1791, sous l'heureuse influence de Laplace, avait un examen public d'admission.

Un Polytechnicien des premières promotions [1], dans un travail fait à l'École même, a résumé très bien les reproches que l'on pouvait adresser à toutes les anciennes Écoles. Quelles que fussent, disait-il, les améliorations récemment introduites, elles ne pouvaient remédier qu'imparfaitement aux défauts d'une instruction qui n'avait pas été soumise à un plan régulier dans son origine. Malgré la connexité des services publics qu'elles devaient alimenter, l'enseignement était différent dans chacune d'elles et tendait à les isoler de plus en plus. Les différentes parties même de l'instruction propres à chaque service étaient isolées les unes des autres. Ainsi les arts graphiques, réduits à des méthodes particulières, à des constructions pour ainsi dire empiriques, ne devaient pas encore à la géométrie descriptive cette exactitude et cette précision qu'elles ont reçues des travaux de l'illustre Monge. L'étude des mathématiques, que l'on considérait presque uniquement sous le point de vue particulier des applications immédiates, était bornée aux théories les moins générales. Enfin la physique et surtout la chimie qui commençait à naître n'avaient qu'une faible part dans l'instruction. Séparées les unes des autres et manquant d'un centre commun, elles ne pouvaient marcher de concert. Éloignées de la capitale, leur situation ne permettait pas, avec les savants, les relations qui sont le plus sûr moyen de mettre toujours l'enseignement au niveau de l'état des sciences.

La commission sentit que tous les services publics devaient avoir entre eux des points de contact dans la théorie et dans la pratique de leur art; qu'ils avaient tous besoin des mêmes connaissances, dans les arts graphiques; que ces études générales ne pouvaient se faire que sous les plus grands maîtres et dans le centre des arts, sous la surveillance des savants les plus distingués et en excitant l'émulation qui naît nécessairement d'hommes courant la même carrière. Mais laissons Biot retracer l'œuvre de cette commission :

« Les savants qui avaient rendu de si précieux services furent alors d'une ressource infinie. Monge joua parmi eux le rôle principal. Il avait

1. Hoguer.

été attaché, depuis sa jeunesse, à l'École de Mézières ; il connaissait parfaitement le mode d'instruction de cet établissement, et c'était précisément celui qu'on avait résolu d'appliquer à une école plus nombreuse et dans laquelle on introduisait les perfectionnements dus à l'avancement des sciences.

« Ces hommes habitués aux idées générales et dont la Révolution avait encore exalté les esprits et agrandi les vues, voulurent que la nouvelle École des travaux publics fût digne en tout de la nation à laquelle elle était destinée. Leur plan fut vaste dans son objet, mais simple dans son exécution. Ils virent que la science d'un bon ingénieur se compose de notions générales et communes à tous les genres de services et de détails pratiques propres à chacun d'eux. Parmi les premiers et au premier rang, sont les mathématiques élevées qui donnent de la tenue et de la sagacité à l'esprit. Viennent ensuite les grandes théories de la chimie et de la physique. Celles-ci fondées sur des définitions moins rigoureuses, mais procédant comme les mathématiques, développent cette sorte de tact qui sert à interroger la nature et montrent les ressources qu'elle peut fournir. Enfin, on doit y comprendre les principes généraux de toutes les espèces de constructions dont la connaissance est nécessaire pour rendre l'ingénieur indépendant des circonstances et des localités. On eut donc, dans la nouvelle École, des cours de mathématiques pures et appliquées, des leçons de géométrie descriptive, de fortification, de dessin et d'architecture civile, navale et militaire [1]. »

On s'inspira en outre des méthodes de la célèbre École de Schemnitz, fondée en Hongrie par Marie-Thérèse. Là, des laboratoires étaient ouverts aux élèves ; tous les ustensiles et les matériaux nécessaires étaient mis à leur disposition ; ils pouvaient exécuter les expériences et voir par leurs yeux les phénomènes de combinaisons des corps. On lui emprunta donc sa méthode d'exercer les élèves aux expériences chimiques. On prit à l'École de Mézières, qui l'appliquait depuis longtemps à l'étude de l'architecture et de la coupe des pierres, celle de joindre constamment la pratique à la théorie. De cette manière, disait Fourcroy, les élèves pourront répéter dans des salles particulières les opérations de géométrie descriptive que les professeurs auront enseignées en commun, et dans des laboratoires particuliers les opérations de chimie.

Telles furent les bases sur lesquelles les savants entreprirent d'organiser l'École centrale des travaux publics. Le gouvernement avait

---

1. Biot, *Histoire des sciences*, page 59.

cherché, à la vérité, le moyen de préparer à l'État des officiers instruits et des ingénieurs capables; mais les savants eurent un but plus vaste et bien plus élevé. Au moment où par l'effet naturel des guerres, des discordes, de l'anarchie, l'enseignement des arts et des sciences, dont on avait pu apprécier l'incontestable utilité, menaçait de disparaître, ils voulurent élever, selon l'expression de Monge, « le plus magnifique monument » à l'instruction publique.

L'exécution fut commencée à l'heure la plus sombre de l'année 1794, au moment où les *enragés,* puis les *indulgents,* étaient envoyés à la guillotine, où les exécutions sanguinaires terrifiaient les départements, où l'on réorganisait le tribunal révolutionnaire, où la terreur enfin était à l'ordre du jour. « Ainsi, s'écrie Michelet, se révèle l'immortelle grandeur de la Convention par le pouvoir qu'elle eut de mener de front et les batailles où le sang des siens coula goutte à goutte, et les études par où elle travailla au bonheur des générations futures! »

La révolution du 9 thermidor ne devait pas servir à hâter les travaux. Jusque-là, l'œuvre avait été exclusivement confiée à la commission des travaux publics. La création de cette commission centralisatrice n'avait été que le prélude de l'organisation gouvernementale nouvelle demandée par Carnot. Un mois plus tard, on avait en effet supprimé le conseil exécutif et les six ministères, et on les avait remplacés par douze commissions exécutives (12 germinal, 1er avril 1794). Chacune d'elles, composée de deux membres et d'un adjoint, devait exécuter les détails de son ressort, proposer les réformes et présenter ses projets tous les jours, au Comité de salut public qui leur donnait la direction, l'ensemble, le mouvement nécessaire et se réservait la pensée de gouvernement. Après le 9 thermidor, on s'empressa de modifier cette organisation puissante. Afin de détruire l'influence trop dominante du Comité de salut public, on rétablit les différents comités, et on leur laissa se partager la surveillance et la direction des affaires. De là, un affaiblissement, des tiraillements et des lenteurs. La commission des travaux publics se trouva dépendre à la fois de trois comités, celui de salut public, celui d'instruction publique et celui des travaux publics [1]. Il résulta de grandes entraves de la nécessité où l'on fut de recourir constamment à une commission et à trois comités. Fort heureusement, la création de l'École était à ce moment pour ainsi dire achevée. Les bases de l'organisation avaient été définitivement arrêtées et les travaux d'installation

---

1. Loi du 7 fructidor an II.

déjà commencés allaient être poursuivis avec la plus grande rapidité.

Il restait à demander à la Convention de voter les dernières mesures pour la mettre en activité. Fourcroy, de concert avec Prieur, se chargea de cette mission. Les propositions furent d'abord soumises au comité des travaux publics [1], composé des membres de l'ancien comité des ponts et chaussées, qui, l'année précédente, avaient, par leur projet de fusion, inspiré la première pensée de l'École. Celui-ci les approuva sans réserve. Le 3 vendémiaire, Fourcroy vint alors les soumettre à la Convention. Avant d'exposer, dans son rapport, le plan et le but de la nouvelle institution, et tout ce que le Comité de salut public avait déjà fait pour lui donner la vie, le savant représentant crut bon d'intéresser les passions d'alors en déclamant contre les vaincus [2]. « Il est démontré, dit-il, qu'un des plans des conspirateurs était d'anéantir les sciences et les arts pour marcher à la domination à travers les débris des connaissances humaines et précédés par l'ignorance et la superstition. » Après ce préambule obligé, Fourcroy rappela les efforts déployés par le Comité de salut public pour conserver à la défense de la patrie toutes les ressources de la science; il fit ressortir la nécessité impérieuse de fournir aux armées de la République les ingénieurs dont le besoin devenait de jour en jour plus pressant. « Il nous faut : 1° des ingénieurs militaires pour la construction et l'entretien des fortifications, l'attaque et la défense des places et des camps, pour la construction et l'entretien des bâtiments militaires, tels que les casernes, les arsenaux, etc.; 2° des ingénieurs des ponts et chaussées pour construire et entretenir les communications par terre et par eau, les chemins, les ponts, les canaux, les écluses, les ports maritimes, les bassins, les jetées, les phares, les édifices à l'usage de la marine; 3° des ingénieurs géographes pour la levée des cartes générales et particulières de terre et de mer; 4° des ingénieurs des mines pour la recherche et l'exploitation des minéraux, le traitement des métaux et la perfection des procédés métallurgiques; 5° enfin des ingénieurs constructeurs pour la marine pour diriger la construction de tous les bâtiments de mer, leur donner les qualités les plus avantageuses à leur genre de service, surveiller les approvisionnements des ports en bois de construction et en matériaux de toutes les espèces. » Fourcroy fit ensuite le tableau rapide de la situation des anciennes écoles, montrant combien l'instruction qu'on y donnait était incomplète et comment

---

1. Procès-verbaux du comité des travaux publics. — Séance du quatrième sans-culottide an II (Archives nationales).

2. E. Despois, *Vandalisme révolutionnaire*, page 63.

on avait dû l'établir sur de nouvelles bases. Il demanda toutefois qu'aucune de ces écoles ne fût supprimée, au moins jusqu'à ce que la nouvelle eût pris une marche assurée. Arrivant enfin à cette nouvelle école, il déclara qu'en la créant, le but de la Convention nationale était, non seulement de satisfaire aux besoins de la République dans les différentes professions utiles, « mais en même temps de ranimer l'étude des sciences exactes. » Il annonça que son enseignement serait basé sur les mathématiques et la physique, dont la connaissance est nécessaire pour tous les genres de construction et dont dépend le succès de tous les arts. Les élèves seraient choisis parmi les jeunes gens « ayant fait preuve d'intelligence et de bonne conduite et élevés dans les principes républicains ». Par le procédé d'enseignement révolutionnaire, « de cours concentrés de la durée de trois mois, » on pourrait, dit-il, les partager en trois divisions, de manière à mettre l'École immédiatement en activité dans toutes ses parties. Les dispositions arrêtées par le Comité de salut public touchant à leur exécution complète, il pressa l'assemblée de voter la dernière mesure à prendre, celle de procéder incessamment à l'admission des quatre cents élèves. Il réclama enfin un traitement pour ces élèves qui resteraient libres dans Paris et il indiqua les précautions que, dans sa sollicitude, le Comité comptait employer pour assurer la subsistance des jeunes gens aussi bien que la conservation des mœurs. « Tel est le plan, dit-il en terminant, d'un établissement prêt à éclore et dont votre prévoyance pour le salut du peuple a déjà fait décréter la création. La grandeur de cette École est digne du peuple auquel elle est destinée, elle sera sans modèle en Europe. »

Le projet de loi déposé par Fourcroy vint en discussion quatre jours après. Seul le député Calon, qui avait servi pendant plus de quarante ans en qualité d'ingénieur-géographe militaire, demanda à présenter quelques observations. Il fit ressortir l'importance auprès des généraux et aux états-majors des armées des ingénieurs géographes, dont l'institution remontait à plus de cent ans. « On ne sait par quelle fatalité, dit-il, au moment où on allait en avoir le plus grand besoin, Bureau de Puzy, officier du génie émigré, parvint à faire adopter par l'Assemblée constituante la proposition perfide de leur suppression, sur l'insidieux motif que les officiers du génie pouvaient les remplacer aux armées; » et il ajouta : « ce qui n'est point arrivé. » Nommé directeur général du dépôt de la guerre, Calon avait mis tous ses soins à suppléer « à la mesure désastreuse », en formant au dépôt plus de vingt ingénieurs en état de suivre les opérations de la campagne. Mais il n'était pas d'avis de recruter le corps dans la nouvelle

école. Il affirma que cette classe des ingénieurs géographes n'y obtiendrait aucun succès, attendu que là où se trouve terminée l'instruction des ingénieurs militaires, des ponts et chaussées, des mines ou constructions, là seulement commence, sur le terrain, l'apprentissage des ingénieurs géographes. Au dépôt central de la guerre, ils peuvent trouver, fit-il, à la fois d'habiles professeurs, une savante théorie et l'application pratique avec des ingénieurs instruits, des mémoires précieux, des recueils rares d'observations topographiques et géographques, tandis que la mesure proposée risquerait sous peu de vous laisser dans un dénuement absolu d'ingénieurs géographes [1].

Pour faire suite au rapport de Fourcroy, le Comité de salut public publia peu de jours après, sous le titre de *Développements sur l'enseignement adopté pour l'École centrale des travaux publics* [2], une sorte d'instruction détaillée qui fut répandue avec toute la publicité possible. Les *Développements* parurent sans nom d'auteur; mais, l'empreinte profonde de la main de Monge, dit Arago, se voyait dans l'ensemble du travail et dans tous les détails: il était alors en Europe le seul mathématicien capable de parler avec tant d'autorité de la géométrie descriptive et du mode d'enseignement, qui devait la rendre populaire [3]. Son influence d'ailleurs avait toujours été prépondérante dans la commission des savants et lui-même disait plus tard à M. Vallée: « J'ai tout arrangé comme je l'ai voulu. »

La loi fut rendue le 7 vendémiaire (28 septembre 1794). Elle annonça que des examens destinés à prouver l'intelligence des candidats ainsi que leur attachement aux principes républicains allaient avoir lieu simultanément dans vingt-deux villes de France, qu'ils se feraient en public, commenceraient le 20 vendémiaire et seraient terminés le 30. Elle n'admettait à se présenter que des jeunes gens de seize à vingt ans non compris dans la première réquisition et porteurs d'une attestation de civisme. Elle limitait à 400 le nombre dos élèves; elle fixait la durée du séjour à l'École à trois années, à l'expiration desquelles ceux qu'on en reconnaîtrait capables, seraient employés aux fonctions d'ingénieurs pour les différents genres de travaux, les non-admis retourneraient chez eux. Le Comité de salut public restait libre de prendre parmi ces derniers tous ceux dont il pouvait avoir besoin. Enfin la loi mettait l'École sous la

---

1. Observations présentées par Calon (de l'Oise), le 3 vendémiaire an III.
2. On trouvera une analyse complète de ce document dans l'*Histoire de l'École polytechnique*, par FOURCY.
3. ARAGO, *Biographie de Monge*, page 494.

direction de la commission des travaux publics pour toutes les mesures de détail, et fixait la date de l'ouverture des cours au 10 frimaire.

C'était une chose absolument nouvelle qu'un pareil concours où le rang, la naissance, la fortune ne devaient avoir aucune part. « Le principe du concours, a dit un publiciste, est une conquête pour la civilisation dont il constate les progrès, car il ne peut se pratiquer que dans un état social où tous les citoyens sont égaux devant la loi et également admissibles à tous les emplois publics [1]. » Jamais de pareils stimulants n'avaient encore poussé vers l'étude des jeunes gens aussi capables d'en profiter.

La commission des travaux publics désigna pour examinateurs, dans chacune des villes, les professeurs de mathématiques ou d'hydrographie, les ingénieurs des ponts et chaussées en résidence. Il y eut deux examinateurs pour Strasbourg et six pour Paris. Elle chargea en outre l'agent du district de choisir avec le plus grand soin un citoyen « recommandable par la pratique des vertus républicaines », qui jugerait de la moralité et de la bonne conduite des candidats et assisterait l'examinateur. On a voulu voir dans cette mesure la tendance du gouvernement à faire consister l'instruction des candidats principalement dans l'attachement aux principes républicains. Les instructions envoyées à l'examinateur et à l'agent du district répondent à ces insinuations. Elles recommandaient de s'attacher surtout à reconnaître l'intelligence et les dispositions des candidats pour les sciences et les arts. L'examinateur devait tenir compte non seulement des connaissances acquises sur les éléments d'arithmétique, d'algèbre et de géométrie, mais aussi des dispositions à apprendre de nouvelles choses en ayant égard « soit à leur âge, soit au temps qu'ils auront donné à leurs études, soit au plus ou moins de vivacité et de précision de leurs réponses ». C'est en ce sens que la commission, après avoir réuni tous les renseignements de nature à éclairer ses choix, entendait « naturellement préférer celui qui sait le mieux à celui qui sait le plus ». Il était impossible de procéder plus sagement lors d'un premier concours à une école nationale absolument nouvelle, et la publicité des épreuves garantissait la justice la plus assurée.

Les examens eurent lieu simultanément dans les principales villes. Les élèves de l'École des ponts et chaussées, déjà examinés pour cette école l'année précédente, ceux de l'école de Mars dont l'instruction dans les sciences mathématiques était le plus avancée [2], quelques-uns venus

1. *Le passé et l'avenir de l'artillerie,* par L. NAPOLÉON.
2. Rapport de Guyton-Morveau sur la suppression de l'École de Mars, 2 brumaire an III.

de l'école de Châlons formèrent le noyau de l'École des travaux publics. Il est intéressant de remarquer que dès ce moment les conducteurs des ponts et chaussées et les dessinateurs géographes, employés sous les ingénieurs, demandèrent à y être admis sans examen. Leur demande fut renvoyée à la commission des travaux publics qui eut à examiner si ces candidats remplissaient les conditions exigées [1].

Le nombre total des élèves admis fut de 349 parmi lesquels 1 venait du génie militaire, 2 du génie maritime, 22 des ponts et chaussées. Il fallut accorder des dispenses d'âge à un grand nombre d'entre eux. 70 avaient plus de 20 ans, 27 en avaient moins de 16, 1 n'avait que 12 ans et demi [2].

Un deuxième concours eut lieu à Paris et dans les départements pendant les mois de janvier et de février 1795; il porta le nombre des élèves à 396. Voici comment Prieur de la Côte-d'Or, dans le rapport sur la première organisation de l'École, qu'il fit à la Convention quelques mois après, apprécie les résultats du concours. « Les choix, dit-il, n'ont pas pu être aussi bons une première fois, qu'ils le deviendront dans les années postérieures. On reconnut bien vite qu'un tiers environ, par défaut d'aptitude ou d'instruction préalable ne pourrait profiter beaucoup de l'enseignement; mais un autre tiers était composé de très bons sujets parmi lesquels plusieurs faisaient concevoir les plus grandes espérances. » Et il ajoute : « Loin d'avoir à se plaindre de l'ensemble, on doit au contraire se montrer content du bien qui s'y trouve [3]. »

Tandis qu'on faisait passer les examens par toute la France, ce fut Prieur qui prit les mesures concernant la disposition des lieux, la réunion des instruments et des livres d'instruction, l'organisation matérielle, et, sous son énergique impulsion, la commission des travaux publics hâta les derniers préparatifs.

Nommée le 27 ventôse et composée, comme toutes les commissions exécutives, de deux membres, Fleuriot-Lescaut et Dejean, et d'un adjoint, Lecamus, elle était entrée en fonctions le 20 germinal. Barrère avait fait mettre à sa disposition, pour y installer les différents services de l'École à la fondation de laquelle elle devait présider, tous les bâtiments de l'ancien Palais-Bourbon, qu'on appelait *la Maison de la Révolution*. « Les édifices les plus beaux, les plus somptueux, avait-il dit, devaient être employés au service de la République. » Le Comité de salut public, dont

1. Séance du comité des travaux publics du 12 vendémiaire an III.
2. FOURCY, *Histoire de l'École polytechnique*.
3. Rapport de Prieur (de la Côte-d'Or), du 30 prairial an III.

les décrets alors n'étaient jamais lettre morte, ayant donné l'autorisation de mettre immédiatement en vente les meubles, les ustensiles et tout ce qui se trouvait dans les bâtiments, les travaux furent poussés avec la plus grande activité, et quand Monge et Hassenfratz vinrent, le 6 messidor, faire un rapport sur leur état, ils trouvèrent que tout se disposait à la fois dans les différentes parties du palais.

Au commencement de thermidor, quelques locaux restaient encore occupés; des meubles, des machines appartenant à un constructeur y avaient été laissés; ordre fut donné de les enlever dans les dix jours[1]. On disposa, pour les leçons particulières d'analyse et de descriptive, vingt salles situées au premier étage et à l'entresol de la cour de l'appareil et de la charpente; pour celles de physique, vingt autres dans le rez-de-chaussée des bâtiments compris entre la première cour et le jardin. Là furent également placés la bibliothèque et le cabinet de minéralogie.

Au-dessus des grandes écuries, on installa deux salles de dessin, une pour la figure et l'autre pour la ronde bosse; au-dessus de l'orangerie, une autre, beaucoup plus vaste, était destinée à l'architecture. La maison Lassay, contiguë au palais, fut réservée pour les leçons générales de mathématiques, et, pour celles de physique générale, on y construisit un amphithéâtre à quatre cents places. Les cabinets des modèles, des machines et des dessins, occupèrent la salle de spectacle; le dépôt d'ustensiles et le laboratoire d'expériences étaient logés à l'étage inférieur; enfin, les bureaux de l'administration, de la direction et des agents particuliers se trouvaient dans la cour des artistes; le logement du directeur était aménagé dans les petits appartements de cette cour.

Lamblardie, qui avait été chargé de réunir, dans les travaux préparatoires des comités, tous les éléments relatifs à l'organisation de l'École, en fut nommé le premier directeur (arrêté du 15 thermidor an II). Il s'adjoignit Gasser, un autre ingénieur des ponts et chaussées, et tous deux veillèrent à l'exécution du plan approuvé par la commission. Des ingénieurs du plus grand mérite travaillèrent avec eux.

Un décret du 7 fructidor désigna Lesage et Baltard pour rassembler tous les modèles d'ouvrage et de machines, tous les dessins et modèles courants et tous les livres indispensables; Barruel pour réunir tous les meubles, instruments et approvisionnements nécessaires à la chimie et à la physique générale, et le citoyen Germain Pifre pour rechercher les meubles dont on pouvait avoir besoin dans les salles de travail. En même

---

1. Décret du 15 thermidor.

temps, la commission temporaire des arts, établie près le comité d'instruction publique, fut invitée à indiquer, parmi les effets nationaux à sa connaissance, ceux qui pourraient servir à l'instruction des élèves. Elle dut en adresser l'état au Comité de salut public et fut autorisée à requérir la levée des scellés apposés sur tous ces effets [1].

Il y avait, dans l'hôtel d'Aiguillon, un dépôt d'instruments de physique provenant du garde-meuble, de l'Académie des sciences et de propriétés particulières. Dans cette collection, formée par les soins du physicien Charles, Barruel choisit deux cent soixante objets (20 brumaire). A l'hôtel de Nesle de la rue de Beaune, à l'Académie de peinture et au Cabinet des estampes, Neveu fit prendre des tableaux copiés d'après les grands maîtres de l'Italie et d'après Rubens, des bustes de marbre d'après l'antique, des figures moulées en plâtre, des exécutions en creux des plus belles statues. Pour l'architecture, Lesage trouva à l'hôtel de Choiseul-Gouffier des modèles en plâtre exécutés par le citoyen Fouquet. Il prit, dans un hôtel de la rue Pagevin, une collection de modèles des monuments célèbres d'architecture, tous exécutés avec la plus grande perfection [2].

On saisit à l'hôtel des ci-devant d'Orléans une collection précieuse provenant de l'ancien cabinet du citoyen Grongnard, dont ces princes avaient fait l'acquisition. Elle contenait des modèles de l'architecture navale depuis l'origine du canot jusqu'au vaisseau de premier rang. Lesage requit des modèles de machines dans la maison Mortagne, dans l'hôtel d'Harcourt, chez le citoyen Vandermonde, rue de Charonne, et à la salle des machines de l'ancienne Académie des sciences. Chez le maréchal de Castries, on prit encore un modèle de vaisseau, exécuté par Grongnard, et le plan en relief de Toulon. On fit aussi beaucoup d'acquisitions chez des particuliers.

La commission demanda les portefeuilles de l'Académie d'architecture; elle reçut les projets de concours annuels, ainsi que ceux des pensionnaires de France à Rome; elle acheta au citoyen Fouquet pour plus de 2,000 francs de modèles en plâtre. Enfin elle se fit remettre le cabinet de minéralogie de Lavoisier (24 frimaire). Il fallait, pour les laboratoires, des ustensiles, des matières premières : la commission supérieure du commerce reçut l'ordre de fournir 6,000 livres de cuivre, 2,000 d'étain (14 brumaire). Trois jours après, elle dut expédier des magasins du

---

1. Un décret du 18 octobre 1792 avait exempté de la vente à l'encan, ordonnée pour tous les biens des émigrés, les livres, estampes, tableaux, les monuments des sciences et des arts.

2. Procès-verbaux de Comité du salut public (Archives nationales).

Havre 20 milliers d'huile de spermaceti, 210 limes, 300 livres de fer à martinet. L'agence nationale des poudres envoya 2 barils de potasse, 500 livres de salpêtre; celle des armes fournit des voies de bois par centaines, des limes, du charbon, du fer forgé. Celle des transports procura toutes les voitures dont on eut besoin pour les charrois. La monnaie donna quelques onces d'or et quelques marcs d'argent pur. Nos armées, qui s'avançaient à l'étranger, furent invitées à expédier 100 livres d'alun tiré de la Belgique, 200 livres de mercure du Palatinat. On fit chercher des chaudières en fer dans les magasins de la rue Saint-Dominique, des ustensiles en cuivre dans l'église Saint-Séverin, qui servait de magasin national (29 brumaire). Une horloge était indispensable, on alla prendre celle des ci-devant religieuses carmélites du faubourg Saint-Germain et on la transporta dans la cour du Palais-Bourbon (14 brumaire).

Le personnel fut rassemblé à peu près de la même manière. A l'arsenal de Meulan on alla requérir, pour les donner à l'ingénieur Dumoutier, les ouvriers habiles à la réparation des instruments de physique. Des élèves de l'École de Mars (Barruel, Paquier, Louis Garin) furent invités à se rendre à l'École sans délai, pour y être employés à divers services. Monge ayant besoin d'un adjoint, fit appeler un élève des Ponts, nommé Choron; Hassenfratz en prit un autre, nommé Brochain (22 brumaire).

Il fallut encore préparer les portefeuilles des professeurs de géométrie descriptive. Chacune des parties de cette science, telle que la géométrie descriptive pure qui n'avait jamais été enseignée publiquement, la coupe des pierres, la charpente, la perspective, les ombres, l'architecture, les travaux civils et les fortifications, exigeait une collection de dessins et d'épreuves gravées. Vingt-cinq des meilleurs dessinateurs de Paris avaient été réunis à la maison Pommeuse, au coin de la rue de Bourgogne et de la rue de l'Université. Là, sous la direction d'Hachette, ils s'étaient occupés sans relâche de la confection des dessins qui devaient être distribués comme modèles à la suite de chaque leçon. En même temps, des artistes très distingués moulaient en plâtre des modèles de coupe de pierre et d'architecture.

Grâce à cette activité *révolutionnaire*, comme on disait alors, on espérait ouvrir les cours au Palais-Bourbon le 10 frimaire. L'ouverture ne put avoir lieu au jour fixé. Des difficultés inséparables de l'exécution se produisirent. Les comités, après s'être concertés sur les moyens d'exécuter la loi du 7 vendémiaire et de hâter la mise en activité de l'École, avaient

décidé de nommer chacun un délégué pour examiner la proposition de la commission des travaux publics. Le Comité de salut public désigna Fourcroy, celui d'instruction publique, Guyton-Morveau; celui des travaux publics, Roux-Fazillac[1]. Les trois délégués réunis eurent pleins pouvoirs, au nom de leur comité respectif et chacun d'eux devait lui rendre compte des résolutions adoptées. Mais on craignit sans doute de leur avoir confié des pouvoirs trop étendus, car deux jours après, le comité des travaux publics retirait à son délégué une partie de l'autorité concédée et, tout en reconnaissant la nécessité de centraliser les opérations, il demandait et réussissait à obtenir que les actes concernant l'organisation fussent signés par tous les membres des trois comités. Ces formalités occasionnèrent des retards. Cependant le recours à des commissaires délégués était le seul mode qui permît de poursuivre l'exécution suivant les plans précédemment élaborés. Prieur fit comprendre à la Convention comment on n'aurait pu parvenir sans cela à triompher des difficultés de toute nature et à terminer ce qui restait à faire. En choisissant les commissaires parmi les hommes qui avaient préparé les projets d'organisation, on conserva l'unité du plan et les trois comités sanctionnèrent toutes les mesures[2].

La résolution qu'on avait prise de donner tout d'abord aux 400 élèves réunis une instruction préparatoire rapide, de manière à permettre la séparation immédiate en trois divisions, comme si l'École avait trois années d'existence, nécessita des dispositions nouvelles et occasionna de nouveaux retards. Au reste, quand tout aurait été préparé le 10 frimaire, on aurait encore été obligé d'attendre que les élèves fussent arrivés des départements.

L'ouverture fut donc reculée jusqu'au 1er nivôse (10 décembre 1794). Ce délai permit au comité de soumettre à la Convention les règlements concernant l'enseignement, les examens et la distribution du travail qu'il avait préparés. Sans doute l'organisation n'avait pas la perfection que donnent seuls l'expérience et le temps; mais les bases en avaient été si sagement établies, telle avait été la supériorité des vues de ses fondateurs, que l'institution subsiste, après cent ans, sans modification fondamentale. Ainsi, disait plus tard Guyton-Morveau, la « rapidité du torrent révolutionnaire ne laisse pas apercevoir les frottements, et dans ces entreprises qui sortent des limites posées par l'usage, la force de première

1. Procès-verbal de la séance du 12 vendémiaire an III, au comité des travaux publics (Archives nationales).
2. Rapport de Prieur, du 30 prairial an III.

impulsion approche plus sûrement le but que le mouvement continuellement retardé par les oscillations d'un régulateur. » L'École centrale des
travaux publics, après des difficultés sans nombre, accrues par les boule-
versements politiques, allait enfin recevoir la vie et le mouvement.

PREMIÈRE ORGANISATION

Arrêté du 6 frimaire an III (26 novembre 1794). — L'École des chefs de brigade. — Les cours
révolutionnaires. — Loi du 15 fructidor an III (1er septembre 1795). — Loi du 30 vendémiaire an IV (22 octobre 1795).

La première organisation de l'École polytechnique n'a été l'objet ni
d'une loi ni d'un décret; elle a été envoyée à la Commission des travaux
publics comme un arrêté pris par le gouvernement au nom des trois Comités réunis de salut public, d'instruction publique et des travaux publics.

L'arrêté, daté du 6 frimaire an III (26 novembre 1794) est divisé en
cinq titres. Il énumère les matières qui seront enseignées à l'École et
indique le mode d'enseignement; il détermine la distribution du temps
dans chaque année d'études ; il règle tout ce qui est relatif aux élèves ;
il définit les fonctions de tous les agents, professeurs, administrateurs,
artistes, chefs de brigade, aides de laboratoire, commis, employés, etc.;
il organise enfin les cours préliminaires qui doivent servir à répartir les
élèves en trois divisions.

Les dispositions fondamentales de l'enseignement ayant été exposées
avec les plus grands détails dans les *développements* qui faisaient suite au
rapport de Fourcroy, le titre Ier se borne à des considérations sommaires.
Il partage l'enseignement en deux branches principales, les mathématiques et les sciences physiques. Les mathématiques comprennent : 1° l'analyse avec les applications à la géométrie et à la mécanique ; 2° la
géométrie qui se divise en trois parties, géométrie descriptive pure, architecture et fortification ; 3° le dessin d'imitation. Les sciences physiques
renferment la physique générale et la physique particulière ou chimie.

La durée des études est fixée à trois années après lesquelles les élèves,
doivent être employés à tous les genres de travaux publics. En conséquence, ils sont répartis en trois divisions correspondant à la première,

à la deuxième et à la troisième année d'études. A chacune de ces divisions est affectée une salle commune destinée aux leçons des instituteurs généraux, un certain nombre de salles particulières et de laboratoires où les élèves de la division, réunis par brigades de 20, doivent exécuter eux-mêmes les opérations dépendant des sciences et des arts qui leur seront enseignés. Chaque brigade est présidée par un chef capable de maintenir l'ordre et de lever les difficultés qui peuvent se présenter. Les *chefs de brigade* sont chargés de surveiller les salles d'étude et de venir en aide aux instituteurs. Les *aides de laboratoire* doivent préparer les expériences et en surveiller l'exécution.

Les élèves travaillent dans l'intérieur même de l'École, ils sont distribués par salles pour le dessin de la géométrie descriptive et l'étude de l'analyse ; ils ont des laboratoires pour s'exercer aux manipulations chimiques ; ils exécutent de leurs propres mains les dessins, les calculs et les opérations chimiques qui ont été l'objet des leçons orales des professeurs. L'arrêté fait ressortir le caractère spécial de l'enseignement de l'École, celui qui le distingue éminemment de tous ceux pratiqués jusqu'alors et que ses auteurs regardent comme le plus fécond en succès.

Le cours complet d'études devant durer trois ans, si l'on avait suivi une marche régulière, il aurait fallu attendre trois années pour que l'enseignement complet fût monté. Mais les besoins de la République, avait dit le rapporteur de la loi de vendémiaire, ne permettaient pas de suivre une marche aussi lente. Le gouvernement entendait retirer sur-le-champ des fruits de la nouvelle institution qu'il venait de créer et lui donner immédiatement l'état d'uniformité qu'elle devait atteindre. Pour y parvenir, il avait imaginé de réunir momentanément en une division unique les quatre cents élèves admis et de leur donner, dans l'espace de trois mois, un enseignement *révolutionnaire* embrassant sous une forme rapide et concentrée les matières qui, d'après les programmes, devaient être réparties sur trois années. Cette instruction complète quoique accélérée, avait dit Fourcroy, « permettra de partager les élèves en trois classes dont chacune suivra sur-le-champ l'étude affectée à chacune des trois années, en sorte que l'École se trouvera, dès sa naissance, en activité dans toutes ses parties ».

Le mode des cours révolutionnaires n'était pas nouveau ; le Comité de salut public l'avait inauguré en 1793 et il avait annoncé que « la République saurait en tirer parti pour plus d'un genre [1] ». Il sut l'appliquer

1. *Discours de Barrère à la création de l'école de Mars.*

à la même heure et avec le même succès à la création de l'École centrale
des travaux publics et à celle de l'École de médecine. Là les étudiants si
nombreux furent également divisés en trois classes : celle des *commen-
çants,* celle des *commencés,* celle des *avancés*[1] de sorte que le fonctionnement de l'institution se trouva immédiatement assuré.

Au Palais-Bourbon les cours révolutionnaires eurent un immense
retentissement. Toutes les sciences vinrent successivement se dérouler
aux yeux des élèves « comme dans un tableau magique[2] ». Chaque instituteur présenta à son tour l'exposé concis de la science qu'il avait à
traiter. Le dessin eut aussi son cours préliminaire où les principes généraux de l'art ont été pour la première fois développés. « Qui n'a pas
connu, raconte l'un des auditeurs, dans une intéressante notice[3], le
vaste amphithéâtre semi-circulaire du Palais-Bourbon, dont le cercle inférieur était occupé par des notabilités scientifiques, qui n'a pas été
témoin de l'attention avide de ces quatre cents auditeurs, le regard fixé
sur le professeur et l'oreille pour ainsi dire suspendue à ses lèvres, qui
n'a pas vu ce spectacle frappant ne s'en fera jamais une idée complète !
Dans ce silence profond, on eût entendu le vol d'une mouche, mais surtout quand c'était Monge ou Fourcroy qui parlait. »

Tous les jours, il y avait leçon d'analyse à huit heures du matin,
leçon de chimie à dix heures, leçon de géométrie descriptive à midi.
Le soir, après cinq heures, on donnait la leçon de dessin. La matinée
du quintidi était consacrée à la physique générale, le décadi était
le seul jour de repos. Les cours révolutionnaires, commencés le
21 décembre 1794, se terminèrent le 21 mars 1795. A la suite de ces
cours, on procéda au classement des élèves d'après un examen subi
devant le conseil de l'École assemblé.

L'instruction des chefs de brigade fut menée de front. En temps normal, on devait choisir, parmi les sujets distingués qui auraient terminé
leurs trois années d'études, les jeunes gens dont la mission était de se tenir
constamment avec les élèves pour aplanir les difficultés et leur donner
les explications nécessaires. Une disposition conçue dans le même esprit
que celles adoptées pour l'enseignement général permit d'obtenir immédiatement les bons résultats qu'on se promettait de leur institution.
Tandis que les examens d'admission s'achevaient, un décret du 16 brumaire, rendu sur la proposition de la Commission des travaux publics,

1. DESPOIS, *Vandalisme révolutionnaire,* p. 117.
2. Lettre d'un père au directeur.
3. *Souvenirs de J.-N. Jomard.*

décida qu'on donnerait à vingt-cinq élèves, sous le titre d'*aspirants in-structeurs,* les connaissances préliminaires indispensables aux fonctions de chef de brigade. Sur les instances de Monge, le gouvernement fit re-chercher partout les jeunes gens déjà instruits et capables de devenir promptement instructeurs de leurs camarades. Il choisit parmi les can-didats à l'admission ceux qui s'étaient déjà distingués soit à l'École du génie de Mézières, soit à l'École des ponts et chaussées de Paris, et il recruta les autres d'après les notes obtenues aux examens. Plusieurs étaient encore aux armées; on se hâta de les rappeler [1]. Un nouveau dé-cret porta peu de jours après (29 brumaire) leur nombre à cinquante, et l'on fit un nouveau choix parmi les élèves qui annonçaient les meilleures dispositions.

L'École préparatoire des chefs de brigade put alors être ouverte dès le milieu du mois de novembre et marcher de concert avec les cours révo-lutionnaires. Elle fut installée primitivement au numéro 4 du quai Vol-taire, dans un hôtel que le Comité de salut public avait à sa disposition et dans lequel se trouvait un laboratoire de chimie dirigé par Guyton de Morveau, un atelier pour la préparation des lames de sabres et plu-sieurs salles très vastes. Un peu plus tard, quand le nombre des aspi-rants eut été augmenté, elle fut transportée dans une maison plus spacieuse et moins éloignée, à l'hôtel Pommeuse, près du Palais-Bour-bon, derrière la fontaine.

Monge dirigea l'instruction. Il ouvrit ce célèbre cours de géométrie descriptive où l'on vit pour la première fois la méthode de projection enseignée à Paris comme elle l'avait été auparavant à l'École de Mézières. Il faisait une leçon tous les jours; après la leçon, les élèves dessinaient l'épure expliquée. On leur distribuait, pour faciliter le travail, les modèles en bois ou en pierre qu'avait réunis M. Brocchi, le premier conserva-teur des modèles, ou bien une épure gravée au bureau des dessinateurs, sous la direction d'Eisenmann et tirée soit de l'ouvrage de La Rue, soit des cahiers manuscrits de l'ancienne École de Mézières. Mais ce fut sur-tout par les entretiens particuliers qu'il faisait chaque fois succéder à ses leçons de géométrie ou d'analyse que Monge contribua à l'instruction rapide des aspirants instructeurs. « C'est là, dit l'un d'eux [2], que nous

---

1. Biot avait été soldat et canonnier : il revint, malade, après la bataille d'Hondschoote, à Paris, dans la voiture de Saint-Just. (*Causeries du lundi,* SAINTE-BEUVE, t. V, p. 357).

Malus était employé comme soldat à la réparation du port de Dunkerque, il fut distingué là par l'ingénieur Lepère et demandé à lui par Monge qui l'avait connu et apprécié à Mézières.

Onze des premiers chefs de brigade sortaient de l'École de Mézières.

2. *Éloge de Monge,* par Barnabé BRISSON.

apprîmes à connaître cet homme si bon, si attaché à la jeunesse, si dévoué à la propagation des sciences. Presque toujours au milieu de nous, il devenait l'ami de chacun ; il s'associait aux efforts qu'il provoquait sans cesse et applaudissait avec toute la vivacité de son caractère aux succès de la jeune intelligence de ses élèves. » Ce même élève aimé du maître, plus tard, son compagnon et son ami, raconte avec attendrissement comment tous s'ingéniaient à lui exprimer leur reconnaissance et leur admiration. « Quelques-uns d'entre eux, nous dit-il, avaient recherché par l'analyse les courbes d'égale teinte sur la surface d'une sphère non polie ; l'un d'eux se chargea de dessiner en secret une sphère en y disposant les teintes d'un lavis d'après les résultats du calcul. L'image était parfaite ; sitôt qu'elle fut achevée, on la plaça sous les yeux de Monge. Il est difficile de se faire une idée du bonheur qu'il éprouva ; vingt ans après, il ne pouvait en parler sans émotion. »

L'institution des chefs de brigade était sans modèle, elle appartenait tout entière à Monge. A Mézières, où les élèves du génie étaient partagés en deux groupes de dix, il avait en réalité rempli pendant quelque temps les fonctions d'un chef de brigade permanent pour les deux divisions. Les heureux résultats d'une organisation semblable, fait observer Arago, étaient trop présents à sa mémoire pour qu'il n'essayât pas de doter l'École des mêmes avantages.

L'ensemble des divisions devait se composer de vingt-cinq sections de seize élèves chacune ; Monge voulut qu'à la suite des leçons chaque section eût son chef de brigade comme dans les temps ordinaires ; il voulut, en un mot, que l'École, à son début, marchât comme si elle avait eu trois ans d'existence. Les cinquante aspirants suivaient, le matin, avec tous leurs camarades, les cours révolutionnaires au Palais-Bourbon, et, le soir, ils se réunissaient à la maison Pommeuse. En trois mois, ils firent de grands progrès. « Tous montrèrent le plus grand zèle, et quelques-uns d'entre eux développèrent de vrais talents. Non seulement ils étudièrent avec fruit ce qu'ils étaient destinés à enseigner aux autres, mais ils s'occupèrent encore de recherches nouvelles et ils firent faire à la géométrie descriptive quelque progrès [1]. »

Monge s'était adjoint trois instituteurs qui se partagèrent l'enseignement. Barruel eut la physique générale, Jacotot la physique particulière ou chimie, Hachette la géométrie descriptive. Ces savants distingués le secondèrent dignement dans sa tâche, et plusieurs fois le grand Lagrange

---

[1]. *Journal de l'École polytechnique*, 1er cahier.

ne dédaigna pas de la partager. Monge suivait assidûment tous les
exercices, et, en réalité, il forma les chefs de brigade à lui seul. Il passait des jours entiers au milieu d'eux, leur répétant les leçons de géométrie descriptive et d'analyse, leur expliquant les épures d'application,
les exhortant, les encourageant, les enflammant de cette ardeur dont
lui-même était animé. Il se multipliait pour être partout à la fois, aux
travaux préparatoires de l'École avec le directeur Lamblardie, au Comité
de salut public, à la maison Pommeuse, « ne s'épargnant ni fatigues
ni soins pour fonder sur des bases solides la durée et la prospérité d'un
établissement qui était en grande partie son ouvrage [1] ».

« Que l'on se figure, dit Biot, des jeunes gens assez instruits déjà
pour sentir le prix d'un enseignement pareil. Entourés de tous les
moyens de travail imaginables, comblés de soins et d'encouragements,
tour à tour et continuellement occupés de mathématiques, de physique
et de chimie, dans un temps où nulle occasion de s'instruire n'existait
plus, et on concevra tout ce qu'un pareil concours de circonstances devait
exciter en eux d'émulation [2]. »

Quand vint le moment de désigner, entre les cinquante aspirants, les
vingt-cinq plus capables, Monge crut pouvoir se dispenser d'intervenir.
Les élèves firent eux-mêmes le choix au scrutin de liste à la majorité
absolue. Dix-sept candidats obtinrent plus des trois quarts des voix, les
huit autres plus des deux tiers. « De telles marques d'honnêteté et
d'intelligence, observe Arago, contribuèrent puissamment à la renommée
de notre grand établissement national. » Les premiers chefs de brigade
furent : Asselin, Berge, Biot, Brisson, Brochant, Bruslé, Callier, Cavenne,
Chanson, Debaudre, Donop, Dupuis, Eudelles, Fayolles, Francœur,
Guignet, Hanterre, Hesse, Lancret, Lahure, Malus, Pattu, Patural, Rey,
Saint-Genis.

A la fin des cours révolutionnaires on procéda à la formation des
trois divisions. La première division, dont le cours d'études devait être
de trois ans, comprit cent cinquante-deux élèves, répartis en huit brigades. Elle fut composée des moins instruits et de ceux qui avaient été
admis à la suite des derniers examens. La deuxième et la troisième
eurent chacune cent quinze élèves répartis en six brigades. Pour l'une et
l'autre, la durée des études devait être de deux années, à la fin de chacune
desquelles les élèves alterneraient de manière à compléter leur instruction.

Le classement ne laissa pas de causer de vives appréhensions aux

1. *Journal de l'École*, 1ᵉʳ cahier.
2. BIOT, *Biographie de Malus*.

parents. « Je conçois très bien, écrivait l'un d'eux au directeur, que cette première formation de l'École, en tirant tous les élèves des départements, a été comme manière de réquisition, qu'on se réserve de garder les plus forts et d'éliminer les plus faibles. Je suis persuadé que, parmi les éliminés, il y a tel sujet qui dans trois ans eût *damé le pion* aux plus forts actuels. Mais trois ans, c'est une éternité dans un temps pareil à celui où nous vivons, où nous dépensons deux siècles par jour. » On comptait, en effet, sur les éliminations, sur des changements de destination, des retraites, des nominations aux emplois de chefs de brigade et l'on espérait recevoir dans l'année suivante des élèves qui compléteraient les deux dernières divisions.

L'ouverture des cours ordinaires eut lieu le 5 prairial an III (24 mai 1795). Elle fut solennisée par une leçon de Lagrange, en présence des trois divisions réunies et des instituteurs eux-mêmes, venus avec empressement se ranger parmi les auditeurs de l'un des hommes qui avaient le plus contribué à la gloire des sciences. A partir de ce moment, l'enseignement régulier commença. Les premiers savants de l'Europe, les hommes les plus distingués par la variété de leurs connaissances, leurs travaux, leurs découvertes, ardents patriotes auxquels le gouvernement avait déjà confié d'importantes fonctions en reconnaissance de leurs talents et de leurs vertus avaient été choisis pour être *instituteurs*[1] des élèves. C'étaient Lagrange et Prony pour l'analyse, Monge et Hachette pour la stéréotomie, Delorme et Baltard pour l'architecture, Dobenheim et Martin pour la fortification, Neveu pour le dessin, Hassenfratz et Barruel pour la physique générale, Berthollet, Chaptal, Pelletier, Vauquelin pour la physique particulière ou chimie. Les représentants Fourcroy, Guyton-Morveau, Arbogast, Ferry avaient voulu concourir aussi à l'enseignement et partager pour quelque temps les travaux des instituteurs.

On peut se faire une idée de l'enthousiasme des élèves étudiant, sous de tels maîtres, des sciences à peu près nouvelles. « Si on se représente un moment par la pensée quatre cents jeunes gens, choisis par leurs premières connaissances en mathématiques, rassemblés sur un amphithéâtre, écoutant des instituteurs qui viennent successivement dans l'espace de trois mois leur présenter le magnifique tableau des sciences et des arts, dont ils apprécieront en détail les diverses parties pendant leur séjour à l'École, si l'on voit ensuite ces élèves se distribuer par brigades de vingt,

---

1. La dénomination d'instituteur fut remplacée par celle de professeur sur l'observation de Fourcroy à la séance du Conseil du 18 pluviôse an V.

dans des salles où ils travaillent six heures par jour, tracer les nombreux objets de la géométrie descriptive qu'on leur enseigne; si, de là, on les suit dans un local orné de tout ce qui peut embellir leur imagination et former leur goût pour le dessin, sur lequel ils s'exercent dans les trois dernières heures du jour, en alternant par divisions pour l'étude de l'analyse, pendant le même temps; si on les retrouve, deux jours de chaque décade, dans les laboratoires de chimie, manipulant eux-mêmes après avoir reçu les leçons de leur instituteur, et s'y délassant par l'exercice du corps et l'attrait de tant d'objets curieux, de l'application donnée, les autres jours, aux objets plus sérieux des mathématiques; quel intéressant spectacle! qui ne se sentira heureux et ne se glorifiera pas d'avoir à contribuer à l'instruction, aux premiers essais, aux progrès d'une jeunesse si chère à la République par l'espoir qu'elle lui donne. Ce sentiment pour les instituteurs, les administrateurs et tous les agents de l'École, est déjà pour eux la plus digne récompense de leurs soins; et leur zèle pour remplir les devoirs de leurs fonctions l'emportera toujours sur les fatigues qui en sont inséparables [1]. »

L'enseignement des trois années d'étude fut réparti de la manière suivante : Dans la première année, disait l'arrêté d'organisation, les élèves apprendront les principes généraux de l'analyse et son application à la géométrie des trois dimensions, la stéréotomie qui donnera des règles générales et des méthodes pour la coupe des pierres, la charpenterie, la détermination des ombres, la perspective aérienne et linéaire; le nivellement et l'art de lever des plans et des cartes; la description des machines simples et composées; la physique générale; la première partie de la chimie qui comprendra les substances salines.

Pendant ces trois années ils dessineront la figure d'ornement et le paysage, ils copieront les dessins, la bosse ou la nature, suivant la rapidité de leurs progrès.

Dans la deuxième année, ils étudieront l'application de l'analyse à la mécanique des solides et fluides, l'architecture qui renferme la construction et l'entretien des chaussées, des ponts, des canaux et des ports, la conduite des travaux des mines, la construction et la décoration des édifices particuliers et nationaux et l'ordonnance des fêtes publiques, la physique générale et le dessin comme la première année, la seconde branche de la chimie, qui traite des matières végétales et animales.

Dans la troisième année, ils appliqueront l'analyse au calcul de

---

l'effet des machines. Ils suivront le cours de physique générale et celui de dessin comme les années précédentes. Ils étudieront la troisième partie de la chimie qui s'occupe des minéraux, enfin ils apprendront l'art de fortifier les places ou les frontières, et celui de les attaquer ou de les défendre.

Pour l'administration de l'École, l'arrêté du 6 frimaire institue d'abord un directoire, centre commun de l'exécution. Il se compose d'un directeur et trois sous-directeurs adjoints pour en être l'œil et le bras, chacun dans la partie qui lui est confiée. Le directeur obéit aux lois générales de la République et particulières de l'École, aux ordres du ministre, aux décisions du Conseil, aux demandes et réclamations du public. Il est chargé de la police tant intérieure qu'extérieure de l'établissement, il surveille les élèves, les chefs de brigade, les conservateurs et généralement tous les fonctionnaires et agents. C'est à lui que doivent s'adresser les élèves en arrivant à Paris; il prend soin de leurs intérêts, pourvoit à leur logement et entretient la correspondance avec les parents.

Lamblardie fut nommé directeur dès le mois de thermidor. On lui donna comme adjoints Gardeur-Lebrun pour le personnel des élèves, la surveillance et l'instruction; Gasser pour le matériel, les objets d'art, les travaux et les approvisionnements; Lermina pour l'administration proprement dite, la comptabilité en deniers et en nature, la surveillance des laboratoires particuliers et la correspondance. Le sous-directeur Lebrun eut sous ses ordres trois substituts, attachés chacun à l'une des trois grandes divisions d'élèves et chargés de les surveiller dans les salles d'étude et dans les laboratoires.

L'arrêté instituait, en outre, un *conseil* composé des instituteurs et de leurs adjoints, du directeur, des sous-directeurs et d'un secrétaire en même temps bibliothécaire. Ce Conseil, est-il dit, a la direction suprême, tant pour l'instruction que pour l'administration. Il dirige la police et l'administration de l'École, sous la surveillance des autorités supérieures; il s'occupe des moyens de perfectionner l'enseignement et de reculer les limites des sciences et des arts. Il règle l'emploi du temps et le choix des livres et des modèles capables d'assurer le succès des élèves. Il examine tous les projets d'amélioration et d'économie qui lui sont présentés par le directeur et il détermine les mesures extraordinaires qu'il serait utile de proposer à la commission des travaux publics ou aux comités de la Convention.

Le président du Conseil devait être nommé tous les mois au scrutin, il n'était pas rééligible. La première présidence échut à Lagrange; on

49

voulut nommer Monge, il refusa : « Prenez Lagrange, dit-il lui-même, je vaux mieux attelé au char que monté sur le siège. » Lorsqu'il fut nommé, le deuxième mois, Monge reconnut bien vite que la confusion pourrait résulter des attributions diverses du Conseil. Il fit arrêter qu'il y aurait, chaque décade, une séance réservée aux affaires d'administration et de police et que les autres seraient exclusivement consacrées à perfectionner l'enseignement, à accélérer les progrès des sciences et des arts, à donner lecture des mémoires composés par les instituteurs pour être insérés dans le Bulletin de l'enseignement. Ce Bulletin, dont la rédaction avait été ordonnée par un arrêté du 28 nivôse, devait être imprimé tous les mois et tiré à trois mille exemplaires destinés aux membres de la Convention, aux élèves, aux instituteurs et agents, aux ingénieurs et à tous les établissements d'instruction (arrêté du 24 prairial an III).

La création de l'École centrale des travaux publics pouvant être regardée comme achevée, les trois comités réunis chargèrent la commission exécutive des travaux publics de maintenir l'organisation adoptée sans avoir besoin de recourir à leur approbation, mais sous la réserve de leur envoyer un rapport chaque décade. Ils nommèrent chacun un commissaire pour visiter de temps en temps l'École, y soutenir le zèle des élèves, des instituteurs et des agents et leur faire au besoin les observations nécessaires.

Sans doute il n'était pas possible que le travail, les règlements et tous les détails du service fussent arrivés à la perfection, dit le journal de l'École ; il n'y a donc pas lieu d'être surpris si quelques parties n'ont pas encore toute l'activité et l'ordre qu'il serait à désirer. Vers le milieu de l'année 1795, on eut lieu de concevoir des craintes sur le maintien de la nouvelle institution. Le système d'enseignement, au moins dans quelques parties principales, était critiqué. L'École du génie de Metz dirigeait contre lui, et surtout contre le cours de fortification, une vigoureuse attaque ; on trouvait enfin la dépense de l'établissement exagérée, particulièrement en ce qui concerne les appointements des élèves, auxquels la loi du 7 vendémiaire avait accordé un traitement de 1,200 livres et on annonçait sur l'effectif une suppression considérable. Prieur de la Côte-d'Or présenta la défense de l'École dans un remarquable mémoire, devant la commission chargée de préparer la Constitution de l'an III. Il fit voir les avantages que la France recueillerait un jour de ce grand établissement, il fit ressortir l'utilité et la convenance des diverses parties de son enseignement, il montra la nécessité de le soutenir, de le protéger de toute la force du gouvernement.

La loi du 15 fructidor an III (1er septembre 1795) vint dissiper toute inquiétude. Elle maintenait, en les confirmant et en leur donnant un caractère de permanence, les dispositions fondamentales de la loi du 7 vendémiaire ; elle annonçait que les examens d'admission s'ouvriraient, chaque année, le 1er nivôse. Elle instituait un jury d'admission composé de cinq membres choisis parmi les savants étrangers à l'École et les mathématiciens les plus distingués. Elle déclarait que les élèves subiraient un examen à la fin de chaque année d'études et que tous ceux qui n'auraient pas fait les deux tiers de leur travail seraient renvoyés.

L'article 1er de cette loi, rendue sur la proposition de Prieur, donnait à l'École centrale des travaux publics le nom d'*École polytechnique*. Ce changement de dénomination annonçait une transformation dans le but et le rôle qu'on voulait assigner à l'institution. On avait espéré qu'elle suppléerait, dès sa naissance, à la faiblesse des moyens que les différentes écoles d'application présentaient pour l'entretien des corps d'ingénieurs. Toutefois, comme on ne pouvait prévoir ce qui arriverait par la succession des temps, on avait conservé toutes ces écoles ; on s'était réservé de les supprimer si la nouvelle institution les rendait inutiles ou bien de les réorganiser pour les élèves qui auraient reçu l'instruction polytechnique. Ce fut le dernier parti que l'on adopta. On abandonna le projet de substituer l'École polytechnique aux diverses écoles spéciales, et la loi du 30 vendémiaire an IV (22 octobre 1795) vint régler ses relations avec les écoles d'application de l'artillerie, du génie, des ponts et chaussées, des mines, des ingénieurs géographes et des ingénieurs de vaisseaux.

Le nombre des élèves fut réduit à 360. Le système général de l'enseignement fut maintenu. Il devait comprendre toujours trois années ; seulement au bout de la première année d'étude, on était apte à concourir pour l'école des géographes ou celle des ingénieurs de vaisseaux, après la seconde année, on pouvait se présenter aux autres écoles : les élèves admis pour le génie militaire et les ponts et chaussées étaient tenus toutefois d'achever leur troisième année avant d'entrer à l'École d'application. Ceux qui n'étaient pas reçus aux divers concours pouvaient rester une année de plus et se présenter de nouveau à l'examen. Aucun élève ne fut admis à l'avenir à passer plus de quatre ans à l'École.

La loi n'admettait dans les écoles spéciales que des jeunes gens sortis de l'École polytechnique ; un article, qui autorisait transitoirement le recrutement des corps selon l'ancien mode, ne tarda pas a être abrogé (arrêté du 6 prairial an IV).

La première organisation était achevée ; Prieur y avait pris la plus

grande part; il est juste de rappeler ce qui est dû à son zèle actif et éclairé.

« Le plan de l'École fut jeté pendant qu'il était membre du Comité de salut public et spécialement chargé de la partie relative aux arts qui tiennent de plus près aux divers services publics; il a beaucoup contribué au travail de législation et de gouvernement nécessaire pour lui donner la première existence. L'exécution d'une entreprise aussi vaste exigeait chaque jour des mesures nouvelles pour préparer et rassembler les moyens d'en atteindre le but, pour vaincre les obstacles; il en fut chargé par les trois Comités de salut public, d'instruction et travaux publics. Enfin, le gouvernement constitutionnel ayant amené la cessation des pouvoirs des trois comités, le conseil de l'École invita le citoyen Prieur à assister à ses séances et à coopérer à ses travaux, de sorte que, depuis la fondation de cet établissement à laquelle il a eu tant de part, il n'a cessé jusqu'à ce moment de s'occuper des moyens de le porter à sa perfection [1].»

Fourcroy, président du conseil, lui écrivit :

« Le conseil n'oubliera jamais les services que tu as rendus à ce bel établissement, les soins et le zèle que tu as mis à son organisation et l'obligation qu'il t'a pour les succès de cette grande entreprise nationale [2]. »

De ce moment l'École polytechnique, dont l'existence se trouvait liée à celle des écoles d'application, prit rang parmi les grandes institutions scientifiques de la France.

DEUXIÈME ORGANISATION

Arrêté du 30 ventôse an IV (20 mars 1796). — Avis du comité des fortifications. — Le message du Directoire, 21 florial an V (10 mai 1797). — La question du privilège. — Discussion au Conseil des Cinq-Cents. — Projet de réorganisation.

Les fondateurs de l'École polytechnique, en réunissant la théorie des sciences à l'enseignement des connaissances spéciales, avaient eu tout d'abord la pensée de substituer la nouvelle école à toutes les écoles d'ingénieurs. A peine étaient-ils parvenus à mettre l'institution en activité que des variations, des embarras, des retards s'étaient produits et qu'il leur

---

1. *Journal de l'École polytechnique,* 4º cahier.
2. Lettres du 14 nivôse an IV.

avait fallu lutter contre les prétentions des établissements rivaux. Enfin quand ils eurent triomphé de difficultés sans nombre accrues encore par la situation politique profondément troublée, les circonstances avaient fait naître de nouvelles vues. La loi du 30 vendémiaire an IV avait réorganisé les anciennes écoles d'application particulières à chacun des services publics et réglé leurs rapports avec la nouvelle école préparatoire commune à tous; regardant cette organisation comme la plus simple, la plus naturelle et la plus féconde. Mais à la même heure les Écoles centrales s'étaient fondées[1] et l'on espérait que leur enseignement encyclopédique serait une excellente préparation pour les candidats aux travaux publics. Le conseil, qui s'était conformé pendant la première année d'étude au plan primitivement tracé, fut donc amené à mettre ce plan en harmonie avec celui de tous les établissements d'instruction. Invité par le Directoire[2] à présenter ses vues sur les modifications rendues nécessaires, il chargea Monge et Prieur (de la Côte-d'Or) de préparer le projet d'une organisation nouvelle. Prieur, qui depuis la création de l'École assistait aux séances du Conseil et collaborait à ses travaux, se mit à rassembler, à étudier les moyens d'atteindre le but, et, dans un rapport général, il proposa un projet qui fut approuvé par le gouvernement le 30 ventôse an IV (20 mars 1796).

La deuxième organisation est toute différente de la première. Désormais les élèves ne sont plus appelés, après une année d'étude, à passer au travail d'une seconde ou d'une troisième « suivant la profession particulière à laquelle ils se destinent[3] »; ils reçoivent pendant la durée totale de leur séjour à l'École un enseignement complet préparatoire à celui des Écoles d'application. La première année est celle de *stéréotomie,* la seconde celle des *travaux civils,* la troisième celle de *fortification.* Les matières étudiées restent les mêmes, seulement la répartition est différente et quelques cours nouveaux sont introduits[4]. Le nombre des instituteurs est augmenté : au lieu d'un seul instituteur d'analyse pour les trois divisions, on en met trois et l'architecture en prend un de plus. Le nombre des aides de laboratoire est réduit à dix et leurs fonctions bornées à la préparation des expériences.

1. 3 brumaire an IV (25 octobre 1795).
2. Décret du 20 février 1796.
3. Décret du 30 vendémiaire an IV.
4. Le cours de physique est fait tout entier dans la première année; on y ajoute les éléments de statique. Un cours de zootechnie destiné à faire connaître la structure des animaux, leur force et leur emploi dans les machines, ainsi qu'un cours de salubrité des édifices publics et privés, sont introduits dans la seconde année. Enfin dans la troisième on réserve une place à la visite des ateliers les plus intéressants, des arts mécaniques et chimiques.

Le *directoire* de l'École est réorganisé complètement. Déjà on en avait supprimé la place de commissaire de gouvernement créée depuis quelques mois[1] et l'on avait décidé que le directeur serait renouvelé chaque année et qu'il lui serait donné un suppléant pris parmi les membres du conseil[2]. A partir de ce moment le directeur n'est plus un agent subordonné du conseil; il en a la présidence, il est chargé de la surveillance de l'établissement et de toutes les parties du service[3]. Il doit « s'occuper sans cesse des moyens d'atteindre le but de l'institution, c'est-à-dire la plus grande instruction des élèves; il s'informe de leurs progrès, de l'état auquel ils se destinent et recueille tous les renseignements propres à l'éclairer sur les fonctions qu'il conviendra de leur confier un jour ». Il veille particulièrement à l'exécution de tout ce qui a rapport à l'admission des élèves, à leur sortie de l'École, à leur passage d'une division à l'autre et aux examens qu'ils doivent subir.

Les deux sous-directeurs sont remplacés par trois administrateurs : l'un s'occupe de la police, de l'enseignement et de la surveillance des élèves, Gardeur-Lebrun conserve cet emploi avec ses trois substituts; l'autre a les approvisionnements et le service intérieur; le troisième la comptabilité et la direction des bureaux.

Le conseil garde toutes ses attributions relatives à l'instruction. Il s'assemble au moins deux fois par décade, il entend les rapports concernant l'administration, approuve les règlements de police, prononce sur les plaintes portées contre les élèves ou les agents, nomme à tous les emplois même à celui de directeur, sous la réserve toutefois de l'agrément du ministre s'il s'agit d'un emploi donnant voix au conseil.

Tels sont les changements que l'expérience d'une année avait fait introduire dans l'organisation de l'École. En même temps qu'il prescrivait ces changements, le gouvernement, renonçant à la faculté que lui laissait la loi du 30 vendémiaire d'entretenir momentanément les écoles d'application avec les élèves recrutés suivant l'ancien mode, s'empressait de prendre les mesures propres à donner à cette loi la plus prompte exécution.

Un premier arrêté du 22 pluviôse (4 février 1796) avait déjà réorganisé l'École des ingénieurs de vaisseaux réglant le mode d'enseigne-

---

1. Cette place, créée par arrêté du 10 brumaire, fut occupée quelques mois seulement par le représentant Laurent.

2. Arrêté du 1er ventôse an IV.

3. Lamblardie s'étant démis de ses fonctions de directeur pour aller reprendre la direction de l'École des ponts et chaussées, il fut à ce moment remplacé par Deshauchamps, officier général du génie.

ment, conservant une partie de l'ancien, retranchant ce qui était superflu afin de se conformer à l'article de la loi qui obligeait les candidats à faire leur première année d'études à l'École polytechnique. Par suite de cet arrêté neuf candidats aux constructions navales, après avoir subi leur examen, se rendirent au Palais-Bourbon dans le courant de floréal pour y faire le travail ordinaire et concourir avec les autres élèves.

Un second arrêté (du 12 germinal) prescrivit de choisir à l'avenir les ingénieurs des poudres et salpêtres, mais en nombre de 4 au plus par année, parmi les jeunes gens ayant fait au moins un an d'étude à l'École polytechnique.

Un troisième arrêté (du 10 thermidor) pourvut aux moyens de mettre en activité (sans occasionner de nouvelles dépenses) l'école des géographes instituée par le titre VII de la loi précitée ainsi que l'école aérostatique de Meudon, dont le but était « d'assurer la conservation et l'avancement de l'art aérostatique; ainsi que la transmission des connaissances nécessaires à ce genre de service soit à la guerre, soit pour les usages auxquels il est applicable en temps de paix ». Toutes les deux ne durent plus avoir, au mois de nivôse suivant, que des élèves tirés de l'École polytechnique.

L'École d'artillerie de Châlons fut celle qui protesta le plus longtemps contre la loi de vendémiaire. Aussi fallut-il se contenter, dans le principe, d'envoyer 19 de ses élèves reconnus suffisamment instruits suivre, en qualité d'élèves provisoires, les études de l'École polytechnique sans aucune distinction avec les autres élèves et avec la faculté d'être admis comme eux aux différents services.

L'École du génie s'était montrée plus favorable et, depuis l'ouverture des cours, 40 jeunes officiers du génie étaient venus chercher à l'École polytechnique l'instruction que les circonstances de la guerre ne leur avaient pas permis de recevoir. Confiés spécialement à l'instituteur de fortifications, ces officiers partaient au fur et à mesure des besoins urgents du service militaire.

L'École des ponts et chaussées avait fait admettre 14 de ses élèves à suivre les leçons de l'instituteur des travaux civils. D'autre part, Lamblardie avait autorisé depuis longtemps plusieurs jeunes gens à quitter l'École polytechnique isolément pour aller remplir certaines fonctions dans les Ponts et Chaussées, dans les usines ou ailleurs; c'est ainsi que 9 étaient entrés à l'École du génie militaire à la suite d'un concours avec les candidats venus de tous les points de la France et que 10 autres, choisis parmi les plus forts, avaient été envoyés en Belgique aider

les ingénieurs des ponts et chaussées dont on avait alors un besoin extrême.

Les pouvoirs s'efforcèrent en outre de régulariser le régime intérieur de la nouvelle École de manière à réduire les dépenses sans diminuer les moyens de travail, d'accroître l'instruction exigée des ingénieurs des services publics en évitant les doubles emplois d'établissements, d'ouvrir de nouveaux débouchés au placement des élèves, enfin, de faire ressortir l'utilité de l'institution et de lui donner de la stabilité. A la fin de la seconde année d'étude, les examens eurent pour résultat d'envoyer 109 élèves dans les écoles d'application. L'avenir semblait assuré, quand une attaque soudaine vint remettre le plan d'études en question.

Le comité central des fortifications, dans un *Avis* adressé au ministre de la Guerre le 25 janvier (6 pluviôse an V), s'éleva tout à coup contre ce qu'il appelait le privilège de l'École polytechnique. « Ce privilège exclusif de fournir tous les élèves destinés aux services publics tend, disait-il, à en écarter des hommes de mérite, à affaiblir l'émulation, à restreindre les moyens de recruter les services. » D'après lui, on ne devait admettre à l'École que des jeunes gens se préparant à celui des services indiqués par la loi, dont ils auraient fait le choix irrévocable avant l'examen d'entrée. Il voulait que chaque citoyen, remplissant d'ailleurs les conditions exigées, eût le droit d'être admis à une école d'application sans passer par l'École polytechnique. En conséquence il demandait que le nombre des élèves fût limité à 150, que le cours complet d'études fût réduit à 2 années, que les programmes d'enseignement fussent considérablement réduits, que les cours de travaux civils, de fortification et d'architecture décorative fussent supprimés comme faisant double emploi. Il proposait en outre d'introduire, dans le conseil de l'École, un représentant de chacun des services ayant droit d'entrée dans toutes les salles d'instruction et d'interdire à tout membre de ce conseil d'être instituteur, examinateur ou directeur de l'École. Il voulait enfin, que les élèves fussent casernés et tenus de porter toujours un uniforme.

Les discussions auxquelles l'Avis du comité de fortification donna lieu, réveillèrent les rivalités anciennes entre les services. On fit remarquer au ministre de la Guerre, Petiet, qu'à la suite du concours de sortie un très petit nombre d'élèves, les plus faibles, s'étaient portés dans les corps militaires, tandis que les Ponts et Chaussées avaient obtenu la majorité et les plus instruits. Aussi le ministre, en transmettant l'Avis à son collègue de l'Intérieur, crut-il devoir insister pour l'adoption des changements proposés et les présenter comme un moyen de « préserver les corps

militaires de la décadence où ils tomberaient infailliblement. » Le conseil de l'École, consulté à ce sujet, ne répondit pas; il se contenta de faire observer au ministre que ces changements jetteraient le désordre dans l'enseignement commencé et qu'il convenait de s'en tenir aux suppressions récemment imposées, en raison des embarras du Trésor, par les pouvoirs législatifs. Il ne voulut pas s'engager dans une discussion approfondie sur les observations du comité des fortifications. Celui-ci revint à la charge et dans un second mémoire (22 mars, 2 germinal) resté également sans réponse, il développa longuement les raisons et insista sur les propositions contenues dans le premier. La cause de l'École sembla un instant perdue. En effet le Directoire, par un *message* adressé au conseil des Cinq-Cents, 21 floréal an V (10 mai 1797), invita l'autorité législative à voter les changements réclamés. Il approuvait tout ce que le comité avait dit relativement aux déclarations de service des candidats, aux examens d'admission, à la durée des cours et au nombre des élèves admis (on élevait celui-ci à 200 en spécifiant que le nombre de ceux qui ne se destinaient à aucun service ne pourrait dépasser 50). Le Directoire ordonnait en même temps l'exécution immédiate de toutes les mesures qui n'avaient pas besoin d'être approuvées par le législateur. Huit jours après l'envoi du message, le ministre de l'Intérieur fut chargé de réformer sur-le-champ les cours de fortification, de travaux civils et d'architecture décorative. Déjà les deux officiers du génie Catoire et Say, qui se partageaient l'enseignement de la fortification, avaient reçu du ministre de la Guerre l'ordre de se rendre dans le plus bref délai à l'École du génie de Metz et un nouvel arrêté venait de prescrire la remise au dépôt des fortifications de tous les objets provenant de l'ancienne École de Mézières. Un pareil bouleversement de l'enseignement au milieu d'une année scolaire jeta la consternation dans l'École. Vainement le ministre de l'Intérieur essaya-t-il de prendre sa défense devant le Directoire, en représentant que l'École polytechnique avait été instituée, non seulement pour les élèves se destinant aux services publics, mais encore pour former de jeunes citoyens capables de répandre l'instruction, soit comme professeurs, soit comme artistes. Vainement il combattit le reproche du prétendu privilège, montrant que le concours d'admission était ouvert à tout le monde et qu'il constituait une première épuration, pour le choix des écoles d'application, à un moment où il serait fort difficile de s'assurer par un examen des connaissances dans les diverses branches d'instruction qui n'étaient organisées nulle part. Vainement le Conseil résistait-il de son côté en remplaçant les agents supprimés, en s'efforçant de continuer les cours qu'on retranchait, en refusant les livres

et le matériel qu'on voulait lui reprendre, disputant en un mot le terrain pied à pied. Une seconde lettre du Directoire au ministre de l'Intérieur ordonna la suppression immédiate de tout enseignement relatif aux objets d'étude des écoles d'application et la mise en activité à partir du 1er thermidor (14 juin) d'un plan d'organisation économique basé sur une dotation annuelle de trois cent mille francs.

Cependant les Cinq-Cents n'avaient pas encore discuté les propositions contenues dans le message du Directoire. Toute la seconde moitié de l'année troublée par le coup d'État du 18 fructidor, se passa dans cette situation incertaine et précaire. Les membres du conseil profitèrent de ce délai pour rédiger de concert un mémoire, dans lequel ils s'efforcèrent de présenter aux législateurs tous les éclaircissements de détails propres à les convaincre de la nécessité de maintenir l'organisation qui avait déjà conquis à l'École tant de célébrité. Ils repoussaient énergiquement la pensée d'un concours direct pour les services publics. Ce concours, disaient-ils, « ne serait qu'une faculté illusoire, ou plutôt ce serait une porte ouverte à tous les abus, il serait le dernier espoir des riches et des puissants qui veulent à toute force continuer à introduire, dans les corps, des ignorants protégés ; il était la dernière ressource de l'orgueilleux qui craignait de voir son fils obligé de travailler dans la même École nationale à côté de l'enfant de l'humble citoyen. En obligeant les élèves à déclarer dès leur entrée le service auquel ils se destinent, la loi a montré qu'elle voulait faire une véritable École primaire des services publics dont l'enseignement se rattache bout à bout à celui des Écoles d'application. Au lieu d'un privilège, l'institution présente donc le vrai palladium du droit du pauvre contre les abus de la puissance et les prérogatives de la richesse, dans la distribution du bienfait de l'enseignement[1]. »

A plusieurs reprises le Conseil insista sur la question comme s'il eût pressenti que l'attaque se renouvellerait plus tard[2]. « Comment pourrait-on appeler privilège exclusif, disait-il, l'obligation de recevoir l'instruction avant d'entrer dans les Écoles d'application. C'est absolument comme si on appelait privilège exclusif l'obligation de passer par les écoles d'application pour entrer dans le génie civil et militaire, l'obligation d'être fusilier avant d'être caporal. »

Monge avait adressé lui-même, peu avant son départ pour l'Italie, un

---

1. Extrait des registres du conseil d'instruction (messidor an VII). La séance était présidée par Lagrange.
2. Elle a été reproduite tout récemment encore par M. Paul Bert (juin 1884 et août 1885).

éloquent plaidoyer, au ministre de l'Intérieur, qui sut en tirer, l'année suivante, un brillant éloge de l'École devant le Directoire. Envisageant sous ses différents rapports l'institution qu'il avait contribué à fonder, Monge montrait les dangers de nouveaux systèmes qui eussent conduit à perdre les fruits de ce qui existait déjà et à se priver de ceux qu'on devait attendre. « Lorsqu'on a créé l'École, disait l'illustre fondateur, on voulait à la vérité préparer des officiers et des ingénieurs, mais on avait un but bien plus vaste et bien plus élevé, celui de stimuler tout à coup le génie français prêt à s'endormir, de rappeler l'attention vers les sciences, de ranimer l'amour de l'étude et de rendre à la France un éclat non moins solide et non moins brillant que celui des armées. Au lieu de ce magnifique monument élevé à l'instruction publique, on ne veut qu'une obscure école primaire pour les services publics, à laquelle il ne sera même pas nécessaire de se présenter. »

Reprenant encore une fois l'une après l'autre les propositions du comité des fortifications, le conseil déclara que le reproche du privilège exclusif était un misérable abus de mots inventés par la malignité pour jeter la défaveur sur un établissement qui s'était jusqu'alors garanti de tout germe d'arbitraire et de privilège. Il traita de « scandale » la proposition de n'admettre désormais que le nombre de candidats nécessaires pour assurer les besoins des services publics. Les véritables motifs des diatribes générales, il les voyait « dans l'humeur de beaucoup de gens en place, soit dans les corps, soit dans les bureaux, hommes médiocres que l'éclat de l'établissement, la réputation de ses instituteurs avaient blessés dans leur amour-propre ». Il en accusait les examinateurs de l'artillerie et du génie, auxquels on avait laissé jusque-là, pour l'admission dans les corps, une latitude illimitée, grâce à laquelle ils pouvaient, « par des examens passés sous le manteau de la cheminée, favoriser tous les genres de protection et qui se trouvaient maintenant forcés à l'impartialité et à la justice ». Il accusa particulièrement le citoyen Laplace, l'un d'eux, qui avait manifesté dans tous les temps « une jalousie haineuse » contre le citoyen Monge, son collègue de l'Institut, d'avoir voué une haine implacable à l'École polytechnique et provoqué, par des manœuvres, le message qui menaçait son existence. Tels sont, ajoutait le rapporteur, les prétextes et les véritables motifs du *Message* déduits, tant de pièces communiquées au conseil, que des faits particuliers connus de la plupart de ses membres. Il terminait en adjurant les législateurs d'apporter toute maturité dans leur décision, de ne pas déférer aux idées étroites des passions, de l'esprit de corps et de l'intérêt particulier

La discussion s'ouvrit devant le Conseil des Cinq-Cents le 13 janvier 1798, huit mois après l'envoi du message. La commission législative, qui se composait de Prieur, Villars et Grégoire (les deux derniers de l'Institut), après avoir étudié à fond toute la législation de l'École, rédigea un projet complet d'organisation dont Prieur vint donner lecture. Elle démentit, par les faits, les allégations des ennemis de l'École qui avaient censuré avec amertume l'ensemble de quelques parties de son régime ; elle approuva l'organisation antérieure, accepta les seules modifications primitivement proposées par les membres du Conseil eux-mêmes, justifia la dépense prétendue exagérée dont on avait fait si grand bruit. Son projet réduisait le nombre des élèves à 250 y compris 50 places, pour faire une division particulière de ceux qui voudraient continuer leurs études une troisième année. Il confiait l'examen d'admission à trois examinateurs : un de l'École d'hydrographie, un autre de l'École de navigation, le troisième choisi par le Directoire parmi les géomètres les plus célèbres. Il obligeait les candidats à produire, outre une attestation de bonne conduite et d'attachement aux principes républicains, un certificat constatant qu'ils avaient fréquenté une des Écoles nationales d'instruction publique. Il rétablissait les cours supprimés par le Directoire sur la demande du comité des fortifications, ajoutait aux services existant déjà celui de l'aérostation, réduisait à deux ans la durée des études, édictait des dispositions spéciales concernant la discipline des élèves et le pàyement de leur pension, fixait la dépense annuelle à 300.000 francs. Le rapport introduisait enfin l'importante innovation reproduite plus tard, sous le nom de *conseil de perfectionnement,* d'un jury d'instruction (composé de treize membres) qui devait s'assembler chaque année pour prendre connaissance de l'instruction effectivement donnée à l'École et pour déterminer les changements qu'il conviendrait d'apporter au régime de l'établissement.

Trois députés seulement : Baraillon, Calès et Lacombe Saint-Michel combattirent le projet dans son ensemble et demandèrent son renvoi à la Commission. Le mode d'enseignement, le régime de l'établissement, la dépense qu'il occasionnait, les opinions politiques des élèves servirent de but à leurs attaques. Baraillon fut le plus violent. « Pourquoi, disait-il, les leçons sont-elles uniquement orales ? Qu'en peut-il rester à l'élève ? Les professeurs sont trop habiles pour bien enseigner, ils se perdent dans des théories où les élèves ne peuvent les atteindre : sous le rapport du civisme, il n'y a rien à attendre d'eux après ce qui s'est passé au 13 vendémiaire et au 18 fructidor. » En un mot, l'École lui semblait un inter-

médiaire inutile et sans objet entre les écoles centrales et les écoles spéciales; elle avait un caractère essentiellement monarchique ; elle constituait un double emploi et consacrait des privilèges.

Prieur, soutenu par son collègue Trouille, répondit à ces attaques et, grâce à lui, le projet légèrement amendé fut adopté le 29 nivôse (18 janvier) et renvoyé alors devant le Conseil des Anciens. Là les hommes les plus éclairés et les plus influents, Isabeau, Barthélemy (de la Corrèze), Thomas (de la Marne), Lacuée, Roger Martin, Ribout (de l'Ain), d'autres encore prirent une part active aux délibérations. La discussion toutefois fut calme et bienveillante : On ne critiqua plus, comme on l'avait fait aux Cinq-Cents, ni l'institution en elle-même, ni les dépenses qu'elle occasionnait, ni l'incivisme des élèves. Néanmoins la majorité de la commission se prononça contre le privilège ; elle proposa, pour ce seul motif de rejeter le projet et aucun de ceux qui le défendaient n'ayant essayé de justifier le maintien de ce privilège, le projet fut rejeté.

Il revint pour la seconde fois devant les Cinq-Cents le 2 vendémiaire. Une autre commission fut chargée de modifier les dispositions sur lesquelles l'accord n'avait pu se faire, à savoir le privilège et la limite d'âge des candidats que l'on voulait élever en faveur des militaires. Admis devant cette commission à présenter ses observations, le conseil de l'École défendit le privilège avec vigueur, mais sans succès. La commission ne trouvait guère de raison sérieuse à lui opposer ; elle espérait qu'avec le temps, les écoles centrales des départements fourniraient des élèves aussi instruits que ceux de l'École polytechnique et « il suffit, disait le rapporteur, que cela puisse arriver pour que la loi refuse de consacrer un privilège de droit ». Obligé de céder sur ce point capital le conseil fut amené à céder sur un autre auquel il ne tenait pas moins et d'accepter, pour les candidats, l'obligation de choisir au moment de leur admission le service auquel ils se destinaient. Après ces concessions, les autres modifications demandées furent consenties sans difficulté : la limite d'âge fut élevée en faveur des candidats militaires ; le jury d'instruction fut institué sous la dénomination de *Conseil de perfectionnement* ; le nombre des élèves fut porté à 300 dont 50 non entretenus par l'État. Rien ne s'opposait plus alors à l'adoption du projet de résolution que présentait le rapporteur Barthélemy (de la Corrèze). Le Conseil des Cinq-Cents, après une courte discussion, dans laquelle Thomas (de la Marne) fut le principal opposant, l'approuva le 22 vendémiaire an VIII (30 octobre 1799) et le renvoya de nouveau devant le Conseil des Anciens. La discussion allait recommencer devant la Chambre haute, lorsque le coup

d'État du 18 brumaire prononça la dissolution des deux Assemblées législatives. Tout se trouva remis ainsi en question au moment même où le petit nombre d'oppositions tenant à des différences de partis et à des intérêts particuliers avaient été levées, où l'accord s'était fait sur tous les points importants.

Il devenait cependant urgent d'arrêter une organisation définitive. Pendant que le projet restait en suspens, l'enseignement de l'École n'avait pu suivre son cours que grâce à une série de mesures provisoires et par une sorte d'exécution anticipée de la loi rejetée par les Chambres. C'est ainsi que le travail de la seconde année d'études avait été réglé conformément au projet de Prieur, que des professeurs avaient été nommés et chargés des cours de travaux civils et de fortification et que le gouvernement lui-même avait, par un arrêté du 17 fructidor an VI, défini le mode des examens d'entrée et de sortie, conformément aux vues du conseil. Diverses autres modifications, reconnues nécessaires et décidées à la suite de conférences entre les membres du conseil et les examinateurs, avaient été successivement apportées à l'enseignement. On avait réduit l'année scolaire à dix mois, le onzième étant réservé aux examens, le douzième au temps des vacances. On avait arrêté un règlement disciplinaire et tracé les fonctions des chefs de brigade. Grâce à ces mesures, l'instruction, la discipline et même la dotation de l'École, tout s'était amélioré peu à peu malgré les obstacles.

Cependant, en violation formelle des lois existantes qui garantissaient les droits des élèves, on avait ouvert à Châlons des examens pour l'École d'artillerie et, malgré les protestations du conseil auprès des ministres, le concours continuait à avoir lieu tous les ans. Il n'est pas inutile de remarquer que lors de la fondation, il n'avait point été question de l'École d'artillerie dans le projet élaboré par les savants et que cette arme ne fut pas primitivement comprise parmi les services auxquels l'École devait préparer. Cette omission volontaire tenait vraisemblablement à ce que l'enseignement avait été récemment réorganisé à Châlons depuis 1794 sous l'heureuse influence de Laplace et que les élèves de cette école étaient les plus instruits. Fourcroy l'avait d'ailleurs réparée lui-même l'année d'après ; mais depuis ce moment le corps de l'artillerie n'en cherchait pas moins à éviter par tous les moyens de se recruter à l'École. D'autre part, la marine avait admis d'anciens élèves démissionnaires à l'École des constructeurs de vaisseaux sans qu'ils eussent concouru à l'examen. Ces divisions déplorables faillirent compromettre l'existence de l'École polytechnique juste quand toutes les autres écoles d'appli-

cation étaient avec elle en parfaite harmonie. « Tous les bons esprits, déclarait l'administrateur Gay-Vernon, ancien officier du génie, dans un rapport au ministre, gémissent de ces désordres qui tiennent à des préjugés, à des idées fausses, peut-être à des considérations particulières qui doivent s'évanouir devant l'intérêt général. C'est une erreur de dire que les officiers d'artillerie n'ont pas besoin d'autant d'instruction que les ingénieurs. Si ces fonctions sont séparées par l'organisation matérielle, il faut les rapprocher par l'instruction. L'officier d'artillerie, chargé de construire les arsenaux, les magasins à poudre, doit savoir la géométrie descriptive et l'architecture ; chargé de diriger les établissements, fonderies, mines, scieries et autres, il doit savoir la mécanique, l'hydrodynamique ; chargé des armes et de la poudre, la chimie lui est principalement nécessaire ; enfin il concourt au succès des batailles, à l'attaque et à la défense des places, ce qui nécessite l'étude de la guerre et de la fortification. »

La loi sur la conscription récemment promulguée vint encore compliquer l'état d'anarchie dû à l'inexécution des arrêtés du gouvernement et créer aux élèves une situation difficile. Le Directoire voulait appeler sous les drapeaux tous les conscrits et réquisitionnaires de l'État, sans s'inquiéter des conséquences fatales qu'aurait pour l'École l'exécution stricte de la loi. Obligé d'obéir, le directeur s'était estimé heureux d'obtenir l'embrigadement des élèves de première année dans la 17e division militaire à Paris. Là on leur avait donné des permissions renouvelables par mois ; mais toutes les démarches faites auprès des ministres de la Guerre et de l'Intérieur, pour étendre la même faveur à la totalité des élèves, demeuraient infructueuses. On voulut même révoquer la décision prise en faveur d'une promotion sous prétexte qu'elle était contraire aux principes d'égalité. Alors le directeur convoqua le conseil extraordinairement et lui exposa la situation. Quatre-vingt-dix élèves étaient menacés de quitter l'École et la première division, celle qui était destinée à recruter les services publics après les examens de sortie du mois de fructidor suivant, allait se trouver déserte. C'était l'anéantissement de l'École. Le conseil adressa sur-le-champ un rapport au Directoire. Tout en se montrant décidé à seconder de ses efforts les intentions du gouvernement « dictées par la force impérieuse des circonstances », mais vivement frappé des dangers que courait l'établissement, il lui représenta 1° « quelle perte énorme il y aurait à employer comme de simples bras ces têtes fortement organisées pour les grandes opérations de la guerre et de la marine ; 2° quelle lacune on ferait dans les services de l'artillerie en dis-

persant quatre-vingt-dix élèves dans l'armée *comme simples conscrits*;
3° quel désordre amènerait dans la succession des études la suppression
complète d'une division. » Il ajouta que la mesure violait en quelque
sorte la loi d'organisation du 30 vendémiaire an IV sous la garantie de
laquelle les familles avaient fait les sacrifices pour préparer leurs enfants[1].
Il conclut en demandant l'ouverture immédiate d'un concours pour l'artillerie et le génie entre les élèves conscrits et réquisitionnaires de l'École,
à la suite duquel ceux qui ne seraient pas placés devraient se rendre au
poste où la loi les appelait. Le gouvernement écouta ces observations et en
avisa l'administration centrale de la Seine, qui avait déjà réparti un
certain nombre d'élèves dans les dépôts d'artillerie à Strasbourg et ailleurs. C'était là une victoire presque inespérée. Le directeur y croyait à
peine. Deux ou trois jours après, il écrivait au ministre de la Guerre pour
lui demander de prendre les élèves dans l'artillerie et comme on objectait
que beaucoup d'élèves n'avaient pas la taille requise *pour entrer dans
cette armée*, il disait : « Ce n'est pas à vous, citoyen ministre, qu'il est
besoin de représenter que les forces du corps s'agrandissent par celles
de l'esprit; que les arts sont des leviers qui allongent les bras et que c'est
évidemment parce que le service de l'artillerie exige spécialement des
connaissances dans ce genre, que le Directoire exécutif doit ouvrir cette
carrière à tous les conscrits de l'École sans distinction de taille. » Mais
heureusement on suspendait déjà les départs et bientôt on rappela tout
le monde.

Tant de difficultés soulevées, tant d'obstacles à vaincre, déterminèrent à la fin le conseil à faire des concessions. Il commença par autoriser
plusieurs élèves, qui avaient été admis comme ingénieurs des ponts et
chaussées et comme géographes, à concourir pour les écoles d'artillerie
et du génie, mais seulement en considération des besoins de ces deux
armes. Il en vint ensuite, pour conjurer le danger de la conscription, à
abandonner le privilège qu'il avait si longtemps défendu et à demander
lui-même une loi nouvelle qui fît cesser cette prérogative. L'accord se
faisait donc sur les points importants. Un petit nombre d'oppositions qui
tenaient à des cas particuliers et à des différences de partis subsistaient
encore, lorsque Bonaparte qui venait de se faire nommer Premier Consul
intervint avec la volonté d'y mettre un terme. Le 2 frimaire il adressa un
message au Conseil des Cinq-Cents et lui demanda de statuer définitivement
sur l'organisation de l'École. Alors un projet de résolution, auquel La-

---

1. Séance du conseil du 22 floréal an VII.

place consacra les premiers moments de son ministère, fut rédigé d'après les lumières résultant des discussions antérieures et d'après les opinions écrites de Lacuée, Roger Martin, Riboud (de l'Ain), Loysel, Barthélemy, Lacombe Saint-Michel, Cabanis, Baudin, etc. On consulta les principaux officiers des corps du génie et de l'artillerie et les articles qui concernaient ces corps furent rédigés de concert avec eux. Le projet fut présenté par Gaudin[1] aux Commissions législatives qui remplaçaient les Conseils depuis le 18 brumaire; il reproduisait à quelques changements près celui qui avait été adopté déjà le 22 vendémiaire sur la proposition de Barthélemy. La Commission, reconnaissant la nécessité commandée par l'intérêt des services de réorganiser immédiatement l'École et de lui donner la perfection que l'expérience et le temps avaient indiquée, réclama l'urgence. La discussion fut courte; (Thomas de la Marne) et Barthélemy prirent seuls la parole et dans la première séance la résolution fut votée (25 frimaire an VIII) avec le caractère de loi.

TROISIÈME ORGANISATION

Loi du 25 frimaire an VIII (16 décembre 1799). — Tendances vers la transformation en une institution militaire. — Le budget de l'ancienne École.

Après deux années de discussions, l'École était enfin dotée d'une organisation complète. La loi du 25 frimaire an VIII définit nettement le but de l'institution, fixe le sort des élèves, règle les examens d'entrée et de sortie, limite la dépense et statue plusieurs dispositions importantes qui porteront des fruits dans l'avenir.

L'École polytechnique, dit l'article premier, est destinée à répandre l'instruction des sciences mathématiques, physiques et chimiques, et particulièrement à former des élèves pour les écoles d'application des services publics. La pensée féconde des fondateurs, celle qui tenait tant au cœur de Monge, avait triomphé; l'École ne devait pas se borner à préparer des fonctionnaires, elle était appelée à former aussi des hommes instruits qui s'en iraient propager dans le pays l'enseignement des sciences. Mal-

1. 16 frimaire.

gré les protestations que le comité des fortifications avait fait entendre, tous les cours d'application de la géométrie descriptive, les travaux civils, l'architecture, la fortification, les mines étaient maintenus ; la loi y ajoutait même les constructions navales ; elle en retranchait, il est vrai, les travaux des arsenaux [1]. Le nombre des élèves était définitivement fixé à 300, et les limites de l'âge pour l'admission portées à seize ans et à vingt ans, sauf l'exception en faveur de tout Français qui aurait fait deux campagnes de guerre ou accompli un service militaire pendant trois ans, lequel était admis à l'examen jusqu'à l'âge de vingt-six ans. On n'exigeait plus le certificat d'étude dans une des Écoles nationales d'instruction publique ; mais le candidat devait présenter encore l'attestation de bonne conduite et d'attachement à la République délivrée par l'administration municipale. La durée des études était limitée à deux ans ; toutefois les élèves non admis dans les services publics pouvaient rester une troisième année.

La disposition fondamentale de la loi est contenue dans l'article 8 du titre II : « Tout candidat, est-il dit, déclarera à l'examinateur le service pour lequel il se destine, il n'aura pas la faculté de changer sa destination primitive. » Jusqu'alors on se prononçait sur le choix de sa carrière au moment de la sortie de l'École. Les fondateurs, désireux de laisser à l'élève le temps de montrer ses aptitudes, de développer ses dispositions naturelles avaient été d'avis de lui demander, seulement après les trois années d'étude et à la suite des derniers examens, de désigner celui des services publics auquel il se croyait le plus propre et où il espérait le plus se distinguer. Mais on s'était aperçu qu'en procédant ainsi, les services ne pouvaient pas être satisfaits d'une manière régulière et assurée, que quelques-uns même et des plus importants pour l'État étaient dédaignés. Un rapport de l'an VII adressé aux Cinq-Cents signalait, par exemple, qu'à l'époque des examens, des jeunes gens n'ayant point de destination spéciale s'étaient jetés en masse vers certains services de préférence aux autres, de sorte que ceux-ci, manquant de sujets instruits à l'École, avaient été obligés d'en chercher dans les concours particuliers qui offraient une instruction moins élevée. Ces services avaient ainsi perdu une partie des avantages qu'ils devaient retirer de l'établissement nouvellement fondé.

On pensa trouver le remède dans l'obligation imposée au candidat de désigner, dès le moment de son admission, le service dans lequel il se proposait d'entrer lors de sa sortie, et subsidiairement un autre service pour le cas où il ne pourrait trouver place dans le premier. D'après

---

1. Un arrêté consulaire du 2 floréal an XI supprima les ingénieurs et élèves géographes et les incorpora avec leur grade dans les autres services publics.

cela, l'École fut considérée comme un premier degré d'admission condì-
tionnelle dans les services publics. Ce premier degré reçut même un
caractère plus positif par le grade de sergent d'artillerie, qui fut donné à
tout élève avec la solde afférente à ce grade. En stipulant toutefois que
les Polytechniciens ne seraient point appelés à l'activité pendant leur
séjour à l'école, on n'entendit nullement les dispenser du service militaire.
Chacun d'eux resta tenu, dans le cas où il ne serait pas placé par le gouvernement après ses deux années d'études, de marcher au premier appel
de son canton selon son numéro de tirage au sort, et cette obligation fut
rappelée plus tard dans le décret du 8 fructidor an XIII concernant la
levée de la conscription (titre V).

En obligeant tous les aspirants aux services publics de prendre ce
grade préliminaire et de recevoir à l'École l'instruction commune, la loi
consacrait d'une manière absolue le privilège si violemment attaqué jusque-là. Elle pensait faire cesser les abus qui s'étaient produits, assurer les
places au mérite légalement constaté, porter à la fois toutes les connaissances scientifiques au même niveau dans les différentes branches de ∴
services, et consolider définitivement l'existence de l'institution.

La conséquence de la disposition formelle relative aux déclarations
de service était de former désormais, avec les élèves admis, non plus une
masse unique mais des collections particulières d'élèves, chacune de ces
collections étant affectée à l'un des services publics. Chaque aspirant
devra suivre celle afférente au service pour lequel il a librement manifesté
son choix au moment de l'examen d'admission. Pendant le séjour à
l'École toutes ces collections seront fondues pour recevoir l'instruction
commune et, à l'époque de la sortie, chaque élève rentrera dans sa classe
afin d'y subir l'examen du service auquel il s'est destiné.

La loi conserva le mode d'examen de sortie en usage depuis un an
déjà. Elle décida qu'un officier général ou un agent supérieur désigné
par les ministres respectifs assisterait à l'examen de chaque service
(titre V, art. 3) et qu'un jury, composé des quatre examinateurs et du
directeur, arrêterait la liste par ordre de mérite (titre V, art. 6).

Une autre disposition également importante institue outre le Conseil
d'instruction et d'administration un Conseil de perfectionnement dont
les membres seront : les quatre examinateurs de sortie pour les services
publics, trois membres de l'Institut national pris dans la classe des
sciences mathématiques et physiques, les officiers généraux ou agents
supérieurs présents aux examens d'admission, le directeur de l'École et
enfin quatre commissaires délégués par le Conseil d'instruction parmi

ses membres (titre **VII**, art. **1ᵉʳ**) [1]. Le Conseil de perfectionnement se tient chaque année en brumaire, fait un rapport sur la situation de l'École, sur les résultats qu'elle a donnés; il s'occupe en même temps des moyens de perfectionner l'instruction et des rectifications à opérer dans les programmes d'enseignement et d'examen.

La loi supprimait deux professeurs de géométrie descriptive appliquée, un professeur de physique, trois professeurs de chimie, un préparateur général de chimie, les trois substituts de l'inspecteur des études, un conservateur de modèles et son adjoint. Elle réunissait en une seule les deux places de bibliothécaire et de secrétaire du Conseil d'instruction. Elle ne statuait rien sur l'existence des élèves hors de l'École et renvoyait tout ce qui regarde le régime et la discipline à un règlement de police qui devait être arrêté ultérieurement par les conseils. Enfin elle chargeait le Conseil de perfectionnement de tracer les relations de l'École polytechnique avec toutes les écoles d'application et d'arrêter les programmes propres à mettre en harmonie l'enseignement donné dans chacune d'elles, de manière à assurer la communication intime entre toutes.

A peine la loi était-elle promulguée que la marine fit aussitôt cesser les examens ouverts pour recruter son corps d'artillerie et qu'elle exprima le désir de le voir désormais exclusivement recruté à l'École. Les Ponts et Chaussées augmentèrent de vingt le nombre des élèves ingénieurs afin d'être en état de pourvoir aux besoins imprévus de leur service, ce qui accrut dans la même proportion le débouché pour les élèves de l'École. Le ministère de la Guerre prit les dispositions les plus sages pour ériger l'École de Châlons en école spéciale sans froisser aucun intérêt.

Un seul point présenta quelques difficultés. Les adjoints du génie avaient acquis des droits qu'il s'agissait de concilier avec les nouvelles dispositions de la loi. Le conseil de l'École représenta au ministre que l'admission de ces adjoints par des examens particuliers était absolument contraire à l'esprit de la loi qui exigeait, pour l'admission dans les corps, l'instruction parfaite et égale de tous les candidats. L'année précédente vingt-cinq places avaient été réservées aux adjoints, et huit seulement

---

1. En 1800, Laplace, Monge et Berthollet furent désignés par l'Institut pour faire partie du premier Conseil de perfectionnement de l'École. Le même choix se renouvela pendant plusieurs années consécutives après lesquelles Monge siégea longtemps comme commissaire du Conseil d'instruction. Berthollet et lui avaient été nommés sénateurs peu après le retour d'Égypte, Laplace un peu plus tard. Prieur siégeait en qualité d'officier supérieur du génie, Prony comme directeur de l'École des géographes. Les généraux Gassendi et Dubouchage pour l'artillerie de terre et de mer, Lebrun pour les routes et chemins, Vial de Clairbois pour les constructions navales, Lelièvre pour les mines.

aux élèves de l'École et il était arrivé que les élèves les moins instruits, qui s'étaient fait recevoir comme adjoints, étaient venus concourir avec leurs camarades beaucoup plus instruits, ayant passé trois ans et quatre ans avant d'entrer dans le corps du génie par l'examen de l'École polytechnique. Le conseil pria donc le ministre de prendre toutes les mesures transitoires qu'il jugerait convenables pour assurer aux anciens adjoints du génie la récompense due à leurs services; mais de supprimer désormais tout examen qui pût les faire admettre dans le corps d'officiers. Il s'attacha en outre à faire valoir à ses yeux les rapports continuels et forcés entre l'arme du génie et celle de l'artillerie et, après avoir réussi à faire adopter pour les deux le programme commun de l'École de Metz, il vit le gouvernement consacrer bientôt après cette disposition en réunissant à Metz les deux écoles en une seule (12 vendémiaire an X-4 octobre 1802). Quarante places y furent réservées chaque année aux élèves de l'École polytechnique.

L'application de la nouvelle loi d'organisation nécessita une distribution différente des cours et des travaux. Le Conseil de perfectionnement y apporta tous ses soins dès la première année. Il abaissa un peu le niveau de l'examen d'admission, il y ajouta l'obligation d'écrire quelques phrases françaises sous la dictée de l'examinateur pour lui permettre de constater que les candidats connaissaient correctement leur langue. On voulait exiger la connaissance du latin et de la littérature française; il s'y refusa. Monge rédigea le nouveau programme d'admission qui fut envoyé à tous les professeurs de mathématiques et contribua puissamment alors à la propagation des bonnes méthodes d'enseignement[1]. Les cours généraux professés à l'École furent notablement modifiés; tous les *cours d'application* furent maintenus. On doit encore au premier Conseil de perfectionnement le maintien du régime de discipline précédemment adopté, la bonne distribution du temps, la marche des interrogations, l'introduction du cours de belles-lettres, la direction donnée aux études, le choix des professeurs, l'amélioration des programmes.

C'est pourtant à l'heure où l'avenir s'annonçait ainsi sous les plus heureux auspices que le gouvernement, ayant eu la pensée malheureuse de chercher chaque jour à ouvrir de nouveaux débouchés, faillit désorganiser l'École.

---

1. On peut se faire une idée de l'influence exercée sur l'enseignement des mathématiques par l'adoption de ce programme d'admission, en lisant la lettre intéressante du ministre accompagnant l'envoi du programme à tous les professeurs, lettre citée par DE FOURCY dans son Histoire, page 204.

En 1801 un arrêté du mois de ventôse an IX autorisa les élèves à prendre du service dans la marine en qualité d'aspirants provisoires de première classe. Une trentaine d'élèves donnèrent leur démission pour s'embarquer, et la plupart de ceux-là, après trois ans de navigation, se trouvèrent heureux d'obtenir l'autorisation de rentrer. De son côté le ministre de la Guerre demanda vingt élèves pour les placer à l'École militaire qu'un décret venait de rétablir et, les besoins des corps de troupe devenant de plus en plus pressants, annonça l'intention « d'utiliser les élèves pour l'armée » sans attendre qu'ils eussent une instruction complète. Une première fois quarante et un élèves, après avoir subi un examen sommaire avec Legendre, partirent en qualité de lieutenants d'artillerie avant les examens de sortie (germinal an VIII). L'année suivante un décret du Premier Consul (27 vendémiaire an IX) réserva les premières sous-lieutenances vacantes dans les troupes de ligne ainsi que les emplois d'élèves commissaires des guerres à ceux des élèves de l'École polytechnique jugés suffisamment instruits et qui ne voudraient pas entrer dans les écoles d'application ou qui n'auraient pas trouvé d'emploi vacant dans les services publics. Conformément à ce décret, le ministre Rœderer invita le conseil à désigner cinq élèves pour ces emplois de sous-lieutenants que Bonaparte mettait immédiatement à leur disposition (8 brumaire). On vit ainsi arriver dans l'arme de l'infanterie un certain nombre d'officiers préparés à l'École polytechnique. Trois mois après, le besoin d'officiers augmentant sans cesse, un nouveau décret du Premier Consul (11 ventôse an XII), rendu sur la proposition de Fourcroy, prescrivit de choisir des officiers d'infanterie parmi ceux des candidats admissibles que le jury, « en regrettant de ne pouvoir les admettre, aurait recommandés à la bienveillance du gouvernement ». L'artillerie reçut également des promotions supplémentaires. « Je suis informé, écrivait Berthier le 1er nivôse an XII, que vous avez à l'École soixante-deux élèves se destinant à l'artillerie. On suppléera à leur instruction et à celle de tous ceux qui voudront venir dans cette arme par des leçons particulières multipliées qui ne devront pas durer plus de quarante à quarante-cinq jours.» Au bout du temps prescrit soixante-deux élèves de seconde année quittèrent l'École et dix-sept de la première année les suivirent. En même temps on recula la limite d'âge pour les militaires. Au lieu de vingt-six ans comme le prescrivait la loi du 21 frimaire, cette limite fut portée à trente ans accomplis pour les sous-officiers et soldats d'artillerie (décret du 11 germinal an XI). Le décret du moins ne dispensait pas de la condition d'avoir trois ans de service ou deux ans de campagne de

guerre; mais un an plus tard Marmont, inspecteur général de l'artillerie, obtint que cette condition serait supprimée et la limite maintenue à trente ans (décret du 20 germinal an XI). « Nous avons pour but, écrivait-il à Fourcroy, d'assurer à l'artillerie un recrutement facile d'officiers dont elle manque et d'attirer dans nos corps d'excellents sujets qui, au pis aller, meubleraient les régiments de bons sous-officiers capables de parvenir de cette manière. » Il arriva qu'on fut obligé d'admettre à l'École des canonniers, sapeurs et mineurs qui venaient de contracter un engagement et avaient à peine quelques jours de service.

Le conseil s'opposa tant qu'il put à l'adoption de ces mesures dont il prévoyait bien les fâcheuses conséquences. Il maintint d'abord inflexiblement l'âge de 20 ans pour l'admission des candidats non militaires. Une fois, il n'hésita pas à refuser à Fourcroy d'admettre un jeune homme qui avait trois jours de plus que l'âge voulu. Une autre fois cependant il dut céder devant un ordre du Premier Consul qui ouvrait les portes de l'École à un élève du prytanée de Saint-Cyr âgé de plus de vingt ans; Chaptal en cette circonstance expliqua « qu'il n'y avait pas violation de la loi, qu'on pouvait considérer cela comme une suite naturelle des études dans les établissements de l'État ». Bonaparte semblait d'ailleurs, au commencement du consulat, s'être fait une étrange idée de l'École polytechnique, puisque voulant un jour récompenser un enfant de quinze ans qui s'était distingué dans un combat contre les chouans, il l'y envoya achever ses études jusqu'à ce qu'il eut l'âge requis pour être officier de cavalerie[1]. Lorsque, plus tard, l'attention du conseil fut appelée sur les engagements contractés au moment de l'examen dans l'artillerie et le génie par les candidats qui trouvaient ainsi le moyen d'éluder la loi, il crut devoir protester. Après une mûre délibération, il fit observer au ministre que les soldats appartenant aux armes spéciales ne devaient jouir de la faculté de concourir jusqu'à 30 ans que sous la condition commune à tous les militaires des autres armes, c'est-à-dire après avoir justifié de deux années de campagne de guerre ou de trois années de service effectif[2]. S'il en était autrement, disait-il, la bienveillance de la loi, au lieu d'offrir un encouragement aux soldats qui ont bien servi la patrie, servirait de ressource assurée à ceux qui cherchent à se soustraire à la conscription. Son avis fut sanctionné par le ministre et la condition exigée fut insérée

1. Voir la note n° 11 : le décret du 12 pluviôse an VIII, qui envoie à l'École le jeune Dupont, nommé à 15 ans sous-lieutenant de cavalerie. Cet élève resta quatre ans à l'École; le 21 floréal an XII il prit du service dans les dragons.

2. Rapport du Conseil de perfectionnement de l'an XIII.

pour la première fois dans l'annonce du concours de l'année suivante; de nombreuses exceptions ne furent pas moins faites au commencement de l'Empire et le conseil ne put empêcher le ministre d'accorder aux militaires l'autorisation de concourir directement pour l'École d'application de Metz avec les élèves de l'École polytechnique.

C'est ainsi que s'étaient accusées de plus en plus les tendances du gouvernement consulaire à transformer l'institution de la Convention en une École militaire contrairement à son but et à la pensée de ses fondateurs. Pour justifier la transformation, il reprochait à l'École de n'avoir pas donné au bout des neuf premières années d'études les résultats que l'on attendait de la généralité des élèves. Il alléguait que les jeunes gens étaient obligés de se livrer à la fin de l'année à un travail excessif, qu'il y avait beaucoup de malades, qu'un très petit nombre arrivait à terminer, à l'époque de la sortie, tous les travaux exigés, et à connaître la totalité des matières enseignées pendant les deux années. Ces reproches, nous devons le dire, étaient en partie fondés, puisque de 1800 à 1805 quarante élèves furent obligés de quitter l'École pour n'avoir pas complété leur instruction dans le temps prescrit et que le conseil essaya de porter remède à l'état de choses en obligeant chacun, par des exercices écrits, à se tenir au courant pendant toute l'année. Mais, au lieu d'accuser le régime suivi jusque-là, n'eût-il pas été plus juste de rechercher la cause du mal dans les irrégularités, les abus qu'on avait laissés s'introduire, dans l'emploi du temps d'étude qui n'avait pas été le plus favorable, dans les mesures qui avaient empêché toutes les instructions particulières de concourir au but général?

Il importe de remarquer que la loi du 25 frimaire an VIII est, en réalité, la seule loi d'organisation de l'École polytechnique. Nous verrons par la suite tous les gouvernements qui se succèderont modifier tous l'organisation selon leurs vues par des décrets ou des ordonnances; mais le législateur n'interviendra plus. C'est la véritable charte de l'École. Quand elle parut, à l'avènement du consulat, elle fut reçue avec reconnaissance et regardée comme le présage d'un avenir tranquille et prospère. Elle avait fondé l'enseignement sur les bases les plus larges, elle l'avait doté de puissants moyens. Après une longue série d'assauts livrés à l'institution elle était venue consacrer le triomphe de ses légitimes privilèges et assurer l'harmonie entre elle et tous les services publics. Telle était la pensée de Lagrange lorsque, résignant à ce moment ses fonctions de professeur d'analyse transcendante (1799), il écrivit au Conseil de perfectionnement : « ...Recevez les assurances de l'intérêt que je conserverai tou-

jours pour un établissement que je regarde comme l'un des plus beaux ornements de la République. »

Cinq ans après Bonaparte bouleversait l'organisation de fond en comble. Mais avant de raconter comment disparut l'ancienne École, il nous faut jeter un coup d'œil sur la situation budgétaire pendant les dix années de son existence.

Au moment de la fondation il n'y avait pas de budget; aucun décret ne limitait les dépenses. Aussi des critiques violentes n'ayant pas tardé à s'élever malgré la surveillance sévère exercée par le gouvernement, Prieur (de la Côte-d'Or) dut-il s'appliquer, dans son mémoire adressé aux trois comités réunis peu de temps après l'ouverture des cours ordinaires[1], à présenter à la Convention l'état des finances sous le jour le plus favorable. « Depuis l'origine jusqu'au 30 floréal, déclara l'opiniâtre défenseur de l'institution, les dépenses se sont élevées à 41,400 francs, valeur du moment; j'estime que 40,000 à 50,000 francs suffiront pour les compléter une fois pour toutes et qu'il n'en coûtera pas plus de 140,000 francs par an, c'est-à-dire 14,000 livres d'autrefois, pour les dépenses d'objets de consommation. » Il pensait qu'on pourrait encore réduire ce chiffre en écoulant dans le commerce les produits des laboratoires de chimie dont les opérations seraient dirigées en conséquence. Et il ajoutait : « Cette dépense totale, répartie sur la tête des élèves, y compris les douze cents livres que la nation leur donne, y compris le salaire extrêmement restreint des agents, ne fait pour chacun d'eux qu'une somme de 1,415 francs par an; ou autrement, on trouve qu'il n'en coûte annuellement que deux cents francs environ pour instruire chacun des quatre cents élèves de l'École. Est-il possible d'imaginer moins pour une réunion de maîtres de ce mérite avec les agents nécessaires au service et à la surveillance de l'établissement? »

Pourtant, dans la détresse où se trouvait alors le Trésor public, la dépense parut trop grande encore et les comités des finances, qui travaillaient sans relâche à rétablir l'ordre et l'économie dans les services, vinrent examiner minutieusement les comptes de l'administration. Ils lui refusèrent les quelques appareils de physique qui manquaient encore après qu'on s'était procuré, dans les dépôts appartenant à l'État, les machines, les modèles, les objets d'art et de science nécessaires pour le travail et pour les collections. Ils l'invitèrent à modérer les dépenses et à les réduire au strict nécessaire. Favorisée jusque-là par les pouvoirs publics, l'École qui avait reçu

____

1. 30 prairial an III.

52

des secours pour ses élèves, pour ses fonctionnaires et ses agents, se vit dès lors dans la nécessité d'opérer des réductions. Elles portèrent sur la chimie, les manipulations, les laboratoires, puis sur l'enseignement du dessin, sur les collections minéralogiques, etc.[1]. Malgré ces retranchements, la caisse se trouva vide au moment où les mandats succédèrent aux assignats et il fallut déclarer au ministre qu'on était dans l'impossibilité d'assurer le service des leçons si l'on ne recevait de numéraire[2]. Benezech, qui portait à l'École le plus sincère intérêt, ne put que répondre : « Je ne peux pas vous accorder de numéraire ; mais j'approuve le conseil d'avoir imposé à l'administration l'obligation de prendre toutes les mesures possibles pour éviter une interruption dans la marche des études. » C'était ce que disait presque à la même heure le général Bonaparte à l'armée d'Italie : « Soldats, vous êtes mal nourris, mal vêtus, le gouvernement vous doit beaucoup, mais ne peut rien pour vous. » On a peine à s'expliquer comment le conseil parvint néanmoins à faire face à toutes les difficultés à la fois et les promotions futures se demanderont toujours par quels prodigieux efforts il réussit à doter la jeune institution des premiers éléments nécessaires à sa grandeur. Il pourvut à la subsistance des élèves, il assura le service journalier des études ; il créa dans l'intérieur de l'établissement un jardin botanique et un cours de chimie végétale, il commença l'achat et la distribution d'un certain nombre de livres dans chacune des salles d'étude[3] et poursuivit la publication du journal de l'École.

Il restait beaucoup à faire encore pour organiser tous les services, réunir le matériel, compléter les collections, lorsque le message du Directoire (5 floréal an V) exigea la réduction du nombre des élèves à 200 et prescrivit au conseil de régler les dépenses de manière qu'elles n'excédassent pas 300,000 francs. La mise en activité immédiate d'un plan d'*organisation économique* établi sur ces bases entraîna des réductions nombreuses dans le personnel et dans le traitement sans qu'une seule plainte se fît entendre. Les ennemis de l'École n'en choisirent pas moins ce moment pour diriger contre elle les plus violentes attaques. Au Conseil des Cinq-Cents, le représentant Baraillon, que nous avons vu l'un des plus acharnés, semblait avoir juré sa perte. « L'École polytechnique, disait-il dans un de ses discours[4], emploie, sous le nom de directeurs, administrateurs, commis, beaucoup

---

1. Voir pour les détails de ces réductions l'Histoire de FOURCY, page 201.
2. 26 messidor an IV (6 juillet 1796).
3. Cette mesure n'a reçu sa complète exécution qu'en 1880 par les soins de M. le colonel Laussedat, directeur des études.
4. Séance du 10 vendémiaire an V (6 octobre 1796).

plus d'individus que plusieurs cours d'Allemagne de ministres, d'agents, de secrétaires. Il y a dix professeurs de chimie; dans les autres branches même luxe, même superfluité de personnes. Cet établissement absorbe à lui seul les fonds qui feraient fleurir six écoles à la fois. » A ces accusations qui, vu la détresse du Trésor public, pouvaient avoir les plus graves conséquences, le directeur Deshauchamps répondit immédiatement par une lettre adressée au ministre de l'Intérieur. Nous extrayons quelques passages de sa lettre :

La motion du représentant du peuple Baraillon peut être au moins qualifiée de légère, elle est pleine d'assertions vagues et hasardées.......... Le conseil se flatte, citoyen ministre, que vous approuverez la démarche qu'il était instant de faire pour prévenir les effets de la malveillance et d'une opinion défavorable qu'on a cherché à accréditer, tant sur les dépenses prétendues excessives de l'École que sur la prodigalité affectée de son enseignement. Vous allez recevoir, sous peu de jours, le compte rendu des six mois depuis le 1er germinal, époque de la nouvelle organisation (celle du 30 ventôse an IV). Vous verrez par vous-même, citoyen ministre, et vous jugerez de l'absurdité des jugements d'un certain public, ennemi des lumières et de tout établissement utile. Il faut être comme moi témoin du zèle ardent des instituteurs et de l'émulation des élèves pour se convaincre que l'École polytechnique devient de jour en jour une institution plus précieuse qui honore autant votre administration que la nation éclairée qui voudra la soutenir..... Le représentant Camus a déclaré personnellement à notre députation que la dépense serait restreinte à 300,000 livres. Cela n'apportera aucun préjudice à la marche générale de l'École grâce à l'empressement patriotique de tous les agents qui témoignent le désir de proportionner leurs besoins à ceux de la République[1].

L'organisation économique, arrêtée par le Directoire, supprima beaucoup d'emplois parmi lesquels on remarque un des trois instituteurs de mathématiques, celui d'architecture, deux instituteurs adjoints de chimie, celui de physique générale, trois substituts de l'administrateur chargé de la surveillance, le bibliothécaire, le conservateur des modèles, un adjoint, les trois instructeurs chimistes et les dix aides de laboratoires, en outre seize employés et agents inférieurs d'administration[2]. Le nombre des élèves fut réduit à 300. L'économie réalisée fut de 76,000 francs.

Au mois de janvier 1798, quand le message du Directoire revint en discussion, Prieur, infatigable dans son dévouement, soutint seul encore une fois le poids de la lutte. Grâce à lui, le nombre des élèves fut maintenu à 250 au lieu de 200, la dotation annuelle de 300,000 francs qu'on voulait réduire fut conservée, un supplément de crédit de 180,000 francs

1. Lettre au ministre, du 15 vendémiaire an V.
2. FOURCY, page 109.

fut accordé pour les frais d'examen, et l'École polytechnique, enfin mise en possession d'une organisation complète, se trouva dotée d'un budget régulier.

En l'an VI, le budget ne fut pas suffisant, malgré tous les efforts qu'on fit pour ramener les dépenses au strict nécessaire. En l'an VII il fallut demander qu'on portât le crédit à 394,000 francs. La loi du 25 frimaire an VIII obligea l'administration à se renfermer dans les limites budgétaires; elle réalisa une économie notable sur le traitement des élèves, et sans rien vouloir statuer, quant au nombre, au traitement des agents secondaires, elle fixa pour tout ce qui est relatif à l'instruction une somme totale de 60,400 francs qu'on ne pourrait pas dépasser et une de 61,500 francs pour le matériel. Le conseil de l'an X, pénétré de l'obligation d'entrer dans les vues du gouvernement, n'eût pas demandé mieux que de réaliser toutes économies possibles; mais sa commission, qu'il chargea de lui présenter le tableau des dépenses, était dans le plus grand embarras pour répartir les fonds alloués et elle suppliait le ministre de vouloir bien indiquer lui-même le moyen. Elle proposait de diminuer le nombre des élèves déjà abaissé à 234 et de limiter à 40,000 francs les frais inscrits au chapitre du matériel. Il arriva que les achats de ce matériel dépassèrent de beaucoup les fonds reçus, et qu'il fallut prendre sur les fonds destinés à l'instruction. Le conseil fut bien obligé de suspendre le paiement des traitements; c'est ainsi que les professeurs, les agents et les élèves virent leurs traitements arriérés de plus de cinq mois.

La France soutenait à ce moment une guerre contre l'Europe entière et le Trésor public était dans un état de détresse aussi grand que celui qu'on avait vu cinq ans auparavant. On traversa ces temps de crise grâce au désintéressement et au dévouement de tout le personnel. Les registres du conseil mentionnent avec les plus grands éloges comment les instituteurs Monge et Berthollet donnèrent l'exemple, puis Fourcroy qui venait d'être nommé conseiller d'État, plusieurs autres ensuite. Après eux des agents et un grand nombre d'élèves firent généreusement abandon de leur traitement.

L'année suivante, an XI, le conseil n'eut plus à proposer que quelques économies d'emploi et non des réductions. Il annonça au Directoire que la somme de 40,000, francs demandée provisoirement pour le matériel et les dépenses variables, était désormais jugée suffisante. Sur le budget total il réalisa une économie de 57,240 francs.

En l'an XIII il fut possible d'élever le nombre des élèves de 250 à

280 et l'équilibre budgétaire se maintint avec une dépense totale de 220,000 francs non compris la solde[1]. Dans les derniers moments du régime de l'externat libre, à l'avènement de l'Empire, l'administration avait enfin trouvé sa marche normale et régulière.

QUATRIÈME ORGANISATION

Décret du 27 messidor an XII (16 juillet 1804). — Changements dans les programmes. — Plaintes de l'École de Metz. — L'École est transformée en une institution militaire.

Bonaparte devenu empereur voulut donner à l'École polytechnique une organisation conforme à ses vues ambitieuses et à ses instincts de domination. Il entendait recruter les élèves uniquement dans les familles aisées, les former en corps militaires et les caserner. C'était là un système que Monge regardait comme « désastreux » pour son École. Sincèrement dévoué à la personne de Napoléon, honoré de toute sa faveur, le savant professeur trouva le courage de résister au souverain le plus absolu et d'opposer à sa volonté les raisons irréfragables tirées de l'expérience des dix années qui venaient de s'écouler. Au nom de la patrie et du bien public, il lutta avec opiniâtreté, « s'efforçant, nous dit Charles Dupin, de lui montrer l'absurdité de former au pas et au maniement du mousquet des géographes, des ingénieurs des mines, des commissaires des poudres ». Cinq fois il redoubla d'instances auprès de l'Empereur et cinq fois ses efforts furent infructueux. Dissimulant mal l'irritation que lui avait causée l'opposition manifeste des élèves à tous les actes qui venaient peu à peu de conduire au régime impérial, prétextant les désordres commis par eux à diverses époques dans les salles de spectacle, et les plaintes élevées à ce sujet tout récemment encore par le ministre de l'Intérieur et le Préfet de police, faisant enfin valoir l'intérêt, pour l'État, d'habituer de bonne heure les élèves à la discipline en même temps que l'avantage pour les familles de voir assurer la santé et la moralité de leurs enfants, Napoléon donna l'ordre de mettre à exécution le projet de casernement médité depuis longtemps par les ennemis de l'École.

Le décret impérial de réorganisation parut le 27 messidor an XII

1. Dépenses de l'an X : 214,600 francs. Dépenses de l'an XI : 220,760 francs.

(16 juillet 1804). Il semblait vouloir ne rien changer au mode d'enseignement, se bornant à exiger des candidats le dessin des premières figures d'étude, à demander aux élèves une application plus grande au dessin de l'architecture, des machines, de la fortification, avec profils et cartes et renvoyant, pour tout ce qui regarde l'instruction, à la loi du 25 frimaire an VIII.

La discipline faisait l'objet principal du décret. A l'avenir un gouverneur est chargé de la direction de l'École. Il a sous ses ordres un directeur des études commandant en second, un chef de bataillon, deux capitaines, deux lieutenants et un quartier-maître. Il est seul responsable de la discipline, de la police, de la tenue et de l'instruction militaire qui sera celle des régiments. On ne met d'autre restriction à son autorité que la défense de choisir pour les « exercices militaires les moments consacrés par le règlement à l'enseignement théorique et pratique des sciences et des arts [1] ». Un capitaine ou un lieutenant assiste à tous les cours afin d'y maintenir le bon ordre. Le bataillon d'élèves armés et équipés comme l'infanterie de ligne se rend militairement tous les jours de l'École à la caserne.

Le décret décharge le Conseil d'instruction de tout ce qui est relatif à la police, aux recettes et aux dépenses, pour le confier à un Conseil d'administration composé de six membres : le gouverneur, deux instituteurs, deux capitaines et un quartier-maître secrétaire. Rien n'est changé à la composition et aux attributions du Conseil de perfectionnement, « seulement, fait remarquer Arago, le décret place ce conseil sous la présidence du gouverneur de l'École, fonctionnaire nouveau à la nomination de l'Empereur; seulement il investit le gouvernement du droit de révoquer les examinateurs et professeurs, c'est-à-dire plus de la moitié des membres du conseil; seulement il lui donne voix prépondérante en cas de partage [2] ».

Les dépenses de l'établissement font partie du budget de la guerre et le ministre de ce département doit traiter avec le gouverneur de tout ce qui concerne l'École. L'exécution des décrets organiques reste toutefois confiée au ministre de l'Intérieur.

Tels sont les caractères généraux de l'organisation de 1804. Qu'on nous pardonne de citer le jugement porté sur elle par Saint-Simon dans une de ses virulentes diatribes [3] :

L'École polytechnique est l'établissement d'instruction de l'ordre le plus élevé qui ait jamais existé. Lorsqu'il fut question de le créer, ses fondateurs s'occupèrent

---

1. Article 9 du décret.
2. Œuvres de F. Arago, tome XII, page 650.
3. Saint-Simon, Œuvres, tome XX (L'Organisateur, page 263).

d'une part de former un plan d'instruction propre à faire acquérir à la masse des élèves le plus de connaissances et les connaissances les plus importantes possible, et, d'une autre part, de faire accepter aux hommes les plus capables les fonctions de l'enseignement. Ces deux fonctions une fois remplies, ils regardèrent leur tâche comme terminée; l'établissement était fondé. Considérant néanmoins que la nature de cet établissement donnait lieu à quelques affaires administratives, ils répartirent cette besogne secondaire entre les différents professeurs, qu. se réunissaient quelquefois en Conseil d'administration. Enfin, persuadés qu'il était nécessaire de maintenir un certain ordre dans cette réunion de jeunes gens pour qu'ils retirassent de l'enseignement tout le fruit possible, ils chargèrent de ce soin un fonctionnaire estimable qui n'avait point assez de capacité pour être professeur et qui ne se classait lui-même que comme subalterne. On sait combien l'établissement prospéra.

Bonaparte survient, il trouve cette organisation beaucoup trop simple, et pour y mettre un peu du sien il veut lui donner ce qu'il appelle de la dignité et de l'importance. Que fait-il? il superpose à l'établissement un gouverneur pris parmi ses courtisans, un sous-gouverneur colonel et un directeur, ayant chacun quelques sous-ordres et chargés uniquement à eux tous du maintien de la discipline; il supprime le Conseil d'administration, il met à la place un administrateur en chef assisté de plusieurs employés de différents grades. C'est toute cette collection de gens inutiles et de gens incapables qui figure en première ligne, qui est regardée comme l'âme de l'institution, qui obtient le premier degré de considération, qui éclipse les professeurs. L'ordre primitif et naturel est totalement interverti : la partie subalterne de l'établissement en devient la tête et les fonctions vraiment importantes ne sont plus classées qu'en seconde ligne. Il n'est pas nécessaire d'ajouter que cette nouvelle organisation qui subsiste encore est infiniment plus dispendieuse que l'ancienne et que ce sont précisément les fonctionnaires les plus inutiles et les plus incapables qui coûtent le plus cher.

L'intention de l'Empereur était de mettre immédiatement le nouveau régime en activité. Il avait même, avec une certaine précipitation, fixé le délai d'un mois pour procéder au casernement des élèves. Mais une année se passa avant qu'on pût quitter le Palais-Bourbon. L'installation de l'École et de la caserne dans les bâtiments du collège de Navarre sur lesquels le choix s'était arrêté après de longues hésitations, n'ayant été terminée qu'au mois de novembre 1805 [1], le régime militaire fonctionna à la rentrée de cette année.

Aux termes de l'article 12 du décret de messidor, il ne devait rien être innové tout d'abord dans le mode d'admission et d'enseignement non plus qu'au traitement des examinateurs, professeurs et élèves. Les changements ne se firent pas longtemps attendre; ils devaient bouleverser l'institution dans ses bases.

Un décret rendu le 22 fructidor an XIII (septembre 1805) imposa la condition à tout candidat admis à l'École en qualité d'élève, de payer une pension annuelle de 800 francs. C'était vouloir recruter les élèves,

---

1. Cette installation nécessita une dépense de 102,000 francs pour l'achat du mobilier.

non plus parmi l'élite de la nation tout entière, mais seulement dans les classes riches de la société, en excluant les fils de citoyens sans fortune.

En 1806, sur le rapport du Conseil de perfectionnement, un changement considérable s'introduisit dans le mode d'admission des élèves aux différents services publics, au moment de leur sortie. Au lieu d'être reçus dans ces services d'après leur déclaration faite en entrant à l'École, les élèves durent être désormais classés à la fin des deux années d'études d'après les résultats des examens de sortie. Le changement était essentiellement contraire aux dispositions fondamentales de la loi du 25 frimaire an VIII; mais le conseil l'avait proposé comme un acte de justice envers les élèves laborieux et comme le principe d'une émulation favorable à leurs progrès. Il laissait chacun jusqu'à l'époque de la sortie dans l'ignorance du service auquel il appartiendrait plus tard, et substituait, au choix d'une carrière librement acceptée, l'obligation pour la plupart d'entrer, suivant le rang désigné par l'examen, dans une autre carrière pour laquelle on pourrait n'avoir ni vocation ni aptitude particulière.

Le mode d'enseignement commença aussi à se transformer dans un sens absolument opposé aux vues des fondateurs. Des modifications nombreuses, réclamées par la commission d'officiers généraux et supérieurs de l'artillerie et du génie qui préparait alors un plan d'instruction pour l'École de ces deux armes, furent apportées aux programmes, avec l'approbation du conseil. Presque tous les cours furent réduits; le temps consacré au dessin fut diminué de moitié. Il fut même question dès ce moment de supprimer tout à fait les cours de travaux civils; mais Monge s'y opposa et ses idées triomphèrent pour quelque temps. On se borna à réunir le cours des mines à celui des travaux publics; on ajouta un cours sur les éléments des machines et l'on adjoignit à l'art militaire un cours de topographie. Une chaire de grammaire et de belles lettres fut créée et l'Empereur, après avoir refusé longtemps d'approuver l'innovation, se décida à la confier à Andrieux dont la mission fut de compléter les connaissances littéraires jugées indispensables aux élèves. Enfin les candidats à l'admission furent tenus de posséder assez de latin pour expliquer les *Offices* de Cicéron.

Le rapport du conseil rédigé à la fin de la session de 1806 faisait prévoir en outre d'autres changements qui seraient la conséquence de la réforme générale entreprise alors de tous les établissements d'instruction publique. L'année suivante le Conseil d'instruction supprima les cours spéciaux sur les ponts et chaussées, les mines et la fortification. Ces cours spéciaux, disait le rapport, « sont le reste d'une organisation qui n'existe

plus ; sans doute il importe que l'École polytechnique ne se borne pas à l'enseignement pur et simple des sciences et des arts graphiques ; elle doit en montrer les applications ; mais seulement celles qui rentrent dans son objet et sont d'une utilité générale pour tous les services ; » ils furent remplacés par des cours généraux sur les éléments des constructions, des machines et de l'art militaire. Il est à remarquer que la commission d'officiers, qui se plaignait de la surcharge des programmes d'enseignement, demanda l'établissement d'un cours d'histoire naturelle, comprenant la géographie physique, l'homme et les animaux considérés comme moteurs et moyens de travail ; les végétaux et les minéraux et l'histoire de leur formation. Quelques points seulement de cette physiologie générale furent introduits dans les divers cours. La même année on réalisa le vœu, plusieurs fois exprimé par les conseils, de voir tous les instituteurs écrire et publier les cours qu'ils professaient de manière à former, par la réunion de leurs ouvrages, un cours complet d'étude qui servît de guide aux élèves.

Il faut signaler aussi vers cette époque plusieurs tentatives faites pour augmenter le nombre des services recrutés à l'École. Le ministre de l'Intérieur proposa (2 mars 1807), en se réservant d'indiquer plus tard le nombre de places qui pourraient être mises ainsi à la disposition des élèves, de former des ingénieurs hydrauliciens pour le service des villes et des établissements publics destinés à la distribution et à l'élévation des eaux. Déjà le ministre de la Marine et des Colonies avait pris l'engagement (décision du 3 mai 1806) de recevoir annuellement cinq élèves à l'École du génie maritime pour la construction des bâtiments de commerce. Mais la création de ces nouvelles carrières ayant été subordonnée à la condition que les élèves pourvoieraient eux-mêmes à leur entretien et à leur nourriture, on a vu que les propositions faites par le Conseil de perfectionnement aux villes qui renfermaient des ports de commerce, pour leur demander d'entretenir à l'École polytechnique et ensuite à l'École d'application du génie maritime à Brest les sujets qui s'engageraient à se fixer plus tard dans ces villes avec l'intention d'y diriger la construction des navires marchands, furent repoussées par les chambres de commerce et que ce projet fut dès lors abandonné.

Au commencement de 1811 l'organisation de l'École se trouva tout à coup remise en question. Des plaintes formulées par l'École de Metz sur l'instruction des élèves étaient parvenues au ministre de la Guerre qui les avait transmises au Conseil de perfectionnement avec les observations de Bossut, l'examinateur du génie, et celles du Comité des fortifications.

Cette école se plaignait en particulier de la faiblesse des élèves dans les arts graphiques. Elle demandait l'introduction, dans le mode d'enseignement, de la synthèse concurremment avec l'analyse, l'emploi des méthodes approximatives et le développement des principales applications, la suppression des questions qui ne paraissent d'aucune application. Elle voulait qu'on s'efforçât de diriger en tout la théorie vers la pratique. Quelques professeurs trouvaient que les deux années n'étaient pas suffisantes ; Bossut, au contraire, était d'avis de réduire le temps des études à une seule année. Ces plaintes furent énergiquement repoussées par le conseil[1]. Il fut reconnu d'ailleurs, à la suite d'une mission de deux officiers supérieurs chargés d'aller examiner à Metz les candidats qui s'y trouvaient depuis dix-huit mois, que les reproches adressés à l'enseignement de l'École polytechnique étaient sans fondement. Cependant le conseil jugea opportun d'introduire quelques améliorations de détail et de procéder à une révision des programmes. Animé du désir de ramener l'enseignement aux parties les plus généralement utiles, il opéra diverses réductions qui portèrent principalement sur les cours d'application ; celui des constructions publiques fut supprimé malgré les représentations des conseils des Mines et des Ponts et Chaussées. Loin de songer à réduire les services civils parce que toutes les préoccupations étaient tournées du côté de l'artillerie et du génie dont les besoins étaient extrêmes, il demanda que le nombre des emplois d'ingénieurs fût maintenu et que le nombre total des élèves fût porté à 400.

A ces vœux Napoléon répondit brutalement par le décret du 30 août 1811 dont voici les dispositions sommaires :

Dorénavant l'École polytechnique ne fournira plus de sujets pour le service de l'artillerie. Le ministre de la Guerre y prendra tous les sujets nécessaires pour satisfaire aux besoins du corps du génie. Ils seront choisis par le premier inspecteur général et, en son absence, par un officier général du génie, parmi les jeunes gens les plus instruits, les plus en état de résister à la fatigue et qui annonceront le plus de dispositions morales. Après que le corps du génie aura pris tous les sujets qui lui seront nécessaires, les autres élèves de l'École seront donnés aux Ponts et Chaussées, aux Mines, aux poudres et salpêtres et autres services civils. L'artillerie tirera désormais ses officiers de l'École spéciale militaire de Saint-Cyr, du Prytanée de La Flèche et des lycées de l'Empire. A l'École de Saint-Cyr l'examinateur reconnaîtra à la fin de la première année les jeunes gens

---

1. M. Fourcy dans son Histoire a exposé avec beaucoup de détails les longues discussions auxquelles donnèrent lieu les plaintes de l'École de Metz (p. 294 et 312).

ayant une instruction suffisante ; ils seront ensuite appliqués plus particulièrement à l'étude des mathématiques et aux exercices de l'artillerie. Les candidats des lycées et du Prytanée, après avoir subi l'examen d'artillerie, seront envoyés à l'École de Metz pour y compléter leur instruction avant d'entrer dans les régiments [1].

A ce moment on ne discutait pas les ordres de l'Empereur. Le décret fut immédiatement mis à exécution. L'inspecteur du génie tempéra ce qu'il avait d'excessif à l'égard des services civils en laissant à chacun les deux premiers élèves par rang de mérite qui les avaient demandés. Quant au recrutement de l'artillerie il fut, en effet, complété par les élèves des Écoles militaires et des lycées et, si le gouverneur Lacuée ne s'y était formellement opposé, le ministre eût fait examiner ces jeunes gens appelés à prendre part au concours par les examinateurs d'admission de l'École polytechnique (décision du 5 décembre 1811).

On peut se figurer dans quelle consternation le décret impérial jeta les membres du conseil. Mais en raison même du besoin d'officiers, l'Empereur fut le premier à revenir sur ses ordres. Moins d'un mois après la promulgation du décret il autorisa le duc de Feltre (4 octobre 1811) à prendre pour l'artillerie tous les élèves qui resteraient quand les autres services auraient été pourvus. Quarante élèves furent ainsi classés dans l'artillerie, soixante autres y entrèrent le 18 février 1812, et le 1er juillet quarante furent encore envoyés à Metz. Cette année-là il en restait onze à répartir dans les services civils. Au mois d'avril 1813 le ministre demanda de nouveau cinquante élèves pour l'artillerie et puis encore soixante-dix au mois d'octobre de la même année. Ainsi, fait remarquer Fourcy, pendant les deux années d'existence du décret qui enlevait à l'artillerie l'avantage de se recruter à l'École, ce corps y prit deux cent dix sujets [2]. Il n'en est pas moins vrai que, pendant cette période, les armes de l'artillerie et du génie recrutèrent leurs officiers dans les autres écoles militaires, et que ce fâcheux état de choses dura jusqu'à ce que le gouvernement de la Restauration y mît un terme par son ordonnance du 23 septembre 1814.

Napoléon, dont les armées couvraient l'Europe, avait dû chercher tous les moyens de recruter ses officiers. Dès le commencement de l'année 1804 les besoins pressants du corps de l'artillerie avaient exigé une promotion extraordinaire et nombreuse, et l'expérience faite lors de la

1. Le décret porte : Fait au palais impérial de Compiègne, Napoléon, empereur des Français, roi d'Italie, protecteur de la confédération du Rhin, médiateur de la confédération suisse, etc.

2. FOURCY, page 316.

construction de la chaloupe canonnière ayant montré la possibilité de préparer rapidement des élèves pour un exercice spécial, le ministre de la Guerre avait ordonné, qu'à la suite de cours accélérés d'une durée de quarante à quarante-cinq jours, les élèves inscrits pour l'artillerie seraient examinés, classés et envoyés à l'École d'application. Soixante-dix élèves avaient été envoyés à l'École d'artillerie à l'époque prescrite. Cette même année le Prytanée et le lycée de Paris avaient envoyé deux cents élèves dans les corps de troupes comme caporaux-fourriers et sergents-majors. L'intention de l'Empereur était d'utiliser tous les élèves de l'École polytechnique pour l'armée; il fallut que le gouverneur suppliât Fourcroy de le faire revenir sur sa détermination : « Vous êtes un fondateur de l'École, lui écrivait-il, vous savez que je n'ai pas d'excédent mais à peine de quoi suffire aux besoins de la France. »

En 1806 le jury d'admission fut invité à préparer une liste supplémentaire de candidats admissibles et qui faute de places ne pourraient être admis; ces jeunes gens furent recommandés au ministre de la Guerre. Tous ceux qui d'autre part le désiraient furent admis au prytanée militaire de Saint-Cyr. Les élèves de cette école, dont l'organisation venait d'être fixée par un décret la même année, eurent également le droit de se présenter au concours d'admission de l'École d'application de Metz, en concurrence avec les élèves de l'École polytechnique. Il est vrai qu'ils en usèrent peu; la première fois quatre élèves se présentèrent; le gouverneur les prévint que les examens faits par Legendre et Bossut seraient très difficiles et qu'ils échoueraient très probablement. Ils demandèrent alors à concourir pour l'École polytechnique et pareil fait ne se reproduisit plus.

En 1807 le ministre de la Guerre, se disposant à faire partir pour la grande armée les élèves de l'École militaire de Fontainebleau et ceux du prytanée de Saint-Cyr, voulait appeler aussi les élèves de l'École polytechnique ayant l'âge et l'instruction suffisante (5 février). Le gouverneur fut obligé de s'y opposer énergiquement et de représenter au ministre que sur les deux cent quatre-vingt-dix-sept élèves, cent dix-sept ayant quatorze mois d'instruction allaient sortir bientôt dans l'artillerie et le génie où ils rendraient plus de services et que les cent quatre-vingts autres n'étaient pas préparés.

De pareilles mesures, on le comprend, auraient amené non seulement la désorganisation de l'École, mais sa destruction complète. Monge le pressentait depuis longtemps : « Après moi, disait-il à M. Vallée, l'École polytechnique n'existera plus, » et il ne cachait pas que l'Empereur avait

le projet de la détruire. Il le voulut en effet; un projet de décret fut élaboré en conseil d'État. L'article premier portait : l'École polytechnique est supprimée, il est créé à sa place une École napoléonienne des services publics qui recrutera tous les officiers pour toutes les armes. Ce projet, rédigé en quatre-vingts articles, répartissait les élèves dès leur arrivée suivant les services, en interdisant tout échange; il laissait la faculté de faire deux années dans chaque division; au bout d'un an d'études on pouvait sortir dans la ligne avec le grade de sergent-major[1]. La guerre empêcha sans doute de le mettre à exécution. L'École fut sauvée; mais les décrets de 1804 et de 1811 en avaient fait une institution presque exclusivement militaire dans son régime et dans son objet tellement que le général Foy put écrire quelques années plus tard : « L'Empire a transformé une pépinière de savants en un séminaire de guerriers[2]. »

CINQUIÈME ORGANISATION

Ordonnance du 4 septembre 1816. — Ordonnance des 1er septembre et 20 octobre 1822.

Après les événements de 1814 et de 1815 la nécessité de réorganiser l'École polytechnique s'imposait au gouvernement de la Restauration. Les circonstances politiques, l'encombrement des places, la réduction du territoire sur lequel s'étaient repliés une multitude de fonctionnaires créés pour couvrir presque l'Europe, le besoin d'une économie réparatrice de la fortune publique, le réveil de l'industrie et du commerce, tout concourait à faire envisager l'institution, non comme une école préparatoire d'ingénieurs et d'artilleurs, mais plutôt comme un foyer d'instruction générale et élevée de jeunes gens qui travailleraient plus tard à la prospérité du pays.

Depuis six années les cours avaient été brisés; peu d'élèves avaient terminé leurs études; celles-ci avaient été complètement interrompues en 1814 et en 1815. Pendant la courte durée de la première Restauration on n'eut le temps d'apporter aucun changement ni au régime intérieur

---

1. Ce projet de décret se trouve aux Archives nationales dans les papiers provenant de la préfecture de police.
2. Général Foy, *Guerres de la Péninsule.*

ni à l'instruction; mais au commencement de l'année 1816 après qu'on eut saisi le prétexte d'une insubordination pour décréter un licenciement général, on s'occupa sans perdre de temps de réorganiser l'établissement d'une manière à la fois plus conforme aux besoins et aux intérêts de la société et plus en harmonie avec la forme du gouvernement.

Le travail de réorganisation fut confié à une commission de cinq membres nommés par les ministres de l'Intérieur et de la Guerre et présidée par Laplace[1]. Cette commission se mit aussitôt à l'œuvre. Elle sembla d'abord vouloir ne rien laisser subsister de ce qui avait existé antérieurement. Elle voulait changer jusqu'au nom de l'École sous prétexte qu'il se rattachait dans l'opinion publique à l'idée d'une école purement militaire. Les mots *polytechnique* ou *polymathique* lui semblaient par leur étymologie ne désigner du reste que la moitié des attributions de l'établissement; elle proposa de l'appeler École royale des sciences et des arts. Cependant l'ancien nom, sous lequel l'institution avait acquis tant de célébrité, fut conservé. Puis la soif d'innover s'apaisa, on s'accorda à respecter les traditions et l'on n'osa modifier profondément, ni le régime, ni l'enseignement. Revenant ensuite à une appréciation plus juste de sa véritable mission, la commission se mit à recueillir avec soin et à comparer les faits les plus propres à faire connaître exactement les origines de l'École, ses modifications successives et ses résultats. Sans s'arrêter aux événements des dernières années qu'elle devait regarder comme produits par des circonstances extraordinaires, elle s'attacha à l'ensemble des faits relatifs aux vingt années d'existence de l'établissement se proposant de combiner les observations auxquelles ils avaient donné lieu relativement à l'âge des élèves, à leur genre de vie, aux autorités préposées à la direction, au système d'examen et au mode général d'enseignement. Après dix séances de délibérations, elle exposa dans un long mémoire les bases sur lesquelles il lui semblait convenable d'organiser désormais l'École polytechnique afin de la ramener vers l'institution primitive et en même temps « d'en faire un foyer d'instruction propre à répandre les lumières des sciences mathématiques et physiques, et une pépinière de jeunes gens capables d'exercer les fonctions d'ingénieurs dans les différents services publics pour la gloire de la monarchie ».

L'ordonnance royale, édictée d'après ses vues et dont nous repro-

---

1. Les autres membres étaient : le vicomte de Caux, officier général du génie et conseiller d'État qui devint ministre de la Guerre en 1827; le comte de Caraman, officier supérieur d'artillerie, le baron Héron de Villefosse, inspecteur divisionnaire des mines et maître des requêtes et le lieutenant-colonel du génie Paulinier de Fontenilles, secrétaire général du ministre de l'Intérieur.

duisons les dispositions principales, parut le 4 septembre 1816. Elle supprimait le régime militaire. Les inconvénients de ce régime, disait le rapporteur, aggravés encore par les événements politiques, ont fini par dénaturer l'institution, et l'expérience a prouvé qu'au point de vue de la discipline un pareil régime ne donne qu'un faible gage de subordination. Le maniement des armes, trouvé prématuré pour les aspirants aux fonctions militaires, inutile pour les autres, fut interdit; toutefois la commission maintient le régime de l'internat. Le ministre de l'Intérieur proposait, lui, de laisser aux parents toute liberté de caserner leurs enfants ou de les autoriser à loger en ville; sa proposition fut repoussée. Le régime des Universités d'Allemagne et d'Angleterre, celui des écoles libres de France telles que l'École de médecine et l'École de droit fut regardé comme impraticable. L'internat, sans appareil militaire, parut préférable pour conserver les avantages de la vie en commun et pour assurer la stricte exécution des règlements. La tenue militaire disparut; elle fut remplacée par un vêtement uniforme, qui « porterait les élèves, pensait-on, à se faire estimer par leur conduite tant au-dedans qu'au-dehors de l'École, » mais purement civil. Le prix de la pension fut augmenté, on le porta de 800 francs à 1,000 francs en déclarant sans détour qu'on espérait voir par la suite, « les jeunes seigneurs, les fils de familles riches de toutes les classes et tout ce qu'il y aura de distingué par de bonnes études y venir achever leur éducation et se mettre en état de remplir les premières places du gouvernement ». On créa il est vrai vingt-quatre bourses en faveur des élèves peu fortunés.

L'ordonnance distingue deux classes d'autorités préposées à la direction. La première a la haute surveillance et le jugement des droits établis par les examens; elle comprend un Conseil de perfectionnement et un Conseil d'inspection. Le Conseil de perfectionnement conserve à peu près les mêmes attributions qu'auparavant; mais pour qu'il puisse exercer le contrôle général, disait le rapport, il doit être composé exclusivement de personnes étrangères à l'École. Les quinze membres qui en font partie sont :

Trois Pairs de France nommés par le Roi[1];

Trois académiciens nommés par le ministre de l'Intérieur;

Un inspecteur général des ponts nommé par le ministre de l'Intérieur;

---

1. Les trois premiers pairs de France nommés furent : Le duc de Doudeauville, le marquis de Nicolaï, le marquis de Lamartillère. Puis, le duc de Doudeauville et, après lui le marquis de Clermont-Tonnerre furent remplacés en 1822 par le marquis Pastoret et le comte de Portalis.

Un inspecteur général des mines nommé par le ministre de l'Intérieur ;

Un officier général d'artillerie nommé par le ministre de la Guerre ;

Un officier général du génie nommé par le ministre de la Guerre ;

Un officier général des corps des ingénieurs géographes ;

Un inspecteur général dès constructions navales nommé par le ministre de la Marine ;

Un inspecteur général de l'artillerie de la marine ;

Les deux examinateurs permanents de sortie pour les mathématiques.

Ni le commandant de l'École, ni l'inspecteur des études, ni les examinateurs temporaires, ni aucun professeur n'en font partie « de sorte qu'en conservant le nom, écrit Arago, l'ordonnance supprimait la chose ; tout ce qui concernait l'instruction était remplacé par trois Pairs de France[1] ». En outre ceux-ci sont exclusivement présidents pendant une année, à la suite de laquelle ils se retirent.

Le *Conseil d'inspection*, organe nouveau, se compose de cinq membres du Conseil de perfectionnement, n'exerçant aucune fonction dans l'École. Il doit se réunir au moins une fois par trimestre pour entendre un rapport du président sur la situation de l'établissement au point de vue de l'ordre public. Son président peut prendre dans l'intérieur de l'École tous les renseignements qui lui paraissent nécessaires à l'exercice de sa haute surveillance ; il se fait rendre compte par le commandant une fois par mois au moins de tout ce qui concerne le bon ordre ; il convoque le conseil quand il le juge convenable et fait parvenir le résultat de son inspection aux ministres qui sont particulièrement intéressés au recrutement des services.

La seconde catégorie d'autorités, auxquelles on entend conserver l'unité d'action, est préposée uniquement au régime intérieur et dépend du ministre de l'Intérieur seul. Elle comprend un directeur assisté de deux Conseils, d'instruction et d'administration. Le directeur est chargé d'assurer l'exécution journalière des règlements ; il présente au Conseil de perfectionnement les renseignements, comptes et projets dont le conseil s'occupe ; il exécute les ordres du ministre de l'Intérieur et lui rend compte des affaires ayant trait à l'instruction, l'administration et la police de l'École ; il correspond avec le Pair de France, président du Conseil d'inspection, sur toutes les affaires de la compétence de ce conseil ; il est choisi par le ministre parmi les fonctionnaires principaux, soit en acti-

---

1. ARAGO, *Œuvres*, tome XII, page 651.

vité, soit en retraite, des différents services civils ou militaires auxquels l'École fournit des élèves.

Sous les ordres du directeur, un *inspecteur des études* surveille et constate l'exécution des programmes d'enseignement, tant de la part des professeurs que de celle des élèves; il seconde le directeur dans ses fonctions et le supplée en cas d'absence.

Six sous-inspecteurs choisis parmi les fonctionnaires en activité dans les services alimentés par l'École et nommés par le ministre, sont chargés d'exercer une surveillance journalière sur les élèves pendant les études et au dehors. Enfin un ecclésiastique, attaché à l'École en qualité d'aumônier, a pour mission, en remplissant les fonctions de son ministère, de maintenir par ses instructions les sentiments religieux parmi les élèves. Les inspirateurs de l'ordonnance attachaient pour l'accomplissement des devoirs la plus haute importance au concours de la religion; ils voulaient faire de l'École polytechnique, disaient-ils, « surtout une École de bonnes mœurs et de bons principes où chaque élève est un sujet fidèle et dévoué au Roi ».

Les autres agents du régime intérieur sont l'*administrateur* qui s'occupe de tous les détails de la vie physique, un trésorier secrétaire du conseil et gardien des archives, un bibliothécaire, enfin un médecin et un chirurgien.

Le Conseil d'instruction se compose du directeur président, de l'inspecteur des études, de l'aumônier, des dix professeurs, du bibliothécaire et du trésorier. Il s'assemble au moins une fois par mois; ses attributions antérieures sont conservées.

Le Conseil d'administration est composé du directeur, de l'inspecteur des études, de l'un des professeurs, de deux sous-inspecteurs, de l'administrateur et du trésorier; ces deux derniers n'y ont que voix consultative. Il s'assemble au moins une fois tous les quinze jours.

La commission avait apporté tous ses soins à régler le mode des examens que doivent subir les élèves, aussi bien à l'admission que pendant leur séjour et au moment de la sortie de l'École. Elle s'était efforcée de concilier ce qu'elle regardait comme le plus sûr moyen d'atteindre le but de l'institution, c'est-à-dire les garanties nécessaires au gouvernement avec le principe de la Charte, qui déclarait tous les Français également admissibles à tous les emplois. Pénétrée de la nécessité de porter l'attention qu'exige le choix des candidats principalement sur l'examen d'admission, elle fit décider que les fonctions d'examinateur d'admission, jusque-là temporaires et limitées à une année, deviendraient permanentes mais qu'elles

seraient incompatibles avec celles de professeur ou de répétiteur, aussi bien à l'École que dans un établissement d'instruction publique quelconque. Elle fixa en outre invariablement à 16 ans et 20 ans la limite de l'âge requis des candidats. Pour les examens relatifs au passage d'une division à l'autre ou à la sortie, elle fut d'avis d'établir entre les examinateurs une distinction. Les deux examinateurs de mathématiques, chargés de constater l'instruction dans la science qui constitue la base principale des études, furent revêtus de fonctions permanentes, choisis parmi les membres de l'Académie des sciences et nommés par le Roi. Les autres examinateurs pour les sciences physiques et les arts graphiques furent laissés temporaires et nommés par le ministre de l'Intérieur sur la présentation du Conseil de perfectionnement. Suivant un ancien usage, les examinateurs permanents et, dans certains cas, les examinateurs temporaires durent assister aux examens annuels des écoles d'application. On maintint les jurys d'examen tels qu'ils existaient, leur président fut celui du Conseil de perfectionnement.

Contrairement aux vues des conseils antérieurs, la commission était revenue aux principes de la loi de l'an VIII relativement aux déclarations de services. Tout candidat fut dès lors tenu de déclarer : 1° s'il se destine à un service public ; 2° à quel service il se destine de préférence et suivant quel ordre son choix se portera sur les autres à défaut de places [1]. Une seule exception fut faite en faveur des candidats qui se proposeraient d'entrer à l'École pour y puiser l'instruction sans intention préalable d'entrer dans un service.

L'idée d'appeler à l'École un certain nombre de jeunes gens « destinés à former l'élite de la nation et à occuper des emplois élevés dans l'État » pour y compléter leur éducation, idée présentée d'abord avec une certaine réserve, fut développée avec plus de force dans un dernier rapport : « Nous vivons, disait-on, dans un temps où l'instruction des classes supérieures peut seule assurer la tranquillité de l'État, en faisant obtenir à ceux qui les composent, par une supériorité personnelle de vertus et de lumières, l'influence qu'il faut qu'elles exercent sur les autres pour le repos de tous. Heureuse nécessité, si on l'envisage avec une âme élevée, qui contraint de justifier le rang par le mérite et la richesse par le talent et la vertu. Sous le rapport des sciences et de

---

1. Le 9 août 1819, le marquis de Nicolaï, président du conseil supérieur, accorda aux élèves la faculté de modifier leurs déclarations de service jusqu'au dernier mois qui précède l'examen de sortie. Il autorisa également tout élève non admis dans un service à passer une troisième année à l'École.

tous les genres de connaissances positives, l'École polytechnique fournira à cette généreuse ambition tous les moyens de se développer. » Afin d'attirer ces candidats sans destination dont on espérait voir s'augmenter le nombre, pour les encourager à l'étude et à la régularité, on leur accorda la faculté de faire leur déclaration plus tard que les autres élèves en spécifiant, bien entendu, qu'ils ne pourraient concourir qu'avec leurs camarades de promotion[1].

Des changements considérables, attribués à l'influence de Laplace, qui voulait une école purement théorique, où prédominât l'étude de la haute analyse, furent apportés à l'enseignement. On commença par charger le même professeur à la fois du cours de mécanique et du cours d'analyse dans chacune des divisions; puis la géométrie descriptive ne fut plus enseignée qu'en seconde année. Enfin les anciens cours de travaux civils, sauf celui d'architecture, furent supprimés. La disparition de ces cours, commencée comme nous avons vu en 1806, malgré les résistances de Monge, avec lequel Laplace avait eu plusieurs discussions très vives au sein du conseil, a été déplorée par beaucoup de savants : « Je le dis avec assurance, écrivait Charles Dupin, c'était une pensée éminemment philosophique, éminemment utile, éminemment nationale, que celle de donner de la sorte à chaque élève des services publics une connaissance générale et suffisante des travaux de tous ces services. » L'institution perdit avec eux le caractère d'École préparatoire aux services publics que lui avaient donné les fondateurs.

On avait proposé d'introduire un cours d'économie politique et un cours de technologie; la commission s'y opposa; elle se montra plus favorable à l'adoption d'un cours d'arithmétique sociale, qu'elle proposa même comme un complément de l'analyse appliquée à la géométrie. Ce cours nouveau dont le Conseil de perfectionnement, dans son rapport de 1819, s'applique à faire ressortir tous les avantages, avait pour objet : les intérêts généraux de l'industrie et de l'agriculture, la nature et l'influence des monnaies, les emprunts, les fonds d'association et d'amortissement, les assurances et tout ce qui peut servir à apprécier les bénéfices et les charges probables des entreprises.

Un cours sur la théorie des machines et le calcul de leurs effets fut également inauguré ou pour mieux dire complété. Il se rattachait par

---

1. Pendant les quatorze années de la Restauration, il se présenta seulement 18 élèves libres : 6 en 1816, 3 en 1817, 1 en 1818; de 1819 à 1822 il ne s'en présenta pas; dans les quatre années suivantes il n'y en eut qu'un seul. Neuf de ces élèves libres usèrent de la faculté de faire une troisième année d'étude afin d'obtenir un emploi civil; trois étaient de nationalité suisse, trois se retirèrent avant la fin de la seconde année.

les applications à la mécanique rationnelle dont il devait mieux faire concevoir l'importance. Le professeur de géométrie descriptive en fut d'abord chargé; on le confia ensuite au professeur de physique et à partir de 1819 au professeur de géodésie.

Enfin pour donner à l'instruction religieuse et à l'instruction littéraire l'extension recommandée par la commission, on adjoignit en deuxième année, au cours de grammaire et de belles-lettres professé en première année, un cours d'histoire et de morale qui ne tarda pas à absorber le premier et qui à partir de l'année 1823 se continua seul pendant les deux années d'études.

Tels furent les principaux changements apportés à l'organisation de l'École par l'ordonnance de 1816. L'expérience ne devait pas tarder à faire introduire en outre, dans l'application des prescriptions qu'elle renferme, d'assez profondes modifications. On apporta d'abord des restrictions à la faculté de passer une troisième année à l'école accordée aux élèves qui n'avaient pas été reconnus capables d'être admis soit aux cours de la deuxième année, soit aux écoles d'application. Il fut décidé, afin de ne pas encourager le relâchement des études, que ces élèves ne pourraient être autorisés à rester que par le ministre, sur la proposition du président du jury, du directeur de l'École et de l'inspecteur des études. L'autorisation fut bornée aux cas de circonstances graves ayant amené une suspension forcée de travail et limitée au dixième du nombre total des élèves de la division, sans qu'elle pût jamais s'étendre au delà de trois années, même pour les élèves reconnus admissibles et non classés faute de places dans un service de leur choix.

L'obligation de faire une déclaration de service à l'examinateur d'admission ayant également donné lieu à de graves inconvénients dus à l'inexpérience des candidats, les deux conseils décidèrent unanimement que ceux-ci se borneraient à déclarer au moment de leurs examens s'ils se destinent à un service public et qu'ils feraient connaître à la fin de la seconde année, avant l'ouverture des examens de sortie, leur choix de préférence parmi les différents services. C'était revenir au système inauguré par l'empire en 1804. Les résultats n'en furent sans doute pas ce que l'on attendait car, vers l'année 1826, de vives réclamations se produisirent de la part des services militaires. Le ministre de la Guerre se plaignit de voir les élèves se porter de préférence vers les services civils qui leur présentaient plus d'avantages et il demanda qu'on partageât chaque promotion en deux catégories, l'une des élèves destinés aux services civils, l'autre pour les services militaires, avec l'interdiction de passer d'une

catégorie dans l'autre. Le Conseil de perfectionnement repoussa énergiquement cette proposition.

La question même du régime fut également débattue. Des désordres intérieurs ayant éclaté à plusieurs reprises, malgré toutes les mesures prises pour les prévenir ou pour les réprimer, le régime civil fut condamné. En 1820 la majorité du conseil se prononça pour le décasernement; puis en 1822 elle jugea préférable de revenir en tout ce qui concerne la discipline intérieure au régime militaire qu'on s'était, depuis 1817, efforcé de proscrire jusque dans ses moindres formes; enfin une ordonnance royale du 17 septembre 1822 rendue peu de jours après celle qui supprimait l'École normale de Paris, maintint le régime suivi jusque-là. Cette ordonnance trouvant la cause du mal dans le partage de la haute surveillance de l'École, institua pour la direction un gouverneur et un sous-gouverneur; elle supprima le Conseil d'inspection et borna les attributions du Conseil de perfectionnement à délibérer sur les questions qui se rapportent à l'instruction. Une seconde ordonnance, du 20 octobre suivant régla dans ses détails cette organisation pour ainsi dire nouvelle : elle donna au gouverneur la présidence de tous les conseils, le droit de suspendre les professeurs et les fonctionnaires et de renvoyer provisoirement les élèves. Elle préposa le sous-gouverneur à la direction immédiate et journalière de l'établissement. Les fonctions de l'inspecteur des études furent maintenues, le nombre des sous-inspecteurs réduit à quatre auxquels on adjoignit pour la surveillance quatre lieutenants ou sous-lieutenants de l'armée. La place de trésorier fut supprimée ainsi que la chaire de professeur de dessin, deux maîtres restèrent chargés de cette partie de l'enseignement.

Le Conseil d'instruction avait disparu. « C'était une manie révolutionnaire, dirent les inspirateurs de la mesure, de créer des conseils délibérants autour des chefs des établissements publics et ces créations sont loin d'être en harmonie avec l'esprit constitutionnel du siècle car les membres de ces conseils ne sont point responsables et les décisions sont d'autant plus absolues que chaque individu se met plus aisément à couvert derrière la responsabilité des autres. » On essayait ainsi de justifier la suppression de ce conseil auquel on reprochait une opposition libérale des plus dangereuses.

Vers la même époque, l'augmentation des demandes faites par tous les services publics et l'ouverture de la carrière de la marine[1], par le

---

1. L'ordonnance du 19 avril 1822 autorisait l'admission de six élèves pour le cadre des officiers de la marine, cette carrière fut fermée par ordonnance du 27 mars 1830.

marquis de Clermont-Tonnerre, ancien président du Conseil d'inspection, permirent d'augmenter notablement le nombre des élèves et à partir de ce moment l'École fonctionna régulièrement sans modification jusqu'à la fin de la Restauration.

Bien que le Conseil de perfectionnement se soit plu à constater hautement que l'institution « remplissait alors ses destinations spéciales mieux qu'elle ne le faisait dans les temps où les élèves distingués se livraient plus particulièrement à une partie de l'instruction et négligeaient entièrement l'autre[1], » il ne faut pas hésiter à reconnaître qu'elle différait singulièrement de l'institution qu'avaient voulue les fondateurs. Les discussions, les efforts des commissions de réorganisation n'étaient point parvenus à la mettre en état de recruter tous les ingénieurs nécessaires aux travaux publics. Elle ne pouvait pas suffire à la reconstitution de nos armées, de nos marchés, de nos ateliers, de notre industrie, si bien que vers la fin de 1829 l'École centrale se fondait, lui laissant l'enseignement supérieur des mathématiques, et tentait, « avec un enseignement dont les principes fussent aisément applicables au travail industriel[2] », de faire revivre l'ancienne École centrale des travaux publics.

SIXIÈME ORGANISATION

Ordonnances du 13 novembre 1830, du 29 novembre 1831, du 30 octobre 1832,
du 6 novembre 1843, du 30 octobre 1844.

La révolution de 1830 rendait nécessaire une organisation nouvelle. M. Guizot voulut qu'une commission examinât quelles améliorations pourraient être utilement apportées aux règlements. Cette commission se composait de six membres : deux lieutenants généraux, le général d'Anthouard de l'artillerie et le général Haxo du génie, un représentant des services civils des Ponts et Chaussées et des Mines, de Prony, examinateur permanent, enfin de deux professeurs, Gay-Lussac et Dulong. Les commissaires commencèrent leur travail dès les premiers jours de septembre. Ils le continuèrent sans relâche, souvent avec beaucoup d'anima-

---

1. Conseil de 1827.
2. *Histoire de l'École centrale,* par M. DE COMBEROUSSE.

tion [1], et ne réussirent cependant à le conduire à son terme que dans les premiers jours de novembre. L'ordonnance de réorganisation parut le 13 novembre approuvée et signée par M. de Montalivet, élève de la promotion de 1820, ministre de l'Intérieur. Elle apportait de sérieuses modifications :

L'École polytechnique, désormais placée dans les attributions du ministre de la Guerre et soumise au régime militaire, n'a plus d'autre but que la préparation des élèves aux écoles spéciales des services publics. A sa tête est un état-major composé d'un officier général avec le titre de commandant de l'École, d'un officier supérieur commandant en second, de quatre capitaines portant le titre d'*inspecteurs des études* et de quatre lieutenants ou sous-lieutenants.

Les élèves sont partagés en quatre compagnies et exercés au maniement du fusil et à la marche pendant les heures de récréation et deux fois au plus par semaine. Le casernement est maintenu ; il est entendu toutefois que les règlements intérieurs seront modifiés de manière à laisser les jours de sortie plus de liberté que par le passé. Le prix de la pension reste fixé à mille francs et douze bourses sont instituées en faveur des élèves peu aisés.

Un *directeur des études* nommé par le Roi, sur la double présentation du conseil de l'École et de l'Académie des siences, est chargé spécialement de tous les détails de l'instruction. Les professeurs sont nommés par le ministre sur la présentation du conseil en général ; ceux des sciences mathématiques et physiques doivent être présentés par l'Académie qui intervenait ainsi pour la première fois d'une manière digne d'elle, dans la désignation des membres du corps enseignant. Arago attribue ce bienfait à la haute intelligence et à la liberté d'esprit des deux généraux qui faisaient partie de la commission. Un répétiteur est adjoint à chacun des professeurs, cinq emplois de maîtres de dessin et deux emplois de conservateurs de collections sont créés.

La limite d'âge requis des candidats est reculée jusqu'à vingt-quatre ans pour les sous-officiers et soldats des corps réguliers pourvu qu'ils aient au moins deux ans de services sous les drapeaux.

Les examens d'admission sont faits comme par le passé par quatre examinateurs d'admission qui se partagent les candidats en nombre égal. Un jury composé du commandant de l'école, du directeur des études, de deux examinateurs d'admission, discute et arrête les listes

---

1. Arago, *OEuvres,* article sur l'organisation de l'École polytechnique.

d'admissibles et dresse, en prenant sur chacune d'elles proportionnelle-
ment, la liste unique des candidats admis.

Les élèves ont la faculté de passer une 3e année à l'école quand ils
ont été malades ou quand il n'ont pas obtenu à la sortie le service de leur
choix. L'article 31 accorde en outre, à ceux qui sont placés dans ce dernier cas, la faculté d'entrer soit comme sous-lieutenants dans les corps de
l'armée ne s'alimentant pas à l'École, soit à l'École forestière, soit enfin en
qualité d'élèves libres dans les écoles civiles d'application. Le choix du
service doit se faire à la fin de la première année d'études ; aucune mutation ne peut y être apportée par la suite.

Il n'y a plus qu'un seul conseil, le *conseil de l'École,* composé du
commandant président, du commandant en second, du directeur des
études, de tous les professeurs et des examinateurs de sortie. Ce conseil
s'assemble au moins une fois par mois, s'occupe de tout ce qui est relatif
à l'enseignement, aux études et à l'administration. A l'époque de la révision annuelle des programmes, quatre délégués des services en font
partie : un membre de chacun des Comités de l'artillerie et du génie, un
délégué du département de la Marine et un autre du département de l'Intérieur pour les services des Ponts et Chaussées et des Mines réunis. Les
membres délégués veillent spécialement à ce que l'instruction soit dirigée
autant que possible dans l'intérêt des services qu'ils représentent.

Le conseil nomme chaque année une commission composée du commandant en second, d'un professeur, de deux inspecteurs des études et
deux répétiteurs, pour surveiller les détails de l'administration, lui soumettre les mesures qui, par leur importance, exigent une décision
préalable et lui rendre compte tous les mois de ses opérations. L'administrateur et le caissier assistent à toutes les séances, ils n'ont que
voix consultative.

Cette ordonnance attendue depuis longtemps fut mal accueillie. Elle
contenait plusieurs innovations dont on contesta la légalité. Ceux qui
l'avaient conseillée se virent obligés de la défendre au Parlement, dans les
journaux, et on peut dire qu'ils ne l'ont pas fait avec succès.

L'article 1er définissait le but spécial de l'École, c'est-à-dire le recrutement des services publics à peu près dans les termes de l'ordonnance
de 1816 ; il ne faisait plus mention du but général reconnu précédemment
à savoir celui de répandre l'instruction des sciences mathématiques, physiques et chimiques. Cette suppression fit craindre que le conseil ne fût
entraîné plus tard à introduire dans l'instruction de graves modifications
tendant à la réduire aux besoins des services publics. On observa d'ail-

leurs qu'il n'appartenait pas à un ministre de changer par une ordonnance ce qui avait été déterminé par une loi.

La carrière de la Marine ouverte aux élèves n'était pas, disait-on, un débouché nouveau puisqu'une ordonnance de la Restauration, retirée il est vrai, l'avait ajoutée aux autres services, et l'on prétendait que les élèves de l'École polytechnique étaient trop âgés pour commencer leur carrière d'officier de marine.

L'article 2 qui faisait passer l'École au ministère de la Guerre fut le plus attaqué[1]. Les défenseurs de l'ordonnance avaient voulu procurer aux élèves déclarés admissibles, mais n'ayant pas obtenu d'emploi, le grade de sous-lieutenant dans l'infanterie et la cavalerie; ils soutenaient que l'École devait nécessairement être militaire, sans quoi les élèves qui en sortent ne pourraient être placés comme officiers dans l'armée[2]. Quelques-uns allaient jusqu'à dire que toutes les promotions de sous-lieutenants d'artillerie et du génie faites antérieurement étaient illégales. Leurs adversaires exprimèrent des craintes au sujet du choix des officiers qui seraient préposés aux fonctions de commandant, de commandant en second et d'inspecteur des études. Ils exagérèrent aux yeux du public les conséquences fâcheuses que pourrait avoir l'état de dépendance du ministère de la Guerre dans certaines circonstances et « sous un ministre peu éclairé ». Il faut reconnaître que les tentatives faites presque aussitôt après, pour faire entrer en ligne de compte dans les examens de prétendues notes de conduite, pour s'emparer au profit des commis de la nomination des professeurs et des examinateurs ainsi que plusieurs actes arbitraires, vinrent en apparence leur donner gain de cause. L'Université saisit le moment, en cherchant à faire introduire le baccalauréat, d'essayer de placer l'École dans sa dépendance. Elle n'y réussit pas et l'on peut se demander avec Arago « si elle se serait conformée plus religieusement aux lois, aux règlements et aux usages ».

La disposition bienveillante à l'égard des militaires qui reculait pour eux la limite de l'âge de l'admission jusqu'à vingt-quatre ans et qui avait été supprimée en 1816 fut généralement approuvée. On rappela du moins que la loi du 25 frimaire prolongeait cette faveur jusqu'à vingt-six ans et que les arrêtés des 12 germinal et 18 fructidor an XI l'avaient étendue aux sous-officiers et soldats du génie jusqu'à trente ans.

Ce qui parut surtout impolitique et injuste, ce fut le maintien de la

1. Séance de la Chambre des députés du 22 novembre 1830, discours de M. de Martignac et réponse du ministre de l'Intérieur.
2. Voir la Pièce justificative n° 25 (Discours d'Arago à la Chambre, le 18 mai 1835).

pension au prix élevé de 1,000 francs et la réduction à douze du nombre des bourses que la Restauration avait elle-même porté à vingt-quatre. On critiqua d'autant plus vivement cette dernière mesure qu'elle exigeait en outre des conditions d'instruction contraires à l'esprit libéral qui aurait dû la dicter.

Le cours de composition française ajouté au programme était mal défini. Serait-il, demandait-on, un cours de grammaire ou de littérature? l'article 21 ne le disait pas. Il parut également qu'on aurait mieux fait d'exiger des candidats des notions de langue allemande ou bien d'employer le temps de l'École à les leur donner [1].

On blâma sévèrement l'institution du *conseil de l'École* dans lequel il était difficile, en effet, de reconnaître l'ancien Conseil de perfectionnement créé par la loi de l'an VIII. Il ne devait s'assembler qu'à la fin de l'année et il confondait dans ses attributions à la fois l'instruction et l'administration. Le petit nombre de ses membres pris en dehors de l'École fut jugé insuffisant pour contrebalancer l'influence des professeurs et des administrateurs réunis. A ce propos on ne manqua pas d'accuser Arago, le principal conseiller de l'ordonnance, d'avoir argué à tort de la mauvaise composition du conseil sous le gouvernement précédent pour essayer de donner la plus grande autorité au nouveau conseil dans le but d'affranchir les professeurs de tout contrôle.

Enfin les élèves eux-mêmes demandèrent au roi l'abrogation de la disposition rigoureuse de l'article 28 qui interdisait toute mutation dans le choix des services après la première année d'études [2]. La mesure avait été prise à la sollicitation des services militaires qui espéraient ne plus recevoir à l'avenir les élèves repoussés des services civils. On se rappelle qu'avant 1806 les élèves désignaient, en entrant à l'École, la carrière à laquelle ils se destinaient. A partir de 1807 la déclaration de service se faisait seulement à la fin des études ; ils étaient alors classés suivant leur rang de mérite dans le service qu'ils avaient demandé et à défaut de place dans le service auquel ils s'étaient subsidiairement destinés. En 1826 le ministre de la Guerre avait exprimé au général Bordessoule le désir de voir les élèves choisir d'avance leur carrière sans pouvoir ultérieurement changer la destination primitive et l'ordonnance de 1830 consacrait ce système. Elle établissait un nouveau mode de classement à la fin de chaque année d'études en dressant autant de listes qu'il y a de services

---

1. L'étude de l'allemand fut introduite l'année suivante.
2. Voir aux Pièces justificatives, note n° 21, une lettre de Bosquet à sa mère. La réclamation fut signée par Bosquet, Durande, Cantrez, Solignac, Falire, 25 novembre 1830.

différents. En conséquence, elle interdisait l'entrée du génie, de l'artillerie, ou de la marine, à ceux qui auraient demandé les services civils et ne les auraient pas obtenus, et elle ne laissait à ceux-ci que la faculté de doubler leur seconde année d'études ou bien d'accepter une sous-lieutenance d'infanterie et de cavalerie ou enfin d'être envoyés à l'École forestière.

Les élèves firent particulièrement observer au Roi, qu'on les forçait ainsi, avant que leur carrière fût décidée, d'opter pour une partie peu conforme à leur caractère au risque de leur laisser un dégoût constant nuisible au bien du service, et que l'École polytechnique ne serait plus désormais qu'une réunion d'écoles préparatoires aux divers services.

Une nouvelle ordonnance, visant toutes les lois antérieures et consacrant le même mode d'organisation, vint l'année suivante (25 novembre 1831) donner satisfaction à presque toutes les réclamations. L'École fut maintenue dans les attributions du ministère de la Guerre, mais on rétablit dans l'article 1er ce qui concernait le but général de répandre l'instruction. La marine ne figura plus parmi les services. La disposition qui enlevait tout avancement au choix aux officiers attachés à l'École ne fut pas reproduite. La limite de l'âge requis pour l'admission fut fixée à 25 ans pour les militaires ayant au moins deux ans de service sous les drapeaux[1]. Le prix de la pension resta fixé à 1,000 francs non compris le trousseau. Le nombre des bourses fut porté à 24 susceptibles d'être partagées en demi-bourses et nul ne put en obtenir s'il ne faisait pas partie des deux premiers tiers de la liste générale d'admission.

L'article 50 portait qu'à l'avenir la déclaration du service auquel l'élève se destine serait reçue après la seconde année d'études. Tous ceux que le jury a déclarés admissibles dans les services publics, disait l'article suivant, seront placés suivant le rang de mérite qu'ils occupent sur la liste générale dans le service qu'ils ont demandé et, à défaut de place, dans l'un de ceux auxquels ils se sont subsidiairement destinés d'après l'ordre de leur déclaration. On laissait, à tous ceux qui à raison de leur rang n'auraient pu être classés dans le service de leur choix, le droit d'être placés comme sous-lieutenants dans les corps de l'armée qui ne s'alimentaient pas à l'École ou d'être versés à l'École forestière ou de suivre comme élèves libres celle des écoles d'application qu'ils désigneront. La faculté de passer une troisième année fut retirée aux élèves jugés inadmissibles à la fin des examens annuels.

On ne changea rien, ni à la composition, ni aux attributions mixtes du

---

1. La loi du 14 avril 1832 sur le recrutement a consacré définitivement cette disposition dans son article 4.

conseil de l'École ; mais on rétablit le Conseil de perfectionnement tel qu'il existait avant la Restauration, et avec l'obligation de se renouveler tous les ans dans sa partie amovible.

La part prise par les élèves aux événements du mois de juin de l'année 1832 et le licenciement qui en fut la suite rendirent encore quelques changements nécessaires. On trouva que le commandant n'avait aucune autorité réelle ; que le pouvoir était en entier dévolu à un conseil, il est vrai présidé par lui, mais composé de tous les professeurs, et réunissant dans ses attributions multiples, les études, la police et l'administration. C'était là, aux yeux du général, la véritable cause du relâchement des règlements. Pour qu'un élève puisse être exclu, disait-il, il faut que l'exclusion soit prononcée par ce conseil à la majorité des deux tiers des voix. Et il demandait la création d'un Conseil de discipline.

Chargé par le roi de proposer les changements capables de porter remède aux inconvénients signalés, le général Tholozé prépara lui-même un projet d'ordonnance qui, après avoir été examiné dans tous les bureaux du ministère, reçut la sanction royale au moment de la rentrée. L'ordonnance du 30 octobre 1832 portant nouvelle organisation n'apporta qu'un petit nombre de modifications et spécialement en ce qui concerne l'administration.

Elle fit de nouveau disparaître le but général précédemment reproduit, mentionna uniquement le but spécial et comprit de nouveau la marine parmi les services recrutés à l'École.

Elle ajouta au cadre de l'état-major un capitaine instructeur pris dans l'infanterie et chargé de la direction immédiate des exercices militaires, du service de l'habillement, du casernement et de l'armement. Elle adjoignit aux capitaines inspecteurs non plus des sous-lieutenants, mais quatre adjudants pris indistinctement dans tous les corps de l'armée [1].

Elle donna au ministre de la Guerre la nomination de tous les professeurs et maîtres sur la présentation à la fois du Conseil d'instruction et de l'une des Académies de l'Institut. Toutes les dispositions relatives aux examens d'admission et de sortie, au classement dans les services, subsistèrent sans modification. Le conseil de l'École reprit la dénomination de Conseil d'instruction avec les attributions qu'il avait avant 1830. Le Conseil de perfectionnement ne fut pas modifié ; le Conseil d'administration fut rétabli conformément à la loi de l'an VIII.

L'administration, définie par un règlement de la même date, fut, à partir

---

1. Ces militaires pouvaient être en activité de service ou en retraite.

de ce moment, entièrement confiée au général qui s'occupa aussitôt d'apporter, au régime alimentaire, au régime sanitaire, aux bâtiments, d'utiles améliorations [1].

Enfin conformément à la demande du général, un Conseil de discipline était spécialement institué pour prononcer sur le compte des élèves qui auraient commis une faute assez grave pour encourir le renvoi de l'École ou pour être privés de la pension ou demi-pension en leur possession.

Le mode suivi depuis lors pour la nomination aux divers emplois et particulièrement à ceux de l'enseignement ne laissa pas d'amener des conflits. Une ordonnance du 6 novembre 1843 espéra les faire cesser en stipulant que le Conseil d'instruction et l'Académie des Sciences adresseraient chacun séparément une liste de trois candidats au ministre de la Guerre toutes les fois qu'il y aurait une présentation à faire. Les difficultés loin de cesser se renouvelèrent plus vives. En 1844 elles furent la cause première du licenciement. Une Commission fut alors nommée le 26 août de la même année pour étudier les modifications qu'il conviendrait d'introduire dans le but de mettre un terme à ces conflits qui tenaient à la double intervention de l'Académie et du Conseil d'instruction. On avait sans doute supposé, en adoptant ce mode de présentation, qu'il y aurait pour le ministre possibilité de choisir entre deux candidats puisqu'il recevait deux listes distinctes, l'une de l'Académie, l'autre du Conseil d'instruction. « Mais, dit l'exposé des motifs de l'ordonnance de 1844, la constitution même de ce conseil donnait sur lui à l'Académie une influence qui s'étendait sur les désignations qu'il avait à faire et l'expérience a prouvé que les suffrages se portaient toujours sur le même candidat. L'autorité, à qui appartenait le droit de nommer, n'intervenait ainsi que pour la forme et se trouvait, en quelque sorte, forcée de sanctionner ce qui avait été fait par ceux qui n'étaient pas investis de ce droit. » L'ordonnance du 30 octobre 1844, résumé des délibérations de la commission, fit disparaître ce grave inconvénient.

Elle maintenait les dispositions principales qui régissent l'École ; elle conservait les Conseils de perfectionnement, d'instruction, d'administration, tels qu'ils avaient été primitivement institués et rétablis par les précédentes ordonnances du roi. Tout ce qui concerne les études restait dans les attributions des Conseils d'instruction et de perfectionnement ; le dernier était chargé surtout de la haute direction de l'enseignement.

Elle changeait le mode de nomination aux emplois de l'enseignement

1. Il fut puissamment secondé dans cette tâche par le zèle, le dévouement et l'intelligence de l'administrateur M. Desnoyers.

en déclarant qu'à l'avenir le ministre de la Guerre ne recevrait plus qu'une seule liste contenant les noms de deux candidats désignés par le Conseil de perfectionnement. Les membres de ce conseil, dont on puisa la composition dans la loi du 25 frimaire an VIII, étaient pris parmi les sommités des services publics. « Ils apporteront, disait encore l'exposé des motifs une expérience pratique incontestable, et des lumières qui ne seront pas moins utiles à l'École qu'aux services dont ils font partie. L'Académie des Sciences représentée au conseil par trois de ses membres et en outre par un certain nombre de fonctionnaires et de professeurs de l'École n'en conservera pas moins dans les présentations une juste part d'influence. » Désormais les examinateurs des élèves, autres que ceux d'analyse et de mécanique, ne sont plus soumis à la réélection annuelle ; tous sont nommés au même titre.

L'article 14 laissait au gouvernement toute latitude pour choisir le commandant de l'École et le commandant en second parmi les officiers généraux et supérieurs de l'armée de terre et non plus seulement dans les corps que l'École alimente[1]. La restriction imposée par les précédentes organisations était, disait-on, une cause d'embarras ; elle limitait le choix pour ces emplois aux anciens élèves et présentait l'inconvénient d'exposer le ministre à renouveler les deux premières autorités de l'École lorsque le commandement passait d'un officier général d'artillerie à un officier général du génie et réciproquement.

L'article 39 annonçait qu'une ordonnance royale règlerait l'uniforme, mais le ministre demanda lui-même qu'aucun changement n'y fût apporté.

L'ordonnance de 1844 reproduisait d'ailleurs toutes les autres dispositions de celle de 1832.

SEPTIÈME ET HUITIÈME ORGANISATIONS

Arrêté du 11 novembre 1848. — Décret du 19 juillet 1849. — Les trois lois de 1850. —
Arrêté du 18 août 1851. — Décret du 30 novembre 1863, — Décret du 16 avril 1873.

La République de 1848 ne voulut tout d'abord rien changer à l'organisation de l'École. Un arrêté du 11 novembre 1848 se bornait en effet à

---

1. Le général Rostolan qui sortait de l'arme de l'infanterie fut nommé commandant de l'École quelques jours après la publication de l'ordonnance.

ouvrir aux élèves la carrière nouvelle de l'administration des tabacs, à supprimer le cours d'arithmétique sociale et le cours d'anglais, à porter à 6 le nombre des adjudants faisant partie de l'état-major, à réduire les frais de représentation du commandant de l'École [1]. Mais l'année suivante, quelques troubles ayant éclaté à la suite d'une malheureuse affaire d'intérieur, l'attention des pouvoirs publics fut appelée sur les réformes qu'on réclamait alors de divers côtés dans le public. On ne parlait rien moins que de licencier l'École et même de la supprimer tout à fait. M. Odilon Barrot se montrait l'un des adversaires les plus acharnés de l'institution : « Il faut en finir avec elle, » disait-il. L'École centrale soutenue par M. Dumas avait saisi le moment de démasquer toutes ses attaques. La Chambre des députés, à l'occasion d'un projet de loi sur l'avancement des conducteurs des Ponts et Chaussées, venait de remettre en question le privilège tant de fois reproché sans raison. Les novateurs voulaient créer une École centrale des travaux publics, commune à tous les services et d'où les jeunes gens qui se destinent aux carrières civiles sortiraient pourvus d'un brevet de capacité, tandis que les officiers d'artillerie et du génie seraient recrutés désormais exclusivement à l'École militaire. Cette idée de la communauté d'origine pour tous les officiers de l'armée avait séduit le prince président, il en avait saisi le conseil des ministres et il avait appelé à l'Élysée, pour en référer avec lui, le chef d'escadron d'artillerie Lebœuf alors commandant en second.

En l'absence du général Poncelet, toujours absorbé dans ses recherches scientifiques quand il n'était pas à la Chambre, et d'ailleurs avec pleins pouvoirs de son chef hiérarchique, le commandant Lebœuf prit la défense de l'École. En reconnaissant que le projet d'une École préparatoire unique, comme Saint-Cyr, pour l'artillerie, le génie et les autres armes, émanait d'une pensée assurément très large, il objecta que l'artillerie et le génie n'étaient pas seulement des corps combattants ; mais qu'ils exigeaient des connaissances approfondies dans les sciences mathématiques et physiques, qu'une sorte d'École polytechnique militaire ne recevrait que les résidus des examens de l'École polytechnique civile et de l'École normale et qu'elle se recruterait très difficilement, surtout en temps de guerre. Il proposait plutôt de partager les Polytechniciens, d'après une déclaration irrévocable faite à l'avance, en deux sections, l'une civile, composée d'élèves libres, l'autre militaire, composée d'élèves casernés et liés au service militaire ; la première relevant du ministre de l'Intérieur,

1. Ils furent réduits de 6,000 à 3,000 francs.

la seconde du ministre de la Guerre. Il considérait l'engagement légal des candidats comme indispensable à la bonne discipline. Il demandait que l'École fût transportée hors de Paris dans un emplacement présentant des promenoirs étendus, avec un manège, un gymnase, un terrain de manœuvre pour permettre de développer les aptitudes physiques et par conséquent les goûts militaires. Il indiquait enfin les modifications qu'il lui paraissait convenable d'apporter aux programmes d'enseignement, aux examens, à la composition des conseils. Ses observations furent consignées dans un rapport qui se terminait par l'avis suivant :

L'on ne peut se dissuader qu'une réorganisation fondamentale de l'École, bien qu'elle eût pour objet de sauvegarder l'institution en lui conservant le caractère très élevé qui a fait sa réputation, serait cependant mal interprétée par l'opinion publique ; les propositions que l'on considère comme la base d'un nouveau système exigeraient l'intervention de l'assemblée législative ; elles ramèneraient peut-être inopportunément sur le terrain de la discussion des questions très graves, celle du décasernement absolu de l'École et celle de la séparation entre les services militaires et les services civils et fourniraient un nouvel aliment aux prétentions des agents secondaires des services publics... Le gouvernement est seul juge des considérations d'urgence et d'opportunité.

Le Président de la République se rendit aux avis du commandant en second. Tout projet de décasernement radical fut écarté. Il promulgua peu de temps après la loi (des 26 janvier, 3 mai et 5 juin 1850) qui supprimait la gratuité. Cette loi exigeait en outre, des candidats militaires autorisés à se présenter jusqu'à l'âge de 25 ans aux examens d'admission, l'obligation de se pourvoir d'un certificat émanant des conseils d'administration de leurs corps de troupe en justifiant de deux ans de service effectif et réel sous les drapeaux. Elle instituait enfin une commission mixte chargée de reviser les programmes d'admission et d'enseignement et de les mettre en harmonie avec les besoins des services publics.

Les membres de la commission furent aussitôt désignés par le ministre de la Guerre, de concert avec les ministres de la Marine et des Travaux publics. Ce furent : Thénard, Leverrier, Duhamel, Regnault, les généraux Noizet, Poncet et Piobert, le colonel Morin, le contre-amiral Mathieu, Mary, inspecteur des Ponts et Chaussées, Olivier, professeur du Conservatoire des Arts-et-Métiers, et Debacq, chef de bureau des écoles militaires.

Ils se mirent immédiatement à l'œuvre. Leur travail devait être terminé pour le 1er octobre suivant ; mais quatre mois plus tard le Président de la République, considérant que la Commission se trouvait ainsi investie

par la loi des principales attributions dévolues au Conseil de perfectionnement dont la mission devenait pour quelque temps sans objet, décréta qu'à partir de l'année scolaire 1850-51 et jusqu'au 31 décembre 1852 elle resterait chargée de l'exécution de toutes les mesures proposées par elle[1].

Les programmes arrêtés furent mis en application pendant le courant de l'année 1851 et, sans modification notable, pendant l'année suivante. Le 7 juin 1852, cinq des membres de la Commission furent appelés, à des titres divers, à faire partie de la Commission mixte créée par le ministre de l'Instruction publique pour reviser les programmes d'admission aux différentes écoles spéciales du gouvernement et pour établir entre ces programmes et ceux de l'enseignement des lycées une concordance destinée à assurer la meilleure préparation des candidats. Ils se trouvèrent ainsi chargés d'arrêter les programmes du nouvel enseignement scientifique des lycées institué par le décret du 18 avril 1852; dès lors la Commission de l'École eut un double rôle à remplir : 1° déterminer les connaissances comprises dans l'enseignement des lycées tel qu'il venait d'être approuvé le 30 août 1852 dont les candidats à l'École polytechnique auraient désormais à justifier pour l'admission; 2° arrêter les programmes de l'enseignement scientifique complémentaire qui devrait être donné aux candidats dans les classes de mathématiques spéciales.

Un arrêté du ministre de l'Instruction publique en date du 26 janvier 1853 sanctionna toutes ses propositions et, quelques jours après, le ministre de la Guerre adopta le programme de l'enseignement des classes de mathématiques spéciales pour celui des connaissances exigées des candidats à l'École.

Pendant que l'entente s'établissait ainsi entre les ministres, la Commission n'en continua pas moins de s'occuper de l'enseignement intérieur de l'École; dès le mois de mai elle se partagea en trois sous-commissions entre lesquelles le travail fut réparti et auprès desquelles les professeurs et les examinateurs furent admis à présenter leurs observations. Toutes les propositions discutées et amendées dans les petits comités formés à cet effet, débattues, revisées, au sein des sous-commissions, furent définitivement examinées et arrêtées par l'assemblée générale en novembre et décembre 1852.

La Commission mixte s'inspira des idées qui dominaient à ce moment où l'on semblait plus préoccupé de rétablir les règles trop relachées de la discipline et de la hiérarchie que de favoriser l'expansion des lumières.

---

1. Décret du 4 novembre 1850.

Instituée au lendemain de la promulgation de la loi qui, en détruisant le monopole universitaire et en proclamant la liberté de l'enseignement, eut pour effet un abaissement progressif du niveau des études, elle exerça sur l'avenir de l'enseignement de l'École une influence considérable qu'il ne nous appartient pas d'apprécier mais qui a été déplorée par les meilleurs esprits. Leverrier, son rapporteur, s'autorisant des avis émis par les précédents conseils et par les écoles d'application, de l'enquête et de la réforme opérée en 1811, des opinions exprimées par plusieurs professeurs et examinateurs tels que Prony, Poisson, etc., d'un rapport rédigé par la Faculté des sciences de Paris en 1847 sur le danger de l'enseignement des sciences lorsqu'il est mal conduit, s'attacha à démontrer que l'enseignement mathématique avait été maintenu trop longtemps dans des termes exclusivement abstraits, que les applications et l'expérience devaient y tenir plus de place, que l'étendue des cours était en général trop considérable, que plusieurs théories inutiles dans la pratique présentaient des difficultés qui surpassaient l'intelligence moyenne des élèves, que l'importance donnée à l'analyse était excessive, que la physique devait être enseignée d'une manière purement expérimentale, la cosmographie bornée à une étude descriptive, enfin que l'instruction littéraire devait recevoir plus de développement.

Les dispositions antérieurement adoptées pour l'admission des élèves dans les services publics furent l'objet d'un examen attentif dans lequel la Commission chercha à tenir compte des réclamations faites à toutes les époques par les services militaires, notamment en 1810, en 1828, en 1832, et de la nécessité de donner satisfaction à ce que ces plaintes avaient de fondé. A la suite de cet examen, le mode qui lui parut propre à procurer des sujets d'une vocation réelle et d'une instruction suffisante fut de demander que l'École, « renonçant à un privilège fatal à la vie de son enseignement, » fît examiner et juger ses élèves par les services publics qui admettraient dès lors ceux dont ils jugeraient l'instruction convenable et repousseraient les autres.

Après avoir arrêté les modifications à introduire dans les programmes, et réparti les cours dans les deux années, fixé le nombre des leçons, le temps consacré à chaque cours, la Commission porta encore son attention sur divers détails d'exécution. Elle demanda, avec l'École des Ponts et Chaussées, le rétablissement des compositions écrites, elle blâma l'abus des cours lithographiés distribués aux élèves, elle fit ressortir la nécessité de conférences faites par les répétiteurs et d'interrogations générales. Au point de vue de la discipline, elle expliqua comment les tentatives anté-

rieures avaient avorté et elle proposa d'établir un système d'un petit nombre de grandes salles placées sous la surveillance constante d'adjudants.

Le décret du 1ᵉʳ novembre 1852, portant réorganisation de l'École, reproduisit les articles de la loi du 6 juin 1850 relatifs aux demandes de bourses et à la prolongation de la limite d'âge des élèves militaires et s'inspira des propositions de la Commission. Signalons les principales innovations introduites par le décret : 1° Il n'est plus garanti d'emploi aux élèves, l'admission étant subordonnée au nombre des places disponibles au moment de la sortie (art. 2). 2° L'École d'administration récemment instituée est ouverte aux élèves non classés. 3° Un certain nombre d'étrangers sont autorisés à suivre les cours comme auditeurs externes (art. 15). 4° Le Directeur des études est nommé par le chef de l'État et tout le personnel enseignant est placé sous sa direction. 5° Le Conseil d'instruction au lieu de régler les questions d'enseignement ne fait plus que donner son avis (art. 34). Il soumet chaque année au Conseil de perfectionnement ses vues sur les améliorations qu'il peut y avoir à réaliser dans le système des études. Il est consulté lors de la présentation des candidats pour tous les emplois. Deux capitaines inspecteurs des études désignés annuellement par le général remplissent auprès de lui les fonctions de secrétaires. 6° Les professeurs sont répartis en trois comités formant les conseils ordinaires de la direction des études. Chaque comité se réunit aussi souvent qu'il est utile, deux comités ne peuvent délibérer en commun que sur la convocation du commandant de l'École ; les trois comités forment le Conseil d'instruction (art. 36). 7° Dix délégués des services publics qui se recrutent à l'École sont chargés de suivre les examens à la fin de l'année. Ils constatent si les tendances de l'enseignement, si le caractère et l'étendue de l'instruction acquise répondent aux besoins, aux légitimes exigences de ces services (art. 54). L'examinateur seul pose des questions et détermine les points de mérite d'après lesquels s'effectue le classement, mais la présence du délégué est obligatoire et nécessaire à la validité de chaque examen. Les cinq délégués qui ont suivi les examens de l'une des divisions font partie du jury de classement de cette division. Avant la clôture définitive des opérations du jury chaque examinateur présente un rapport détaillé sur l'ensemble des examens ; les rapports sont envoyés au ministre. Ces dernières dispositions avaient été introduites dès le 5 septembre 1851 par un décret qui modifiait le titre VI de l'arrêté de 1848. 8° Enfin tout élève auquel il n'est pas délivré d'emploi, par suite du rang qu'il occupe sur la liste de classement de sortie, reçoit sur sa demande un certificat de capacité.

Depuis l'année 1852, il n'a été apporté à l'organisation de l'École que de légères modifications de détail par les décrets du 30 novembre 1863 et du 15 avril 1873. Le premier supprima tout ce qui avait été introduit relativement aux trois comités de professeurs assistant le directeur des études, et le second tout ce qui était relatif à la présence des délégués des services civils dans les jurys d'examen. A partir de ce moment l'enseignement de la gymnastique, de l'escrime et de l'équitation est devenu obligatoire. L'instruction militaire pratique a été dirigée comme celle des corps de troupe et des conférences, faites par les officiers attachés à l'état-major, ont tenu les élèves au courant de la nouvelle organisation de l'armée.

La loi de 1873 sur le recrutement, en considérant les élèves comme présents sous les drapeaux pendant leurs années d'études (art. 19), a assimilé désormais l'École polytechnique à une école militaire, et l'on ne doit pas s'étonner qu'aujourd'hui la commission de l'armée soit amenée à étudier la question d'une organisation nouvelle.

PIÈCES JUSTIFICATIVES

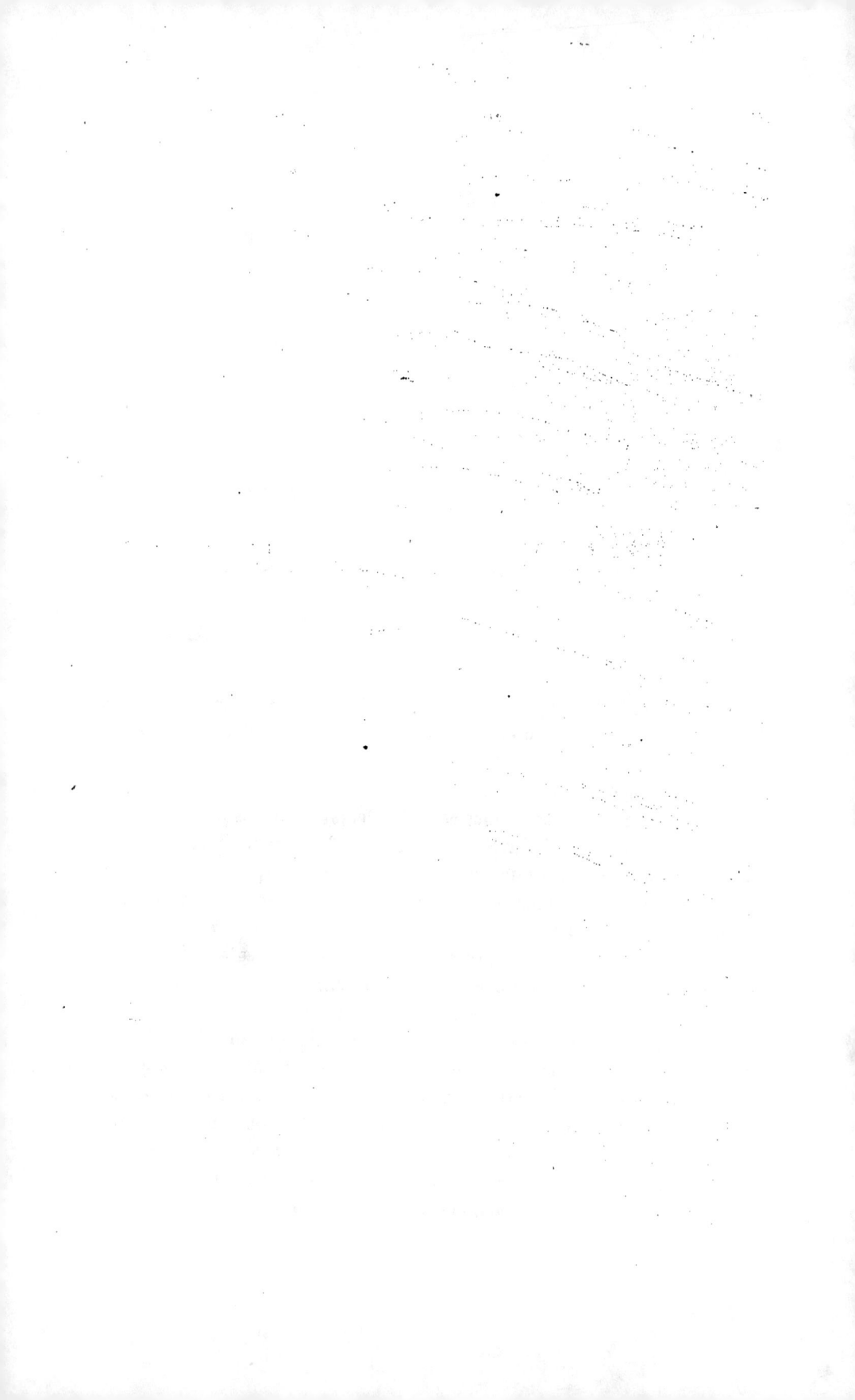

PIÈCES JUSTIFICATIVES

Note n° 1

RAPPORT ET PROJET DE DÉCRET

PRÉSENTÉ

AU NOM DES DEUX COMITÉS DE LA GUERRE ET DES PONTS ET CHAUSSÉES

12 septembre 1793.

Citoyens,

Il existe dans la République deux corps qui n'ont pas encore reçu l'impulsion révolutionnaire. Je viens au nom de la Guerre et des Ponts vous proposer leur régénération.

Il faut des ingénieurs pour les camps et les places fortes qui peuvent être attaquées par l'ennemi. La France est attaquée sur tous les points, toutes les frontières sont menacées; du Nord au Midi il n'y a pour ainsi dire qu'une armée. Il est donc évident que, quand bien même le corps du génie militaire serait dans toute sa splendeur et que tous ses membres seraient excellemment patriotes, ils ne pourraient pas suffire et qu'on serait forcé d'avoir recours à ceux dont les connaissances se rapprochent le plus de celles que doit avoir un bon ingénieur militaire, il est évident que ceux sur qui se porteraient d'abord les regards sont les ingénieurs des Ponts et Chaussées.

Mais il s'en faut bien que le corps du génie militaire soit dans l'état que nous venons de supposer. Un grand nombre de ses membres sont émigrés, plusieurs sont suspects de telle manière que là où il serait nécessaire d'avoir un bon ingénieur qui est l'âme d'une place attaquée, souvent on ne trouve qu'un homme qui a de la mauvaise volonté ou qui n'a pas su inspirer de la confiance. Cet état de chose serait trop désastreux s'il durait plus longtemps, il faut mettre le ministre à même de ne pas être forcé d'employer dans une

place essentielle un homme en qui il n'a pas confiance et de pouvoir placer des hommes de talent partout où besoin sera.

Pour cela il faut faire disparaître entièrement le corps du génie militaire et celui des Ponts et Chaussées; ensuite créer un corps nombreux des membres des deux corps réformés. Par là, le conseil exécutif aura la faculté de destituer ceux que leur incivisme et leur aristocratie ont rendus suspects sans se tenir au dépourvu et sans que le service manque. Mais, dira-t-on, quel étrange projet? Vous voulez donc anéantir le corps militaire le plus instruit qui exista jamais, qui honora les armes françaises et qui fut de tout temps la terreur de nos ennemis! La réponse est simple. Ce corps est pour ainsi dire anéanti par le fait; nous le répétons, plusieurs de ceux qui le composaient sont émigrés, d'autres sont suspects, et le reste ne présente que peu de ressources par le petit nombre. Enfin, pour y être admis, il fallait déjà prouver depuis trop long-temps qu'on était noble et l'on ne faisait pas grâce d'un degré, il en fallait quatre. La Convention nationale qui ne veut plus, avec raison, que les nobles occupent les postes les plus importants de la République ne voudra sans doute pas établir une exception en faveur de ceux du génie. On ne fera plus à l'avenir d'injustice et les exceptions ne seront plus que pour le talent et les vertus.

Il y a une manière bien simple de raisonner pour justifier le projet : il faut envisager deux époques : le présent et l'avenir. Eh bien! pour le présent, les circonstances sont tellement impérieuses qu'il est indispensable d'employer les ingénieurs des Ponts et Chaussées pour les mêmes fonctions que les ingé-nieurs militaires. La justice veut que ceux qui font les mêmes travaux soient rangés dans la même classe; placés sur la même ligne, et qu'ils soient en tout égaux aux yeux de la loi. Voilà donc la réforme et les nouvelles institutions justifiées; on peut ajouter une nouvelle observation : dans l'ancien ordre de choses duquel, par malheur, nous ne sommes pas assez dégagés, qu'arrivait-il? C'est que l'homme qui avait de grands talents, les connaissances d'un bon ingénieur, ne pouvant pas entrer dans le corps militaire par cela seul qu'il n'était pas noble, entrait dans les Ponts et Chaussées. Qu'y a-t-il à faire main-tenant? il faut restituer à cet homme l'état pour lequel il était destiné. Il est facile de sentir les raisons qui pourront déterminer l'opposition des membres des corps militaires; c'est qu'ils voient bien qu'ils ne jouiront plus de cette prérogative antirépublicaine qui leur faisait regarder comme au-dessous d'eux des hommes souvent doués de plus grands talents et qu'aussitôt qu'on pourra, avec fruit, les remplacer par d'autres, ils ne pourront plus êtres inciviques impunément. Ce n'est cependant pas que nous voulions ici cautionner le civisme des ingénieurs des Ponts et Chaussées; nous savons que plusieurs ont mérité à cet égard des reproches fondés. Voilà pour le présent.

Pour l'avenir il serait ridicule et contraire aux principes qu'il existât deux corps du génie ayant cependant pour base les mêmes connaissances; celles

des mathématiques, du dessin, de l'art des constructions, de la coupe des pierres, de la chimie, etc.

Nous ne pouvons pas laisser subsister une monstruosité que l'ancien régime seul pouvait produire; il serait trop absurde de conserver la moindre chose qui pût rappeler qu'il existât un corps qui n'était composé que d'officiers et dans lequel on ne pouvait être admis qu'avec la qualité de noble à quatre degrés. Tout ce qui sera fait sur les fonds de la République en ouvrages d'art de quelque nature qu'ils soient sera désigné sous le nom de *travaux publics;* le soin de faire les plans, de les diriger, de veiller à l'exécution sera confié à un corps unique connu sous le nom d'*ingénieurs nationaux.*

Une seule école sera établie pour les former; on y sera admis au concours et on y enseignera tout ce qu'on peut apprendre à l'École de Mézières et à celle de Paris. Par ce moyen on ne verra plus l'auteur d'un plan être incapable d'en exécuter la plus petite partie et celui qui exécutera saura aussi comment on peut composer. En un mot à l'avenir l'ingénieur sera vraiment digne de ce nom, il saura (en admettant qu'il y ait des nuances) et ce que fait l'ingénieur militaire et ce que fait l'ingénieur des Ponts et Chaussées. L'ancien régime sépara, pour favoriser une classe privilégiée, ce que nous réunissons pour établir l'égalité et le bien de la République.

Ce rapport était suivi du projet de décret suivant :

PROJET DE DÉCRET

La Convention nationale, considérant que l'intérêt de la République Française exige impérieusement la réforme de tous les corps qui doivent leur existence à l'ancien régime, qu'il ne doit pas y avoir de distinction et de différence entre des hommes qui ont reçu les mêmes instructions et acquis des talents à peu près de même nature, décrète ce qui suit :

ARTICLE PREMIER. — Les deux corps connus jusqu'à ce jour sous le nom de génie militaire et de génie des Ponts et Chaussées sont réformés.

ART. 2. — Les individus qui formaient ces deux corps n'en forment plus qu'un seul à l'avenir, sous le nom d'*ingénieurs nationaux.*

ART. 3. — Sous cette dénomination, ils seront employés indistinctement par le Conseil exécutif à tous les travaux publics, soit à ceux qui étaient primitivement attribués aux ci-devant ingénieurs militaires, soit à ceux auxquels étaient préparés les ci-devant ingénieurs des Ponts et Chaussées.

ART. 4. — Jusqu'à l'organisation définitive de l'administration des travaux publics, les ingénieurs nationaux recevront les traitements dont ils ont précédemment joui jusqu'à présent.

ART. 5. — Les ingénieurs nationaux qui seront employés dans la partie militaire recevront un traitement analogue à la commission particulière qui leur sera donnée et au grade dans lequel ils serviront.

Note n° 2

LETTRE DE PRIEUR

AU JOURNAL LA « CÔTE-D'OR » (20 SEPTEMBRE 1818)

Mon témoignage est invoqué pour savoir s'il faut donner à feu Monge le titre de fondateur de l'*École polytechnique.* Quelle que soit ma répugnance à occuper de moi le public, puisque l'on insiste, je dois dire la vérité.

. . . .

Pour ce qui le concerne s'en tenir à ce qu'a dit le conseil de l'École, 4ᵉ cahier du journal de l'*École polytechnique.*

Ainsi l'on voit déjà qu'une part plus ou moins grande dans la création de l'École appartient à plusieurs personnes. Qui a fondé cet établissement? La Convention nationale sans contredit. Elle l'a fait par plusieurs décrets : le premier fut rendu sur le rapport du Comité de salut public (21 ventôse an II) portant création d'une commission supérieure des travaux publics et d'une école pour ces travaux qui devait être établie sous la surveillance du comité. A quelle occasion ces institutions eurent-elles lieu? Le comité avait jugé à propos de supprimer tous les ministères et, d'après un beau travail de mon collègue Carnot, il voulut en grouper les attributions d'une manière différente sous des autorités nouvelles, nommées commissions exécutives.

De là, la commission des *travaux publics,* ayant la direction de tous les travaux soit civils, soit militaires qui dépendent du gouvernement ; de là, la nécessité d'une École centrale pour ces sortes de travaux. (Le nom de l'École polytechnique lui fut donné, plus tard, lors du retour à l'institution des ministères.)

La circonstance de la formation de cette école n'a donc pas été amenée par le désir de personne en particulier ; elle n'a pu même été prévue, elle a été forcée par le cours des événements. Sans cette occasion, le gouvernement aurait pu se borner à réorganiser l'École du génie de Mézières dissoute par la Révolution ou les écoles spéciales de tel ou tel service.

Mais des savants ont dû être consultés sur le mode d'enseignement dans la grande école dont il s'agit ; assurément. Dès mon entrée au Comité de salut public (août 93), j'avais obtenu la permission de réunir dans mes bureaux plusieurs savants, la plupart d'une haute réputation. Ils employèrent leurs talents avec un grand zèle aux opérations de la fabrication extraordinaire d'armes et de poudre dont je m'étais chargé et, sans la supériorité de leurs lumières, de leur activité, il n'eût pas été possible d'obtenir l'exécution de cette immense

entreprise. Ils rendirent de précieux services pour divers autres objets et furent d'une ressource infinie quand il s'agit de la question de la nouvelle école.

Monge avait été attaché depuis sa jeunesse à l'École du génie de Mézières, il connaissait parfaitement le mode d'instruction de cet établissement et c'était ce mode qu'il s'agissait d'appliquer à une école beaucoup plus nombreuse avec des perfectionnements proportionnés à l'avancement des sciences.

L'on était redevable à Monge d'un perfectionnement très notoire dans la géométrie appliquée aux constructions. Cette science développée et généralisée par lui devint une science toute nouvelle qu'il nomma *géométrie descriptive* et à laquelle il a joint, depuis, l'application d'une haute analyse mathématique de son invention.

Monge désirait évidemment introduire dans les écoles publiques l'enseignement de sa descriptive. Il avait déjà fait quelques tentatives à ce sujet auprès de plusieurs rapporteurs des comités chargés de réorganiser l'instruction ; aucune occasion ne pouvait lui être plus favorable que celle de la grande École centrale des travaux publics.

Lorsque l'on forma la commission des savants pour préparer le plan d'enseignement et d'organisation, Monge en fut membre et y joua à juste titre le rôle principal. Ses lumières et son zèle furent ensuite du plus grand secours pour mettre l'École en activité.

Enfin comme membre du conseil dès l'origine, comme directeur et professeur du plus rare mérite, il a droit à des tributs de vénération et de reconnaissance.

Note n° 3

HYMNE AU SALPÊTRE[1].

Tremblez, tyrans, voici la foudre
Qui, pénétrant dans vos palais,
Va réduire bientôt en poudre
Ces murs témoins de vos forfaits.
Frémissez, pâlissez, ni vos sceptres, ni vos couronnes
Fiers potentats, ne vous garantiront de nos coups,
Et jusqu'au plus haut de vos trônes,
Monstres, nous vous atteindrons tous.

---

1. Chantée à la barre de la Convention, séance du 3 pluviôse an II, 20 février 1794.

> Et toi, que jadis la colère
> De ces indignes souverains
> Arrachait du sein de la terre
> Pour la ruine des humains,
> Salpêtre précieux, parais pour un plus juste usage ;
> La liberté t'appelle du fond des souterrains,
> C'est pour féconder le courage
> De ses enfants républicains.
>
> Va purger le sol de la France
> De ses perfides ennemis,
> Que leur insultante présence
> Ne souille plus notre pays !
> Ministre de la mort, va tonner contre les despotes,
> Délivre-nous de ces tigres de sang altérés ;
> Par le canon des Sans-Culottes
> Qu'ils soient à jamais terrassés.

Note n° 4

AUTORISATION ACCORDÉE A UN ÉLÈVE DE L'ÉCOLE DE MARS

DE SE RENDRE A L'ÉCOLE CENTRALE DES TRAVAUX PUBLICS

Comité de salut public, section des travaux publics, n° 196.

Paris, du 8 brumaire de l'an III de la République une et indivisible.

Le Comité de salut public autorise le citoyen Félix Marchegay [1], né à Saint-Germain-le-Prince, département de la Vendée, âgé de 17 ans 1/2, élève de l'École de Mars, à se présenter à la commission des travaux publics où il recevra une lettre d'admission à l'effet de subir l'examen nécessaire pour entrer à l'École centrale des travaux publics.

FOURCROY, L.-B. GUYTON, TREILHARD, J.-F.-B. DELMAS, CHARLES COCHON, RICHARD (MERLIN DE D.).

---

1. Félix Marchegay quoique n'ayant pas l'âge requis, faisait son service au bataillon républicain depuis le 4 mai 1793. Il prit part à la défense de Nantes, le 29 juin. Il fut l'un des 6 élèves envoyés par le district de Nantes à l'École de Mars, lors de la levée du camp des Sablons, et entra à l'École polytechnique. A sa sortie, il fut classé au 7e régiment d'artillerie à Strasbourg.

Note nº 5

LETTRE DE LA COMMISSION DES TRAVAUX PUBLICS

AU CITOYEN EXAMINATEUR (PREMIER CONCOURS)

Tous les candidats seront classés d'après leur mérite et leurs dispositions en donnant sur chacun d'eux toutes les indications qui pourront mettre la commission à même de faire convenablement le choix des élèves à admettre. Mais une description pure et simple des connaissances acquises par le candidat ne peut suffire. Il est encore essentiel de s'assurer de leurs dispositions naturelles pour en accroître l'étendue. Le but de l'institution de l'École centrale des travaux publics étant de donner une grande instruction, le choix doit se fixer plutôt sur les candidats dont les heureuses dispositions les rendent propres à en mieux profiter que sur ceux qui, avec plus de connaissances, auraient cependant moins de moyens intellectuels de les augmenter; et c'est dans ce sens que celui qui saura le mieux doit être naturellement préféré à celui qui sait le plus.

C'est donc à reconnaître le degré d'intelligence et les dispositions des candidats pour les sciences et les arts que tu dois principalement t'attacher et c'est sur ces objets que tu dois bien t'entendre avec le commissaire nommé par l'agent du district.

Note nº 6

LETTRE DE LA COMMISSION DES TRAVAUX PUBLICS

A L'AGENT NATIONAL DU DISTRICT DE ...

D'après l'article 4 de la loi du 7 vendémiaire, tu es chargé de désigner un citoyen recommandable par la pratique des vertus républicaines qui jugera de la moralité et de la bonne conduite des candidats.

Le commissaire que tu auras choisi et le citoyen que la commission a nommé examinateur pour la partie des sciences devront se concerter avec la municipalité sur le local et les jours convenables pour les examens.

Le commissaire doit être choisi avec le plus grand soin puisqu'il doit concourir avec l'examinateur à fixer le jugement sur l'intelligence des candidats et particulièrement sur leurs dispositions à apprendre de nouvelles choses, soit en ayant égard à leur âge et au temps qu'ils auront donné à leurs études, soit au plus ou moins de vivacité et de précision qu'ils mettront dans leurs réponses.

Note n° 7

EXTRAIT DE LA NOTICE HISTÒRIQUE SUR MONGE

PAR BARNABÉ BRISSON

Paris, 1818.

. . . .

Monge conçut l'idée de l'École polytechnique dont il devint le fondateur. Nous fûmes choisis d'après des examens propres à constater notre intelligence et au nombre de quatre cents jeunes gens appelés à Paris de tous les points de la France. Cinquante d'entre nous, pris parmi ceux qui annonçaient une instruction plus avancée, furent réunis d'abord et destinés à devenir les guides de leurs camarades.

C'est à cette première réunion que nous commençâmes à connaître cet homme si bon, si attaché à la jeunesse, si dévoué à la propagation des sciences. Presque toujours au milieu de nous, aux leçons de géométrie, d'analyse, de physique, il faisait succéder des entretiens particuliers où il y avait plus à gagner encore. Il devenait l'ami de chacun de nous, s'associait aux efforts qu'il provoquait sans cesse et applaudissait avec toute la vivacité de son caractère au succès de la jeune intelligence de ses élèves. Quelques-uns d'entre nous avaient recherché par l'analyse les courbes d'égales teintes sur la surface d'une sphère non polie. L'un d'eux se chargea de dessiner en secret une sphère, en disposant les teintes d'un lavis d'après les résultats du calcul; l'image était parfaite; sitôt qu'elle fut achevée on la plaça sous les yeux de Monge. Il est difficile de se faire une idée du moment de bonheur qu'il éprouva; vingt ans après il ne pouvait en parler sans émotion.

L'École polytechnique s'ouvrit enfin; il avait refusé d'en être le directeur en titre, quoique en fait, tout se fît par ses conseils et par son impulsion; mais il valait mieux, disait-il, *pour être attelé au char que pour monter sur le siège*. Nous le vîmes refaire là, pour quatre cents élèves, ce qu'il avait fait pour cinquante. Plusieurs cours à la fois sur l'analyse, la géométrie et la physique ne l'empêchaient pas de venir dans nos salles d'étude lever les difficultés, causer de sciences avec nous; et lorsque le soir il regagnait sa demeure, une foule d'élèves l'accompagnaient jusqu'à sa porte pour profiter encore de son entretien. D'autres professeurs parlaient mieux que Monge; aucun ne professait aussi bien que lui; ses gestes, sa pose, les tons variés de sa voix, tout servait à développer ses pensées et ajoutait à ses expressions. L'œil toujours fixé sur les yeux de ses auditeurs, il savait y deviner le degré où en était l'intelligence de chacun d'eux et ne passait jamais à la seconde partie d'un raisonnement que la première ne fût généralement comprise. C'est ainsi qu'en peu de temps il nous

donna une foule d'idées nouvelles, qu'il mit à notre portée des recherches regardées comme difficiles par d'habiles géomètres. Et comment ne nous aurait-il pas électrisés? Ce qu'il nous enseignait c'était presque toujours lui qui l'avait découvert et il joignait la chaleur de l'inventeur à toute la patience d'un père.

Note n° 8

LETTRE D'ADMISSION

(1re ANNÉE DE L'ÉCOLE)

Paris, le 3 frimaire, de l'an III de la République Française une et indivisible.

La Commission des travaux publics, au citoyen N..., élève de l'École centrale des travaux publics.

La Commission te prévient que, conformément aux dispositions de l'article XII de la Loi du 7 vendémiaire, relative à l'École centrale des travaux publics, tu es admis au nombre des élèves de cette École, d'après le résultat de l'examen que tu as subi dans la commune de......, et d'après l'approbation des trois Comités réunis de salut public, d'instruction publique et des travaux publics : tu partiras en conséquence, sans délai, pour te rendre à Paris, où il est indispensable que tu arrives pour l'ouverture de l'École.

Des mesures ont été prises pour trouver des pères de famille, sensibles et bons patriotes, qui recevront en pension plusieurs élèves de cette École, moyennant neuf cents livres par an pour la nourriture et le logement, et qui auront à leur égard les mêmes soins et la même surveillance qu'ils ont pour leurs propres enfans.

Cependant si, par des convenances particulières, tes parens préféraient prendre des arrangemens avec des amis pour te recevoir à Paris, et te donner les soins paternels dont tu auras besoin pendant tout le cours de ton instruction, ils en ont la liberté; mais dans ce cas, il faudra que tu sois muni de l'attestation formelle de leur volonté à cet égard.

Quoi qu'il en soit, il est indispensable que tu en informes d'avance le directeur de l'École centrale des travaux publics, à qui tu annonceras, en même temps et sans délai, le jour de ton départ et celui où tu comptes arriver ici.

Aussitôt que tu seras rendu à Paris, tu te présenteras au directeur de l'École centrale, maison des travaux publics, rue de l'Université, faubourg Germain, qui te fera inscrire, et te donnera l'indication du père de famille qui devra te recevoir, ou prendra le nom de celui chez qui tes parens auront voulu te placer et qui sera chargé de surveiller ta conduite.

D'après l'article XIII de la même Loi du 7 vendémiaire, tu dois recevoir pour ton voyage le traitement des militaires isolés en route, comme canonniers de première classe, conformément au décret du 2 thermidor. La présente lettre te servira de titre pour toucher ce traitement. Ta feuille de route te sera délivrée par le commissaire des guerres, ou par le directoire du district de ton arrondissement, conformément aux articles X et XI du titre IV de ce décret.

Salut et fraternité,

La Commission,

LECAMUS, RONDELET.

Pour la Commission,

L'adjoint,

DUPIN.

Note n° 9

PÉTITION ADRESSÉE AUX DIRECTEURS

PAR LES ÉLÈVES DE L'ÉCOLE POLYTECHNIQUE EN L'AN V

Extrait.

. . . .

Vous vous rappelez ce temps de misère où la famine éloigna de l'École un grand nombre d'élèves : vous vous rappelez quelle ardeur, quel amour du travail animaient ceux qui bravèrent tout pour rester. Il n'y avait point alors d'appel et on ne parlait pas d'emprisonner les élèves. Ce furent là les beaux jours de l'École, ce fut l'époque dont elle pourra s'honorer et dont le souvenir fait palpiter de joie ceux qui ont senti combien il était doux de supporter des privations pour s'instruire.

Bientôt quelques paresseux sont rentrés et leur retour a été le signal du refroidissement parmi les autres.

A la fin de l'année, on s'est relaché, on a reçu presque tous ceux qui se sont présentés ; et des enfants ont été décorés du titre d'élève si honorable, si respecté jusqu'alors.

Aux listes on a ajouté des appels — moyens mauvais — les élèves présents qui ne travaillent pas et empêchent les autres de travailler sont bien plus dangereux que les absents. Vos précautions sont illusoires.

Pour parvenir à nous changer en collège, à vous ériger en professeurs et en maîtres de quartier, attendez-vous à toutes les espiègleries que pourront imaginer des jeunes citoyens embastillés par vos soins.

. . . .

Note n° 10

ARRÊTÉ DU DIRECTOIRE

RELATIF A L'ÉPURATION DES ÉLÈVES (13 VENTÔSE AN VI)

Considérant que les élèves instruits aux dépens de la République et appelés à sa défense doivent manifester de la manière la moins équivoque leur attachement à la liberté et leur dévouement au gouvernement républicain, arrête :

ARTICLE PREMIER. — Il sera procédé à l'épuration des élèves de l'École polytechnique pour en exclure ceux qui auraient manifesté des sentiments anti-républicains.

ART. 2.— Jusqu'à ce que cette mesure ait été effectuée, les élèves ne pourront être admis dans les services publics qu'avec un certificat du conseil de l'École constatant qu'ils ont eu une bonne conduite et qu'ils ont constamment manifesté l'amour de la liberté, de l'égalité, la haine de la royauté et l'attachement à la Constitution de l'an III.

Note n° 11

DÉCRET DU PREMIER CONSUL

QUI ENVOIE A L'ÉCOLE UN JEUNE HOMME DE QUINZE ANS

12 pluviôse an VIII.

République une et indivisible.

Bonaparte, premier consul de la République, arrête ce qui suit :

Le citoyen Dupont[1], fils de l'officier municipal de cette commune qui, quoique âgé de quinze ans, n'a pas quitté les éclaireurs pendant la durée du combat de Mesle-sur-Sarthe contre les Chouans, sera fait sous-lieutenant de cavalerie et, jusqu'à ce qu'il ait l'âge requis par la loi, il sera admis à l'École polytechnique et jouira des appointements de son grade.

Signé : BONAPARTE.

---

1. Dupont resta à l'École jusqu'au 21 floréal an XII, et prit du service dans les dragons.

Note nº 12

LETTRE DES ÉLÈVES

A SON EXCELLENCE LE MARÉCHAL DE L'EMPIRE MURAT

22 messidor an XII.

Monseigneur,

Nous apprenons que la première division militaire se réunit aux Invalides pour exprimer avec une grande solennité les sentiments d'allégresse dont elle est animée par l'heureux événement qui a ceint de la couronne le front du héros de la France.

Nos cœurs ont tressailli, ils nous ont dit que nous sommes aussi des soldats. Comme nos frères d'armes, nous tenons à témoigner notre dévouement à l'empire et à son auguste chef. Nous partageons leurs vœux ardents pour sa prospérité. Déjà nous lui consacrons nos travaux, bientôt notre sang coulera sous les drapeaux pour la gloire de ses armes. Qu'il nous soit permis, général, de partager aussi l'honneur d'être associés à l'acte solennel qui se prépare et sera regardé comme le vœu général de l'armée.

Si ce vœu, monseigneur, vous paraissait téméraire, il nous aura au moins fourni l'occasion de manifester nos sentiments; si vous daignez l'accueillir, notre joie sera à son comble et notre reconnaissance sans borne.

Note nº 13

LETTRE DU DUC DECAZES AU PRÉFET DE POLICE

CONCERNANT L'ASSOCIATION FORMÉE ENTRE LES ÉLÈVES
APRÈS LE LICENCIEMENT DE 1816 ET RÈGLEMENT DE CETTE ASSOCIATION

Monsieur le comte, j'ai l'honneur de vous adresser une copie semblable à celle que j'ai remise hier à M. le duc de Feltre, du règlement que les élèves de l'École polytechnique ont rédigé, pendant qu'ils étaient consignés dans leur École, avant d'être renvoyés chez eux.

Ce règlement ne vous frappera pas moins que M. le duc de Feltre et les conséquences qu'il peut avoir provoqueront sans doute, de votre part, toutes les mesures de surveillance locales et personnelles qui appartiennent à votre ministère.

Je crois à propos d'envoyer à M. le marquis d'Herbouville une pareille copie avec règlement annonçant une correspondance à établir entre les élèves renvoyés, et les cinq secrétaires qu'ils ont désignés, à Paris, Lyon, Metz, Montpellier et Saint-Jean-d'Angély, il pourra se donner connaissance de l'esprit de l'association.

Agréez, Monsieur le comte, l'assurance de la haute considération avec laquelle j'ai l'honneur d'être

Votre très humble et très obéissant serviteur,

Signé : DUC DECAZES.

Tuileries, 21 avril 1816.

ASSOCIATION DES ÉLÈVES DE L'ÉCOLE POLYTECHNIQUE

Le but de cette association est uniquement de se secourir au besoin.

RÈGLEMENT

1° Il y aura cinq bureaux; chacun se composera des élèves habitant la ville où le bureau est établi : Les bureaux seront établis dans les villes suivantes, Paris, Lyon, Metz, Saint-Jean-d'Angély, Montpellier;

2° Tout élève après son arrivée sera tenu d'écrire au bureau dont il fait partie et de donner son adresse définitive; cet article n'est applicable qu'aux élèves qui ont donné plusieurs adresses;

3° Chaque élève sera tenu d'écrire, une fois par six mois, au bureau pour constater sa présence;

4° Si un élève reste un an sans écrire, le secrétaire du bureau dont il dépend lui demandera s'il fait encore partie de l'association; le silence sera considéré comme une réponse négative;

5° Si par la suite, un élève vient à changer de domicile, il devra en donner un avis à son ancien et à son nouveau bureau;

6° Si, un élève vient à disposer d'une place quelconque, il devra en faire part à son bureau pour que le secrétaire donne avis aux élèves qui en manqueraient;

7° Dans le cas où un élève aurait besoin de renseignements ou de protection auprès de certaines personnes d'un département, il écrira d'abord à son bureau; le secrétaire de ce bureau communiquera sa lettre à celui qui a la direction du département en question; ce dernier écrira aux élèves qui se trouveront dans le département pour les prier de faire les démarches à ce nécessaires ; la marche inverse aura lieu pour donner réponse au postulant;

8° Un élève dans le besoin est prié de ne pas déguiser son état; les autres élèves par l'intermédiaire des secrétaires feront tout ce qui dépendra d'eux pour améliorer son sort; l'élève ne sera tenu de se faire connaître qu'aux cinq secrétaires;

9° Il est expressément défendu de parler politique en aucune manière ;

10° Les lettres aux secrétaires devront être affranchies ; celles que ces derniers écriront ne le seront pas ;

11° Les cinq arrondissements sont distribués de la manière suivante :

Paris. — *Secrétaire* : Beudin, isle Saint-Louis, quai Bourbon, n° 27 ; Manche, Mayenne, Indre-et-Loire, Sarthe, Loir-et-Cher, Calvados, Orne, Eure-et-Loir, Eure, Seine-Inférieure, Loiret, Cher, Yonne, Aube, Marne, Aisne, Nord, Pas-de-Calais, Somme, Oise, Seine-et-Oise, Seine-et-Marne.

Metz. — *Secrétaire* : Le Moine, rue de l'Abbaye, n° 74 ; Ardennes, Meuse, Moselle, Meurthe, Bas-Rhin, Haut-Rhin, Vosges, Haute-Marne, Haute-Saône, Doubs.

Montpellier. — *Secrétaire* : Comte, rue Barallerie, n° 103 ; Var, Bouches-du-Rhône, Gard, Hérault, Aveyron, Lozère, Aude, Pyrénées-Orientales, Ariège, Haute-Garonne, Basses-Pyrénées, Gers, Landes, Tarn, Cantal, Tarn-et-Garonne.

Lyon. — *Secrétaire* : Bonnin, rue Tupin ; Côte-d'Or, Jura, Saône-et-Loire, Nièvre, Allier, Loire, Indre, Rhône, Isère, Puy-de-Dôme, Haute-Loire, Drôme, Hautes-Alpes, Ardèche.

Saint-Jean-d'Angély. — *Secrétaire* : Ferdinand Allenet ; Finistère, Morbihan, Côtes-du-Nord, Ille-et-Vilaine, Maine-et-Loire, Vienne, Deux-Sèvres, Vendée, Charente, Charente-Inférieure, Gironde, Dordogne, Haute-Vienne, Creuse, Indre, Corrèze.

Note n° 14

LA VIE A L'ÉCOLE EN 1829

LETTRE DE BOSQUET A SA MÈRE

Tous les jours douze heures de travail, écrit Bosquet à sa mère, le 6 décembre 1829. A 6 heures du matin les tambours battent la diane, ce qui veut dire qu'il faut quitter le lit ; dans cinq minutes il faut être sur pied ; de là, dans les salles d'étude jusqu'à 8 heures. Alors on descend dans un réfectoire, où une demi-heure est accordée pour disséquer une cuisse de pain frais qu'on peut humecter encore avec de l'eau fraîche.

A 8 heures et demie on se rend à l'amphi, où se donne la leçon d'analyse ou de géométrie descriptive, de physique ou de chimie. En général, on n'a pas plus de deux amphis par jour. Après la leçon, on rentre dans la salle d'étude, pour *piocher* et rédiger son affaire, seulement pour cela. La distribution du temps est fixe et indiquée sur un tableau qui se trouve dans toutes les salles ;

d'ailleurs, aux heures marquées, le tambour roule, et il faut, sous peine d'une ou deux consignes, abandonner le travail qu'on a commencé pour en prendre un autre. On dîne à 2 heures et demie, et on ne rentre dans les salles d'étude qu'à 5 heures.

Pendant ce temps de récréation, on peut aller à la bibliothèque. Nous avons 2 salles de billard, 4 jeux d'échecs, de dames, de dominos. De 5 à 9 heures du soir, on rentre dans les salles d'étude, et souvent on est appelé dans les cabinets pour passer des *colles*.

Après le déjeuner, tous les élèves se rendent à l'amphi, et là, un professeur donne sa leçon. Il parle devant un tableau pendant une heure et demie, et quelquefois il appelle un élève qui descend au fond de l'amphi, pour répondre devant tout l'auditoire aux questions qui lui sont adressées.

Tous les jours, la leçon et le professeur sont différents : tantôt c'est pour l'analyse, tantôt pour la physique ; il y a un amphithéâtre particulier pour la chimie, plus vaste que les autres, et dans lequel Thénard fait sous nos yeux ses expériences.

Trois fois par semaine, de 7 heures à 9 heures, il y a dessin de la figure et du paysage.

A 9 heures, on soupe, puis on se met au lit, et à 10 heures du soir toutes les lumières doivent être éteintes.

Voilà pour les jours autres que le dimanche et le mercredi. Le dimanche on travaille de 6 heures à 8 heures du matin ; après le déjeuner, on va prendre la grande tenue pour passer l'inspection dans la cour ; c'est comme une revue militaire. Après cela, deux tambours en tête, les deux divisions se rendent à la chapelle, et, la messe achevée, on peut sortir jusqu'à 7 heures et demie. On rentre à 9 heures quand on a prolongation. Le mercredi, après le dîner, on peut sortir jusqu'à 6 heures trois quarts, heure à laquelle recommencent les travaux. . . . .

. . . . . (Et Bosquet, admis avec le grade de sergent, entre dans quelques détails sur les menues prérogatives de son grade) . . . . .

. . . . . Quelques instants après notre arrivée à l'École, les tambours firent entendre un rappel. On nous classa par salles et par casernements. Notre division, celle des conscrits, est, comme celle des anciens, divisée en 15 pelotons de 8 élèves. Chaque peloton a sa salle d'étude, son casernement, un dortoir particulier ; à sa tête, se trouve le chef de salle, le sergent. Il a la première place aux salles d'étude ; aux amphithéâtres, le bout du banc ; c'est lui qui transmet aux camarades les ordres du général ; il réunit les listes de demandes, prolongations, demandes pour les repas du mercredi et du dimanche, de comptabilité pour les ports de lettres, etc.

. . . .

Notre grade ne nous donne sur nos camarades d'autres avantages que ceux de braver la consigne jusqu'à 9 heures du soir, le mercredi et le dimanche ;

de les représenter au cabinet du sous-inspecteur de service, lorsqu'un ordre du jour est à communiquer. J'oubliais d'ajouter que nous devons veiller à ce que les lumières soient éteintes à 10 heures dans le casernement, ce qui veut dire que lorsque le dernier couché a laissé, par mégarde, sa chandelle allumée, au dernier coup de tambour, le sergent se lève en chemise pour l'éteindre, ce qui ne manque pas d'être fort intéressant.

On n'a pas encore reconnu le prix de services aussi importants . . . . Le jour de notre nomination, le commandant de service nous lut l'ordre du général et de l'administration, qui nous nommait sergents pour l'année 1830. Un petit discours de circonstance nous fit sentir *l'importance* de nos fonctions. Le lendemain, un danseur de l'Opéra nous enseigna à porter l'épée avec grâce, et nous exerça au salut de sergent.

Note n° 15

ORDRE DU JOUR DE LA GARDE NATIONALE

ORDRE DU JOUR DU 5 AOUT 1830

En présence des services rendus à la patrie par la population parisienne et les jeunes gens des écoles, il n'est aucun bon citoyen qui ne soit pénétré d'admiration, de confiance, je dirai même de respect, à la vue de ce glorieux uniforme de l'École polytechnique, qui, dans ce moment de crise, a fait de chaque ndividu une puissance pour la conquête de la liberté et le maintien de l'ordre public. Le général en chef prie les élèves de l'École polytechnique de désigner un de leurs membres pour rester auprès de lui en qualité d'aide de camp.

Note n° 16

LES ÉLEVES DE L'ÉCOLE POLYTECHNIQUE

AU GÉNÉRAL GÉRARD, COMMISSAIRE PROVISOIRE DU MINISTÈRE DE LA GUERRE

Mon Général,

Nous venons, au nom de l'École polytechnique, vous exprimer notre reconnaissance au sujet des croix d'honneur qu'on a bien voulu nous accorder; mais, cette récompense nous paraissant au-dessus de nos services, et d'ailleurs aucun de nous ne se jugeant plus digne que ses camarades de l'accepter, nous

vous prions de nous permettre de ne pas la recevoir. Il est maintenant une grâce que nous vous demandons : Un de nos camarades, Vaneau, a succombé dans la journée du 29 ; nous recommandons à votre bienveillance son père, employé du gouvernement dans les contributions indirectes. Nous recommandons encore à votre bienveillance, mon général, un de nos camarades, Charras, injustement renvoyé de l'École par le général Bordessoule, à cause de ses opinions. Nous demandons qu'il rentre dans nos rangs, où il a si bien servi ces jours derniers.

Le 7 août 1830, au nom des élèves de l'École polytechnique.

(Suivent les signatures).

La Commission des récompenses nationales fut d'avis d'accorder une pension au père de Vaneau, mais il refusa ; elle voulut ensuite donner la pension à Mlle Vaneau, sa sœur, celle-ci refusa également. Alors l'administration des contributions indirectes ayant eu connaissance du vœu exprimé par les élèves, proposa, le 8 août, au commissaire du département des finances, de décider que M. Vaneau père, dont les services étaient d'ailleurs fort distingués, serait nommé à la première direction d'arrondissement de 1re classe qui serait vacante. Le baron Louis, ministre des Finances, accueillit cette proposition avec empressement.

Note n° 17

LETTRE DES ÉLÈVES DE L'ÉCOLE POLYTECHNIQUE

AU JOURNAL « LE CORRESPONDANT »

Paris, le 9 août 1830.

Plusieurs de nos camarades se trouvant déjà dispersés dans Paris, nous saisissons la voie de votre journal pour donner la publicité à la lettre suivante, que nous venons de recevoir. Veuillez, monsieur, l'insérer dans votre plus prochain numéro.

LOTHON, TOURNEUR, ANTOINE,
Élèves de l'École polytechnique.

A MM. les Élèves de l'École polytechnique.

Paris, le 9 août 1830.

Camarades,

Les anciens élèves de l'École polytechnique, présents à Paris, désirent ardemment une occasion de se réunir à vous, et de vous témoigner leur grati-

tude pour la *gloire nouvelle* dont vous venez de décorer notre commun berceau. Ils vous prient d'accepter un banquet fraternel pour le lundi 16 août.

Vous ne repousserez pas la prière de vos aînés, et vous accepterez tous la fête de l'amitié.

Pour les anciens élèves présents à Paris, ont signé :

> Le maréchal de camp FABVIER, les colonels du génie LAMY et DAULLÉ, le lieutenant-colonel du génie P. BERGÈRE, le colonel des sapeurs-pompiers, Baron DE PLAZAND.

Note n° 18

LA POLYTECHNIQUE, MARCHE NATIONALE,

Paroles de M. CH. LIANDIÈRES
Capitaine du génie, ancien élève de l'École.

Les voyez-vous ces chefs de dix-huit ans,
    Brûlant d'une ardeur héroïque,
    C'est l'École polytechnique,
    A la tête des combattants.

Le peuple a dit : Ces braves sont les nôtres,
Lorsqu'il s'agit de vaincre ou de mourir.
Voilà nos chefs, je n'en connais pas d'autres,
Et sur leurs pas je saurai conquérir
La liberté qu'on prétend me ravir (*bis*).

Les voyez-vous, etc.

Le peuple a dit : leur cœur est sans alarmes,
De Saint-Chaumont ne vous souvient-il pas ;
Leurs devanciers pour moi prirent les armes,
Et je les vis, sans reculer d'un pas,
Sur leurs canons affronter le trépas (*bis*).

Les voyez-vous, etc.

Après ce jour, la liberté s'envole,
On foule aux pieds l'honneur, la loyauté,
Mais chaque mur de la savante École,
Durant trente ans empreint de liberté,
Disait : Sois libre ; ici, tous l'ont été (*bis*).

Les voyez-vous, etc.

Aux cris du peuple, aucun d'eux ne balance,
Chacun répond : « Amis, suivez nos pas ;
« De l'esclavage, il faut sauver la France ! »
Et pour le fer dont il arme son bras,
Il a d'Euclide échangé le compas (*bis*).

Les voyez-vous, etc.

Des jeunes chefs l'effort se multiplie,
On voit partout l'uniforme vengeur ;
Conduit par lui, le peuple se rallie,
Combat, triomphe, et la triple couleur
Flotte au château conquis par sa valeur (*bis*).

Les voyez-vous, etc.

Salut, salut, École citoyenne !
Qui défendis la patrie et les lois.
Par nous tressée, une branche de chêne
Est réservée aux vengeurs de nos droits ;
C'est le seul prix digne de tes exploits (*bis*).

Ils ont conquis la victoire et la paix,
    Par un dévouement héroïque,
    Et l'École polytechnique
    Est l'école des bons Français.

Note n° 19

L'ÉCOLE POLYTECHNIQUE

VERS LUS AU BANQUET DU 16ᵉ AOUT 1830

Du temple de Bélus le prêtre révéré,
Des arts, présent divin, gardant le feu sacré,
Élèves de Lagrange, appui de la patrie,
Un plus beau monument à vos soins les confie.
Dans cet élan sublime où l'esprit curieux,
Découvre les ressorts de la terre et des cieux
Et dérobe à Vesta les antiques mystères
Dont ses mains, dix mille ans, furent dépositaires,
Lorsque de tant d'éclat la raison resplendit,
Dans le cœur agité le sentiment grandit :

Vainqueurs des noms fameux qu'adorait le Portique,
Il manquait à vos fronts la couronne civique ;
Et trois jours de combats vous ornent de lauriers
Que réservait la Grèce aux plus vaillants guerriers.
Platée et Marathon, contre l'Asie entière
Opposant les efforts de la vertu guerrière,
En sublimes héros transformaient les soldats,
Mais des armes jamais ne manquaient à leurs bras.
Ces armes vous deviez en tenter la conquête
Avant de diriger la foudre et la tempête ;
Avant que l'univers eût transmis par sa voix
Aux siècles à venir vos glorieux exploits.
Le courage est fécond en efforts héroïques,
Quand on défend ses lois et ses dieux domestiques.
« Quoi ! nul chef ne vous garde ? eh ! bien ! suivez mes pas,
Dit un jeune héros. Le bronze des combats
N'est point entre vos mains ! marchons, venez le prendre
Aux mains des ennemis s'ils osent vous attendre ! »
Déjà par le levier avec efforts pressés,
Les pavés en roulant s'élevaient entassés,
Et surchargés de sable et de poutres rompues
Protégeaient de Paris les nombreuses issues ;
Déjà sur les créneaux des tours de la cité
Du grand peuple flottait l'étendard redouté,
Déjà trois fois repris, trois fois l'Hôtel de Ville
Avait aux citoyens livré son péristyle.
Les gardes, les lanciers et les suisses épars
Fuyaient au Carrousel, fuyaient aux boulevards ;
L'effroyable tocsin hâtait ses sonneries.
Le Louvre seul, encor couvrant les Tuileries,
Semblait, à tout un peuple enflammé de fureur,
De ses murs crénelés opposer la lourdeur,
Le jeune Baduel que suit sa noble élite
Sur les grilles de fer soudain se précipite,
Brise, enfonce les ais, affronte, tout sanglant,
Des suisses retranchés le feu toujours roulant,
Force la colonnade et le cri de victoire
Du peuple triomphant a proclamé la gloire.
Et toi, jeune Vaneau, quel fut ton beau trépas !
Lorsque les compagnons qui volaient sur tes pas
S'écriaient : Rendez-vous, suisses de Babylone !
Mais à son désespoir le suisse s'abandonne,

Ose se méfier d'un vainqueur généreux,
Et sur lui fait pleuvoir un déluge de feux
Par sa mousqueterie et ses feux de file,
Il se défend en vain dans son dernier asile.
La valeur en tout lieu s'est ouvert un accès,
Et la France est enfin au pouvoir des Français.
Cependant, ô douleur! une balle assassine
Du courageux Vaneau déchire la poitrine;
Les braves artisans qu'il guidait aux combats,
Poussant un cri d'effroi, l'ont reçu dans leurs bras
Et vont le confier aux mains hospitalières
Par qui des vieux époux la mort clot les paupières,
Puis revolent au feu; mais toujours inquiets
Ils reviennent encore interroger ses traits,
Tout comme si la mort suspendait sa furie
Et devait respecter une si belle vie!
Mais la mort a déjà frappé du coup fatal
Celui qu'ils appelaient leur jeune général.
Infortuné Vaneau! ta tombe est convertie
En un trône de gloire où t'assied la patrie;
Et Clio gémissante a dans son Panthéon
Inscrit ton dévouement et consacré ton nom.
Et vous qui, partageant sa couronne civique,
Rehaussez, comme lui, le nom Polytechnique,
Vous tous, pour qui mon cœur a battu tant de fois,
Qu'avec ravissement ici je vous revois!
Oh! si de jours heureux j'ai pu goûter les charmes,
C'était dans votre École, ô mes compagnons d'armes!
C'était lorsque Lagrange et Laplace et Fournier
Allumaient du savoir cet immortel foyer!
C'était lorsque, semblable au divin Pythagore,
De nos jeunes savants, Monge, l'idole encore,
Dans son élan sublime entraînait à la fois
Ceux qu'il électrisait du geste et de la voix.
Sages instituteurs, Prony, Lacroix, Hachette,
Comme lui vous avez acquitté votre dette,
Et formés par vos soins, la France a vu Thénard,
Arago, Gay-Lussac et Poinsot et Jomard
Propager la science, agrandir son domaine,
Tandis que sur les bords de la célèbre Athènes
Le généreux Fabvier, nouveau dieu des combats,
Ressuscitait les jours du fier Léonidas.

Aux grandes actions les grands pensers conduisent.
Avec nos libertés vos noms s'immortalisent.
A toutes les vertus un monarque allié,
Au calcul de Newton lui même initié,
A votre beau gymnase ouvre une ère nouvelle.
Quant à le diriger, c'est son fils qu'il appelle.
Et toi, prince chéri dont s'honore à jamais
Cette École, témoin de tes brillants succès,
Oui, marche avec ton siècle et vois, par la science,
Par les arts, embellir les destins de la France.

BOUCHARLAT, ancien élève.

Note n° 20

CIRCULAIRE ADRESSÉE AUX ÉLÈVES

MINISTÈRE
DE L'INTÉRIEUR

Paris, le 6 septembre 1830.

Monsieur,

Le gouvernement, comme vous le savez, a le projet d'accorder une récompense spéciale à ceux de MM. les élèves de l'École polytechnique qui ont pris une part active aux mémorables journées des 28 et 29 juillet 1830. Si les circonstances vous ont permis de vous associer, ces deux jours-là, aux immortels efforts des citoyens de Paris, vous aurez la complaisance de m'adresser, sans retard, une déclaration certifiée et signée par vous, contenant une indication précise de toutes les opérations auxquelles vous avez concouru. Si, par des motifs quelconques, qu'il serait utile de spécifier, il vous a été impossible de prendre part à ces grands événements, votre déclaration devra se réduire à ces seuls mots : « J'étais absent. » Le gouvernement n'a jamais pu avoir l'intention de se priver des éminents services que rendront certainement à la patrie ceux de MM. les élèves qui se trouvent dans la seconde catégorie. En demandant une déclaration signée, il n'a qu'un seul but : celui d'être complètement éclairé dans la distribution des récompenses qu'il est appelé à décerner aujourd'hui.

Le ministre, secrétaire d'État de l'Intérieur,

Signé : GUIZOT.

Note n° 21

LETTRE DE BOSQUET A SA MÈRE

15 décembre 1830.

On nous dit en révolution dans la ville, mais nous sommes tranquilles ici : seulement, nous nous occupons de réclamer contre l'ordonnance.

Réunis à l'École sans chef, sans règlement, sans discipline aucune, il a fallu nous diriger nous-mêmes. Mais, le jour même de l'ouverture des cours, parut l'ordonnance que l'orgueilleux Haxo a rédigée à lui seul ou à peu près. On nous attaquait, on en voulait à la vieille réputation de notre Corps, on en voulait à la gloire que d'heureuses occasions lui avaient acquise, on voulait saper cette colonne de granit que Monge fonda d'une main si sûre. Eh bien non ! s'ils l'ont osé ils n'achèveront pas.

Nous prîmes aussitôt nos mesures pour arrêter les coups des envieux. Déjà, pour quelques délibérations communes, on avait institué parmi nous une sorte de Chambre des députés ; chaque peloton envoyait son homme de confiance pour discuter les intérêts de tous, et j'étais député.

Mais, pour une ordonnance, il fallait que tous, et immédiatement, eussent part à la délibération. Aussi on nomma un président et quatre commissaires, puis nous tous, anciens, nous nous réunîmes dans un amphithéâtre. Mes camarades, d'une voix unanime, me proclamèrent président ; je suis fier de cette marque de leur confiance. Nous discutâmes ensemble toutes les raisons qui devaient former le corps de notre république. La protestation fut rédigée définitivement et cinq élèves, dont je faisais partie, se rendirent le lendemain au Palais-Royal pour présenter leur plainte au roi qui, quelles que fussent ses intentions, ne reçut pas la députation d'un corps non délibérant, d'après lui, mais accepta la protestation avec empressement, avec promesse de l'examiner attentivement et d'y faire droit. Un officier de service général ou je ne sais quoi nous servait d'interprète à tous. Il nous dit que le roi nous mandait en même temps qu'il nous recevrait avec grand plaisir, comme individus, mais qu'il ne lui était pas permis de recevoir une députation. Enfin, on lui remit notre affaire, et depuis rien n'a encore transpiré de la réponse. Il faudra pourtant bien qu'il s'explique !

En vérité, les soupçons naissent naturellement, quand on songe que les intérêts de l'École ont été entièrement abandonnés entre les mains d'une commission, éclairée sans doute, mais muselée par le superbe Haxo. Et il a fallu trois grands mois pour accoucher de quoi ? D'une ordonnance où, avec un ton mielleux, mal déguisé, ils dépouillent l'École et veulent la détruire peu à peu. On ne sait que penser quand on voit, qu'après trois mois, l'École était la même

caserne abandonnée à la fin de juillet. Le jésuite Binet y espionnait encore, et, comme les chats à la griffe tenace, il était encore accroché aux murailles avec son ton d'abbé patelin et son train de commères. La veille de l'ouverture des cours, à force de lui chanter la *Marseillaise*, un petit nombre d'élèves l'épouvantèrent et il partit.

Nous sommes à la mi-décembre, et pas un règlement n'a paru; depuis quelques jours seulement, le général Bertrand et le colonel Legriel s'occupent de ces règlements : ils ont été nommés l'un commandant, l'autre sous-commandant de l'École.

Le général Bertrand est un bien brave homme . . . .

———

Note n° 22

AU PEUPLE DE PARIS LES ÉCOLES RÉUNIES

Peuple de Paris,

Les malveillants veulent vous conduire à l'anarchie, au désordre. Il en est temps encore; retenons cette liberté que vous avez conquise, elle s'enfuirait une seconde fois de notre belle France; ne croyez donc pas à ces agitateurs soit disant étudiants; les Écoles protestent contre leurs perfides insinuations.

Les patriotes qui, dans tous les temps, ont dévoué leur vie et leurs veilles à votre indépendance, sont toujours là, inébranlables dans le sentier de la liberté; ils veulent comme vous de larges concessions qui agrandissent cette liberté.

Mais, pour les obtenir, la force n'est pas nécessaire; de l'ordre, et alors on demandera une base plus républicaine pour nos institutions, nous l'obtiendrons; nous serons alors les plus forts parce que nous agirons franchement.

Que si les concessions n'étaient pas accordées, ces patriotes, toujours les mêmes, et les Écoles qui marchent avec eux, vous appelleraient pour les conquérir. Rappelez-vous que l'étranger admirait notre révolution, parce que nous avons été généreux et modérés. Qu'il ne dise pas que nous ne sommes point mûrs pour la liberté et surtout qu'il ne profite pas des dissensions qu'il allume peut-être.

Ont signé pour leurs camarades :

> Cosse, étudiant en médecine, Brun, étudiant en droit, Latour, étudiant en pharmacie, Bosquet, élève de l'École polytechnique.

Note n° 23

PROCLAMATION DES ÉTUDIANTS DE L'ÉCOLE DE DROIT

(24 DÉCEMBRE 1830)

Amis et Concitoyens,

Lorsque le peuple a demandé notre appui contre ses tyrans ou ses ennemis, les étudiants lui ont-ils jamais manqué?

Les étudiants étaient avec vous aux Buttes-Chaumont, ils étaient avec vous lorsque le sang coulait en juillet. Mais aujourd'hui ce n'est pas la ruine et la tyrannie que nous avons à poursuivre : ce sont les libertés qui nous sont dues, qui nous ont été promises, que nous avons à demander.

Laissons donc là le sang de quatre misérables indignes de notre sentiment. Les malédictions de la France les suivent dans leurs cachots éternels. La haine, le mépris de l'Europe seront pour eux une mort de tous les jours.

Oublions ces noms infâmes et rallions-nous à la brave garde nationale, aux cris de liberté, ordre public!!

Sans le prompt rétablissement de l'ordre, la liberté est suspendue. Avec l'ordre, la certitude nous est donnée de la prospérité publique, car le roi notre élu, Lafayette, Dupuis de l'Ain, Odilon Barrot, nos amis et les vôtres, se sont engagés sur l'honneur à l'organisation complète de la liberté qu'on nous marchande et qu'en juillet nous avons payée comptant.

Concitoyens, conservez votre patriotisme et votre sang pour combattre les ennemis de la France. Restons unis, car l'étranger menace.

Entre nous donc, c'est à la vie! à la mort!

Le peuple n'a pas de meilleurs amis que les étudiants.

Respect à la loi.

ED. BUISSANT, étudiant en Droit.

Approuvé par les Écoles réunies.

Note n° 24

NOTE SUR LE PROJET DE PERCEMENT DE L'ISTHME DE SUEZ

PAR LES SAINT-SIMONIENS

Après la guerre de Crimée, M. Ferdinand de Lesseps fut assez heureux pour obtenir du vice-roi d'Egypte, Ismaïl, le firman qu'Enfantin avait cru un instant

tenir, mais que Mehemet Ali, endoctriné par l'Angleterre, lui avait refusé. Il put ainsi mettre à exécution le projet que les Saint-Simoniens avaient étudié, préparé, élaboré dans tous ses détails, et dont Enfantin dans son rapport à la Société d'étude du canal de Suez, qu'il avait fondée, faisait encore, en 1846, ressortir tous les avantages pour la civilisation.

Maxime Du Camp, dans ses *Souvenirs littéraires*, a cité une pièce de vers d'Enfantin, dans laquelle le véritable créateur du canal de Suez, voyant s'évanouir le rêve de toute sa vie, essayait de dissimuler sa déception. Nous en extrayons les passages suivants :

..... Laissons donc faire, ami, laissons le mouvement,...
..... Aujourd'hui, de Lesseps montre à tous nos assises.
C'est le héros qui crie au loin et fait venir
Les nations, pour voir nos merveilles promises.

. . . .
Ne nous battons donc pas pour tout le bruit qu'il fait.
. . . .
. . . . Nous sommes
Si forts de notre foi, sans crainte des larrons,
Si vigoureusement trempés comme des hommes,
Si valeureux soldats, que tous nous sommes sûrs
D'avoir part à la gloire au ciel et sur la terre,
Dans le siècle présent, dans les siècles futurs,
Comme nous avons eu notre part de misère !

(*Lettre du père Enfantin à Auguste Garbeiron.*)

Lyon, le 2 août 1855.

Note n° 25

EXTRAIT DU DISCOURS PRONONCÉ PAR ARAGO

A LA CHAMBRE DES DÉPUTÉS LE 18 MAI 1835

M. Arago :..... En 1830, une commission fut chargée de proposer un projet d'organisation. On a dit que, dans le sein de cette commission, les officiers du génie et de l'artillerie qui en faisaient partie, les généraux Haxo et d'Anthouard avaient tenu vivement à faire passer l'École dans les attributions du ministère de la Guerre. Je dois rendre à ces officiers généraux la justice de déclarer qu'ils n'insistèrent aucunement pour ce changement. Ils réclamaient certaines modifications d'une tout autre espèce; ces modifications étaient importantes; elles furent longuement débattues. Nous, représentants des études, nous ne consentimes à les accorder qu'après nous être assurés qu'elles mettraient fin aux

justes plaintes que l'artillerie et le génie faisaient entendre depuis longtemps. Voici la considération qui, uniquement, nous détermina à transporter l'École polytechnique du ministère de l'Intérieur au ministère de la Guerre. Vous avez entendu des opinions très arrêtées. Pour satisfaire en partie ces opinions, nous pensâmes qu'on pourrait étendre la liste des admissions un peu au delà du nombre requis pour les besoins des armes spéciales; mais il nous paraissait bien dur de renvoyer sans places, sans dédommagement aucun, après cinq années d'études, des élèves déclarés d'ailleurs admissibles. Il fut donc décidé qu'on chercherait à les pourvoir de certains emplois moins avantageux, il est vrai, que ceux qui revenaient aux élèves placés en tête des listes, mais dont ils pourraient cependant se contenter. Ces emplois furent des sous-lieutenances d'infanterie et de cavalerie. Malheureusement l'École polytechnique n'était pas une école militaire, et la loi, rendue sous le maréchal Saint-Cyr, ne permettait de faire entrer officiers dans les régiments que les sous-officiers et les élèves sortant des écoles militaires. Il fallut donc donner ce titre à l'École polytechnique, il fallut la transporter au ministère de la Guerre. Nous n'avons pas eu d'autres motifs; nous n'avons pas été vivement sollicités, nous ne sommes pas tombés dans un piège, quoi qu'on en ait dit, notre but a été de procurer un débouché honorable à des élèves qui, sans cela, n'auraient pas été placés.....

Note n° 26

REMERCIEMENTS ADRESSÉS AUX ÉLÈVES

AU NOM DE LA RÉPUBLIQUE

29 février 1848.

Le Gouvernement provisoire adresse, au nom de la République, des remerciements aux élèves de l'École polytechnique qui, dès le premier jour de la révolution, se sont mis au service de la Patrie et n'ont cessé depuis, en toutes circonstances, de donner les plus admirables preuves d'activité, d'intelligence et de dévouement. Le Gouvernement provisoire espère que les élèves de l'École polytechnique lui conserveront leur patriotique concours.

Note n° 27

RÉPUBLIQUE FRANÇAISE

LIBERTÉ, ÉGALITÉ, FRATERNITÉ

Au nom du Gouvernement provisoire,

Laissez passer et prêtez main forte, au besoin, à l'élève de l'École polytechnique Fargue, chargé d'une mission par le Gouvernement provisoire.

Le maire de Paris, membre du Gouvernement provisoire

GARNIER-PAGÈS.

Note n° 28

RÉPUBLIQUE FRANÇAISE

LIBERTÉ, ÉGALITÉ, FRATERNITÉ

Au nom du peuple Français

MM. Fargue et Feldtapp, élèves de l'École polytechnique, sont invités à se rendre immédiatement à Corbeil et de pourvoir à la sûreté du moulin de Corbeil destiné à l'approvisionnement de Paris. Ils sont autorisés à requérir à cet effet le concours de tous les agents de la force publique.

Les administrateurs des chemins de fer sont invités à mettre immédiatement une locomotive à la disposition de ces délégués au nom du gouvernement de la République.

LOUIS BLANC.

Note n° 29

Reçu du général Aupick, commandant l'École polytechnique, quarante clefs appartenant au pavillon Marsan et prises par M. Fargue.

Palais des Tuileries le 28 février 1848.

Le capitaine commandant le Palais,

SAINT-ARNAUD.

Note nº 30

LETTRE DU DIRECTEUR DE LA COMPAGNIE DU CHEMIN DE FER DE PARIS A ORLÉANS

COMMUNIQUÉE AUX ÉLÈVES PAR LA VOIE DE L'ORDRE

6 mars 1848.

Général,

Les élèves de l'École polytechnique recueillent en ce moment les témoignages de la reconnaissance publique pour le courageux dévouement avec lequel ils ont accompli tant de missions difficiles, résumées toutes en un mot, le rétablissement de l'ordre après les commotions violentes de ces derniers jours.

La Compagnie du chemin de fer de Paris à Orléans, qui, après avoir eu sa part de préoccupations et de graves inquiétudes, voit ses établissements sauvés, doit, aux élèves de l'École polytechnique, un témoignage particulier de vive et profonde gratitude.

A chaque nouvelle d'alarme ou lointaine ou rapprochée nous les avons vus accourir, mettant à la disposition de la Compagnie leur puissante influence, commandant partout le respect, la confiance, la sécurité. Ni jour, ni nuit, leur zèle ne nous a fait défaut, il semblait doubler au contraire par la pensée qu'ils protégeaient une de ces belles créations de la science et de l'industrie moderne qui sont dues à leurs devanciers et qu'ils sont appelés eux-mêmes à étendre et perfectionner un jour.

Le Conseil me charge d'être l'interprète de ses sentiments auprès des élèves de l'École polytechnique. Témoin pendant les jours qui viennent de se passer de tout leur dévouement et de tout leur zèle, je suis heureux de leur rendre ce témoignage et de leur exprimer de nouveau, en mon nom comme au nom du Conseil, la profonde reconnaissance que la Compagnie d'Orléans leur doit et leur conserve.

BANÈS.

Note nº 31

CIRCULAIRE DU MINISTRE DE L'INSTRUCTION PUBLIQUE AUX RECTEURS

Monsieur le Recteur,

L'intention du Gouvernement provisoire est de consacrer par l'instruction publique l'union touchante qui s'est établie sur les ruines de la monarchie entre le peuple et l'École polytechnique.

Il est juste et important au bien public que le recrutement de cette École qui jusqu'à présent ne s'opérait qu'à des conditions inabordables à la majorité des citoyens s'étende sur tout le peuple.

Il est facile de prendre des mesures capables d'assurer ce résultat. Des examens destinés à faire connaître, dès leur enfance, les sujets propres à cette École auront lieu dans toutes les écoles élémentaires, et les collèges serviront gratuitement à leur préparation aux examens de l'École polytechnique.

Il est nécessaire de connaître exactement quelles ressources l'état actuel de l'enseignement des mathématiques dans les écoles de tous les degrés de votre ressort peut offrir à l'exécution de ce dessein, et je vous invite à m'adresser dans le plus court délai un rapport détaillé sur la question.

Le ministre provisoire de l'Instruction publique et des Cultes.

CARNOT.

Note n° 32

LA COMMISSION AÉROSTATIQUE INSTITUÉE A TOURS

PAR LA DÉLÉGATION DU GOUVERNEMENT DE LA DÉFENSE NATIONALE

Une commission a été instituée le 28 septembre 1870, par le Gouvernement de la Défense nationale pour l'étude de diverses questions relatives aux aérostats, au point de vue des intérêts de la défense.

Les membres de cette commission sont :

MM. Serret, de l'Institut, président ; Marié Davy, astronome de l'Observatoire de Paris ; Fron, du même Observatoire ; Isambert, professeur de la Faculté des sciences de Poitiers ; de Taste, professeur au lycée de Tours ; Kervellu, de Rennes ; Haton, ingénieur des mines.

(*Moniteur* du 30 septembre.)

NOUVEAUX MEMBRES ADJOINTS

MM. Boileau, lieutenant-colonel d'artillerie en retraite ; de Champeaux, capitaine de vaisseau ; de Saint-Léger, ancien officier d'artillerie ; Marié (Alexandre), D. M. ancien professeur, sont adjoints à la commission scientifique instituée, le 28 septembre dernier, pour l'étude des questions relatives aux aérostats, et chargée, depuis, de l'examen des questions scientifiques qui intéressent la défense nationale.

(*Moniteur* du 21 octobre.)

Note n° 33

DÉCRET

INSTITUANT LA COMMISSION SCIENTIFIQUE DE LA DÉFENSE NATIONALE

Tours, le 25 octobre 1870.

La délégation du Gouvernement de la Défense nationale établie à Tours.

Vu l'arrêté du 28 septembre 1870, qui institue une commission scientifique pour l'étude des questions relatives aux aérostats;

Vu la décision en date du 18 octobre 1870, qui étend les attributions de cette commission à l'examen des propositions et des circulaires relatives à la défense nationale;

Vu l'adjonction de nouveaux membres en date du 21 octobre 1870;

DÉCRÈTE :

ARTICLE PREMIER. — La commission scientifique de la Défense nationale instituée auprès de la Délégation du Gouvernement, est chargée de l'étude scientifique des questions concernant la défense, qui lui seront transmises par le Gouvernement.

ART. 2. — Elle est composée de la manière suivante :

MM. Serret, membre de l'Institut, président; Marié Davy, astronome de l'Observatoire de Paris; de Champeaux, capitaine de vaisseau; Fron, physicien de l'Observatoire de Paris; Boileau, lieutenant-colonel d'artillerie en retraite; Isambert, professeur à la Faculté des sciences de Poitiers; de Taste, professeur au lycée de Tours; Silbermanne, vice-président de la société météorologique; Rigaux, capitaine d'artillerie de marine; Kervellu, professeur de pyrotechnie; Haton, ingénieur des mines, et Alexandre Marié, docteur en médecine, secrétaires.

Fait à Tours, le 23 octobre 1870.

Les membres du Gouvernement,

L. FOURICHON, AL. GLAIS-BIZOIN, AD. CRÉMIEUX, L. GAMBETTA.

Note n° 34

LETTRE DE CONVOCATION

DES ÉLÈVES DE LA PROMOTION 1870, A BORDEAUX

Bordeaux le 27 décembre 1870.

Le ministre de la Guerre a nommé élève à l'École polytechnique, N... porté sous le n°   de la liste de classement établie par le jury d'admission institué en vertu de l'article 12 du décret d'organisation du 30 novembre 1863.

Les cours de la première année d'études de l'École seront ouverts à Bordeaux le 2 janvier prochain.

Les élèves devront se présenter dans le plus bref délai possible, et à partir du 31 décembre, au cabinet du président de la Commission scientifique de la Défense nationale, délégué provisoirement à la direction de l'École (allée de Tourny, 10), où, sur la présentation de cette lettre, ils recevront les instructions nécessaires.

Pour le délégué au département de la Guerre,
Le chef d'escadron d'État-Major,

C. DE BASTARD.

Note n° 35

DÉCRET

INSTITUANT LE CONSEIL DE L'ÉCOLE POLYTECHNIQUE A BORDEAUX

La délégation du Gouvernement de la Défense nationale,

Vu le décret en date du 25 octobre 1870, instituant la Commission scientifique de la défense nationale ;

Considérant que plusieurs des membres de cette commission n'ont pu la suivre à Bordeaux ; considérant que la commission est chargée de remplir les fonctions de conseil de l'École polytechnique ouverte à Bordeaux, et qu'il importe que les services publics, qui se recrutent à cette École, soient représentés autant que possible dans le conseil ;

Considérant enfin que la commission a entrepris des expériences de nature à entretenir certaines dépenses ;

DÉCRÈTE :

ARTICLE PREMIER. — Sont nommés membres de la Commission scientifique de la défense nationale :

MM. le général Véronique, directeur du service du génie au ministère de la Guerre ; Péligot, membre de l'Institut, professeur au Conservatoire des Arts et Métiers ; Phillips, membre de l'Institut, ingénieur en chef des mines, professeur à l'École polytechnique ; Surrel, ingénieur en chef des Ponts et Chaussées, directeur de la Compagnie des chemins de fer du Midi ; Bonis, professeur à l'École centrale des arts et manufactures, essayeur des monnaies et médailles.

ART. 2. — Un crédit de 10,000 francs est ouvert sur le budget du ministère de la Guerre à cette commission pour les frais de ses études et expériences.

ART. 3. — Le crédit de 10,000 francs ouvert pour subvenir aux frais des expériences de M. Jaulis est annulé.

Fait à Bordeaux, le 30 décembre 1870.

AD. CRÉMIEUX, GAMBETTA, GLAIS-BIZOIN, FOURICHON.

(*Moniteur* du 5 janvier 1871).

Note n° 36

DÉCRET

NOMMANT LE DIRECTEUR DÉLÉGUÉ DE L'ÉCOLE POLYTECHNIQUE A BORDEAUX

Le membre du Gouvernement de la Défense nationale, ministre de l'Intérieur et de la Guerre,

ARRÊTE :

M. J.-A. Serret, membre de l'Institut, président de la Commission scientifique de la défense nationale, est délégué à la direction de l'Ecole polytechnique à Bordeaux.

Bordeaux, le 1er janvier 1871.

Le membre du Gouvernement,
Ministre de l'Intérieur et de la Guerre,

LÉON GAMBETTA.

Pour le ministre,
Le délégué au département de la Guerre,

CH. DE FREYCINET.

Note n° 37

LETTRE DE GAMBETTA A LITTRÉ

POUR LUI DEMANDER DE SE CHARGER DE LA CHAIRE D'HISTOIRE GÉNÉRALE
A L'ÉCOLE POLYTECHNIQUE

Bordeaux, le 7 janvier 1871.

MON CHER ET VÉNÉRÉ CONCITOYEN,

Vous m'avez autorisé à faire appel à votre concours pour telle œuvre qui pourrait se présenter dans le gouvernement de la République. Je vous demande la permission d'user de cette autorisation.

Nous venons de rouvrir, à Bordeaux, l'École polytechnique.

La plupart des cours seront professés par les titulaires eux-mêmes, qui se trouvaient absents de Paris au moment du blocus et qui n'ont pu y rentrer. Il est toutefois un cours pour lequel nous manquons de professeur, et c'est à nos yeux l'un des plus importants; c'est le cours d'histoire et de géographie, que de cruelles expériences viennent de nous apprendre à ne plus dédaigner. A la cérémonie de réouverture de l'École, j'ai eu l'occasion de prononcer un discours où je me suis appliqué à grandir, à exalter le rôle de la science dans le monde,

où je me suis, autant que j'ai pu, inspiré des grands principes de la philosophie moderne, et où j'ai tâché de ramener l'École polytechnique à l'ancien esprit de sa constitution, qui est l'esprit même de la Révolution française.

C'est pour cette raison que j'ai mis le cours d'histoire générale au premier rang, et je vous demande, mon cher concitoyen, en souvenir des illustres fondateurs de l'École polytechnique, ces contemporains de Michel-François Littré, votre vénérable père, qui avait de si fortes et de si justes idées sur l'éducation publique, de vouloir bien distribuer aux jeunes gens des générations nouvelles un enseignement substantiel et solide, qui complète et développe les intelligences, trop absorbées par des études exclusivement professionnelles.

Par là, la réouverture de l'École polytechnique prendrait son véritable caractère. Votre enseignement marquerait un retour vers les vrais principes, et la République, fidèle à sa tradition, pourrait se féliciter d'avoir remis l'élite de la jeunesse française entre les mains de l'instituteur, suivant la belle expression de la Convention nationale, le plus capable et le plus digne de la former et de l'initier à la connaissance des faits et des lois sur lesquels reposent les sociétés modernes.

Veuillez agréer, mon cher et illustre concitoyen, mes plus affectueux respects.

LÉON GAMBETTA.

M. Littré a répondu par une acceptation.

(La *Gironde* du 16 janvier 1871.)

Note n° 38

NOMINATION DES ÉLÈVES

AU GRADE DE SOUS-LIEUTENANT A TITRE AUXILIAIRE

Le ministre de l'Intérieur et de la Guerre informe N., élève de l'École polytechnique, que, par décret du 1er février 1871, il est nommé au grade de sous-lieutenant au titre de l'armée auxiliaire pour prendre rang du 1er janvier 1871.

Il recevra en cette qualité à partir du dit jour, 1er janvier 1871, la solde et les accessoires attribués au grade de sous-lieutenant d'infanterie.

Bordeaux, le 1er février 1871.

Pour le ministre de l'Intérieur et de la Guerre,

Le délégué au département de la Guerre,

CH. DE FREYCINET.

Note nº 39

LETTRE DE M. SALICIS AU RÉDACTEUR DU *RAPPEL*

Paris, 18 mars 1871.

Monsieur le Rédacteur du *Rappel*,

Dans les circonstances extrêmes que nous traversons, comme au jour de la reddition, chaque individualité reprend ses droits, et vous accueillerez, j'espère, les idées du simple citoyen, dès qu'elles vous paraîtront tournées au bien de la République.

Paris, après voir subi un siège sans exemple, se trouve, par un fait non moins unique, sans gouvernement et sans administration.

Des Comités se sont formés, avec l'intention bien arrêtée de sauvegarder l'intégrité, les intérêts de la République ; les membres de ces Comités procèdent sans doute du suffrage ; mais, par cela même qu'ils sont multiples, chacun d'eux procède nécessairement du suffrage restreint.

Or, le suffrage universel seul est souverain. Les décisions de ces Comités sont donc d'avance attaquables, et demain, d'autres groupes de citoyens pourront constituer une délégation nouvelle ; maintenue telle, la situation reste sans issue.

Est-il besoin d'insister, non seulement sur les désastres que cet état doit causer à la fortune publique, mais surtout sur le danger que court la démocratie à fournir par là des armes à la réaction.

Paris, cependant, même temporairement isolé du reste du pays, possède, dès à présent, les éléments complets d'un pouvoir dont nul ne peut contester la légalité, par conséquent l'autorité morale.

Ces éléments sont : la députation de Paris, la municipalité, tant urbaine que de banlieue ; c'est-à-dire plus de cent cinquante citoyens honorables et honorés, élus par nous tous en pleine liberté, représentant par leur ensemble les intérêts moraux, intellectuels, matériels de Paris, et, sans doute possible, la République. Il faut qu'au plus tôt, demain, aujourd'hui, ces citoyens se réunissent à la salle Saint-Jean. Ils n'ont point à déclarer qu'ils prennent le pouvoir, leur mandat est indiscutable ; de principe, ils sont le pouvoir lui-même, et n'ont plus qu'à en régler l'exercice.

En ce qui me regarde, je n'hésite pas à déclarer qu'en ne faisant pas cela, comme Français, comme citoyens de Paris, comme républicains, ils manquent à leur premier devoir.

SALICIS.

Note n° 40

LETTRE DE RÉGÈRE AU GÉNÉRAL EUDES

VILLE DE PARIS

Vᵉ ARRONDISSEMENT

Mairie du Panthéon

Citoyen général,

La réaction armée s'est concentrée à l'École polytechnique, comme je vous l'ai dit ce matin. Nos espions nous indiquent 4,000 hommes prêts, et la résolution d'agir cette nuit.

Le chef avoué, Salicis, me notifie d'ailleurs sa déclaration d'hostilité dans la lettre ci-jointe, à laquelle vous seul pouvez répondre.

J'ai promis de m'expliquer avant dix heures. Veuillez me recevoir et prendre un parti pour vous et pour nous.

Nous avons à peine 400 hommes armés, et des canons sans munitions et sans artilleurs.

La revanche de leur échec récent leur serait trop facile, avisez donc.

Salut et fraternité.

Le maire provisoire,

D. Th. RÉGÈRE.

Cette pièce non datée est du 24 mars 1871.

Note n° 41

MISSION DONNÉE PAR RÉGÈRE DE PORTER SA RÉPONSE A M. SALICIS

RÉPUBLIQUE FRANCAISE

LIBERTÉ, ÉGALITÉ, FRATERNITÉ

Mairie du Panthéon

Paris, le 25 mars 1871.

Mission est donnée au lieutenant Viellard de porter notre réponse verbale à M. Salicis.

Le maire provisoire,

D. Th. RÉGÈRE.

Note n° 42

LETTRE DE RÉGÈRE A SES AMIS

Vᵉ ARRONDISSEMENT

Mairie du Panthéon

Chers amis et collègues,

Les élections se font dans un calme admirable, alors que les derniers jours étaient aux coups de fusil. — L'École polytechnique, place forte de premier ordre, contenait 6,000 insurgés armés, qui devaient nous enlever. J'ai négocié avec Salicis, leur chef ; — n'ai rien accordé, — et les ai amenés à demander l'aman, bien que plus forts que moi.

Aujourd'hui, la réaction vote en masse. — On a volé nos bulletins, etc. Nous serons probablement battus... et contents. — Car c'est fort emb....t.

Depuis trois nuits, menacé d'une attaque, je n'ai pas quitté les bottes de Flourens.

Serrement de mains.

Le maire provisoire,

D. Th. RÉGÈRE.

Cette pièce sans date est du 26 mars 1871.

Note n° 43

CONVOCATION DES ÉLÈVES A TOURS

ÉCOLE POLYTECHNIQUE

Par ordre du ministre de la Guerre, les élèves de la 2ᵉ division, actuellement en congé, seront provisoirement réunis à Tours pour y reprendre le cours de leurs études, jusqu'à ce qu'ils puissent les continuer à Paris.

En conséquence M. N., élève de la dite École, devra être rendu à Tours le 5 avril prochain. A son arrivée, il se présentera au lycée, où on lui donnera les indications nécessaires.

Le présent ordre servira de feuille de route.

Le Général commandant l'École,

RIFFAULT.

Paris, le 29 mars 1871.

Note n° 44

LETTRE DU CITOYEN G. MARRIE AU CITOYEN ALLEMANE

Paris, le 18 mai 1871.

Au citoyen Allemane, administrateur délégué du Ve arrondissement.

Citoyen,

Le délégué civil au ministère de la Guerre me charge de vous informer qu'il met à votre disposition, pour loger les bataillons de la 5e légion, l'École polytechnique, qui fait l'objet de votre dépêche du 18 courant.

Salut et fraternité.

Par ordre :

Le secrétaire,

G. MARRIE.

Note n° 45

EXTRAIT D'UNE LETTRE

DE M. COLLIN, ADJOINT AU MAIRE DU Ve ARRONDISSEMENT, AU DIRECTEUR
DU JOURNAL « LE SOIR » 15 JUIN 1871

.......J'ai aidé de tout mon pouvoir à une réunion des officiers des 21e, 59e, 119e bataillons qui eut lieu le 22 mars à 8 heures du soir à l'amphithéâtre de l'École de droit. Cette réunion avait pour but l'organisation de la résistance. M. Salicis y fut nommé chef de légion provisoire en remplacement du chef de légion de la fédération.

Grâce à l'énergie, à l'activité de M. Salicis, secondé par MM. les capitaines Becquet du 21e, Philippon du 59e, Commairas du 119e etc, deux mille gardes nationaux de l'ordre se réunirent à l'École polytechnique.....

Note n° 46

NOTE SUR LE BUDGET DES DÉPENSES DE L'ÉCOLE POLYTECHNIQUE

Sous l'Empire, après l'établissement du casernement, le budget de l'École s'élevait seulement à la somme de 250,000 francs se décomposant ainsi :

Traitement des professeurs   146,092
Secrétariat.   10,150

Service intérieur 15,141
Matériel de l'instruction 47,500
Gratifications 1,117
Remise sur les pensions d'élèves 30,000

Total . . . . 250,000 fr.

En 1813, il fut porté à 267,000 francs.

En 1814, le budget de l'École fut réduit de 36,000 francs.

En 1815, après les deux invasions, en raison de la rigoureuse parcimonie que nous imposaient les traités accablants, on le réduisit encore de 51,000 francs, de sorte qu'il se trouva réduit de 267,000 à 180,000 francs. Cette économie se composa en grande partie de diminutions sur les traitements, sur le matériel de l'instruction qui fut réduit de 40,000 à 26,000 francs, sur les sommes destinées aux bourses dont on ne conserva que la moitié (Histoire de Fourcy, p. 333). Il y eut aussi quelques suppressions dans lesquelles fut compris l'emploi de maître de dessin occupé par Mérimée.

Dans les dernières années de la Restauration, le budget fut porté à 225,000 francs et ce chiffre s'est sensiblement maintenu jusqu'en 1870. Dans ce total ne figuraient pas les dépenses du service des bâtiments, ni la dépense d'entretien du pensionnat, à peu près équilibrée par le prix des pensions.

Le tableau que nous donnons ci-dessous permettra de se faire une idée de l'accroissement que le budget a subi d'une manière constante depuis 1830.

	BUDGET de L'ANNÉE 1837.	BUDGET de L'ANNÉE 1856.	BUDGET de L'ANNÉE 1882.
Nombre d'élèves	300	340	420
Personnel militaire	51,032	72,900	100,959
Personnel civil	207,000	234,300	408,619
Administration, instruction, entretien, habillement, nourriture, etc.	329,000	454,900	884,620
Total	587,032	762,100	1,394,198

Ainsi aujourd'hui le budget total des dépenses, non compris celles qui se rapportent aux bâtiments, s'élève à près de 1,400,000 sur lesquels il faut déduire environ 400,000 francs provenant du prix des pensions et des trousseaux payés par les élèves. L'École coûte donc à l'État actuellement 1,000,000 francs, ce qui revient sensiblement à 3,000 francs par élève.

Note n° 47

LISTE DES CAISSIERS

DEPUIS 1832

Promotions	Promotions
1832. Riffault-Tourneux.	1857. Pothier-Flamant.
1833. Tourneux-Onéil.	1858.
1834. Emmery-Lechâtellier.	1859. Cunault-Douville.
1835. David-Herman.	1860. Breuilh-Cahen-Clément.
1836. Krantz-Cachon.	1861. Doussot-Gourgaud.
1837. Massot-Hardy.	1862. Delaunay-Gouton.
1838. Lambrecht-Combier.	1863. Dazet-Meert.
1839. Jacquot-Raniet.	1864. Smet Jamar-Michal.
1840. E. Philipps-Aymard.	1865. De Pontich-Benoist.
1841. Grévy-Camus.	1866. Amalric-Henri.
1842. De Blic-Peloux.	1867. Mandagot-Pereyra.
1843. Servient-Longchampt.	1868. Fournier-Jouffroy-Pihier.
1844. Servient-Lauriston.	1869. Guérin-Chapel.
1845. Vazeille-d'Ambly.	1870. Fould-Grillot.
1846. De Lauder-Curie.	1871. Lechâtellier-Mayer-Valter.
1847. Schmutz-Farguc.	1872. Weiss-Delsol.
1848. Clerc-Daguillon.	1873. Lemahieu-Pascalis.
1849. Rousseau.	1874. Boyer-Bouvier.
1850. Moris.	1875. Carlain-Toutée.
1851. Vincent-Barbes.	1876. Amet-de Montricher.
1852. De Billy-Pothier.	1877. Brunot-Giraudet.
1853.	1878. Beaufrère-Crozier.
1854. Lorieux.	1879. Roume-Massy.
1855.	1880. Liège d'Iray-Régnier.
1856.	1881. Crolard-Caron.

Note n° 48

LISTE DES LEGS

FAITS A L'ÉCOLE POLYTECHNIQUE EN CONSTITUTION DE BOURSES

1° LEGS OSCAR DE SAINT-MARTIN

Par testament en date du 19 décembre 1866, déposé en l'étude de M° Dechars notaire à Paris, M. Oscar de Saint-Martin fait un legs de 1,300 francs de rente

3 p. 100, pour la création d'une bourse à l'École polytechnique avec trousseau complet.

2° LEGS LETELLIER-VALAZÉ

Par testament du 26 avril 1864, Mme la baronne de Valazé fait un legs de 1,360 francs de rente 3 p. 100, pour la fondation d'une bourse entière avec trousseau complet à l'École polytechnique.

3° LEGS DE Mme LA MARÉCHALE VAILLANT

FONDATION CAMILLE HAXO

Dans le codicille à son testament olographe daté du 5 octobre 1867, et déposé le 27 janvier 1869, chez Me Ferdinand Léon-Ducloux, notaire à Paris, Mme la maréchale Vaillant lègue à l'École polytechnique une rente annuelle de 1,300 francs sous le titre de Fondation Camille Haxo pour servir au paiement de la pension et du trousseau d'un candidat que désigne le ministre d'après son appréciation personnelle.

4° LEGS OLIVIER

Par testament mystique déposé le 28 novembre 1873 chez Me Demanche, notaire à Paris, 5, rue de Condé, Mme veuve Olivier lègue une rente annuelle de 1,500 francs pour fonder une bourse avec trousseau sous la dénomination de bourse Olivier à l'École polytechnique.

5° LEGS DE MADAME Vve PERNET

Mme Vve Pernet a, par son testament olographe du 15 juin 1876, institué l'État français pour son légataire universel sous condition de fonder six bourses complètes dans chacune des Écoles polytechnique et de Saint-Cyr.

Deux bourses annuelles de 1,600 francs chacune sont déjà créées à l'École polytechnique.

Note n⁰ 49

ÉTAT NUMÉRIQUE DES BOURSIERS DE L'ÉCOLE POLYTECHNIQUE

DE 1850 A 1881

ANNÉES	NOMBRE D'ÉLÈVES	NOMBRE de BOURSIERS	PROPORTION p. 100 DES BOURSIERS
1850	90	33	36 66
1851	95	28	29 00
1852	110	36	32 70
1853	110	34	30 00
1854	170	55	32 30
1855	170	60	35 20
1856	125	36	28 80
1857	120	44	36 67
1858	112	32	28 57
1859	130	40	30 70
1860	145	54	37 20
1861	162	64	38 88
1862	130	48	36 92
1863	135	43	31 85
1864	140	54	38 57
1865	140	63	45 00
1866	140	46	32 85
1867	146	66	45 20
1868	146	67	46 16
1869	136	55	40 44
1870	151	71	47 00
1871	140	53	37 85
1872	290	105	36 20
1873	250	93	37 20
1874	250	110	44 00
1875	265	116	43 77
1876	267	102	38 20
1877	200	84	42 00
1878	236	122	52 96
1879	200	76	38 00
1880	210	107	50 95
1881	221	101	45 70

Note n° 50

ÉTAT NUMÉRIQUE PAR DÉPARTEMENTS

DES ÉLÈVES ADMIS A L'ÉCOLE POLYTECHNIQUE DEPUIS SA FONDATION
EN 1794 JUSQU'EN 1883

DÉPARTEMENTS.	ANNÉES		NOMBRES.	PROPORTION par 10,000 habitants.
	1794-1804.	1805-1883.		
Seine.	228	1776	2004	9,027
Moselle.	45	340	385	8,37
Côte-d'Or	39	248	287	7,55
Meurthe.	36	306	342	7
Meuse.	29	153	182	6,3
Doubs.	20	165	185	6,166
Bas-Rhin	24	311	335	5,7
Jura.	28	137	165	5,7
Ardennes.	35	139	174	5,437
Haute-Marne.	17	118	135	5,19
Hérault.	14	197	211	4,9
Seine-et-Oise.	36	244	280	4,8
Aude.	14	115	129	4,51
Marne.	32	129	161	4,13
Haute-Saône.	6	119	125	4,03
Var.	8	112	120	4
Indre-et-Loire.	13	114	127	3,968
Isère.	35	192	227	3,92
Vosges.	8	146	154	3,85
Pyrénées-Orientales.	5	72	77	3,85
Lot-et-Garonne.	16	105	121	3,78
Yonne.	24	115	139	3,75
Rhône.	21	232	253	3,72
Nièvre.	11	114	125	3,7
Haute-Garonne.	24	153	177	3,7
Seine-et-Marne.	14	111	125	3,57
Loiret.	13	113	126	3,5
Calvados	43	116	159	3,456
Gard	5	137	142	3,4
Bouches-du-Rhône.	8	182	190	3,4
Hautes-Alpes.	7	33	40	3,33
Haut-Rhin.	13	153	166	3,32
Aube.	6	77	83	3,192
A *Reporter*. . .	877	6774	7651	

DÉPARTEMENTS.	ANNÉES		NOMBRES.	PROPORTION par 10,000 habitants.
	1794-1804.	1805-1883.		
Reports . . .	877	6774	7651	
Charente-Inférieure.	13	135	148	3,15
Saône-et-Loire.	12	169	181	3
Ille-et-Vilaine.	35	142	177	3
Seine-Inférieure.	39	197	236	2,987
Vaucluse.	2	78	80	2,97
Tarn	16	90	106	2,95
Vienne.	3	92	95	2,9
Aisne.	13	147	160	2,9
Pas-de-Calais.	24	185	209	2,7
Manche.	23	124	147	2,7
Charente	5	94	99	2,7
Allier.	11	96	107	2,675
Finistère	44	128	172	2,644
Oise.	18	85	103	2,57
Loir-et-Cher.	7	62	69	2,56
Nord.	25	341	366	2,53
Drôme.	9	73	82	2,52
Lot.	7	63	70	2,5
Indre.	14	54	68	2,43
Haute-Vienne.	9	69	78	2,4
Gironde.	11	157	168	2,4
Ain.	15	72	87	2,35
Eure	16	73	89	2,342
Morbihan	7	110	117	2,34
Tarn-et-Garonne.	1	52	53	2,3
Loire-Inférieure.	25	110	135	2,3
Eure-et-Loir.	13	53	66	2,28
Dordogne.	13	98	111	2,265
Maine-et-Loire.	11	106	117	2,25
Puy-de-Dôme.	23	98	121	2,12
Somme.	20	96	116	2,07
Gers	6	51	57	2
Sarthe.	12	78	90	2
Cher	8	59	67	1,97
Ariège.	4	43	47	1,91
Deux-Sèvres.	5	58	63	1,883
Lozère.	2	24	26	1,86
Ardèche.	4	66	70	1,84
Cantal.	7	34	41	1,8
Hautes-Pyrénées.	1	41	42	1,75
Mayenne	6	50	56	1,6
A Reporter. . .	1416	10727	12143	

DÉPARTEMENTS.	ANNÉES		NOMBRES.	PROPORTION par 10,000 habitants.
	1794-1804.	1805-1883.		
Reports. . .	1416	10727	12143	
Orne.	10	55	65	1,6
Basses-Alpes..	1	21	22	1,57
Basses-Pyrénées.	5	60	65	1,51
Loire.	7	75	82	1,5
Corrèze.	5	40	45	1,5
Aveyron..	4	54	58	1,432
Vendée.	8	39	47	1,14
Haute-Loire.	2	32	34	1,14
Creuse..	3	28	31	1,107
Côtes-du-Nord.	10	57	67	1,072
Corse.	2	35	37	1,027
Alpes-Maritimes	1	15	16	0,8
Savoie..	1	21	22	0,8
Landes.	1	22	23	0,76
Haute-Savoie..	»	14	14	0,5
Meurthe-et-Moselle..	»	35	35	»
Colonies	18	94	112	»
Mont-Blanc	8	12	20	»
Mexique..	»	2	2	»
Belgique..	9	45	54	»
Suède..	»	1	1	»
Espagne..	4	16	20	»
Égypte	»	3	3	»
Italie..	1	62	63	»
Pérou..	»	1	1	»
Portugal..	1	»	1	»
Hollande..	»	9	9	»
Russie..	»	11	11	»
Bavière..	»	11	11	»
Suisse..	»	49	49	»
Algérie.	»	48	48	»
Prusse..	»	31	31	⚥
Autriche..	»	2	2	»
États-Unis.	»	16	16	»
Angleterre..	»	14	14	»
Départements inconnus. . . .	20	52	72	»
TOTAUX. . .	1537	11809	13346	
D'après les matricules	1548	11809	13357	

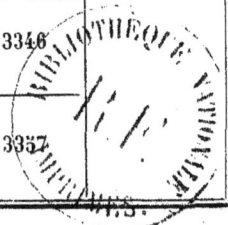

TABLE DES GRAVURES

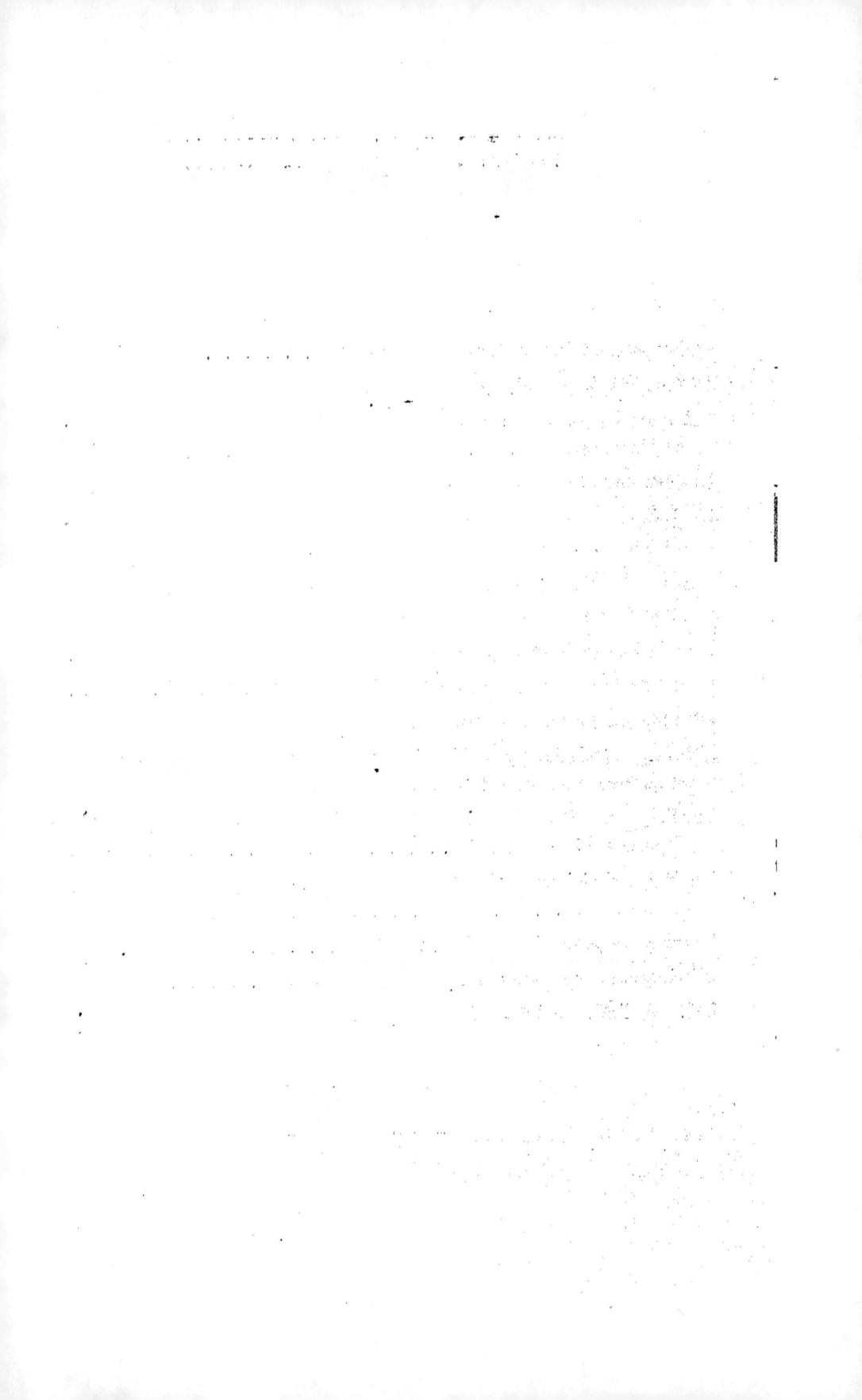

TABLE DES MATIÈRES

SOUVENIRS ET TRADITIONS

CHAPITRE PREMIER. — 1794-1804.

CHAPITRE II. — 1804-1814.

CHAPITRE III. — 1814 ET 1815.

ORGANISATION

LA FONDATION

PREMIÈRE ORGANISATION

DEUXIÈME ORGANISATION

TROISIÈME ORGANISATION

QUATRIÈME ORGANISATION

CINQUIÈME ORGANISATION

SIXIÈME ORGANISATION

SEPTIÈME ET HUITIÈME ORGANISATIONS

PIÈCES JUSTIFICATIVES

Paris. — Typographie Georges Chamerot, 19, rue des Saints-Pères. — 1909.